# 공간정보핸드북

최신정보기술

# 공간정보핸드북

## 최신정보기술

초판인쇄 2018년 5월 4일
초판발행 2018년 5월 4일

지은이 주현승
펴낸이 채종준
펴낸곳 한국학술정보(주)
주소 경기도 파주시 회동길 230(문발동)
전화 031) 908-3181(대표)
팩스 031) 908-3189
홈페이지 http://ebook.kstudy.com
전자우편 출판사업부 publish@kstudy.com
등록 제일산-115호(2000. 6. 19)

ISBN 978-89-268-8422-5 93530

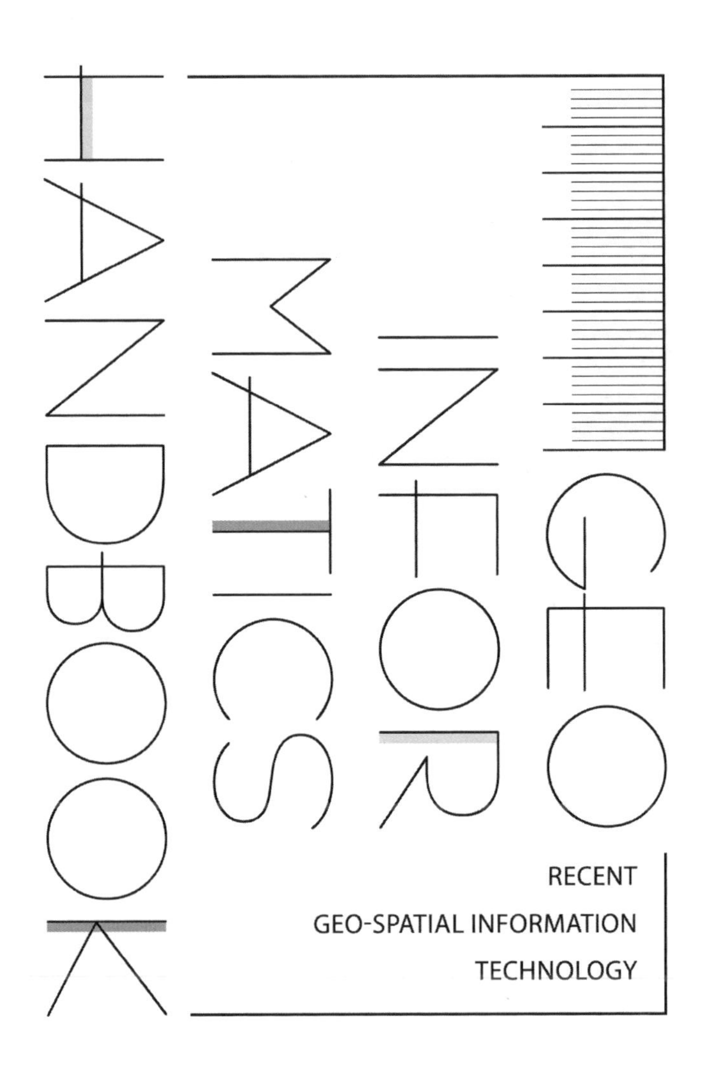


# 공간정보핸드북

최신정보기술

**주현승**
공학박사/기술사

Hyunseung Joo,
Ph.D/P.E.

*Tribute to my daughter, Hayoon*

내 천사 사랑하는 하윤에게

# 머리말

2010년 지오인포매틱스가 세상에 나오고 얼마 지나지 않아 개정판, 그리고 지난 2017년 개정3판인 개혁판까지 발행되면서 7년 이상이 흐른 지금 풀지 못한 숙제로 항상 마음속에 자리 잡고 있었던 것이 이 책이 구성된 방대한 분량의 해결책이었다. 이렇게 시간이 흐르는 동안 초판 발생 당시부터 책이 너무 두꺼우니 분권을 해 보라는 권유를 많이 받았으나 원본을 파손시킨다는 생각과 얄팍한 속세의 상업적인 생각으로 책을 재탕해서 판매한다는 비판을 받기 싫다는 어쭙잖은 생각으로 이러한 권유를 단호하게 묵시했었다.

2017년 초 개혁판이 발행될 때, 더 방대해질 분량을 걱정하여 출판사 직원들을 무척 곤란하게 하면서까지 책의 판본을 정사각형에 가깝도록 변혁하여 보다 많은 내용을 수록하고자 했던 욕심이 해소되고 나니, 그간 너무 독자들의 배려 없이 고집스럽게 책을 꾸려 온 것이 아닌가라는 생각이 들었다. 또 그때에 전문대에서 강의하시는 선배님의 충고로 기초적인 내용만 수록된 가벼운 분량의 책 한 권으로 기본내용이 압축되었으면 좋겠다는 조언에 많은 생각을 하게 되어 결국 이러한 여러 생각이 모여 핸드북이라는 버전에 손을 대게 되었다.

핸드북이라는 용어로 압축하였듯이 현재 약 870쪽, 3kg에 달하는 지오인포매틱스 개혁판은 한자리에 앉아서 참고하기에는 많은 사진과 그림, 그리고 도표가 포함되어 효율적인 활용이 가능하지만 이동하면서 참고하기에는 여간 부담이 되는 분량이 아니었고, 강의를 듣는 학생들도 농담 섞어 이 책은 운동하기 좋은 도구라는 얘기에도 뭔가 내용의 무게는 그대로 가되 물리적인 무게가 줄어들면 좋겠다는 생각을 점점 깊게 하게 되었다. 여러모로 고민하던 중 기본적인 내용으로 학부 저학년이나 전문대에서 활용할 수 있는 한 권, 그리고 최신측량 기법을 소개하는 다른 한 권으로 나누어야겠다는 생각을 하고 출판사와 협의를 한 후 작업에 착수하여 핸드북이라는 형태로 책을 재편집하는 것이 몇 가지 기존의 책이 가진 단점을 보완할 수 있고 새로운 요구에 부응하는데 적합하다는 판단을 하게 되었다.

핸드북은 다음과 같은 특징으로 구성되었다.

기본적으로 지오인포매틱스가 포함하는 기초적인, 그러나 중요한 내용들은 가급적 빠짐없이 수록하기 위해 노력하였다.

책을 모두 두 권으로 편집하여 첫 번째 책인 기본정보기술편에서는 기초적인 지식, 위치정보를 얻는데 필요한 기본 사항, 지구를 적절히 표현하여 지도를 제작하기 위한 좌표계, 얻어진 관측값을 분석하고 오차를 걸러 내며 효과적인 위치결정에 활용하기 위한 오차론, 그리고 3차원 위치결정 방법을 전통적인 수평위치와 수직위치 결정방법으로 나누어 정보의 수집 방법을 정리하였다. 그리고 이어서 지도의 특성과 제작방법, 지도의 활용방법을 다루고 대표적인 응용측량 부분인 노선, 하천, 수로, 지적에 대한 내용으로 재편하였으며, 현재 국가자격시험에서 필수적으로 다루어지는 각종 측량실기 내용을 수록하여 마무리하였다.

이어 두 번째 책인 최신정보기술편에서는 현대측량에서 활용하는 사진측량, 원격탐측, 레이저측량, 항법위성 등 과거에 수행할 수 없었던 3차원 동시측량의 진보된 기술을 소개하였으며 마지막으로 여러 기법을 통해 얻어 낸 위치 및 특성자료를 극대화된 효용성으로 활용하기 위한 지리정보시스템, 즉 GIS에 대한 내용으로 정리하였다.

이렇게 핸드북이라는 형식으로 편집을 하면서 과거 지오인포매틱스에 수록되었던 몇 가지 항목은 과감하게 삭제할 수밖에 없었다. 기본적인 수학공식이라든지, 현대측량에서 그 중요도를 잃어 가고 있는 평판과 시거측량에 대한 내용, 그리고 상세한 문제 풀이 등이 누락되었다. 그러나 최소한의 문제를 접하고 이 내용으로 국가지격시험에 대비할 수 있도록 핵심예제를 각 장의 마지막 부분에 간략한 답과 함께 배치하여 독자 스스로 학습한 내용을 점검할 수 있는 공간을 마련하였다.

항상 책이 출간되면 일종의 환희와 불안감이 동시에 느껴지는데 이번에도 예외 없이 느껴지는 것 같다. 또한 그동안 많은 사랑을 받았던 엄마 책인 지오인포매틱스의 자녀와 같은 책들이 세상에 나오게 되어 또 한 번 독자의 냉엄한 평가를 기다려야 한다고 생각하니 불안한 마음도 없지 않다. 그러나 편리하게 새로운 핸드북을 이용하여 현장이나 이동에 지참하여 항상 가까이서 활용할 수 있는 계기가 이러한 분권의 형태를 빌려 가능해지게 된다면, 이는 지오인포매틱스 출판에서는 느낄 수 없었던 또 다른 부류의 성과라고 말할 수 있을 것 같다.

과학기술이라는 것이 지속적으로 발전을 하게 되고 언젠가는 현재 이 책에 기록된 내용이 구시대의 유물이 될 수도 있겠지만, 계속 부지런을 떨어 지속적으로 이 책에 새로운 기술을 소개하여 지금보다 훨씬 알차고 좋은 내용으로 가득할 수 있는 책으로 성장하도록 노력을 계속할 것이다. 지난번 지오인포매틱스를 통해 독자 제위들로부터 받은 사랑이 너무나 큼을 알기에 새로운 세계에 나오는 핸드북 쌍둥이도 그 만큼 사랑을 받을 수 있다면 좋겠다는 과분한 욕심으로 또 못난 자식을 조심스럽게 세상에 내보내게 되었다. 이런 저자에게 많은 관심과 날카로운 비판을 보내 주시길 기대하며 이 미흡한 책이 조금이나마 측량과 지리정보를 학습하는 분들께 작은 도움이라도 되기를 바란다.

2018년 02월

주 현 승

차례

# I편 최신기법을 이용한 공간정보 수집

## II편 정보의 처리 및 분석

공간정보공학

# 최신기법을 이용한 공간정보 수집

# 사진측량

종래 측량의 영역이 지표에 국한되었기 때문에 측량은 주로 지구 표면에서 수행되었지만 과학기술이 발전하여 현대로 오면서 지표는 물론 지하, 수중, 해양, 우주공간에까지 인류의 활동범위가 넓어지게 되었고 이와 함께 측량의 범위도 확장되었다. 수직위치인 높이정보와 평면위치인 경위도 정보를 각각 따로 결정한 후 이들 관측값을 종합해서 3차원 위치정보를 얻었던 과거의 측량방법과는 달리 3차원 좌표가 동시에 얻어지는 측량기술이 개발된 것도 현대측량의 가장 큰 특징이라고 할 수 있다.

**사진측량**은 여러 장점을 지니고 있다. 종래의 측량에서는 얻을 수 없던 높은 정확도의 자료취득이 가능하고 축척을 다양하게 변화시킬 수도 있다. 많은 사진측량의 장점 중 가장 두드러진 것은 정확한 3차원 좌표를 한 번에 얻어 낸다는 것이다. 이러한 강점으로 인해 사진기술과 항공기가 개발된 이후 세계 여러 나라에서 지도 제작의 목적이나 전쟁에서 적국의 정보를 수집할 목적으로 사진측량과 관련된 기술이 급발전하게 되었다. 현재에는 지구 밖 보다 높고 먼 곳에서 넓은 지역을 촬영할 수 있는 원격탐측 기술의 발달로 얻어진 영상정보가 우리 생활의 많은 부분에서 활용되고 있다. 최근에는 **드론**이라 불리는 무인항공기를 자유롭게 이동시키고 조정할 수 있는 기법이 개발되고 이 기법이 사진측량에 활용되면서 무인항공기를 활용한 **UAV 사진측량**도 급격히 보급되고 있는 것이 현실이다.

사진도 과거의 아날로그 사진이 아닌 디지털 방식의 사진을 이용하여 자동화된 수치사진측량이라는 새로운 분야의 문을 활짝 열어 놓아 각종 정보를 빠르고 정확하게 얻을 수 있다.

사진측량은 그러나 단점도 가지고 있다. 피사체가 보일 수 있는 충분한 광량이 있어야 촬영이 가능하기 때문에 야간관측이 불가능하고 기상의 영향을 많이 받는다는 것이 대표적인 제약사항이다. 현대에는 이 한계를 극복하고자 레이저나 레이더 같은 가시광선 이외의 능동적 전자파를 활용하여 관측하는 방법도 개발되어 활용하고 있다.

이번 장에서는 이러한 측량에서 활용하는 사진의 기본적인 성질을 살펴보고, 광학적인 이론과 전자기파의 특성, 영상의 판독과 활용, 지형도 제작과 응용부분을 살펴봄으로써 사진측량의 성질에 대한 내용과 정보를 추출하는 방법, 그리고 이를 응용하는 최신 기법들에 대한 내용을 알아보기로 한다.

# [1] 사진을 이용한 위치결정과 특성해석

사진측량은 사진의 영상(映像, image)을 이용하여 피사체(被寫體, subject)의 위치를 결정하는 **정량적**인 **해석**(定量的解析)과 특성을 파악하는 **정성적**인 **해석**(定性的解析)을 동시에 수행할 수 있는 기술분야이다. 정량적 해석이란 피사체에 대한 위치와 형상을 해석하여 대상물의 3차원 **위치**를 **결정**하는 분야이고, 정성적 해석은 산불지역의 피해조사 범위의 결정, 적조현상의 피해지역 산정, 홍수로 인한 환경 및 자원문제의 조사, 분석, 처리와 같은 대상물의 **특성**을 파악하는 **해석**방법이다.

photogrammetry라는 사진측량의 의미를 어원에서 고찰해 보면 *photos*는 빛(光)이라는 희랍어에서 유래하였고, *gramma*는 형상이라는 의미를 지니고 있으며, *metron*은 재다 또는 관측하다라는 의미를 지니고 있다. 즉, photogrammetry란 빛을 이용하여 피사체 또는 대상물의 형상을 해석한다는 의미가 압축된 표현이다.

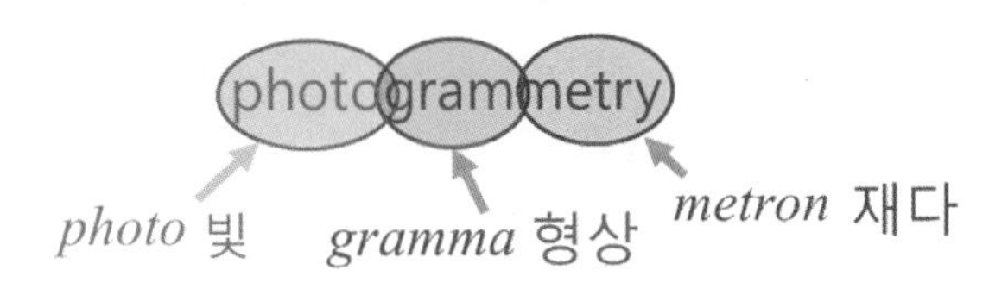


그림 1-1. 사진측량의 어원과 의미

위에서 언급한 내용을 종합하면 사진측량은 대상물에서 반사(反射, reflection) 또는 방사(放射, radiation)된 전자기파(電磁氣波, electromagnetic wave)를 수집하는 탐측기 또는 탐사기(探測機 또는 探查機, sensor)에 의해 영상을 수집하고 이러한 정보를 이용하여 대상물의 정량적이고 정성적인 해석을 수행하는 학문이라 정의할 수 있을 것이다.

## 1. 사진측량의 특징

사진측량은 과거의 측량에서 할 수 없었던 여러 부분을 가능하게 한다. 대표적인 예로 3차원 공간위치정보가 동시에 관측되고 난접근(難接近)이나 비접근(非接近) 지역에서의 측량이 가능하다는 점은 사진측량의 장점 중 하나이다.

표 1-1. 사진측량의 특징

| 장 점 | 단 점 |
|---|---|
| - 정량적 및 정성적 해석 가능 | - 시설비용 고가 |
| - 균일한 측량의 정확도 | - 기상조건, 태양고도 등 외부 제한조건의 영향 |
| - 분업화에 의한 효율적 작업 수행 | - 피사체의 식별이 난해한 경우 발생 |
| - 4차원($X, Y, Z, T$) 측량 수행 | |
| - 동적 측량 가능 | |
| - 난접근 및 비접근 지역의 측량 가능 | |
| - 용이한 축척변경 | |
| - 경제적 | |

위의 표에서 장점의 마지막 항목에 경제적이라는 언급이 있는데 이는 항공사진측량을 하는 비용이 싸다는 의미가 아니라 대상지역의 크기에 비해 상대적으로 지도제작 비용이 저렴하다는 의미이다. 항공사진측량을 수행하기 위해서는 항공기, 고가의 사진측량 카메라는 물론 지도를 도화(圖化, mapping)하기 위한 여러 장비들이 필요하다. 시설비용이 고가라는 것이 같은 표 단점 부분의 가장 위에 표현되어 있는 것처럼 사진측량의 가장 큰 단점으로 작용한다.

## 2. 사진측량의 발달

1850년 사진기가 제작되면서 사진측량이 발전하기 시작하였지만 광학적인 이론은 그보다 훨씬 이전부터 연구되었다. 이 책에서는 사진측량을 다음 그림과 같이 기술의 발전에 따라 4세대로 간략히 구분하여 서술하기로 한다.

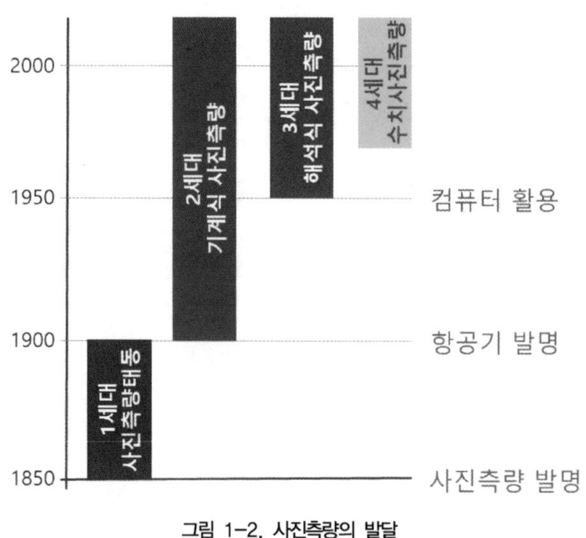


그림 1-2. 사진측량의 발달

표 1-2. 사진측량의 발달

| 구 분 | 시 기 | 특 징 | 내 용 | |
|---|---|---|---|---|
| 1세대 | 1850~1900 | 개척기 | - 1839년 다게르(프랑스), 사진술 발명<br>- 1849년 로세다(프랑스), 사진을 이용한 지형도 제작<br>- 1858년 또마숑(프랑스), 열기구에서 첫 항공사진 촬영 | |
| 2세대 | 1900~1950 | 기계식 사진측량 | - 수동식 지도제작<br>- 1902년 라이트 형제(미국)의 비행기 발명으로 비행기를 이용한 사진측량 시작<br>- 기계식 편위수정기와 입체도화기 개발<br>- 1909년 풀프리히(독일), 정밀좌표관측기 발명<br>- 1970년대까지 발전 | |
| 3세대 | 1950~현재 | 해석식 사진측량 | - 반자동 방식<br>- 1957년 캐나다 Heleva 대학에서 해석식 도화기 개발<br>- 해석식 도화기 발전과 함께 항공삼각측량 발전<br>- 컴퓨터의 활용 도입<br>- 정밀좌표관측기(comparator) 이용 | |
| 4세대 | 1990~현재 | 수치 사진측량 | - 완전 자동 방식<br>- 1950년대부터 연구 시작<br>- 1980년 컴퓨터 발전으로 수치영상 처리기법 연구 진행<br>- 1988년 이론의 정립과 본격적인 연구 및 실제 응용 | |

## 3. 사진측량의 정확도

사진측량의 정확도는 $XY$축 방향에 대한 평면 정확도와 $Z$축 방향에 대한 높이 정확도로 구분하여 판단한다.

| | |
|---|---|
| 평면($XY$) 정확도 | $(10\mu \sim 30\mu)\times m = \left(\frac{10}{1{,}000}mm \sim \frac{30}{1{,}000}mm\right)\times m$ |
| 높이($Z$) 정확도 | $(0.1‰ \sim 0.2‰)\times H = \left(\frac{1}{10{,}000} \sim \frac{2}{10{,}000}\right)\times H$ |

여기서, $m$ : 축척 분모 수

$H$ : 촬영고도(항공기 높이)

## 4. 사진측량의 분류

사진측량은 촬영각, 측량방법, 렌즈의 피사각, 필름, 도화 축척 등에 따라 다음과 같이 분류할 수 있다.

### 4.1. 촬영각에 따른 분류

|  |  |  |
|---|---|---|
| 수직사진 | - 垂直寫眞<br>- vertical photography<br>- 광축(光軸)이 연직선과 거의 일치하도록 촬영<br>- 경사각 3° 이내<br>- 주로 지형도 제작을 위해 사용 | 화면<br>초점거리<br>촬영각 |
| 경사사진 | - 傾斜寫眞<br>- oblique photography<br>- 광축이 지상과 일정한 경사를 이루며 촬영한 사진<br>- 경사각의 크기에 따른 분류<br>· 저각도 경사사진 : 지평선이 촬영되지 않는 사진<br>· 고각도 경사사진 : 지평선이 사진에 나타나는 사진 | 화면<br>초점거리<br>촬영각<br>저각도 경사사진<br>고각도 경사사진 |
| 수평사진 | - 水平寫眞- horizontal photography<br>- 광축이 연직선과 거의 일치하도록 지상에서 촬영한 사진 | 화면<br>촬영각<br>초점거리 |

(1) 저각도 경사사진 (2) 고각도 경사사진

**그림 1-3. 경사사진**

저각도 경사사진 (후방)

수직사진 (정사)

저각도 경사사진 (전방)

그림 1-4. 다른 각도에서 촬영한 연속 항공사진

## 4.2. 측량방법에 따른 분류

| | |
|---|---|
| 항공사진측량<br>(航空寫眞測量) | - aerial photogrammetry<br>- 주로 항공기나 기구 등을 이용하여 촬영<br>- 지형도 작성 및 판독에 주로 활용 |
| 지상사진측량<br>(地上寫眞測量) | - terrestrial photogrammetry<br>- 구조물 및 시설물의 형태 및 변위 관측<br>- 구조물의 정면도, 입면도 제작에 주로 이용 |
| 수중사진측량<br>(水中寫眞測量) | - underwater photogrammetry<br>- 플랑크톤의 양, 수질조사, 해저기복상황 파악, 수중식물의 활력도 분석에 주로 이용 |
| 원격탐측<br>(遠隔探測) | - RS, remote sensing<br>- 환경 및 자원문제에 주로 이용<br>- 광역 및 원거리에서 주로 인공위성을 이용하여 촬영한 영상을 분석 |
| 비지형사진측량<br>(非地形寫眞測量) | - non–topographic photogrammetry<br>- 지형 외의 대상물 관측을 위해 촬영하는 사진을 이용하여 각종 정보수집<br>- X선, 모아레(Moiré) 사진, 홀로그래피(holography) 등을 이용하여 의학, 고고학, 문화재 조사에 주로 이용 |

그림 1-5. 항공사진

그림 1-6. 지상사진 (지상 레이저측량)

### 4.3. 렌즈 피사각에 따른 분류

렌즈의 피사각(被寫角, object angle) 또는 사진의 화각(畵角)이란 렌즈가 얼마나 넓은 각도로 영상을 촬영할 수 있는가를 표현하는 것이다. 협각(狹角, narrow angle)은 60° 이하의 피사각을, 보통각(普通角, normal angle)은 약 60°, 광각(廣角, wide angle)은 90°, 그리고 초광각(超廣角, super wide angle)은 120° 정도의 피사각으로 촬영한다. 피사각이 클수록 같은 촬영점에서 보다 넓은 각을 포함하는 넓은 지역의 영상을 얻을 수 있지만 렌즈 중심에서부터 바깥쪽으로 갈수록 왜곡이 점점 크게 발생하게 된다. 렌즈 피사각에 따른 카메라의 분류가 표 1-3에 서술되어 있다.

표 1-3. 항공사진용 렌즈의 피사각에 따른 분류

| 종 류 | 피사각 | 초점거리 (*mm*) | 사진크기 (*cm*) | 최단 셔터간격 | 사용 목적 | 비 고 |
|---|---|---|---|---|---|---|
| 초광각 사진 | 약 120° | 88 | 23×23 | 3.5초 | 소축척 도화용 | 완전 평지에 이용 |
| 광 각 사 진 | 약 90° | 152~153 | 23×23 | 2초 | 일반지형도 제작, 판독용 | 경제적 |
| 보통각 사진 | 약 60° | 210 | 18×18 | 2초 | 삼림 조사용 | 산악지대, 도심지 촬영, 정면도 제작 |
| 협 각 사 진 | 60° 이하 | | | | 특수대축척용, 판독용 | 특수한 정면도 제작 |

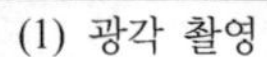
(1) 광각 촬영

(2) 보통각 촬영

(3) 협각 촬영

그림 1-7. 피사각의 차이에 따라 달라지는 영상

다음 그림 1-8과 같이 항공사진용 사진기에서 필름의 크기는 보통 23*cm*로 정해져 있기 때문에 같은 비행고도(飛行高度, flying height)에서 촬영한 사진은 큰 각을 갖는 광각렌즈를 사용할수록 넓은 지역의 촬영이 가능하며 초점거리(焦點距離, focal distance), 즉 렌즈의 중심에서부터 필름 면까지의 거리는 점차 짧아지게 된다. 이 현상은 뒤에 설명할 초점거리, 축척 그리고 비행고도와 밀접한 관계가 있다.

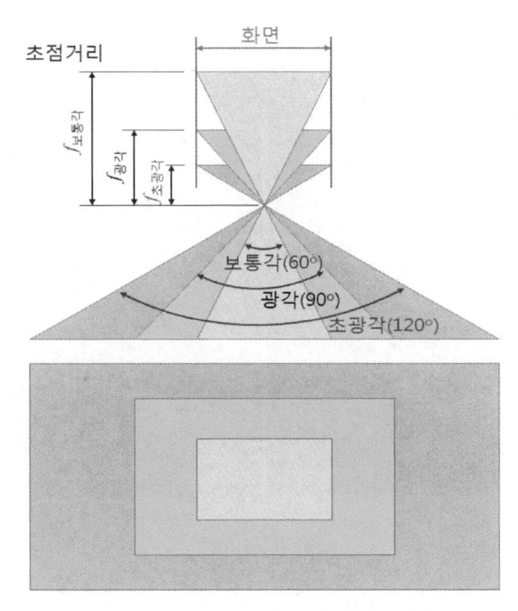


그림 1-8. 피사각과 초점거리, 면적의 관계

그림 1-9. 초광각 사진의 왜곡현상

## 4.4. 도화축척에 따른 분류

사진은 도화축척에 따라 다음과 같이 대축척, 중축척, 소축척 도화로 분류할 수 있다.

| | |
|---|---|
| 대축척 도화(大縮尺 圖化)<br>large scale mapping | - 축척 1/500～1/3,000<br>- 촬영고도 800$m$ 이내에서 저공 촬영한 사진 |
| 중축척 도화(中縮尺 圖化)<br>midium scale mapping | - 축척 1/5,000～1/25,000<br>- 촬영고도 800～3,000$m$에서 촬영한 사진 |
| 소축척 도화(小縮尺 圖化)<br>small scale mapping | - 축척 1/50,000～1/100,000<br>- 촬영고도 3,000$m$ 이상에서 촬영한 사진 |

(1) 소축척　　　　(2) 대축척

그림 1-10. 축척의 비교

## 4.5. 필름에 따른 분류

| | |
|---|---|
| 팬크로매틱, 팬크로, 전정색(全整色)<br>panchromatic photography | - 흑백사진<br>- 지형도 제작용으로 가장 널리 사용 |
| 천연색 사진, 컬러사진<br>color photography | - 주로 판독용으로 사용<br>- 최근에는 지형도 제작용으로도 사용 |
| 위색(僞色) 사진<br>false color photography | - 살아 있는 식물은 적색, 그 외는 청색으로 표현<br>- 생물 및 식물의 연구조사에 널리 사용 |
| 적외선(赤外線) 사진<br>infrared photography | - 지질, 토양, 수자원, 삼림조사, 판독에 사용<br>- 살아 있는 식물이 빨갛게 표현되어 산불지역의 피해조사나 식생의 현황을 파악 |
| 팬인프라 사진<br>pan-infrared photography | - 팬크로 사진과 적외선 사진의 합성<br>- 대상물의 특수한 성격을 파악하기 위해 사용되는 판독용 사진 |

(1) 흑백 사진

(2) 천연색 사진

(3) 위색 사진

그림 1-11. 흑백, 천연색, 위색 사진의 비교

그림 1-12. 팬인프라 사진, 70$cm$ 해상도 (QuickBird 위성영상)

## 5. 사진측량 순서

일반적인 사진측량의 순서는 다음과 같다.

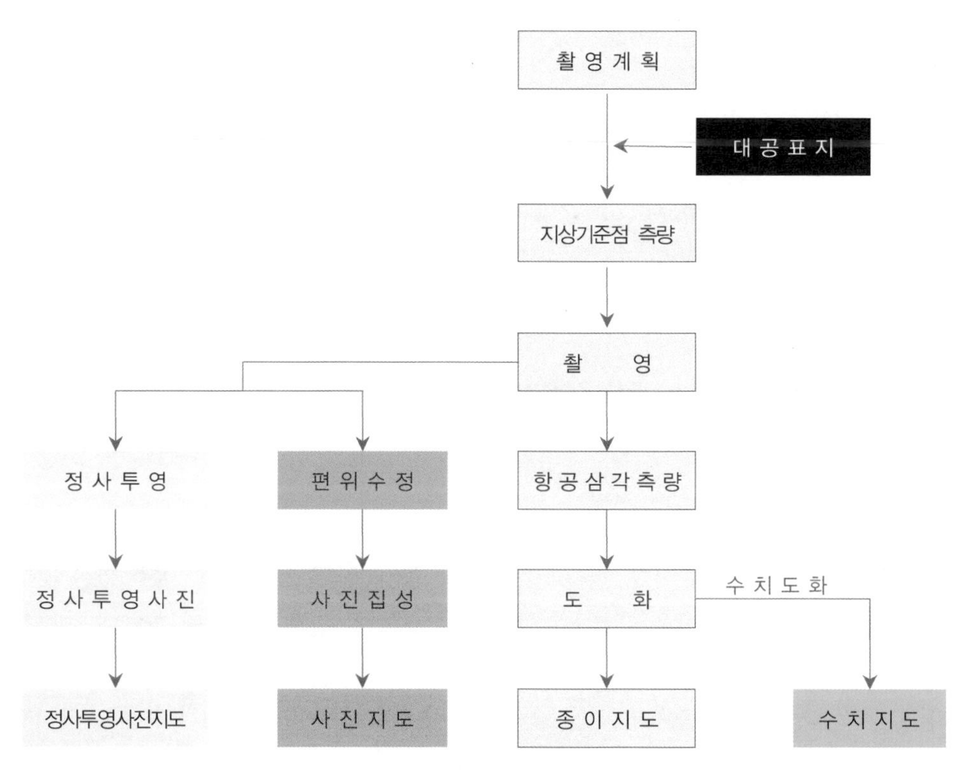


그림 1-13. 사진측량 순서

## 2 사진측량의 요소

앞에서 사진측량은 대상물에서 반사 또는 방사된 전자기파를 수집하는 탐측기에 의해 영상을 수집하고 이러한 정보를 이용하여 대상물의 정량적이고 정성적인 해석을 하는 학문이라 정의하였다. 이번 절에서는 이러한 내용에 따른 사진 및 사진측량의 요소들을 살펴보기로 한다.

### 1. 전자기파

전자기파(電磁氣波, electromagnetic wave)는 파장대(波長帶 또는 분광대, wave length)의 진동수(振動數, vibration frequency)에 따라 구분한다. 진동수가 높은 전자기파에는 우주로부터 끊임없이 지구로 날아오는 높은 에너지 입자들인 우주선(宇宙線, cosmic rays)과 방사성(放射性, radio activity) 물질로부터 발생하는 $\gamma$선과 $X$선 등이 있다. $\gamma$선의 파장은 $0.03nm$ 정도이고 $X$선의 파장은 $0.03\sim3nm$ 정도로 매우 짧다.

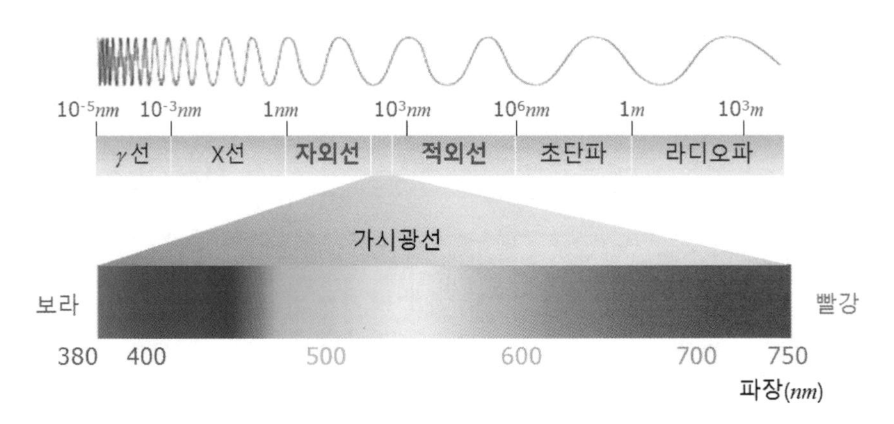


그림 1-14. 전자기파와 파장의 종류

이들보다 긴 파장을 갖는 가시광선(visible ray)은 7가지 색감으로 우리 눈에 보이며 파장은 $380\sim780nm$ 사이이다. 전자기파의 전체 파장대역은 $10^{-10}\mu m$의 아주 짧은 것부터 $10^{10}\mu m$ 이상의 긴 파장을 포함하는 전자기파도 있다. 전자기파의 각 파장대역 명칭은 정해져 있고 특징에 따라 넓이가 모두 다르지만 파장대 명칭에 의해 명확히 구분되지는 않고 어느 정도 중복된다. 이들 중 사진측량에서 주로 다루는 전자기파는 다음 세 가지로 구분할 수 있다.

표 1-4. 전자기파의 파장대별 특성

| 파장대(분광대) | 파 장 | 특 징 |
|---|---|---|
| (1) 감마선<br>γ-ray | < 0.03nm | - 방사선 물질의 감마방사는 저고도 항공기에 의해 탐측<br>- 태양으로부터 입사광은 공기에 흡수 |
| (2) X-선<br>X-ray | 0.03nm~3nm | - 입사광은 공기에 흡수되므로 원격탐측에서 미활용 |
| (3) 자외선(紫外線)<br>UV, Ultra Violet | 3nm~0.4μm | - 입사되는 0.3μm보다 작은 파장의 자외선은 공기 상부층 오존에 흡수 |
| (4) 사진(寫眞)자외선<br>photo UV | 0.3μm~0.4μm | - 필름과 광전 변환기에 탐지<br>- 심한 공기산란 |
| (5) 가시광선(可視光線)<br>visible ray | 0.38μm~0.78μm | - 필름과 광전 변환기에 탐지 |
| (6) 적외선(赤外線)<br>IR, InfraRed ray | 근적외 0.75μm~3μm<br>적외 3μm~25μm<br>원적외 25μm이상 | - 물질의 상호작용으로 파장 변화<br>- 이중 근적외선은 육지와 수역의 구분에 가장 적합 |
| (7) 반사(反射)적외선<br>infrared reflection | 0.7μm~3μm | - 주로 태양반사광<br>- 물질의 열적 특성 불포함 |
| (8) 열적외선(熱赤外線)<br>thermal IR | 3μm~5μm<br>8μm~14μm | - 광학적 탐측기를 이용하여 영상취득 |
| (9) 극초단파(極超短波)<br>microwave | 0.01cm~1000cm | - 구름이나 안개 투과<br>- 능동 또는 수동 탐측기에 의해 영상취득 |
| (10) 레이더 RADAR | 0.1cm~100cm | - 극초단파 원격탐측의 능동적 형태 |

### 1.1. 가시광선

가시광선(可視光線, visible ray)은 전자기파(電磁氣波) 중에서 사람의 눈에 보이는 범위의 파장을 가지고 있으며 이 파장의 범위는 대체로 380~780nm이다. 가시광선 내에서는 파장에 따른 성질의 변화가 각각의 색깔로 나타나며 빨간색으로부터 보라색으로 갈수록 파장이 짧아진다. 단색광인 경우 보라는 380~450nm, 파랑은 450~495nm, 녹색은 495~570nm, 노랑은 570~590nm, 주황은 590~620nm, 그리고 빨강은 620~780nm의 파장을 갖는다. 가시광선은 지형도 제작에 주로 활용하고 판독에도 활용한다.

### 1.2. 적외선

적외선(赤外線, InfraRed ray)은 태양이 방출하는 빛을 프리즘으로 분산시켰을 때 빨간색의 끝보다 더 바깥쪽에 위치하는 전자기파이다. 파장이 750~3,000nm인 적외선을 근적외선(近赤外線, near infrared ray)이라 하고 3,000~25,000nm의 파장을 적외선

(赤外線, infrared ray), 25,000$nm$ 이상의 파장을 갖는 적외선을 원적외선(遠赤外線, far infrared ray)이라 한다. 이 적외선은 가시광선이나 자외선에 비해 강한 열작용을 가지고 있으며 이 때문에 열선(熱線)이라고도 한다. 태양이나 발열체로부터 공간으로 전달되는 복사열은 주로 적외선에 의한 것이다. 측량에서는 군사, 식생 등의 판독에 주로 활용하며 주로 원격탐측에서 사용한다.

### 1.3. 극초단파

극초단파(極超短波, microwave)는 파장의 범위가 1$\mu m$~1$m$ 사이의 전파들을 모두 가리키는 말로 파장이 짧아 빛과 거의 비슷한 성질을 가지고 있으며 살균력이 강한 특징이 있다. 전자레인지, 위성 통신, 레이더, 속도 측정기 등에 주로 이용되며 우주에서 방출되는 극초단파는 은하의 구조에 대한 연구에 활용되기도 한다. 이 파는 인공위성을 통해 기상정보와 각종 통신방송을 여러 지역으로 송수신하는 데에도 이용된다. 전자레인지는 극초단파가 물에 흡수되어 열을 발생시키는 성질을 이용하여 음식을 데우고 요리할 수 있도록 만들어진 장치이다. 속도 측정기는 움직이는 물체를 향해 레이저를 발사하여 되돌아오는 전파의 도달시간을 측정하여 속도를 계산한다.

측량에서 주로 사용하는 극초단파는 라디오(radio)파, 극초단파(microwave), 레이저(LASER, Light Amplification by Stimulated Emission of RADAR), 레이더(RADAR, RAdio Detecting And Ranging) 등으로 이러한 차장의 전자기파는 주로 판독에 활용하며 최근에는 지형도 제작에도 활용하고 있다.

## 2. 탐측기

### 2.1. 탐측기의 종류

탐측기 또는 탐사기(探測機, 探査機, sensor)는 전자기파를 수집하는 장비이다. 탐측기는 일반적으로 수동적 탐측기(受動的 探測機, passive sensor)와 능동적 탐측기(能動的 探測機, active sensor)로 구분한다. 수동적 탐측기는 일반 카메라와 같이 단순히 조리개를 열어 대상물에서 반사 또는 방사되는 전자기파를 수집하는 방식이고, 능동적 탐측기는 LiDAR(Light Detection And Raging)와 같은 레이저 기기처럼 전자기파를 발사한 후 대상물에서 반사되는 전자기파를 다시 수집하여 대상물의 정보를 얻어낸다.

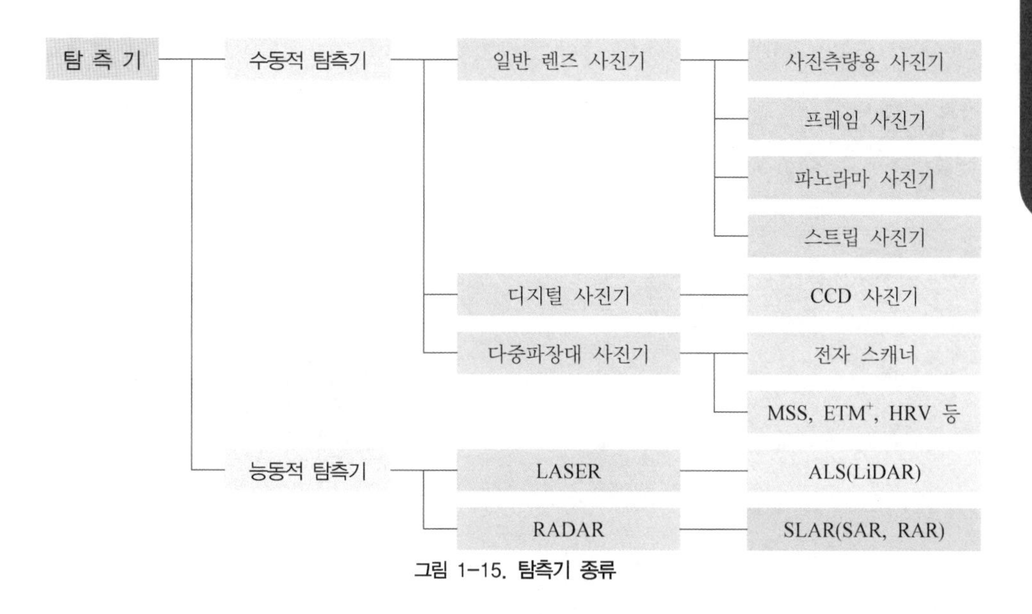


그림 1-15. 탐측기 종류

표 1-5. 수동적 탐측기와 능동적 탐측기 비교

| 종 류 | 수동적 탐측기 | 능동적 탐측기 |
|---|---|---|
| 특 징 | - 기상의 영향 받음 | - 기상의 영향 받지 않음 |
| | - 야간관측 불가능 | - 야간관측 가능 |
| | - 수목지역의 지형해석 곤란 | - 수목지역의 지형해석 가능 |
| | - 수목지형의 지형도 제작 불가 | - 수목지형의 지형도 제작 가능 |
| | - 예 : 일반 사진기 | - 예 : LiDAR |

## 2.2. 측량용 탐측기 특징

측량용 사진기는 다음과 같은 특징이 있다.

| |
|---|
| - 80~210*mm* 정도의 긴 초점길이 |
| - 큰 렌즈 지름 및 60°, 90°, 120° 등의 피사각 |
| - 왜곡수차가 극히 적으며 왜곡수차가 있더라도 역왜곡을 가진 보정판을 이용하여 왜곡수차 제거 |
| - 높은 해상도와 선명도 |
| - 큰 화각 |
| - 입사 광량의 적은 감소 |
| - 거대하고 큰 중량(약 80*kg*) |
| - 1/100~1/1,000 초의 셔터 속도 |
| - 폭 23*cm*(또는 19*cm*), 길이 60*m*, 90*m*, 120*m*의 롤 형태의 필름 사용 |
| - 파인더(finder)로 사진의 중복도 조정 |

이러한 측량용 사진기도 기술의 발달로 디지털 카메라로 교체되어 사용되기 시작하였고 디지털 카메라로 얻은 수치영상을 통해 현재에는 촬영 후 영상보정 과 좌표변환 등 모든 공정이 자동화로 처리되는 수치사진측량(digital photogrammetry) 기술이 널리 이용되고 있다.

(1) 사진측량용 항공사진기

(2) UAV에 탑재되는 다중분광 탐측기

**그림 1-16. 사진측량용 사진기**

## 2.3. 측량용 사진의 지표

사진의 지표(指標, fiducial mark)는 그림 1-17에 나타난 것과 같이 사진의 각 변의 중심이나 네 모퉁이에 미리 표시하여 넣은 표식으로 이 지표들을 이용하면 사진의 중심을 찾을 수 있다. 2차원 좌표변환에서는 이 값들이 주점과의 변위를 계산하여 사진의 왜곡을 보정하는데 사용된다.

**그림 1-17. 사진 지표**

## 2.4. 사진 매수에 따른 명칭의 변화

사진은 다음에 표현한 것과 같이 그 매수에 따라 각각 다른 명칭을 갖는다.

| 번들(bundle), 광속 또는 단사진 | - 한 장의 사진 |
|---|---|
| 모델(model) 또는 입체사진 | - 입체영상을 얻기 위해 연속된 한 쌍의 좌우 중복사진<br>- 2장의 중복된 사진이 결합 |
| 스트립(strip) 또는 단코스(course) 사진 | - 코 스<br>비행기가 사진촬영을 위해 비행기의 진행방향으로 이동하면서 연속적으로 사진을 촬영하는 경로<br>- 종중복<br>하나의 노선을 따라 이동하는 단코스 방향인 종방향으로 촬영된 연속된 사진을 중복시키는 것<br>- 스트립(strip)<br>종방향으로 중복된 여러 사진들을 연결하여 이어 붙인 접합사진 |
| 블록(block) 또는 복코스 사진 | - 여러 스트립 또는 여러 코스를 진행하여 촬영한 사진들을 횡방향으로도 집성하여 모자이크처럼 연결한 면을 이루는 사진들 |

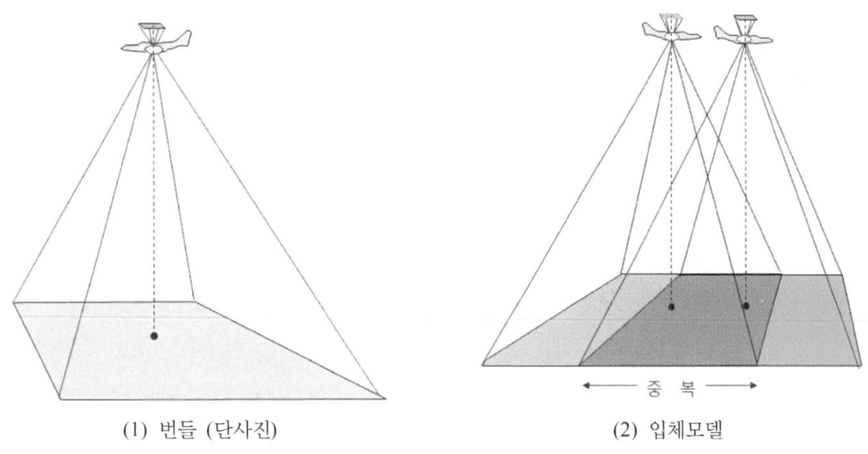


(1) 번들 (단사진) (2) 입체모델

그림 1-18. 번들과 모델

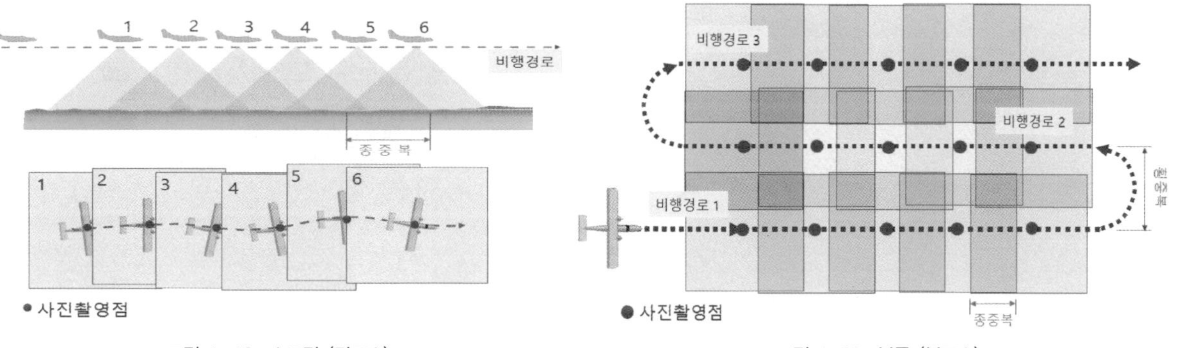


그림 1-19. 스트립 (단코스) 그림 1-20. 블록 (복코스)

## 2.5. 사진과 영상

과거의 사진(photograph)은 필름 면을 빛에 노출시키고 그곳에 수집된 빛의 양에 따라 광학적으로 발생한 태양광의 강도가 기록된 필름을 인화하고 현상하여 사용하였다. 기술의 발달로 현재 대부분의 사진기는 디지털 방식을 채택하고 있으며 이러한 발전으로 인하여 종래에 사진을 제작하던 방식과는 다른 기록방식으로 영상(image)을 저장하게 되었다. 이러한 영상의 저장방법은 복잡한 과정이 필요한 필름을 더 이상 사용하지 않게 하였으며 이렇게 수집된 영상은 영상소(pixel)의 형태로 수치값으로 기록하게 되었고, 이로 인해 일반적으로 사진이라고 하면 필름을 이용한 아날로그 방식, 영상이라고 하면 영상소 단위로 저장된 디지털 방식을 지칭하게 되었다.

**표 1-6. 사진과 영상**

| 종 류 | 사 진 | 영 상 |
|---|---|---|
| 특 징 | - 필름 면에 수집된 장면 | - 전자적으로 수집된 장면 |
| | - 필름상에 빛의 강도에 따라 화학반응을 통해 빛의 강도에 따라 반응 | - 유입되는 빛의 강도에 따라 전자신호 생성 |
| | - 0.3～0.9$\mu m$에서만 감지가 가능<br>- 수작업을 통한 보간 | - 다양한 전자기파로 수집되고 자동화 공정을 위해 디지털 형식으로 변환이 용이 |
| | - 간편, 저렴, 많은 활용, 공간의 미세한 사항을 높은 해상도로 수집 | - 다양하고 고가의 탐측기 사용 |

## 3 사진의 성질

### 1. 중심투영과 정사투영

대상 면에서 반사 또는 방사되는 전자기파는 렌즈의 중심을 통과하여 화면에 일직선상으로 상이 맺히게 된다. 중심투영(中心投影, central projection)은 대상물, 즉 피사체로부터 반사된 빛이 렌즈의 중심을 통과하여 필름 면에 투영되는 것을 말한다. 정사투영(正射投影, ortho projection)은 지도에 표현된 것과 같이 모든 위치 점이 바로 위에서 내려다 본 것처럼 모든 지점에서 연직방향으로 투영한 것이다.

높이차가 없는 지표면의 평탄한 곳에서는 중심투영에 의한 투영과 정사투영에 의한 투영이 동일하게 표현되지만 지표면에 비고(比高) 또는 굴곡(屈曲)이 있는 경우는 투영면이 변하게 되어 사진의 영상이 달라진다.

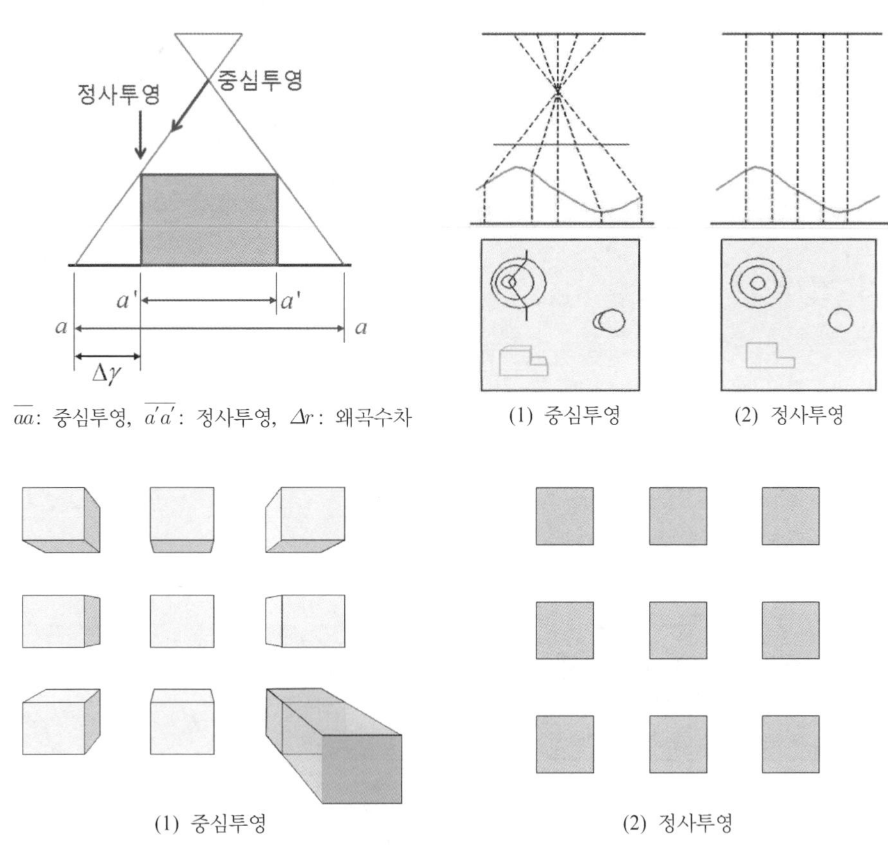


그림 1-21. 중심투영과 정사투영의 원리와 표현

왜곡수차(歪曲收差, distortion)는 이론적인 중심투영에 의하여 만들어진 점이 실제 점과 다른 위치에 투영된 것으로 이 변위가 정사투영과 중심투영의 차이이다. 이러한 왜곡수차를 보정하는 방법으로는 포로-코페(Porro-Koppe)의 방법, 보정판을 사용하는 방법, 그리고 화면 주점거리를 변화시키는 방법 등이 있다.

사진은 중심투영의 원리에 따른 투영으로 촬영되고 지도는 정사투영의 원리에 따라 제작된다.

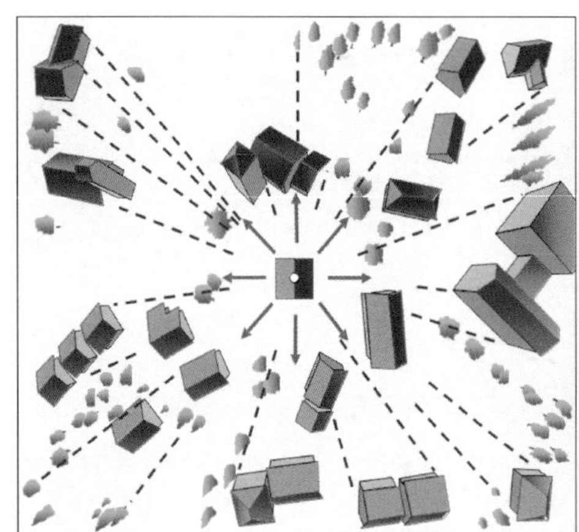

그림 1-22. 중심투영의 개념과 중심투영 사진

## 2. 사진의 특수3점

사진의 특수3점이란 주점, 연직점, 등각점을 말하며 사진의 성질을 설명하는데 중요한 점들이다. 이러한 특수3점에 대한 각각의 설명은 다음과 같다.

| | |
|---|---|
| (1) 주점<br>principal point | - 사진의 중심점으로서 렌즈의 중심에서 화면에 내린 수선의 발($m$)<br>- 렌즈의 광축과 사진 면이 교차하는 점<br>- 일반 항공사진에서는 사진의 지표가 교차하는 중심점을 사진의 주점으로 사용<br>- 엄밀수직사진 및 거의 수직사진에서 주점을 측량의 중심으로 사용 |
| (2) 연직점<br>nadir point | - 지상 연직점은 렌즈의 중심에서 지표에 내린 수선의 발($N$)<br>- 사진 연직점(또는 연직점)은 지상 연직점의 연장선과 사진이 만나는 점($n$)<br>- 렌즈 중심을 통과한 연직축과 사진 면의 교점<br>- 불규칙한 지역의 경사사진의 경우 측량의 중심으로 사용 |
| (3) 등각점<br>isocenter | - 사진 면과 직교하는 광축과 연직선이 이루는 각을 2등분하는 광선의 교차 점($j$)<br>- 주점과 연직점의 이등분선을 형성<br>- 완만한 경사지의 경사사진인 경우 등각점을 측량의 중심으로 이용 |

주점에서부터 연직점까지의 거리와, 주점에서부터 등각점까지의 거리의 계산은 그림 1-23으로부터 유도할 수 있으며 각각 다음 수식과 같다.

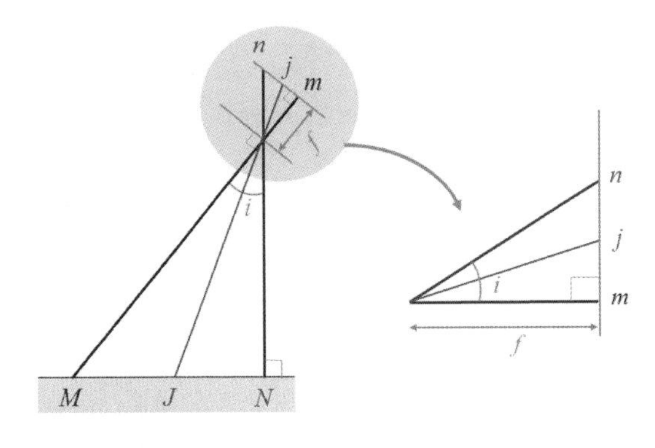


그림 1-23. 사진의 특수3점

$$\overline{mn} = f\tan i$$

$$\overline{mj} = f\tan\frac{i}{2}$$

여기서, $\overline{mn}$ : 주점에서 연직점까지의 거리

$\overline{mj}$ : 주점에서 등각점까지의 거리

## 3. 기복변위

앞에서 설명한 성질과 같이 사진은 중심투영의 특성을 가지고 있기 때문에 지표면에 기복이 있는 경우 사진 상에는 연직점을 중심으로 방사상(放射狀)의 변위(變位, displacement)가 발생하게 된다. 이와 같이 지상에 기복 또는 높낮이가 있는 경우 사진 면 상에 발생하는 변위를 기복변위(起伏變位, relief displacement)라 한다.

(1) 사진의 중심 부분에 촬영된 구조물

(2) 사진의 모서리 부분에 촬영된 구조물

그림 1-24. 기복변위

위의 그림은 동일 대상물에 대한 사진으로 왼쪽 사진은 사진의 중심부에 촬영된 구조물의 모습이고 오른쪽 사진은 사진의 모서리 부분에 촬영된 구조물의 사진이다. 이 사진에서 알 수 있듯이 사진의 중심에서는 높이에 관계없이 변위가 발생하지 않고 중심에서 멀어질수록 높이에 따라 변위가 발생하여 사진의 모서리에 촬영된 구조물은 벽면이 보인다는 예를 보여주고 있다.

## 3.1. 기복변위 원리

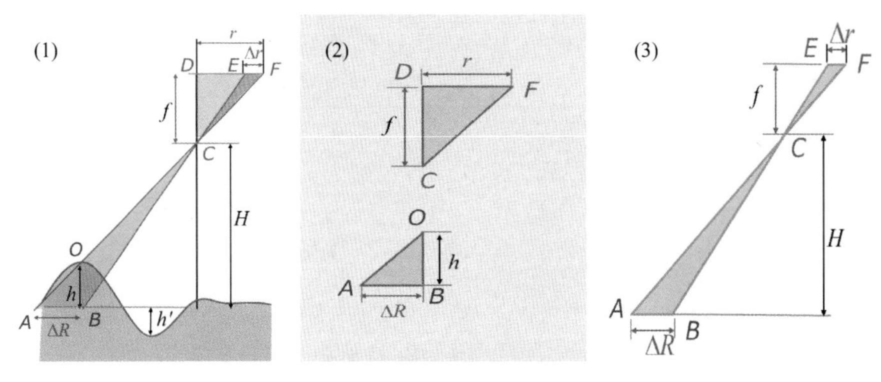


그림 1-25. 기복변위 원리

위 그림 1-25의 (1)과 (2)에서 삼각형 $\triangle ABO$와 $\triangle FDC$는 닮은꼴이므로 비례식으로 표현하면

$$\Delta R : h = r : f$$

이다. 따라서

$$\Delta R = \frac{h}{f} r \qquad ①$$

이다. 또한 그림 (1), (3)과 같이 삼각형 $\triangle ABC$와 $\triangle FEC$ 역시 닮은꼴이므로

$$\Delta R : H = \Delta r : f$$

로 표현할 수 있고, 따라서 다음 식 ②로 정리할 수 있다.

$$\Delta r = \frac{f}{H} \Delta R \qquad ②$$

①식의 $\Delta R$을 ②식에 대입하면 기복변위량을 구하는 공식을 유도할 수 있고 이 결과는 다음과 같이 정리할 수 있다.

$$\Delta r = \frac{f}{H}\Delta R = \frac{f}{H}\times\frac{h}{f}r = \frac{h}{H}r$$

여기서, $\Delta r$ : 기복변위량, $\Delta R$: 지상 변위량
$f$ : 렌즈 초점거리, $h$ : 비고
$H$ : 비행고도, $r$ : 연직점에서 기준면까지의 거리

### 3.2. 기복변위 특징

위 식에 표현된 것에서 유추할 수 있는 것과 같이 기복변위는 다음과 같은 특징이 있다. 기복변위는 비고 $h$에 비례하고 비행고도 $H$에 반비례한다. 또 연직점에서 기준면까지의 거리인 $r$이 커질수록 기복변위는 증가하게 된다.

이렇게 발생하는 기복변위량을 보정하기 위하여 지표가 튀어나온 돌출지역에서는 사진 중심으로부터 바깥으로 밀려나가는 왜곡이 발생하므로 안쪽으로 보정하여야 한다. 반대로 그림 1-25의 가장 왼쪽 그림에 나타난 것과 같이 지면보다 낮은 부분인 $h'$으로 표현된 움푹하게 들어간 함몰지역에서는 바깥쪽으로 이 왜곡을 보정해 주어야 한다.

# 4 사진에서 위치정보 추출

## 1. 입체시

입체시(立體視, stereoscopic vision)는 사진 상에서 3차원 좌표를 얻기 위해 같은 대상물을 서로 다른 지점에서 찍은 한 쌍의 사진을 이용하여 이를 3차원화한 것이다. 우리가 대상물이 멀고 가깝다고 느낄 수 있는 것은 두 눈을 통해 시차(視差, parallax, convergence)를 느끼게 되고 뇌에서는 이 시차를 이용하여 시차가 크면 가까운 위치에 대상물이 있고 시차가 작으면 대상물이 멀리 있다고 판단하기 때문이다.

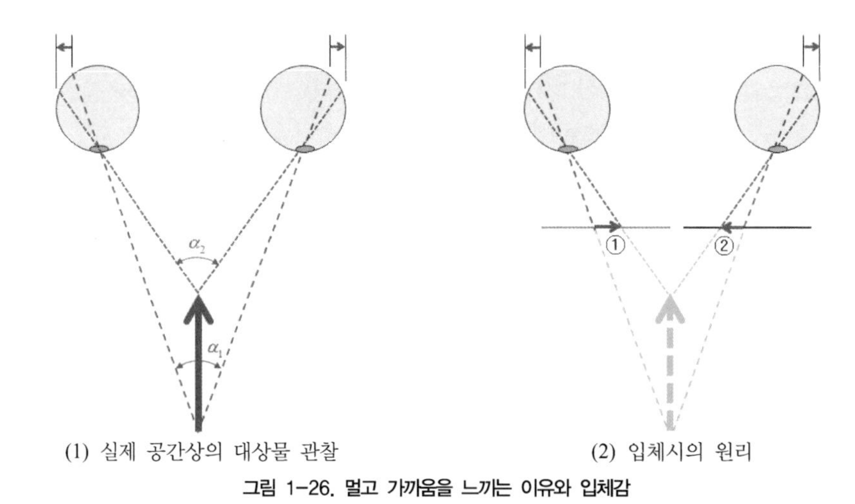


그림 1-26. 멀고 가까움을 느끼는 이유와 입체감

위의 그림 1-26의 (1)과 같이 3차원 공간상에 화살이 존재하고 화살 끝 부분보다 앞쪽에 있는 화살촉을 관찰하는 경우를 가정해 보자. 빛은 눈의 중심을 통해 망막에 상을 맺게 되고 화살촉을 바라볼 때 두 눈 사이의 시야각은 $\alpha_2$을 형성한다. 이 각은 상대적으로 멀리 있는 화살 끝을 관찰할 때의 시야각 $\alpha_1$보다 큰 각을 이루게 된다. 이 경우 우리는 두 눈을 통해 화살촉을 응시할 때의 시야각 $\alpha_2$가 화살의 끝을 볼 때의 시야각 $\alpha_1$보다 크다는 것을 뇌가 인식하고 그래서 우리는 화살촉이 화살의 끝보다 가깝다고 판단하게 된다.

만일 그림 (2)와 같이 실제로 화살이 없는 상태에서 화살의 상 ①, ② 두 개를 놓고 왼쪽 눈으로는 ①만, 오른쪽 눈으로는 ②만 각각 바라본다면 우리의 뇌는 양쪽 눈으로 들어온 상을 합성하여 마치 그림 (1)과 같이 화살이 3차원 공간상에 존재한다고 느끼게 된다. 이러한 원리를 이용하여 오른쪽 눈과 왼쪽 눈으로 각각 다른 영상을 보게 하

그림 1-27. 좌우 입체사진의 예

여 실제 3차원 상에 대상물이 있는 것처럼 느끼도록 하는 것이 입체시의 원리이다.

입체시의 원리를 이용하여 서로 다른 두 지점에서 촬영한 동일 대상물의 두 장의 사진 중에서 왼쪽 사진은 왼쪽 눈으로만 보고 오른쪽 사진은 오른쪽 눈으로만 보면 대상물이 3차원으로 느껴져서 멀고 가까움을 느낄 수 있다. 이 사진이 항공사진이라면 지표면에서 높고 낮음이 있는 기복을 확인할 수 있다.

일반적으로 입체시가 되기 위해서는 몇 가지 조건이 만족되어야 한다. 기선에 대한 고도의 비인 **기선고도비**(基線高度比, base-height ratio)가 적당해야 입체시를 얻을 수 있다. 또 두 사진의 축척 차이가 15% 이상인 사진에서는 입체시가 불가능하기 때문에 **비슷한 축척**의 사진을 사용하여야 한다. 인접한 사진의 경우 **촬영광축**은 동일 평면상에 있는 것이 좋다.

입체시는 **정입체시**(正立體視, orthoscopic vision)와 **역입체시**(逆立體視, pseudo-scopic vision)로 구분할 수 있다. 정입체시는 나오고 들어간 것이 대상물의 상태 그대로 느껴지는 것이고, 역입체시는 이와 반대로 튀어나온 부분은 들어간 것처럼 보이고 들어간 부분은 나온 것처럼 느껴지는 입체시를 말한다.

입체시는 입체시를 하는 방법에 따라 자연입체시와 인공입체시로 구분할 수 있고 인공입체시 방법에는 육안에 의한 방법, 렌즈식 입체시, 여색입체시, 편광입체시 등이 있다.

## 1.1. 육안 입체시

중복사진을 약 25$cm$ 정도의 명시거리(明視距離)에서 사진 상에 대응하는 점들이 시선과 평행하도록 약 6$cm$ 정도로 안기선(眼基線, eye baseline)의 길이보다 조금 짧게 하여 왼쪽 눈으로는 왼쪽 사진만 보고 오른쪽 눈으로는 오른쪽 사진만 보면 좌우의 영상이 하나로 합쳐지면서 입체감을 느낄 수 있다. 일반적으로 육안에 의한 입체시를 위해서는 훈련이 필요하다.

## 1.2. 입체경에 의한 입체시

### (1) 렌즈식 입체경

렌즈식 입체경(lens stereoscope)은 2개의 볼록렌즈를 사람의 안기선의 평균값인 65$mm$ 간격으로 놓고 조립한 것이다. 이 장치를 통해 사진을 볼 때 렌즈의 초점이 사진 면에 닿아 광각이 자연 상태에 가까워지기 때문에 쉽게 입체감을 얻을 수 있다. 그러나 렌즈의 왜곡수차(歪曲收差)로 인하여 상이 기울어지기 때문에 수평면에 굴곡이 있는 것처럼 보인다. 또 시야가 좁아지기 때문에 일부분은 잘 보이나 다른 부분은 굴절되어 보이게 되는 단점이 있다.

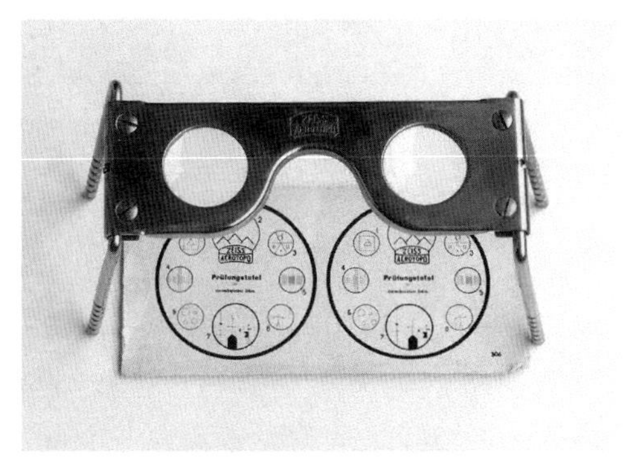

그림 1-28. 렌즈식 입체경

### (2) 반사식 입체경

반사식 입체경(反射式 立體鏡, mirror stereoscope)으로 입체사진을 보면 사진의 시야가 넓어 렌즈수차에 의한 굴곡감이 적게 느껴진다. 이 장치는 렌즈식 입체경의 결점을 보완하여 만든 것으로 사진에서 눈에 이르는 광로(光路)가 안기선의 여러 배인 25~30$cm$ 정도 되기 때문에 입체시가 한 번의 시야에서 이루어지며 입체감도 좋게 된다.

그림 1-29. 반사식 입체경

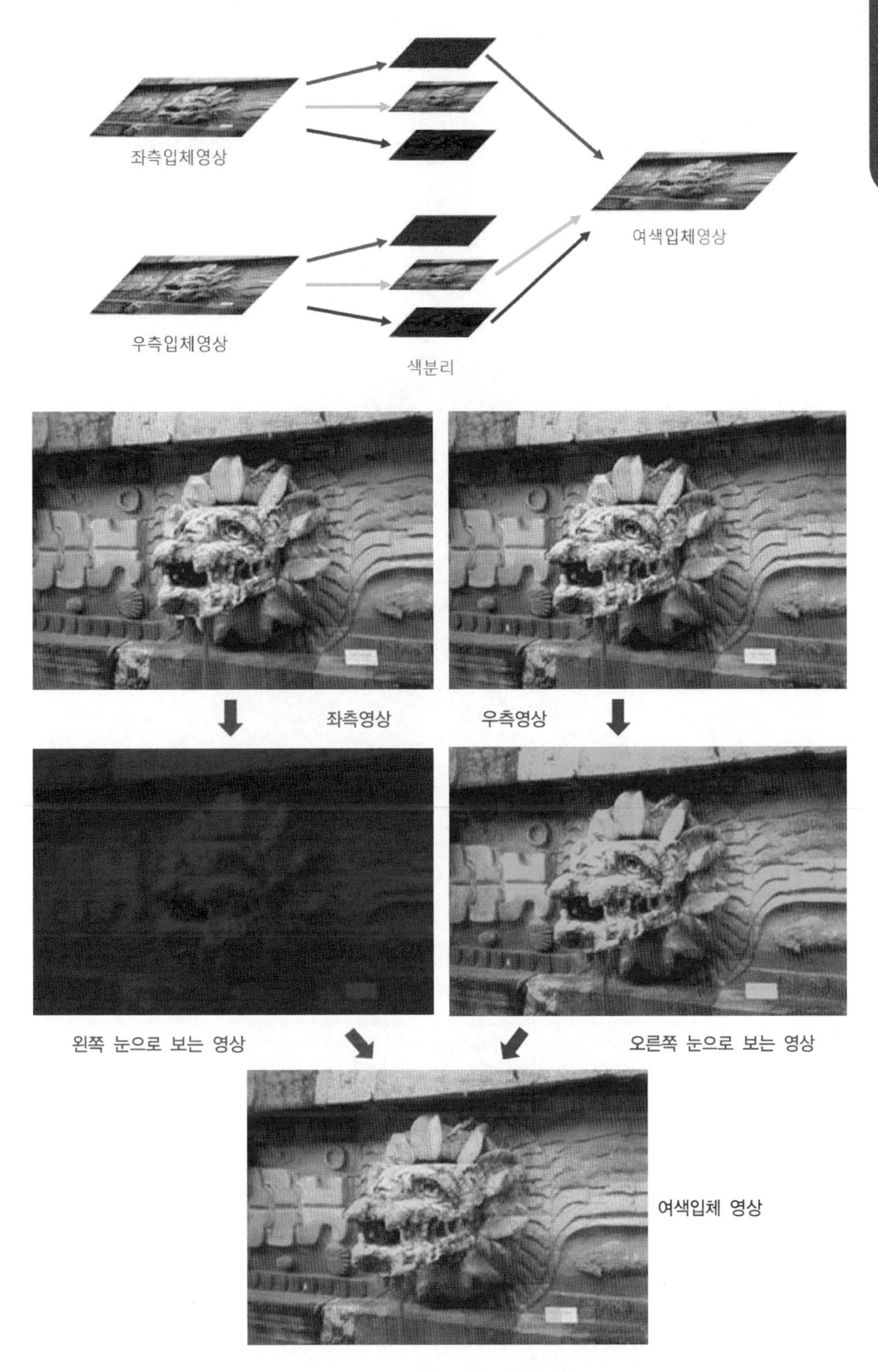


그림 1-30. 여색 입체사진 제작과정

## 1.3. 여색 입체시

여색(餘色, anaglyph or red-cyan) 입체시는 그림 1-30, 31에 표현된 것과 같이 여색 인쇄법으로 인쇄된 영상을 입체시하는 방법으로 이러한 입체시 방법을 애너글리프(anaglyph)에 의한 입체시라 한다. 이 방법은 한 쌍의 입체사진을 오른쪽은 빨간색으로 왼쪽은 파란색으로 현상하여 이것을 겹쳐 인쇄한 후 오른쪽은 파란색 렌즈로, 왼쪽은 빨간색 렌즈로 보아 입체감을 얻게 되는 입체시 방법이다.

그림 1-31. 여색 입체시 원리

## 1.4. 편광 입체시

여색입체시는 지금까지도 많이 활용되고 있지만 여색을 이용하여 우리 눈을 빨간색과 파란색으로 가려 색안경을 끼고 대상물을 보게 되기 때문에 천연색을 충분히 느낄 수 없다는 단점이 있다. 이러한 단점을 보완하기 위해 개발된 입체시 방법이 편광입체시(偏光立體視, vectograph stereoscope)이다. 그림 1-32에 표현된 것과 같이 편광입체시는 서로 직교하는 진동면을 갖는 두 개의 편광광선이 한 개의 편광면을 통과할 때 그 편광면의 진동방향과 일치하는 진행방향의 광선만 통과하고 여기에 광면과 직교하는 광선은 통과하지 못하도록 하는 성질을 이용하여 입체시하여 오른쪽과 왼쪽 눈에 각각 다른 영상을 전달하여 입체감을 느끼는 방법이다. 이 방법은 현재 3D 모니터나 영화관에서 많이 사용하고 있다.

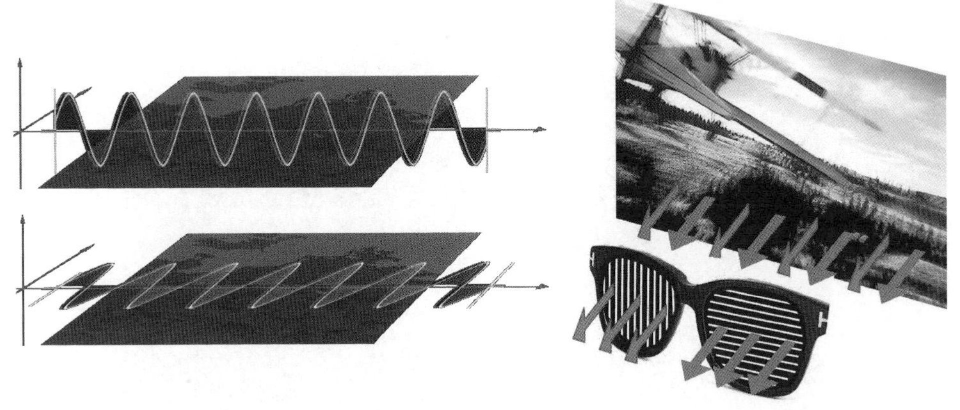

(1) 3차원 공간에서 편광 필터를 통과하는 전자기파의 파동 (2) 편광 필터에 의한 전자기파 분리

**그림 1-32. 편광 입체시 원리**

이 외에도 여러 장의 영상이 순간적으로 지나가는 영화의 원리와 같이 망막상의 잔상을 이용하여 입체시각을 얻는 순동입체시(瞬動立體視), 컬러에 의한 입체시, computer에 의한 입체시 등이 있으며, 최근 과학기술의 발달로 인하여 안경처럼 착용하여 영상을 전송받아 입체감을 느끼는 방법도 이용되고 있다. 이러한 기법은 입체시 자체보다는 입체경의 한계를 넘어 가상현실(假想現實, VR, Virtual Reality)과 증강현실(增强現實, AR, Augmented Reality)에 의한 데이터 체감방법에 보다 많이 활용되고 있다.

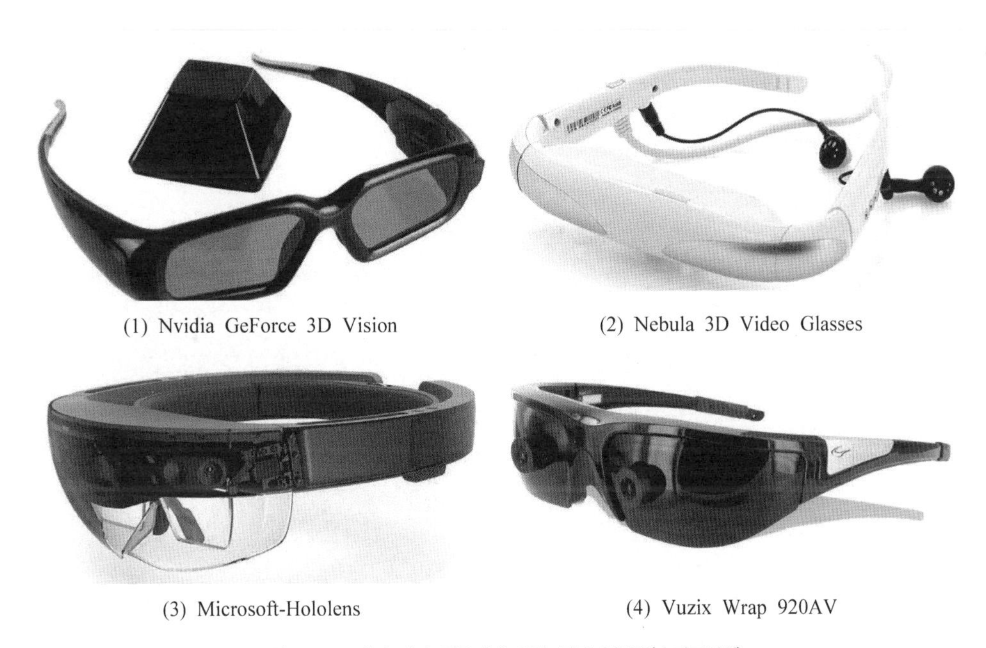

(1) Nvidia GeForce 3D Vision (2) Nebula 3D Video Glasses

(3) Microsoft-Hololens (4) Vuzix Wrap 920AV

**그림 1-33. 여러 가지 컴퓨터에 의한 전자 입체경(스마트안경)**

그림 1-34. 증강현실

## 2. 입체상의 변화

### 2.1. 부점

#### (1) 정의

부점(浮點, floating mark) 또는 관측표(觀測標, measuring mark)는 입체시에 의하여 공간 내 점의 위치를 측정하기 위하여 사용하는 미세한 목표점이다. 이 부점은 사진 상에서 지형의 높이를 결정하기 위해 사용된다.

#### (2) 원리

부점의 원리는 사진 상에서 지형을 도면화할 때 높이를 결정하기 위하여 사용된다. 그림 1-35와 같이 평행하게 놓인 두 개의 정사각형 판 위에 작은 삼각형 $M_1$, $M_2$를 종시차(縱視差, vertical parallax) $y$방향으로부터 일정한 거리에 두고 $O_1$, $O_2$의 점에서 입체시하면 두 관선이 만나서 공간상의 점 $P$가 형성된다. $M_1$을 $x$방향으로 좌우로 움직이면 상의 위치는 $\overline{O_1P}$ 선상의 연장을 따라 가까이 왔다가 멀어졌다가 하며 멀고 가까운 정도가 관측된다. 이처럼 관측할 수 있는 역할을 하는 점을 부점이라 한다.

계획한 높이로 $z$값을 고정시키고 입체시를 할 때 그림 1-35의 (1)과 같이 부점을 이동시키면 동일한 높이의 지형 등고선이 그려지며 컴퓨터와의 연결을 통해 실시간으로 저장할 수 있다.

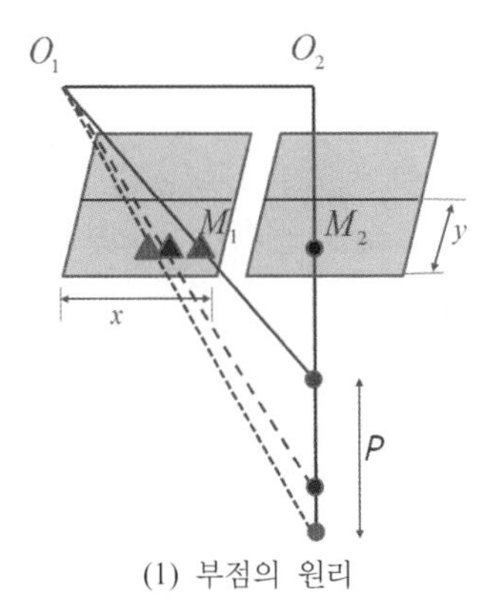

(1) 부점의 원리

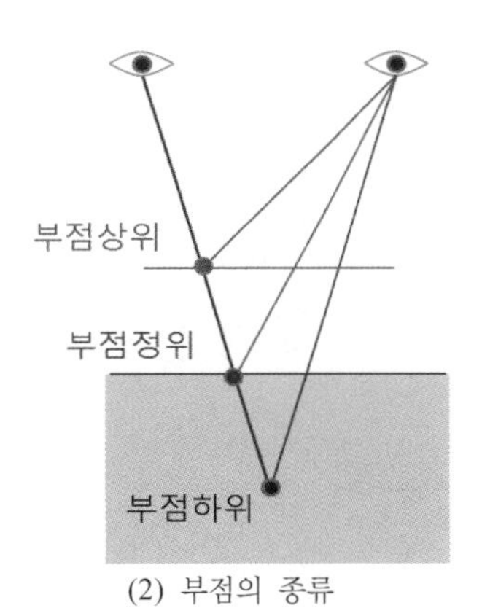

(2) 부점의 종류

그림 1-35. 부점

### (3) 위치에 따른 부점의 종류

| | |
|---|---|
| 부점정위 (on the ground) | - 입체시하였을 때 1점으로 안착되어 보이는 것 |
| 부점상위 (over the ground) | - 입체시하였을 때 실제보다 떠 보이는 것 |
| 부점하위 (under the ground) | - 입체시하였을 때 실제보다 가라앉아 보이는 것 |

그림 1-35의 (2)와 같이 관측을 할 때 부점이 떠 보이거나 가라앉아 보이는 것은 편의에 의해 발생하므로 올바른 높이값을 추출하기 위해서는 반드시 부점정위 상태에서 실시하여야 한다.

## 2.2. 기선고도비

기선고도비(基線高度比, base-height ratio)는 기선(基線, baseline)에 대한 고도(高度, height)의 비율을 나타내는 것으로 기선고도비가 큰 경우 대상물은 실제보다 과장되어 높게 혹은 낮게 있는 것처럼 보이게 된다. 기선고도비는 다음 식에 의해 구할 수 있다.

$$\text{기선고도비} = \frac{B}{H} = \frac{m\,b_o}{H} = \frac{m\,a(1-\frac{p}{100})}{H} = \frac{\frac{H}{f}a(1-\frac{p}{100})}{H}$$

여기서, $B$ : 기선 길이, $a$ : 사진 한 면의 길이
$H$ : 촬영 고도, $p$ : 종중복도
$m$ : 축척 분모수, $f$ : 초점 거리
$b_0$ : 사진 주점길이

위 식에 표현된 바와 같이 기선고도비는 기선길이 $B$가 클수록, 촬영고도 $H$가 작을수록, 그리고 초점거리 $f$가 짧을수록 큰 값을 갖게 된다. 초점거리가 짧은 카메라는 광각 카메라라는 것을 의미하며 따라서 초광각 카메라가 가장 기선고도비가 크다고 할 수 있다. 기선고도비가 크면 클수록 과고감은 증가하게 된다. 낮은 고도에서 촬영한 항공사진이 기선고도비가 크고 멀리 인공위성에서 촬영한 사진이 기선고도비가 작다는 것도 이 식을 통해 확인할 수 있다.

### 2.3. 과고감

과고감(過高感, vertical exaggeration)은 기선과 고도의 비로 높이가 실제의 크기보다 과장되어 보이는 현상을 말하며 기선고도비의 식으로 표현할 수 있다.

지상의 기복이 잘 나타나지 않는 평평한 지역에서는 경사가 있는 지형을 쉽게 판별하기 어렵지만 과고감을 인위적으로 크게 만들어 주면 이 지역에서 땅의 굴곡이 과장되게 표현되고 과고감이 증가되므로 굴곡지역을 쉽게 판단할 수 있다. 반면, 굴곡이 심한 지역에서는 모든 지역이 급한 경사와 높낮이를 갖고 있는 것처럼 보이기 때문에 오히려 판독에 방해요소로 작용하기도 한다. 과고감은 뒤의 6 **사진판독**에 설명되는 것과 같이 상호위치관계와 더불어 사진판독의 보조요소로 활용된다.

낮은 고도에서 촬영한 항공사진은 기선고도비가 크므로 큰 과고감을 갖게 되고 멀리 인공위성에서 촬영한 사진은 작은 기선고도비를 가지므로 과고감이 거의 없다.

### 2.4. 시차

한 쌍의 사진 상 동일점에 대한 상점(像點)은 그 점 연직방향의 아래에서 한 점으로 만나야 한다. 그러나 이 점이 만나지 못하는 경우가 발생하게 되고, 이때 발생하는 종횡의 시각적 오차를 시차(parallax)라고 한다.

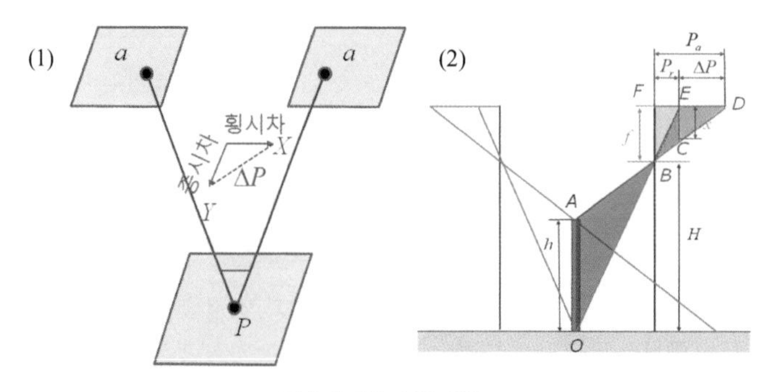


그림 1-36. 시차 원리

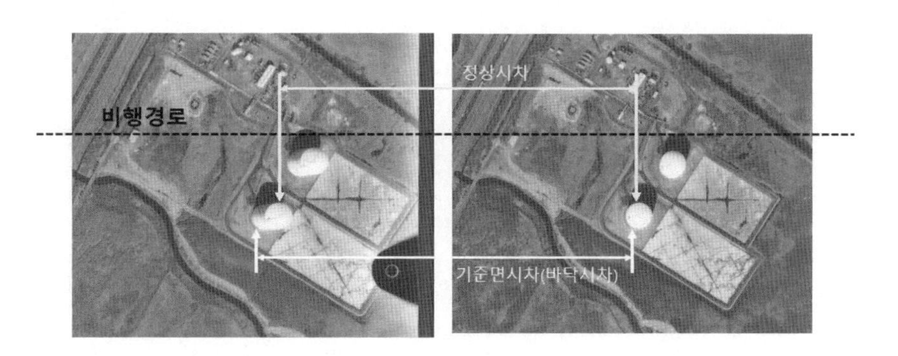


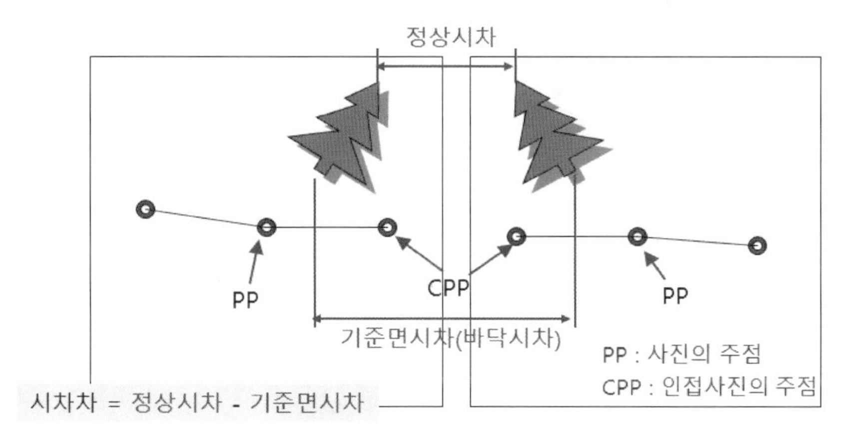


그림 1-37. 시차의 발생 및 계산

그림 1-36의 (2)에서 시차차(differential parallax) $\Delta P$는 정상시차(top parallax) $P_a$와 기준면시차(base parallax) $P_r$과의 차이이고 이를 식으로 표현하면 다음과 같다.

$$\Delta P = P_a - P_r$$

이때 정상 시차 $P_a$는 위 식을 이용하여 다음과 같이 표현할 수 있다.

$$P_a = \Delta P + P_r$$

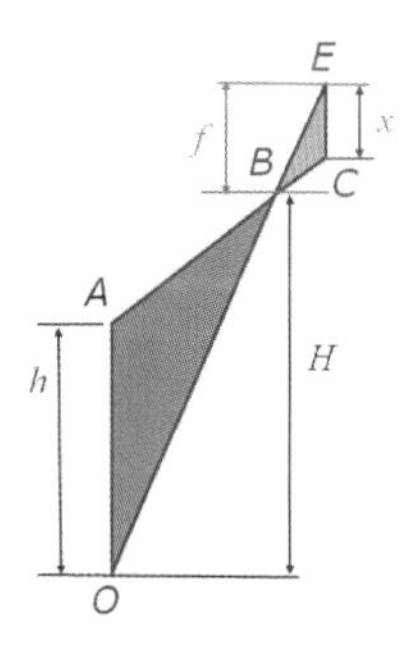

그림 1-36의 (2) 중 일부분인 위 그림에서 삼각형 $\triangle OAB$는 삼각형 $\triangle ECB$와 닮은꼴이므로 비례식을 세울 수 있다.

$$H : h = f : x \quad ①$$

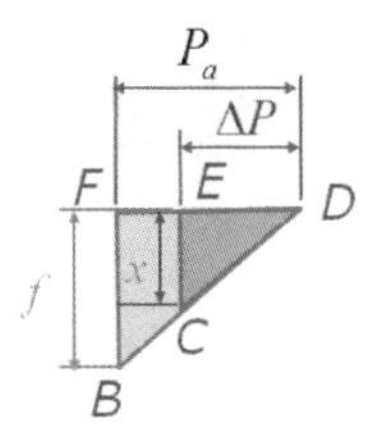


또 위 그림의 삼각형 $\triangle DBF$도 삼각형 $\triangle DCE$와 닮은꼴이므로

$$f : x = P_a : \Delta P \quad ②$$

로 정리할 수 있다. ①식과 ②식을 연합하면 다음의 비례식을 유도할 수 있다.

$$H : h = f : x = P_a : \Delta P$$

$$H : h = P_a : \Delta P \quad ③$$

따라서 ③식에 의해 비고 $h$는 다음과 같이 유도된다.

$$h = \frac{H}{P_a}\Delta P = \frac{H}{P_r + \Delta P}\Delta P \quad ④$$

이때, 기준면 시차 $P_r$ 대신 주점 기선길이(photo baseline) $b_o$를 관측한 경우 ④식은 다음처럼 바꿀 수 있고,

$$h = \frac{H}{b_o + \Delta P}\Delta P \quad ⑤$$

또 시차가 주점 기선길이보다 무시할 정도로 작다면 ⑤식은 다시 다음과 같이 바꾸어 쓸 수 있다.

$$h = \frac{H}{b_o}\Delta P \quad ⑥$$

⑥식에서 주점기선길이 $b_o = a\left(1 - \frac{p}{100}\right)$이므로 이를 대입하여 다시 정리하면, 시차

공식을 이용한 비고의 계산식은 다음과 같다.

$$h = \frac{H}{a\left(1 - \frac{p}{100}\right)} \Delta P$$

여기서, $h$ : 비고 $b_0$ : 주점 기선길이
$H$ : 촬영 고도 $p$ : 종중복도
$P_a$ : 정상 시차 $P_r$ : 기준면 시차
$\Delta P$: 시차차 $(P_a - P_r)$

## 3. 표정

표정(標定, orientation)은 사진측량에서 매우 중요한 과정 중 하나로 촬영 당시의 카메라와 대상물의 관계를 재현하는 것이다. 표정은 단계에 따라 구분하며 한 장의 사진내부에서 이루어지는 2차원 좌표변환인 경우를 내부표정(內部標定, inner orientation)이라 하고, 모델(model)이나 스트립(strip)을 형성하여 두 장 이상의 사진에서 3차원 좌표를 얻기 위해 수행하는 표정을 외부표정(外部標定, outer orientation)이라 한다. 이러한 사항을 요약하여 설명한 내용이 그림 1-38에 나타나 있다.

항공사진으로 촬영된 영상은 비행기가 계속 이동하면서 사진을 찍기 때문에 연직방향을 곧바로 내려다보고 찍는 사진인 엄밀수직사진(嚴密垂直寫眞, controlled ortho photo)을 얻기 어렵고 각 사진들은 모두 같은 축척과 같은 경사로 촬영되지 않기 때문에 촬영할 당시 카메라와 대상물 좌표계와의 관계를 재현하기 위하여 표정의 단계를 거쳐 사진을 해석한다.

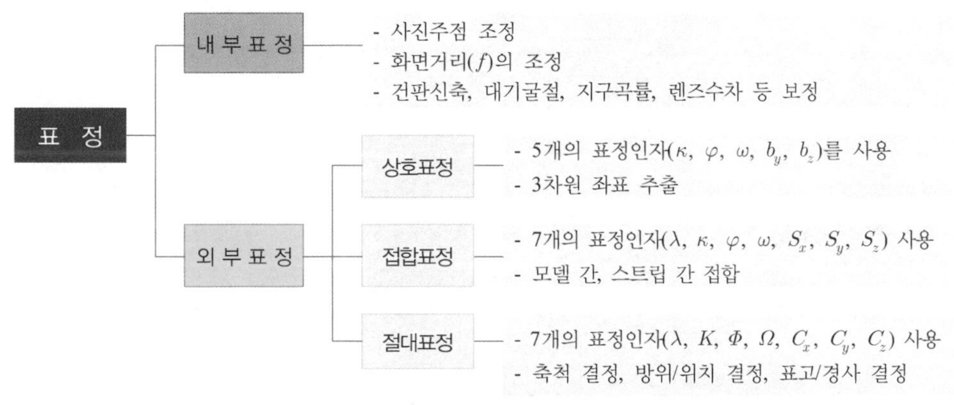


그림 1-38. 표정의 종류

### 3.1. 내부표정

내부표정(內部標定, inner orientation)은 도화기의 투영기를 촬영할 때와 똑같은 광학 관계를 갖도록 양화(陽畵)필름을 밀착시켜 사진좌표를 얻기 위한 좌표변환 작업이다. 한 장의 사진 내에서 사진의 주점조정, 화면거리(초점거리)의 조정, 건판신축의 조정, 대기굴절 및 지구곡률 보정, 렌즈의 수차 등을 보정하는 작업을 수행한다. 이 과정에는 원점의 이동이나 좌표계의 회전이 포함되며 6개의 미지수를 사용하여 표정을 수행한다.

표정방법은 양화필름의 네 개 지표를 건판지지기의 유리에 있는 네 개의 지표에 맞추어 사진주점과 투영기의 중심점을 일치시켜 주점 위치를 결정한 후 주점거리를 결정하는 방법으로 진행된다.

내부표정에서는 단계별로 기계좌표에서 지표좌표로 변환을 하고 다시 사진좌표로 변환하는 작업으로 수행되며 그 흐름은 다음과 같다.

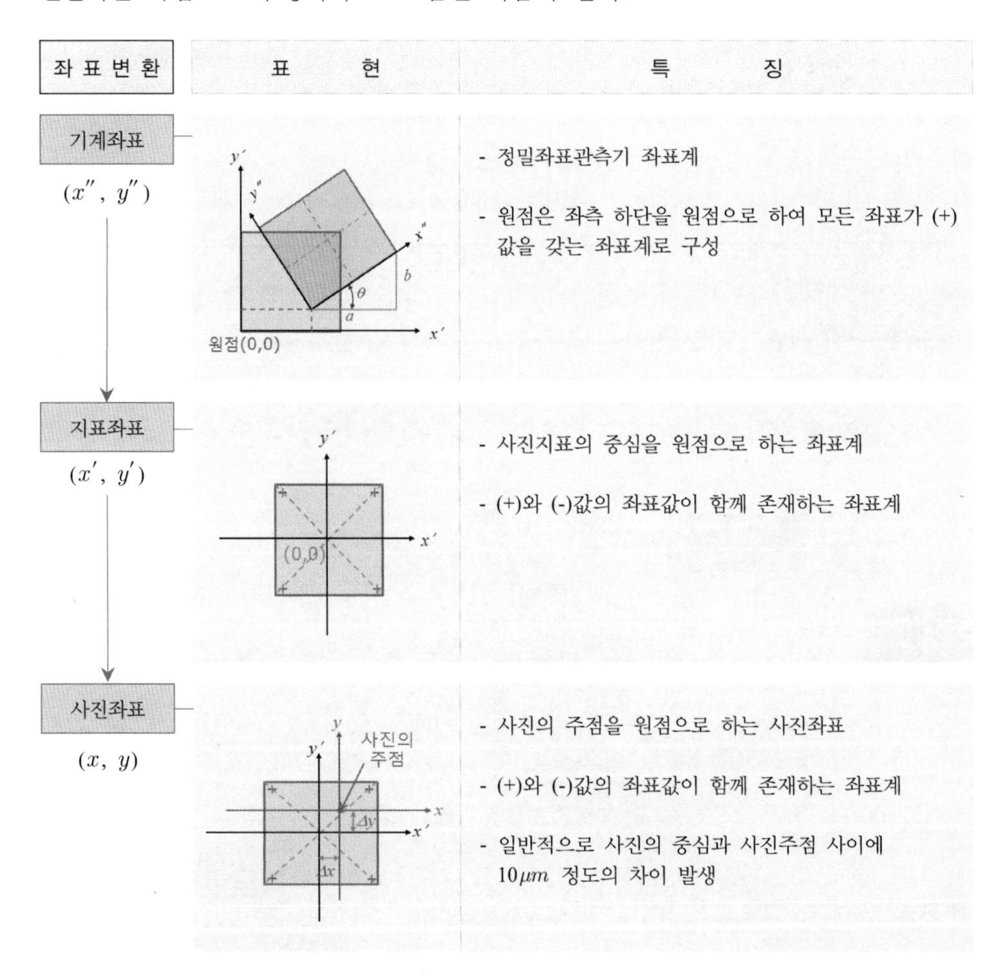


| 좌 표 변 환 | 표 현 | 특 징 |
|---|---|---|
| 기계좌표<br>$(x'', y'')$ | | - 정밀좌표관측기 좌표계<br>- 원점은 좌측 하단을 원점으로 하여 모든 좌표가 (+) 값을 갖는 좌표계로 구성 |
| 지표좌표<br>$(x', y')$ | | - 사진지표의 중심을 원점으로 하는 좌표계<br>- (+)와 (-)값의 좌표값이 함께 존재하는 좌표계 |
| 사진좌표<br>$(x, y)$ | | - 사진의 주점을 원점으로 하는 사진좌표<br>- (+)와 (-)값의 좌표값이 함께 존재하는 좌표계<br>- 일반적으로 사진의 중심과 사진주점 사이에 $10\mu m$ 정도의 차이 발생 |

### (1) 좌표 변환식

#### 1) 2차원 Helmert 변환

$$x' = ax'' - by'' = x_0$$
$$y' = bx'' + ay'' = y_0$$

$$\begin{bmatrix} x' \\ y' \end{bmatrix} \equiv \begin{bmatrix} a & -b \\ b & a \end{bmatrix} \begin{bmatrix} x'' \\ y'' \end{bmatrix} + \begin{bmatrix} x_o \\ y_o \end{bmatrix} = m \begin{bmatrix} \cos\theta & -\sin\theta \\ \sin\theta & \cos\theta \end{bmatrix} \begin{bmatrix} x'' \\ y'' \end{bmatrix} + \begin{bmatrix} x_o \\ y_o \end{bmatrix}$$

여기서, $a = m\cos\theta$, $b = m\sin\theta$

$m(축척) = (\sqrt{a^2 + b^2})$

$\tan\theta = \dfrac{b}{a}$

#### 2) 선형등각 사상변환(직교변환, conformal transformation)

$$\begin{bmatrix} x \\ y \end{bmatrix} = \frac{1}{a^2 + b^2} \begin{bmatrix} a & -b \\ b & a \end{bmatrix} \begin{bmatrix} x' \\ y' \end{bmatrix} + \begin{bmatrix} x_o \\ y_o \end{bmatrix}$$

#### 3) 부등각 사상변환(비직교변환, affine transformation)

$$\begin{bmatrix} x \\ y \end{bmatrix} = \frac{1}{a_1 b_2 - a_2 b_1} \begin{bmatrix} b_2 & -b_1 \\ -a_2 & b_1 \end{bmatrix} \begin{bmatrix} x' \\ y' \end{bmatrix} + \begin{bmatrix} x_o \\ y_o \end{bmatrix}$$

### (2) 사진중심과 사진주점이 일치하지 않는 원인

지표좌표($x'$, $y'$)에서 사진좌표($x$, $y$)를 얻을 때 사진의 주점과 지표를 연결한 사진의 중심이 일반적으로 10$\mu m$ 정도의 차이가 발생하게 된다. 이 원인으로는 사진기 렌즈의 왜곡, 필름의 변형, 지구곡률에 의한 오차, 대기굴절에 의한 오차 등이 있으며 이 중 가장 큰 왜곡의 원인이 되는 것은 렌즈의 왜곡(lens distortion)이다. 이 렌즈의 왜곡에는 다음과 같은 두 가지 종류가 있다.

| 구분 | 내용 |
|---|---|
| 방사왜곡<br>(放射歪曲) | - radial distortion<br>- 대칭형으로 발생하는 왜곡<br>- 방사왜곡의 크기는 사진기마다 다르지만 렌즈왜곡에 가장 큰 영향으로 작용<br>- 방사왜곡에 대한 보정식<br>$x = x' - \dfrac{x'}{\gamma}\Delta\gamma$<br>$y = y' - \dfrac{y'}{\gamma}\Delta\gamma$<br>여기서, $x$, $y$ : 사진좌표, $x'$, $y'$ : 지표좌표<br>$\Delta\gamma$ : 방사왜곡<br>$\gamma$ : 주점으로부터의 거리($\gamma = \sqrt{x'^2 + y'^2}$) |
| 접선왜곡<br>(接線歪曲) | - tangential distortion<br>- 비대칭형으로 발생<br>- 렌즈를 제작하거나 합성할 때 렌즈의 중심이 일치하지 않기 때문에 주로 발생 |

## 3.2. 외부표정

내부표정이 한 장의 사진 내부에서 사진의 위치를 바르게 수정하고 사진의 2차원 기하학적 관계를 재현하는 것이라면 외부표정(外部標定, exterior orientation)은 3차원 위치결정을 위해 여러 장의 사진을 해석하여 사진기 좌표와 모델 좌표를 얻어 내고, 이를 통해 지상의 절대좌표(絶對座標, absolute coordination)를 얻기 위한 표정방법이다. 외부표정은 그 해석단계에 따라 각각 상호표정, 접합표정, 절대표정으로 구분할 수 있다.

### (1) 상호표정

상호표정(相互標定, relative orientation)은 사진과 지상과의 관계는 고려하지 않고 사진좌표에서 공선조건과 공면조건식을 이용하여 모델좌표를 구하는 단계적인 해석방법이다. 상호표정은 좌우 사진의 양 투영기에서 나오는 광속(光束)이 이루는 종시차(y-parallax)를 소거하여 목표 지형물의 상대위치를 맞추어 한 모델 전체가 완전입체시되도록 하는 작업으로 상호표정을 끝내면 3차원 입체모델 좌표가 얻어진다. 상호표정에서 불완전모델이란 입체모델의 일부가 수면이나 구름에 가려서 표정점 6점의 배치를 이상적으로 할 수 없는 모델을 의미한다.

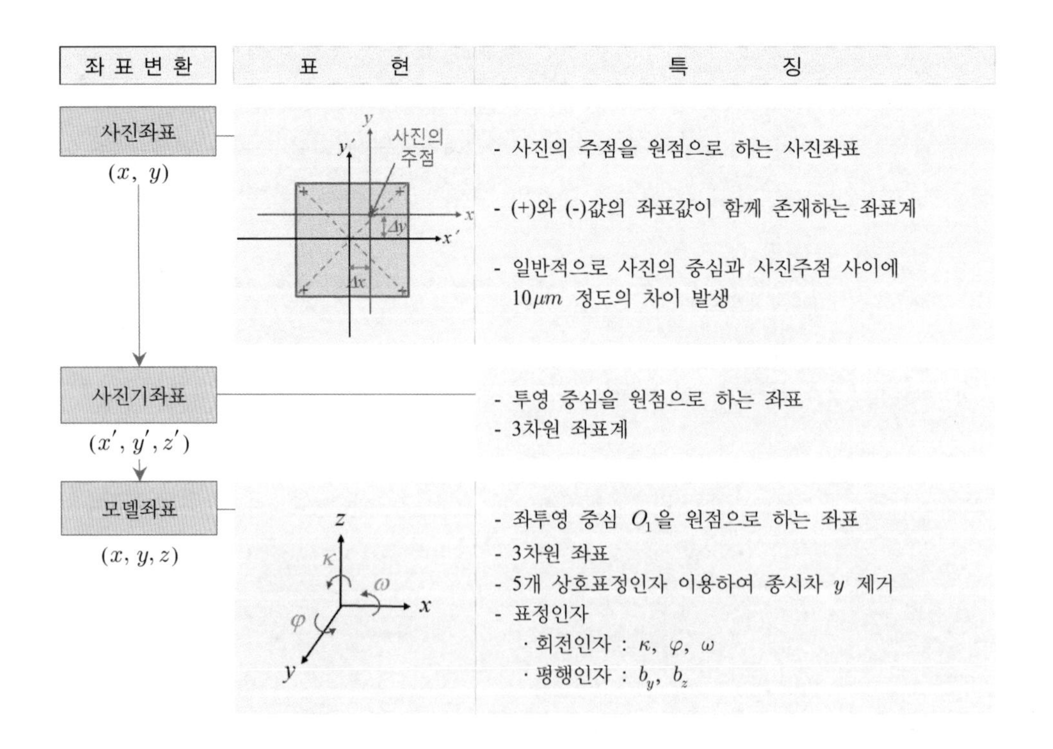

상호표정에서 사용하는 표정인자는 5가지로 $\kappa$, $\varphi$, $\omega$로 구성되는 회전인자(回轉因子)와 $b_y$, $b_z$로 구성되는 평행인자(平行因子)가 있다. 이들 인자를 이용하여 공선조건과 공면조건식에 의해 계산을 하면 3차원 스트립좌표($x_o, y_o, z_o$)를 얻을 수 있고 계속하여 3차원 절대좌표($X, Y, Z$)를 결정할 수 있다.

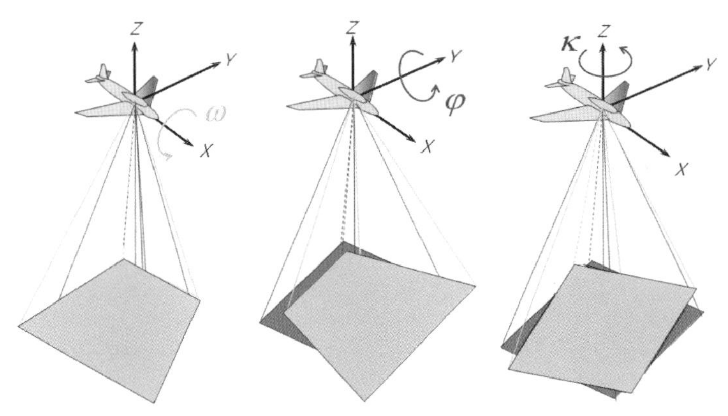


그림 1-39. 상호표정에서의 3차원 운동

1) **상호표정 인자의 작용**

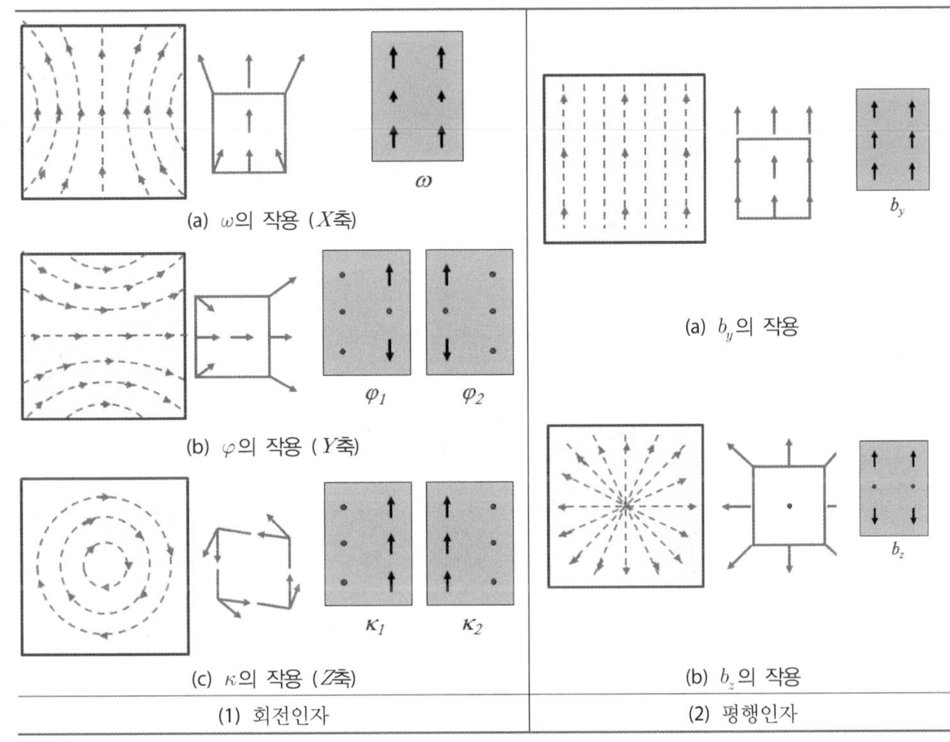


그림 1-40. 상호표정 인자의 작용

### 2) 공선조건

공선조건(共線條件, collinearity condition)은 3차원 공간상의 한 점 $P(X_p, Y_p, Z_p)$에서 출발한 빛이 사진기의 촬영중심 $O(X_0, Y_0, Z_0)$를 통과하여 사진 상의 점인 상점(像點) $p(x,y)$ 위에 맺히게 될 때 이 세 점은 동일 직선 위에 있어야 한다는 조건이다.

그림 1-41에서

$$\begin{bmatrix} X_p - X_0 \\ Y_p - Y_0 \\ Z_p - Z_0 \end{bmatrix} = R \begin{bmatrix} x \\ y \\ -f \end{bmatrix} = \begin{bmatrix} m_{11}x + m_{12}y - m_{13}f \\ m_{21}x + m_{22}y - m_{23}f \\ m_{31}x + m_{32}y - m_{33}f \end{bmatrix}$$

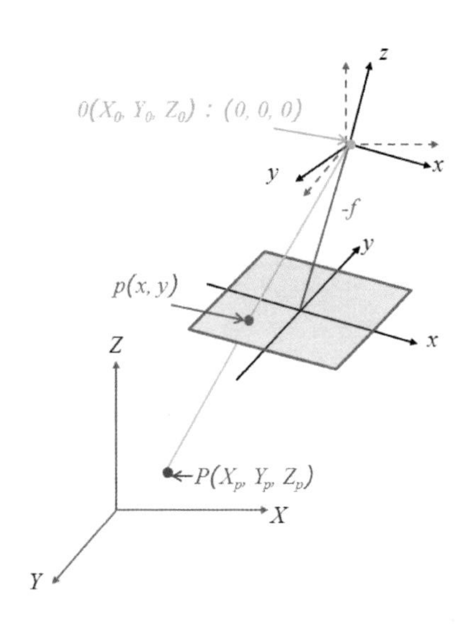


그림 1-41. 공선조건

여기서, $R$은 3차원 축 방향에 대한 회전행렬로

$$R_\kappa = \begin{bmatrix} \cos\kappa & \sin\kappa & 0 \\ -\sin\kappa & \cos\kappa & 0 \\ 0 & 0 & 1 \end{bmatrix},\ R_\varphi = \begin{bmatrix} \cos\varphi & 0 & -\sin\varphi \\ 0 & 1 & 0 \\ \sin\varphi & 0 & \cos\varphi \end{bmatrix},\ R_\omega = \begin{bmatrix} 1 & 0 & 0 \\ 0 & \cos\omega & \sin\omega \\ 0 & -\sin\omega & \cos\omega \end{bmatrix}$$

이 되며

$$\frac{X - X_0}{X_p - X_0} = \frac{Y - Y_0}{Y_p - Y_0} = \frac{Z - Z_0}{Z_p - Z_0}$$

이므로 공선조건식은 다음과 같이 표현할 수 있다.

$$x(X,Y,Z : \omega,\varphi,\kappa,X_0,Y_0,Z_0,x_0,y_0,f) = x_0 - f\frac{a_{11}(X_p - X_0) + a_{12}(Y_p - Y_0) + a_{13}(Z_p - Z_0)}{a_{31}(X_p - X_0) + a_{32}(Y_p - Y_0) + a_{33}(Z_p - Z_0)}$$

$$y(X,Y,Z : \omega,\varphi,\kappa,X_0,Y_0,Z_0,x_0,y_0,f) = y_o - f\frac{a_{21}(X_p - X_o) + a_{22}(Y_p - Y_0) + a_{23}(Z_p - Z_0)}{a_{31}(X_p - X_o) + a_{32}(Y_p - Y_0) + a_{33}(Z_p - Z_0)}$$

이 공선조건식은 3점의 지상기준점을 이용하여 투영중심 $O$의 좌표($X_0$, $Y_0$, $Z_0$)와 표정인자($\omega$, $\varphi$, $\kappa$)를 구하는 공간 후방교회법과 이에 의해 결정된 6개의 표정인자의 상점 ($x$, $y$)를 이용하여 새로운 지상점의 좌표($X_p$, $Y_p$, $Z_p$)를 구하는 공간 전방교회법에 이용된다.

### 3) 공면조건

공면조건(共面條件, coplanarity condition)은 오른쪽 그림과 같이 좌투영 중심 $O_1$, 우투영 중심 $O_2$, 지상점 $P$와 왼쪽 사진의 상점 $p_1$, 오른쪽 사진의 상점 $p_2$가 한 평면 내에 있어야 한다는 조건이다.

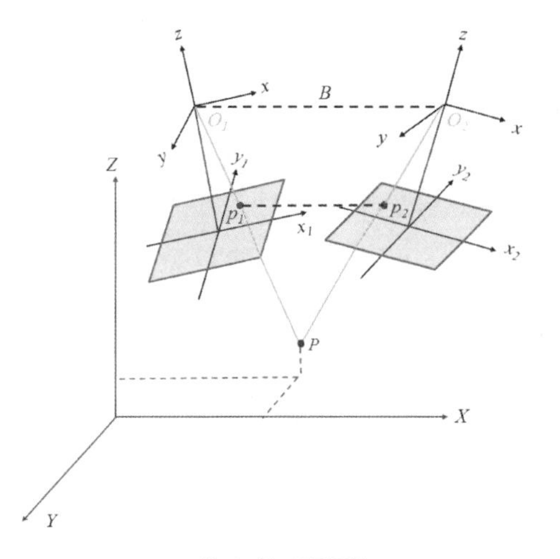

그림 1-42. 공면조건

삼차원 공간에서의 평면의 일반식은

$$AX+BY+CZ+D=0$$

이고 공간상의 임의의 점 $P$의 상점 $p_1(x_{p1}, y_{p1})$, $p_2(x_{p2}, y_{p2})$가 동일 평면 내에 있기 위한 조건은 다음과 같다.

$$\begin{bmatrix} X_{o1} & Y_{o1} & Z_{o1} & 1 \\ X_{o2} & Y_{o2} & Z_{o2} & 1 \\ X_{p1} & Y_{p1} & Z_{p1} & 1 \\ X_{p2} & Y_{p2} & Z_{p2} & 1 \end{bmatrix} \begin{bmatrix} A \\ B \\ C \\ D \end{bmatrix} = \begin{bmatrix} 0 \\ 0 \\ 0 \\ 0 \end{bmatrix}$$

따라서 네 점 ($O_1$, $O_2$, $p_1$, $p_2$)가 동일평면 내에 있기 위한 조건인 공면조건을 만족하기 위해서는 다음 조건을 만족해야 한다.

$$\begin{vmatrix} X_{o1} & Y_{o1} & Z_{o1} & 1 \\ X_{o2} & Y_{o2} & Z_{o2} & 1 \\ X_{p1} & Y_{p1} & Z_{p1} & 1 \\ X_{p2} & Y_{p2} & Z_{p2} & 1 \end{vmatrix} = 0$$

기선 $B$의 $(x,y,z)$ 성분을 $b_x, b_y, b_z$라 하면 이것과 $O_1$의 좌표의 관계식을 이용하여 $O_2$의 좌표를 계산하면 $O_2(X_{o1}+b_x, Y_{o1}+b_y, Z_{o1}+b_z)$이다. 또한

$$\begin{bmatrix} X_1 \\ Y_1 \\ Z_1 \end{bmatrix} = R_1 \begin{bmatrix} x_{p1} \\ y_{p1} \\ -f \end{bmatrix}, \quad \begin{bmatrix} X_2 \\ Y_2 \\ Z_2 \end{bmatrix} = R_2 \begin{bmatrix} x_{p2} \\ y_{p2} \\ -f \end{bmatrix}$$

여기서, $R_1$, $R_2$: 3차원 축 방향에 대한 회전행렬

이므로 위 공면조건식은 다음과 같이 간략하게 나타낼 수 있다.

$$\begin{vmatrix} b_x & b_y & b_z \\ X_1 & Y_1 & Z_1 \\ X_2 & Y_2 & Z_2 \end{vmatrix} = 0$$

#### 4) 에피폴라 기하

최근 수치사진측량 기술이 발달함에 따라 입체사진에서 영상정합(映像整合, image matching)을 위한 공액점(共軛點, epipolar point)을 찾는 공정이 자동화되고 있다.

공액요소의 결정에는 에피폴라 기하(epipolar geometry)를 이용하며 영상정합을 하는 방법에 대해서는 **제2장 원격탐측**에서 자세히 다루기로 하고 여기에서는 에피폴라에 대한 간단한 설명만 하도록 한다. 에피폴라 기하는 다음과 같은 특징이 있다.

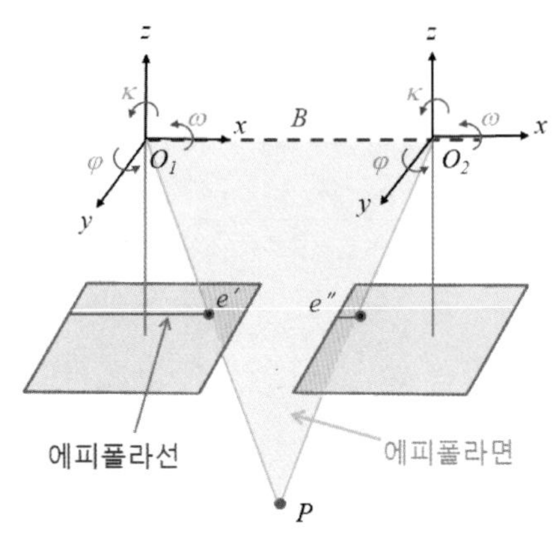


그림 1-43. 에피폴라 기하

| |
|---|
| - 에피폴라선(epipolar line)과 에피폴라면(epipolar plane)이 공액요소 결정에 이용 |
| - 에피폴라 평면은 투영중심 $O_1$, $O_2$와 지상점 $P$에 의해 정의 |
| - 에피폴라선 $e'$와 $e''$은 평면과 에피폴라 면의 교차점 |
| - 에피폴라선을 이용하며 공액점 결정에서 탐색영역을 축소시킬 수 있으므로 공액점 탐색에 필요한 시간을 단축 |
| - 공액점 결정에 실제로 적용하기 위해서는 수치영상의 행과 에피폴라선이 평행이 되도록 하며 이러한 입체쌍(stereo pair)을 정규화 영상(normalized image)이라 정의 |

### (2) 접합표정

비행기가 하나의 경로를 따라 이동하며 촬영한 한 코스(course)에서 여러 입체사진에 대해 각각 독립적으로 모델을 형성하면 각각의 사진들이 경사와 축척이 모두 다르므로 모델의 경사와 축척도 모두 달라지게 된다. 각 모델을 연결하여 스트립을 형성하기 위해서는 경사와 축척을 통일시켜야 하고 인접한 두 개의 모델을 접합하는 과정에서 두 모델 모두에 이용할 수 있는 접합점(종접합점, pass point)이 있어야 한다.

접합표정(接合標定, successive orientation)은 인접한 두 개 모델에 공통인 요소를 이용하여 모델의 경사와 축척을 통일시켜 한 개의 통일된 코스 좌표계로 순차적으로 변환하는 작업이다. 즉, 접합표정은 한 쌍의 입체사진 내에서 한쪽의 표정인자는 전혀 움직이지 않고 다른 한쪽만 움직여서 움직이지 않은 쪽으로 접합시키는 것이다. 이 과정에서는 모델과 모델의 접합, 모델과 스트립의 접합, 스트립과 스트립의 접합 등 사진집성을 위해 모델좌표($x, y, z$)에서 스트립좌표($x_o, y_o, z_o$)를 얻기 위해 단계적인 해석을 수행한다.

일반적으로 접합표정에서는 7개의 표정인자($\lambda$, $\kappa$, $\varphi$, $\omega$, $S_x$, $S_y$, $S_z$)를 사용하지만 경우에 따라 단입체모델인 경우에는 접합표정을 생략한다. 여기서, $\lambda$는 인근 모델 사이의 축척을 조정하기 위한 축척계수이고, $\kappa, \varphi, \omega$는 각각 $z$, $y$, $x$축에 대한 회전인자이며, $S_x, S_y, S_z$는 노출점 좌표의 이동량을 표현한 것이다.

투영중심을 연결한 선을 모델좌표의 $X$축으로 하고 회전각만을 표정요소로 할 때 접합표정은 다음 식과 같이 표현한다.

$$\begin{bmatrix} X_{oi} \\ Y_{oi} \\ Z_{oi} \end{bmatrix} = \begin{bmatrix} X_{oi-1} \\ Y_{oi-1} \\ Z_{oi-1} \end{bmatrix} + S_{i-1} R_{i-1} R_i R^T_{(i-1)} \begin{bmatrix} b_x \\ 0 \\ 0 \end{bmatrix}$$

### (3) 절대표정

절대표정(絶對標定, absolute orientation)은 대지표정(大地標定)이라고도 하며 $\lambda$, $K$, $\Phi$, $\Omega$, $C_x$, $C_y$, $C_z$ 7개의 표정인자를 사용하여 스트립좌표 ($x_o, y_o, z_o$)에서 절대좌표 ($X, Y, Z$)를 결정하는 표정이다. 절대표정에서는 축척을 결정하고, 방위 및 위치를 잡으며, 수준면 조정 등을 통해 변위 없는 절대좌표를 계산하게 되는데 이것이 표정의 마지막 단계이다. 여기서, $\lambda$는 앞의 접합표정에서와 같이 축척계수이고, $K, \Phi, \Omega$는 각각 $z, y, x$축에 대한 회전인자이며, $C_x, C_y, C_z$는 축척인자이다.

절대표정은 모델좌표, 스트립좌표 및 블록좌표의 가상 3차원 좌표로부터 표정 기준점좌표를 이용하여 축척과 경사 등을 조정함으로써 절대좌표를 얻는 과정으로 다음 식과 같이 표현한다.

$$\begin{bmatrix} X_G \\ Y_G \\ Z_G \end{bmatrix} = C \cdot R \begin{bmatrix} X_m \\ Y_m \\ Z_m \end{bmatrix} + \begin{bmatrix} X_o \\ Y_o \\ Z_o \end{bmatrix}$$

위 식에 포함된 미지의 외부표정요소는 $C$, $X_o$, $Y_o$, $Z_o$ 및 $R$을 구성하는 세 개의 회전각 $K$, $\Phi$, $\Omega$의 7개이다. 절대표정을 하기 위해서는 최소한 2점의 3차원 좌표 ($X, Y, Z$)와 1점 이상의 높이좌표 ($Z$)가 있어야만 수행이 가능하다.

# 4. 항공삼각측량

항공삼각측량(航空三角測量, aerial photogrammetry)은 입체도화기 및 정밀좌표관측기에 의하여 사진 위에 있는 수많은 점들의 좌표($X$, $Y$, $Z$)를 관측한 후, 소수의 지상기준점 성과를 이용하여 관측된 무수한 점들의 좌표를 전자계산기, 컴퓨터, 블록 조정기 및 해석적 방법 등으로 절대좌표를 환산해 내는 기법이다. 항공삼각측량은 사진단위, 모델단위, 스트립단위에 의해 형성된 블록에 의해 조정된다.

## 4.1. 항공삼각측량의 장점

항공삼각측량을 수행하면 시간과 경비를 절약할 수 있고 소요되는 표정점이 감소될 수 있다. 또한 항공삼각측량은 높은 정확도를 갖는 좌표값의 관측이 가능하고 경제적인 측량을 수행할 수 있도록 한다.

## 4.2. 항공삼각측량의 분류

<table>
<tr><td rowspan="2">촬영 경로 수에 따른 분류</td><td>스트립(단코스)조정</td><td colspan="3">- 하나의 코스 사진들을 이용하여 항공삼각측량 수행하는 경우 이용</td></tr>
<tr><td>블록 조정</td><td colspan="3">- 여러 코스의 사진들을 이용하여 항공삼각측량 수행하는 경우 이용</td></tr>
<tr><td rowspan="3">조정 기본 단위의 종류에 의한 분류</td><td>단사진(번들)</td><td colspan="3">- 번들조정(bundle adjustment)</td></tr>
<tr><td>스트립</td><td colspan="3">- 독립모델조정(IMT, Independent Model Triangulation)</td></tr>
<tr><td>블 록</td><td colspan="3">- 다항식조정(polynomial adjustment)</td></tr>
<tr><td rowspan="8">조정방법에 따른 분류</td><td rowspan="4">기계법<br>(도화법)</td><td colspan="3">- 멀티플렉스(multiplex)와 같이 여러 개의 투영기를 갖는 도화기를 이용하거나 사선법과 같은 물리적 수단을 이용하는 경우 점의 평면 및 높이위치를 도면상에 표시한 후 도해적으로 조정하는 방법</td></tr>
<tr><td rowspan="3">종 류</td><td>단사진</td><td>- 도해사선법<br>- slotted template</td></tr>
<tr><td>모 델</td><td>- stereo template<br>- ITC analog computer<br>- 독립모델조정법</td></tr>
<tr><td>스트립</td><td>- 도해법<br>- aeropolygon법<br>- ITC analog computer</td></tr>
<tr><td rowspan="4">해석법</td><td colspan="3">- 도화기를 이용하여 내부 상호표정(경우에 따라 접합표정)에 의한 좌표를 관측한 후 모델, 스트립 및 블록좌표조정을 수치계산에 의해 수행하는 경우에 이용<br>- 정밀좌표관측기를 사용하여 상좌표를 얻고 해석적 표정을 거쳐 모델, 스트립 및 블록조정을 하여 다음 점의 평면위치 및 높이를 좌표값으로 표현하고 수치계산에 의해 조정</td></tr>
<tr><td rowspan="3">종 류</td><td>단사진</td><td>- 번들조정법<br>- 해석적 사선법</td></tr>
<tr><td>모 델</td><td>- 독립모델조정법</td></tr>
<tr><td>스트립</td><td>- 다항식조정법(스트립조정)</td></tr>
</table>

## 4.3. 항공삼각측량의 작업 순서

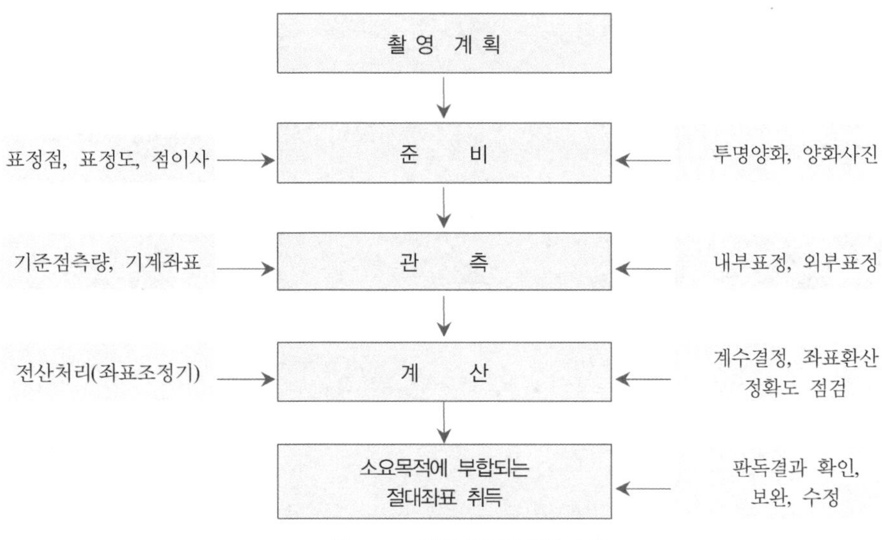


그림 1-44. 항공삼각측량 작업 순서

## 4.4. 배치 계획

(1) 스트립(strip) 배치 계획

스트립은 10~15개의 입체사진마다 배치하는 것을 원칙으로 하며 일반적으로 첫 모델에 세 점에서 네 점을, 4~5모델마다 한 점씩을 배치하며 마지막에 두 점을 배치한다. 이 경우 삼각점은 $x, y$평면에서 축척 조정에 이용되며 일반적으로 7점을 배치하고, 수준점은 높이($z$)에 관한 조정에 이용되며 일반적으로 6점이 사용된다.

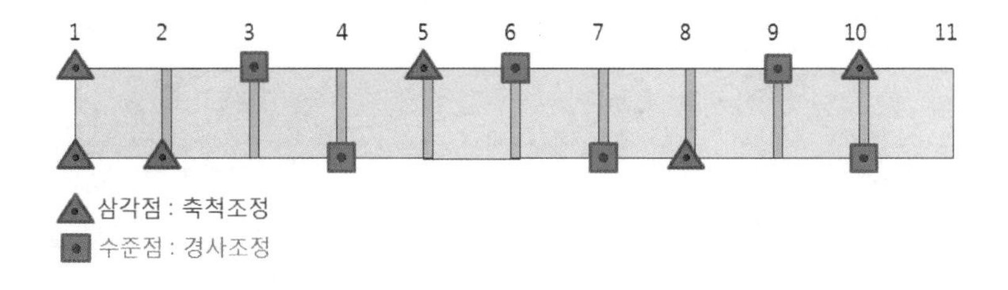


그림 1-45. 스트립 배치 계획 예

(2) 블록(block) 배치 계획

블록에서의 표정점 배치에서는 다음 그림 1-46의 예와 같이 일반적으로 축척 조정에 관계되는 삼각점은 외곽에 배치하고 경사 조정에 관계하는 수준점은 횡방향으로 배치하여 조정을 수행하기 된다.

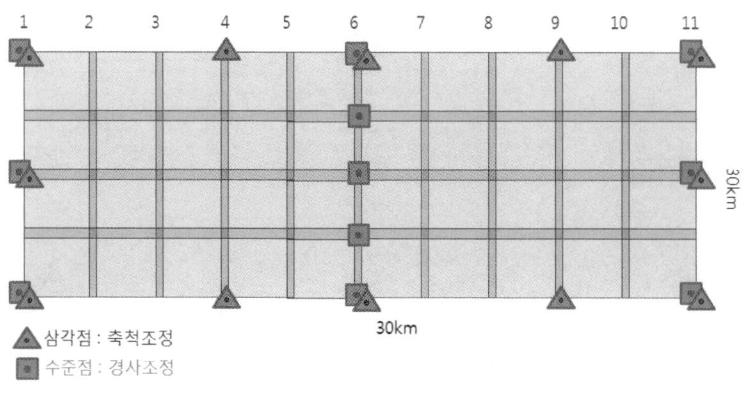


그림 1-46. 블록 배치 계획 예

위 그림 1-45와 46에 나타난 예는 조정을 하기 위한 배치계획의 한 예를 표현한 것으로 실제 조정 작업에서는 작업내용이나 경험에 따라 적절히 배치를 하여 수행하게 된다.

## 5. 편위수정

편위수정(偏位修正, rectification)은 사진의 경사와 축척을 바로 수정하여 축척을 통일시키고 변위가 없는 연직사진을 만들기 위해 수행하는 작업으로 일반적으로 네 개의 표정점이 필요하다.

그림 1-47. 편위수정 전후의 사진 (수치지도와 중첩하여 위치 정확도 비교)

<table>
<tr><td rowspan="3">편위수정 조건</td><td>기하학적 조건</td><td>- 소실점 조건</td></tr>
<tr><td>광학적 조건</td><td>- Newton 렌즈 조건</td></tr>
<tr><td>샤임 플러그의 조건</td><td>- 화면과 렌즈 주면과 투영면의 연장이 항상 한 선에서 일치하도록 하는 조건</td></tr>
<tr><td rowspan="2">편위수정 방법</td><td>직접법</td><td>- 인공위성의 경우와 같이 지상좌표를 알고 있는 경우에는 대상물의 영상좌표를 관측하여 각각의 출력 영상위치를 결정</td></tr>
<tr><td>간접법</td><td>- 항공사진의 경우에서처럼 DEM에 의해 출력영상소(pixel)의 위치가 이미 결정된 경우 밝기값으로 출력영상소 위치를 결정하는 방법</td></tr>
<tr><td>편위수정 단계</td><td colspan="2">- 사진지도 : 편위수정을 통해 만들어지는 지도로 사진을 모자이크처럼 집성하여 지도처럼 만든 것<br><br>약조정 집성 사진지도 – - uncontrolled mosaic photo map<br>- 사진기의 경사에 의한 변위, 지표면 비고에 의한 변위를 수정하지 않은 사진을 사용<br>↓<br>반조정 집성 사진지도 – - semi controlled mosaic photo map<br>- 일부의 수정만 거친 사진지도<br>↓<br>조정 집성 사진지도 – - controlled mosaic photo map<br>- 사진기의 경사에 의한 변위를 수정하고 축척도 조정되어 편위수정이 완료된 사진지도<br>↓<br>정사 투영 사진지도 – - orthophoto map<br>- 사진의 경사, 지표면 비고의 수정 등 편위수정이 완료된 후 등고선이 삽입된 지도</td></tr>
</table>

# 5 사진측량에 의한 지형도 제작

## 1. 촬영계획

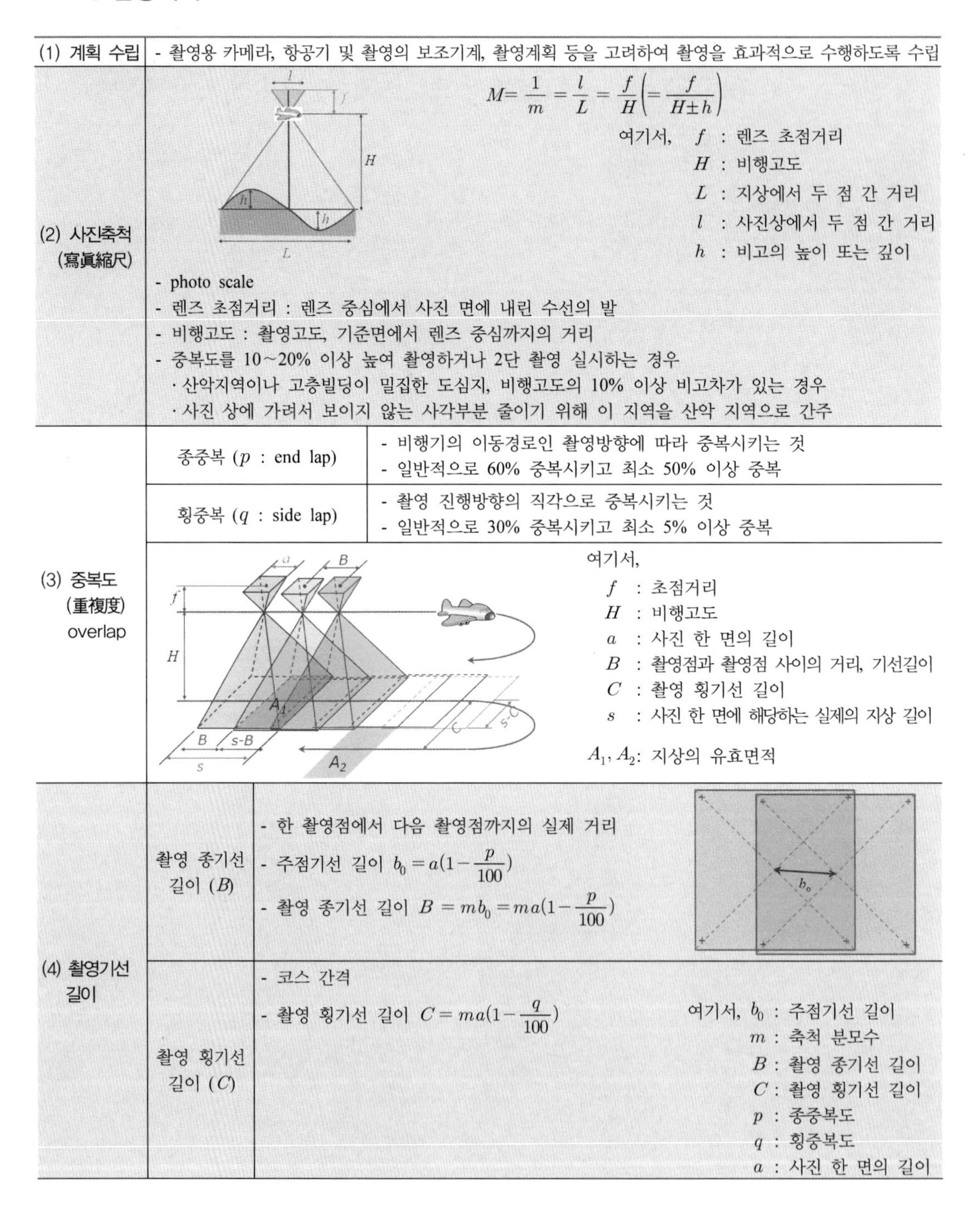

| 구분 | 내용 | |
|---|---|---|
| (1) 계획 수립 | - 촬영용 카메라, 항공기 및 촬영의 보조기계, 촬영계획 등을 고려하여 촬영을 효과적으로 수행하도록 수립 | |
| (2) 사진축척(寫眞縮尺) | $M=\frac{1}{m}=\frac{l}{L}=\frac{f}{H}\left(=\frac{f}{H\pm h}\right)$<br>여기서, $f$ : 렌즈 초점거리<br>$H$ : 비행고도<br>$L$ : 지상에서 두 점 간 거리<br>$l$ : 사진상에서 두 점 간 거리<br>$h$ : 비고의 높이 또는 깊이<br>- photo scale<br>- 렌즈 초점거리 : 렌즈 중심에서 사진 면에 내린 수선의 발<br>- 비행고도 : 촬영고도, 기준면에서 렌즈 중심까지의 거리<br>- 중복도를 10~20% 이상 높여 촬영하거나 2단 촬영 실시하는 경우<br>· 산악지역이나 고층빌딩이 밀집한 도심지, 비행고도의 10% 이상 비고차가 있는 경우<br>· 사진 상에 가려서 보이지 않는 사각부분 줄이기 위해 이 지역을 산악 지역으로 간주 | |
| (3) 중복도(重複度) overlap | 종중복 ($p$ : end lap) | - 비행기의 이동경로인 촬영방향에 따라 중복시키는 것<br>- 일반적으로 60% 중복시키고 최소 50% 이상 중복 |
| | 횡중복 ($q$ : side lap) | - 촬영 진행방향의 직각으로 중복시키는 것<br>- 일반적으로 30% 중복시키고 최소 5% 이상 중복 |
| | 여기서,<br>$f$ : 초점거리<br>$H$ : 비행고도<br>$a$ : 사진 한 면의 길이<br>$B$ : 촬영점과 촬영점 사이의 거리, 기선길이<br>$C$ : 촬영 횡기선 길이<br>$s$ : 사진 한 면에 해당하는 실제의 지상 길이<br>$A_1, A_2$: 지상의 유효면적 | |
| (4) 촬영기선 길이 | 촬영 종기선 길이 ($B$) | - 한 촬영점에서 다음 촬영점까지의 실제 거리<br>- 주점기선 길이 $b_0=a(1-\frac{p}{100})$<br>- 촬영 종기선 길이 $B=mb_0=ma(1-\frac{p}{100})$ |
| | 촬영 횡기선 길이 ($C$) | - 코스 간격<br>- 촬영 횡기선 길이 $C=ma(1-\frac{q}{100})$<br>여기서, $b_0$ : 주점기선 길이<br>$m$ : 축척 분모수<br>$B$ : 촬영 종기선 길이<br>$C$ : 촬영 횡기선 길이<br>$p$ : 종중복도<br>$q$ : 횡중복도<br>$a$ : 사진 한 면의 길이 |

| | |
|---|---|
| (5) 촬영고도 | - 사진축척과 사진기의 초점거리로 계산<br>- $M = \frac{1}{m} = \frac{f}{H} \rightarrow H = mf$<br>- $H = C \cdot \Delta h$<br>여기서, $M$ : 축척, $H$ : 촬영고도, 비행고도<br>$m$ : 축척 분모수, $C$ : 도화기에 따른 계수<br>$f$ : 초점거리, $\Delta h$ : 등고선 간격 |
| (6) 촬영코스 | - 촬영지역을 완전히 덮고 코스 사이의 중복도를 고려하여 결정<br>- 넓은 지역을 촬영할 경우 동서방향으로 직선 코스를 취하여 계획<br>- 도로, 하천 등 선형물체를 촬영할 경우 이에 따르는 직선 코스를 조합하여 촬영<br>- 남북으로 긴 지역의 경우에 한해 남북 방향으로 촬영코스를 계획<br>- 일반적인 코스의 길이의 연장의 한도 : 30km |
| (7) 표정점 배치 | 1) 대지표정에 필요한 최소 표정점<br>- 삼각점($xy$) 2점과 수준점($z$) 3점, 또는 ($xyz$) 3점과 ($z$) 1점<br>2) 스트립(strip) 항공삼각측량인 경우의 표정점<br>- 각 코스의 최초의 모델에 4점, 최후 모델에 최소한 2점<br>- 중간에 4~5모델마다 1점씩 배치 |
| (8) 촬영 일시 | - 구름이 없는 날 오전 10시~오후 2시까지 태양각이 45° 이상인 경우가 최적<br>- 늦가을부터 초봄까지가 최적기<br>- 우리나라의 연평균 쾌청일수 : 80일 |
| (9) 촬영 카메라 선정 | - 동일 촬영고도의 경우 광각사진기가 축척은 작지만 촬영면적이 넓고 일정 구역을 촬영하기 위한 코스 수나 사진 매수가 적게 되어 경제적 |
| (10) 촬영 계획도 작성 | - 기존의 소축척지도(일반적으로 1/50,000 지형도)상에 촬영계획도 작성<br>- 축척은 촬영축척의 1/2 정도의 지형도로 택하는 것이 적당 |
| (11) 작업량 산정 | 1) 사진의 실제 면적<br>- 사진 1매<br>· $A = (m \cdot a)(m \cdot a) = m^2 \cdot a^2 = \frac{H^2}{f^2} a^2$<br>- 단코스(strip) : $A_o = (m \cdot a)^2 (1 - \frac{p}{100})$<br>- 복코스(block) : $A_o = (m \cdot a)^2 (1 - \frac{p}{100})(1 - \frac{q}{100})$<br>여기서, $A$ : 사진 한 장 실제면적, $A_0$ : 사진의 유효면적<br>$m$ : 축척 분모수, $H$ : 비행고도<br>$p$ : 종중복도, $q$ : 횡중복도<br>$f$ : 초점거리,<br>2) 사진매수 및 총모델 수<br>- 안전율 고려하는 경우<br>· 사진매수 $(N) = \frac{F}{A_o} \times$(1+안전율)<br>여기서, $F$ : 대상 지역의 지상면적<br>$A_0$ : 사진의 유효면적<br>- 안전율 고려하지 않는 경우<br>· 종모델 수<br>$(D) = \frac{S_1}{B} = \frac{S_1}{m\, b_o} = \frac{S_1}{ma(1 - \frac{p}{100})}$<br>· 횡모델 수<br>$(D') = \frac{S_2}{C} = \frac{S_2}{ma(1 - \frac{q}{100})}$<br>· 총모델 수 $D \times D'$<br>· 단코스 사진매수 $(N) = D + 1$<br>· 복코스 사진매수 $(N') = (D+1) \times D'$<br>여기서, $D$종모델 수, $D'$ : 횡모델 수<br>$S_1$코스의 종방향 길이, $S_2$ : 코스의 횡방향 길이<br>$B$: 촬영 종기선 길이, $C$ : 촬영 횡기선 길이<br>$m$: 축척 분모수, $a$ : 사진 한 면의 길이<br>$p$ : 종중복도, $q$ : 횡중복도<br>$N$: 단코스 사진 매수, $N'$ : 복코스 사진 매수<br>3) 지상 기준점 측량의 작업량<br>- 삼각점 수 = 총모델 수×2<br>- 수준측량 거리 = $\{S_1 \times (2 \times D' + 1) + 2 \cdot S_2\}\, km$<br>여기서, $D'$ : 횡모델 수<br>$S_1$ : 코스의 종방향 길이<br>$S_2$ : 코스의 횡방향 길이 |

## 2. 기준점측량

| 구분 | 종류 | 내용 |
|---|---|---|
| (1) 기준점 (표정점) 선점시 유의 사항 | | - 표정점은 3차원 위치좌표($X, Y, H$)가 동시에 정확하게 결정되는 곳으로 선점<br>- 상공에서 잘 보이면서 명료한 점<br>- 시간적 변화가 없는 점<br>- 급한 경사와 가상점은 선점에서 제외<br>- 지표면에서 기준이 되는 높이의 점 선점 |
| (2) 표정점 종류 | 자연점 | - natural point<br>- 지상기준점, 종 횡접합점의 선점은 돌, 관목, 도로교차로 등 자연물로 사진 상에 명확히 나타나고 정확히 관측할 수 있는 점 선택 |
| | 지상 기준점 | - ground control point<br>- 일반측량으로 현지에 측설한 점 |
| | 대공표지 | - air target<br>- 항공사진에 관측용 기준점의 위치를 정확하게 표시하기 위하여 촬영 전에 주로 베니어합판, 목재판 등을 이용하여 지상에 설치한 표지<br>- 대공표지 선점의 유의사항<br>· 사진 상에 명확하게 보이기 위하여 주위의 색상과 뚜렷한 대조<br>· 상공은 $45^o$ 이상의 열린 각도<br>· 대공표지의 사진 상 크기는 촬영 후 사진 상에 $30\mu m$ 이상으로 표현<br>- 대공표지의 크기<br>$d = \frac{m}{T}$<br>여기서, $d$ : 대공표지의 최소크기<br>$m$ : 축척 분모 수<br>$T$ : 촬영축척에 대한 상수 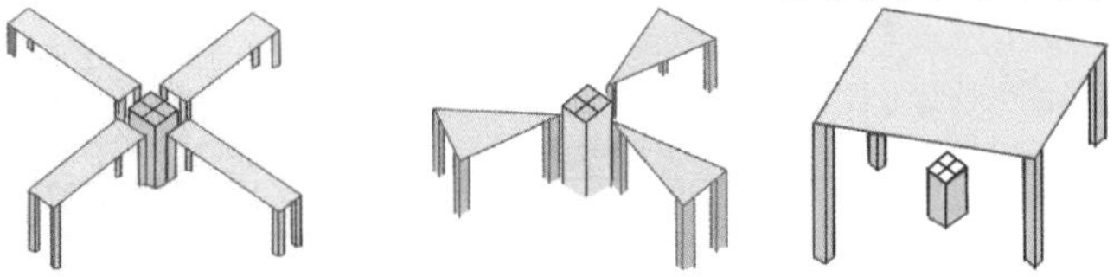<br>기준점 표정점 필계점 |
| | 보조 기준점 (종접합점) | - pass point<br>- 연속된 3사진 상에 나타나는 점으로 항공삼각측량 과정에서 스트립 형성을 위해 사용 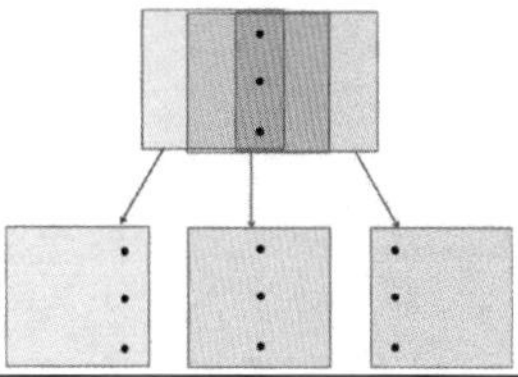 |
| | 횡접합점 | - tie point<br>- 항공삼각측량 과정 중 하나의 스트립을 인접 스트립에 연결시켜 블록을 형성하기 위한 점 |
| | 자침점 | - prick point<br>- 각 점들이 인접사진에 옮겨지는 점으로 최대정확도로 구성<br>- 산림 지역이나 사막 지역에서 특히 유용 |
| (3) 점이사 | | - 사진 위의 주점이나 표정점 등 각 점의 위치를 인접한 사진으로 옮기는 작업<br>- 점이사기, 측침 등을 이용하여 수행<br>- 점이사 기구<br>· 단안시에 의한 것 : 측침, 측량침<br>· 입체시에 의한 것 : Wild PUG-4, PUG-3, Zeiss snap Marker |

## 3. 사진촬영

| | |
|---|---|
| (1) 촬영 방법 | - 촬영 비행에는 항공기의 조종사 외에 촬영사가 동승하여 카메라의 조작과 촬영 수행<br>- 지정된 코스에서 코스 간격의 10% 이상 차이가 없도록 촬영 실시<br>- 고도는 지정고도에서 5% 이상 낮게 혹은 10% 이상 높게 진동하지 않도록 하며 일정 고도로 촬영<br>- 사진 간의 회전각은 5° 이내, 촬영 시의 카메라의 경사는 3° 이내로 한정 |
| (2) 노출시간 | $T_l = \dfrac{\Delta s\ m}{V}$<br>$T_s = \dfrac{B}{V}$<br>여기서, $T_l$ : 최장 노출시간<br>$T_s$ : 최소 노출시간<br>$\Delta s$ : 흔들림 량<br>$m$ : 축척 분모 수<br>$B$ : 촬영기선 길이 $\left\{ma\left(1-\frac{p}{100}\right)\right\}$<br>$V$ : 비행기 시속 $(km/h)$ |

## 4. 후속 작업

촬영이 끝난 사진은 현상, 인화, 출력 단계를 거치고 도화 작업을 통해 지형도가 만들어진다. 수치사진(數値寫眞, digital photograph)의 발달로 사진측량에서도 필름을 사용하지 않고 영상을 저장매체에 직접 기록하는 디지털 방식이 도입되어 활용되고 있다. 디지털 카메라에 의해 얻어진 영상은 수치도화(數値圖化, digital mapping) 단계를 거쳐 수치지도로 작성된다. 디지털 사진측량의 발달로 전 자동화된 시스템이 구축되었으며 보다 효율적이고 정확한 지도가 제작되게 되었다.

# 6 사진판독

사진판독(寫眞判讀, photographic interpretation)은 사진에서 얻은 각종 대상물의 정보를 목적에 따라 적절히 해석하는 기술이다. 판독을 통해 대상물을 분석하고 그 결과는 피사체 또는 지표면의 형상, 지질, 식생, 토양 등을 연구하기 위한 자료로 이용된다.

사진판독의 요소는 크게 주요소와 보조요소 또는 다른 표현으로는 기본요소와 부가요소로 구분할 수 있다.

## 1. 사진판독 요소

| 주 요 소(기본요소) | |
|---|---|
| 색 조 | - tone, color<br>- 피사체가 갖는 빛의 반사에 의한 것<br>- 흑백사진인 경우 10~15단계를 육안으로 식별하는 것이 가능<br>- 수목의 종류 등의 판독 |
| 모 양 | - pattern<br>- 피사체의 배열상황을 통해 판별하는 것<br>- 사진 상에서 볼 수 있는 식생, 지형 또는 지표상의 색조 등으로 판독 |
| 질 감 | - texture<br>- 색조, 형상, 크기, 음영 등의 여러 요소의 조합으로 구성된 조밀, 거칠음, 세밀함 등으로 표현하는 것으로 초목, 식물의 잎 등을 판독하는 요소로 활용 |
| 형 상 | - shape<br>- 목표물의 구성, 배치 및 일반적인 형태를 구분하는 것 |
| 크 기 | - size<br>- 어느 피사체가 갖는 입체적 또는 평면적인 넓이와 길이 파악 |
| 음 영 | - shadow<br>- 판독 시 빛의 방향과 촬영 시의 빛의 방향을 일치시키는 것<br>- 음영을 통해 용이하게 입체감 파악 |

| 보 조 요 소(부가요소) | |
|---|---|
| 과 고 감 | - vertical exaggeration<br>- 과고감은 지표면의 기복을 과장하여 나타낸 것<br>- 평탄한 지역의 지형판독에는 도움이 되나 경사가 실제보다 급하게 보이므로 오판에 주의 |
| 상호위치관계 | - location<br>- 어떤 사진에 나타난 상이 주위의 사진에 나타난 상과 어떤 관계인지를 파악하는 것 |

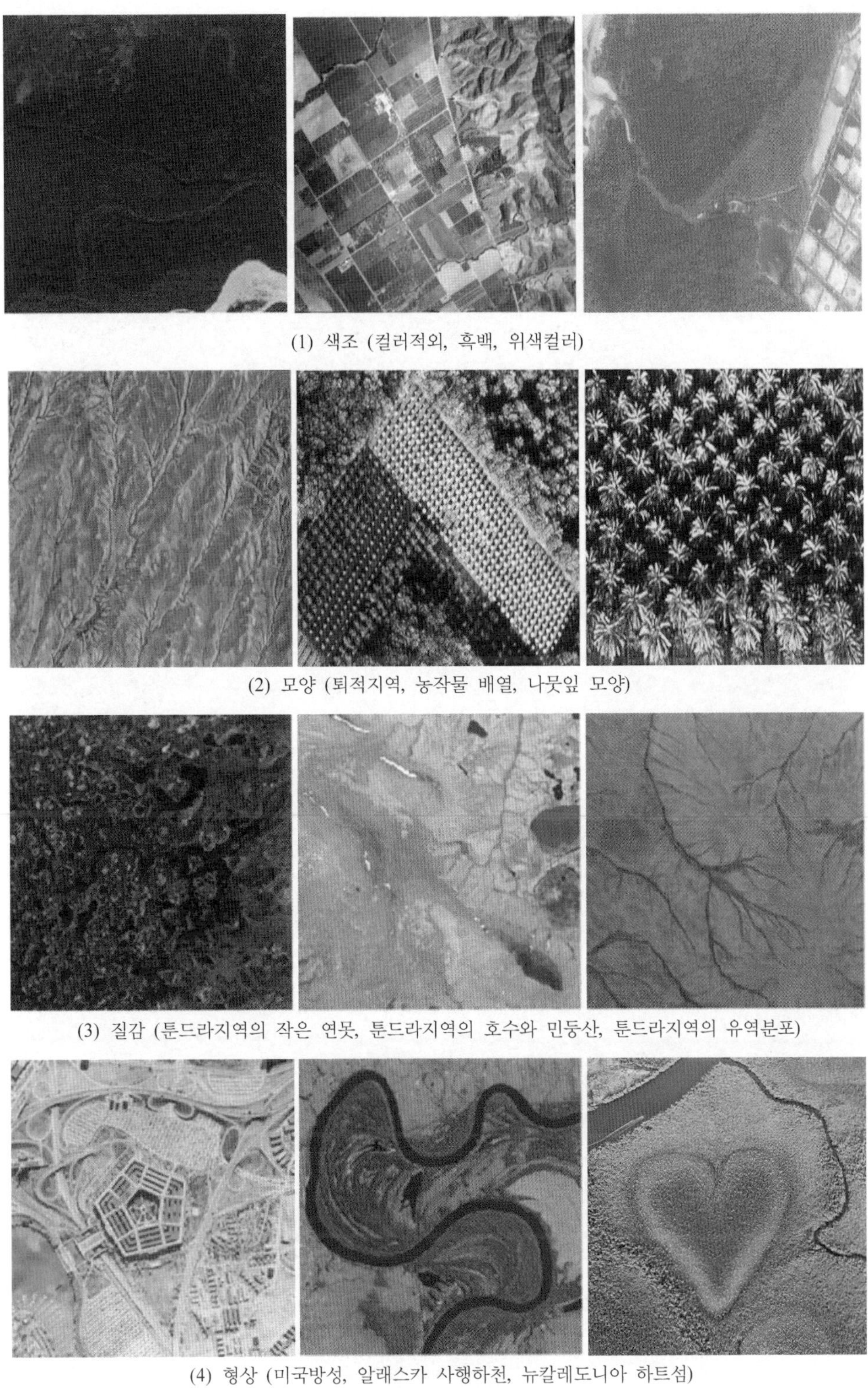

(1) 색조 (컬러적외, 흑백, 위색컬러)

(2) 모양 (퇴적지역, 농작물 배열, 나뭇잎 모양)

(3) 질감 (툰드라지역의 작은 연못, 툰드라지역의 호수와 민둥산, 툰드라지역의 유역분포)

(4) 형상 (미국방성, 알래스카 사행하천, 뉴칼레도니아 하트섬)

**그림 1-48. 사진판독**

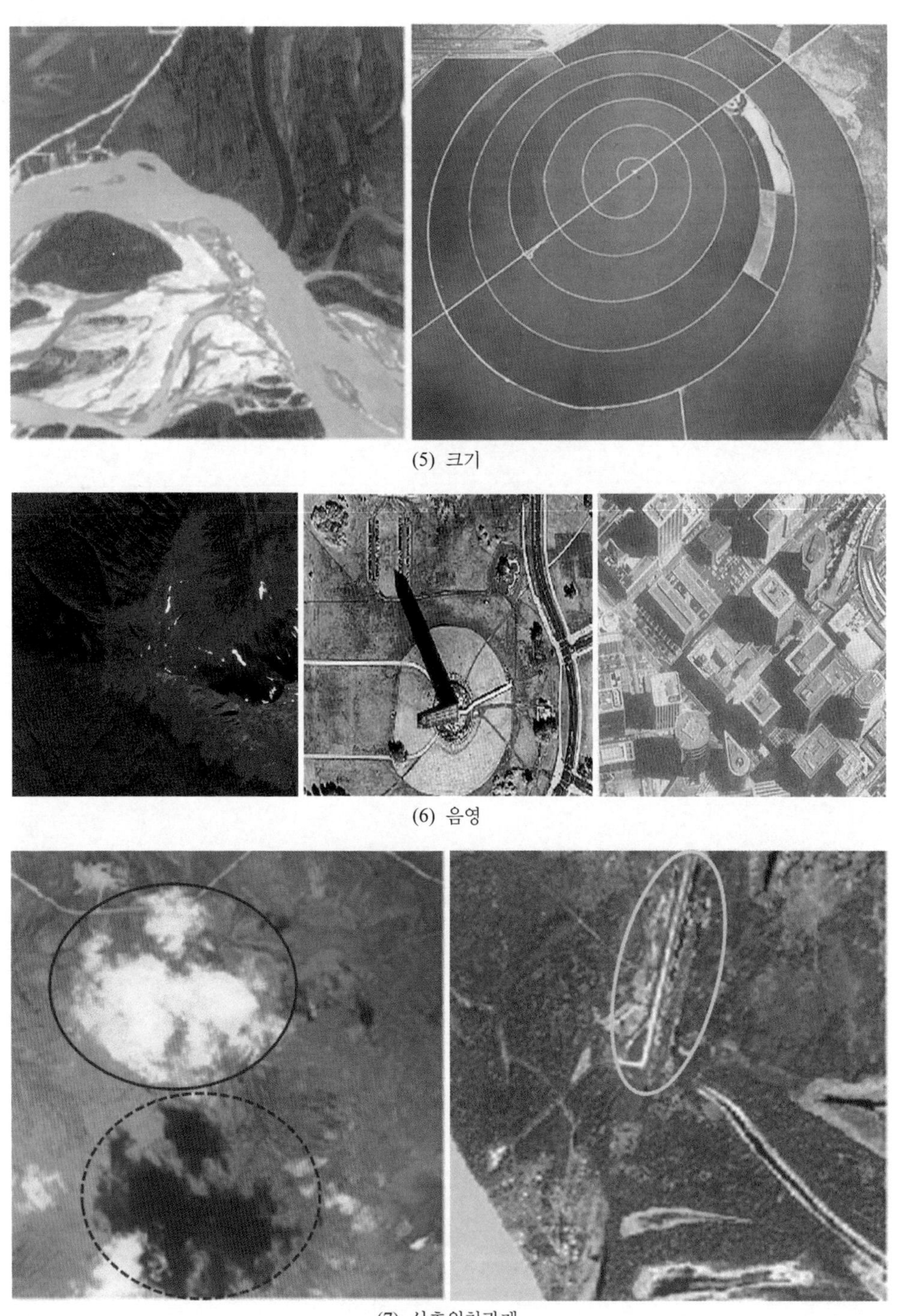

(5) 크기

(6) 음영

(7) 상호위치관계

**그림 1-48. 사진판독 (계속)**

## 2. 사진판독 순서

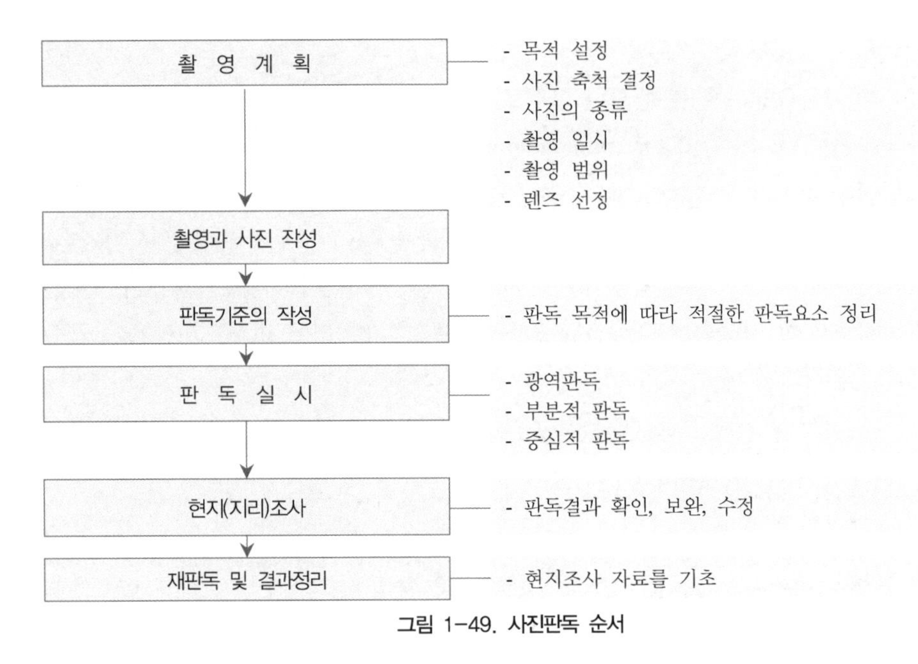


그림 1-49. 사진판독 순서

## 3. 사진판독의 장단점

사진판독을 통해 얻을 수 있는 장단점과 사용되는 사진의 종류는 다음 표와 같다.

표 1-7. 사진판독의 장단점

| 장 점 | 단 점 |
|---|---|
| - 단시간에 넓은 지역의 판독이 가능<br>- 대상지역의 종합적인 정보취득 가능<br>- 접근하기 어려운 지역의 정보취득 가능<br>- 정보의 정확한 기록 및 보존 | - 상대적인 판별 불가능<br>- 색조, 모양, 입체감 등이 나타나지 않는 지역의 판독 불가능 |

표 1-8. 판독에 사용되는 사진

| 종 류 | 성 질 | 주 된 용 도 |
|---|---|---|
| 팬크로매틱 사진 | - 가시광선의 흑백상 | - 형태를 판독 요소로 하는 것, 지질, 식물 등 분류 |
| 적외선 사진 | - 근적외선의 흑백상 | - 식물과 물의 판독 |
| 컬러 사진 | - 가시광의 천연색상 | - 색을 판독요소로 하는 분야 |
| 적외 컬러 사진 | - 가시광 일부와 근적외선을 색으로 나타낸 상 | - 식물의 종류와 활력 판독 |
| 다중파장대 사진 | - 가시광과 근적외선을 파장대별로 동시에 촬영한 흑백상 | - 광범위한 이용 분야에 활용<br>- 특히 식물의 판독에 활용 |
| 열 영상 | - 지표온도의 흑백상 | - 온도 |

## 7 수치사진측량

과거의 사진측량은 필름에 찍힌 아날로그 영상을 통해 여러 정보를 얻었지만 수치사진측량(數値寫眞測量, digital photogrammetry)은 컴퓨터를 이용하여 수치영상(數値映像, digital image)에 촬영된 대상물을 해석한다. 이러한 수치영상은 아날로그 영상과는 달리 즉각적인 활용이 가능하기 때문에 그 활용 분야가 무척 다양하며 디지털 값들을 이용하기 때문에 사진측량의 여러 공정이 자동으로 처리될 수 있다. 수치사진측량은 관측과정이 자동화되고 실시간 3차원 측량이 개발되어 현재 그 활용이 급속히 확대되고 있다.

표 1-9. 아날로그 영상과 수치 영상 비교

| 구 분 | 아날로그 영상 | 수치 영상 |
|---|---|---|
| 특 징 | - 영상이라 불리는 연속함수 $F(x,y)$ 로 표현<br>- 좌표$(x,y)$ 는 연속되는 공간값을 표현<br>- 진폭이라는 함수값은 그 지점에서의 전자기파의 밀도를 표현 | - 함수값은 이산적인 분포를 형성<br>- 이 함수값은 영상소의 고정된 크기와 같은 공간적인 변량도 포함하고 밀도값의 함수도 포함 |
| 표 현 | | |

### 1. 수치사진측량의 역사

수치사진측량은 1950년부터 연구가 시작되어 호브로 *Hobrough*에 의하여 기본이론이 제시되기 시작하였지만 컴퓨터가 활성화되고 실제로 많은 처리를 시작하게 되는 1980년 초에 들어와 수치영상처리기법의 연구가 진행될 수 있었다. 이 시기는 디지털 카메라의 사용이 점차 퍼져 가는 시기로 사진측량에도 디지털 카메라를 도입하여 그 실용성이 입증되기 시작한 때이기도 하다. 1988년부터 필름 대신 수치영상을 이용하여 분석하는 사진측량기법에 대한 이론이 정립되면서 수치사진측량학을 영상사진측량학(映像寫眞測量學, softcopy photogrammetry)이라고도 부른다.

## 2. 수치사진측량의 특징

수치사진측량은 다음과 같은 점에서 일반 사진측량과 구별되어 이용된다.

표 1-10. 수치사진측량의 특징과 활용 이유

| 수치사진측량의 특징 | 수치사진측량의 활용 이유 |
|---|---|
| - 자료에 대한 처리 범위가 다양<br>- 과거 아날로그 자료보다 취급이 용이<br>- 과거 해석사진측량에서 처리가 곤란했던 광범위한 영상 생성<br>- 수치 형태로 자료가 처리되므로 GIS의 자료로 쉽게 전환<br>- 과거의 해석사진측량보다 경제적이고 효율적<br>- 자료의 교환 및 유지관리 용이 | - 다양한 수치 영상 처리(digital image processing)에 활용이 가능<br>- 컴퓨터(HW, SW)의 발전으로 효과적이고 쉬운 수치영상처리<br>- 실시간 처리의 필요성<br>- 자동화를 통한 처리비용 절감 및 작업속도 증가<br>- 일관된 결과물 산출이 가능 |

## 3. 수치사진측량의 작업 순서

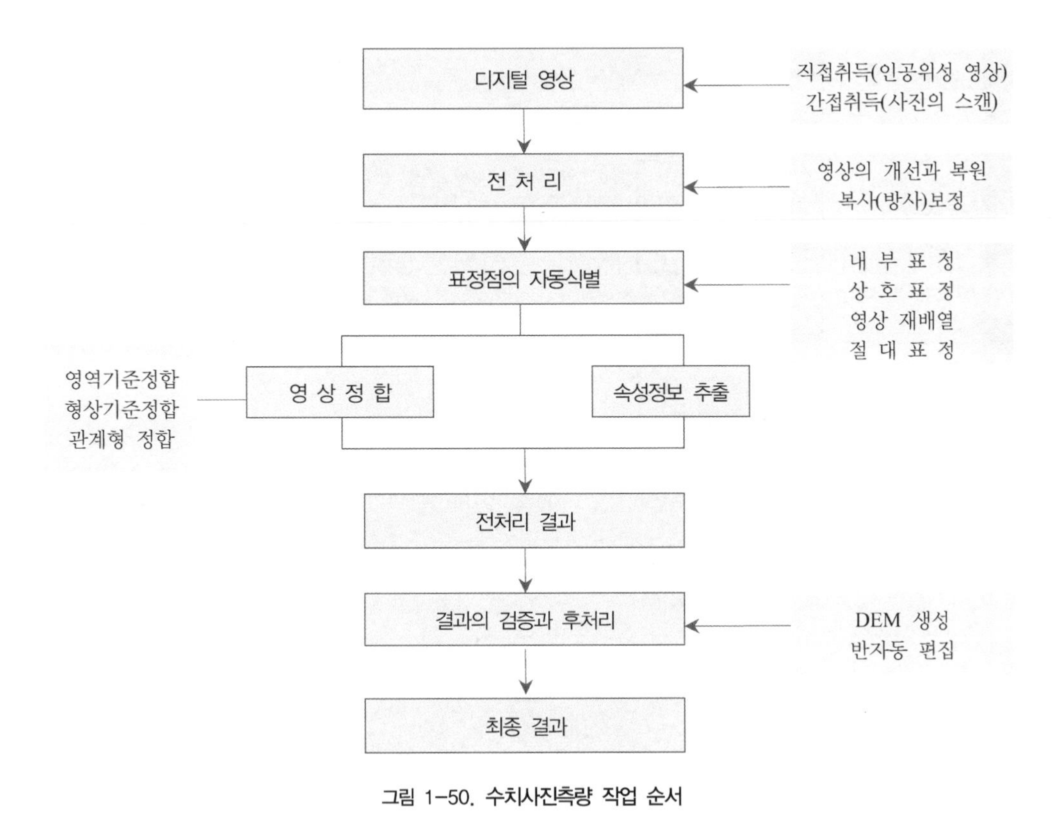


그림 1-50. 수치사진측량 작업 순서

## 4. 자료 얻기

수치사진측량에서 자료를 얻는 방법은 크게 디지털 항공사진이나 인공위성의 탐측기를 통한 직접적인 방법과 촬영된 아날로그 사진을 스캔하여 간접적으로 얻는 방법으로 구분할 수 있다. 간접적으로 스캔을 통해 수치영상을 얻는 방법은 오차가 많이 포함될 수 있으므로 가급적 직접촬영을 통해 원영상을 이용하여 분석하는 것이 정확도 확보에 유리하다.

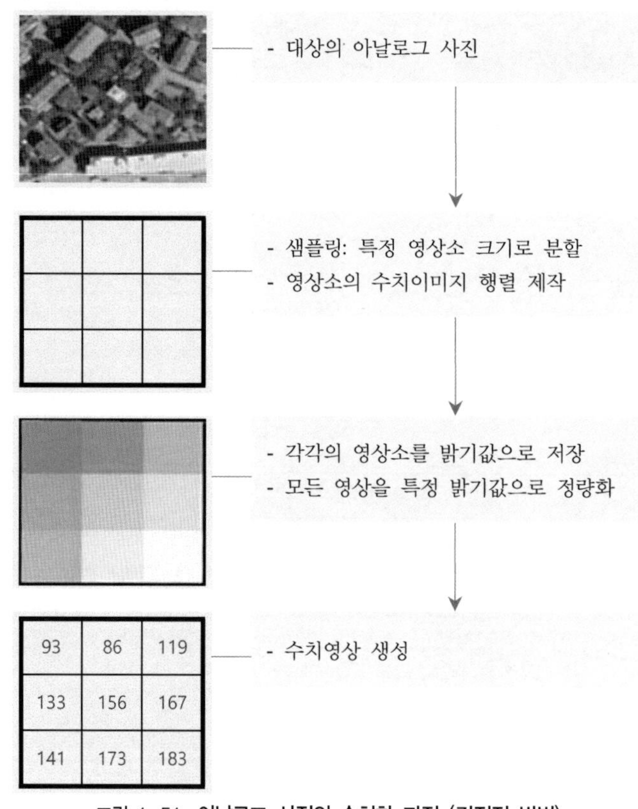


그림 1-51. 아날로그 사진의 수치화 과정 (간접적 방법)

## 5. 해상도

일반적으로 수치 영상의 정확도는 해상도(resolution)로 결정한다. 영상을 구성하는 여러 가지 해상도 중에서 일반적으로 위치 정확도를 판별하기 위해 사용되는 것은 공간해상도(spatial resolution) 또는 기하학적 해상도(geometric resolution)이다. 공간해상도는 하나의 영상소가 포함하는 실제 대상의 크기를 나타낸다. 이 기하학적 해상도는 기하학적 표본거리(GSD, Geometry Sample Distance)라고도 불린다. 즉, 영상이 $10m$ 공간해상도 또는 GSD를 갖는다는 것은 하나의 영상소가 $10m \times 10m$ 크기의 지상을 하나의 정사각형 형태의 점으로 표현한다는 의미이다.

앞에서 언급한 대로 수치 영상을 구성하는 가장 기본적인 구조단위는 영상소(pixel, picture element)이다. 흑백영상에서 8비트(bit) 영상인 경우 하나의 영상소가 가질 수 있는 밝기값의 개수는 $2^8$, 즉 256가지이고 우리는 이것을 그레이 스케일(gray scale) 또는 밝기의 단계라는 의미에서 계조(階照)값이라고도 한다. 이것은 흑백 또는 팬크로매틱 영상에 해당되는 용어이고 컬러영상의 경우에는 디지털 넘버(DN, Digital Number)라는 용어를 사용한다.

위에서 설명한 영상소의 크기와 밝기값 관계를 이용하여 $23cm \times 23cm$의 항공사진이 8비트 흑백영상으로 수집되었다면, 여기에 대한 영상소의 크기, 사진에 포함되는 영상소의 개수, 그리고 이러한 경우에 필요한 저장용량은 계산을 통해 다음 표와 같이 정리할 수 있다.

**표 1-11. 영상소 크기와 영상소 수, 그리고 저장용량의 관계**

| 영상소 크기 | 영상소 개수 | 저장용량(Mbyte) |
|---|---|---|
| $60\mu m$ | 3,833×3,833=14,694,889 | 14.7 |
| $30\mu m$ | 7,667×7,667=58,782,889 | 58.8 |
| $15\mu m$ | 15,333×15,333=235,100,889 | 235.1 |
| $7.5\mu m$ | 30,667×30,667=940,464,889 | 940.5 |

256단계는 일반적인 사진이나 과거의 인공위성 영상에서의 밝기값 단계였으나 현재의 인공위성에서는 $2^{11}$인 2,048가지 단계로 구분되는 고분해능의 영상을 얻을 수 있다. 인간의 눈으로 판별할 수 있는 최대의 흑백단계가 70단계 이내라는 것을 감안하면 이러한 고분해능의 수치영상을 이용하여 아주 세밀하게 자료를 구분하는 것이 가능하다는 것을 알 수 있다.

$8bit$ 영상의 예를 들어 영상을 구분하는 경우 컬러 영상은 빨강, 녹색, 파랑의 3가지 빛의 조합으로 구분할 수 있다. 이렇게 구분된 각각의 색에 대해 모두 256가지의 단계로 영상소가 구성된다고 할 때 영상에서 사용하는 모든 색이 표현될 수 있는 경우의 수는 ${}_{256}\Pi_3$, 즉 $256^3$인 16,777,216가지나 된다. 이러한 컬러 영상의 갯수가 우리가 현재 컴퓨터 그래픽에서 일반적인 수치영상을 구성하는 색상의 가지 수이다.

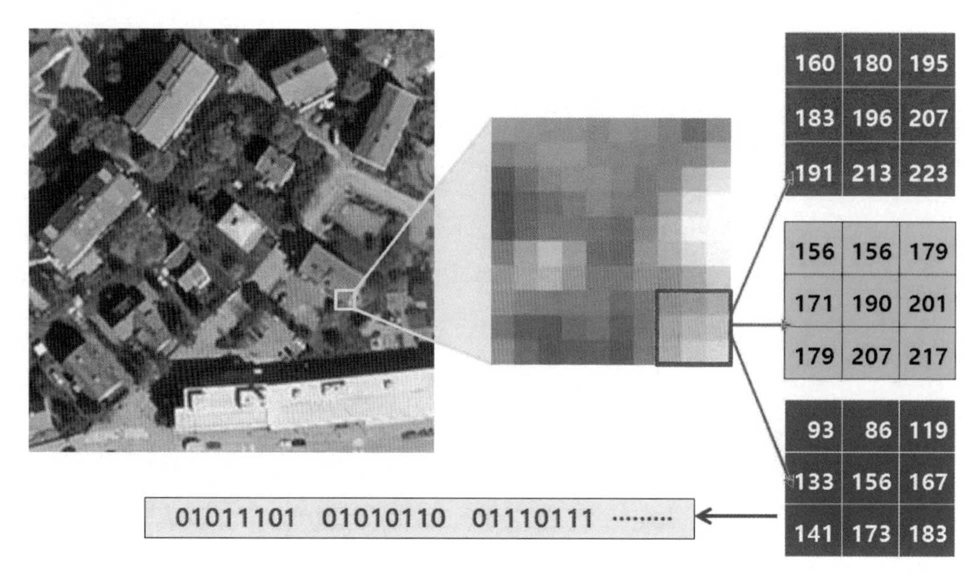


그림 1-52. 컬러 영상소의 해상도와 색분리와 DN

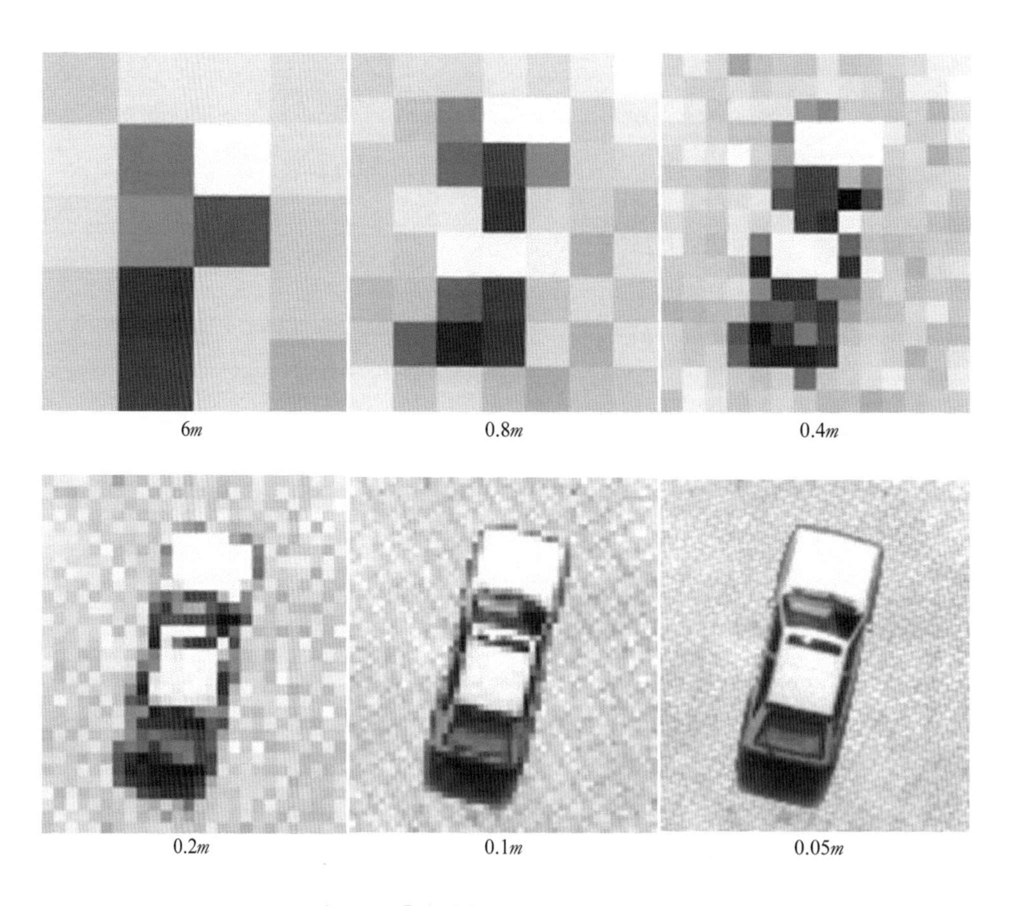


그림 1-53. 흑백 영상의 해상도에 따른 대상의 표현

그림 1-54. 컬러 영상의 해상도에 따른 대상의 표현

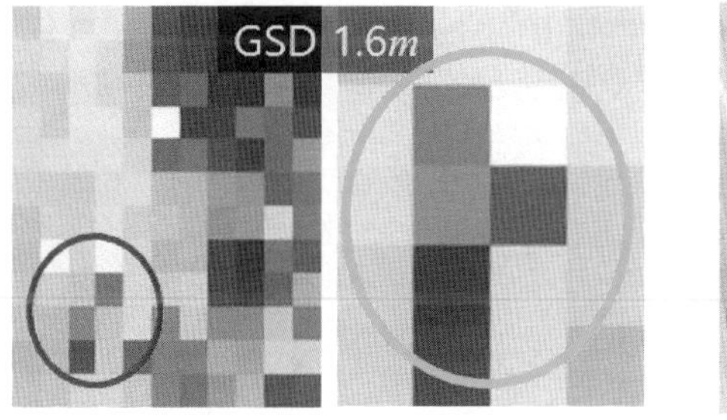


GSD 0.20m

- 대상물의 크기 : GSD 3개
- 차의 크기 : GSD 단위 크기(1.6m)×3
  → 차의 크기 : 4.5~5m

- 대상물의 크기 : GSD 24개
- 차의 크기 : GSD 단위 크기(0.2m)×24
  → 차의 크기 : 4.5~5m

그림 1-55. 영상을 이용한 길이의 계산

## 6. 영상처리

수치영상은 영상소 번호와 라인번호를 요소로 하는 2차원 행렬로 표현된다. 하나의 영상소가 갖는 크기를 해상도로 표현하며 하나의 해상도가 지상의 작은 지역을 표현할수록 정확한 대상의 표현이 가능하다. 수치 영상과 영상소에 대한 자세한 설명과 영상처리 방법은 인공위성의 영상을 다루는 **제2장 원격탐측**의 4 **위성영상 처리 부분**에서 다시 자세히 설명하기로 한다.

# 8 무인항공기에 의한 사진측량

최근 무인항공기를 활용하여 사진측량을 수행하는 것이 가능하게 됨에 따라 과거 전통적인 사진측량에 의해 제작되던 지형도가 훨씬 손쉽고 저렴하며 효과적이고 정확히 제작되는 것이 가능해졌다. 무인항공기(UAV, Unmanned Aerial Vehicle)란 조종사 없이 무선전파의 유도에 의해 비행이나 조종이 가능한 비행기 또는 헬리콥터 모양의 비행체를 의미하며 처음에는 주로 군사적인 목적으로 활용되었으나 현재에는 민간용이나 상업적인 부분까지 그 활용범위가 확대되고 있다.

무인항공기에 의한 사진측량은 초경량 비행기 모양의 비행체나 헬리콥터 날개와 비슷한 모양의 여러 개의 날개를 갖는 드론(drone)을 원격으로 제어하여 대상물의 사진을 찍고 이 영상을 이용하여 사진측량을 수행하는 형식으로 진행된다. 이 방법은 전 과정이 수치사진측량과 동일하지만 근접촬영이 가능하기 때문에 보다 정확하고 신속히 사진을 얻어 낼 수 있다는 것이 가장 큰 장점이다. 영상촬영에 사용하는 사진기도 과거의 사진측량에서는 무게가 무겁고 고가인 측량용 사진기를 사용하였으나, 무인항공기를 이용할 때는 상대적으로 저렴한 일반 DSLR(Digital Single-Lens Reflex) 사진기를 이용할 수 있다. 이러한 사진기는 렌즈의 왜곡이 측량용 사진기보다 다양하게 발생할 수 있기 때문에 UVA를 최근 수치사진측량에서 활용할 때에는 중복도를 높여 촬영하여 효과적으로 왜곡을 최소화하여 다양한 분야에 적용하고 있다.

## 1. UAV 사진측량 시스템의 구성

UAV 시스템은 크게 무인 비행체와 부속장치로 구성되는 하드웨어 부분, 영상처리를 담당하는 영상처리 소프트웨어 부분, 그리고 제작된 자료를 활용하는 활용 부분으로 구분할 수 있다.

### 1.1. 하드웨어

UAV를 구성하는 하드웨어 부분은 무인비행체, 자동복귀기능 시스템(RTH, Return To Home, Auto Return System), 비행제어 컴퓨터(FCC, Flight Control Computer), 비행제어 유닛(FCU, Flight Control Unit), 비행체의 자세 및 위치 확인을 위한 위성항법장치(GNSS, Global Navigation Satellite System)와 관성항법장치(INS, Inertial Navigation System), 그리고 디지털 카메라 등의 탑제체로 구성된다.

## (1) 비행체

### 1) 날개 고정형

날개 고정형(fixed wing)은 고정익(固定翼)이라고도 하며 일반적인 비행기처럼 날개가 고정되어 자세를 제어하는 형태로 구성된다. 이러한 형태의 비행체는 이륙과 착륙을 할 때 반드시 이착륙 활주로가 확보되어 있어야 한다는 단점이 있다.

날개 고정형 비행체는 일반 항공기와 같은 양력(揚力, lift)을 이용하여 비행한다. 엔진의 힘을 이용해 빠르게 활주로를 달리면 공기는 빠른 속도로 날개에 다가오고 이 공기가 날개를 중심으로 위아래로 분리되어 흐르게 되면서 날개의 물리학적인 형상으로 윗면의 공기가 더 빠르게 이동하고 아랫면은 느리게 이동하게 된다. 이 과정에서 발생하는 압력 차로 인해 양력이 생기게 되고 이 양력으로 인하여 비행체는 상승을 하게 된다. 이륙 후에도 고정익 비행체가 상공에서 계속 비행하기 위해서는 양력을 유지해야 하며 일정 비행속도 이상으로 이동하면 공기의 흐름을 발생시켜 양력을 생성시킬 수 있다. 이러한 이유로 고정익 비행체는 일정 속도 이상으로 계속 비행해야 하므로 상공에 떠 있는 상태에서 제자리 비행을 하는 것과 수직 상승 및 하강이 불가능하다.

### 2) 날개 회전형

날개 회전형(rotary wing)은 회전익(回轉翼)이라고도 하며 헬리콥터와 같이 날개가 계속 회전하며 비행을 제어하는 형태의 비행체이다. 이 비행체는 회전하는 날개에 의하여 비행에 필요한 양력의 전부 또는 일부를 발생시키는데 일반적으로 이 용어는 헬리콥터를 지칭하는 용어이다. 이러한 형태의 비행체는 최근 무인 비행체인 드론이나 멀티콥터(multicopter)의 형태로 지속적으로 발전하여 왔고 날개 고정형에서 나타나는 단점을 보완하면서 회전형 비행체의 영역이 계속 넓혀지고 있다.

날개 회전형 비행체는 로터(rotor)라고 하는 2개 이상의 회전 날개로 양력을 얻어서 비행하며 이러한 로터로 양력을 얻기 때문에 비행기와 같은 이착륙 활주로가 필요 없어 수직 이착륙이 가능하다는 장점이 있다.

일반적인 헬리콥터는 이러한 비행체에 탑재된 중심 로터만 돌아가면 작용-반작용의 법칙에 의해 동체가 반대방향으로 회전하게 되므로 주로터(main rotor)의 회전 반력을 상쇄시키기 위해 후방에 가로 방향의 테일로터(tail rotor)라고 불리는 작은 프로펠러를 장착한다.

현재 일반적으로 사용되는 드론에는 로터의 개수에 따라 2개의 로터를 사용하는 듀얼콥터(dualcopter), 3개의 로터를 사용하는 트리콥터(tricopter), 4개의 로터를 사

(1) 날개 고정형 (MQ-9 Reaper) : 감시용

(2) 날개 회전형 (AliGator) : 민간용

그림 1-56. UAV 종류

용하는 쿼드콥터(quadcopter), 6개의 로터를 사용하는 헥사콥터(hexacopter), 그리고 8개 로터의 옥토콥터(octocopter)로 구분할 수 있다.

### (2) GNSS

비행체에 탑재되는 GNSS는 DGPS(Differential Global Positioning System)나 인공위성을 이용한 DGPS를 수행하는 SBAS(Satellite Based Augmentation System)가 가능한 초소형 GPS 장비가 비행체의 위치를 실시간으로 얻기 위하여 사용되며 자동항법 및 사진 주점의 위치좌표를 얻어 낸다.

### (3) INS

관성항법장치(慣性航法裝置, INS, Inertial Navigation System)는 잠수함, 항공기, 미사일 등에 장착하여 자기의 위치를 감지하여 목적지까지 유도하기 위한 장치이다. INS의 동작원리는 자이로스코프에서 방위기준을 정하고, 가속도계를 이용하여 이동 변위를 계산하는 원리로 작동된다. 처음 있던 위치를 입력하면 위치가 이동해도 자기의 위치와 속도를 항상 계산해 파악할 수 있다. 이러한 INS는 악천후나 전파 방해의 영향을 받지 않는다는 장점이 있지만 긴 거리를 이동하면 오차가 누적되어 커지므로 일반적으로 GNSS나 액티브 레이더 유도 등에 의한 보정을 더해 사용한다.

INS는 UAV에서 비행기의 자세를 측정하여 각각 X축, Y축, Z축의 회전요소인 롤링(rolling), 피칭(pitching), 요잉(yawing)(또는 사진측량에서 사용하는 $\kappa$, $\varphi$, $\omega$) 등의 외부표정요소를 구하기 위해 사용된다.

### (4) 사진기

UAV 측량에서는 촬영된 영상을 보정(calibration)하기 위해 사용되는 보정계수를 가지고 있거나 보정이 수행된 일반 DSRL 디지털 카메라를 사용한다. 기존의 항공사진측량이 정밀한 측량용 사진기를 사용한 것과는 달리 UAV에서는 일반 디지털 사진기를 이용하여 작업을 수행하므로 시스템을 구성하는 가격을 혁신적으로 낮출 수 있다. 이러한 디지털 카메라는 보정에 필요한 캘리브레이션 데이터가 제공되어야 하며 제공된 보정데이터를 통해 내부표정 요소도 결정할 수 있다.

### (5) 지상기준점

사진측량을 수행하기 위해 촬영대상지역에 미리 지상기준점(GCP, Ground Control Point) 측량을 실시하여 정확한 기준점들의 3차원 좌표를 알고 있어야 촬영된 모든 사진을 정사투영사진으로 제작할 수 있다. 일반적으로 미리 설치된 지점의 자료를 이용하거나 현장에서 GNSS 측량을 실시하여 기준점들에 대한 3차원 좌표를 확보한다.

## 1.2. 자료처리 프로그램

자료처리 과정에서는 촬영된 대상지의 사진을 정사투영으로 변환하고 인근 사진과 중첩하여 전체 영상을 생성한다. 과거에 수행된 항공사진측량과는 달리 러시아 아지소프트 *Agiicrosoft*의 *PhotoScan*과 같은 수치사진측량 전용 프로그램을 사용하면 빠르고 정확하게 대상의 3차원 모델링이 가능하다.

이러한 프로그램을 통해 정사투영 영상을 제작하고 3차원 모델링을 통해 대상지역의 수치표면모형(DSM, Digital Surface Model)을 손쉽게 생성할 수 있다.

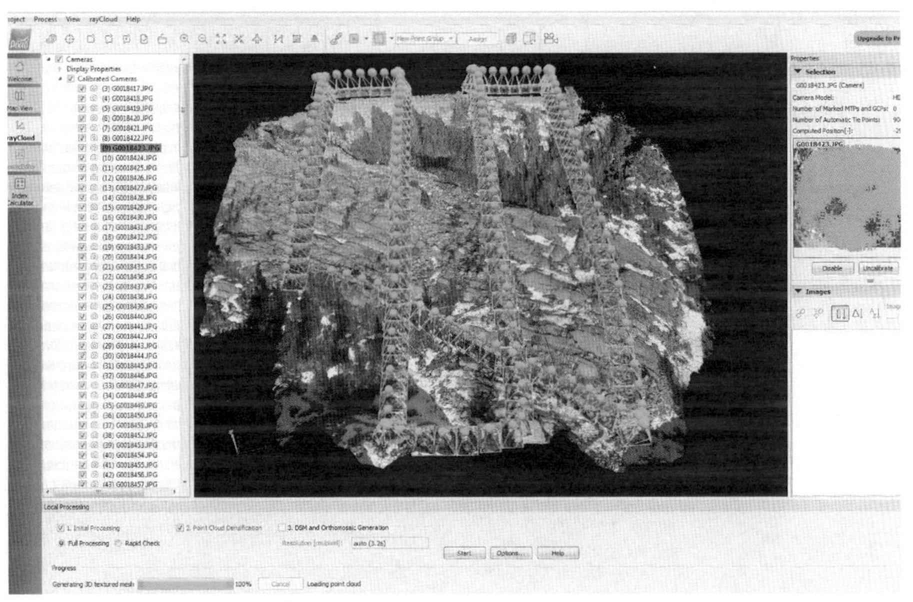

그림 1-57. PhotoScan 프로그램을 이용하여 생성한 UAV영상의 3차원 지형 모델링

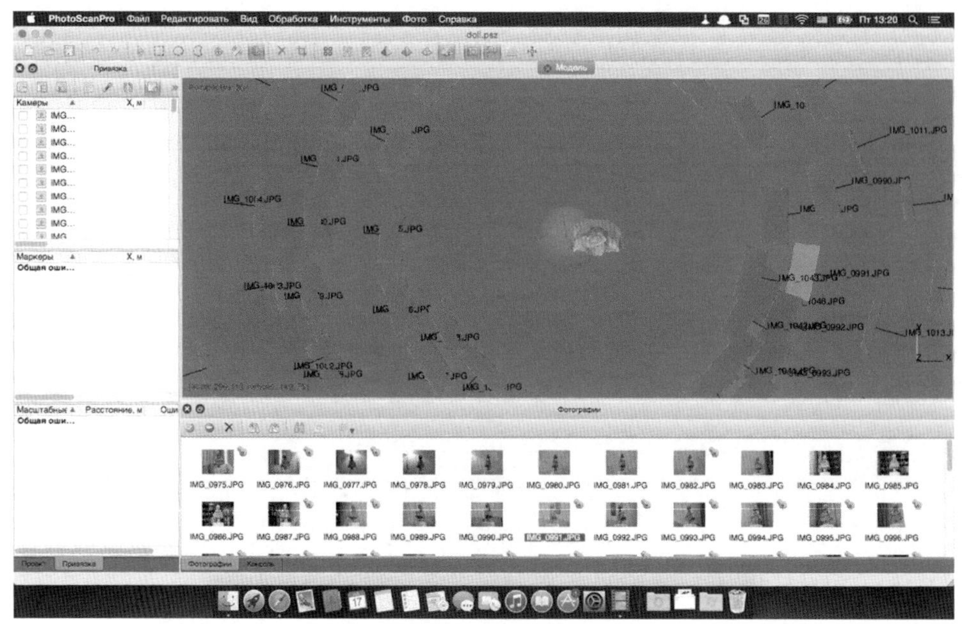


그림 1-58. PhotoScan 프로그램을 이용하여 제작한 입체 대상물의 3차원 모델링

## 2. UAV 사진측량 공정

앞에서 설명한 바와 같이 UAV를 이용하여 사진측량을 실시하면 저렴하고 빠른 공정으로 비교적 정확한 지형의 3차원 모델링이 가능하다. 대부분의 경우 수치사진측량 공정과 비슷하며 특수한 몇 가지 사항을 함께 정리한 순서는 다음과 같다.

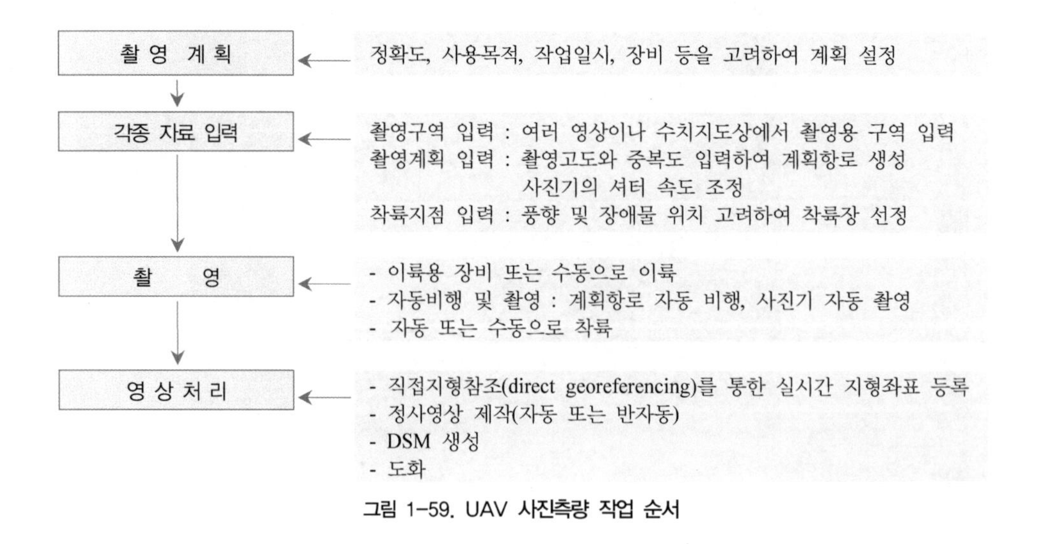


그림 1-59. UAV 사진측량 작업 순서

(1) UAV로 촬영한 지형의 집성 정사영상　　(2) UAV 사진측량에 의한 DSM 생성

그림 1-60. UAV 사진측량 결과

## 3. UAV와 지형현황측량의 비교

UAV를 활용하여 사진측량을 수행하면 여러 장점이 있다는 것을 위에서 설명하였다. 이에 대해 일반적으로 사용하는 지상현황측량, UAV 사진측량, 그리고 기존의 항공사진측량을 비교하여 다음과 같이 표로 정리하였다.

표 1-12. 지형현황측량 비교

| 구 분 | 장 점 | 단 점 | 용 도 |
|---|---|---|---|
| 지상측량 (GPS/TS) | - 가장 높은 정확도(5～10㎝)<br>- 기상조건을 제외하면 언제 어디서나 수시측량 가능<br>- 0.5$km^2$ 이내의 소규모 지형측량에 적합 | - 배점밀도가 낮음 (지형도의 세밀도 저하)<br>- 시간과 비용 과다 소요<br>- 인원 및 장비동원의 어려움<br>- 대규모 지역에는 적용 불가 | - 소규모 국지적 지형측량 |
| UAV (무인항공 시스템) | - 높은 정확도(10～20㎝)<br>- 고정밀영상 해상도(GSD* 3㎝)<br>- 기상조건과 특수지역을 제외하면 어디서나 적기측량 가능<br>- 0.5～10$km^2$ 이내의 중소규모 측량에 적합<br>- 비용이 저렴하며 개인비행 가능 | - 대축척 지형도 제작에는 지상기준점(GCP) 측량 필요<br>- 촬영면적이 넓을 경우 비행 횟수 증가 (1회 비행으로 1$km^2$ 면적 촬영)<br>- 반복비행을 할 때 여분의 배터리 확보 필수 (배터리 1개당 40분간 비행) | - 중소규모 지형측량<br>- 재해지역 긴급측량<br>- 긴급수정<br>- 접경지역 지도제작 |
| 항공 사진측량 | - 수치지도 수준의 정확도<br>- 정밀영상 해상도(GSD* 10㎝)<br>- 대규모 지형측량에 적합 | - 기상조건, 비행허가 등으로 적기 측량 어려움<br>- 소규모 지역에 대해서는 비경제적<br>- 고가의 장비<br>- 개인비행 및 촬영불가 | - 대규모 지형측량<br>- 국가기본도 제작 |

*GSD : ground sample distance, 공간해상도

## 4. UAV 활용

### 1.1. UAV에 의한 지형도 제작의 효과

UAV를 활용하여 지형도를 제작하면 다음과 같은 효과를 얻을 수 있다.

| 효 과 | 내 용 |
|---|---|
| 경제적 측면 | - 항공사진측량에 비해 소규모 지역에서는 인력, 장비 등 경제적<br>- 항공사진측량에 비해 동일지역일 경우 단시간 소요 |
| 지형도의 품질 | - 항공사진측량에 비해 접근불가 지역과 기후의 영향이 많은 소규모 지역에 대해 효과적<br>- UAV 촬영을 통하여 고해상도의 영상을 얻을 수 있으나 기체의 흔들림, 촬영고도의 많은 변위량으로 항공사진측량에 비해 접합 등이 어렵다는 단점 |

### 1.2. UAV 활용분야

비행시간이나 대규모 지형의 촬영에 어렵다는 몇 가지 단점을 제외하면 다양한 사용과 편리성 및 경제성으로 인하여 UAV를 활용한 사진측량은 급속히 확장되고 있다. 향후 레이저 장비가 경량화되면 UVA를 이용하여 항공 LiDAR 측량이 가능해져 효과적인 DEM과 DSM의 취득도 가능해질 것이다. 또한 초분광 탐측기의 경량화가 가시화되고 있기 때문에 다양한 탐측기를 UAV에 탑재할 수 있다면 다양한 파장대로 탐측이 가능하고 이를 활용한 환경이나 재해의 예측과 모니터링이 효과적으로 수행될 수 있다. 이렇게 얻어진 자료를 GIS의 데이터로 활용하게 되면 그 활용분야는 무한히 확장될 것이다. 이러한 장점으로 인해 UAV를 활용한 사진측량의 활용분야는 점차 늘어나고 있고 이 내용을 간략하게 다음 표 1-13에 정리하였다.

표 1-13. UAV 활용분야

| UAV 활용분야 | 내 용 |
|---|---|
| 현황측량 | - 난접근지역 현황측량 : 실제 지형과 정상영상을 중첩하여 성과 결정<br>- 국공유지 현황측량 : 지적도와 정상영상을 중첩하여 성과 결정 |
| 문화재 관측 | - 문화재 현장 조사<br>- 문화재 홍보 콘텐츠 제작 |
| 국토이용 현황조사 | - 토지이용, 국토개발 등 각종 시설물의 계획 및 관리<br>- 토지보상 업무 및 정책 결정자료로 활용<br>- 건축물 및 지장물 조사 등의 사용현황 확인<br>- 지장물 조사를 활용한 토지보상 및 토지감정 평가 |
| 시설물 모니터링 | - 댐 모니터링<br>- 수자원 모니터링 : 녹조관리, 오염원 및 오염원 유입경로 관리 |
| 농업 통계 조사 | - 통계청의 면적자료, 지적도 및 UAV 영상을 비교하여 면적 간 비교<br>- 경작지 비교하여 농업 통계 조사 |
| 기타 | - 안전관리를 위한 붕괴위험 급경사지의 모니터링<br>- 노천광산 및 채석장 3차원 지적정보구축<br>- 해안침식 모니터링, - 침수흔적도, 산불지역, 산사태지역 등의 재해지도 작성<br>- 산림훼손지역 산림복구를 위한 모니터링 |

(1) 시설물 현황측량　　(2) 건축물 지장물 조사

(3) 국공유지 현황측량　　(4) 정책결정 자료의 추출 : 접선도로 계획과 현황 분석

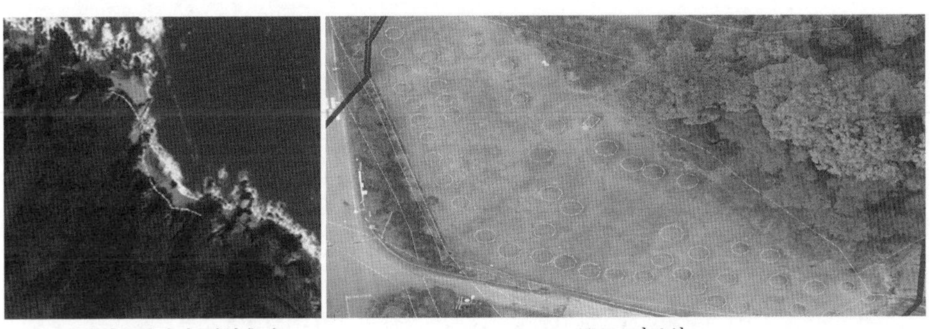

(5) 난접근지역의 현황측량　　(6) 토지보상

(7) 농업통계조사 : 경작지와 휴경지 파악　　(8) 댐 모니터링 : 오염원과 오염원 유입경로 분석

**그림 1-61. UAV 활용분야**

# 9 사진측량 응용

## 1. 지상사진측량

항공사진측량이 주로 지형도를 제작하기 위해 사용되었다면 지상사진측량(地上寫眞測量, terrestrial photogrammetry)은 문화재 관측이나 구조물 측량 등에 많이 이용된다. 지상사진을 촬영하는 방법은 다음과 같다.

| 직각 수평 촬영 | 편각 수평 촬영 | 수렴 수평 촬영 |
|---|---|---|
| - 사진기 광축을 수평 또는 직각 방향으로 향하게 하여 평면으로 촬영하는 방법 | - 사진기의 광축을 서로 교차시켜 촬영하는 방법 | - 사진기축을 특정 각도만큼 좌우로 움직여 평행 촬영하는 방법 |
| 사진기 광축 | | |

다음 표 1-14에 항공사진측량과 지상사진측량을 비교하여 그 내용을 수록하였다.

표 1-14. 항공사진측량과 지상사진측량의 비교

| 항 목 | 항 공 사 진 측 량 | 지 상 사 진 측 량 |
|---|---|---|
| 관측방법 | - 후방교회법에 의한 관측 | - 전방교회법에 의한 관측 |
| 고려사항 | - 감광도에 중점 | - 렌즈수차만 작으면 이용 가능 |
| 촬 영 각 | - 광각이 경제적 | - 보통각이 유리 |
| 기상의 영향 | - 기상변화에 민감 | - 항공사진에 비해 적은 기상변화의 영향 |
| 축척변경 | - 축척 변경 용이 | - 축척 변경 불편 |
| 정 확 도 | - 높은 평면 정확도 | - 항공사진에 비해 낮은 평면 정확도와 향상된 높이 정확도 |
| 대 상 | - 대규모 지역에서 경제적 | - 소규모 지역에서 경제적 |

현대에는 이러한 지상사진측량 방법 대신 레이저파를 이용하는 지상 LiDAR가 보편적으로 사용되는 추세이다. 지상 LiDAR를 이용하면 과거 지상사진측량에서 꼭 필

요하였던 사진의 현상, 인화와 같은 작업을 줄일 수 있고 즉각적인 지형모델링 구축이 가능하기 때문에 여러 분야에 그 활용이 확대되고 있다. 지상 LiDAR를 활용한 측량은 **제4장 레이저측량**에서 다루기로 한다.

## 2. 이동식도면화시스템

이동식도면화시스템(MMS, Mobile Mapping System)은 차량에 위성항법시스템(GNSS)과 관성항법장치(INS, Inertial Navigation System), CCD 카메라 및 필요한 컴퓨터를 탑재하고 일정거리 간격으로 대상물의 영상을 얻어 기록하는 장치이다.

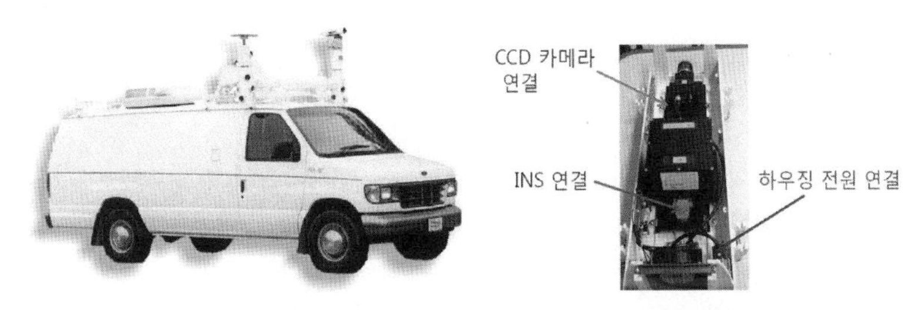


그림 1-62. 이동식도면화시스템과 카메라 Housing에 장착된 장비

이동식도면화시스템은 대규모 시설물관리, 공정관리 등에 응용하여 사용할 수 있으며 이를 통해 구축된 자료는 GIS를 통해 다양하게 분석될 수 있고 의사결정에 필요한 정보를 제공할 수 있다. 또한 도로에서 이동식도면화시스템을 이용하여 얻은 시설물 데이터베이스는 교통통제시스템이나 자동차 주행시스템에서 제공하는 정보에 비해 정확하므로 보다 효과적인 경로를 안내할 수 있으므로 GIS, 자동차 항법 장치, 도로지도 제작 등 교통 관련 분야에도 그 활용이 점차 증가하고 있다.

## ○ 단원 핵심 예제

문제 1-1. 초점거리 150$mm$, 비행고도 4,500$m$인 항공사진에서 사진측정의 평면 오차의 한계 및 높이 오차의 한계는 얼마인가?

문제 1-2. 사진의 크기와 촬영고도가 같을 경우, 초광각 사진기에 의한 촬영지역의 면적은 광각 사진기에 의한 경우의 몇 배인가?

문제 1-3. 주점거리 180$mm$, 촬영경사 $5^g$일 때 등각점은 주점보다 최대경사선상 몇 $mm$인 곳에 있는가?

문제 1-4. 촬영고도 1,500$m$로 촬영한 축척 1/10,000의 편위수정 사진이 있다. 지상 연직점으로부터 300$m$인 곳에 떨어진 비고 500$m$의 산정은 몇 $mm$ 변위로 촬영되겠는가?

문제 1-5. 지표면의 비고가 100$m$인 구릉지를 초점거리 150$mm$인 카메라로 연직 촬영한 사진의 크기는 23$cm$ $\times$ 23$cm$이다. 촬영축척이 1/20,000 일 때 이 사진의 비고에 의한 최대 변위는 얼마인가?

문제 1-6. 주점거리 15$cm$, 사진크기 23$\times$23$cm$, 종중복도 60%, 사진축척 1/20,000일 때 기선고도비는 얼마인가?

문제 1-7. 초점거리 300$mm$, 사진크기 23$\times$23$cm$, 피사각 $57°$ 인 보통각 카메라로 촬영할 때 중복도 60%인 경우의 기선고도비는 얼마인가?

문제 1-8. 촬영고도($H$) 3,000$m$에서 촬영한 항공사진에 나타난 연통 정상의 시차를 측정하였더니 17.32$mm$이고, 밑 부분의 시차를 측정하니 15.85$mm$였다. 이 연통의 높이는 얼마인가?

---

답 **문제 1-1.** 평면오차의 한계 : $0.3 \sim 0.9m$, 높이오차의 한계 : $0.45 \sim 0.9m$

**문제 1-2.** $3:1$ **문제 1-3.** $7.0722mm$ **문제 1-4.** $0.01m$ **문제 1-5.** $0.5421cm$

**문제 1-6.** $0.6133$ **문제 1-7.** $\frac{1}{3.2609}$ **문제 1-8.** $254.62m$

문제 1-9. 지상에 높이 30$m$의 굴뚝이 있다. 이 굴뚝을 촬영고도 1,000$m$에서 초점거리 150$mm$의 사진기로 수직 촬영했더니 방사거리 80$mm$에 굴뚝 상단이 촬영되었다. 이 굴뚝의 사진 상 변위는 얼마인가?

문제 1-10. 촬영고도 7,500$m$에서 촬영한 사진 I의 주점기선장은 56.5$mm$, 사진 II의 주점기선장이 57.3$mm$라면 시차차 1.55$mm$인 그림자의 고저차는 얼마인가?

문제 1-11. 촬영고도($H$) 750$m$에서 촬영한 밀착 연직사진이 있다. 이 사진에서 비고($h$) 15$m$에 대한 시차차는 얼마인가? (단, 화면거리 $f$는 15$cm$, 화면크기 $a$는 23$cm$×23$cm$, 중복도는 60%)

문제 1-12. 그림과 같이 연직사진에서 연직고도 5,025$m$에서 촬영했을 때 화면거리가 250$mm$이면 $B$ 점의 축척은 얼마인가?

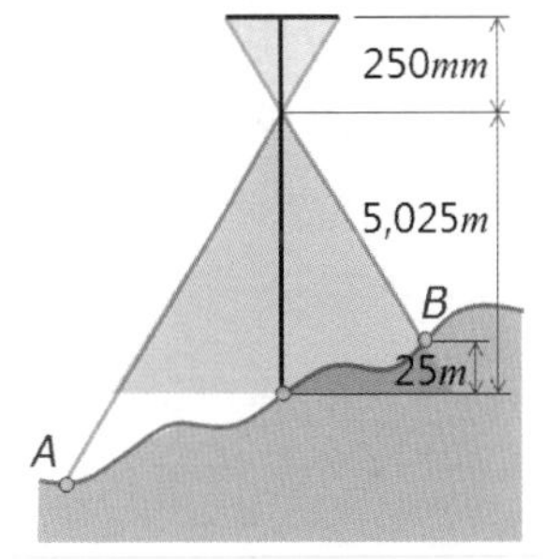


문제 1-13. 사진 한 면의 길이가 23$cm$, 축척 1/10,000일 때의 종기선 길이를 계산하고, 종중복도 60%, 횡중복도 30%일 때 촬영 종기선 길이와 촬영 횡기선 길이의 비를 구하라.

문제 1-14. 23$cm$×23$cm$ 크기의 항공사진에서 주점기선장이 밀착 사진 상에서 10$cm$라면 인접 사진과의 중복도는 얼마인가?

문제 1-15. 평균고도 600$m$의 토지를 해면상 3,000$m$에서 촬영하여 $C$계수(factor)가 1,200인 도화기를 이용하여 도화할 때 그릴 수 있는 최소등고선 간격은 얼마인가?

---

답 **문제 1-9.** $2.4742mm$ **문제 1-10.** $204.31m$ **문제 1-11.** $1.84mm$

**문제 1-12.** $\frac{1}{20,000}$ **문제 1-13.** $4:7$ **문제 1-14.** $57\%$ **문제 1-15.** $2m$

문제 1-16. 표고 700$m$이고, 20$km$×40$km$인 장방형 구역을 해발고도 37,000$m$에서 주점거리 210$mm$의 카메라로 촬영한다면, 이때 필요한 사진매수는?(단, 종중복도 60%, 횡중복도 30%, 사진의 크기 23$cm$×23$cm$, 안전율 30%)

문제 1-17. 가로 30$km$, 세로 20$km$인 장방형의 토지를 축척 1/40,000의 항공사진에서 종중복도($p$) 60%, 횡중복도($q$) 30%로 촬영하는 경우 총모델 수는 몇 매인가? (단, 사진의 크기는 23$cm$×23$cm$)

문제 1-18. 초점거리 150$mm$인 광각사진기로 촬영고도 3,000$m$에서 종중복도 60%, 횡중복도 30%로 가로 50$km$, 세로 30$km$인 지역을 촬영한다. 사진 크기가 23$cm$×23$cm$일 때 안전율 30%로 고려한 경우와 안전율을 고려하지 않는 경우 모두 촬영계획 수립하라.

문제 1-19. 지상기준점으로 사용하기 위해 대공표지를 설치하고자 한다. 항공 사진기가 화각이 120°인 초광각 카메라이고 표정 기준점 설치 위치 주위에 높이 10$m$인 건물이 있다면 건물에서 최소 몇 미터 이상 떨어진 곳에 대공표지를 설치해야 하는가?

문제 1-20. 시속 720$km$, 고도($H$) 4,000$m$, 렌즈의 초점거리($f$)는 10$cm$, 허용 흔들림량($\Delta s$)이 0.01$mm$일 때 최장 소요노출시간은 얼마인가?

문제 1-21. 평탄한 토지를 시속 180$km$의 항공기에서 화면거리 152$mm$인 카메라로 촬영하였다. 이 항공사진의 연직점에서 10$cm$ 떨어진 위치에 촬영된 굴뚝의 실제 높이가 60$m$라면, 이때 사진 상에서 굴뚝의 변위는 얼마로 나타나는가? (단, 허용 흔들림량 $\Delta s$는 사진 상에서 0.01$m$, 최장노출시간 $T_l$ 은 1/0.2초, 사진의 크기는 23$cm$×23$cm$)

문제 1-22. 초점거리 150$mm$의 사진기로 고도 3,000$m$에서 종중복 60%로 촬영하였다. 사진의 크기는 23$cm$×23$cm$, 항공기의 속도가 200$km/h$라고 하면 최소 노출시간(촬영간격)은 몇 초인가?

---

답 **문제 1-16.** 345매 **문제 1-17.** 36매

**문제 1-18.** 안전율 고려하는 경우 : 330매, 안전율 고려하지 않을 경우 : 290매
지상 기준점 측량 작업량 : 삼각점수 = 560점, 수준측량거리 = 1,110$km$

**문제 1-19.** 17.3205$m$ **문제 1-20.** $\frac{1}{500}$ **문제 1-21.** 1.58$mm$ **문제 1-22.** 33.12초

# 원격탐측

2013년 1월 30일 오후 4시, 10여 차례의 발사시도와 두 차례의 실패 이후 대한민국의 발사체 나로호가 하늘로 쏘아져 무사히 궤도에 올려지는 쾌거가 이루어졌다. 이 로켓의 발사성공으로 우리나라는 그동안 위성만 만들던 나라에서 발사체를 제작할 수 있는 잠재력이 있는 국가로 도약했으며 세계에서 11번째로 자국의 영토에서 위성을 쏘아 올린 나라로 자리 잡았다. 비록 나로호를 이용하여 우주에 올린 나로과학위성이 원격탐측에서 다루거나 위치결정을 위한 항법위성과 같이 직접적인 측량관련 위성은 아니지만, 이러한 계기를 통해 우리나라가 우주강국으로 한 걸음 더 떼어 놓을 수 있고 앞으로 다양한 위성을 발사하여 세계에 당당히 대한민국의 과학 실력을 보여 줄 수 있다는 가능성이 엿보인 중요한 사건이라고 할 수 있다.

현재 우리나라는 품질 면이나 활용 면에서 세계의 어느 나라와 겨루어도 손색이 없는 수준의 인공위성을 보유하고 있다. 이미 수년 전부터 임무를 수행하기 시작했던 아리랑 1호와 2호, 그리고 후속으로 발사된 아리랑 3호, 5호, 3A호를 비롯하여 계속 하늘로 올려지는 위성들로부터 정확한 영상과 정보를 빠르게 전송 받아 과학기술 정보의 기반으로 활용되고 있다.

인공위성은 목적에 따라 여러 임무를 띠고 우주로 보내진다. 구소련과 미국이 경쟁적으로 올렸던 군사위성에서 발전하기 시작한 인공위성은 현재 우리가 접근할 수 없는 지역에 대한 정보를 주기적으로, 그리고 신속하게 우리에게 전송해 준다. 이러한 위성들은 통신위성, 군사위성, 항법위성 등 종류와 목적도 다양하게 제작되어 활용되지만, 이번 장에서는 여러 전자기파를 사용하여 지구 모습을 영상에 담아 우리에게 전송해 주는 지구탐사위성인 **원격탐측 위성**과 그 **영상**에 대해 생각해 보도록 한다.

과거 해상도가 낮았기 때문에 지구 전체의 기상을 파악하거나 대략적인 판단만 가능했던 위성영상은 고해상도 지구관측위성으로 발전하여 우리에게 영상을 통해 정확한 정보를 전해 주고 있고 현재 우리는 이러한 위성영상을 이용하여 대상물의 특성파악은 물론 지형도까지 제작하고 있다.

앞 장의 사진측량에서 학습한 것과 마찬가지로 인공위성을 통한 원격탐측도 사진측량의 일종이다. 다만 더 멀리서 넓은 지역을 촬영하고 다양한 파장대의 영상을 제공한다는 점, 그리고 위성의 주기에 따라 반복적인 비교 영상을 우리에게 전달해 준다는 점이 사진측량과 원격탐측이 가장 큰 차이점이다. 이번 장에서는 앞에서 학습한 사진측량의 내용 중 사진의 여러 성질을 참고하여 위성영상의 특성과 성질, 그리고 활용에 관한 내용을 학습하기로 한다.

## 1 위성영상을 이용한 위치결정과 특성해석

**원격탐측**(遠隔探測, RS, Remote Sensing)은 지상이나 항공기 및 인공위성 등의 탑재기(搭載機, platform)에 설치된 탐측기를 이용하여 지표, 지상, 지하, 대기권 및 우주공간의 대상들에서 반사 혹은 방사되는 전자기파를 탐지하고 이들 자료로부터 토지, 환경 및 자원에 대한 정보를 얻어 이를 해석하는 기법이다.

원격탐측이라는 용어에는 대상체에 직접 접촉하지 않고 멀리 떨어져 원격으로 물체의 특성을 파악하기 위한 기술이라는 의미가 포함되어 있다. 따라서 원격탐측의 영역은 대기나 지표면에 있는 특정한 대상물로부터 반사되거나 방사된 전자기 복사에너지를 관찰하고 기록하여 대기의 조건, 지표면 물질들의 분포, 그리고 그 특성을 알아내려는 모든 활동이 포함된다.

인공위성 영상을 활용하는 원격탐측은 관측하고자 하는 대상이 에너지를 방출하거나 관측 대상에 전자기파를 제공하는 에너지가 있어야 대상물에 대한 정보를 수집할 수 있다. 복사 에너지가 탐측기와 대상물 사이를 통과하는 동안 대기와 상호작용을 하게 되고 관측 대상물에 도착한 복사 에너지는 그 대상의 특징과 복사 에너지의 성질에 따라 각기 다른 작용을 하게 된다.

1957년 10월 4일 첫 번째 인공위성인 구소련의 스푸트니크(Sputnik, Спутник) 1호가 우주로 발사된 이후 현재까지 15,000개가 넘는 인공위성이 우리의 삶을 풍족하게 하기 위하여 사용되었거나 현재 사용되고 있으며 또 수많은 인공위성이 하늘로 날아가 자신의 임무를 수행하기 위해 준비 중에 있다. 이러한 여러 인공위성 중 측량 분야에서 각종 정보를 얻고 지도를 제작하기 위해 사용하는 인공위성은 원격탐측위성(遠隔探測衛星) 또는 지구탐사위성(地球探査衛星, earth observation satellite)으로 한정된다.

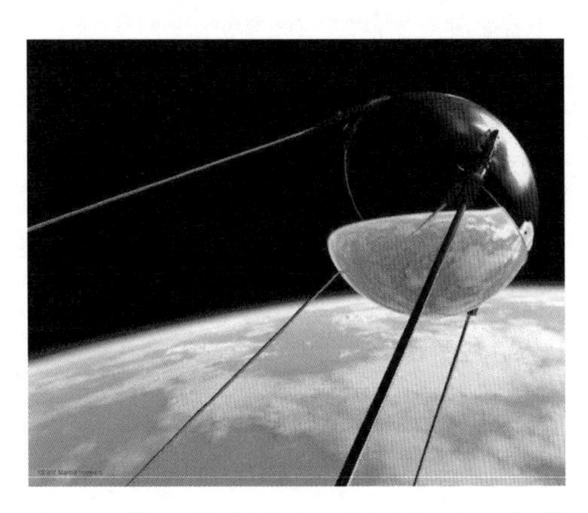

그림 2-1. 최초의 인공위성인 구소련의 스푸트니크 1호 위성

앞에서 언급한 바와 같이 원격탐측에서는 인공위성 또는 항공기에 탑재된 탐측기(探測機, sensor)를 이용하여 멀리 떨어진 관측대상으로부터 산란 또는 방출되는 에너지를 관측하고 기록하게 되며, 탐측기에 의해 기록된 이 에너지는 전기적 신호로 지구상에 있는 장소에 전송된 후 영상처리 등이 수행되어 우리가 얻고자 하는 정보를 제공해 준다. 1차적으로 처리된 자료를 이용하여 원하는 정보를 얻기 위해서는 시각화와 디지털화 같은 작업을 수행하여야 하며, 그 이후에 관측 대상에 대해 원하는 정보를 얻고 실질적인 문제 해결을 위한 과정이 진행된다.



## 1. 원격탐측 일반 성질

### 1.1. 원격탐측의 특징

원격탐측이 멀리서 대상물을 관찰한다는 관점에 있어서는 사진측량과 유사한 부분이 많지만 그 외에도 다음과 같은 여러 특징이 있다.

- 짧은 시간에 넓은 지역을 한 번에 관측하고 위성의 주기에 따라 주기적으로 반복관측
- 정치적, 자연환경적인 이유로 접근이 불가능한 지역의 관측이 가능
- 다중파장대(multi spectral band)에 의한 다양한 지구표면의 정보를 얻고 관측자료가 기록되어 자동판독과 영상의 정량화가 가능
- 수치화된 영상자료를 통한 저장과 분석이 용이
- 관측이 좁은 시야각으로 수행되므로 거의 정사투영의 영상 수집
- 탐사된 자료는 즉시 이용이 가능하므로 재해, 환경문제 등에 즉각적인 활용이 가능

**표 2-1. 원격탐측의 특징**

| 장 점 | 단 점 |
|---|---|
| - 능동적 또는 수동적 에너지를 이용하여 관측대상에 영향을 주지 않고 대상의 특성을 추출<br>- 원거리 비접촉 관측이 가능<br>- 탐측기가 수행 가능한 범위 내에서 대상지역에 대한 전수조사 수행<br>- 보조자료와 영상처리를 통하여 위치(*XYZ*)와 속성 및 시간의 변화(*T*)에 따른 4차원 데이터 생성<br>- 반복적인 주기에 의한 체계적인 비교 데이터 획득 및 용이한 축척변경<br>- 자연 또는 사회, 문화 모델링에 주요 데이터로 활용<br>- 하나의 데이터에서 취득되는 다양한 파장정보는 여러 분야에서 동시에 이용 가능 | - 전수조사에 의한 데이터지만 데이터 크기와 처리용량의 한계로 공간적, 분광적, 방사적 제약 발생<br>- 사용목적에 따라 적절한 영상 선별이 필요<br>- 속성정보나 위치정보는 현지조사, 측량 등 기존의 관측방식에 비해 낮은 정확도로 인하여 기준 데이터로의 채택은 불가능<br>- 영상을 수집하고 처리 및 분석하는데 많은 비용이 소요되며 처리와 분석에 전문적인 지식 필요 |

이와 더불어 인공위성을 이용한 원격탐측은 위성의 회전주기가 일정하여 정해진 시간이 지나야만 다시 이전의 관측지점으로 돌아오기 때문에 원하는 시간에 원하는 지점을 관측하기 어렵다는 단점도 있다.

## 1.2. 인공위성의 종류

측량에서 활용하는 인공위성(satellite)은 이번 장에서 다루는 것과 같이 탐측기의 영상을 이용하여 대상물의 정성적이고 정량적인 해석에 활용하기 위한 위성과, 다음 장 **제3장 위성항법시스템**에서 다루는 위성처럼 위치신호를 받아 대상물이나 수신기의 3차원 위치를 결정하기 위해 정량적인 해석에 활용하는 위성으로 구분될 수 있다. 이외의 인공위성은 측량에서 직접적으로 다루는 분야가 아니므로 여기서는 다음과 같이 간략하게 소개만 다루기로 한다.

### (1) 과학위성

과학위성(科學衛星, scientific satellite) 또는 과학탐사위성(科學探査衛星)은 지구와 지구 주변의 환경을 관측하고 각종 우주과학 실험을 수행하는 인공위성이다. 이러한 과학위성은 지구 근처에 존재하는 우주의 구성과 지구에 미치는 영향에 관한 자료를 수집하기 위하여 궤도를 형성하며 여러 과학현상을 기록하고 수집된 자료를 지구로 전송한다.

지구 대기변화를 기록하는 위성은 일반적으로 극궤도로 회전하며, 행성과 항성을 비롯한 멀리 있는 물체를 관측하는 위성은 저고도궤도로 선회한다. 과학탐사위성은 다른 행성, 달, 태양의 궤도를 돌기도 하며, 이렇게 여러 위성에서 수집한 자료는 분석을 위해 지구로 전송된다.

과학탐사위성 콤프턴 감마선 관측호(CGRO, Compton Gamma Ray Observatory)는 폭발로 인해 아주 밝게 빛나는 별인 초신성, 항성 모양의 천체인 퀘이사(quasar), 블랙홀 주위의 물질 등에서 방출되는 고에너지 감마선을 관측한다.

미국 최초의 인공위성인 익스플로러(Explorer) 1호가 발사되어 밴앨런대(Van Allen belt)를 발견한 이래, 1970년대 말까지 익스플로러, 파이오니어(Pioneer), OSO(Orbiting Solar Observatory) 시리즈의 과학위성들이 우주를 연구하기 위한 목적으로 발사되었다. 그 후 1983년에는 미국, 네덜란드, 영국이 공동으로 제작한 적외선 천문위성 IRAS(InfraRed Astronomical Satellite)가, 1989년에는 우주 배경복사 위성 COBE(COsmic Background Explorer) 등이 과학목적으로 발사되었다. 1990년에는 주 망원경의 직경

그림 2-2. 우리나라 나로과학위성 (STSAT-2C)과 이 위성이 탑재된 나로호 (KSLV-1) 로켓



이 약 2.4$m$ 인 허블 *Hubble* 우주망원경이 우주에 설치되어 우주탄생의 비밀이나 구조 등 우주에 관한 원초적인 해명을 위해 많은 자료를 수집하고 있다. 이 외에도 우주로부터 오는 여러 전파나 감마선, X선 등을 관측하기 위해 많은 위성들이 발사되었다.

우리나라의 과학위성으로는 과학기술위성 1호(STSAT-1, Science and Technology SATellite-1, 또는 우리별 4호, KAISTSAT 4)가 대표적이다. 이 위성은 과거에 발사된 우리별 1, 2, 3호의 개발경험을 바탕으로 기술습득과 독자개발의 단계를 거쳐 기술의 최적화와 동시에 천문학적 관측을 위해 제작된 최초의 국내 위성이다.

STSAT-1은 은하 전반에 분포해 있는 고온의 플라즈마(plasma)에서 방출되는 자외선을 검출하고, 태양활동 극대기에 지구의 극지방에서 일어나는 태양의 영향과 지구자기장의 상호작용을 조사한다. 원자외선 분광기와 함께 탑재되는 우주과학 탑재체는 지구의 상층대기로 투입되는 높은 에너지의 하전입자(荷電粒子, charged particle)를 관측하여 지구의 상층대기에서 일어나는 여러 물리적 현상에 대한 정보를 얻는다. 또한 인공위성에 기반을 둔 원격자료 수집기에서는 지상에서 항상 감시하기 어려운 야생동물이나 교통감시 등의 역할도 수행하고 있다.

과학기술위성 2호(STSAT-2, Science and Technology SATellite-2)는 100$kg$급 지구 저궤도 인공위성으로 2002년 10월 개발을 시작하고 2005년 12월 완성되어 KAIST 인공위성센터에서 최초 국내 로켓인 나로호(羅老號, KSLV-1, Korea Space Launch

Vehicle)에 실려 2009년 8월 25일 오후 5시에 발사가 이루어졌으나 로켓의 분리가 일찍 진행되었기 때문에 궤도에 진입하지 못하고 위성은 낙하하면서 대기권에서 소멸되고 말았다.

2013년 1월 30일 오후 4시 나로우주센터에서 3번째 시도로 발사된 나로호에는 과학기술위성 2호와 비슷하지만 보다 진보된 위성인 나로과학위성(STSAT-2C, Science and Technology SATellite-2C)이 탑재되어 성공적으로 발사되었다.

우리나라 최초 우주발사체인 나로호에 탑재된 나로과학위성(STSAT-2C)은 100㎏급 저궤도 인공위성으로 103분의 주기로 하루에 지구를 14바퀴 돌면서 각종 과학기술관련 자료를 수집한다. 이 위성은 비콘 송출 및 레이저 반사경을 이용한 위성 레이저 거리측정 등 정밀 궤도측정 기술을 연구하고, 궤도주변의 전자밀도와 우주방사선량의 측정과 같은 우주환경 관측 임무를 수행한다. 나로과학위성은 프레임타입의 위성구조체이며, 반작용 휠, 펨토초 레이저 발진기(femto second laser oscillator), 적외선 센서, 복합소재 태양전지판, CCD 디지털 태양센서, 소형위성용 X-파장대 송신기, FPGA(Field Programmable Gate Array) 기반 탑재 컴퓨터, 태양전지판 전개용 힌지 등의 국산우주기술을 탑재하고 있다.

이 중에서 펨토초(fs. femto second, $10^{-15}$초) 레이저 발진기는 아주 빠른 시간 동안 발생하는 원자나 분자의 상태변화를 감지하기 위해 펨토초 정도의 매우 짧은 시간 동안에 큰 세기를 갖는 레이저를 이용하여 관측을 한다. 이 발진기는 무척 빠르게 일어나는 원자나 분자의 상태변화를 추적하거나 핵융합 반응을 일으킬 수도 있기 때문에 최근 십여 년간 많은 연구가 진행되어 왔고 그 활용이 확장되고 있는 새로운 기술분야이다.

또 이 위성에는 지구 및 대기의 밝기와 온도인 지구복사에너지를 측정할 수 있는 극초단파(microwave) 라디오미터, 정밀궤도 측정을 위한 레이저반사경 등이 탑재되어 있다. 나로과학위성은 이러한 첨단장비를 이용해 300~1,500㎞ 높이의 타원궤도를 돌면서 지구대기 중의 수분분포, 지구복사에너지 측정, 해양표면온도와 같은 지구지형 정밀탐사 등의 임무를 수행하게 된다. 일반적으로 적도 상공에서 3만 6,000㎞의 궤도를 갖는 정지궤도위성이 하루에 지구를 한 바퀴 돌면서 주로 상업용이나 군사용으로 활용되는 것과는 달리 나로과학위성은 우리나라 최초의 타원궤도로 지구를 선회하며 지구에서 가까운 곳은 300㎞까지 가깝게 근접하고 먼 곳은 1,500㎞ 높이에서 지구를 1시간대에 돌며 기후측정과 지형탐사 등의 목적에 필요한 자료를 수집한다.

### (2) 군사위성

군사위성(軍事衛星, military satellite)은 정찰위성(偵察衛星, surveillance satellite, information gathering satellite), 첩보위성(諜報衛星) 또는 스파이위성이라고도 불리며, 정찰, 통신, 경보, 항해 등 군사적 목적으로 사용되는 위성을 말한다. 이러한 종류의 위성은 냉전체제 당시 양대 강대국이던 미국과 소련에 의해서 많이 발사되었다. 적의 상공에서 사진촬영을 하고, 상대의 미사일 발사를 탐지하여 알리기도 하며, 군사용 통신에 사용되기도 하고, 군사용 GNSS를 위해 사용되기도 한다. 또한 목적이 밝혀지지 않은 비밀위성도 많이 있는 것으로 알려져 있다.

대부분의 인공위성들이 군사적 목적을 위하여 시작되었고 제1차 세계대전과 제2차 세계대전 당시 전쟁의 목적으로 항공사진측량이 발달했던 것과 같이 경쟁적인 군사위성의 개발로 인공위성이 비약적으로 발전되는 계기가 되기도 하였다. 현재는 그 기술력을 바탕으로 통신위성, 과학위성, 지구관측위성, 기상위성 등 인류의 삶에 필요한 정보를 제공하기 위한 위성들이 개발되고 있다.



### (3) 원격탐측위성

원격탐측위성(遠隔探測衛星, remote sensing satellite)은 지구관측위성(地球觀測衛星, earth observation satellite)으로도 불리며 지구표면과 대기 및 해양관측 등을 목적으로 사용된다. 정밀지도를 제작하기 위한 영상을 얻기 위해서는 주로 항공기를 이용하지만 빠른 시간에 넓은 범위를 관측하기 위해서는 인공위성이 효율적이다. 기술의 발달로 위성영상의 공간해상도가 높아짐에 따라 최근에는 인공위성 영상을 이용하여 지형도를 제작하는 것도 가능해졌다.

원격탐측위성은 태양의 움직임과 같이 극궤도를 돌면서 일정한 태양빛 조건에서 여러 가지 색의 가시광선과 적외선으로 사진을 촬영한 후 이 영상들을 지구로 전송한다. 과학자들은 이 위성이 보내는 정보를 이용하여 광산과 수원지의 위치도 알아내고, 오염원을 찾아 그 영향을 연구하며, 농작물과 숲에 번지는 병충해도 찾아낸다.

이러한 원격탐측위성은 지구표면과 대기의 관찰을 하는 것이 주요 임무이다. 이 위성들은 정확한 탐사를 위해 지구와 멀리 떨어지지 않은 저궤도에서 지구주위를 돌면서 임무를 수행한다. 육지의 자원을 탐사하기 위한 최초의 위성은 1972년부터 사용된 미국의 LANDSAT 1호이며 현재 해양관측을 위해서도 많은 원격탐사위성들이 사용되고 있다.

원격탐측위성은 지도를 보다 정교하게 만드는 데에도 사용되어 왔다. 이 같은 위성의 관측 덕분으로 과거에 불가능했던 전 세계의 대륙을 하나로 연결하는 세계전도의 작성도

그림 2-3. 가시부와 적외선 탐측기를 탑재한 한국의 다목적실용위성 아리랑 (KOMPSAT) 3A호

가능하며 해저지형의 조사와 이를 이용한 해저지도도 만들 수 있게 되었다.

현재에는 육지와 해양관측뿐 아니라 열대지역 관측을 위한 여러 계획이 추진되고 있으며 수집된 데이터는 각종 자원관리와 도시개발 감시, 광물자원을 탐사하기 위한 지질의 파악, 그리고 홍수피해 연구 등 지구환경에 관련된 여러 분야에 사용된다. 또한 이 위성은 기후변화를 비롯한 각종 지구환경을 관측하는 데에도 이용되고 있다. 원격탐측위성은 이와 같이 지구의 환경보호라는 측면에서 향후 우주이용의 중요한 분야가 될 것이다.

### (4) 항법위성

항법위성(航法衛星, navigation satellite)은 위성에서 위치정보를 담은 전파를 발사하여, 선박, 비행기, 자동차 그리고 개인에게까지 현재의 정확한 3차원 위치를 알려 주는 위성이다. 우리에게 잘 알려진 미국의 GPS가 대표적인 항법위성이며 현재에는 러시아의 GLONASS, 유럽연합의 Galileo, 중국의 Beidou, 그리고 국지적 항법위성이기는 하지만 인도의 NAVIC 시스템과 같은 여러 종류의 항법위성이 활용되고 있다. GPS와 GLONASS는 처음에는 군사적 목적으로 개발되었지만 현재는 일반인에게는 물론, 항공기 관제, 지진감시, 구조 등에도 개방되어 활용되고 있다.

이러한 항법위성의 위치결정방법, 위성신호, 위치정확도 및 오차, 그리고 오차보정방법 등은 **제3장 위성항법시스템**에서 상세히 다루도록 한다.

그림 2-4. 미국의 GPS 위성인 Block III 시리즈



### (5) 통신위성

통신위성(通信衛星, telecommunication satellite)은 실생활과 가장 밀접한 관련이 있는 위성 중의 하나이다. 이 종류의 위성은 우주 전파중계소 역할을 하는 인공위성으로 TV신호나 음성신호 등을 한 지점에서 다른 지점으로 전송해 준다. 지상에서 수신탑을 이용하여 전파를 멀리 보낼 때에는 빌딩과 산 등의 장애물에 의해 간섭을 받을 수 있지만 위성은 우주에서 전파를 발사하기 때문에 난시청지역을 효과적으로 줄일 수 있다.

위성을 이용한 통신은 1960년 미국의 에코 1호(Echo 1 Communications Satellite)부터 시도되었고 현재 지구의 주위를 돌고 있는 통신위성의 수는 100개가 넘는다. 에코 1호가 처음으로 등장한 후 10년 만에 이 위성은 전 세계 통신에 있어 매우 중요한 부분을 차지하게 되었으며 현재 위성방송 및 이동통신 등으로 생활에서 가장 많이 이용되고 있다. 이러한 위성 덕분으로 위성을 통해 지구 반대편에서 실시되는 축구를 생중계로 볼 수 있고 전화통화도 가능하며 인터넷으로 전자우편(email)도 주고받을 수 있게 되었다.

통신위성은 주로 정지위성으로 지구와 같은 속도로 회전을 하며 항상 지구에서 볼 때 같은 상공에 떠 있기 때문에 넓은 지역에 계속적으로 통신에 필요한 데이터를 전달할 수 있다.

### (6) 기상위성

기상위성(氣象衛星, meteorological satellite)은 기상관측을 주목적으로 하여 발사된 인공위성이다. 최초의 기상위성은 미항공우주국(NASA, National Aeronautics and Space Administration)에서 발사한 타이로스(TIROS, Television InfraRed Observation Satellite)로 이 위성은 초기의 다른 위성들처럼 지구를 관측하기 위한 사진을 촬영하였으며 현재는 지구 전체에 대한 영상정보를 전송해 주고 있다. 위성들을 통한 기상 및 구름의 흐름과 같은 대기의 이동은 모든 국가에서 중요하게 다루고 있고 특히 이러한 정보를 이용하여 태풍의 형성과 이동경로를 추적하고 예보하여 많은 인명을 구하기도 한다.

기상위성은 기상예보와 보고시스템에 대한 기본정보를 제공한다. 이러한 위성의 정보가 효과적으로 사용되기 위해서는 정지궤도 혹은 저궤도와 같은 위성의 고도가 중요한 요소가 아니라 지속적으로 관측이 가능한지, 명령이나 제어가 원활하게 수행되는지, 또 그 운용은 정확히 유지되어 목적지 상공에서 정확한 자료를 얻어 내는지가 가장 중요하다.

기상위성은 주로 자체 카메라로 구름을 촬영하고 그 영상을 기초자료로 활용하여 날씨를 예측하며, 온도측정, 습도, 복사열 등 여러 지구의 물리적인 특징과 변화를 관측한다.

## 2. 원격탐측의 역사

### 2.1. 영상수집

지구표면으로부터 하늘로 멀리 떨어져 있는 지점에서 관측한다는 관점에서 보면 사진 측량도 원격탐측의 한 분야에 포함되므로 원격탐측은 사진측량으로부터 시작되었다고 볼 수 있다.

1839년 다게르 *Daguerre*가 인화물질에 대한 연구결과를 발표하여 사진기술에 대한 기초를 마련하였고, 1850년대에는 기구와 연에 카메라를 실어 올려 하늘에서 지상사진을 찍어 지도를 만들려는 노력이 시도되었다. 1902년 비행기가 발명되어 지상사진을 얻기 위한 속도, 고도, 방향을 제어할 수 있게 되었다. 사진측량 기술은 1914~1918년 제1차 세계대전 당시 군사적 목적을 위한 사진의 취득, 처리, 판독 등의 기술이 급속도로 발전하면서 향상되었으며, 1922년 리 *Lee*는 우주에서 바라본 지구의 얼굴(The Face of the Earth as seen from the Air)이라는 책에서 다양한 활용분야에 사진측량을 사용할 수 있다는 것을 소개하였다.

(1) 프랑스 나다르 Nadar가 기구에서 촬영하는 그림

(2) 왼쪽 방법으로 촬영한 1866년 파리 모습

(3) 1860.10.13. 기구에서 촬영한 미국의 보스턴

**그림 2-5. 기구에 의한 영상수집**



제2차 세계대전(1939~1945) 중에 전자기파를 수집하여 사진을 제작하는 것이 가시광선 영역에서 비가시광선, 특히 근적외선 영역으로 확대되어 이에 대한 이론적이고도 실질적인 연구가 진행되기 시작하였다. 이러한 연구의 영향으로 민간영역에서 다양한 응용과 기술의 발전이 이루어지게 되었고, 군사 분야에서도 냉전체제하에서 정찰용 촬영기술의 연구가 수행되기 시작하였다.

1950년대 중반 프룻 *Pruit*은 항공사진으로는 가시광선 이외 영역의 영상을 표현하는데 한계가 있다고 생각하여 원격탐측(Remote Sensing)이라는 용어를 최초로 사용하였다. 1960년 3월에 미항공우주국 *NASA*에 의해 최초의 기상관측 위성 TIROS-1이 발사되면서 지상관측 위성개발을 위한 기초가 마련되었다. 1972년 미국의 LANDSAT-1호가 발사되어 지상관측 위성개발의 시발점이 되었으며 대규모 지역의 영상을 주기적이며 정기적으로 얻게 되면서 위성영상 데이터에 대한 관심과 데이터 분석기법이 지속적으로 발전하게 되었다. 1970년대 초 다중파장(多重分光, multi spectral) 데이터 처리의 기초기술이 NASA, JPL(제트추진연구소, Jet Propulsion Laboratory), USGS(미국지질측량협회, United States Geological Survey) 등에 의해 개발되었고, 1980년대 NASA의 지원으로 JPL에서 초분광(超分光, 하이퍼 스펙트럴, hyper spectral) 탐측기가 개발되어 원격탐사 영상의 분석 가능성을 크게 확대시키게 되었다.

1991년 유럽연합에 의해 ERS(European Remote Sensing satellite)-1 위성이 발사되어 본격적으로 SAR(Synthetic Aperture RADAR, 개구면합성레이더)을 활용하는 레이더 영상이 얻어지기 시작하였고, 1999년 IKONOS 위성과 2001년 QuickBird 위성의 발사로 다중파장영상뿐 아니라 고해상도 상업용 위성영상의 이용이 가능해졌다. 이때부터 디지털 사진측량학과 위성영상 처리기법 간의 경계가 무너지고 새로운 영상처리

기법의 개발이 진행되기 시작하였다.

(1) 1882년 아치볼드 *Archibald*에 의해 수행된 연에 장착된 카메라와 이 카메라를 이용하여 촬영한 영상

(2) 제1차 세계대전 당시 항공사진 촬영과 촬영된 영상

(3) 1897년 노벨 *Nobel*에 의해 로켓에서 촬영한 항공사진

(4) 사진촬영에 사용된 마울 *Maul*의 로켓

(5) (4)의 로켓에서 촬영한 독일 농가의 영상

**그림 2-6. 초기의 원격탐측 사진기술 개발**

1999년 발사된 NASA의 Terra(EOS-AM1) 위성은 특정 지역에 한정된 영상취득의 한계를 극복하고 전세계적 규모의 관측을 목적으로 ASTER, CERES, MISR, MODIS, MOPITT 등의 탐측기를 함께 탑재하였으며, 지구관측시스템(EOS, Earth Observing System) 프로젝트를 통해 ICESat, Aura, SORCE 등의 지구관측위성의 발사계획이 수립되었다.

2000년 11월 발사된 NASA의 EO(Earth Observing)-1 위성에는 하이페리언(hyperion) 탐측기가 탑재되어 최초로 초분광(超分光, hyperspectral) 위성영상을 촬영하였다.



## 2.2. 능동적 탐측기의 활용

### (1) 레이더

대부분의 위성에서 사용되는 광학탐측기는 수동적 탐측기(passive sensor)로 태양이 없는 야간이나 구름 등의 기상영향을 받기 때문에 원하는 시간에 항상 최적의 영상을 얻기는 어렵다. 이러한 광학영상의 한계를 극복하여 전천후로 영상을 얻기 위한 능동적 탐측기(active sensor)에 대한 연구가 진행되어 레이더를 활용하는 영상 레이더(imaging RADAR) 기술이 발전하게 되었다.

레이더(RADAR, RAdio Detection And Ranging)는 전자기파 중 마이크로파나 라디오파 등의 주파수 대역을 이용하여 사용자가 원하는 시간과 공간에서 대상물의 위치, 움직임, 상태와 같은 정보를 탐지하고 거리를 관측할 수 있는 능동형 시스템이다. 이러한 능동적 탐측기인 레이더는 제2차 세계대전을 기점으로 전자기파에 대한 연구가 활발히 진행되면서 급진적으로 발전하게 되었다.

1951년 굿이어 비행기 제작사 *Goodyear Aircraft Corporation*의 와일리 *Wiley*에 의해 기본적인 레이더 개념을 확장한 차세대 기술인 합성개구면레이더(SAR)의 개념이 최초로 개발되어 1953년 일리노이 대학교에서 과학적인 실험이 수행되었고 미시간 대학교에서 이 기술에 대한 연구가 수행되었다. 최초의 SAR 시스템인 X-파장대 시스템은 미국방성(USDOD, United States Department Of Defence)의 지원으로 개발되었으며, 1960년대 후반 NASA에서 민간부문에 적용하기 위한 합성개구면레이더 시스템을 개발하였다.

1970년대에서 1990년대 초반까지 CCRS Convair 580, JPL AirSAR 등의 실험적인 항공용 레이더 개발을 시작으로 1978년 6월 27일 최초의 합성개구면레이더 탑재위성인 SEASAT이 NASA의 JPL에 의해 발사되어 극지방의 얼음 및 지질에 관련된 자료를 제공하고 있다. 이후 레이더는 SIR-A, SIR-B, SIR-C, ERS-1, ERS-2, ALMAZ, JERS-1, RADARSAT-1, 2 등의 위성에 실려 지속적인 발전을 하여 현재 이용되고 있는 현대적

개념의 고해상 영상레이더(high resolution imaging RADAR)가 출현하게 되었다.

### (2) 레이저

능동형 탐측기의 또 다른 영역인 레이저(LASER, Light Amplication by Stimulated Emission of Radar) 또한 원격탐측 분야에 널리 활용되고 있다. 1917년 레이저의 기본 개념인 유도방출(誘導放出 또는 자극방사) 이론이 아인슈타인 *Einstein*에 의해 발표된 이후 1960년 휴즈 *Hughes* 연구소의 마이만 *Maiman*에 의해 루비를 이용한 레이저광이 발견되었다.

1961년 가스 레이저가 개발된 이후 안정성과 수명성이 높은 상품이 지속적으로 개발되었으며, 1970년대 초반부터는 물리적인 가공이나 거리측정 등에 실제로 레이저를 이용하기 시작하였다. 또 같은 시기에 레이저 고도측정계(laser altimeter)가 개발되어 거리를 관측하는데 사용되기 시작하였으며, 70년대 중반에 들어서면서 레이저 스캐닝(laser scanning) 기술이 개발되었다.

1980년대 레이저 고도측정계와 같은 장비를 레이저 프로파일러(laser profiler)로 개조하여 측량에 활용하기 위한 연구가 시작되었으며 1980년대 말 GPS가 보급되면서 GPS와 병행하는 측량기법으로 레이저 프로파일러에 대한 연구가 본격적으로 시작되었다.

현재 측량에서 사용하는 레이저측량 탐측기는 크게 지상용, ALS(Airborne Laser Scanner System) 또는 LiDAR(Light Detection And Ranging)과 같은 항공용, 그리고 SLR(Satellite Laser Ranging)과 같은 위성용 탐측기로 구분할 수 있으며, ICEsat, VCL(Vegetation Canopy Lidar)과 같은 위성들은 이러한 레이저를 탐측기로 활용하는 위성들이다.

레이저는 현재 CD, DVD 등 음향과 영상의 저장매체를 읽고 쓸 수 있는 저장장치로도 활용되고 프린터, 바코드, 레이저를 이용한 의학장비, 기상관측, SLR, 레이저 포인터, 공연 무대장비, 레이저 식각기, 기계·기구 등의 3차원 형상측정기, 통신망 등 우리 생활에서 널리 쓰이고 있다. 레이저는 단색성이 뛰어나고, 위상이 고르며 간섭현상이 일어나기 쉽고, 직진성이 좋고, 에너지 밀도가 크다는 특징을 가지고 있으며 이에 대한 자세한 설명은 **제4장 레이저측량**에서 다루기로 한다.

## 2.3. 우리나라 위성의 발전

우리나라에서는 1970년 12월 기상청에서 기상관측 위성수신업무 개시로 원격탐측의 시대로 들어섰다. 1980년대에 국내에 원격탐사가 소개된 이후 1980년 1월부터 정지 기상관측 위성수신업무를 시작하게 되었다.

1984년 12월 8일 대한원격탐사학회가 창립되어 체계적인 연구가 진행되기 시작하였으며, 1992년 8월에는 한국 최초의 과학위성인 우리별 1호가 발사되었고 1995년 8월 한국 최초의 상용 방송통신위성인 무궁화 1호가 발사되었다. 1996년 한국기계연구원으로부터 독립하여 설립된 재단법인 한국항공우주연구소에서 다양한 위성관련 업무를 시작하였으며 1999년 12월 KOMPSAT(KOrea Multi-Purpose SATellite, 다목적실용위성, 아리랑) 1호가 발사되어 우리나라도 당당히 우주개발 주도국으로 진입하게 되었다.



2004년 아리랑 2호가 발사되어 2015년 임무를 종료하였고, 2012년 5월 18일 1$m$ 이하의 공간해상도로 지상의 영상을 얻을 수 있는 아리랑 3호가 성공적으로 발사되어 활동 중이다. 또한 2013년과 2015년 아리랑 5호와 3A호가 각각 발사되어 임무를 수행하고 있으며 이러한 지구관측위성인 아리랑 시리즈는 8호까지 발사계획이 수립되어 있다.

과거 박정희 대통령 시절부터 우리나라 고유의 발사체인 로켓을 개발하기 위한 시도가 여러 번 있었지만 강대국의 방해로 장거리 로켓과 관련된 기술확보는 불가능하였다. 우주개발 강대국의 간섭이 심한 이유는 이러한 발사체가 과거 대륙 간 미사일에서부터 시작되어 점차 개량된 형태인 우주로켓으로 발전하게 되었고 이러한 장거리 미사일은 유사시나 전쟁 때 핵을 탑재하고 발사될 경우 가공할 만한 무기가 되기 때문이다. 이러한 이유로 그동안 발사된 모든 우리나라의 인공위성들은 미국, 러시아, 인도, 일본 등 우주강국의 로켓을 빌려 값비싼 비용을 지불하면서 발사될 수밖에 없었다.

2002년 6월 전남 고흥에 나로우주센터가 착공된 이후 우리나라 고유의 발사체 기술은 더욱 목마르게 되었다. 이 때문에 2005년 나로우주센터가 완공되자 여러 우주선진국의 간섭에도 불구하고 러시아의 우주기술 이전형식을 빌려 일부 러시아 기술로, 또 일부 국내 기술로 제작한 나로호(KSLV-1) 발사체의 개발사업을 본격적으로 수행하기 시작하였다.

그러나 우리나라 최초의 발사로켓인 나로호는 우주개발 초보국가였던 우리나라에 많은 실패와 시련을 안겨 주었다. 이 로켓은 우리나라 자체기술로 제작된 과학기술위성 2호(STSAT-2, Science and Technology SATellite-2)를 싣고 발사될 계획이었다. 과학기술위성 2호는 2002년부터 개발이 시작되어 2005년 12월 완성되어 나로호와 함께 발사될 예정이었지만 나로호 발사가 몇 차례 연기되면서 준비상태에 머물러 있었다. 2009년 8월 19일 나로호의 1차 발사가 시도되었지만 발사 7분 56초를 남기고 소프트웨어 결함으로 발사가 중지되었고 6일 뒤인 8월 25일 계획대로 로켓을 발사하였지만 로켓이 예정보다 일찍 분리되어 이 위성은 궤도에 진입하지 못하고 낙하하면서 대기권에서 타버리고 말았다.

지난 2010년 6월 9일 다시 나로호의 2차 발사가 시도되었지만 소화용액의 이상 분출로 발사가 중지되어 다음 날인 6월 10일 오후 5시에 2차 발사가 이루어졌고, 발사 후 137.19초 후 비행 중 폭발하여 또다시 나로호의 발사는 실패하였다. 다시 2012년 10월 26일 3차 발사를 준비하던 나로호는 헬륨가스 주입을 위한 연료공급라인 결합부에 틈이 생겨 발사가 전격 취소되면서 발사계획이 연기되었다.

이러한 시간이 흐르는 가운데 나로호에 탑재되려던 위성은 새로운 기능을 지닌 위성으로 교체되었고 이렇게 교체된 위성이 나로호와 함께 발사된 나로과학위성(STSAT-2C, Science and Technology SATellite-2C)이다. 나로과학위성은 기존의 과학기술위성 2호와 비슷하지만 펨토초 레이저 발진기, 적외선 센서 등 새로운 기술이 집약된 최첨단 위성이다.

2013년 1월 30일 오후 4시 여러 번의 시련 끝에 나로호는 드디어 우주로 솟아올라 성공적으로 발사되었다. 순조로운 진행으로 나로호가 이륙을 시작한 지 54초 후 음속을 돌파하였고 215초 뒤 예정대로 위성덮개인 페이링(paring) 분리에 성공하였다. 이어 229초 후 1단 엔진이 멈추어 232초 뒤 떨어져 나갔으며, 395초 후에 2단 엔진이 점화되었다. 그리고 540초 후에는 위성을 분리하여 위성을 궤도에 안착시키면서 성공적으로 위성발사가 이루어졌다.

위성의 상태를 확인하기 위한 위성과의 첫 번째 교신은 위성발사 1시간 26분 뒤인 1월 30일 오후 5시 26분부터 10분간 노르웨이 지상국에서 이루어져 위성의 비콘(beacon) 신호를 수신하면서 위성이 정상적으로 작동하고 있음이 확인되었다. 다음 날인 31일 오전 3시 28분 KAIST의 인공위성연구센터에서 이 위성이 정해진 타원궤도를 따라 우리나라 인근 상공을 지날 때 첫 번째 위성신호를 수신하여 위성이 성공적으로 발사되고 정상적으로 작동하고 있음이 다시 확인되었다. 위성센터에서는 RF(Radio Frequency) 장비를 이용하여 이날 오전 3시 27분 통신신호를 수신하기 시작한 지 1분 뒤인 28분4초부터 43분2초까지 14분58초 동안 위성의 전파비콘 신호를 수신하였다. 이어 같은 날 5시11분부터 26분까지 15분간의 2차 교신도 성공적으로 이루어졌다. 첫 교신 때에는 위성의 고도각이 낮아 정확한 정보의 수신에 여러 가지 제약이 있었지만, 두 번째 교신에서 자세제어와 위성 내부의 상태를 디지털 신호로 바꾸어 지상으로 송신하는 원격추적 텔리메트리(telemetry) 정보를 비롯한 온도, 전압, 전류, 전원 등이 정상적인 것으로 확인되었다. 특히 두 번째 교신에서는 첫 번째보다 낮아진 위성의 회전율이 파악되어 이 위성이 안정적으로 지구궤도를 돌고 있는 것으로 확인됐다.

나로호 로켓의 성공적인 발사로 우리나라는 우주개발에 더욱 박차를 가하게 되었으며 2021년 이전에 완전한 한국형 발사체를 개발한다는 목표로 우주개발을 가속화하고 있다. 나로호 발사의 성공으로 우리나라는 2012년 말 위성을 올린 북한에 이어 11번째 스페이스 클럽(Space Club) 자격을 얻게 되었다. 스페이스 클럽이란 자국의 우주센터에서 자국의 발사체를 이용하여 인공위성을 발사한 우주개발 선진국들을 일컫는 말로 국제사회에서 공식적으로 인정받는 실체적인 기구나 단체는 아니다. 현재 스페이스 클럽에는 1957년 스푸트니크 위성 발사에 성공한 러시아를 포함하여 미국, 프랑스, 일본, 중국, 영국, 인도, 이스라엘, 이란, 북한 등 10개국이 있다.



**표 2-2. 스페이스 클럽 현황**

| 순위 | 국 가 | 시 기 | 발사 로켓 | 위성(무게) | 발 사 장 |
|---|---|---|---|---|---|
| 1 | 러시아 | 1957.10.04 | Sputnik-PS | Sputnik 1(83.6kg) | 구소련 Baikonur |
| 2 | 미국 | 1958.02.01 | Juno I | Explorer 1(14.0kg) | 미국 Cape Canaveral |
| 3 | 프랑스 | 1965.11.26 | Diamant-A | Astérix(41.7kg) | 남미 프랑스령 Guyana |
| 4 | 일본 | 1970.02.11 | Lambda 4S | おおすみ(오오스미)(24.0kg) | 일본 Kagoshima |
| 5 | 중국 | 1970.04.24 | CZ-1(장정) | 東方紅1(동황홍)(174kg) | 중국 Jiuquan |
| 6 | 영국 | 1971.10.28 | Black Arrow | Prospero(72.5kg) | 호주 Woomera |
| 7 | 인도 | 1980.07.18 | SLV-3 | Rohini 1B(35.0kg) | 인도 Sriharikota |
| 8 | 이스라엘 | 1988.09.19 | Shavit | Ofeq 1(156kg) | 이스라엘 Palmachim |
| 9 | 이란 | 2009.02.02 | Safir-2 | Omid(27kg) | 이란 Semnan |
| 10 | 북한 | 2012.12.12 | 은하3호 | 광명성3호2호(100kg) | 평안북도 철산군 동창리 |
| 11 | 한국 | 2013.01.30 | 나로호 | 나로과학위성(100kg) | 전남 고흥군 나로우주센터 |

북한은 2012년 12월 12일 국가우주개발전망 계획으로 은하 3호 로켓을 이용하여 인공위성 광명성 3호 2호기를 궤도에 올려놓았다고 공식 발표하였다. 미국의 위성추적 인터넷 사이트인 스페이스 트랙(www.space-track.org)은 12월 12일 평북 철산군 동창리에서 발사된 은하 3호에서 분리된 물체 3개가 우주궤도에 도착했다고 발표했다. 이 가운데 39026번 물체를 KMS(광명성)3-2라고 명명하였다. 이는 미국에서 광명성 3호 2호기를 공식적으로 인공위성으로 인정한 것이라고 할 수 있다.

이로써 북한은 사실상 세계에서 10번째로 자국 영토에서 인공위성을 자력으로 쏘아올린 나라로 인정되었고 2012년 12월 자체 개발한 은하 3호 로켓에 광명성 3호 2호기 위성을 우주궤도에 올려놓아 위성발사에 성공하며 스페이스 클럽 자격을 얻게 되었다. 북한은 이 위성이 지상 500km 정도에서 태양동기 극궤도 운동을 하고 있는 지구 관측 및 자원탐사 위성이라고 발표하였다.

현재 임무 수행 중인 위성은 2017년 8월 31일 현재 1,738개로 집계되고 있다. 이 중 미국이 가장 많은 위성을 가지고 있고, 중국의 위성 수도 놀랄 만한 속도로 증가하고 있는 것이 현실이다. 표 2-3에서는 간략히 현재 활동 중인 위성의 집계를 나타내고 있다.

과거 러시아와 미국에서 주로 강대국의 인식처럼 소유하였던 위성을 현재는 무척 많은 나라들이 다양한 활용을 인식하여 경쟁적으로 발사하게 되었고, 우리나라를 비롯하여 위성을 보유하고 있는 나라들이 계속적으로 증가하고 있다.

표 2-3. 현재 활동 중인 위성의 개수 (2017.08.31. 현재)

| 분 류 | 내 용 | | | | |
|---|---|---|---|---|---|
| 국가별 | 미 국 | 803 | 계 1,738 | | |
| | 중 국 | 204 | | | |
| | 러시아 | 142 | | | |
| | 기 타 | 589 | | | |
| 궤도별 | 저 궤 도 | 1,071 | 계 1,738 | | |
| | 중 궤 도 | 97 | | | |
| | 타 원 궤 도 | 39 | | | |
| | 지구동기궤도 | 531 | | | |
| 미국의 위성 | 전체 576 | | | | |
| | 사용자 | 민간위성 | 상업용 | 정부 | 군사용 |
| | 개 수 | 18 | 476 | 150 | 159 |

그림 2-7을 통해 현재 얼마나 많은 나라들이 위성을 소유하고 또 활용하고 있는지 쉽게 알 수 있다. 이러한 시대적 부흥에 부합하고 또 기술적인 자주독립의 위치를 확고히 하기 위해서도 위성 선진국에 의존하고 있는 우리나라의 발사체 개발은 무척 시급한 사안이다. 하루 빨리 독자적인 한국형 발사체 기술을 완성하여 사랑하는 조국 대한민국이 강대국과 당당히 맞설 수 있는 과학기술을 확보하는 것이 무엇보다 중요한 선행과제라 할 것이다.

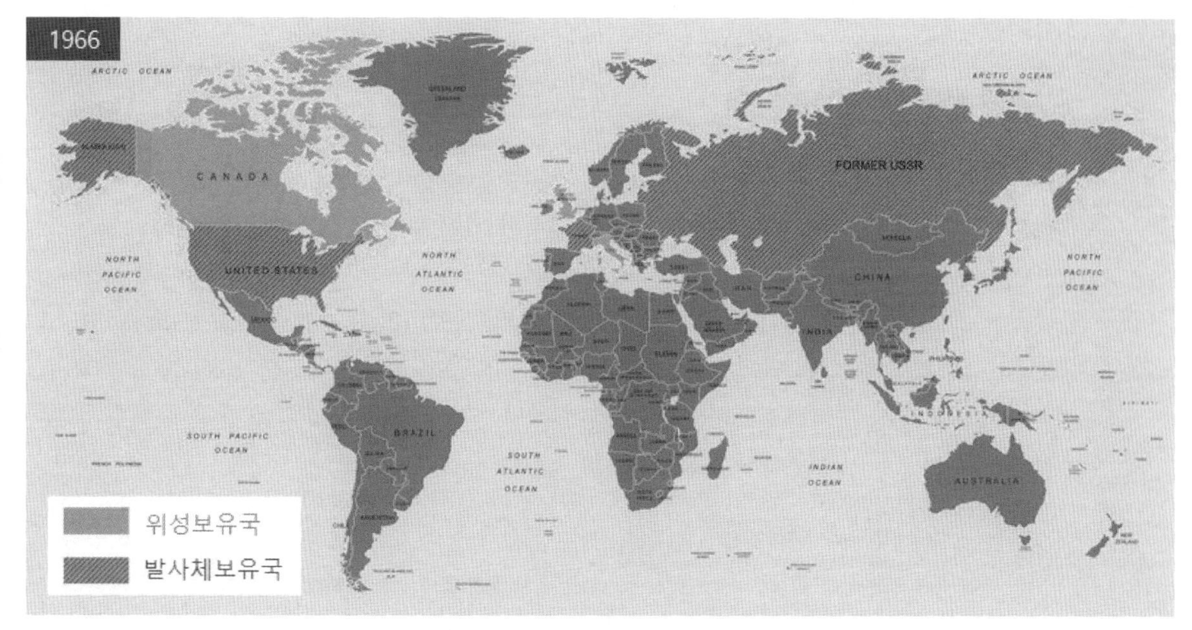


(1) 1966년의 위성 보유국 및 발사체 보유국

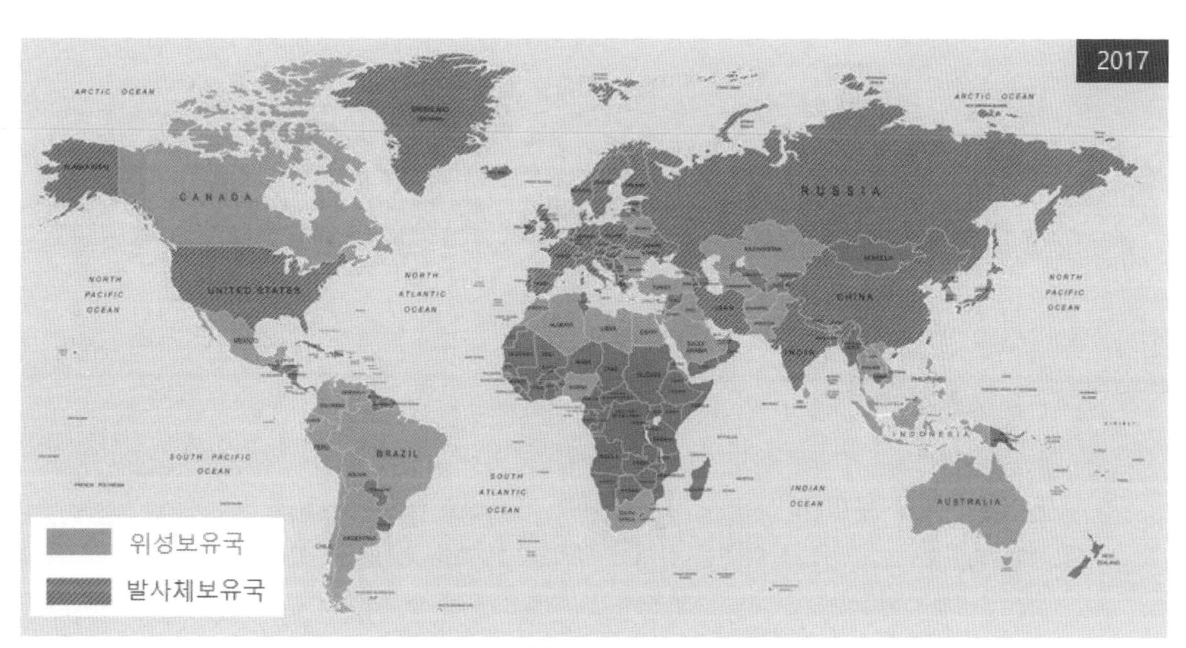


(2) 2017년의 위성 보유국 및 발사체 보유국

**그림 2-7. 위성 보유국 현황 (2017.08.31. 현재)**

# 2 인공위성과 위성영상의 특성

## 1. 위성의 회전원리와 궤도

인공위성을 이용해 지표면을 촬영할 때 고려해야 할 가장 중요한 요건 중의 하나가 인공위성이 지나가는 경로, 즉 위성의 궤도이다. 인공위성은 대기 바로 위인 250㎞부터 해발 32,200㎞의 높이까지 다양한 궤도를 갖게 되고, 궤도의 높이가 높아져서 궤도크기가 클수록 위성이 이 궤도를 한 바퀴 도는데 걸리는 시간, 즉 궤도주기(軌道週期, orbital period)가 길어지게 된다.

### 1.1. 위성의 회전원리

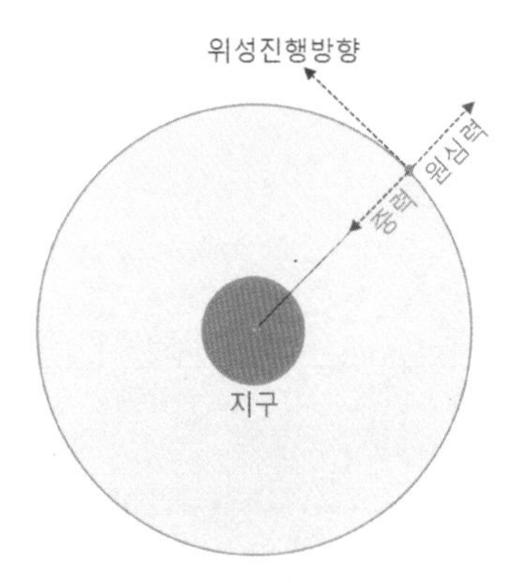

그림 2-8. 지구의 중력과 위성의 원심력

모든 물체에는 만유인력이 작용하여 서로 당기는 힘이 발생한다. 이와는 별개로 원을 형성하면서 중심의 둘레를 원운동하는 물체에는 원 바깥쪽으로 밀려 나가려는 원심력이 작용한다. 지구가 위성을 잡아당기는 중력과 위성이 밖으로 밀려 나가려는 원심력이 서로 평형을 이루면 위성은 지구로 떨어지지도 않고 밖으로 밀려 나가지도 않는 상태가 되어 일정한 크기의 원을 그리며 지구주위를 돌게 된다.

인공위성은 위성의 속도와 지구와 위성 사이의 중력이 서로 균형을 이루면 궤도를 이탈하지 않고 지구를 회전한다. 중력이 위성을 잡아당기지 않으면 위성은 회전속도 때문에 궤도에서 벗어나 궤도 밖으로 멀리 날아가게 될 것이고, 위성이 어느 정도 속도를 내면서 회전하지 않으면 위성은 중력에 끌려서 지구로 떨어지게 될 것이다.

작은 물체를 실에 매달아 돌릴 때 이 물체가 회전하는 모습에서 중력과 속도의 균형을 쉽게 이해할 수 있다. 실이 끊어지면 물체는 직선으로 날아가게 되고 물체가 실에 매달려 일정한 속도로 돌 때에는 실이 중력과 같은 힘을 전달하여 실에 달린 물체가 궤도를 따라 회전한다.

실에 매달린 물체에서 위성의 고도와 궤도주기의 관계도 알 수 있다. 물체가 실의 다른 쪽 끝인 중심과 연결되어 일정한 속도로 회전할 때 줄이 길면 높은 고도에서 지구를 도는 위성과 같이 물체가 한 바퀴 도는 시간이 길어지게 되고, 줄이 짧으면 물체가 한 바퀴 회전하는데 걸리는 시간, 즉 주기가 짧아지게 된다.

일반적으로 인공위성은 초속 7.9km에서 11.2km 사이의 속도로 비행한다. 7.9km/sec 이하로 비행한다면 인공위성에 지구의 중력이 더 크게 작용하게 되어 지구로 끌려 떨어지게 되며, 11.2km/sec 이상의 속도를 갖게 되면 인공위성은 지구 궤도로부터 탈출하여 태양주위를 도는 인공행성이 될 것이다.

정지궤도위성은 지구와 같은 주기로 움직이므로 안테나 등 수신 장치가 한 번 고정되면 위치나 위성의 자세를 바꾸어야 할 필요가 없게 되고 이러한 이유로 대부분의 통신위성과 방송위성은 정지위성으로 운용되고 있다. 세계 최초의 정지위성은 미국의 NASA에서 올린 통신위성 신콤(SYNCOM) 3호이다.



지구표면은 물론 상당한 고도까지 분포하는 대기의 저항 등이 위성운동의 감속요인으로 작용하기 때문에 인공위성의 궤도높이는 지표로부터 떨어지게 할 필요가 있으며, 이러한 이유로 인공위성은 일반적으로 백 수십 km 이상의 높이의 궤도를 선회한다. 이렇게 인공위성을 궤도 높이까지 운반하고 인공위성이 지구둘레 궤도를 돌 수 있는 속도를 갖도록 하기 위해서 로켓 동력비행체를 사용한다. 또 여러 요인으로 인하여 인공위성의 궤도에 오차가 생길 수 있으므로 이를 수정할 수 있는 제어시스템이 필요하다.

### 1.2. 위성의 궤도

인공위성의 궤도(satellite orbit)에는 위성이 지구의 자전과 동일한 시간으로 지구 둘레를 회전하는 정지궤도(停止軌道)와 지구동기궤도(地球同期軌道), 태양과 함께 회전하는 극궤도(極軌道), 대기 최상층부를 도는 저고도궤도(低高度軌道), 그리고 태양이 비출 때 밝은 지구의 모습을 촬영하기 위해 지구와 태양이 일정한 각도를 유지하며 태양이 밝게 비추고 있는 지역을 위성이 통과하도록 하는 태양동기궤도(太陽同期軌道)가 있다. 대부분의 인공위성은 이러한 궤도 중의 하나의 궤도로 지구 주위를 돌고

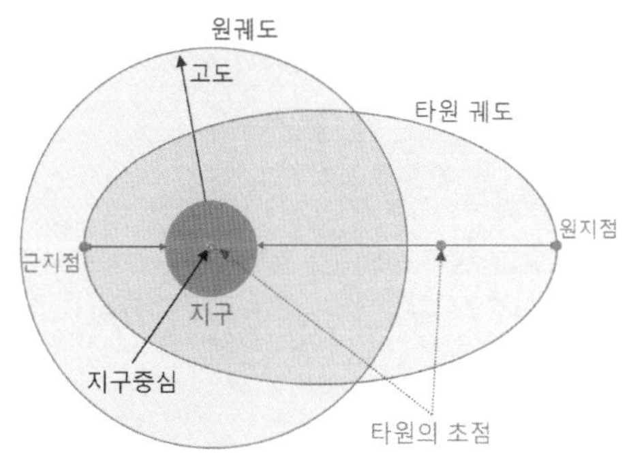

그림 2-9. 위성의 궤도

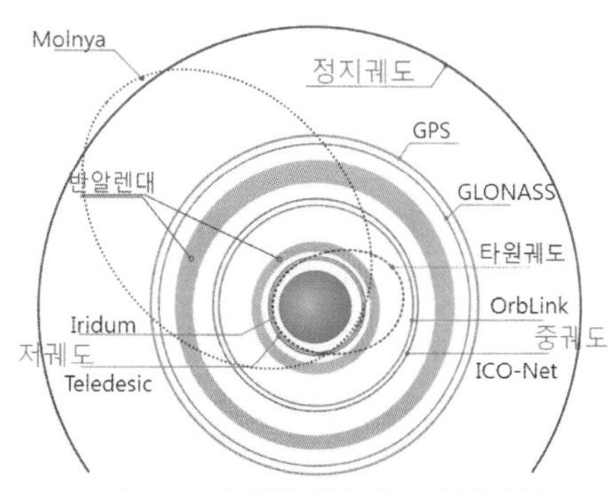

그림 2-10. 높이에 따른 위성 궤도의 종류

있다.

인공위성의 궤도는 기하학적 모양이나 주기 등에 의해 여러 형태로 분류된다. 탐측기 또는 카메라를 주로 탑재하는 위성에는 지상과 위성과의 거리가 일정한 원을 그리도록 하는 저궤도와 정지궤도가 널리 이용된다. 각각의 궤도에 대한 설명은 그림 2-9, 2-10 및 표 2-4, 2-5에 각각 나타나 있다.

이 밖에도 몰니야(Molniya)가 있으며 이는 원지점 약 4,000㎞, 근지점 약 600㎞를 갖는 이심률이 대단히 큰 타원궤도로 궤도면이 적도면에 대해 약 63°의 경사를 이루고 있다. 이 궤도를 인공위성의 궤도로 선택하는 목적은 정지궤도 위성으로는 포함할 수 없는 고위도 지역을 관찰하기 위해서이며 주로 러시아에서 사용하는 궤도이다.

표 2-4. 높이에 따른 궤도의 종류

| 궤 도 이 름 | 높이(지표기준) | 주기 | 특 징 |
|---|---|---|---|
| 저궤도 LEO (Low Earth Orbit) | 160～2,000㎞ | 99～127분 | - 대부분 지표면을 촬영하는 위성의 궤도<br>- 지구중력과 위성 원심력이 균형을 이루기 위해 정지위성에 비해 짧은 공전주기<br>- 고해상도 지표면 관측 카메라가 주로 탑재 |
| 중궤도 MEO (Medium Earth Orbit) | 1,200～35,786㎞ | 2～24시간 | - 저궤도와 정지궤도의 중간에 위치하는 궤도<br>- 저궤도 위성 방식에 비해 단말기의 소형화는 어렵지만 이 궤도에서 운행하는 위성이 많지 않기 때문에 이동통신에서 시스템에서 주로 이용 |
| 지구동기궤도 GSO (GeoSynchronous Orbit) | 35,786㎞ | 24시간 | - 지구적도를 우주까지 연장시킨 천구(天球, celestial sphere) 적도상에 위치하는 궤도<br>- 위성의 공전주기와 지구의 자전주기가 일치하여 지상에 대해 상대적으로 정지한 상태에서 촬영<br>- 주로 기상위성과 같이 넓은 지역의 기상을 관측하는데 사용<br>- 하루에 지구를 한 바퀴 일주<br>- 매일 반드시 같은 지점을 통과하지는 않음 |
| 정지궤도 GEO (GEostationary Orbit) | 35,786㎞ | 24시간 | - 하루에 지구를 한 바퀴 돌고 지구가 움직이는 만큼 더 이동하도록 설정된 궤도<br>- 매일 같은 시간에 지구의 같은 지점 통과<br>- 천구적도의 연장선상에서만 궤도 형성 |
| 장타원궤도 HEO (High Elliptical Orbit) | 35,786㎞ 이상 | 다양 | - 위성이 비행하는 궤도 가운데 긴반지름과 짧은반지름의 비가 큰 것<br>- 일반적으로 짧은반지름 부근의 위성 고도는 180～200㎞이며 긴반지름은 위성의 목적에 따라 선택<br>- 정지궤도와 같이 높은 고도에 위성을 배치할 때 제1단계의 원궤도에서 제2단계의 원궤도로 올려놓기 위한 중간궤도인 천이궤도 |

표 2-5. 형태에 따른 궤도의 종류

| 궤도 이름 | | 설명 및 특징 |
|---|---|---|
| 원궤도<br>circular orbit | | - 지구 중심을 기준으로 원운동하는 위성이 움직이는 궤도<br>- 로켓의 발사지점이 궤도에 많은 영향을 주기 때문에 극궤도 진입의 위성을 위해서는 극에서 가까운 지방에서, 적도궤도의 진입을 위해서는 적도에서 가까운 지역에서 로켓 발사 |
| | 정지궤도 | - geostationary orbit<br>- 지구자전과 같은 속도로 이동하는 궤도<br>- 35,786$km$ 정도의 고궤도(HEO) |
| | 극궤도 | - polar orbit<br>- 적도와 경사각 $90^o$를 이루며 이동하는 궤도<br>- 주로 저궤도(LEO) 또는 중궤도(MEO) 사용<br>- 14일 주기로 지구 전체를 관찰 |
| | 적도궤도 | - equatorial orbit<br>- 지구의 적도를 따라 운동하는 위성의 궤도로 주로 저궤도 또는 중궤도 이용<br>- 적도 부근에서 로켓을 쏘아야 이 궤도의 진입이 가능<br>- 남미 프랑스령 기아나 *Guyana* 기지(Kourou)에서 주로 발사 |
| | 태양동기 궤도 | - sun-synchronous orbit<br>- 일종의 극궤도 위성이 채택하는 궤도<br>- 태양 빛과 위성 카메라의 촬영 각도를 일정하도록 유지하여 태양이 지구를 가장 잘 비추고 있을 때 촬영하도록 설정된 궤도<br>- 위성의 고도와 궤도 경사각에 의해 궤도를 결정<br>- 대부분의 고해상도 관측위성은 저궤도이면서 태양동기 궤도<br>- 주로 저궤도와 중궤도 사용 |
| 타원궤도<br>high elliptical orbit | | - 타원궤도 또는 장타원궤도<br>- 지구 중심과 지구 밖의 다른 한 점을 두 초점으로 타원을 형성하는 궤도<br>- 전 지구를 포괄하기 위해 사용<br>- 타원궤도의 크기와 주기는 각각의 위성의 특성에 따라 모두 다름 |

## 2. 위성영상

### 2.1. 위성영상의 해상도

위성영상(衛星映像, satellite image)이란 대상물에서 방사 또는 반사된 전자기파를 인공위성의 탐측기를 이용하여 수집한 영상이다. 이 영상을 평가할 때 일반적으로 해상도(解像度, resolution)를 통해 영상이 지구표면을 얼마나 세밀하게 표현하는가를 판단한다. 이때 해상도란 해상력(解像力)이라고도 하며 간단히 정의할 때는 공간해상도만을 의미한다. 이 외에도 해상도에는 분광해상도, 방사해상도, 그리고 주기해상도가 있다. 이러한 해상도는 대상물의 특성을 파악하려 할 때 얼마나 명확하게 대상을 구별할 수 있는가에 대한 관측값 사이의 최소 차이로, 이 차이가 세부묘사를 분별할 수 있는 디스플레이 체계의 정도를 표시한다.

**표 2-6. 해상도의 종류와 특징**

<table>
<tr><th>종 류</th><th>설 명</th><th colspan="2">특 징</th></tr>
<tr><td rowspan="2">공간<br>해상도<br><br>空間<br>解像度</td><td rowspan="2">- spatial resolution<br>- 영상 내 하나의 영상소가 포함하는 지상 면적의 크기<br>- 1m급, 5m급, 30m급 등으로 표현<br>- 숫자가 작을수록 작은 지상물체의 판독이 가능하다는 의미<br>- 해상도를 간단히 정의할 때 일반적으로 공간해상도를 의미</td><td>1m급</td><td>- 한 영상소가 1m×1m의 지상면적을 표현<br>- 이론상으로 지상물체의 크기가 가로 세로 1m 이상이면 파악이 가능</td></tr>
<tr><td>50cm급</td><td>- 한 영상소가 지상의 50cm×50cm를 표현<br>- 승용차나 손수레 같은 정도 크기의 물체에 대한 윤곽을 뚜렷이 파악</td></tr>
<tr><td>분광<br>해상도<br><br>分光<br>解像度</td><td>- spectral resolution<br>- 탐측기의 다양한 분광파장 영역에 대한 수집능력을 표현하는 정도<br>- 분광해상도가 높을수록 영상을 분석적으로 이용할 수 있다는 가능성이 상승<br>- 영상의 질적 성능을 판별하는 기준</td><td colspan="2">- 빨강, 녹색, 파랑 파장대 영역에 해당하는 가시광선영역의 영상만 취득하는 탐측기<br>- 가시광선은 물론 근적외, 중적외, 열적외 등 다양한 파장의 영상을 수집하는 탐측기</td></tr>
<tr><td rowspan="2">방사<br>해상도<br><br>放射<br>解像度</td><td rowspan="2">- radiometric resolution<br>- 탐측기에서 수집한 영상이 얼마나 다양한 여러 개의 파장으로 표현되는가를 표시하는 정도<br>- 방사 해상도가 높은 영상일수록 분석 정밀도가 높아짐<br>- 지표상 물질의 속성을 파악하는데 주로 활용</td><td>영상소를 8bit로 표현</td><td>- 영상소에 포함되어 있는 정보를 총 256($2^8$) 단계로 분류<br>- 영상소가 표현하는 지상물체의 성질에 따라 물, 나무, 건축물 등 256개로 분류</td></tr>
<tr><td>영상소를 11bit로 표현</td><td>- 영상소에 포함되어 있는 정보를 총 2048($2^{11}$) 단계로 분류<br>- 침엽수, 활엽수의 수목 구분이 가능<br>- 수목의 건강상태에 따라 건강한지, 병충해가 있는지 등 보다 세밀하게 분류</td></tr>
<tr><td>주기<br>해상도<br><br>週期<br>解像度</td><td>- temporal resolution<br>- 지구상의 특정 지역을 얼마나 자주 촬영하는지를 표현<br>- 위성의 하드웨어적 성능에 좌우<br>- 주기해상도가 짧을수록 지형의 변화 양상을 신속하고 주기적으로 파악 가능</td><td colspan="2">- 높은 주기해상도를 가질수록 DB 축척을 통해 향후의 예측을 위한 적절한 모델링 자료를 제공하는데 도움<br>- 시간의 변화에 따른 재해지역의 지형변이 양상 파악<br>- 건설공사의 진척도 파악 등과 같은 변화탐지 성능과 관련</td></tr>
</table>

일반적으로 영상소(映像素, pixel, picture element)는 화소(畵素)라고도 하며 영상을 구성하는 가장 기본적인 단위이다. 정사각형의 형태로 구성되는 영상소는 얼마나 조밀하게 배치되어 있는가에 따라 정확도가 달라지며 이를 표현하기 위해 1인치에 대한 영상소의 조밀함으로 dpi(dot per inch)라는 단위를 사용한다. 600dpi는 1인치의 길이

안에 600개의 영상소가 배열되어 있다는 것을 의미하고 2,400dpi는 1인치에 2,400개의 영상소가 배열되어 있다는 의미이다. 따라서 2,400dpi는 600dpi에 비해 16배(가로 4배×세로 4배) 우수한 해상도를 가지고 있다고 할 수 있다.



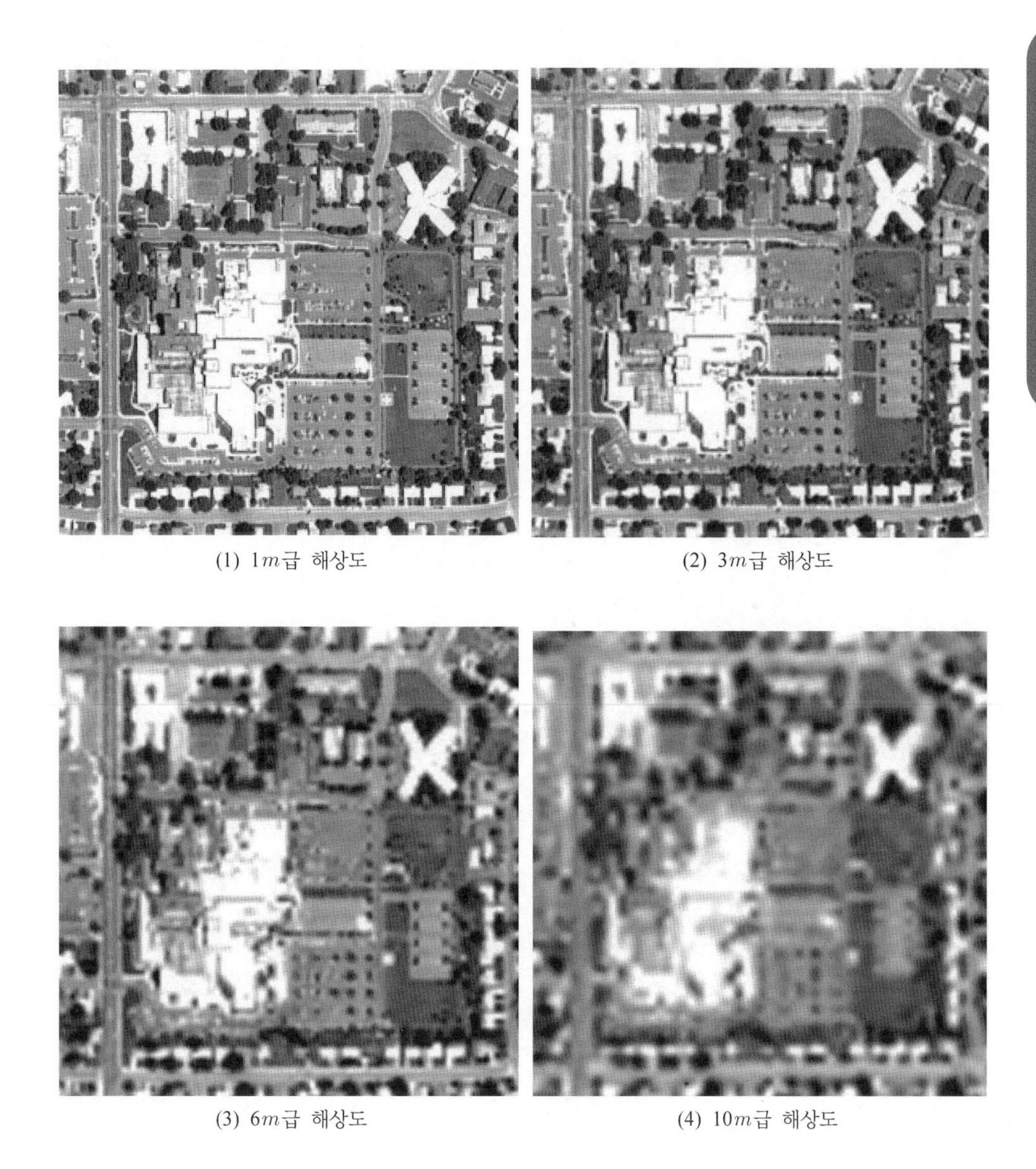

(1) 1*m*급 해상도

(2) 3*m*급 해상도

(3) 6*m*급 해상도

(4) 10*m*급 해상도

**그림 2-11. 공간해상도의 차이에 따른 영상의 표현**

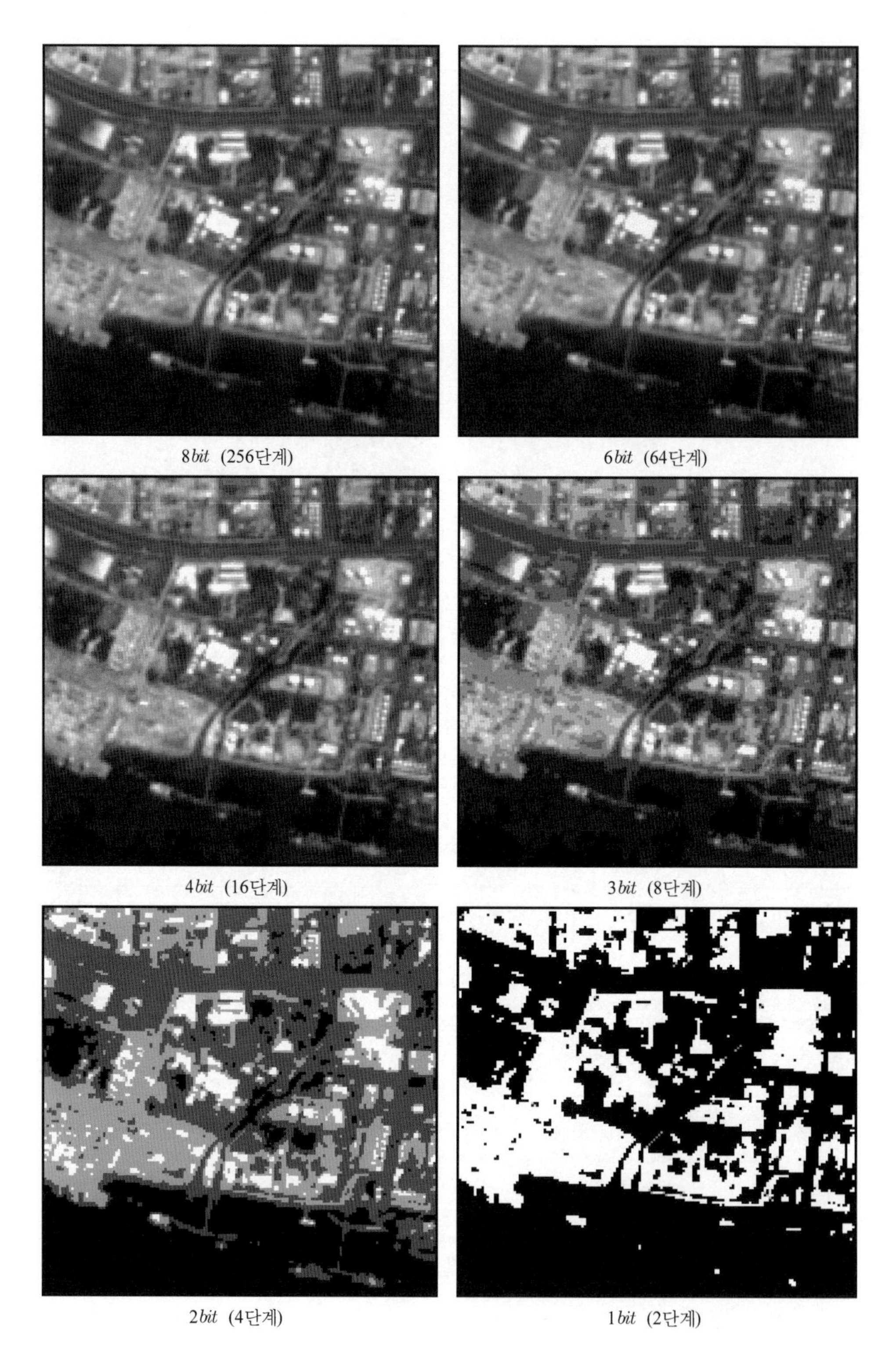

8*bit* (256단계) 6*bit* (64단계)

4*bit* (16단계) 3*bit* (8단계)

2*bit* (4단계) 1*bit* (2단계)

**그림 2-12. 방사 해상도의 차이에 따른 영상의 표현**
(2단계는 0과 1로만 표현된 영상, 256단계는 0부터 255까지의 단계로 표현된 영상)

표 2-7. 세계 주요 고해상도 위성의 제원

| 국 가 | 위성 이름 | 파 장 대 | 해 상 도 | 무 게 | 발사연도 |
|---|---|---|---|---|---|
| 미국 | World View-1 | 팬크로매틱 | 0.5m | 2,500kg | 2007 |
| | World View-2 | 팬크로매틱/다중파장 | 0.46m/1.85m | 2,800kg | 2009 |
| | World View-3 | 팬크로매틱/다중파장 | 0.31m/1.24m | 2,800kg | 2014 |
| | World View-4 | 팬크로매틱/다중파장 | 0.31m/1.24m | 2,800kg | 2016 |
| | GeoEye-1 | 팬크로매틱/다중파장 | 0.41m/1.65m | 1,955kg | 2008 |
| | GeoEye-2 | 팬크로매틱/다중파장 | 0.3m/1.34m | 2,087kg | 2013 |
| 유럽연합 | Sentinel-2A | 다중파장 | 10m, 20m, 60m | 1,140kg | 2015 |
| | Sentinel-2B | 다중파장 | 10m, 20m, 60m | 1,140kg | 2016 |
| 프랑스 | SPOT-6 | 팬크로매틱/다중파장 | 1.5m/6m | 800kg 이하 | 2012 |
| | SPOT-7 | 팬크로매틱/다중파장 | 1.5m/6m | 800kg 이하 | 2014 |
| | PLÉIADES-1 | 팬크로매틱/다중파장 | 0.7m/2.8m | 1,000kg 이하 | 2011 |
| | PLÉIADES-2 | 팬크로매틱/다중파장 | 0.7m/2.8m | 1,000kg 이하 | 2012 |
| 일본 | ALOS-2 | 합성개구면레이더 | 10m/100m | 2,120kg | 2014 |
| | ALOS-3 | 팬크로매틱/다중파장/초분광 | 0.8m/5m/50m | - | 2020 |
| | ASUNARO-1 | 팬크로매틱/다중파장 | 0.5m 이하 | 500kg 이하 | 2012 |
| 인도 | Cartosat-1 | 팬크로매틱 | 2.5m | 1,560kg | 2005 |
| | Cartosat-2 | 팬크로매틱 | 0.81m | 680kg | 2007 |
| | Cartosat-2A/2B | 팬크로매틱 | 0.81m | 690kg | 2008 |
| | Cartosat-3 | 팬크로매틱 | 0.3m | 600kg 이하 | 2012 |
| 러시아 | Resurs-DK1 | 팬크로매틱/다중파장 | 1m/2~3m | 6,570kg | 2006 |
| | Resurs-P | 팬크로매틱/다중파장 | 1m/2~3m | 6,570kg | 2012 |
| | Kanopus-V | 팬크로매틱/다중파장 | 2.7m/12m | 350kg | 2012 |
| 중국 | CBERS 3 | 팬크로매틱/다중파장 | 5m/10m | 1,980kg | 2013 |
| | CBERS 4 | 팬크로매틱/다중파장 | 5m/10m | 1,980kg | 2014 |
| 이스라엘 | EROS A | 팬크로매틱 | 1.9m | 250kg | 2000 |
| | EROS B | 팬크로매틱 | 0.7m | 350kg | 2006 |
| 한국 | 아리랑 2호 | 팬크로매틱/다중파장 | 1m/4m | 776kg | 2006 |
| | 아리랑 3호 | 팬크로매틱/다중파장 | 0.7m/2.8m | 960kg | 2012 |
| | 아리랑 5호 | 합성개구면레이더 | 1m/3m/20m | 1,341kg | 2013 |
| | 아리랑 3A호 | 팬크로매틱/다중파장/적외선 | 0.7m/2.8m | 1,000kg | 2015 |

## 2.2. 순간시야각

순간시야각(瞬間視野角, IFOV, Instantaneous Field Of View)은 스캐너에서 영상을 읽어 들이는 것과 같이 탐측기가 한 번의 노출로 얼마만큼의 지상 크기를 영상으로 담을 수 있는가 하는 성능을 의미한다. 이는 탐측기가 지상에 대한 영상을 얻을 때 얼마나 큰 영역을 담을 수 있는지에 대한 크기이며 일반적으로 면적이나 공간각으로 표현한다. 탐측기의 IFOV는 공간해상도를 결정하는 것으로 원격탐측 분야에서는 공간해상도라는 말과 같은 의미로 사용되기도 한다.

### (1) 원리

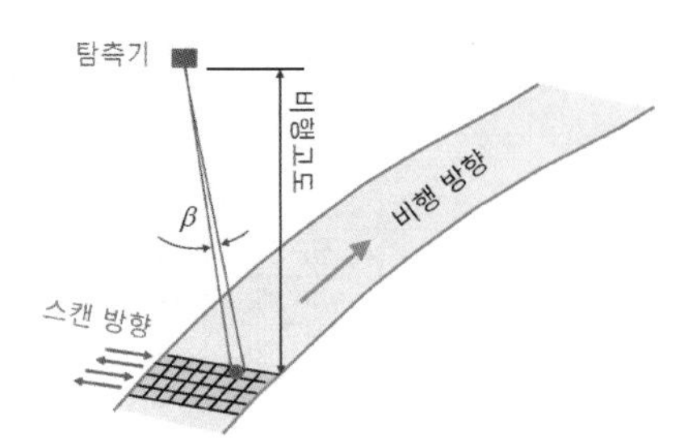


$$D = H\beta$$

여기서, $D$ : 탐측기에 의해 관측되는 지표상 원의 영역의 지름
$H$ : 탐측기의 고도
$\beta$ : IFOV(milli radians)

그림 2-13. 순간시야각

### (2) 특징

| - 탐측기는 IFOV의 에너지를 수신하여 영상으로 저장 |
|---|
| - IFOV는 각도 $\beta$로 표현 |
| - 입사각은 탐측기에 집중 |
| - 지상의 IFOV 영역은 원으로 표현되고 해상도 셀(cell)로 표기 |

## 2.3. 위성영상의 기하학적 오차와 왜곡 원인

원격탐측 자료에 포함되는 기하학적 오차는 다음과 같은 요인 때문에 발생하게 된다.

| - 국토개발, 환경평가 및 환경 모니터링-탐측기의 기하학적 특성에 의한 오차 |
|---|
| - 탑재기의 자세 때문에 발생하는 오차 |
| - 지표의 기복에 의한 오차 |
| - 위성궤도에 따른 오차 |

# 3. 원격탐측 영상의 촬영과 저장

## 3.1. 위성영상 얻는 방식

인공위성의 탐측기를 이용하여 지구를 촬영하는 방법은 일반 카메라처럼 가로세로의 면적을 갖는 일정 대상지를 한 번에 촬영하는 방법과 인공위성의 운동 방향과 같은 방향으로 따라가면서 촬영하는 방법이 있다. 주로 저궤도 위성의 경우 비행방향에 따라 촬영하는 방법을 이용하고 정지궤도 위성의 경우에는 한 번에 넓은 지역을 회전 반사경 등을 이용해 순차적으로 촬영한 후 모자이크처럼 연결하는 방법을 많이 사용한다.

고해상도 촬영의 경우에는 촬영 폭이 좁으므로 인공위성의 비행 방향에 따라 여러 번 촬영한 영상을 모아서 넓은 구역의 영상으로 합성하는 방법을 사용하며 이 방법에는 다음과 같은 두 가지가 있다.

### (1) 위스크브룸 방식

위스크브룸(whiskbroom) 촬영방식은 미국의 LANDSAT 위성에 탑재된 MSS(Multi Spectral Scanner)에서 활용하는 방식이다. 이 방식은 위성이 지구둘레를 회전하면서 회전하는 반사경(scanning mirror)을 좌우로 움직여 촬영하고 촬영할 때 일정한 영역의 촬영폭(swath width)을 갖는 영상을 촬영하도록 고안되었다. 위스크브룸 방식에서는 반사경이 지속적으로 움직이면서 촬영을 하며, 이때 반사경 구동에 문제가 발생하면 촬영이 불가능하게 된다.



### (2) 푸쉬브룸 방식

푸쉬브룸(pushbroom) 방식은 위스크브룸 방식에서 반사경의 구동에 문제가 발생하면 촬영이 불가능하다는 단점을 보완하기 위해 개발된 방식이다. 이 방식에서는 카메라 자체는 움직이지 않고 위성의 진행 방향으로 띠를 형성하도록 하여 영상을 연속적으로 촬영한다.

전통적으로 LANDSAT 위성은 위스크브룸 방식을 사용하지만 LANDSAT 8호에 탑재된 OLI(Operational Land Imager)와 TIRS(Thermal InfraRed Sensor) 탐측기는 부품들의 움직임을 최소화하기 위하여 특이하게 부쉬브룸 방식을 채택하였다.

표 2-8. 위성에서 영상을 얻는 방식

| 종 류 | 위스크브룸 방식 | 푸쉬브룸 방식 |
|---|---|---|
| 성 질 | - 특정 파장대에서 최대 감도를 갖는 탐측기 이용<br>- 위성의 비행방향과 수직인 방향으로 지형을 탐사하는 회전거울 이용<br>- 탑재기 양쪽 방향에서 반복적으로 탐사<br>- 연속적인 탐사 방향선은 2차원 영상을 구성 | - 위성의 비행방향을 따라 영상촬영<br>- 일반적으로 선형배열은 CCD로 구성하고 단일 배열을 10,000CCD 이상으로 구성<br>- 개별 탐측기는 단일 해상도 셀의 방사량 감지<br>- 모든 탐사라인은 배열에 따라 동시에 관측 |
| | 회전 반사경 / 탐측기 / 비행 방향 / 탐사 방향 | 탐측기 / 탐사 방향 / 비행 방향 |
| 적 용 탐측기 | - LANDSAT의 $ETM^+$<br>- NOAA의 AVHRR | - SPOT의 HRV<br>- 아리랑 1호의 EOC<br>- LANDSAT의 OLI |

위에서 설명한 두 가지 방식 이외에 레이더(RADAR, RAdio Detection And Ranging)를 이용하는 방식도 있다. 이러한 레이더 방식에는 실개구면(實開口面)레이더(RAR, Real Aperture RADAR)와 합성개구면(合成開口面)레이더(SAR, Synthetic Aperture RADAR) 방식이 있으며 주로 측면관측(側面觀測) 항공레이더(SLAR, Side Looking Airborne RADAR) 방식을 많이 이용한다. SLAR은 레이더 안테나를 장착한 비행체에서 주로 비행체의 옆면에 부착하여 사용하였기 때문에 이러한 이름이 붙여졌다. 이 방식은 RADARSAT 위성이나 우리나라의 아리랑 5호에 적용되는 영상촬영 방식이다.

### 3.2. 영상의 저장

일부 초기의 위성사진에서는 영상이 맺히는 초점면에 필름 두루마리를 놓고 촬영한 후 다시 지상으로 회수하는 방법으로 영상을 저장하고 활용하였다. 그러나 이 방법은 사진을 촬영할 때마다 필름 두루마리를 돌려야 했고 이 필름을 다시 지구로 회수하여야 했기 때문에 여러 문제점이 있었고 이러한 이유로 사용이 불편하였다. 현재는 필름 대신 CCD(Charge Coupled Device) 등 다양한 형태의 고체소자를 이용하여 촬영한 영상을 디지털 형태로 저장하고 지상으로 송신하는 기법을 사용하고 있다.

그림 2-14는 고해상도 지구관측 카메라에 사용되는 선형 CCD의 예이다. CCD면 중간에 가로 방향으로 길게 줄이 있는 부분으로 빛이 들어가면 CCD 소자는 빛의 양에 비례하는 전기신호를 생성하게 되고 이를 숫자로 바꾸어 영상을 구성한다.

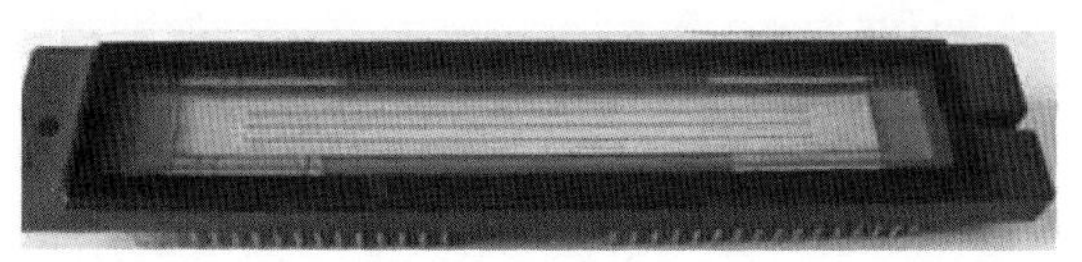

그림 2-14. 선형 CCD

### 3.3. 위성영상의 이용

(1) 위성영상의 이용 분야

- 국토개발, 환경평가 및 환경 모니터링
- 지구 온난화, 산림벌목, 오존층 증가 등 범지구적 변화탐지
- 농작물 생육평가, 수확량 예측, 토양유실 등 농업부문
- 광물, 석유, 천연가스 등의 자원탐사
- 대기운동 및 날씨 등의 기상 분야
- 지형학, 토지 이용, 토목공학 등에 활용하는 지형도, 토지 이용도, 해도, 지질도, 토양도 작성
- 정찰 및 감시 등의 군사적 목적

(2) 위성영상 이용 순서

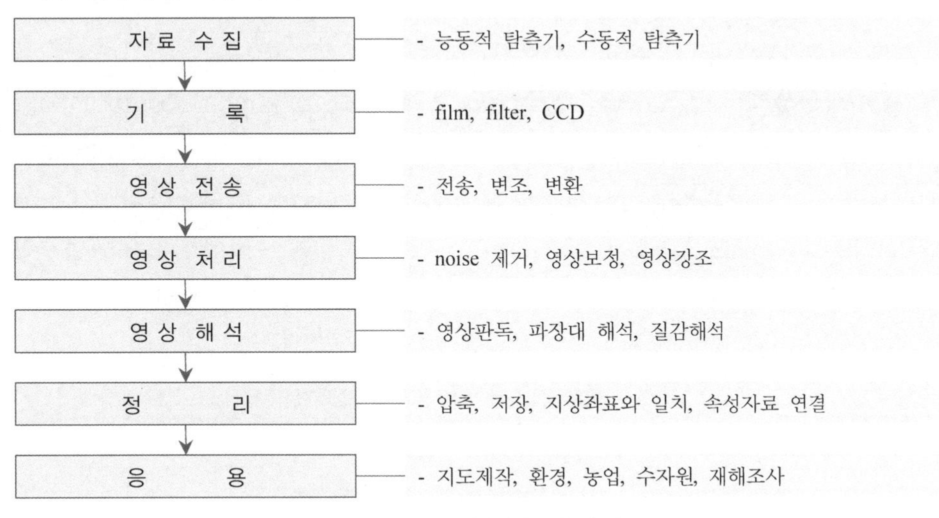


그림 2-15. 위성영상 이용 순서

## 3 인공위성과 위성영상 수집

탑재기(搭載機, platform)는 탐측기를 싣고 올라가 자료를 수집하는 장비로 위성의 높이에 따라 여러 형태가 있으며 표 2-9와 같이 높이에 따라 서로 다른 탐측기가 사용된다. 탐측기를 싣고 우주로 날아가는 탑재체인 로켓은 1957년 10월 4일 최초의 인공위성 스푸트니크(sputnik) 1호가 발사된 이후 지속적인 발전을 하였으며 1969년 7월 21일 아폴로(Apollo) 11호는 달에 인류 최초의 발자국을 남기게 하였다.

표 2-9. 위성의 높이에 따른 탑재기와 탐측기

| 탑 재 기 | 높이(*km*) | 탐 측 기 | 목 적 |
|---|---|---|---|
| 지 상 탐 측 차 | 0～0.03 | 분광계 | 지상검사자료 |
| 헬 리 콥 터 | 0.1～2 | 사진기, TV 사진기 | 조사, 항측 |
| 비 행 선 | 0.5～3 | 사진기, 기타 탐측기(큰 적재능력) | 조사, 항측 |
| 저고도 항공기 | 2～10 | 사진기, 스캐너 등 | 조사, 항측 |
| 고고도 항공기 | 20～40 | 사진기 | 광역 조사 |
| 원 궤 도 위 성 | 200～1,000 | 사진기, TV사진기 | 정기 지구관측 |
| 정 지 위 성 | 35,000～35,800 | 망원사진기 | 정기 지구관측 |

원격탐측에서 사용되는 주요 위성으로는 지구 자원탐측위성인 LANDSAT, 기상위성인 TIROS, NIMBUS, ESSA, ITOS, NOAA, DMSP, SMS 등이 있고, 응용기술위성인 ATA, 우주실험소인 SKYLAB, 해양위성인 SEASAT 등이 있다. 본문에서는 여러 위성 탑재기 중 대표적인 LANDSAT, SPOT, PLÉIADES, NOAA, IKONOS, GeoEye, QuickBird, WorldView와 우리나라 위성인 다목적실용위성에 대해서만 언급하도록 한다.

표 2-10에는 많이 활용되는 인공위성을 특성에 따라 위성을 분류하여 소개하였다.

표 2-10. 특성에 따른 위성의 분류

| 구 분 | 고해상도 위성 | 중저해상도 위성 | 레이더 영상위성 | 해양관측 위성 |
|---|---|---|---|---|
| 종 류 | IKONOS<br>QuickBird<br>아리랑 2, 3호<br>WorldView<br>GeoEye<br>EROS | LANDSAT<br>SPOT<br>FORMOSAT<br>ASTER<br>IRS<br>ALOS | JERS<br>RADARSAT<br>ENVISAT<br>TERRASAR-X<br>아리랑 5호 | SEAWIFS<br>ADEOS<br>NOAA |

## 1. LANDSAT

### 1.1. 탑재기

발사 당시의 명칭이 ERTS(Earth Resources and Technology Satellite)였던 세계 최초의 지구 자원탐사위성 LANDSAT은 미항공우주국(NASA)에 의해 1972년 7월 23일 델타(Delta) 900 로켓으로 캘리포니아 밴덴버그 공군기지(Vandenberg Air Force Base)에서 1호가 발사되었다. 이 위성은 우수한 관측능력을 발휘하여 인공위성에 의한 원격탐사 분야를 비약적으로 발전시키는 계기가 되었다.

LANDSAT 위성영상은 주로 육지의 자원탐사, 주제도 제작을 위해 널리 이용된다. 1호, 2호, 3호에 탑재된 탐측기 방식은 RBV(Return Beam Vidicon)이고, 3호부터 MSS(Multispectral Scanner System) 센서가 탑재되기 시작하였으며, 4호와 5호는 TM(Thematic Mapper), 6호와 7호에는 각각 ETM(Enhanced Thematic Mapper)과 $ETM^{+}$(Enhanced Thematic Mapper plus)가 탑재되었다. 2013년 발사된 8호에는 OLI(Operational Land Imager)와 열적외 탐측기인 TIRS(Thermal InfraRed Sensor)가 실려졌다. 이 가운데에서 TM과 TIRS에는 열적외선 파장대(熱赤外線 波長帶, thermal infrared band)가 포함되어 있기 때문에 연안지역의 환경감시에 유용하다.

LANDSAT 위성은 현재 7호와 8호가 임무를 수행하고 있다. LANDSAT 7호에 탑재된 탐측기는 $ETM^{+}$인데 이 탐측기는 LANDSAT 4, 5의 TM과 LANDSAT 6에 장착되었던 ETM을 발전시킨 것으로 TM에 비해 열적외선 파장대가 개선되어 보다 선명한 영상을 제공한다. 이 영상으로 인하여 과거 TM 탐측기에 비해 지구의 환경변화를 연구하고 육상의 표면을 관찰하는데 효과적인 연구가 가능하게 되었다. 또한 7호 이후 14년 만에 올라간 8호에는 11개의 파장대로 영상을 촬영하며 각각 9개의 파장대를 갖는 OLI와 2개의 파장대를 갖는 열적외선 파장대인 TIRS가 탑재되어 다양한 파장대로 영상을 얻어 내고 있다.

표 2-11. LANDSAT 발사현황

| 이 름 | 발 사 일 자 | 탑 재 탐 측 기 |
|---|---|---|
| LANDSAT 1호(ERTS로 명명) | 1972.07.23. | RBV(3개 파장대) |
| LANDSAT 2호 | 1975.01.22. | RBV(3개 파장대) |
| LANDSAT 3호 | 1978.03.05. | RBV(1개 파장대), MSS(5개 대역) |
| LANDSAT 4호 | 1982.07.16. | TM(7개 파장대), MSS(5개 파장대) |
| LANDSAT 5호 | 1984.03.01. | TM(7개 파장대), MSS(7개 파장대) |
| LANDSAT 6호(발사 실패) | 1993.10.05. | ETM |
| LANDSAT 7호 | 1999.04.15. | $ETM^{+}$, MSS(4개 파장대) |
| LANDSAT 8호 | 2013.02.11. | OLI(9개 파장대), TIRS(2개 파장대) |

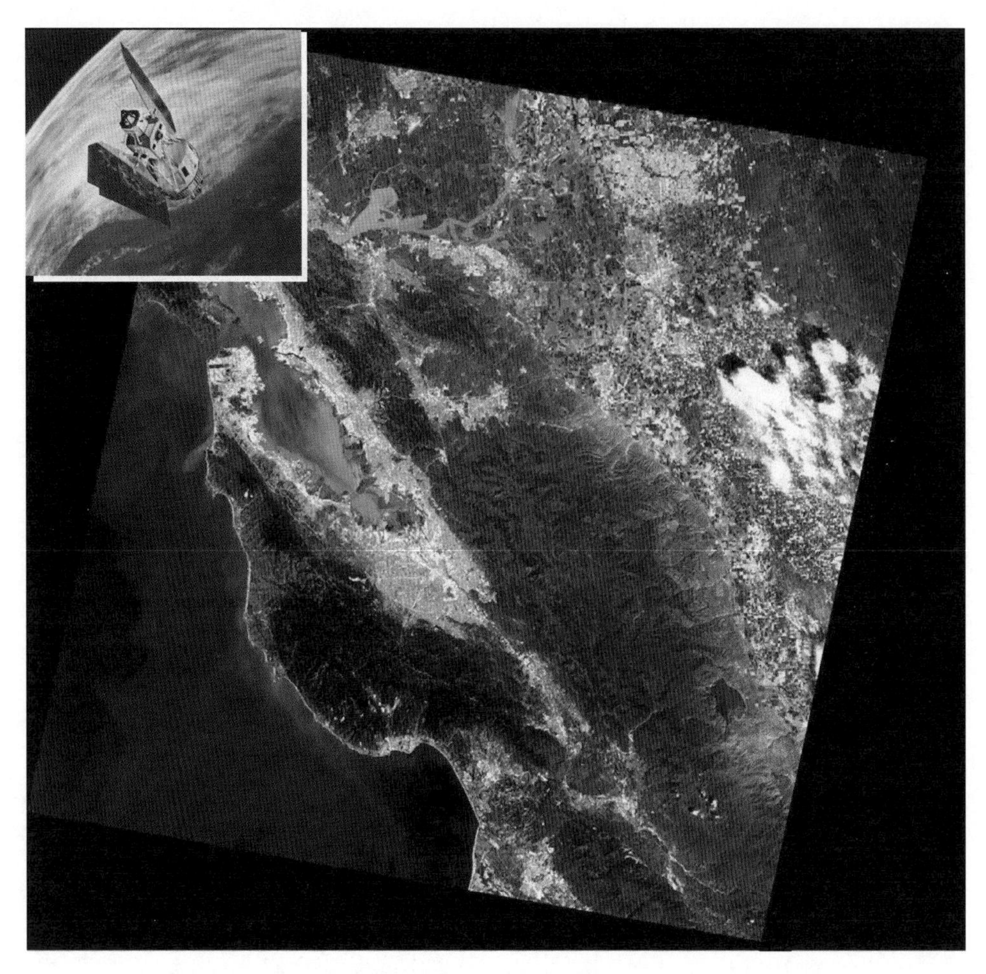

그림 2-16. LANDSAT 7호 위성과 고도 700km 상공에서 촬영한 영상 (1999.05.14.)

표 2-12. LANDSAT 탑재기 제원

| 국가 및 운영기관 | 미국 NASA | 발 사 일 | 1972.07.23.(LANDSAT 1)부터 |
|---|---|---|---|
| 발사 기지 | 밴덴버그 공군 기지, 미국 | 탐 측 기 | RBV, MSS, TM, ETM, $ETM^+$ |
| 발사 로켓 | 델타(Delta) 900 등 | 회 전 수 | 14회/1일 또는 103,267분 |
| 궤도 경사각 | 98.2° | 회전 주기 | 1시간 43분 16초/1회, 18일/1주기 |
| 위성 무게 | 891 kg | 수집 영상 | 4개 파장대에서 0.5~1.1 μm, 188매/1일 |
| 탐사 면적 | 185×185 km(24,225 $km^2$) | 영상 축척 | 1:3,369,000 |
| 고도 및 궤도 | LANDSAT 1~3 | 900~950 km 태양동기 궤도 | |
| | LANDSAT 4~8 | 705 km 태양동기 궤도 | |

표 2-11에 표현된 탑재 탐측기의 각각의 파장대(波長帶)는 분광대(分光帶) 또는 주파수대역 밴드(band 또는 spectral band)라고도 하며 이 파장대의 종류가 많을수록 다양한

분광상태에서 대상물을 촬영할 수 있어 판독에 도움을 주게 된다.

### 1.2. 탐측기

(1) RBV

RBV(Return Beam Vidicon)는 초기 LANDSAT 위성인 ERTS-1(LANDSAT-1)부터 LANDSAT 3호까지의 위성에 탑재되었던 탐측기로 185×185$km$ 규모의 지역을 동시에 촬영하기 위해 TV 카메라와 같은 사진기 3대로 구성되었다. 사진기의 지상에 대한 공간해상도는 80$m$이고 각 탐측기는 다중파장영상을 얻기 위하여 다중파장대의 필터를 사용하였으며 이 영역은 녹색 0.475~0.575$\mu m$, 적색 0.580~0.680$\mu m$, 근적외 0.690~0.830$\mu m$이었다. RBV 탐측기는 필름을 포함하지 않으며 셔터기기에 의해 상이 노출되고, 상은 각각의 사진기 내에 있는 사진감응 표면에 저장된다. RBV는 영상의 기하학적 보정을 쉽게 하기 위해서 영상면 내에 격자망을 포함하고 있다.

(1) ERTS-1 적-자외선 파장대 영상 (뉴욕시 부근)

(2) LANDSAT 3호 팬크로 파장대 영상 (플로리다 부근)

그림 2-17. LANDSAT 위성의 RBV 영상

(2) MSS

LANDSAT 3호부터 탑재된 MSS(Multispectral Scanner System)는 표 2-13에 표현된 것과 같이 모두 4개의 파장대로 구성되며 지표 295$km$의 면적에 대한 영상을 수집한다. 이 파장대는 4, 5, 6, 7의 영역으로 각각의 파장대에 대한 영상과 합성한 영상은

그림 2-18에 나타나 있다. LANDSAT 3호에는 10.4~12.6$\mu m$의 영역을 갖는 열적외 탐측기가 탑재되었으나 작동문제로 인하여 발사 후 이 영역을 사용하는데 실패하였다.

표 2-13. LANDSAT MSS 탐측기의 파장 특성

| 파 장 대 | | 파장영역($\mu m$) | 공간해상도($m$) | 지상탐사폭 |
|---|---|---|---|---|
| 다중파장 | 4번 파장대 : 파 랑 | 0.52~0.60 | 68×83 | 185$km$ |
| | 5번 파장대 : 녹 색 | 0.63~0.69 | 68×83 | |
| | 6번 파장대 : 근적외 | 0.76~0.90 | 68×83 | |
| | 7번 파장대 : 적 외 | 0.8~1.1 | 68×83 | |
| | 8번 파장대 : 열적외(LANDSAT 3호만) | 10.41~12.6 | 68×83 | |

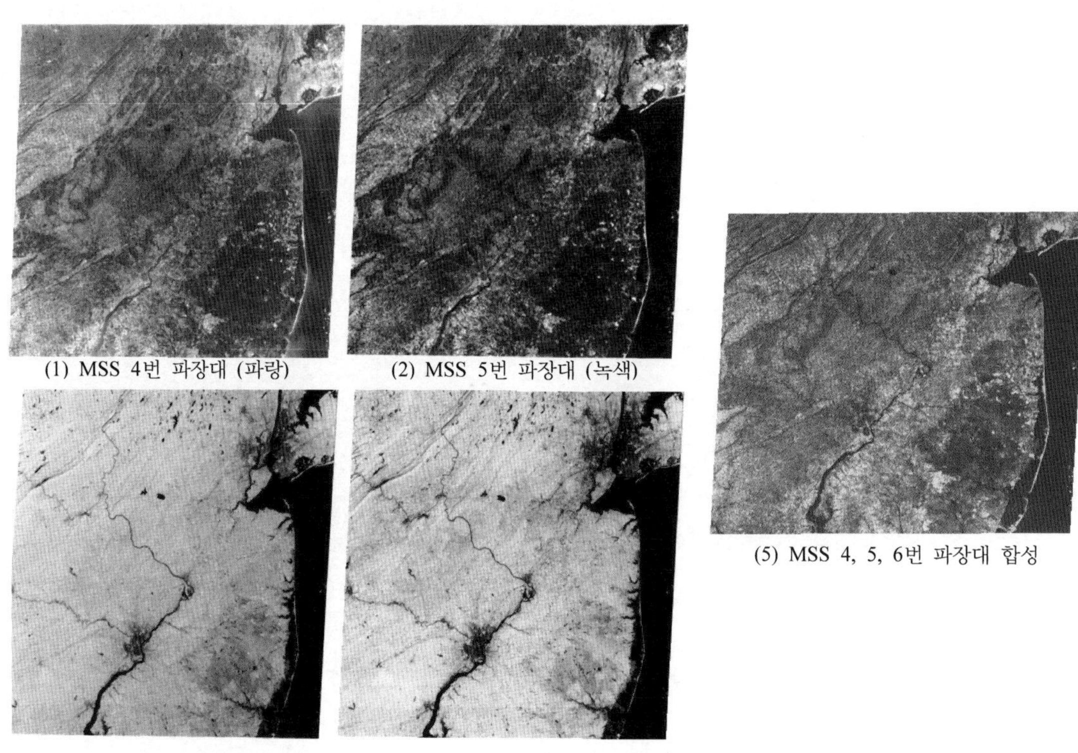
(1) MSS 4번 파장대 (파랑)
(2) MSS 5번 파장대 (녹색)
(3) MSS 6번 파장대 (근적외)
(4) MSS 7번 파장대 (적외)
(5) MSS 4, 5, 6번 파장대 합성

그림 2-18. LANDSAT 위성의 MSS 영상과 합성 영상

## (3) TM

LANDSAT TM(Thematic Mapper) 탐측기는 1982년 6월 16일과 1984년 3월1일에 각각 발사된 LANDSAT 4호와 LANDSAT 5호에 탑재되었다. TM 탐측기는 가시광선, 근적외선, 중적외선 및 열적외선 영역에서의 에너지를 기록하는 위스크브룸 방식

의 광학센서 시스템으로 MSS보다 더 높은 공간해상도, 주기해상도 및 방사해상도를 갖는 다중파장영상을 수집한다. 1번부터 5번까지의 파장대와 7번 파장대는 30*m*의 공간해상도를 갖고 6번 파장대는 열적외 파장대로 120*m*의 공간해상도를 갖는다.

TM 탐측기는 LANDSAT 4호와 5호에 탑재되었던 MSS 탐측기와 비교하여 많은 기술적 발전이 포함되었다. 과거 MSS 파장대는 식생조사, 지질연구 등의 적용에 활용이 되었으나, TM 파장대는 물의 투과, 식생 종류와 식생의 활력도, 식생과 토양수분의 측정, 구름, 눈 및 얼음의 구분과 암석의 열수변질의 구분 등에 대한 연구에도 많이 활용되고 있다.



표 2-14. LANDSAT TM 탐측기의 특성

| 파 장 대 | | 파장 영역($\mu m$) | 공간해상도($m$) | 방사해상도 | 지상탐사폭 |
|---|---|---|---|---|---|
| 다중파장 | 1번 파장대 : 청-녹 | 0.45～0.52 | 28.5 | 8*bit* | 185*km* |
| | 2번 파장대 : 녹색 | 0.52～0.60 | 28.5 | | |
| | 3번 파장대 : 빨강 | 0.63～0.69 | 28.5 | | |
| | 4번 파장대 : 근적외 | 0.76～0.90 | 28.5 | | |
| | 5번 파장대 : 중적외 | 1.55～1.75 | 28.5 | | |
| | 6번 파장대 : 열적외 | 10.42～12.50 | 120 | | |
| | 7번 파장대 : 중적외 | 2.08～2.35 | 28.5 | | |

1989.06.30.

1990.08.19.

그림 2-19. LANDSAT TM 탐측기와 영상 (이란 오루미예 *Orumiyeh* 호수 색의 변화)

### (4) ETM$^+$

ETM$^+$(Enhanced Thematic Mapper plus) 탐측기는 고정된 위스크브룸으로 8개의 다중파장대와 지구표면에 대한 고해상도 영상의 팬크로매틱 영상을 제공한다. 이 탐측기는 702km 고도에서 183km의 지상 탐사폭으로 초근적외(VNIR, Very Near InfraRed), 단파적외(SWIR, Short Wave InfraRed), 장파적외(LWIR, Long Wave InfraRed), 그리고 팬크로매틱 파장대를 통해 영상을 수집한다.

표 2-15. LANDSAT ETM$^+$ 탐측기의 특성

| 파 장 대 | | 파장영역($\mu m$) | 공간해상도($m$) | 방사해상도 | 지상탐사폭 |
|---|---|---|---|---|---|
| 팬 크 로 매 틱 | | 0.52~0.90 | 2.5, 5 | 8bit | 60km |
| 다중파장 | 1번 파장대 : 청-녹 | 0.45~0.515 | 28.5 | 8bit | 183km |
| | 2번 파장대 : 녹색 | 0.525~0.605 | 28.5 | | |
| | 3번 파장대 : 빨강 | 0.63~0.690 | 28.5 | | |
| | 4번 파장대 : 근적외 | 0.75~0.900 | 28.5 | | |
| | 5번 파장대 : 중적외 | 1.55~1.750 | 28.5 | | |
| | 6번 파장대 : 열적외 | 10.4~12.50 | 60 | | |
| | 7번 파장대 : 중적외 | 2.35~3.09 | 28.5 | | |
| | 8번 파장대 : 가시적외-팬크로 | 0.52~0.9 | 15 | | |

그림 2-20. LANDSAT 7호의 ETM$^+$ 탐측기와 영상 (타히티 섬, 2001.02.19.)

LANDSAT 7호 위성에서 새로 부가된 기능은 팬크로매틱 영상이 15m의 공간해상도를 갖고 자체적인 태양 검정과 5%의 방사보정을 수행하여 TM 탐측기보다 4배 이상 향상된 공간해상도의 열적외선 파장대를 가지고 있다는 점이다.

$ETM^+$는 폭 183km와 길이 170km로 하루에 57,784장 영상의 자료를 수집하며 하나의 영상당 약 3.8 *Gbyte* 용량의 자료를 생성한다. $ETM^+$으로부터 얻은 영상은 1번부터 5번 파장대와 7번 파장대에서 30m의 순간시야각을 가지며 6번 파장대는 60m, 그리고 8번 파장대는 15m의 순간시야각을 갖는다.



### (5) OLI

LANDSAT 8호의 탐측기인 OLI(Operational Land Imager)는 LANDSAT 최초로 위스크브룸(whiskbroom)이 아닌 푸쉬브룸(pushbroom) 방식의 탐측기를 탑재하였다. 푸쉬브룸의 도입으로 탐측기의 감도는 향상시키고 센서 자체의 움직임을 줄여 이 결과 지표면에 대한 향상된 정보를 포함하는 영상을 얻어 내는 것이 가능하다. 이러한 새로운 방식의 탐측기는 185km 탐사폭을 갖는 순간시야각으로 영상을 얻어낸다.

### (6) TIRS

TIRS(Thermal InfraRed Sensor)는 열적외 파장대의 센서로 효과적인 적외선 탐지를 위해 QWIP(Quantum Well InfraRed Photodetect)를 채택하였다. OLI와 마찬가지로 TIRS도 185km 탐사폭을 갖는 푸쉬브롬 센서를 탑재하고 2개의 다른 파장대를 통해 영상을 수집한다. LANDSAT 8호에서 TIRS의 탑재계획이 나중에 추가되었기 때문에 이 탐측기를 탑재하기 위해 LANDSAT 8호의 발사가 지연되었다.

표 2-16. LANDSAT OLI 탐측기와 TIRS 탐측기의 특성

| | 파 장 대 | 파장영역($\mu m$) | 공간해상도 | 지상탐사폭 |
|---|---|---|---|---|
| OLI | 1번 : coastal/aerosol(해안/에어로졸) | 0.433~0.453 | 30m | 185km |
| | 2번 : 파랑 | 0.450~0.515 | 30m | |
| | 3번 : 녹색 | 0.525~0.600 | 30m | |
| | 4번 : 빨강 | 0.630~0.680 | 30m | |
| | 5번 : 근적외 | 0.845~0.885 | 30m | |
| | 6번 : 단파적외 | 1.560~1.660 | 30m | |
| | 7번 : 단파적외 | 2.100~2.300 | 30m | |
| | 8번 : 팬크로매틱 | 0.500~0.680 | 15m | |
| | 9번 : cirrus(권운) | 1.360~1.390 | 30m | |
| TIRS | 11번 : 장파적외 | 10.30~11.30 | 100m | 185km |
| | 10번 : 장파적외 | 11.50~12.50 | 100m | |

# 2. SPOT

## 2.1. 탑재기

SPOT(Système Probatoire d'Observation de la Terre) 위성은 1977년 프랑스 CNES (Centre National d'Etudes Spatiales)의 주도하에 스웨덴과 벨기에가 협력하여 개발한 위성으로 1986년 1호가 발사된 이후 7호까지 발사되었으며 현재 6, 7호가 임무를 수행하고 있다.

SPOT 1, 2, 3호에는 HRV(High Resolution Visible) 탐측기가 두 대씩 탑재되어 10 $m$의 해상도로 지구를 관측하며 이 자료들은 주로 지도제작에 사용되었다. 또한 이 위성에는 20$m$의 다중파장대 탐측기도 탑재하여 세 가지의 다중파장대로 지구를 관측한다.

SPOT 4호에는 다중파장대에 중적외선 파장대를 추가한 HRVIR(High Resolution Visible and InfraRed) 탐측기 두 대가 탑재되어 있으며 농작물 및 환경변화를 관측하기 위해 Vegetation 탐측기가 추가되었다.

SPOT 5호는 2002년 5월 4일 발사되어 2015년 3월 27일 임무가 종료되었다. 5호에는 기존의 SPOT 위성의 탐측기보다 공간해상도를 향상시킨 HRG(High Resolution Geometry) 탐측기 두 대가 탑재되어 5$m$의 공간해상도의 영상을 얻을 수 있었다. 또한 이 영상을 재배열(resampling)하는 경우 최대 2.5$m$의 해상도까지의 영상을 얻을 수 있다. 다중파장 탐측기에서는 가시광선 및 근적외선의 세 개의 파장대를 통해 10$m$의 공간해상도를, 중적외선 파장대를 통해 20$m$의 공간해상도의 영상을 얻을 수 있다. SPOT 프로그램은 육상표면, 농업과 임업, 토목공학을 위한 계획 등에 이용되며 높은 해상도로 제공되는 영상은 군사적인 목적으로도 이용이 가능하다.

SPOT 6호는 2012년 9월 9일 발사되었고 SPOT 7호는 2014년 6월 30일 발사되었다. 이 두 개의 위성은 서로 궤도의 반대편에서 활동하여 동시에 더 넓은 지역의 영상을 얻게 된다. SPOT-5호의 임무가 2015년에 종료되었으므로 그 이후부터 2024년까지 플레이아데스(Pléiades) 위성들과 함께 고해상도의 넓은 탐사폭을 지니는 영상을 촬영할 계획이다.

EADS(European Aeronautic Defence and Space Company)의 자회사인 EADS 아스트리움 *Astrium*은 2009년 프랑스 정부의 요청으로 네 개 위성을 연합하는 시스템을 형성하기로 결정하였다. EADS 아스트리움 계열사인 스팟이미지 *SPOT Image*는 자신의 회사에서 제작된 위성들과 지상부문의 장비들을 활용하여 연계 시스템을 구축하는 계획을 수립하였다.

SPOT 6호와 7호는 플레이아데스 위성과 비슷한 구조를 갖고 이 위성들에는 중앙에 부착된 광학 장치, 3축 추진장치, 섬유광학 자이로(FOG, Fibre-Optic Gyro), 그리고 네 개의 제어모멘트 자이로(CMG, Control Moment Gyro) 등의 기능을 갖는 장치가 포함된다. 이 위성들은 플레이아데스 1A, 1B와 함께 고도 694km 상공의 궤도에서 임무를 수행한다.



표 2-17. SPOT 탑재기 (SPOT-1~SPOT-5) 비교

| | SPOT-1 | SPOT-2 | SPOT-3 | SPOT-4 | SPOT-5 |
|---|---|---|---|---|---|
| 국가 및 운영기관 | 프랑스 CNES, ESA, SPOT Image | | | | |
| 발 사 기 지 | 남미 프랑스령 Guyana 우주센터(Kourou) | | | | |
| 발 사 로 켓 | Ariane 1 | Ariane 4 | | | Ariane 42P |
| 발 사 일 | 1986.02.22. | 1990.01.22. | 1993.09.26. | 1998.03.24. | 2002.05.04. |
| 탐 측 기 | HRV 2대 | HRV 2대<br>DORIS | HRV 2대<br>POAM-II<br>DORIS | HRVIR 2대<br>Vegetation, SILEX,<br>PASTEC, POAM-3<br>DORIS | HRG 2대<br>HRS<br>Vegetation<br>DORIS |
| 고도 및 궤도 | 821km의 태양동기 궤도 | | | 824km<br>태양동기 궤도 | 825km |
| 궤도 경사각 | 98.7° | | | | |
| 위 성 무 게 | 1,830kg | 1,870kg | 1,907kg | 2,755kg | 3,000kg |
| 위 성 크 기 | 2.0m×2.0m×4.5m<br>SPOT 1,2,3 | | | 2.0m×2.0m×5.6m<br>SPOT-4 | 3.1m×3.1m×5.7m<br>SPOT-5 |
| 지상촬영 폭 | 60km | | | 60km | 60km |
| 시 야 각 | 4.13° | | | 4.13° | 4.13° |
| 재방문 주기 | 26일 | | | | |
| 회 전 주 기 | 101.4분 | | | | |
| 계 획 수 명 | 7.25년 | | | 5년 | 5년 |
| 활 동 | 임무종료 | 임무종료 | 고 장 | 임무종료 | 임무종료 |

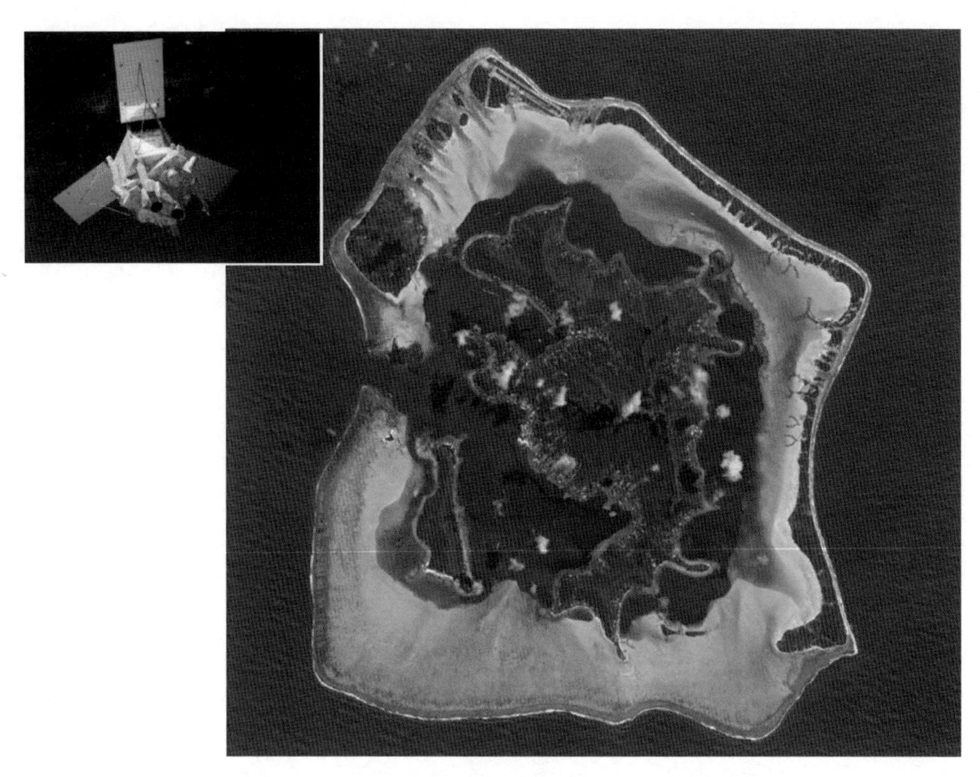

그림 2-21. SPOT 6호 위성과 최초 전송 영상 (프랑스령 보라보라섬)

표 2-18. SPOT 탑재기 (SPOT-5, 6, 7) 제원 비교

<table>
<tr><th></th><th>SPOT-5</th><th colspan="2">SPOT-6/SPOT-7</th></tr>
<tr><td>국가 및 운영기관</td><td colspan="3">프랑스, CNES, SPOT Image</td></tr>
<tr><td>발 사 기 지</td><td>프랑스령 Guyana 우주센터(Kourou)</td><td colspan="2">인도 Sriharikota 우주센터(Satish Dhawan)</td></tr>
<tr><td>발 사 로 켓</td><td>아리안(Ariane) 42P</td><td colspan="2">PSLV</td></tr>
<tr><td>발 사 일</td><td>2002.05.04.</td><td colspan="2">2012.09.09.</td></tr>
<tr><td rowspan="5">탐 측 기</td><td rowspan="5">HRG 2대<br>HRS<br>Vegetation<br>DORIS</td><td colspan="2">팬크로매틱</td></tr>
<tr><td rowspan="4">다중파장대</td><td>1번 파장대 : 파랑</td></tr>
<tr><td>2번 파장대 : 녹색</td></tr>
<tr><td>3번 파장대 : 빨강</td></tr>
<tr><td>4번 파장대 : 근적외</td></tr>
<tr><td>고도 및 궤도</td><td>825km의 태양동기 궤도</td><td colspan="2">694km의 태양동기 궤도</td></tr>
<tr><td>궤도 경사각</td><td>98.7°</td><td colspan="2">98.7°</td></tr>
<tr><td>위 성 무 게</td><td>3,000kg</td><td colspan="2">712kg</td></tr>
<tr><td>지상 촬영폭</td><td>60km</td><td colspan="2">60km</td></tr>
<tr><td>계 획 수 명</td><td>5년</td><td colspan="2">10년</td></tr>
<tr><td>활 동</td><td>임무 종료(2015.03.17.)</td><td colspan="2">활 동 중</td></tr>
</table>

표 2-19. SPOT의 분광해상도와 공간해상도

| 위 성 | 파 장 대 | | 해상도(m) | 파장 영역(μm) |
|---|---|---|---|---|
| SPOT 1, 2, 3호 | - 팬크로매틱 | | 10 | 0.50~0.73 |
| | - 다중파장(XS) | 1번 파장대 : 녹색 | 20 | 0.50~0.59 |
| | | 2번 파장대 : 빨강 | 20 | 0.61~0.68 |
| | | 3번 파장대 : 근적외 | 20 | 0.78~0.89 |
| SPOT 4호 | - 팬크로매틱 | | 10 | 0.61~0.68 |
| | - 다중파장(XS) | 1번 파장대 : 녹색 | 20 | 0.50~0.59 |
| | | 2번 파장대 : 빨강 | 20 | 0.61~0.68 |
| | | 3번 파장대 : 근적외 | 20 | 0.78~0.89 |
| | | 4번 파장대 : 단파적외 | 20 | 1.58~1.75 |
| SPOT 5호 | - 팬크로매틱 | | 2.5, 5 | 0.48~0.71 |
| | - 다중파장(XS) | 1번 파장대 : 녹색 | 10 | 0.50~0.59 |
| | | 2번 파장대 : 빨강 | 10 | 0.61~0.68 |
| | | 3번 파장대 : 근적외 | 10 | 0.78~0.89 |
| | | 4번 파장대 : 단파적외 | 20 | 1.58~1.75 |
| SPOT 6호, 7호 | - 팬크로매틱 | | 1.5 | 0.45~0.74 |
| | - 다중파장(XS) | 1번 파장대 : 파랑 | 8 | 0.45~0.52 |
| | | 2번 파장대 : 녹색 | 8 | 0.53~0.59 |
| | | 3번 파장대 : 빨강 | 8 | 0.62~0.69 |
| | | 4번 파장대 : 근적외 | 8 | 0.76~0.89 |

## 2.2. 탐측기

### (1) HRV

HRV는 팬크로매틱에서 10m, 다중파장대에서 20m의 공간해상도를 갖는다. 주로 토목공학과 관련된 기초자료를 수집하여 환경을 감시하는 역할을 수행하며 농학과 임학에도 사용된다. HRV 전면 거울의 자세는 지상의 기지국에서 제어가 가능하기 때문에 위성으로부터 수직으로 관측하기 힘든 지역에 대해서는 비스듬한 자세에서 영상을 얻어낼 수 있다. 거울 움직임이 가능한 각도는 ±27°이다.

표 2-20. SPOT HRV

| 파 장 대 | | 파장대 이름 | 파장 영역(μm) | 공간 해상도(m) | 지상 탐사폭 | 방사 해상도 |
|---|---|---|---|---|---|---|
| 다중파장대 | 녹 색 | XS1 | 0.50~0.59 | 20×20 | 60km | 8bit |
| | 빨 강 | XS2 | 0.61~0.68 | 20×20 | | |
| | 근 적 외 | XS3 | 0.79~0.89 | 20×20 | | |
| 팬크로매틱 | 가 시 부 | P | 0.51~0.73 | 10×10 | | |

### (2) DORIS

프랑스 CNES에서 개발한 고도 관측 시스템인 DORIS(Doppler Orbitography and Radio positioning Integrated by Satellite)는 위성의 고도와 위치를 매우 정교하게 파악하고 위성의 자세를 정확하게 조정하여 영상을 얻어 낼 수 있다. DORIS는 라디오주파수(RF, Radio Frequency) 시스템으로 궤도에서 움직이는 위성의 속도를 관측하고 지상에 있는 비콘(beacon)과 위성체의 비콘을 비교하여 위치와 자세를 정확히 잡을 수 있도록 하는 장치가 포함되어 있다. DORIS는 다음과 같은 특징을 갖는다.

| 주파수대(RF) | 도플러 이중 주파수 : 2036.25MHz, 401.25MHz |
|---|---|
| 촬영 빈도 | 10초마다 한 번씩 측정 |

### (3) HRVIR

HRVIR은 SPOT 4호에 장착된 탐측기로 단파적외(SWIR, Short-Wave InfraRed) 감지기가 추가되어 이전의 HRV보다 진보된 형태라고 할 수 있다. HRVIR에는 망원경, 감지부품, 영상처리 전자장치 그리고 탐사방향 조정장치가 포함되어 있다. 이 탐측기는 토목계획에 주로 응용되며 환경을 감시하는 역할을 한다.

HRVIR은 HRV보다 개선된 형태의 푸쉬브룸 영상부품 두 세트의 조합으로 구성된다. 분광영역은 B1 파장대에서 0.50~0.59μm, B2 파장대에서 0.61~0.68μm, B3 파장대는 0.79~0.89μm, SWIR 파장대는 1.58~1.75μm이며, 20m급 해상도의 다중파장대 영역에서는 1.58~1.75μm의 파장대가 지원된다.

팬크로매틱 파장대에서의 영상수집은 과거 SPOT 1, 2, 3호에서 사용되었던 0.51~0.73μm 파장대의 HRV가 10m와 20m의 해상도로 영상을 수집할 수 있는 B2 파장대의 탐측기로 교체되었다. 따라서 이 탐측기는 HRV에서 영상을 수집할 수 있었던 것과 같은 기하학적인 해상도를 제공한다. 또한 두 개의 HRVIR 탐측기는 서로 다른 독립된 시야각으로 영상을 수집할 수 있도록 프로그램 되어 직사광선에 노출되어 영상이 손상되는 것으로부터 탐측기를 보호할 수 있다.

표 2-21. SPOT HRVIR

| 파 장 대 | | 파장대 이름 | 파장 영역(μm) | 공간 해상도(m) | 지상 탐사폭 |
|---|---|---|---|---|---|
| - 다중파장대 | 녹 색 | B1 | 0.50~0.59 | 20×20 | 60km |
| | 빨 강 | B2 | 0.61~0.68 | 20×20 | |
| | 근 적 외 | B3 | 0.79~0.89 | 20×20 | |
| - 팬크로매틱 | 가 시 부 | P | 0.61~0.68 | 10×10 | |
| - 단파적외부 | | SWIR | 1.58~1.75 | 20×20 | |

(4) Vegetation

SPOT 4, 5호에 장착된 Vegetation 탐측기 또는 VMI(Vegetation Monitoring Instrument)는 주로 농업과 임업 등의 경작량 예측과 농작물 및 식생의 감시를 위해 사용되는 영상 분광장치이다.



표 2-22. SPOT Vegetation

| 파장대 | | 파장대 이름 | 파장 범위 | 반사율(albedo) | 감지 |
|---|---|---|---|---|---|
| - 다중 파장대 | 파랑 | B0 | 0.43~0.47$\mu m$ | 0.0~0.5 | 엽록소 |
| | 빨강 | B2 | 0.61~0.68$\mu m$ | 0.0~0.5 | 식생 |
| | 근적외 | B3 | 0.79~0.89$\mu m$ | 0.0~0.7 | 식생, 대기보정 |
| - 단파적외부 | | SWIR | 1.58~1.75$\mu m$ | 0.0~0.7 | 식생, 대기보정 |

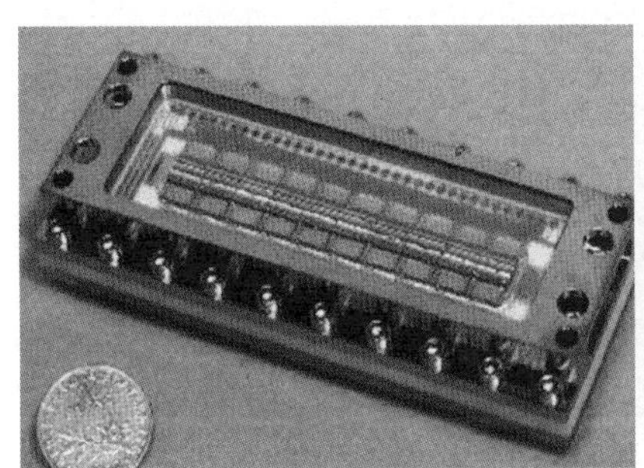

그림 2-22. SPOT 4호의 SWIR 감지기와 Vegetation 탐측기

(5) HRG

HRG(enhanced High Resolution plus veGetation)는 SPOT 4호에서 사용하였던 HRVIR을 개선하여 SPOT 5호에 장착한 탐측기이다. 두 개의 HRG 탐측기는 4.13°의 시야각으로 연직방향으로 ±27°로 영상을 수집할 수 있다. 각각의 HRG가 수집한 영상의 지상크기는 수직방향인 경우 60㎞이고 경사방향으로 촬영하게 되면 80㎞ 이상이다.

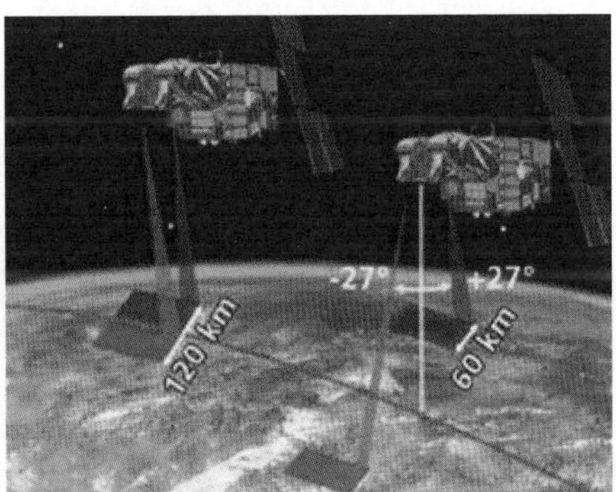


그림 2-23. SPOT 5호의 HRG 탐측기와 HRG 관측 개념도

표 2-23. SPOT 5호 HRG 탐측기 제원

| 시 야 각 | ±2° | 경 사 관 찰 각 | ±27° |
|---|---|---|---|
| 탐 측 기 무 게 | 356kg | 망원경 초점거리 | 1.082m |
| 탐 측 기 크 기 | 2.65m×1.42m×0.96m | 최 대 전 원 | 344 W |
| 망 원 경 종 류 | 구면 거울이 달린 Catadioptric Schmidt 망원경(SPOT-4와 동일) | | |

표 2-24. SPOT 5호 HRG 영상

| 항 목 | 팬크로매틱 | | 다중파장대 | | 단파적외부 |
|---|---|---|---|---|---|
| 파 장 대 범 위 | 0.48~0.71μm | | B1(녹색) | 0.50~0.59μm | 1.58~1.75μm |
| | | | B2(빨강) | 0.61~0.68μm | |
| | | | B3(근적외) | 0.78~0.89μm | |
| 라인당 감지기 요소 | 12,000(THX31535 CCD) | | 6,000(TH7834 CCD) | | 3,000(TH31903 CCD) |
| 라 인 수 | 2 offset | | 3 registered | | 1 |
| 감지기 크기(pitch) | 6.5μm | | 13μm | | 26μm |
| 라인당 합성 시간 | 0.752ms | | 1.504ms | | 3.008ms |
| 해 상 도 | 단사진 | 5m×5m | 10m×10m | | 20m×20m |
| | 입체사진 | 3.5m×3.5m | | | |

SPOT 6호는 아스트리움 *Astrium*에서 제작하여 2012년 9월 9일 인도의 스리하리코타 우주센터(Stiharikota, 또는 사티쉬 다완 우주센터, Satish Dhawan Space Center)에서 인도 로켓인 PSLV에 의해 성공적으로 발사되었다. 이 위성은 Pléiades-1 위성의 궤도로 진입하여 Pléiades-2, SPOT-7과 함께 새로운 궤도를 형성하며 자료를 수집할 계획으로 올려졌다.

SPOT 6호는 1.5m의 공간해상도의 팬크로매틱 영상과 6m의 파랑, 녹색, 빨강, 근적외의 다중파장대 영상을 제공하여 국방, 농업, 삼림훼손, 환경감시, 해안경비, 엔지니어링, 기름, 가스 및 광산산업에 활용될 수 있다. SPOT 6호와 7호는 SPOT 4호와 5호가 1998년부터 2002년까지 수행하던 임무를 계속하여 수행하며 지상과 우주부문에서 기존의 SPOT 영상이 제공하던 서비스보다 향상된 정보를 제공할 것으로 기대되고 있다. 6호과 7호는 지구상 어느 곳이라도 하루의 재방문 주기로 하루 600만$km^2$ 이상의 면적을 촬영하여 전송한다. 이 위성들의 수명은 10년으로 계획되어 제작되었다. 2014년 6월 30일 발사된 SPOT 7호는 6호와 거의 동일한 구조로 영상을 수집한다. SPOT 6호와 7호의 특징은 표 2-25와 같고 SPOT 1호부터 7호까지의 추진계획은 그림 2-24에 나타나 있다.

표 2-25. SPOT 6호 (7호) 탐측기 제원

| 국가/운영기관 | 프랑스 CNES(주계약자 EADS Astrium) | | |
|---|---|---|---|
| 발사 기지 | 인도 Sriharikota 우주센터(Satish Dhawan) | | |
| 발사 로켓 | PSLV | | |
| 발 사 일 | 2012.09.09.(2014.06.30.) | | |
| 수집 영상 | 팬크로매틱 | 0.45～0.74㎛ | |
| | 다중파장 | 파랑 | 0.455～0.525㎛ |
| | | 녹색 | 0.530～0.590㎛ |
| | | 빨강 | 0.625～0.695㎛ |
| | 근적외 | 0.760～0.890㎛ | |
| 탐 사 폭 | 60㎞(연직방향) | | |
| 특 징 | - 3차원 지상기준점을 이용한 10m 정확도의 자동 정사영상<br>- 한 번 지나가면서 2개의 120㎞×120㎞의 스트립 또는 3개의 60㎞×120㎞ 스트립을 생성하여 60㎞×60㎞ 지역의 DEM 생성<br>- 24시간 동안 하나의 위성에서 최대 750장의 영상 촬영 | | |
| 계획 수명 | 10년 | | |

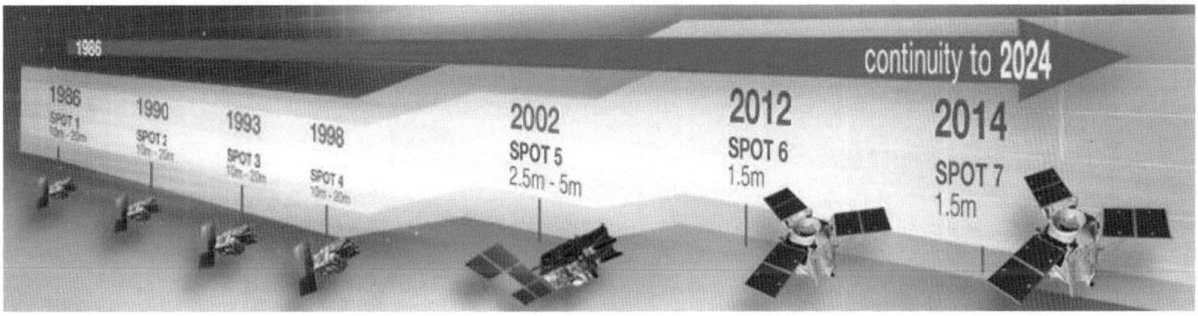

그림 2-24. 2024년까지 계획된 SPOT 위성 시리즈

## 3. PLÉIADES

Pléiades(플레이아데스) 시스템은 2001년부터 2003년까지 프랑스와 이탈리아 간에 채결된 ORFEO(Optical & Radar Federated Earth Observation) 프로그램을 위해 계획되었다. 플레이아데스 사업은 2003년 10월부터 프랑스 국립우주연구소(CNES, Centre National d'Etudes Spatiales)가 사업 전반의 주계약자로, 그리고 EADS(European Aeronautic Defence and Space Company)의 항공우주부문 자회사인 아스트리움 *Astrium*이 우주부문의 주계약자로 참여하고 있다. 또한 프랑스의 스팟이미지 *SPOT Image*사가 플레이아데스 영상과 서비스를 공식적이고 독점적으로 세계에 공급한다.

Pléiades HR-1A(Pléiades-HR 1A) 위성은 러시아의 소유즈 *Союз* ST-A 로켓에 실려 쿠루(Kourou) 우주기지로도 알려진 남미 프랑스령 기아나 우주센터(Guiana Space

Centre)에서 2011년 11월 17일 협정세계시(UTC, Universal Time Coordinated) 02시 03분에 발사되었다. UTC는 그리니치표준시(GMT, Greenwich Mean Time)와 거의 차이가 없고, 시간의 기준으로 평균태양시를 사용했던 과거에서 세슘원자의 진동수에 기초한 현재로 시간의 기준이 바뀌면서 사용되기 시작한 용어이다.

Pléiades HR 1B(Pléiades-HR 1B) 위성 역시 같은 기종의 로켓으로 같은 장소에서 2012년 12월 2일, UTC 02시 02분 성공적으로 발사되었다. Pléiades-1B 위성도 CNES의 의뢰로 EADS 아스트리움이 제작했다. 공간해상도 50㎝급의 영상을 얻는 것이 가능하도록 설계된 이 위성은 궤도에 안착한 이후 이탈리아와 프랑스 국방부, 그리고 민간 기업에 의해 군사적, 상업적 용도로 활용된다.

플레이아데스 프로그램에 사용되는 발사체는 프랑스와 러시아가 2003년 11월 기아나 우주센터에서 러시아의 소유즈 로켓을 이용하기로 합의한 후 이미 3기의 위성을 성공적으로 발사하였고 앞으로도 매년 2~4차례 로켓을 발사할 계획이다. 프랑스는 러시아에 23회의 로켓 발사를 주문해 놓은 상태이다.

소유즈 ST-A 로켓은 러시아 로켓우주센터 프로그레스 *Прогресс*가 제작한 3단짜리 소유즈 2-1a 로켓의 변형이다. 냉전 초기 대륙간유도미사일로 개발되어 1966년 처음으로 우주로 발사되었던 소유즈 로켓이 옛 소련 영토 밖의 기지에서 발사되기는 이번이 네 번째다.

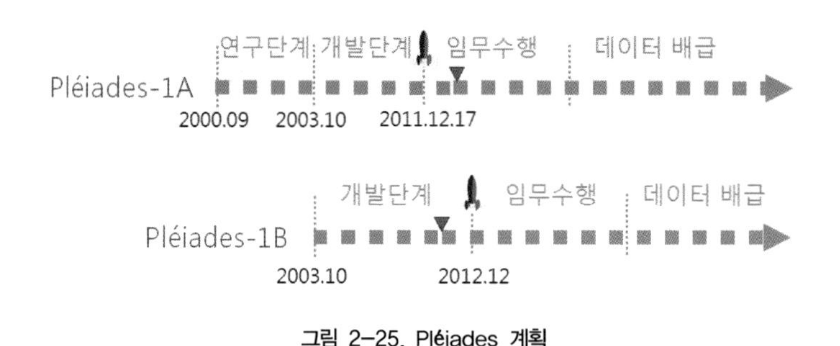


그림 2-25. Pléiades 계획

### 3.1. 탑재기

Pléiades는 2011년 유럽에서 발사된 0.5~0.7m의 해상도를 가진 고해상도 지구관측 위성이다. Pléiades와 SPOT 6, 7호로 구성되는 Pléiades 시스템은 비상사태에 신속하게 대응하기 위하여 빠르게 데이터를 얻어 내어 사용자에게 제공하도록 설계되었다. 플레이아데스는 사용자의 요구에 맞는 최대 개수의 영상을 얻는 능력을 가지고 있다.

Pléiades 시스템은 2개의 고해상도의 영상을 얻을 수 있는 지구관측위성으로 구성된다. Pléiades-HR 1A와 HR 1B 위성은 26일의 주기로 지표를 관측한다. 민간용과 군용 모두에서 활용하기 위해 발사된 이 위성은 민간과 상업적인 목적은 물론 유럽의 군사적 방어 목적으로도 고해상도 위성영상이 필요하다는 인식에서 시작되었다.

이 두 개의 위성은 같은 궤도에서 임무를 수행하며 180°의 위상 차이로 서로 지구 반대편에서 지구상의 어떠한 지점에서도 하루에 다시 재방문하여 영상을 얻어 낼 수 있다. 이 위성은 원에 가까운 태양동기궤도를 따라 이동하고 위성의 고도는 697$km$이다.



표 2-26. Pléiades 위성 제원

| | Pléiades-HR 1A | Pléiades-HR 1B |
|---|---|---|
| 국가 및 운영기관 | 프랑스 CNES(주계약자 EADS Astrium) | |
| 발 사 기 지 | 남미 프랑스령 Guyana 우주센터(Kourou) | |
| 발 사 로 켓 | 소유즈(Soyuz) ST-A | |
| 발 사 일 | 2000.12.05. | 2006.04.25. |
| 영 상 취 득 | 팬크로매틱, 다중파장대 | |
| 탐측기 해상도 | 팬크로매틱 : 0.7$m$ 다중파장대 : 2$m$ | |
| 탐 측 기 | CCD/TDI | CCD/TDI |
| 궤도 및 고도 | 697$km$의 태양동기 궤도 | |
| 위 성 무 게 | 970$kg$ | |
| 계 획 수 명 | 5년 | |

SPOT 6호 및 7호와 같은 제어기술인 새로운 기술인 섬유광학 자이로FOG, Fibre-Optic Gyro)와 제어모멘트 자이로(CMG, Control Moment Gyro)로 무장한 Pléiades 위성들은 효과적인 자세 제어장치를 이용하여 최적의 위치에서 최대로 많은 영상을 촬영할 수 있다.

능동적으로 영상을 취득할 수 있는 프로그램을 사용하여 Pléiades 위성들은 특별한 사용자의 요구사항에도 부응할 수 있는 다양한 결과를 제공한다. 사용자들이 원하는 지역에 대한 영상은 여러 가지의 복합 프로그램과 최신의 영상처리를 연속적으로 수행하여 즉시 제공받을 수 있으며 Pléiades 시스템은 다음과 같은 영상을 제공한다.

- 1$m$급 이하의 해상도로 800$km$의 폭에 해당되는 스트립(단코스) 지역
- 위성의 경로를 따라 중복되는 두 장 또는 세 장의 입체영상
- 영상을 수신할 수 있는 장소에서 $\deg^2 \left\{= \left(\frac{180}{\pi}\right)^2\right\}$까지 하나의 경로로 촬영한 스트립 모자이크 제공
- 이론상 최대 하나의 위성에서 하루에 1,000,000$km^2$ 크기의 영상 취득
- 하루 최대 하나의 위성에서 하루에 300,000$km^2$ 크기의 최적화된 영상 취득

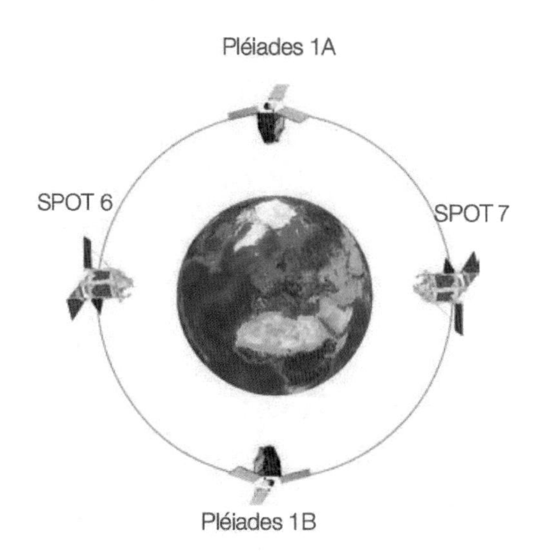


그림 2-26. Pléiades와 SPOT 6, 7호의 결합 궤도구성

이 위성들은 SPOT 6, 7호와 함께 그림 2-26과 같은 형태로 서로 지구 반대편에서 궤도를 구성하여 고해상도의 지구영상을 얻기 위해 활동한다.

### 3.2. 탐측기

Pléiades 위성에 탑재된 탐측기의 광학적 성질과 해상도는 다음 표와 같다.

표 2-27. Pléiades 위성의 탐측기 파장대와 제공영상

<table>
<tr><th>분광 형태</th><th>채널</th><th colspan="2">파 장 대</th><th colspan="2">해 상 도</th><th colspan="2">제공 영상</th></tr>
<tr><td rowspan="4">다중파장대</td><td>B0</td><td>파 랑</td><td>0.430~0.550㎛</td><td rowspan="4">2m</td><td rowspan="5">70㎝<br>다중파장대와<br>팬크로 합성</td><td rowspan="4">2m</td><td rowspan="5">촬영폭<br>2㎞</td></tr>
<tr><td>B1</td><td>녹 색</td><td>0.490~0.610㎛</td></tr>
<tr><td>B2</td><td>빨 강</td><td>0.600~0.720㎛</td></tr>
<tr><td>B3</td><td>근적외</td><td>0.750~0.950㎛</td></tr>
<tr><td>팬크로매틱</td><td>P</td><td colspan="2">0.480~0.830㎛</td><td>70㎝</td><td>50㎝</td></tr>
</table>

* Pléiades 위성에서 제공하는 위성영상은 미국의 GeoEye-1, WorldView-2와 같은 해상도로 제공하기 위해 보간이나 리샘플링을 하여 50㎝급으로 판매

SPOT 7호가 올라가 Pléiades 시스템이 작동하게 되면서 네 개의 지상 수신국이 직접 데이터를 수신 받아 영상을 생성하게 되었다. 이 지상 수신국의 위치는 다음과 같고 국지적인 수신국들은 사용자의 요구에 의해 추가로 설립될 예정이다.

| 수신센터 | - 프랑스의 크레이(Creil), 스페인의 토레혼(Torrejon) |
|---|---|
| 민간 수신국 | - 프랑스의 툴루즈(Toulouse), 스웨덴의 키루나(Kiruna) 극기지<br>- 대부분의 신호 수신 |

## 3.3. Pléiades 위성영상의 활용

Pléiades 시스템은 초고화질 해상도의 원격탐측을 활용하기 위해 고안되었으며 그 주된 활용분야와 용도는 다음 표와 같다.

표 2-28. Pléiades 위성영상의 활용

| 부 문 | 활 용 방 안 |
|---|---|
| 토 지 계 획 | - 차, 도로 등 작은 물체의 감지 및 확인 |
| 농 업 | - 토지관리 및 수확량 산정, 농업지역 병충해 지역, 수목결정 |
| 방 위 산 업 | - 도시 및 인구밀집지역의 영상을 추출하여 지능적 전술계획 수립 |
| 사회보장 사업 | - 자연재해 발생에 대한 완화 및 조치, 재해발생 후 평가 |
| 수 문 학 | - 지형과 배수 유역경사 연구 |
| 삼 림 | - 불법벌목과 삼림수확물 관리, REDD 자료수집 |
| 해안 및 연해 감시 | - 선박의 수색과 오염물질 감시, 항구지도 제작 |
| 토목공학, 지원관리 | - 도로, 철도, 석유 파이프라인 계획 |
| 3 차 원 활 용 | - 모의비행 시험, 고정밀 지도제작 |

*REDD : Reducing Emission from Deforestation and forest Degradation in developing countries, UN에서 제정한 숲을 통해 대표적 온실가스인 이산화탄소의 흡수를 늘리기 위한 개발도상국 지원 프로그램

그림 2-27. PLÉIADES 1B 위성과 이 위성의 첫 번째 영상 (프랑스 Lorient 항구)

## 4. NOAA 위성

### 4.1. 탑재기

미국 해양대기관리처(NOAA, National Oceanic and Atmospheric Administration)에서 사용하는 극궤도 위성들은 1960년 4월에 발사된 첫 기상위성인 TIROS(Television and InfraRed Observation Satellite)를 시작으로 하여 TIROS-N, TIROS-M, ITOS(Improved TIROS Operational System) 등으로 지속적으로 발전하였다.

이 위성은 처음에 단순한 상자모양에 특수 TV 카메라를 장착하여 지상 450마일 상공에서 지구를 내려다보고 촬영하는 간단한 구조였다. 1965년까지 모두 10개의 위성이 발사되면서 점차로 작동시간이 길어지는 등 성능의 향상을 가져오기도 하였으나 이 위성들의 성격은 실용화 이전의 실험용 위성이었다. 그 후 1969년까지 ESSA (Environmental Science Service Administration)라는 실용 기상위성 9기가 발사되었다.

표 2-29. NOAA 위성의 종류

| | |
|---|---|
| TIROS | TIROS-1, TIROS-2, TIROS-3, TIROS-4, TIROS-5, TIROS-6, TIROS-7, TIROS-8, TIROS-9, TIROS-10 |
| TOS | ESSA-1, ESSA-2, ESSA-3, ESSA-4, ESSA-5, ESSA-6, ESSA-7, ESSA-8, ESSA-9 |
| ITOS | TIROS-M, NOAA-1, ITOS-B, NOAA-2, NOAA-3, NOAA-4, NOAA-5, ITOS-E |
| TIROS-N | TIROS-N, NOAA-6, NOAA-B, NOAA-7(NOAA-C) |
| Adv. TIROS-N | NOAA-8, NOAA-9, NOAA-10, NOAA-11, NOAA-12, NOAA-13, NOAA-14, NOAA-15, NOAA-16, NOAA-17, NOAA-18, NOAA-19 |

그림 2-28. NOAA TIROS-1 위성의 최초 TV사진 (1960.4.1. 촬영)

1966년 2월 3일 TIROS 운용위성은 TOS(TIROS Operational Satellite)의 시작인 ESSA-1 위성이 발사된 이후 1970년부터 1976년까지 제2세대 기상위성이라 할 수 있는 개량형 TOS인 ITOS가 발사되었다. 이로 인하여 야간에도 카메라 촬영이 가능하게 되어 12시간마다 전 지구의 구름분포에 대한 관측이 가능하게 되었다. ITOS 위성은 후에 NOAA 위성으로 명칭이 바뀌어 ITOS-2는 NOAA-2가 되었다. NOAA 위성들은 1976년 7월에 발사된 NOAA-5까지 모두 다섯 개의 위성이 발사되었는데 이들은 1979년 중반에 모두 수명이 다해 기능을 상실하게 되었다.

제3세대 NOAA 기상위성이라고 할 수 있는 TIROS-N 위성은 1978년 10월 13일 발사되었다. 1979년 6월 27일 NOAA-6 위성이, 1981년 6월 NOAA-7(NOAA-C)이, 1983년 NOAA-8이 각각 발사되어 밤과 낮에 지구의 대기를 규칙적으로 관찰하였다.

NOAA 극궤도 기상위성은 약 850㎞ 상공에서 남북방향으로 지구를 회전하며 기상상태를 관측하고 관측범위는 동서 약 3,000㎞ 남북 5,000㎞ 정도이며 재방문주기는 12시간이다.



표 2-30. NOAA 12호와 14호 위성의 제원

| | NOAA-12 | NOAA-14 |
|---|---|---|
| 국가 및 운영기관 | 미국 NASA | |
| 발 사 장 소 | 밴덴버그 공군기지 | |
| 발 사 로 켓 | 아틀라스(Atlas)-E | |
| 발 사 일 | 1991.05.14. | 1994.12.30. |
| 고도 및 궤도 | 850㎞의 태양동기 궤도 | |
| 궤 도 경 사 | 98.7° | 98.86° |
| 위 성 무 게 | 1,871㎏ | 1,712㎏ |
| 회 전 주 기 | 101.35분 | 102.12분 |

이 위성들은 지구관측과 환경감시를 위해 가시광선, 근적외선, 적외선 영역의 탐측기를 탑재하고 있으며 주탐측기 AVHRR(고분해능복사계, 高分解能輻射計, Advanced Very High Resolution Radiometer)은 지구의 대기와 그 표면, 구름, 유입되는 태양 에너지 등을 조사한다. NOAA 위성의 대기연직탐지 기능은 정지기상위성에는 없는 기능으로 이 기능을 이용하여 주변이 바다로 둘러싸인 우리나라와 같이 대기의 고층 관측자료를 얻을 수 없는 해양에서 유용한 기상정보를 얻을 수 있다.

### 4.2. 탐측기

(1) AVHRR

AVHRR 탐측기의 파장영역은 가시광선 파장 두 개, 근적외 파장 한 개, 그리고 적외파장 두 개로 구성되어 있다. SST(Sea Surface Temperature)는 해수표면의 온도나 구름의 온도를 측정하는데 사용된다. LANDSAT, SPOT과는 달리 NOAA 위성은 파장대를 밴드(band)라는 표현 대신 채널(channel)이라 부른다.

AVHRR은 기상학의 다중파장 연구, 해양학, 수문학 등을 위해 개발되어 다섯 개의 파장채널에서 반사되거나 방출되는 복사휘도를 측정한다. NOAA-7, 9, 11, 14는 다섯 개 채널의 AVHRR을 탑재하여 이전의 네 개의 채널에서보다 고화질의 영상을 얻을 수 있다. 각 채널들은 동일 지역의 영상을 얻지만 각각 파장 범위에 차이를 두어 수문학, 해양학, 기상학적 요소들을 관찰하도록 설계되었다. 이 탐측기는 위성진행방향과 직각인 방향으로 영상을 얻는 cross-track scanning 방식으로 영상을 수집하고 적외선 탐지를 위해 일정한 온도를 유지하고 있으며 0.5%의 반사강도(albedo)에서 3:1의 신호비율을 제공한다.

표 2-31. NOAA 탐측기 특성

<table>
<tr><th>탐측기</th><th>채널</th><th colspan="2">파장영역</th><th>공간해상도</th><th>방사해상도</th><th>지 상 탐 사 폭</th></tr>
<tr><td rowspan="5">AVHRR</td><td>CH 1</td><td>0.550~0.900$\mu m$</td><td rowspan="2">가 시 부</td><td rowspan="5">1km</td><td rowspan="5">6bit</td><td rowspan="5">3,000km×5,000km</td></tr>
<tr><td>CH 2</td><td>0.725~1.100$\mu m$</td></tr>
<tr><td>CH 3</td><td>3.550~3.930$\mu m$</td><td>근적외부</td></tr>
<tr><td>CH 4</td><td>10.30~11.30$\mu m$</td><td rowspan="2">적 외 부</td></tr>
<tr><td>CH 5</td><td>11.50~12.50$\mu m$</td></tr>
</table>

표 2-32. NOAA 위성의 채널별 파장대

| 위성 종류 | 채널별 파장대($\mu m$) | | | | |
|---|---|---|---|---|---|
| | CH 1 | CH 2 | CH 3 | CH 4 | CH 5 |
| TIROS-N | 0.55~0.90 | 0.725~1.10 | 3.55~3.93 | 10.3~11.3 | - |
| NOAA-7, 9, 11, 12, 14, 15 | 0.55~0.68 | 0.725~1.10 | 3.55~3.93 | 10.3~11.3 | 11.5~12.5 |
| NOAA-6, 8, 10 | 0.55~0.68 | 0.725~1.10 | 3.55~3.93 | 10.3~11.3 | - |

### (2) 채널별 특성

<table>
<tr><td>CH 1<br>(가시영상1)</td><td>- 구름, 눈, 호수나 바다의 결빙, 오염, 열대성폭풍 탐지에 사용<br>- 화산활동이나 에어로졸, 먼지폭풍의 추적에 적합</td></tr>
<tr><td>CH 2<br>(가시영상2)</td><td>- 흡수체가 가시영역에서 보다 강하게 근적외 복사를 흡수하기 때문에 해수면과 육지를 구분하는데 사용<br>- 채널 1과 같이 해빙이나 눈이 쌓인 지역의 탐사에 이용</td></tr>
<tr><td>CH 3<br>(근적외영상)</td><td>- 높은 에너지를 갖는 물체에 민감하므로 가스로 이루어진 섬광, 산불, 활동 중인 화산, 연기 흔적 등과 같은 뜨거운 지점의 탐지에 사용<br>- 구름과 지표온도 탐지에 효과적<br>- 주간에는 얼음덩어리와 구름, 얼음과 물을 구분하는데 사용</td></tr>
<tr><td>CH 4<br>(적외영상1)</td><td>- 주간 및 야간에 해수온도와 구름의 온도 탐지에 사용<br>- 중위도에서 해수의 흐름, 전선, 권운 범위의 탐사에도 이용</td></tr>
<tr><td>CH 5<br>(적외영상2)</td><td>- 채널 4의 특징과 비슷함<br>- 수증기 감소효과와 적도 지방에서 해수온도를 결정하는 추가탐사에 활용</td></tr>
</table>

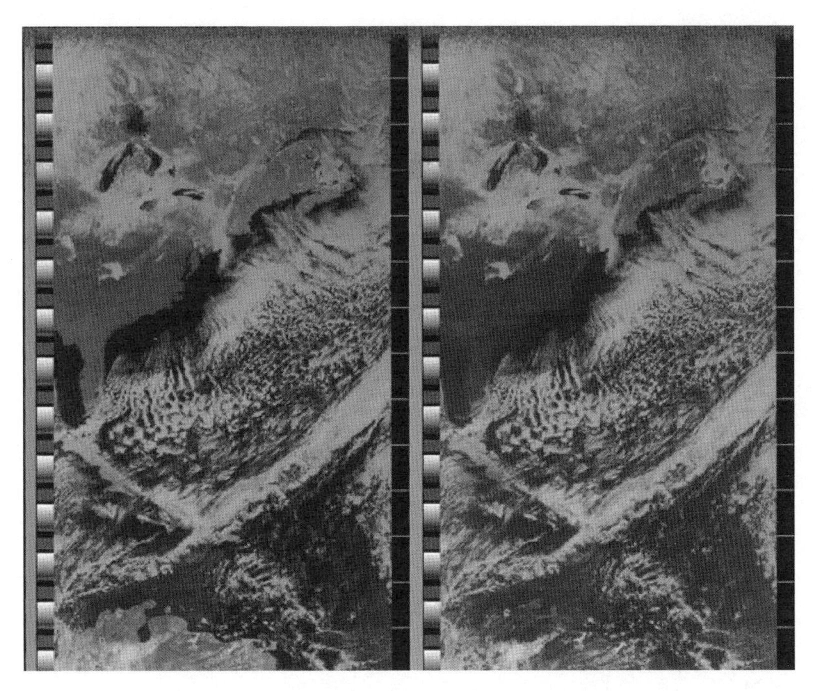

그림 2-29. NOAA-19 (AVHRR CH 3) APT 영상 (2009.2.6.)



(3) TOVS

TOVS(TIROS Operational Vertical Sounder)는 각 기압 면에서의 기온과 습도, 강수량, 총 오존량, 바람 등을 산출하기 위한 복사계로 HIRS, SSU, MSU 및 AMSU로 구성되어 있다.

| | |
|---|---|
| HIRS | - High resolution IR Sounder<br>- 필터에 의해 20채널 파장별로 측정하여 지상으로부터 $10hPa$까지의 기온, 수증기량, 총 오존량 등을 관측 |
| SSU | - Stratosphere Sounding Unit<br>- $15 \sim 1hPa$까지 기온을 측정 |
| MSU | - Microwave Sounding Unit<br>- 마이크로복사계로 $53GHz$의 흡수대를 이용해서 구름의 유무에 관계없이 $20hPa$까지 기온을 측정 |
| AMSU | - Advanced MSU<br>- NOAA-15호부터 MSU를 개량한 AMSU가 탑재되어 구름지역에 대해서도 높은 정확도의 자료취득이 가능 |

(4) NOAA 관측 데이터

TIROS/NOAA 위성에서 관측한 데이터는 APT와 HRPT에 의한 방송과 기록으로 나뉜다.

| | |
|---|---|
| APT | - Automatic Picture Transmission<br>- 종전과 같은 137.5MHz와 137.62MHz로 수평분해능 약 4km의 영상을 1분에 120줄(line)씩 표준 팩시밀리로 전송<br>- 위성의 고도각이 낮은 곳에 대해서는 영상의 뒤틀림과 분해능의 변화를 수정해서 4km의 분해능으로 전송 |
| HRPT | - High Resolution Picture Transmission<br>- 1,968MHz와 1,707MHz로 1분에 360줄씩 위상변조 방식의 디지털 신호 전송<br>- HRPT 자료는 NOAA 위성에 탑재된 개량된 가시적외 AVHRR의 수평분해능 1.1km의 영상자료와 대기연직탐측기(TOVS) 자료를 비롯한 자료가 포함 |

## 5. Terra

### 5.1. 탑재기

Terra(테라, EOS AM-1) 위성은 NASA를 중심으로 다국 프로젝트인 지구관측시스템(EOS, Earth Observing System) 프로젝트를 수행하기 위해 1999년 12월 18일 미국 밴덴버그 공군기지에서 발사한 첫 번째 다목적위성이다.

그림 2-30. Terra 위성과 Aqua 위성

Terra 위성은 미국 NASA에서 추진하는 위성을 이용한 지구 전역의 장기관측 계획을 위해 발사되었으며 이 계획에 의해 2013년까지 18기의 위성이 계속 발사되었다. 이 위성자료는 기상, 해양, 육상을 통합하여 전반적인 지구의 변동을 이해하고 기후변화에 대한 인간 활동의 영향을 분석하며 기후와 환경변화를 예측하여 지구환경 보호를 위한 대책을 세우기 위해 이용된다. 또한 이 위성은 지구의 변화양상을 파악할 수 있는 토지피복의 변화와 재해특성, 산불, 화산, 홍수, 가뭄의 피해를 최소화하기 위해 자연재해를 탐지하려는 목적을 가지고 임무를 수행하고 있다. Terra 위성에 탑재된 탐측기로는 MODIS, ASTER, MISR, MOPITT, CERES 등이 있고 각각의 목적에 따라

서로 다른 특성으로 대상물을 촬영한다.

Terra 위성과 자매위성인 Aqua(아쿠아, EOS PM-2) 위성은 Terra 지구관측위성의 후속 위성으로 지구대기 시스템의 변화를 가져오는 대기, 해양 및 지구표면의 상호작용의 이해와 원인규명을 위한 지구환경관측을 목적으로 한다.

Aqua 위성에는 Terra 위성에 탑재된 MODIS 탐측기 외에도 전천후 대기연직구조 탐측기인 간섭계형 고다중파장 적외탐측기(AIRS, Atmospheric InfraRed Sounder), 전천후 연직온도 탐측용 마이크로파 탐측장치(AMSU, Advanced Microwave Sounding Unit), 브라질 습도탐측기(HSB, Humidity Sounder for Brazil)와 해상풍속, 해상강수강도 탐측을 위한 EOS용 다중채널 마이크로파 영상관측복사계(AMSR-E, Advanced Microwave Sounding Radiometer for EOS) 및 구름과 지구의 방사에너지를 관측하기 위한 CERES(Clouds and the Earth's Radiant Energy System) 등 6개의 첨단 기상관측 탐측기를 탑재하고 있으며 이들 첨단 센서들의 관측자료를 모두 무상으로 공개하고 있다. Aqua 위성은 주로 해양과 관계된 자료를 얻는 위성이므로 지표에 대한 정보의 수집에 초점을 맞추고 있는 우리는 Aqua 위성에 대한 보다 자세한 사항은 생략하기로 한다.



표 2-33. Terra 위성의 제원

| 국가 및 운영기관 | 미국, NASA | 발사 기지 | 밴덴버그 공군기지 |
|---|---|---|---|
| 발사 로켓 | 델타(Delta) II | 발 사 일 | 1999.12.18. |
| 고도 및 궤도 | 705*km*의 태양동기 궤도 | 궤도 경사 | 적도에서 98.3° |
| 주 기 | 98.88분 | 재방문 주기 | 46일 |
| 탐측기 무게 | 약 4,000*kg* | 위성 크기 | 1.0*m*×1.6*m*×1.0*m* |
| 직 경 | 3.5*m* | 길 이 | 6.8*m* |
| 전 원 | 2,530 *W* | 계획 수명 | 5년 |

## 5.2. 탐측기

### (1) MODIS

고분해능 기상탐측기인 MODIS(모디스, MODerate resolution Imaging Spectro radiometer)는 중간해상도 영상의 스펙트럼 복사계로 미국 NASA의 EOS 계획에 의해 1999년 12월에 발사된 지구관측위성 Terra 위성에 탑재된 탐측기이다. EOS는 NASA에서 추진하고 있는 주요 임무 중 하나인 지표면, 생물권, 토양, 대기, 바다를 비롯한 지구 전반에 대해 장기적인 관찰을 하여 지구에 대한 정보를 얻고 지구에 대한 이해를 향상시키는 것을 목적으로 한다. 이 탐측기는 NASA에서 발사한 육상 및 대기 관측을 위한 Terra 위성에도 탑재되었고 해양관측에 초점을 맞춘 Aqua 위성에도 탑재되었다.

표 2-34. MODIS 탐측기 제원

| 궤 도 | 705km 태양동기 궤도, 근접극궤도, 원궤도 | | |
|---|---|---|---|
| 지상 탐사폭 | 2330km(횡방향)×10km(탐사 진행 방향) | | |
| 망원 렌즈 | 직경 17.78cm | 전 원 | 162.5W |
| 위성 무게 | 228.7kg | 탐사 속도 | 횡방향 20.3rpm |
| 방사 해상도 | 12bit | 계획 수명 | 6년 |
| 자료 전송 속도 | 10.6Mbps(최대 속도), 6.1Mbps(궤도상 이동시 평균) | | |
| 공간 해상도 | 1~2번 파장대 | 250m | |
| | 3~7번 파장대 | 500m | |
| | 8~36번 파장대 | 1,000m | |

MODIS는 36개의 광대역에 이르는 파장대역(가시파장과 적외파장역)에서 자료수집이 가능한 초분광탐측기(超分光探測器, hyperspectral sensor)이다. MODIS 영상은 36개 채널 중에서 해상도 250~500m의 세 개의 채널을 합성하여 영상판독을 한다. MODIS 영상합성에 이용되는 세 개의 채널은 가시부의 빨강, 녹색, 파랑 파장대를 각각 관측하여 이들을 합성하여 황사, 적설, 산불, 해빙과 같은 현상들을 자연색에 가깝게 표현할 수 있으므로 판독이 용이하다. 또 36개의 파장대를 이용하여 250m~1km의 해상도로 전체 지구에 대한 육상과 해양의 표면온도, 육상표면, 구름, 에어로졸, 수증기량, 온도 등이 1~2일 안에 모두 관측이 가능하다.

이러한 MODIS 자료는 과거의 여러 위성영상과 비교하여 다양한 고해상도 정보를 제공하기 때문에 조사한 자료는 지구온난화 및 기후변화 감시, 대기의 상태와 해상과 육상에서의 생물 간의 상호관계 관측 등 다양한 분야에 유용하게 활용된다. 따라서 이 MODIS 탐측기를 활용하여 육상, 해양의 표면 온도, 퇴적물과 식물 플랑크톤에 의한 바다의 색 변화와 해류의 흐름, 지구식물 분포도와 그 변화의 감시, 구름의 특성, 온도와 습도, 눈의 표면과 특성 등을 파악할 수 있다. 또한 대기를 보다 잘 통과하는 특성으로 인하여 MODIS 탐측기는 과거 높은 습도 때문에 측정이 어려웠던 열대지방의 바다표면 온도측정에도 유리하다.

### (2) ASTER

ASTER(Advanced Spaceborne Thermal Emission and Reflection radiometer, 애스터)는 1999년 12월 발사된 NASA의 지구관측시스템인 EOS의 일부로 Terra 위성에 탑재된 우주의 열방사 및 반사를 관측하는 진보된 형태의 탐측기이다. ASTER는 일본 정부와 산업체 그리고 연구단체들의 컨소시엄에 의해 제작되었다.

ASTER는 구름이 덮여 있는 상태, 빙하, 지표의 온도, 토지이용, 자연재해, 바다의 얼음, 눈이 덮고 있는 지역, 식생 분포를 15$m$에서 90$m$까지의 공간해상도로 관측한다. 다중파장대 영상은 14가지의 다른 색상을 가지고 있는 탐측기에 의해 수집되며 육안으로는 구분하기 어려운 근적외, 단파적외, 열적외 등의 파장을 구분하는데 효과적이다.

ASTER는 Terra 위성에 사용되는 탐측기 중 유일한 고해상 탐측기로 탐사방향을 바꾸거나 탐사 자세보정과 확인, 지구표면의 연구를 수행하는 작업에 중요하게 이용된다. ASTER 탐측기에 의한 자료는 식생과 생태계의 변동, 재해지역의 감시, 지질 및 토질, 기후학, 수리학, 지표의 변동 그리고 수치표고모델(DEM, Digital Elevation Model)을 작성하는 등 다양한 활용이 가능하다.



ASTER는 15$m$ 3채널, 30$m$ 6채널, 90$m$ 5채널의 해상도로 가시부와 근적외 채널의 영상을 수집하고 지표면, 해수면, 구름관측 및 오염을 탐지하며 지표면의 온도, 반사율, 고도 등에 대한 자료를 전송하여 정밀한 지도를 제작하는데 이용되고 있다.

ASTER 탐측기의 파장영역은 세 부분으로 구성된다. 하나는 VNIR, Visible Near InfraRed) 파장대로 입체영상을 얻기 위한 후방 탐측기이고, 또 하나는 단파적외(SWIR, ShortWave InfraRed) 파장대로 하나의 고정된 비구면 렌즈로 형성되어 있으며, 마지막으로 열적외(TIR, Thermal InfraRed) 파장대가 있다.

ASTER에는 앞의 세 영역을 포함하는 모두 14개의 파장대를 이용하여 자료를 수집하며 이에 대한 설명은 다음 표 2-35에 나타나 있다. VNIR 자료는 15$m$급 해상도를 가지고 있어 최신 고해상도 위성영상을 제외한 다중파장대 상용위성의 자료로는 최고의 해상도로 영상을 제공한다.

표 2-35. ASTER 탐측기 제원

| 탐측기 구성 | VNIR | SWIR | TIR |
|---|---|---|---|
| 파 장 대 | 1~3번 | 4~9번 | 10~14번 |
| 공 간 해 상 도 | 15$m$ | 30$m$ | 90$m$ |
| 지 상 탐 사 폭 | 60$km$ | 60$km$ | 60$km$ |
| 횡방향 지상 탐사폭 | ±318$km$(±24°) | ±116$km$(±8.55°) | ±116$km$(±8.55°) |
| 방 사 해 상 도 | 8$bit$ | 8$bit$ | 12$bit$ |

ASTER의 고해상도 탐측기는 3차원 입체영상을 제작할 수 있으므로 DEM을 제작하는 데에도 효과적이다. 이 탐측기의 특징은 다중파장대 열적외 영상을 높은 해상도로 얻는다는 것과 Terra 위성에 탑재된 다른 탐측기보다 높은 해상도를 이용하여 분광대의 반사, 온도, 방사율 자료를 얻을 수 있다는 것, 그리고 사용자의 요구가 있을 때 필요한 정보를 즉시 제공받을 수 있다는 것 등이다.

### (3) MISR

대부분의 탐측기는 위성에서 지표에 대해 수직방향으로 영상을 촬영하거나 탐측기가 달려 있는 각도만큼 기울어진 상태에서 고정된 각도로 영상을 촬영할 수밖에 없다. 지구의 기후를 이해하고 어떻게 변화하는지를 알아내기 위해서는 자연상태에서 태양광의 양이 어떤 각도로 반사되어 흩어지는지를 파악할 필요가 있다.

MISR(Multi-angle Imaging Spectro Radiometer)은 이러한 문제를 해결하기 위한 새로운 형태의 탐측기로 위성이 지구 상공에서 이동할 때 아래에 있는 지구 표면의 각 부분을 파랑, 녹색, 빨강, 근적외 네 개의 파장대로 서로 다른 방향에서 연속된 9개의 카메라에 의해 영상을 얻는다. 지구 주변의 태양광을 보다 잘 이해하기 위하여 MISR 데이터는 서로 다른 형태의 구름, 물질들과 지표면을 구분할 수 있다. 특히 MISR 자료는 월별 또는 계절별이나 긴 기간 동안 자연 상태의 변화, 그리고 인간의 활동으로 인해 발생되는 에어로졸과 같은 대기상의 분진의 형태와 양을 분석하는 것이 가능하고, 구름의 양, 형태, 높이를 알아낼 수 있으며, 토지피복의 분포를 찾아낼 수 있다.

표 2-36. MISR 탐측기 제원

| 제 작 | 미국 항공우주국 JPL | | |
|---|---|---|---|
| 탐 측 기 | - 각각의 필터별로 4개의 독립 선형배열을 갖는 CCD 카메라로 1,502pixel/line | | |
| 푸쉬브룸카메라 (9개) | An, Af, Aa, Bf, Bs, Cf, Ca, Df, Da | | |
| | A, B, C, D : 촬영각의 크기에 따른 분류<br>f : 전방 카메라, n : 연직 카메라, a : 후방 카메라 | | |
| 자료 전송 속도 | 9.0*Mbps*(최대 속도), 3.3*Mbps*(평균 속도) | | |
| 지상 촬영각 | 0°, 26.1°, 45.6°, 60.0°, 70.5° | 영상수집 파장대 | 파랑, 녹색, 빨강, 근적외 |
| 횡방향 지상 탐사폭 | 9개 카메라를 중복하여 360*km* | 주 기 | 고도에 따라 2~9일 |
| 방사 정확도 | 최적 통신시 3% | 위성 무게 | 148*kg* |
| 전 원 | 최대 117 *W*(평균 75 *W*) | 계획 수명 | 6년 |
| 카메라 온도 | -5±0.1°C | 본체 온도 | +5°C |

### (4) 그 외의 Terra에 탑재된 탐측기

위의 세 가지 탐측기 외에도 Terra에는 MOPITT(Measurements Of Pollution In The Troposphere)와 CERES(Clouds and Earth's Radiant Energy System) 탐측기가 있다. MOPITT는 대류권에 분포된 CO, $CH_4$ 측정, CO 연직분포 측정 등을 담당하는 기상탐측기이고 CERES는 장파복사와 단파복사 에너지의 장기적 관측, 복사에너지 수지분석 등을 수행하는 기상탐측기이다. 기상분야는 우리가 관심을 가지고 있는 공간위치 정보와 직접적인 관련이 없기 때문에 더 자세한 설명은 생략하기로 한다.

## 6. IKONOS

### 6.1. 탑재기

IKONOS(아이코노스) 위성은 1999년 4월 27일에 1호가 처음 발사되었으나 궤도진입에 실패하였고 1999년 9월 24일 다시 IKONOS-2를 발사하여 궤도진입에 성공하였다. IKONOS-2는 최초의 상업용 고해상도 위성으로 미국의 민간회사인 스페이스 이미징 *Space Imaging*이 록히드마틴 *Lockheed Martin*에 의뢰하여 제작하였다. 이 위성은 첩보급 위성으로 1$m$ 해상도의 팬크로매틱 탐측기와 4$m$ 해상도의 다중파장 탐측기를 탑재하고 있다. 스페이스 이미징은 나중에 회사 이름을 지오아이 *GeoEye*로 변경하였다.

IKONOS는 *image*라는 뜻의 그리스어 *icon*으로부터 유래된 말로 탐측기와 위성체의 회전이 가능하여 원하는 지역을 최고의 해상도로 얻을 수 있도록 계획되었다. 팬크로매틱과 다중파장대 영상을 동시에 수집하기 때문에 1$m$ 팬크로매틱 합성 다중파장대(pan-sharpened) 영상을 얻을 수 있다.

그림 2-31. IKONOS 위성과 영상 (9·11 테러 다음 날 맨해튼)

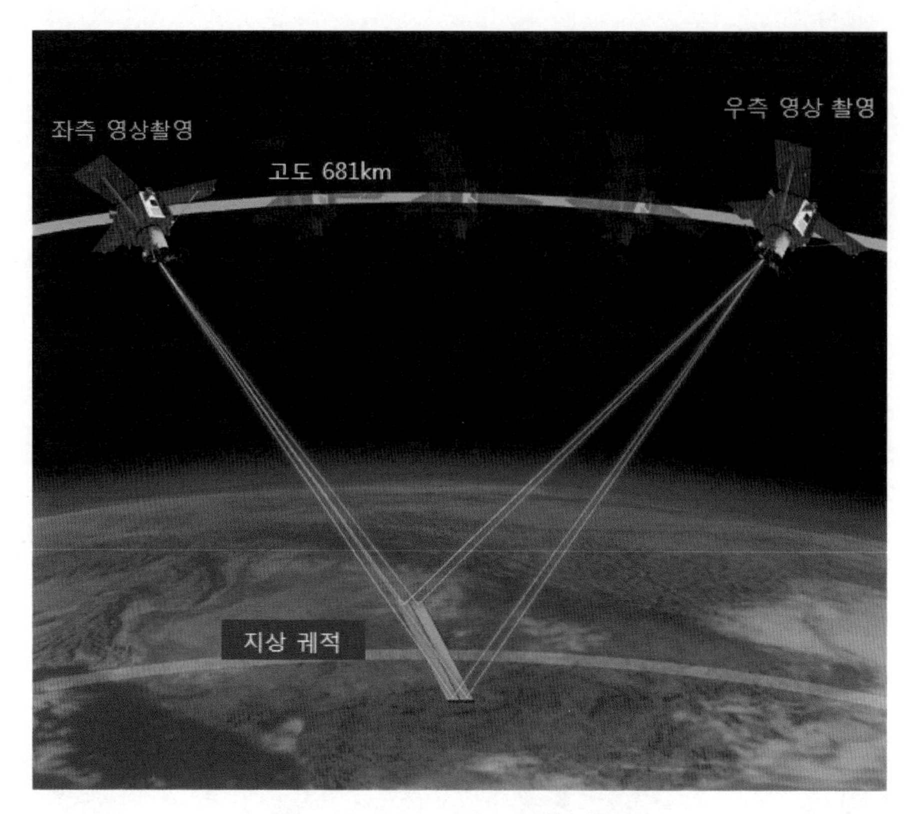


그림 2-32. IKONOS 위성의 입체영상 촬영방법

IKONOS 위성에 탑재된 탐측기는 초점거리 10*m*의 코닥 *Kodak* 디지털카메라로 팬크로매틱 영상을 위한 13,500개의 선형 CCD 배열과 다중파장 영상을 위한 3,375개의 선형 포토다이오드(photo diode) 배열로 구성되어 있다. 다중파장 영상의 파장대는 앞에서 설명한 LANDSAT 위성의 TM 탐측기의 파장대 1에서부터 4까지와 동일하다.

IKONOS 영상은 20*cm*의 수평방향의 평균제곱근오차(RMSE, Root Mean Square Error)와 60*cm*의 수직오차를 갖는 정밀한 지상기준점(地上基準點, GCP, Ground Control Point)을 사용하며 정확한 위치정보의 제공, 그리고 DEM, 수치지도 제작 및 갱신에 가장 적합한 영상이다. 이 영상은 농지개량, 농작물 재배면적 및 식별, 토지이용도 작성, 토지오염, 산림면적 및 삼림관리, 수자원, 도시 환경, 도시계획 및 변화, 지역계획, 해양오염, 자연재해 등의 분야 등에 활용하는 것이 가능하며 각 지방자치단체의 업무, 석유 및 가스탐사, 시설물 관리, 응급대응, 자원관리, 통신, 관광, 국가방위, 보험, 뉴스수집 등 많은 분야에서 활용이 되고 있다.

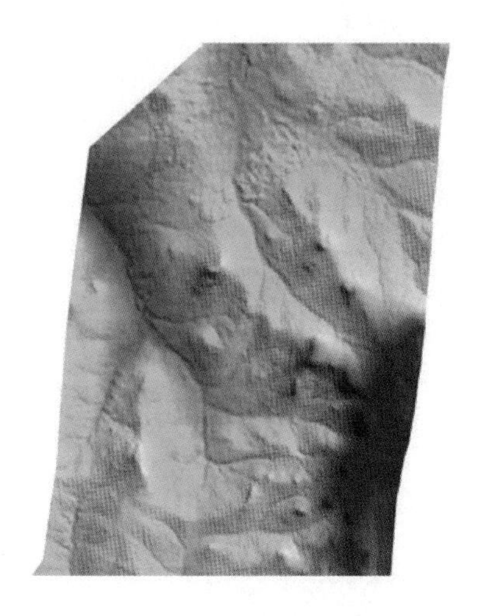

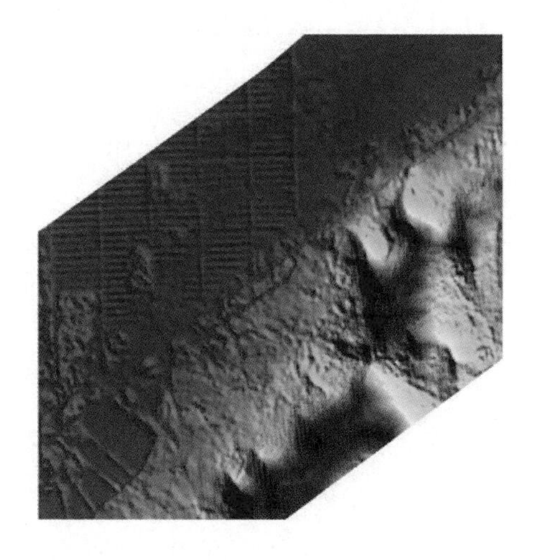



그림 2-33. IKONOS 위성의 입체영상으로부터 추출한 DEM

표 2-37. IKONOS 탑재기 제원

| 국가 및 운영기관 | 미국 GeoEye(구 Space Imaging) | 발 사 장 소 | 밴덴버그 공군기지 |
|---|---|---|---|
| 발 사 로 켓 | 아테나(Athena)-2 | 발 사 일 | 1999.09.24. |
| 영 상 파 장 대 | 팬크로매틱, 다중파장대 | 고도 및 궤도 | 681km인 태양동기 궤도 |
| 궤 도 경 사 | 98.1° | 위 성 무 게 | 726kg |
| 지 상 탐 사 폭 | 11km | 회 전 주 기 | 98분 |
| 적도 통과 시간 | 10:30 am.(하향 방향) | 계 획 수 명 | 7년 이상 |
| 방 문 주 기 | 142일(탐측기와 위성체의 회전으로 1일 이내 재방문 가능) | | |

## 6.2. 탐측기

IKONOS 탐측기는 다음 표와 같은 제원과 특징을 갖는다.

표 2-38. IKONOS 탐측기 제원

| 탐 측 기 | 팬크로매틱 | 다중 파장대 | |
|---|---|---|---|
| 연직방향 공간해상도 | 1m | 4m | |
| 영 상 파 장 대 | 0.45~0.90μm | 1번 파장대 : 파랑 | 0.45~0.52μm |
| | | 2번 파장대 : 녹색 | 0.51~0.60μm |
| | | 3번 파장대 : 빨강 | 0.63~0.70μm |
| | | 4번 파장대 : 근적외 | 0.76~0.85μm |
| 탐 측 기 종 류 | 푸쉬브룸 CCD(종방향 추적, 횡방향 추적 변환가능) | | |
| 방 사 해 상 도 | 11bit | | |
| 지 상 탐 사 폭 | 11km | 11km | |

표 2-39. IKONOS에서 지원하는 영상의 단계

| 단계 | 영 상 특 성 | 처 리 내 용 | 수 평 정 확 도 |
| --- | --- | --- | --- |
| 1 | 방사보정 | - 탐측기 감도변화를 보정하기 위해 영상의 대비와 밝기 조정 | |
| 2 | 표준기하보정(GEO) | - 수평방향의 공간적 왜곡 보정 | |
| 3 | 정밀기하보정 | - 지상기준점을 이용하여 수평방향의 공간적 왜곡 보정 | |
| 4a | 표준정사보정 | - DEM을 이용하여 수평방향, 지형에 의한 왜곡 보정 | reference : $25.4m$<br>map : $12.2m$ |
| 4b | 정밀정사보정 | - 지상기준점과 DEM을 이용하여 수평방향, 지형에 의한 왜곡 보정 | Pro : $10.2m$<br>Precision : $4.1m$<br>Precision Plus : $2m$ |
| 5 | 수치지형모델 | - 세계 일부지역에 대한 고해상도 DEM 제공 | |
| 6a | 팬크로매틱 융합<br>(pan-sharpened) | - 팬크로매틱과 다중파장 영상을 융합 | |
| 6b | 다중파장 영상 | - 흑백 : $1m$<br>- 컬러 : $4m$ | |
| 7 | 영상 모자이크 | - 다수의 영상들을 모자이크 처리하여 광범위한 지역의 영상으로 제작 | |

## 7. GeoEye

### 7.1. 탑재기

GeoEye(지오아이) 위성은 지오아이 *GeoEye* 회사에서 개발되어 발사된 위성으로 과거의 어떤 위성보다 정교한 기술을 활용한 고해상도 상업위성이다. 2008년 9월 6일 발사된 GeoEye-1호는 팬크로매틱 $0.41m$, 다중파장대에서 $1.65m$의 고해상도 영상을 제공하며 3일 이내에 $3m$이내의 지역으로 재방문하는 주기를 가지고 있다. 또한 개발 당시 가장 집약적인 기술로 개발된 탐측기는 매일 $350,000km^2$ 지역의 팬크로매틱 영상을 지구로 전송할 수 있다.

*GeoEye* 회사의 다음 위성인 GeoEye-2는 $34cm$급의 고해상도로 지구표면을 촬영할 수 있는 3세대 위성으로 2016년 11월 11일에 발사되었다. 2013년 *Digital Image*가 *GeoEye*를 합병하면서 설계 당시 원래 GeoEye-2로 이름 지어졌던 이 위성은 WorldView-4로 이름이 바뀌게 되었다. GeoEye-2 위성의 제원은 GeoEye-1과 많이 유사하다. GeoEye 위성의 자세한 제원은 다음 표와 같다.

표 2-40. GeoEye 탑재기 제원

| 위 성 | GeoEye-1 | GeoEye-2(WorldView-4) |
| --- | --- | --- |
| 국가 및 운영기관 | 미국 GeoEye → Digital Image | 미국 GeoEye → Digital Image |
| 발 사 장 소 | 밴덴버그 공군기지 | 밴덴버그 공군기지 |
| 발 사 로 켓 | 델타(Delta) II | 아틀라스(Atlas) IV |
| 발 사 일 | 2008.09.06. | 2016.11.11. |
| 고 도 및 궤 도 | 684㎞인 태양동기 궤도 | 617㎞인 태양동기 궤도 |
| 궤 도 경 사 각 | 98.12° | 97.98° |
| 주 기 | 98.33분 | 93.93분 |
| 위 성 무 게 | 1955㎏ | 2485㎏ |
| 위성 저장 공간 | 1 Tb | 3.2 Tb |
| 궤도 내 이동 속도 | 약 7.5km/s | 약 7.5km/s |
| 적도 통과 시간 | 10:30 am. | 10:30 am. |
| 영 상 파 장 대 | 팬크로매틱, 다중파장대, 팬크로 합성 다중파장대 | |
| 전 송 속 도 | X-파장대 : 740Mbps 또는 150Mbps | X-파장대 : 800Mbps |
| 계 획 수 명 | 7년 이상(15년 연료 탑재) | 10~12년 |



## 7.2. 탐측기

GeoEye-1과 2 위성에 탑재되어 있는 탐측기에 대한 자세한 사항은 다음 표 2-41에 나타나 있다.

GeoEye 측은 NOAA와의 협의에서 최상의 해상도를 갖는 영상을 얻을 수 있는 권리를 부여받았지만 미국 정부에서는 상업용도로 보급하는 위성영상의 해상도를 0.5m까지로 제한하고 있기 때문에 고해상도의 영상을 해상도를 저하시켜 제공할 수밖에 없었다. 그러나 향후 초고해상의 영상이 보편화되면 이러한 영상의 보급도 가능할 것이라 판단된다.

Digital Image와 GeoEye가 합병되면서 GeoEye-2, 다른 이름으로 WorldView-4는 Digital Image 소유의 현재 임무 수행 중인 GeoEye-1, IKONOS 등과 함께 임무를 수행하게 되었다. 이러한 여러 개의 위성이 모두 정상적으로 작동하게 되면서 고해상도 영상 위성시스템이 구축되어 사용자에게 매일 1m 이하의 해상도를 갖는 고해상도의 위성영상을 제공하는 것이 가능해졌다. RapidEye가 이미 이러한 상업적인 레벨의 가능성을 제공하고 있지만 RapidEye 위성은 GeoEye보다 낮은 해상도인 5m 정도의 공간해상도 밖에 지원하지 못한다.

표 2-41. GeoEye 탐측기 제원

| | | GeoEye-1 | GeoEye-2(WorldView-4) |
|---|---|---|---|
| 영상 파장대와 해상도 | 영상 수집 | - 팬크로매틱 합성 다중파장대(pan-sharpened) 동시 취득<br>- 팬크로매틱<br>- 다중파장대 | |
| | 팬크로매틱 | 450~800nm | |
| | 다중파장대 | 파 랑 : 450~510nm | 녹 색 : 510~580nm |
| | | 빨 강 : 655~690nm | 근적외 : 780~920nm |
| 해 상 도 | 팬크로매틱 | 0.41m(연직방향) | 0.31m(연직방향) |
| | 다중파장대 | 1.65m(연직방향) | 1.24m(연직방향) |
| 파장대 폭과 관측 범위 | 관측 파장대 폭 | 15.2km(연직방향) | 13.1km(연직방향) |
| | | 단영상 : 225$km^2$(15×15km) | 단영상(5스트립) : 66.5×112km |
| | | 연속영상 : 15,000$km^2$(300×50km) | 입체영상(모델) : 300×50km |
| 영 상 촬 영 각 도 | | 전 각도 촬영 가능 | |
| 재 방 문 주 기 | | 30° 경사각 일 때 2.6일 | 1m 해상도 1일 이하 |
| 영 상 수 집 능 력 | 팬크로매틱 | 매일 700,000$km^2$일 이상 | 매일 680,000$km^2$일 이상 |
| | 팬크로매틱 합성 다중파장대 | 매일 350,000$km^2$일 이상 | |

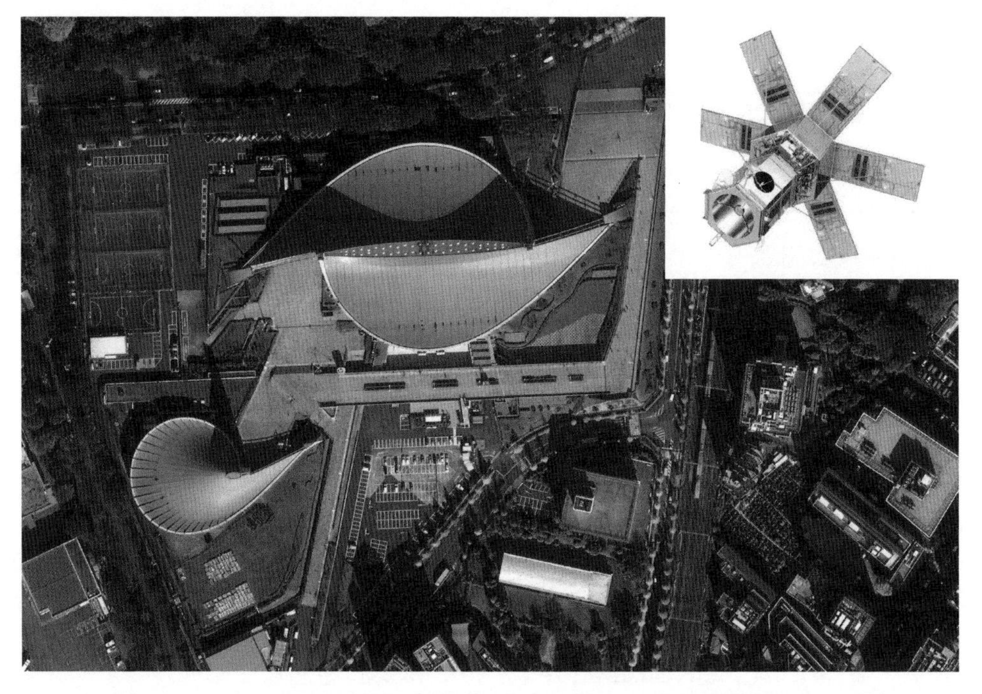

그림 2-34. GeoEye-2와 이 위성에서 촬영한 최초의 영상 (도쿄 요요기 국립체육관, 2016.11.26.)

## 8. QuickBird

### 8.1. 탑재기

디지털 글로브 *Digital Globe*는 2000년 11월 퀵버드(QuickBird)-1을 발사하였으나 궤도에 진입하지 못하고 실패로 끝난 후 2001년 10월 18일 미국 캘리포니아에서 보잉사의 델타 로켓으로 QuickBird-2 위성을 쏘아 올렸다.

QuickBird-2는 지구 상공 450*km*에서 팬크로매틱 영상으로 연직방향에서는 0.61*m*, 연직 30° 방향에서는 0.73*m*의 공간해상도로 영상을 촬영한다. 또한 다중파장대 영역에서는 연직 방향으로 2.5*m*, 연직 30° 방향으로는 2.8*m*의 해상도로 촬영한 위성사진을 지구로 전송한다. QuickBird-2의 영상은 최소 직경 10~15*cm*의 물체까지 식별 가능한 미군의 첨단 첩보위성의 해상도보다는 낮지만 건물, 자동차는 물론 테니스장의 옆줄까지 판별할 수 있을 정도로 높은 해상도의 영상을 제공한다.

각각의 원래 영상을 가공한 표준제품은 해상도 0.7*m*와 3*m*로 다시 제작되어 제공되고 가공되지 않은 영상은 0.61*m*까지의 해상도로 제공된다. 위성의 재방문 주기는 위도에 따라 다르지만 북반구 위도 40°에서는 평균 3.5일이다.

이 위성은 사용자들의 요청에 의해 특정 지역의 영상을 찍어 제공하는 것도 가능하고 상당히 높은 해상도의 영상을 제공하기 때문에 과거 위성영상을 이용하여 지도제작이 불가능했던 대축척의 지도도 제작할 수 있게 되었다. 그러나 미국정부에서 규제하는 1.5*m* 라이선스 규약에 따른 제재를 받아 미국정부의 허가 없이는 촬영 후 24시간 이전에 위성영상을 제공받을 수 없다는 단점이 있다.

표 2-42. QuickBird-2 탑재기 제원

| 국가 및 운영기관 | 미국 DigitalGlobe | 발사 기지 | 밴덴버그 공군기지 |
|---|---|---|---|
| 발사 로켓 | 델타(Delta) II | 발 사 일 | 2001.10.18. |
| 영상 파장대 | 팬크로매틱과 다중파장대 | 고도 및 궤도 | 450*km*의 태양동기궤도 |
| 궤도 경사각 | 98.1° | 위성 무게 | 931*kg* |
| 재방문 주기 | 평균 3.5일(북반구 위도 40°) | 계획 수명 | 7년 |

### 8.2. 탐측기

QuickBird 탐측기는 태양동기궤도를 갖는다는 점에서는 IKONOS와 같은 궤도를 갖지만 고도가 상대적으로 낮아 궤도를 한 바퀴 도는데 걸리는 시간이 더 짧으며 하루에 15~16회 정도 지구둘레를 돌 수 있다.

표 2-43. QuickBird-2 탐측기 제원

| 연직방향 공간해상도 | 팬크로매틱 : 0.61$m$ | 다중파장대 : 2.44$m$ | |
|---|---|---|---|
| 파 장 영 역 | 팬크로매틱 | 0.445~0.90$\mu m$ | |
| | 다중파장대 | 1번 파장대 : 파 랑 | 0.45~0.52$\mu m$ |
| | | 2번 파장대 : 녹 색 | 0.52~0.60$\mu m$ |
| | | 3번 파장대 : 빨 강 | 0.63~0.69$\mu m$ |
| | | 4번 파장대 : 근적외 | 0.76~0.89$\mu m$ |
| 탐 측 방 식 | 푸쉬브룸 linear array | | |
| 지상 탐사폭 | 단 영 상 | 16.5×16.5$km$ | |
| | 스 트 립 | 16.5×165$km$ | |
| 방 사 해 상 도 | 11$bit$ | | |

그림 2-35. QuickBird-2 위성과 영상 (이란 테헤란의 아자디 탑 *Azadi Tower*)

그림 2-36. QuickBird-2로 촬영한 지진 전과 지진 후 변화된 지형



## 9. WorldView

### 9.1. WorldView-1 탑재기

디지털글로브 *DigitalGlobe*의 지구관측위성인 WorldView(월드뷰)-1은 QuickBi rd의 후속 모델로 2007년 9월 18일 미국 캘리포니아의 밴덴버그 공군기지에서 발사되었다. WorldView-1에서 얻는 영상은 지도 소프트웨어인 구글어스 *Google Earth*로 자료가 제공되어 인터넷상에서 고해상도 영상으로 위치를 찾는 것이 가능하다.

표 2-44. WorldView-1 탑재기 제원

| 국가 및 운영기관 | 미국 DigitalGlobe | 위성 발사일 | 2007.09.18. |
|---|---|---|---|
| 발사 로켓 | 델타(Delta) 7920 | 발사 장 소 | 밴덴버그 공군기지 |
| 고도 및 궤도 | 496$km$의 태양동기 궤도 | 위성 무게 | 2,500$kg$ |
| 전 원 | 3200$W$ 태양전지 | 적도 통과 시간 | 10:30 am.(하향 방향) |
| 궤도 주기 | 94.6분 | 주기 해상도 | 11$bit$ |
| 탐측기 파장대 | 팬크로매틱 | 탐측기 저장공간 | 2199$Gbit$ |
| 위성 크기 | 2.5×4.3×7.1$m$(직경, 높이, 폭 : 태양 전지판을 편 경우) | | |
| 재방문 시간 | 1.7일(1$m$ 이하의 정확도) | | |
| | 5.9일(20° 이하의 하향각일 때 0.51$m$ 정확도) | | |
| 지상 탐사폭과 면적 | 연직방향 탐사 때 폭 17.6$km$, 면적 246.4$km^2$(17.6$km$×14$km$) | | |
| 해 상 도 | 0.50$m$(연직 방향) | | |
| | 0.55$m$(20° 이하의 하향각) | | |
| 지형위치 정확도 (CE 90%) | - 일반적 : 12.2$m$<br>- 작동 상태 좋을 때 : 3.0~7.6$m$<br>- 영상 내에 지상기준점이 있을 때 : 2.0$m$ | | |
| 자세결정 및 조정 | - 3축 제어모멘트 자이로(CMG, Control Moment Gyro)<br>- 자세 조정 : Star trackers, IRU, GPS | | |
| 통 신 | 영상과 보조 데이터 전송 | - X-band : 800$Mbps$ | |
| | 정비 신호(실시간) | - X-band : 4, 16, 32, 524$kbps$ 저장 | |
| | 지상관제국 임무 전달 | - S-band : 2 또는 64$kbps$ | |
| 최고 시야각일 때 지상 탐사폭 | 팬크로매틱 60$km$×110$km$ | | |
| | 입체영상 30$km$×110$km$ | | |

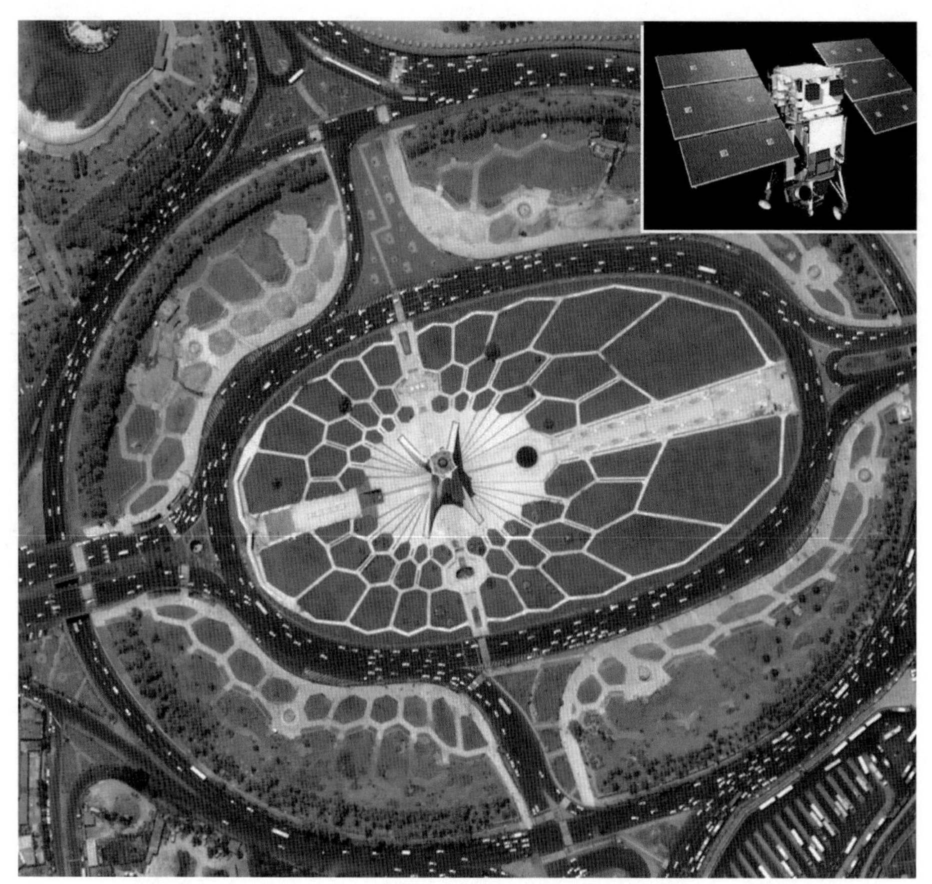

그림 2-37. WorldView-1 위성과 영상 (이란 테헤란의 아자디 탑 *Azadi Tower*)

WorldView-1은 높은 탐측능력을 갖는 팬크로매틱 영상수집 시스템을 가지고 있어 0.5$m$의 고해상도 영상을 얻는 것이 가능하다. 고도 496$km$에서 영상을 얻는 WorldView-1의 평균 재방문 시간은 1.7일이고 50$cm$급 해상도로 매일 지상 면적 750,000$km^2$ 크기에 대한 영상을 수집한다. 이 위성은 지상기준점 위치를 활용할 수 있으므로 빠른 대상물의 검색이 가능하고 하나의 트랙 내에서 효과적인 입체영상 수집이 가능하다.

### 9.2. WorldView-2 탑재기

2009년 10월 8일 발사된 디지털글로브의 WorldView-2 위성은 상업용 위성으로 팬크로매틱 파장대에서 0.5$m$의 해상도를 갖는 입체영상을 수집한다. WorldView-2는 개선된 민첩성으로 위성이 한 번 지나가면서 촬영하는 영역이 마치 붓으로 앞뒤를 쓸면서 진행하듯 지상의 넓은 지역을 다중파장대 입체영상으로 얻어낸다.

이 위성은 770*km*의 높은 고도에서도 빠르게 이동할 수 있기 때문에 지구상의 어떤 지역이라도 재방문하는데 1.1일밖에 걸리지 않는다. 위성의 배열이 일정하다면 재방문시간은 하루도 소요되지 않으므로 특정한 지역에 대해 같은 날 두 번의 고해상도 영상도 제공할 수 있다.

### 9.3. WorldView-2 탐측기

WorldView-2 탐측기는 고해상도 팬크로매틱 파장대와 8개의 다중파장대로 구성되어 있다. 8개의 다중파장대는 빨강, 녹색, 파랑, 근적외-1의 표준 색상 네 개와 새로 추가된 네 개 파장대인 연안(coastal), 노랑, 빨강 가장자리(red-edge), 근적외-2로 구성되어 있다. 새로 추가된 파장대에 의한 영상은 보강된 파장대 분석, 지도제작, 토지계획, 재난방재, 탐사, 안보 및 환경변화 시뮬레이션 등에 사용된다.

WorldView-2에 탑재되는 탐측기의 영상취득기술은 디지털글로브의 BITT Space Systems에서 개발하고 제작하였으며 770*km* 상공에서 110*cm* 직경의 렌즈를 이용하여 팬크로매틱 0.46*m*의 해상도와 다중파장대 1.8*m*의 해상도로 영상을 수집한다.

그림 2-38. WorldView-2 위성과 영상 (미국 텍사스주 댈러스 러브 *Dallas Love* 공항)

WorldView-2에서 얻어진 고해상도 영상은 과거의 영상에 비해 탁월하게 향상된 세밀함과 정확도를 제공하며 나아가서는 상업적인 시장이나 정부 측에 위성영상의 활용을 확장시키고 있다. 또한 차별화된 추가 파장대로 얻은 영상으로 지구상의 변화감지와 지도제작에도 정확한 정보를 제공하고 있다. WorldView-2는 개인 프로파일 시스템도 지니고 있어 구매자들의 요청이 있는 경우 구매자가 원하는 지역을 촬영하여 내부 저장 매체에 기록한 후 지정된 지상 수신국으로 전송할 수 있도록 설계되었다.

*DigitalGlobe*가 *GeoEye*를 인수한 후 GeoEye-2를 설계하고 개발하였으며 이 위성은 나중에 이름이 WorldView-4로 바뀌게 된다. WorldView-3 위성은 WorldView-2와 유사하고 WorldView-4는 앞의 GeoEye 위성을 설명할 때 서술하였으므로 여기서는 생략하기로 한다.

표 2-45. WorldView-2에 추가된 네 개의 파장대

| 파 장 대 | 특 징 |
|---|---|
| Coastal(연안) 파장대<br>400～450*nm* | - 식생판별과 분석, 엽록소와 물의 투과성질을 이용한 심해연구<br>- 대기산란, 대기보정 조사에 활용 |
| Yellow(노랑) 파장대<br>585～625*nm* | - 식생분야에 중요한 대상물의 노란색 성질을 정의하기 위해 사용<br>- 육안으로 판별할 때 천연색 색조를 보정하는 정보 제공 |
| Red Edge(빨강 가장자리) 파장대<br>705～745*nm* | - 식생상태분석에 이용<br>- 엽록소 산물을 통해 식물의 활력도 조사 |
| near InfreRed(근적외) 2 파장대<br>860～1,040*nm* | - 근적외 1과 중복되나 대기작용의 영향을 적게 받는 파장대<br>- 식생분석과 생물자원 연구에 다양한 정보 제공 |

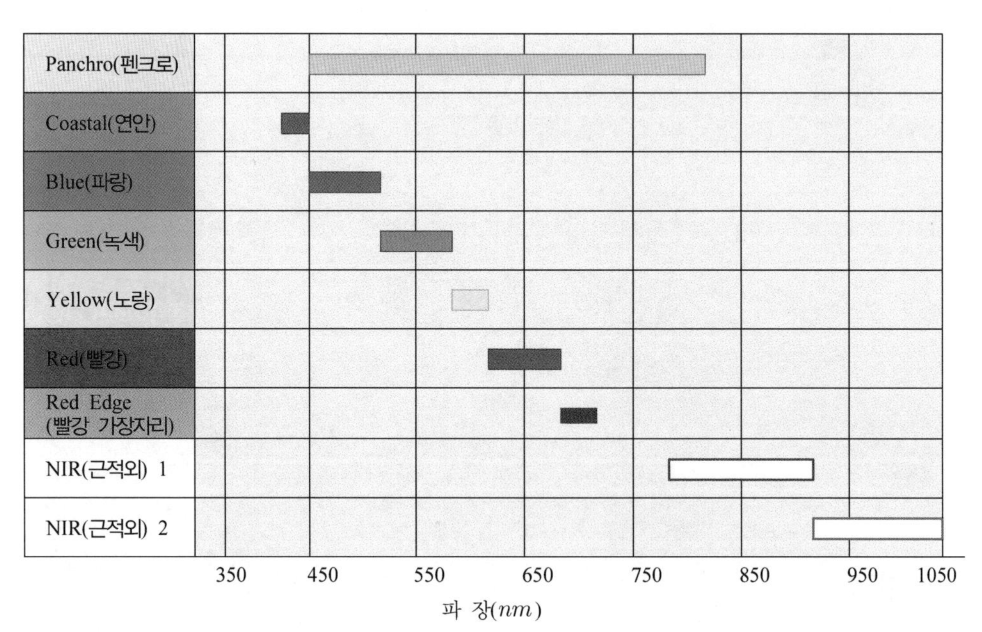


그림 2-39. WorldView-2의 파장대

표 2-46. WorldView-2 탐측기 제원

| 국가 및 운영기관 | 미국 DigitalGlobe | 위성 발사일 | 2009.10.08. |
|---|---|---|---|
| 발 사 로 켓 | Delta(델타) 7920 | 발사 장소 | 밴덴버그 공군기지 |
| 고도 및 궤도 | 770km의 태양동기 궤도 | 위성 무게 | 2800kg |
| 전 원 | 3200W 태양전지 | 적도 통과 시간 | 10:30 am. (하향 방향) |
| 궤 도 주 기 | 100분 | 위성 탐사폭 | 연직방향 탐사 때 폭 16.4km |
| 계 획 수 명 | 7.25년 | 주기 해상도 | 11bit |
| 재 방 문 시 간 | 1.1일(1m 이하의 정확도), 3.7일(20° 이하의 하향각일 때 0.52m 정확도) | | |
| 위 성 크 기 | 2.5×4.3×7.1m(직경, 높이, 폭) : 태양 전지판을 편 경우 | | |
| 해 상 도 | 팬크로매틱 - 0.46m(연직 방향) - 0.52m(20° 이하 하향각) | 다중파장대 | - 1.8m 정확도(연직 방향)<br>- 2.4m 정확도(20° 이하의 하향각) |
| 영 상 파 장 대 | 팬크로매틱 | 다중파장대 | - 4개 기본 파장대 : 빨강, 파랑, 녹색, 근적외<br>- 4개 확장 파장대 : red edge, coastal, 노랑, 근적외2 |
| 지형위치 정확도 (CE 90%) | - 일반적 : 12.2m<br>- 작동 상태 좋을 때 : 4.6~10.7m<br>- 영상 내에 지상기준점이 있을 때 : 2.0m | | |
| 자세 결정 및 조정 | - 3축 제어모멘트 자이로(CMG, Control Moment Gyro)<br>- 자세 조정 : Star trackers, IRU, GPS | | |
| 최고 시야각일 때 지상 탐사폭 | - 일반적인 지상 탐사폭 : ±40° off-nadir=1355km<br>- 높은 각 선택 가능<br>- 하나의 궤도당 영상 크기 : 524GBit<br>- 하나의 경로에서 연속지역 영상 : 단사진 96×110km, 입체사진 48×110km | | |
| 자체 저장 능력 | 2199GBit, 영상과 보조 자료 : 800Mbps로 X-파장대를 통해 전송 | | |
| 통 신 | - 영상 전송 : X-파장대 | - 실시간 전송 : 4, 16 또는 32kbps 전송<br>- 저장하였다가 전송 : 524kbps | |
| | - 지상 임무 전달 : S-파장대 | - 2 또는 64kbps | |

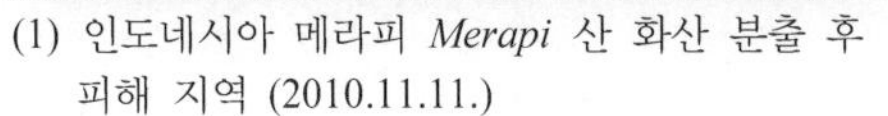

(1) 인도네시아 메라피 *Merapi* 산 화산 분출 후 피해 지역 (2010.11.11.)

(2) 쓰나미 피해를 입은 일본 후쿠시마 원자력 발전소 (2011.03.14.)

그림 2-40. WorldView-2 위성의 재해 현장 영상

## 10. 다목적실용위성

### 10.1. 아리랑 1호

#### (1) 탑재기

다목적실용위성(KOMPSAT, KOrea Multi-Purpose SATellite, 아리랑 위성)은 과거 과학기술부, 산업자원부, 정보통신부의 공동참여와 항공우주연구원의 주관으로 개발이 진행된 다목적 소형 지구관측위성이다. 다목적실용위성 1호(KOMPSAT-1, 아리랑 1호)는 한국 최초의 지구관측용 실용위성으로 1995년 8월부터 미국의 위성제조회사인 *TRW*에서 비행체 모델을 제작한 후 1998년 4월 한국에 보내졌다.

1999년 12월 미국 캘리포니아 밴덴버그(Vandenberg) 공군기지에서 발사된 아리랑 1호는 고도 685㎞에서 하루에 지구를 14번 선회하며 고해상도 카메라로 한반도를 촬영하여 그 영상을 항공우주연구소에 있는 지상국에 전송하는 역할을 하였다. 이 영상을 이용하여 축척 1:25,000의 한반도 정밀지도 제작, 해양과 환경관측, 우주공간에서 우주입자 측정 등 과학실험 등을 수행하는 것이 다목적실용위성 1호의 개발 목적이었다.

이 위성은 지도제작, 국토관리, 재난관리를 위해 고해상도의 전자광학 카메라(EOC, Electro Optical Camera)를 탑재하였고, 해양관측, 대기, 기상 등의 관측을 위해 해양관찰 다중파장대 영상기(OSMI, Ocean Scanning Multispectral Imager)를 탑재하였으며, 우주환경에 대한 연구를 위한 과학실험탑재체(SPS, Space Physics Sensor)와 저해상도 카메라 LRC(Low Resolution Camera) 등의 탐측기가 탑재되었다. 이 위성은 계획수명인 3년보다 훨씬 긴 8년간 지구를 43,000바퀴 돌면서 약 44만 장의 영상을 전송하며 임무를 수행하다가 한국항공우주연구원과 교신이 끊어진 2007년 12월 임무가 종료되었다. 과학기술부는 아리랑 1호의 통신이 두절된 2007년 12월 30일 이후 통신 재개를 위해 총 370여 회 비상 위성관제를 시도하였으나 통신이 재개되지 못했으며, 위성의 전력공급 및 잔여 연료량을 등을 감안할 때 위성의 복구가 불가능한 것으로 판단하여 항공우주연구원의 임무종료 요청을 승인하였다고 밝혔다.

이 외에도 우리나라의 위성으로는 무궁화 위성과 우리별 등이 있으나, 무궁화 위성은 원격탐측 위성이 아닌 방송통신용 위성이고, 우리별은 소형과학실험위성이므로 원격탐측과 지구관측에 초점을 맞추고 있는 이 책에서는 그 자세한 설명을 생략하기로 한다.

표 2-47. 다목적실용위성 1호 제원

| 국가 및 운영기관 | 한국 항공우주연구원 | 크 기 | 1.37×2.4×6.8$m$(직경, 높이, 폭) |
|---|---|---|---|
| 발사 기지 | 미국 밴덴버그 공군기지 | 주기 (재방문) | 98.5분(24일) |
| 발사 로켓 | 토러스(Taurus) | 탐측기 | - EOC(전자광학 카메라)<br>- OSMI(해양관찰 다중파장대 영상기)<br>- SPS(과학실험탑재체)<br>- LRC(저해상도 카메라) |
| 발 사 일 | 1999.12.21. | | |
| 임무종료 | 2007.12.30. | | |
| 고도 및 궤도 | 685$km$의 태양동기 궤도 | 임 무 | - 한반도 지도제작(10$m$ 해상도 입체지도포함)<br>- 해양 관측(해양오염 및 생태변화)<br>- 과학 실험 |
| 계획 수명 | 98.13° | | |
| 위성 무게 | 460$kg$ | 계획 수명 | 3년 |

(2) 탐측기

표 2-48. 다목적실용위성 1호 탐측기 특성

| 탐측기 | 설 명 |
|---|---|
| EOC | - 한반도의 디지털 지도작성을 위한 영상자료 수집<br>- 팬크로매틱 대역<br>· 파장 0.51～0.71$\mu m$의 단일 파장대<br>· 6.6$m$의 공간해상도<br>· 약 17$km$의 지상탐사폭<br>- 2,592개의 CCD 푸쉬브룸 방식<br>- 위성체를 최대 ±45°까지 돌려 다른 두 궤도에서 같은 지상 목표물 촬영<br>- 지상국에서 두 궤도에서 얻어진 영상을 처리하여 입체지도 또는 DEM 제작 |
| OSMI | - 바다의 색 변화를 관찰하여 생물학적 해양지도 작성<br>- 전 세계 해양생태 관찰, 해양자원 관리, 해양대기 환경분석 등에 활용<br>- 횡방향 추적 주사방식(cross-track scan)<br>- 800$km$의 지상탐사폭, 850$m$의 해상도<br>- 용도 : 해수면 탁도 측정, 클로로필 농도 측정, 농작물 작황 조사, 대기 중 수증기와 이산화탄소 측정, 해양오염 및 적조현상 감시 등 |
| SPS | - 2개의 탐측기로 구성<br>a. HEPD(고에너지 입자 검출기, High Energy Particle Detector)<br>· 저궤도 위성 주위에서 고에너지 입자환경을 측정하는 입자 검출기<br>· 저고도 우주공간의 방사선 입자를 측정하고 이를 통해 우주 방사선이 전자회로에 미치는 영향 연구<br>b. IMS(이온 측정기, Ion Measurement Sensor)<br>· 열전자 환경 측정<br>· 지구 이온층의 전자밀도와 전자온도 측정을 통해 위성 궤도상의 전 지구적 특성 조사 |
| LRC | - 해양 관측을 주목적으로 하는 영상스펙트럼<br>- LRC 광학부 구성 : scan mirror, window cell, fore-optics cell, slit cell, collimating cell, grating cell, re-imaging cell 및 각종 접힘 반사경(folding mirror cell)으로 구성<br>- 렌즈의 구경이 위성진행에 수평한 방향으로 지표면에 투영되어 구경을 통과한 빛은 회절격자를 거쳐 분산되고 frame transfer CCD를 통해 파장대역별로 검출<br>- 렌즈구경은 장방향으로 96개의 영상소가 할당되고 각 영상소는 수직방향으로 약 1×1$km^2$의 지표면에 해당되는 지역의 정보 포함<br>- 위성이 진행하는 동안 탐측기 거울은 위성 진행에 수직 방향으로 렌즈의 구경을 이동시키며 지표면을 연속적으로 스캔<br>- LRC는 렌즈의 구경을 약 840번 샘플링 하여 파장대역별 2차원적인 지표면 영상 생성 |

표 2-49. EOC와 OSMI 탐측기 비교

| 탐측기 | 파장대 | 파장 영역 | 공간 해상도 | 방사 해상도 | 지상 탐사폭 | 탐측 목적 |
|---|---|---|---|---|---|---|
| EOC | 1 | 0.51~0.71μm | 6.6m | 8bit | 17km | 육지 지형도 제작 |
| OSMI | 1 | 0.443μm | 850m | - | 800km | 클로로필의 농도 |
| | 2 | 0.490μm | | | | 색소의 농도 |
| | 3 | 0.510μm | | | | 클로로필의 탁도 |
| | 4 | 0.555μm | | | | 색소의 탁도 |
| | 5 | 0.670μm | | | | 대기의 영향 보정 |
| | 6 | 0.865μm | | | | 대기의 영향 보정 |

## 10.2. 아리랑 2호

### (1) 탑재기

다목적실용위성 2호(KOMPSAT-2, 아리랑 2호)는 2006년 7월 28일 대한민국 항공우주연구원이 발사한 위성이다. 이 위성은 대한민국의 10번째 인공위성이며 우주에서 관측한 고해상도의 지구관측영상을 제공하는 세계 7번째의 1m급 공간해상도의 영상을 얻어 낸다. 러시아의 플레세츠크 공군기지(Plesetsk Cosmodrome)에서 로콧 *Rockot*에 실려 고도 685km에 발사된 아리랑 2호는 하루에 지구를 14바퀴 반 회전한다.

그림 2-41. 아리랑 2호와 발사 장면

다목적실용위성 2호의 주요 임무는 한반도 지역에서 발생할 수 있는 대규모의 자연재해를 감시하고 각종 자원의 이용실태를 파악하며 GIS에 활용 가능한 고해상도의 지구관측영상을 제공하는 것이다. 이러한 임무를 수행하기 위하여 아리랑 2호는 1m 공간해상도의 팬크로매틱 영상과 4m 해상도의 다중파장대 영상을 촬영할 수 있는 고해상도 카메라인 MSC(Multi Spectral Camera)를 탑재하고 있다. MSC 렌즈는 이스라엘 *EL-OP*(ELectro-OPtics Systems)와 공동 개발하는 동안 일정이 2년 동안 지연되어 전체적인 발사가 지연되기도 하였다. MSC 탐측기는 80cm 직경의 망원경에 전자장치를 포함하여 길이가 1.6m이고 무게는 약 250kg 정도이다. 네 개의 파장대를 이용해 한 번에 가로 15km, 세로 15km 지역의 지상을 촬영한다. 다목적실용위성 2호의 영상을 이용하여 한반도의 국지적인 지역뿐 아니라 전 세계의 육지를 관측할 수 있어 고해상도 수치지도와 여러 파장대역에 걸친 다양한 컬러의 영상을 합성한 지도와 같은 고품질의 부가가치 영상을 제작할 수 있다.

아리랑 2호는 아리랑 1호의 개발경험을 바탕으로 개발되었기 때문에 아리랑 1호 개발사업을 통해 축적된 기술과 인력의 활용을 극대화하였다. 또한 아리랑 1호의 뒤를 이어 계속적으로 지구를 관측하여 축적된 영상은 고부가가치의 자료로 활용된다. 아리랑 2호의 제원은 표 2-50과 같다.



표 2-50. 다목적실용위성 2호 제원

| 국가 및 운영기관 | 한국 항공우주연구원 | 위성 무게 | 776kg |
|---|---|---|---|
| 발사 기지 | 러시아 플레세츠크 | 크 기 | 2.0×2.6×6.9m(직경, 높이, 폭) |
| 발사 로켓 | ROCKOT | 주기 (재방문) | 98분(평균 3일) |
| 발 사 일 | 2006.07.28. | 탑 재 체 | 고해상도 전자광학 카메라(MSC : 1m 해상도) |
| 임 무 종 료 | 2007.12.30. | 임 무 | 지구정밀관측/GIS 데이터 구축 |
| 고도 및 궤도 | 685km의 태양동기 궤도 | 계획 수명 | 3년 이상 |

현재 다목적실용위성 2호를 이어 다음 임무를 수행하고 지속적인 데이터를 구축하기 위해 다목적실용위성인 아리랑 3호가 2012년 발사되었으며 이어서 2013년과 2015년 각각 아리랑 5호와 아리랑 3A호가 지속적으로 발사되었다.

2015년 10월 정부와 한국항공우주연구원에서는 아리랑 2호의 임무가 9년 이상 연장될 수 있다는 것을 확인하였다. 그러나 이 의미는 지속적으로 지구를 관측하며 영상을 수집하는 임무를 수행하는 것이 아니라 과학위성으로서 자료수집에 국한된 임무만 수행한다는 의미이다. 초기 아리랑 2호의 계획수명은 4년이었으나 6년 이상 영상수집 임무를 성공적으로 수행하였고, 계획수명을 훨씬 넘어 9년간 활동하였으며 2015년 10월 공식적인 임무는 종료되었다.

아리랑 2호에서 전송한 중요한 영상들은 국토관리나 재해나 환경 및 오염분석, 작물재배 등 위성에서 보내온 귀중한 자료들로 직접 국내에서 이러한 영상자료를 얻을 수 있다는 것에 큰 의의가 있다고 할 수 있다. 특히 인도적 차원에서도 이용을 하였으며 홍수나 지진 사고를 줄이는 국제적 사회에 이바지하기도 하였다. 아리랑 2호는 통신두절 등으로 수명이 다할 때까지 다음 세대의 위성기술의 연구개발과 과학활동에 활용되고 영원히 우리 곁을 떠날 예정이다.

## (2) 탐측기

### 1) MSC 임무 및 제원

MSC 탐측기의 가장 중요한 임무는 한반도 영상지도를 만들기 위한 사진촬영이며 촬영 후 위성으로부터 받은 고해상도의 영상을 통해 지형과 물체를 식별할 수 있는 영상지도를 만든다. 지형을 관측하기 위하여 MSC는 한 번에 가로 $15km$, 세로 $1,000km$ 영상의 지상 크기에 대해 $1m$의 공간해상도로 영상을 수집한다. 이 영상을 통하여 주택 하나하나까지 인식하여 지도에 표시할 수 있는 수준의 정밀한 지도를 만들 수 있다.

### 2) MSC 활용분야

- 한반도 정밀영상 획득 및 지도 제작
- 산업체, 공항, 철도시설, 항공기, 선박 등과 같은 지상구조물의 규격과 종류 확인
- 해안선 변화, 토양침식 등 지형변화 탐지
- 국토개발 및 계획
- 3차원 지형도 제작
- GIS 데이터 구축

(1) 열대지방에서 가장 큰 페루 쿠에쿠카야 *Quelccaya* 빙하 (2009.07.29.)

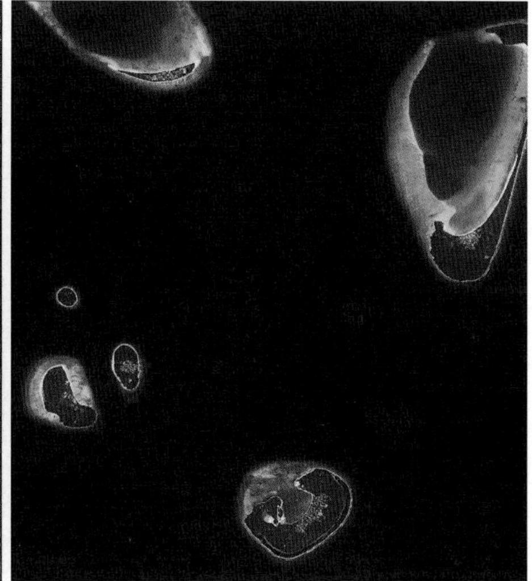

(2) 인도양 몰디브 북단의 하알리프아톨 Haa Alif Atol 섬 (2011.01.09.)

**그림 2-42. 아리랑 2호에서 수집한 영상**

표 2-51. MSC 특성

| 파 장 대 | 팬크로매틱 | 파장대역 | | 0.51~0.71μm |
|---|---|---|---|---|
| | | 해상도 | | 1m |
| | 다중파장대 | 파장대역 | 1번 파장대 | 0.45~0.52μm |
| | | | 2번 파장대 | 0.52~0.60μm |
| | | | 3번 파장대 | 0.63~0.69μm |
| | | | 4번 파장대 | 0.769~0.9μm |
| | | 해상도 | | 4m |
| 관 측 폭 | 15km | | | |
| 최소운용기간 | 3년(최대 5년) | | | |
| 변조전송기능 | 팬크로매틱 | | | 15% |
| | 다중파장대 | | | 20% |
| 자 료 전 송 률 | 350Mbps | | | |
| 방 사 해 상 도 | 8bit | | | |
| 무 게 | 약 120kg | | | |
| 저 장 능 력 | 94Gbyte | | | |
| 지상통신용 X-파장대 | 8.205GHz | | | |

(1) 일본 센다이 지역 지진해일 전 (2010.11.10.)

(2) 일본 센다이 지역 지진해일 후 (2011.03.14.)

그림 2-43. 아리랑 2호가 촬영한 지진 전후의 영상

## 10.3. 아리랑 3호

### (1) 탑재기

다목적실용위성 3호(KOMPSAT-3, 아리랑 3호)는 2012년 5월 18일 오전 1시 39분 한국 항공우주연구원이 일본에 있는 다네가시마 우주센터 요시노부 발사장에서 발사한 위성으로 아리랑 3호도 1호, 2호와 마찬가지로 광학 망원경을 탑재하였다. 해상도는 흑백 0.7m로 향상되어 지상의 차량 종류까지도 식별할 수 있다.

아리랑 3호는 미쓰비시 중공업의 발사로켓 H2A에 의해 발사되었으며 이 로켓은 길이 53m, 외부직경 4m, 총중량 285t 규모로 최대 4,400kg의 무게를 지닌 위성까지



제2장

쏘아 올릴 수 있다.

아리랑 2호 탑측기의 성능은 1$m$급으로 미국 등 우주선진국들의 상업용 지구관측 위성과 비교할 때 해상도 측면에서는 상당히 근접했다. 그러나 해외 위성의 경우 필요시 위성의 자세를 신속하게 변경하여 원하는 곳의 영상을 얻을 수 있는 기동성능을 갖추고 있지만 아리랑 2호의 경우에는 길이가 긴 태양 전지판과 작은 용량의 반작용 휠 그리고 자세제어 알고리듬의 한계 등으로 인하여 능동적인 기동성을 가질 수 없었다. 아리랑 2호의 다음 모델인 아리랑 3호는 설계과정에서 기동성 보완을 위해 길이가 짧은 고정식 태양전지판 3개를 갖춘 형태를 채택하여 개발되었다. 아리랑 3호 초기 설계과정에서 여러 형태의 태양 전지판이 논의되었으나, 전력생산이나 전개장치 설계의 간편성 그리고 기동성능에 큰 영향을 주는 관성모멘트의 크기 등 여러 요소에 따른 성능을 고려하여 현재의 모습으로 결정되었다. 인공위성의 기동성능을 향상시키기 위해서는 큰 용량의 구동기가 필요하지만 국내에는 아직 이러한 장치를 만들 수 있는 기술이 없었기 때문에 해외업체에 의존하고 있는 실정이었다.

그림 2-44. 다목적실용위성 아리랑 (KOMPSAT) 3호 위성과 발사장면

2006년 아리랑 3호의 본격적인 설계가 진행되던 시점에서 상업용 위성영상을 공급하는 회사에서 요구하는 위성들은 모두 제어모멘트 자이로(CMG, Control Moment Gyro)라는 대용량 자세제어 구동기 사용을 시작하고 있었다. 그러나 이러한 자이로 기술을 보유하고 있던 해외 제작업체는 하드웨어의 제공을 기피하였고, 우리는 부득이 차선책으로 당시 생산되고 있는 반작용 휠 중 용량이 가장 큰 제품을 사용할 수밖에 없었다. 그러나 반작용 휠만으로는 자이로를 사용하는 미국의 월드뷰(WorldView)나 프랑스의 플레이아데스(Pléiades) 위성의 기동성까지 따라가는 기능을 갖기 어려웠으므로 이러한 문제점을 보완하기 위해 짧은 길이의 태양전지판과 용량이 커진 반작

용 휠을 탑재하여 아리랑 3호는 아리랑 2호와 비교하여 대폭 향상된 기동성능을 갖출 수 있게 되었다. 아리랑 3호의 주요제원과 임무는 다음 표 2-52와 같다.

표 2-52. 다목적실용위성 3호 제원과 임무

<table>
<tr><td>국가 및 운영기관</td><td colspan="2">한국 항공우주연구원</td><td>고도 및 궤도</td><td>685km의 태양동기 궤도</td></tr>
<tr><td>발사 기지</td><td colspan="2">일본 다네가시마 우주센터 요시노부</td><td>위성 무게</td><td>960kg</td></tr>
<tr><td>발사 로켓</td><td colspan="2">미쓰비시 H-IIA</td><td>크 기</td><td>2.02×3.47×6.38m(직경, 높이, 폭)</td></tr>
<tr><td>발 사 일</td><td colspan="2">2012.05.18.</td><td>주기(한반도 통과시간)</td><td>98분(1:30, 13:30)</td></tr>
<tr><td rowspan="3">탐 측 기</td><td colspan="2" rowspan="3">- AEISS<br>(Advanced Earth Imaging Sensor System)<br>팬크로매틱(0.7m 해상도)<br>다중파장대(2.8m 해상도)</td><td>자세 제어</td><td>3축 안정화방식</td></tr>
<tr><td>저장 용량</td><td>512 Gbyte</td></tr>
<tr><td>계획 수명</td><td>4년 이상</td></tr>
<tr><td rowspan="2">임 무</td><td>지리공간 정보시스템 구축</td><td>- 정밀지도, 전자지도 제작<br>- 토지측량, 국토감시<br>- 국내외 주요 시설물관리</td><td>자연환경 변화 감시</td><td>- 해안선 변화탐지<br>- 산림분포 변화 확인<br>- 사막화 진행지역 확인</td></tr>
<tr><td>재난재해 지역 탐지</td><td>- 재해지역 정보제공을 통한 피해확산 방지<br>- 지진, 홍수, 해일 등 대규모 재난감시<br>- 재난지역 피해규모 산출</td><td>농업, 어업자원 정보제공</td><td>- 가뭄피해지역 예상<br>- 갯벌, 해안생태 확인<br>- 적조 발생지역 확인</td></tr>
</table>

### (2) 탐측기

아리랑 3호는 2006년 발사된 아리랑 2호의 후속 위성으로 국가수요 및 상업적 위성영상제공을 목표로 개발 중인 고해상도 지구관측 프로그램 중 하나의 위성이며 해상도 70cm급 전자광학카메라(Advanced Earth Imaging Sensor System)를 탑재하고 있다.

(1) 아리랑 2호 영상 (MSC 탐측기)

(2) 아리랑 3호 영상 (AEISS 탐측기)

그림 2-45. 다목적실용위성 2호와 3호 영상 해상도 비교 (울릉도 도동항)

이 전자광학카메라는 지구로부터 685km 고도에서 70cm 크기의 물체를 하나의 영상소(pixel)로 인식하는 공간해상도로 촬영할 수 있다. 카메라 내부에는 직경 약 0.7m 크기의 주반사경을 비롯한 모두 네 개의 반사경이 있으며, 수집된 빛 정보를 전기신호 정보로 변환해 주는 CCD 조립체가 포함된 초점면 조립체(Focal Plane Assembly)가 카메라 내부에 장착되어 있다. 아리랑 3호의 전자광학카메라는 한국항공우주연구원의 광학조립 및 시험시설에서 우리 기술로 조립하고 정렬한 후 시험단계를 거쳐 위성에 장착되었다.

## 10.4. 아리랑 5호

아리랑 5호는 원래 2011년 8월 러시아의 야스니 *Yasny* 발사장에서 발사될 예정이었지만 러시아 측 사정으로 발사가 지연되었다. 이에 교육과학기술부는 2012년 말까지 발사를 계획했지만 러시아연방우주청은 아리랑 5호의 발사가 발사체를 제공하는 국방부의 승인이 필요한 사안이라는 이유로 정확한 일정을 확정해 주지 않아 2013년으로 또다시 연기되었다. 이 이유는 발사체 드네프르 *Dnepr* 로켓 소유자인 러시아군이 수익성이 낮다는 이유로 발사 대행업체인 러시아 코스모트라스 *Космотрас*에 추가 비용을 요구하며 발사체 제공을 거부하였기 때문이었다.

이 위성은 2010년 개발이 완료되었으나 2년 이상 발사가 지연되다가 2013년 8월 22일 오후 8시 39분인 한국시간 오후 11시 39분에 원래 계획 발사장소인 야스니 발사장에서 우주로 쏘아 올려졌다. 발사 약 32분 후에 남극에 위치한 트롤 *Troll* 지상국과 첫 교신에 성공하였고, 발사 1시간 27분 후 노르웨이 스발바르 *Svalbard* 지상국과의 교신을 성공하였고, 5시간 56분 후에는 대전 항공우주연구원에 위치한 위성정보연구센터 지상국과 첫 교신에 성공하면서 성공적인 발사가 이루어졌음이 확인되었다.

아리랑 5호는 GOLDEN으로 이름 붙여진 임무를 수행하고 있다. 여기서 GOLDEN이란 그림 2-46에 나타난 것과 같이 아리랑 5호에서 수행되는 임무가 상대적으로 고해상도의 SAR 영상을 활용한 GIS, 해양(Ocean)과 토지(Land)와 관련된 천연자원 조사, 재난(Disaster)과 환경(ENvironment) 모니터링 등이 주요 임무라는 것을 표현하고 있다.

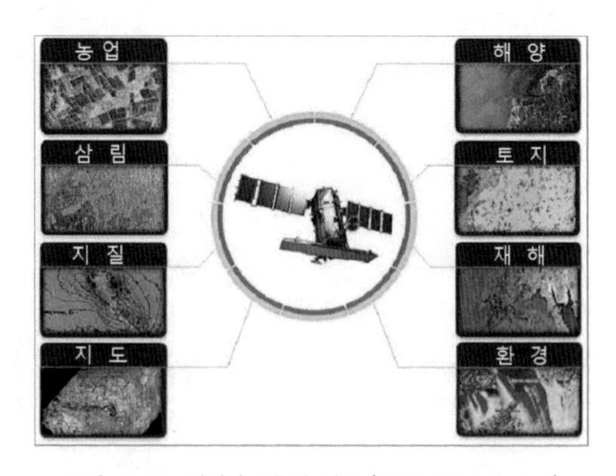


그림 2-46. 아리랑 5호의 임무 (GOLDEN Mission)

### (1) 탑재기

아리랑 5호 탑재기는 한국우주연구원의 주도로 과거 위성체 제작에 참여하였던 한국항공우주산업, 대한항공, 한화, 두원중공업, 쎄트렉아이 등의 회사가 참여하여 제작하였고 이 위성의 제작과정 동안 위성체 연구와 관련된 기술은 계속 발전하였다.

아리랑 5호 위성체는 앞서 개발되었던 아리랑 2호가 모체가 되었다. 5호에는 여러 장치들이 통합되어 부착되었으며 이 장치들은 구조 및 기계장치 시스템(SMS, Structure and Mechanisms Subsystem), 온도조절 시스템(TCS, Thermal Control Subsystem), 전원 시스템(EPS, Electrical Power Subsystem), 위성자세와 궤도조절 시스템(AOCS, Attitude and Orbit Control Subsystem), 추진 시스템(PS, Propulsion Subsystem), 원격조정 및 거리결정 시스템(TC&RS, Telemetry Command and Ranging Subsystem), 그리고 비행 소프트웨어(FSW, Flight SoftWare) 등의 하부 장치들이다.

표 2-53. 다목적실용위성 5호 제원

| 국가 및 운영기관 | 한국 항공우주연구원 | 고도 및 궤도 | 550km의 태양동기 궤도 | |
|---|---|---|---|---|
| 발사 기지 | 러시아 야스니 발사기지 | 위성 무게 | 1,315kg | |
| 발사 로켓 | 드네프르(Dnepr) | 크 기 | 2.56×3.89×9.12m(직경, 높이, 폭) | |
| 발 사 일 | 2013년 8월 22일 | 저장 용량 | 256 Gbit | |
| 탐 측 기 | - COSI<br>- AOPOD<br>- LRRA | 임 무 | - GIS<br>- 농업/삼림/지질 조사<br>- 해양/토지 관련 천연자원 조사<br>- 재난/환경 모니터링 | |
| 탐 측 기 | SAR | 고해상도 | 촬영 폭 5km | 1m 해상도 |
| | | 표준영역 | 촬영 폭 30km | 3m 해상도 |
| | | 광역대 | 촬영 폭 100km | 20m 해상도 |
| 계 획 수 명 | 5년 | | | |

그림 2-47. 아리랑 5호

이 비행체는 약 1.4톤의 무게로 하루에 한반도를 통과하는 두 번의 이동을 포함하여 하루에 지구를 14바퀴 정도 돌면서 영상을 수집하고 계획수명은 5년으로 설계되었다.

### (2) 탐측기

위에서 설명한 것과 같이 인공위성을 이용해 지상의 영상을 얻는 방법으로는 디지털 카메라와 같이 가시광선 파장대를 광학 망원경으로 촬영하는 방법이 있고, 야간 식별이 가능한 적외선 망원경을 이용하여 영상을 얻는 방법이 있으며, 레이더 전파를 이용하는 합성개구면레이더인 *SAR*(Synthetic Aperture RADAR)를 이용하는 방법도 있다.

아리랑 2호와 아리랑 3호는 모두 광학망원경을 탑재하고 있다. 이러한 광학 탐측기는 기술의 발달에 따라 점차 고해상도를 지원하기는 하지만 야간촬영이 불가능하고 기상의 영향을 많이 받는다는 단점이 있다. 적외선 망원경의 경우 야간에도 관측이 가능하다는 것이 최대 장점이지만 온도와 습도 등의 기후 영향을 크게 받는다는 단점이 있다.

아리랑 5호(KOMPSAT-5)의 SAR는 다중촬영 모드를 지원하기 때문에 낮은 해상도로 넓은 범위를 한꺼번에 촬영하거나 좁은 범위를 정밀하게 촬영하는 것 모두 가능하다. 이 위성은 9.6*GHz* 파장대 대역의 고주파 전파를 주로 사용하지만 저주파도 함께 사용할 수 있고 저주파를 이용할 경우 지하시설물의 탐색도 가능하다.

SAR는 일반 지표의 경우 지하 수십 $cm$, 모래사장은 1~2$m$ 정도를 투과하므로 지하에 매몰된 고대 유적이나 사막모래 밑에서 강줄기를 찾아내는 등의 일도 수행할 수 있다. 이를 군사용으로 사용하는 경우 기상에 관계없이 산간 오지에 숨어 있는 적의 동태도 감시할 수 있다. 특히 금속이 포함된 인공물을 찾아내는 능력이 우수하기 때문에 건물이나 울창한 숲 속에 가려져 있어도 대상물을 쉽게 확인할 수 있다. 아리랑 5호의 SAR는 구름층을 통과하고 빛이 없는 야간에도 촬영이 가능하여 광학 망원경이나 적외선 망원경과 비교할 때 기후의 영향을 가장 적게 받는다.

동일한 지역에 대해 서로 다른 형태로 위성영상을 촬영하고 복합적으로 분석하면 각종 지하 시설물, 위장막 등으로 가려진 군사시설이나 얕은 바다를 순항하는 잠수함 등의 발견이 쉽다. 그러나 이러한 레이더 장치가 상당히 무겁고 그리고 이 장치를 이용하는 SAR 장치가 상당히 무겁기 때문에 아리랑 5호의 무게는 1,400$kg$으로 국내에서 개발해 온 저궤도 인공위성 중 가장 무거운 편이다.

야간 촬영이 불가능한 광학 탐측기를 탑재한 위성과 부분 촬영만 가능했던 아리랑 3A호와는 달리 주야간 및 악천후에서도 촬영이 가능한 아리랑 5호가 훨씬 활용분야도 많고 그 활용도도 더 높다고 판단한 정부는 3A호를 먼저 발사하기로 했던 계획을 수정하여 5호를 먼저 발사하게 되었다.

아리랑 5호는 높이 4*m*의 육각기둥 형태로 지구를 향하는 상단부에 길이 4.4*m*, 폭 70*cm*의 직사각형 판 형태의 SAR 안테나가 장착된다. 접시형 안테나를 사용하는 다른 SAR 위성과 달리 아리랑 5호는 직사각형 형태의 SAR 안테나를 채택하여 해상도에 따라 촬영범위가 달라지는 다중 촬영모드를 지원한다. SAR 안테나에는 9.6*GHz* 파장대 대역의 레이더 전파를 발사하고 수신하는 송수신 모듈이 총 512개 배치된다. 이들 송수신 모듈을 통해 수신된 레이더 반사파는 SAR 영상처리 소프트웨어를 통해 영상으로 변환된다.



위성제작 당시 SAR 제작기술은 국내에 확보되지 않았었기 때문에 공동개발사인 유럽의 위성개발업체 *TAS-I*(탈레스 알레니아 스페이스 이탈리아, Thales Alenia Space-Itaila)가 국내에 들어와서 제작을 담당하였다. 이 회사는 독일의 해상도 50*cm*급 SAR 정찰위성 시스템인 SAR-Lupe에도 SAR 장비를 제작해서 보급한 적이 있다.

### 1) COSI

COSI(COrea SAR Instrument)는 TAS-I에서 개발된 다중모드 X-밴드 탐측기이다. 이 탐측기의 주요 목적은 경사각 45°에서 다양한 모드의 고생상도 SAR 영상을 얻어내는 것이다. 이 탐측기는 다음과 같은 세 가지 방식으로 영상을 얻는다.

| | | |
|---|---|---|
| - 고해상도 SAR 영상 | 1*m* 해상도 | SPOT SAR 모드 |
| - 표준 SAR 영상 | 3*m* 해상도 | 스트립맵(strip map) 모드 |
| - 넓은 주사 폭의 SAR 영상 | 20*m* 해상도 | Scan SAR 모드 |

### 2) AOPOD

AOPOD(Atmosphere Occultation and Precision Orbit Determination)는 위성에 탑재되는 2주파 GPS 위성탑재용 통합 수신장치(IGOR, Integrated GPS Occultation Receiver)와 레이저 배열(LRRA, Laser Retro Reflector Array)을 탑재하고 있다. 이 장치는 정밀한 궤도결정을 위한 자료를 제공하고 GPS 수신을 원활히 하도록 한다. 한국천문연구원이 이 시스템에 대한 하드웨어와 소프트웨어의 개발을 주도하였다.

| | | | |
|---|---|---|---|
| - IGOR 장비 | 무게 4.2*kg*, 크기<br>21.8*cm*×24.0*cm*×14.4*cm* | - 추적 채널 | 4개 안테나를 통해 48개 신호 수집 |
| - 최대소비전력 | 24 *W* | - 수집 속도 | 0.1*Hz*, 50*Hz* |
| - 추적 신호 | L1(1575.42*MHz*).<br>L2(1227.60*MHz*) | | |

### 3) LRRA

레이저 대역의 신호처리는 독일 포츠담의 GFZ(GeoForschungsZentrum)에 의해 개발되었으며 아리랑 5호의 정밀한 궤도결정을 위해 사용된다. 이 장치는 4개의 모퉁이에 정사각형 모양의 프리즘을 부착하고 있다.

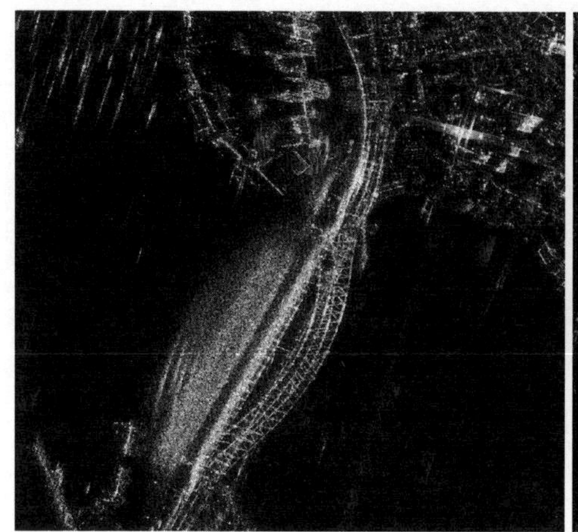

(1) 아리랑 5호 SAR 영상
(1$m$급. 호주 시드니 2014년 7월)

(2) 아리랑 5호 SAR 영상
(0.85$m$ 처리. 체코 프라하 2016년 7월)

**그림 2-48. 아리랑 5호에서 수집한 영상**

## 10.5. 아리랑 3A호

아리랑 3A호는 한국 최초로 가시광선과 적외선을 동시에 활용하여 영상을 얻는 지구관측용 다목적위성이다. 이 위성은 적외선 파장대와 고해상도의 전자파 영상을 얻기 위해 개발되었다. 이렇게 수집한 영상은 GIS의 공간정보로 구축되어 환경, 농업, 해양과학, 그리고 자연재해의 주요 요소로 활용된다.

다목적실용위성 3A(KOMPSAT-3A)인 아리랑 3A호도 2013년에 발사될 예정이었으나 발사체 문제로 계속 지연되다가 2015년 3월 26일 아리랑 5호가 발사된 야스니 발사장에서 발사되었다. 한국어 숫자 4가 한자 사(死)와 발음이 같아 죽음이나 실패를 암시한다고 하여 아리랑 4호라는 이름을 버리기로 하고 대신 3A를 부여하였다.

아리랑 2호는 비가 오거나 구름이 낀 곳에서는 지표를 촬영하여도 광학적인 탐측기의 한계로 인하여 선명하거나 정상적인 영상을 얻는 것이 불가능하다. 구름에 가려진 부분의 지표는 지표의 모습 대신 구름의 모습이 영상에 촬영되기 때문이다. 과거의 원격탐측에서는 가시광선을 주로 이용하여 영상을 얻었기 때문에 기상의 영향으로 인해 원하는 시간에 적절한 지형의 영상을 얻기에는 제약이 있었다.

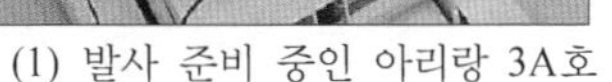

(1) 발사 준비 중인 아리랑 3A호

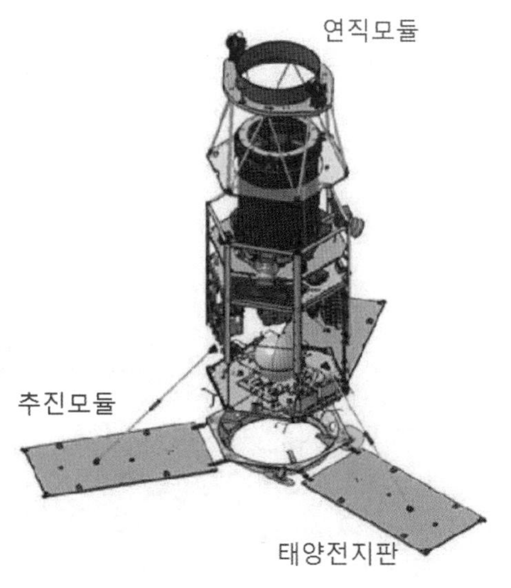


(2) 아리랑 3A호 몸통 구조 및 모듈

그림 2-49. 아리랑 3A호

제2장

아리랑 3A호의 제원은 기본적으로 아리랑 3호와 동일하다. 그러나 아리랑 3A는 3호보다 고해상도의 가시부 영상을 얻는 것이 가능하며, 가장 큰 차이점은 열을 감지하여 이를 영상으로 제작하기 위한 적외선 탐측기가 탑재되어 있다는 것이다. 북한에서 로켓을 발사하는 경우 광학 영상으로는 그 지역을 탐지하기 어렵지만 로켓 발사대 주변의 강한 열과 적외선의 방출로 인하여 아리랑 3A호 영상으로 그 지역을 감지할 수 있다. 또한 비행기나 탱크 등이 작전에 투입되었다가 엔진을 꺼 놓은 상태라도, 또 위장막으로 하늘을 가려 놓는다 할지라도 이러한 무기에서 방사되는 적외선은 적외선 위성에서 탐지가 가능하다.

아리랑 3A호의 설계는 적외선 영상정보를 확보하는데 활용하며, 기상이나 시간에 관계없이 지상과 해양 관측을 위한 팬크로매틱 영상과 천연색, 그리고 적외선 카메라가 탑재된 저궤도 실용위성을 개발한다는 목표로 추진되었다. 사업기간은 2006년 12월부터 2013년 12월까지 7년 1개월이며 총 사업비 2,376.02억 원이 투입되었다. 이 위성의 제원은 다음과 같다.

표 2-54. 다목적실용위성 3A호 제원

| 국가 및 운영기관 | 한국 항공우주연구원 | 크 기 | 2.56×3.89×9.12m(직경, 높이, 폭) |
|---|---|---|---|
| 발사 기지 | 러시아 야스니 발사기지 | 탐 측 기 | - CAEISS-A<br>- IIS |
| 발사 로켓 | 드네프르(Dnepr) | | |
| 발 사 일 | 2015년 3월 26일 | 저장 용량 | 256 Gbit |
| 고도 및 궤도 | 528km의 태양동기 궤도<br>(아리랑 3호 625km보다 낮은 궤도) | 임 무 | - GIS<br>- 농업/삼림/지질 조사<br>- 해양/토지 관련 천연자원 조사<br>- 재난/환경 모니터링 |
| 위성 무게 | 1,315kg | | |
| 계획 수명 | 5년 | | |

### (1) 탑재기

위에서 언급한 바와 같이 아리랑 3A호 탑재기는 아리랑 3호와 유사하다. 다만 궤도의 높이가 아리랑 3호에 비해 조금 낮게 설정되었기 때문에 아리랑 3호보다는 조금 더 빠른 속도로 지구를 선회한다. 그 결과 그림 2-50과 표 2-55의 비교에서와 같이 아리랑 3A가 3보다 약간 더 높은 해상도의 영상을 제공할 수 있고 같은 주기에 더 많은 사진을 전송할 수 있다. 표 2-55에 비교해 놓은 것처럼 아리랑 3A호는 아리랑 3호에 비해 동일 지역에 대해 약간 더 선명한 영상을 제공한다.

(1) 아리랑 3호 영상 (2) 아리랑 3A호 영상

그림 2-50. 아리랑 3호와 3A호의 영상 비교

3호와 동일한 형태의 3A호는 기본적으로 6각형 구조의 몸체와 원통 연직모듈로 구성되어 있다. 개발 초기 추진모듈, 장비모듈 그리고 연직모듈 등의 장비로 위성은 1,100kg가 조금 안 되는 무게, 2m의 직경과 높이 3.5m의 크기를 가졌고 계획수명은 5년이다.

표 2-55. 아리랑 3호와 3A호 비교

| | 아리랑 3호 | 아리랑 3A호 |
|---|---|---|
| 영상 수집 | 가시광 | 가시광, 적외선 |
| 궤도 고도 | 625km | 528km |
| 경 사 각 | 98.13 | 97.513 |
| 춘분점 통과시간 | 13:30 | 13:30 |
| 궤도 주기 | 98.5분 | 95.2분 |
| 회전 주기 | 14.6바퀴/1일 | 15.1바퀴/1일 |
| 궤도 속도 | 7.51km/s | 7.60km/s |
| 지상 촬영속도 | 6.78km/s | 7.02km/s |
| 재 방 문 주 기 | 28일/423회전 | 28일/409회전 |

그림 2-51. 아리랑 3A호에서 촬영한 서울시의 적외선 영상



## (2) 탐측기

### 1) AEISS-A

AEISS-A(Advanced Earth Imaging Sensor System-A)는 아리랑 3호에 탑재된 탐측기와 비슷하며 이 탐측기는 EADS 아스트리움이었던 *Airbus Defence and Space*와 독일우주센터인 DLR의 기술적인 지원으로 한국항공우주연구원에서 개발하였다. 이 중 DLR은 영상을 수집하는 초점면을 구성하는 장치인 FPA(Focal Plane Assembly)와 주요 탐측기 전자장치인 CEU(Camera Electronics Unit)를 제작하였다.

AEISS-A는 광학모듈과 CEU로 구성되며 이 CEU는 전원부, 사진 조절장치, 그리고 초점면 구성장치인 FPA 장치를 포함한다. 부착된 컴퓨터에 탑재된 전자 인터페이스 장치는 명령을 수행하고 유지하는데 필요한 자료를 처리한다. 원통형의 광학적 모듈은 카본섬유 강화 플라스틱(CFRP, Carbon Fiber Reinforced Plastic) 재질로 구성되어 높은 열에 견디고 구조적으로 안정된 자세를 유지할 수 있게 하며 수 $\mu m$의 감도를 갖는 망원경을 구성한다. 이러한 광학적 센서는 $1.3 \times 2.0m$의 단위로 영상을 얻어 내고 자체 중량은 $80m$ 정도이다. 망원경 모듈은 CFRP로 구성된 장치에 부착되어 초고온과 초저온에도 견딜 수 있도록 설계되었다.

AEISS 탐측기는 장착된 2개의 FPA는 팬크로매틱 파장대 $450 \sim 900nm$에서 영상을 촬영한다. 그리고 AEISS-A에 있는 나머지 4개의 FPA는 파랑($450 \sim 520nm$), 녹색($520 \sim 600nm$), 빨강($630 \sim 690nm$) 그리고 근적외($450 \sim 520nm$) 파장대에서 영상을 수집한다.

표 2-56. 아리랑 3A호 탐측기

| 항 목 | 특 징 | | |
|---|---|---|---|
| 파 장 대 | 팬크로매틱 | | 450~900$nm$ |
| | 다중파장대 | 파 랑(MS1) | 450~520$nm$ |
| | | 녹 색(MS2) | 520~600$nm$ |
| | | 빨 강(MS3) | 630~690$nm$ |
| | | 근적외(MS4) | 760~900$nm$ |
| 광 학 장 치 | - Korsch-type 망원경<br>- 80$cm$ 직경을 갖는 경량 구경<br>- 5개 모든 거울은 Zerodur에서 설계<br>- 초점거리=8.6$m$<br>- F 수(렌즈의 초점거리와 지름의 비율)=f/11.5 | | |
| 공간해상도 (GSD) | - 0.55$m$(연직촬영 팬크로매틱)<br>- 2.2$m$(연직촬영 다중파장)<br>- 5.5$m$(적외선) | | |
| 탐 사 폭 | 12$km$(연직촬영) | | |
| 팬 크 로 매 틱 CCD 모 듈 | - 24,000 영상소의 선배열<br>- TDI(시간지연 Time Delay Integration) : 4단계에서 최대 64TDI<br>- 영상소 피치=8.75$\mu m$<br>- 원본 자료비율=16×15$Mpixel/s$(또는 3.84$Gpixel/s$) | | |
| 다 중 파 장 대 CCD 모 듈 | - 6,000 영상소의 선배열<br>- 영상소 피치=2×17.5$\mu m$<br>- 다중파장대 영상소 결합(다중파장대 영상소는 팬크로 영상의 4배 시간)<br>- 원본 자료비율=4×240$Mbit/s$ | | |
| 신호잡음비 (S/N ratio) | 100 이하(팬크로와 다중파장) | | |
| 자 료 정 량 화 | 14$bit$ | | |
| 탑재기 저장용량 | 512$Gbit$ | | |
| 자 료 비 율 | 1$GB/s$ | | |

전체적으로 AEISS-A 탐측기는 12$km$ 정도의 탐사 폭으로 0.5$m$ 정도의 해상도를 갖는 흑백영상과 2.0$m$ 정도 해상도의 다중파장대 영상을 얻을 수 있다.

### 2) IIS

적외선 영상 시스템인 IIS(Infrared Imaging System)는 독일 하일브론 *Heilbronns* 에 위치한 AIM(AIM Infrarot-Module GmbH)에서 제작되었다. 이 영상장치의 주요 목적은 푸쉬브룸 모드로 지구 표면을 탐색하여 지형공간의 환경, 농작물의 정보를 수집하는 것이다. 아리랑 3A호는 온도에 민감한 적외선 탐측기를 활용하기 때문에 산불, 화산활동 그리고 세계의 다른 천연 재해를 감시하는데 특히 유용하다.

IIS는 3~5$\mu m$ 파장대의 중적외선 영역에서 높은 공간해상도와 온도해상도를 갖는다. 이 탐측기는 12$km$ 정도의 탐사 폭으로 5.5$m$ 정도의 해상도를 갖는 영상을 얻을 수 있다.

## 11. 한국 위성개발의 현장

현재 국내에서 추진 중인 인공위성 발사계획에 가장 중요한 부분을 차지하고 있는 분야는 첩보위성급 영상정보를 얻어내는 것과 탐측기를 개발하는 분야이다. 이러한 600∼800*km* 상공의 지구 저궤도를 도는 아리랑 위성들은 1호, 2호와 3호, 5호 그리고 3A호가 발사되었으며 이 가운데 1호는 2008년 1월로 운용시한이 끝나 가동이 중단되었고, 2호는 발사 후 2015년 10월까지 9년간 성공적으로 임무를 수행한 뒤 연구용으로 전환됐다. 특히 아리랑 2호는 임무 수행 기간 동안 국내 약 7만 5,400장, 해외 약 244만 8,300장의 영상을 확보해 국가 위성영상 자산을 확대하는데 핵심적인 역할을 했다. 위성 영상의 수입 대체 효과는 약 5,323억 원으로 위성 개발비의 2배를 상회하였다.

현재 우리나라의 안보를 고려해 고해상도나 적외부 또는 레이더 파장영역의 위성들이 발사되어 북한의 미사일 발사 등의 위협에 대한 감시를 지속적으로 하고 있고, 이러한 감시체제를 통해 발사체를 보유하고 있지 못한 현실에 그나마 능동적으로 대처할 수 있게 된 것도 바로 위성의 발전이 큰 임무를 수행하고 있기 때문이다.



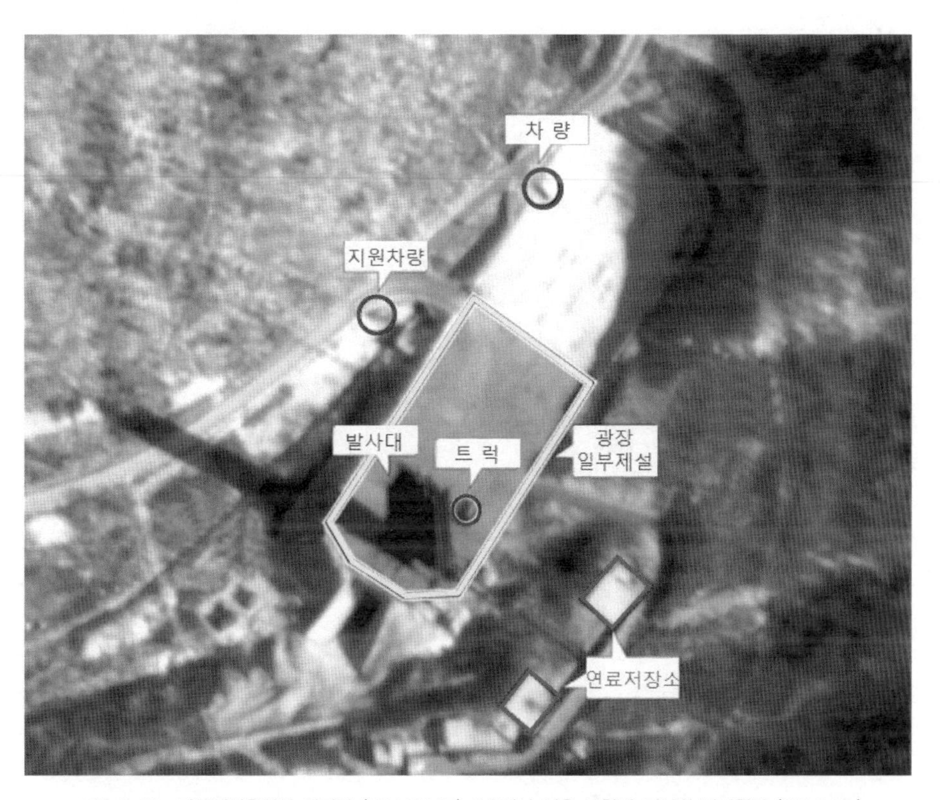


그림 2-52. 다목적실용위성 아리랑 (KOMPSAT) 3호에서 얻은 북한의 미사일 발사현장 (2012.12.)

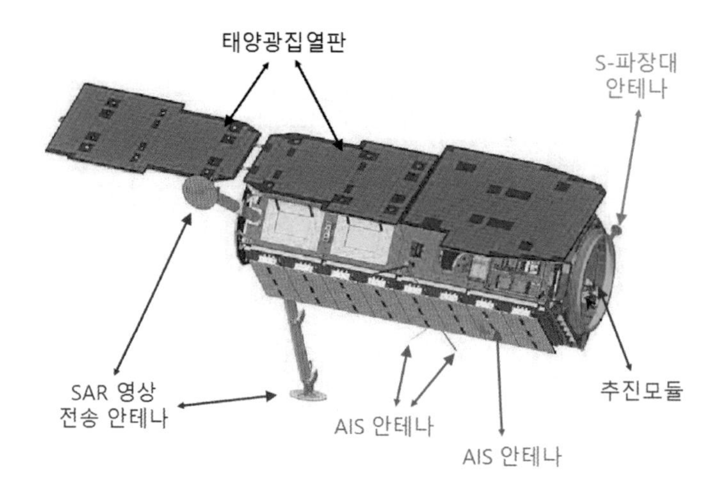


그림 2-53. 아리랑 6호 위성의 구성도

아리랑 6호와 같은 경우 아리랑 5호의 뒤를 이을 SAR 탐측기를 탑재할 예정이고, 이러한 레이더 파장대를 이용하여 GIS, 해양 및 토지관리, 재해 모니터링 그리고 환경 분야에 큰 역할을 할 것이다. 아리랑 6호의 주요 임무는 경사각 45°로 촬영하는 경우 고해상도 모드에서 0.5$m$급과 1$m$급의 해상도의 영상을 얻고, 표준 모드에서 3$m$급의 해상도를, 그리고 넓은 지역에 대해서는 20$m$ 해상도 영상을 얻는 것이다.

현재 1호부터 3A호까지 발사된 다목적실용위성 시리즈는 앞으로 2020년 아리랑 8호까지 개발계획이 수립되어 있다. 표 2-57에는 계획이 완료된 다목적실용위성 시리즈에 대한 간략한 설명을 수록하였다.

표 2-57. 다목적실용위성 시리즈

| 종 류 | 탐측 전자기파 | 해상도 | | 무 게 | 발사 시기 | 활 동 |
|---|---|---|---|---|---|---|
| 1호 | 가시광부 | 팬크로매틱 | 6.6$m$ | 460$kg$ | 1999년 | 가동 중단 |
| | | 바다색 컬러 | 1$km$ | | | |
| 2호 | 가시광부 | 팬크로매틱 | 1$m$ | 776$kg$ | 2006년 | 가동 중단 |
| | | 다중파장대 | 4$m$ | | | |
| 3호 | 가시광부 | 팬크로매틱 | 0.7$m$ | 960$kg$ | 2012년 | 임무수행 중 |
| | | 다중파장대 | 2.8$m$ | | | |
| 5호 | SAR | 레이더 | 1$m$/3$m$/20$m$ | 1,341$kg$ | 2013년 | 임무수행 중 |
| 3A호 | 가시광/적외선부 | 팬크로매틱 | 0.55$m$ | 1,100$kg$ | 2015년 | 임무수행 중 |
| | | 다중파장대 | 2.2$m$ | | | |
| | | 근적외선부 | 5.5$m$ | | | |

다목적실용위성 외에도 세계적인 위성기술을 이끌어 가는 여러 나라와 동등한 위치를 확보하고 우주개발을 통하여 많은 정보를 얻기 위해 우리나라에서는 정지궤도 복합위성, 첨단 소형위성, 달 탐사위성 등 다양한 위성의 개발을 준비하고 있다. 이러한 계획에 대한

개략적인 내용과 발사시기 및 개발에 관련된 계획이 다음 표 2-58에 서술되어 있다.

표 2-58. 국내 인공위성 세부 추진 계획

| 위성 | 세부추진내용 | 단기 | | | 중기 | | | | 장기 | | | |
|---|---|---|---|---|---|---|---|---|---|---|---|---|
| | | 2010 | 2011 | 2012 | 2013 | 2014 | 2015 | 2016 | 2017 | 2018 | 2019 | 2020 |
| 다목적 실용위성 | 다목적실용위성 3호 개발(광학) | | | 발사 | | | | | | | | |
| | 다목적실용위성 3A호 개발(광학, 적외선) | | | | | 발사 | | | | | | |
| | 다목적실용위성 5호 개발(영상레이더) | | | | 발사 | | | | | | | |
| | 다목적실용위성 6호 개발(영상레이더) | | | | | | 발사 | | | | | |
| | 다목적실용위성 6A호 개발(영상레이더) | | | | | | | 발사 | | | | |
| | 다목적실용위성 7호 개발(광학) | | | | | | | | 발사 | | | |
| | 다목적실용위성 7A호 개발(광학) | | | | | | | | | | 발사 | |
| | 다목적실용위성 8호 개발(영상레이더) | | | | | | | | | | | |
| 정지궤도 복합위성 | 통신해양기상위성 발사 및 운용 | 발사 | | | | | | | | | | |
| | 정지궤도 복합위성 개발 | | | | | | | | | | | |
| | - 시스템 및 본체 기반기술 확보 | 예비 설계 | | | | | | | | | | |
| | - 설계, 제작, 조립, 시험 | | | | 상세 설계 | | | | | | | |
| | - 정지궤도 복합위성 발사 및 운용 | | | | | | | | 발사 | 발사 | | |
| 첨단 소형위성 | 첨단소형위성 표준 본체모델 개발 | | | | 개발 완료 | | | | | | | |
| | 핵심기술 우주환경검증(기술시험위성) | | | | | 발사 | 발사 | 발사 | | | | |
| | 광역관측 및 과학임무 활용 | | | | | | | | | | | |
| 달 탐사위성 | 기초연구 및 탑재체 선행기술 개발 | | | | | | | | | | | |
| | 달 탐사 표준 플랫폼 위성 개발 | | | | | | | | | | | |
| | 달 궤도선 및 탐사선 발사 | | | | | | | | | | | |

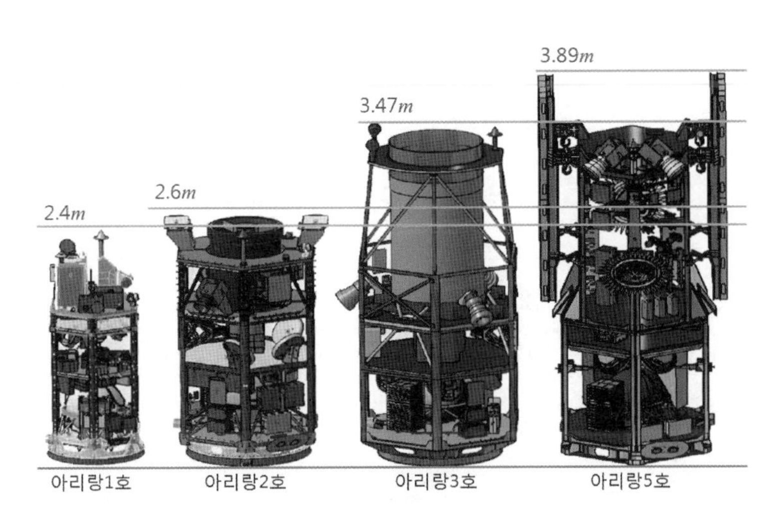


그림 2-54. 다목적실용위성들의 크기 비교

2020년 이후 이러한 목표가 완성되어 우리나라도 위성을 이용해 수많은 정보를 얻었던 세계열강들과 어깨를 나란히 하며 당당히 우리의 기술력을 세계에 알리고 과학기술을 보급하여 세계를 이끄는 기술력을 제고할 수 있는 과학한국이 되기를 희망한다.

# 4 위성영상 처리

## 1. 영상분석

### 1.1. 원격탐측 파장영역

원격탐측은 가시광선은 물론 적외선, 자외선 등 광역파장을 특성별로 기록한 다음 이 자료를 컴퓨터에 입력하고 특성별로 사진을 합성하여 대상물을 관측하고 그 특성을 해석할 수 있다.

### 1.2. 식생지수

식생지수(植生指數, NDVI, Normalized Difference Vegetation Index)는 식생활력지수(植生活力指數)라고도 하며 원격탐사 장비로 얻은 영상을 이용하여 식물의 분포상황을 파악하고 대상 식생의 활력을 지수로 표현한 것이다. 이러한 식생지수는 일반적으로 다음과 같은 식으로 계산한다.

$$NDIV = \frac{(NIR - VIS)}{(NIR + VIS)}$$

여기서, $VIS$ : 가시광선 파장대에서 얻은 분광 반사율
$NIR$ : 근적외선 파장대에서 얻은 분광 반사율

이 식생지수는 위성에 탑재된 탐측기에 따라 사용하는 파장대가 각각 다르며 대표적인 탐측기 종류에 따른 계산식은 다음과 같다.

표 2-59. 여러 위성의 식생지수 계산식

| 탐측기 종류 | LANDSAT TM NDVI | SPOT NDVI | NOAA AVHRR NDVI |
|---|---|---|---|
| 계산식 | $\frac{TM_4 - TM_3}{TM_4 + TM_3}$ | $\frac{XS_4 - XS_3}{XS_4 + XS_3}$ | $\frac{CH_2 - CH_1}{CH_2 + CH_1}$ |

위 식들을 통해 식물의 활력도를 파악할 수 있으며 NDVI 값이 높을수록 식물이 건강하고 활력 있게 살고 있다는 것을 의미한다.

### 1.3. 알베도

알베도(albedo)는 빛을 반사하는 정도를 숫자로 나타낸 것으로 반사율(反射率, reflect ratio)이라고도 하고 태양의 입사광에 대한 반사광 강도의 비를 의미하며 다음 식으로 결정한다.

$$albedo(\%) = \frac{\text{반사광 강도(에너지)}}{\text{입사광 강도(에너지)}}$$

여기서, 에너지의 단위는 $Wm^{-2}sr^{-1}$



태양으로부터 입사한 빛 은 행성의 대기나 지면에서 일부 흡수되고 나머지는 1회 이상의 산란이나 반사를 거쳐 여러 방향으로 이동하게 된다. 빛은 지면과 같은 고체에서는 주로 흡수되지만 대기 중에서는 산란하게 된다. 따라서 대기를 갖는 행성은 대기가 없는 행성에서 보다 큰 알베도 값을 갖는다. 다음 표는 여러 행성의 일반적인 알베도 값이다.

**표 2-60. 여러 행성에서 일반적인 albedo 값**

| 행 성 | 달 | 수 성 | 지 구 | 금 성 |
|---|---|---|---|---|
| albedo | 0.07 | 0.06 | 0.35 | 0.85 |

## 2. 영상처리

영상처리(映像處理, image processing) 또는 화상처리(畵像處理)는 넓게는 영상을 입력하는 것에서부터 출력하는 것까지 모든 형태의 정보처리를 의미하며 그 대표적인 예가 사진이나 동영상의 품질을 개선하는 작업이다. 대부분의 영상처리 기법은 영상을 2차원 신호로 인식하고 여기에 표준적인 신호처리 기법을 적용하는 방법을 활용한다.

영상처리에서는 영상을 분석하기 전에 최적의 영상상태에 있도록 왜곡을 제거하고, 영상을 보정하며, 영상개선 등의 전처리(前處理, preprocessing) 과정을 수행하게 된다. 이 전처리는 원격탐측 과정 중 가장 중요한 부분으로 영상의 질을 높여 최적화된 해석을 하기 위한 준비과정이다. 전처리에서는 영상을 변환하고 분류하는 작업도 수행되야 한다. 따라서 영상처리는 다양한 입력장치를 통해 얻은 영상을 목적에 맞도록 컴퓨터로 가공하고 응용 분야에 활용하기 위한 기술을 총칭한다.

20세기 중반까지 영상처리에서는 아날로그 광학과 관련된 처리방법만 다루었 다. 이는 현재까지도 홀로그래피(holography) 등에 사용되지만 컴퓨터의 처리속도가 향상되었기 때문에 현재 모든 영상처리는 디지털 영상처리(수치영상처리, digital image processing) 기법으로 바뀌었다. 일반적으로 디지털 영상처리는 아날로그 영상처리 보다 정확하고 구현하기도 용이하기 때문에 다양한 분야에 사용되고 있다.

영상보정(映像補正, image correction)은 왜곡이 있는 영상에서 왜곡을 제거하는 것으로 복사휘도(複寫輝度, radiation intensity)와 관련된 각종 왜곡을 제거하는 방사량보정(放射量補正, radiometric correction)과 각 영상소 위치좌표의 대상에서 좌표 사이의 차이를 보정하는 기하보정(幾何補正, geometric correction)으로 구분한다.

영상데이터 변환(變換)은 인간의 육안판독에 중점을 두고 변환하는 영상강조와 처리 데이터의 정량화에 중점을 두고 변환하는 특징추출이 있다.

## 2.1. 영상처리 분야

영상처리 분야는 다음에 기술하는 바와 같이 특징추출, 영상강조, 영상인식, 영상압축, 영상분석, 영상재구성으로 분류할 수 있다.

<table>
<tr><td rowspan="3">특징추출<br>特徵抽出</td><td colspan="2">- feature extraction<br>- 대상물의 특징을 추출하여 영상분석의 정확도를 높이는 작업</td></tr>
<tr><td>- 경계(edge)추출에 이용되는 연산자</td><td>- 특징(feature)추출에 이용되는 연산자</td></tr>
<tr><td>· Canny 연산자 · Robert 연산자<br>· Sobel 연산자 · Prewitt 연산자</td><td>· Fourier 변환<br>· Wavelet 변환</td></tr>
<tr><td>영상강조<br>映像强調</td><td colspan="2">- image enhancement<br>- 목적에 맞도록 영상을 개선하는 작업<br>- 종류<br>· 최대 또는 최소 강조기법<br>· 클러스터링(clustering)<br>· 영상접합(image fusion)<br>· 영상평활화(image equalization)<br>· 분류(classification)</td></tr>
<tr><td>영상인식<br>映像認識</td><td colspan="2">- image recognition<br>- 미세한 영상물의 차이를 발견하고 영상물을 비교하여 영상을 인식하도록 하는 작업<br>- 종류 : 지문인식시스템, 로봇시각시스템 등</td></tr>
<tr><td>영상압축<br>映像壓縮</td><td colspan="2">- image compression<br>- 영상을 처리하거나 전송할 때 압축 기법을 사용하여 영상의 크기를 줄여 영상이 지니고 있는 파일크기 문제점을 해결하는 방법<br>- 다양한 알고리즘이 제시되고 영상통신의 중요한 연구분야로 논의</td></tr>
<tr><td>영상 재구성<br>映像 再構成</td><td colspan="2">- image reconstruction<br>- 입체영상을 분석하고 3차원으로 재구성하여 현실감 있게 표현하는 것<br>- 건물 및 지형의 3차원 모델링 연구 진행</td></tr>
</table>

## 2.2. 영상처리 순서

일반적으로 영상처리는 노이즈(noise) 제거, 방사보정, 기하보정 등의 영상 전처리 단계를 거쳐, 영상강조, 변환, 영상접합 등의 영상처리 단계, 그리고 분류와 인식의 순서로 수행된다.



영상전처리

(1) 노이즈 제거
- 고해상도의 영상 처리를 위해 영상 내에 불필요한 성분이 포함되는 경우 이러한 불필요한 성분인 영상노이즈를 제거하는 기법
- 처리 방법
  1) 이동평균법(moving average method)
     a. 어떤 영상소의 값을 주변의 평균값을 이용하여 바꾸어 주는 방법
     b. 영상 전역에 대해서도 값을 변경하므로 노이즈뿐만 아니라 테두리도 뭉개지는 단점이 발생

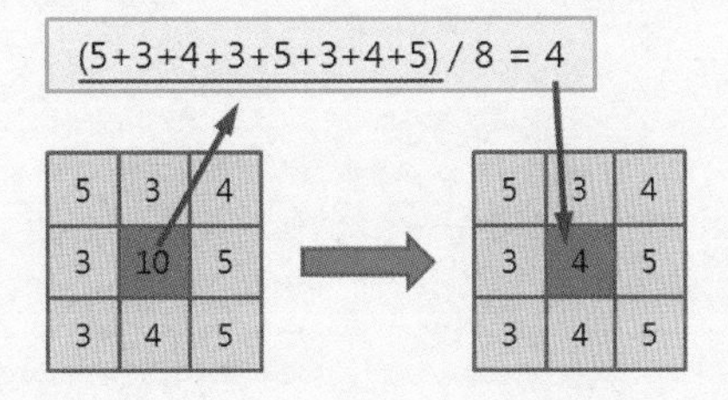


  2) 중앙값 방법(median method)
     a. 잡음만을 소거할 수 있는 기법으로 가장 많이 사용되는 기법
     b. 어떤 영상소 주변의 값을 작은 값부터 재배열한 후 가장 중앙에 위치한 값을 새로운 값으로 설정한 후 치환하는 방법

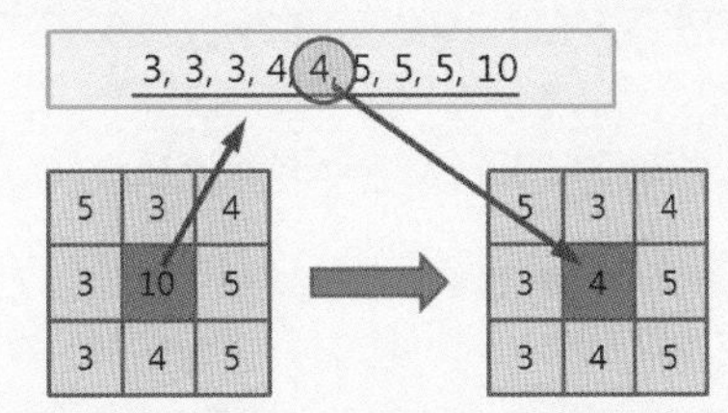


(2) 방사보정(radiometric correction)
- 탐측기에 의해 관측되는 전자기파는 탐측기와 지표물체 사이의 기하학적 관계, 방향이나 경사와 같은 지형의 영향, 대기효과, 그림자 효과 등에 의해 왜곡 발생
- 방사보정은 이러한 왜곡을 수정하여 지상의 지형지물에 대한 순수한 반사값을 구하는 작업으로 복사휘도와 관련된 각종 왜곡을 제거하여 보정
- 보정
  · 탐측기의 감도 특성에 기인하는 주변 감광의 보정
  · 태양의 고도각 보정
  · 지형적 반사특성 보정
  · 대기의 흡수, 산란 등에 의한 대기보정
- 보정 방법
  · 대기효과 모델링

· 벌크 보정
· 파장대별 비교
· 통계값 보정
· 히스토그램(histogram) 보정
· 드롭라인(drop line) 보정

(3) 대기보정(atmospheric correction)
- 대기에서는 반사, 산란, 흡수, 투과 등에 의한 전자파의 상호작용이 존재하여 탐측기와 관측 대상물 사이를 이동하는 전자기파가 대기의 영향을 받아 왜곡이 발생하며 이러한 대기의 왜곡을 보정하는 작업
- 조정 방법
  · 위성영상 촬영시의 태양 천정각, 태양 고도각, 지구와 태양의 거리 등의 대기 환경을 고려한 대기모델을 사용하여 보정

(4) 기하보정(geometric correction)
- 탐측기의 기하특성에 의한 내부왜곡으로 영상이 실제 지형과 정확히 일치하는 않는 오차가 발생
- 위성영상의 기하학적 왜곡을 바로잡아 위성영상 자료가 일정한 크기와 투영법을 갖도록 변환하는 작업
- 왜곡발생 원인
  · 위성의 자세, 지구의 곡률, 탐사시 위성의 이동, 관측기기의 오차, 지구자전의 영향, 탐측기가 탐사하는 방향의 비직교성 등
  · 탑재기의 자세에 의한 왜곡 및 지형 또는 지구의 형상에 의한 외부 왜곡
  · 영상 투영면에 의한 왜곡 및 지도 투영법 차이에 의한 왜곡
- 보정 방법(탐측기 내부와 외부의 왜곡을 보정하는 방법)
  · 수학적 다항식 모델링을 이용한 센서의 특성, 궤도 및 자세정보 등 오류를 보정
  · 지상기준점에 의해 영상재배열
  · 2차원 변환인 경우 Helmert 변환, affine 변환, pseudo affine 변환 등 이용

(5) 정사보정(ortho-rectification)
- 위성영상 내에 촬영된 모든 지형지물이 바로 수직방향 위에서 본 것과 같은 정사투영상태로 위성영상을 재투영
- 보정
  · 광학적인 방법, 미분편위수정을 통한 수치적인 방법으로 위성영상이 정사투영 되도록 보정

**영상처리변환**

(1) 영상강조(image enhancement)
- 영상을 가공하여 원영상에서 정보를 추출하는 것보다 정보추출을 쉽도록 하기 위해 영상을 변환하는 것
  1) 선형대조 강조기법
    · 최대-최소 강조기법
    · 백분율 강조기법
    · 단계별(piecewise) 강조기법
    · density slicing 강조기법
  2) 비선형대조 강조기법
    · 히스토그램 균등화(histogram equalization)
    · 히스토그램 매칭(histogram matching)

(2) 변환(transformation)
- 영상처리 자료의 정량화에 중점을 두고 다른 형태로 변화시키는 과정
  · 공간변환 : 선형 필터, 통계적 필터, 기울기 필터, 휴리에 변환
  · 파장변환 : 다중파장대에 근거한 각 영상소 값의 변환에 의한 영상향상기법으로 주성분분석, 식생지수, tasseled cap, 컬러영상 등
  · 웨이블릿 변환 : 웨이블릿 분해 및 합성

(3) 영상접합(image fusion, 영상융합, 해상도 병합)

- 고해상도의 팬크로매틱 영상과 저해상도의 다중파장 영상을 병합하여 공간해상도는 팬크로매틱 영상의 공간해상도를, 분광학적 특성은 다중파장영상의 것을 따르게 하여 팬크로매틱 영상의 시각적 성능과 다중파장 영상의 분석적 성능을 모두 유지시켜 영상의 판독을 효과적으로 하기 위한 기법
  · 색상공간모형 변환방법(color space model)
  · 주성분 분석(principal component analysis)
  · 최소상관변환(decorrelation stretching)
  · 태슬드 캡 변환(tasseled cap transform)
  · 색변환(LUT transform)
  · 브로비 변환(brovey transform)

(1) 영상분류
 1) 무감독분류(unsupervised classification)
  - ISODATA clustering 알고리즘 등 비계층적 클러스터링 기법 활용
  - 자동 계산된 평균값 등을 이용하여 각 픽셀이 어느 분류에 포함되는지 결정
  - 반복 작업의 횟수 또는 영상소 정렬작업의 전후를 비교하여 최종 결정
 2) 감독분류(supervised classification)
  - 최대우도법(maximum likelihood classification) 또는 최적분류법 활용



## 2.3. 영상변환

영상을 변환(transformation)하는 방법에는 여러 가지가 있다. 변환 방법에 대한 내용을 다음 표 2-61과 같이 간략히 서술하였으나 우리는 영상변환에 대해 심도 깊은 내용까지 모두 다룰 수는 없으므로 이 분야에 대한 자세한 내용은 영상처리와 관련된 전문서적을 참조하기 바란다.

**표 2-61. 영상변환 방법**

| 방 법 | 특 징 |
|---|---|
| (1) 휴리에 변환<br>fourier transform | - 수치영상처리에서 널리 사용되는 변환방법<br>- 한 함수를 인자로 받아 다른 함수로 변환하는 선형변환의 일종<br>- 시간에 대한 함수를 주파수에 대한 함수로 변환<br>- 이 변환을 통해 미분이나 적분으로 계산 |
| (2) 월쉬 변환<br>walsh transform | - 삼각함수를 기본으로 하는 휴리에 변환과는 다르게 +1과 -1의 값을 갖는 급수전개를 기본함수로 구성 |
| (3) 호텔링 변환<br>hotelling transform | - 자료 양의 축소와 영상의 회전에 응용<br>- random vector의 모집단 고려 |
| (4) 이산코싸인 변환<br>discrete cosine transform | - 변환행렬의 제1행 전부를 1로 치환하고 제2행 이후는 직교변환으로 처리<br>- 모든 함수는 코싸인 함수의 조합으로 표현 가능<br>- 영상자료 압축을 위한 방법으로 사용 |
| (5) 하르 변환<br>haar transform | - 잘 알려져 있지 않고 실제에 유용하지 않은 변환<br>- 변환결과가 원영상의 전체 영상소의 값에 따라서 결정되는 영역과 원영상의 일부분의 영상소 값에 따라 결정되는 영역으로 구성 |
| (6) 슬랜트 변환<br>slant transform | - 이산적 톱니파 모양의 기저벡터(standard basis vector)를 가진 변환<br>- 영상 내에서 라인에 따른 완만한 농도 변화를 효율적으로 표현하는 것이 가능 |

## 2.4. 영상재배열

영상재배열(resampling)이란 정해진 관계식을 이용하여 보정영상의 각 영상소가 보정 전 영상의 위치를 찾도록 재배열하여 새로운 영상자료를 얻는 기법이다. 영상의 재배열 방법은 다음 표와 같다.

표 2-62. 영상재배열 방법

| 재배열 방법 | 내 용 | 특 징 |
|---|---|---|
| (1) 최근린 보간 | - nearest neighbor interpolation<br>- 가장 가까운 거리에 근접한 영상소의 값을 택하는 방법 | - 원영상의 데이터 품질 유지<br>- 부드럽지 못한 영상 획득 |
| (2) 공1차 보간 | - bilinear interpolation<br>- 인접한 4개 영상소까지의 거리에 대한 가중평균값을 택하는 방법 | - 여러 영상소로 구성되는 출력으로 부드러운 영상 획득<br>- 새로운 영상소를 생성하므로 영상이 변질 |
| (3) 공3차 보간 | - bicubic interpolation<br>- 인접한 16개 영상소를 이용하여 보정식을 이용하여 계산 | - 최근린 방법보다 부드럽고 공1차 보간법보다 선명한 영상<br>- 보간하는데 많은 시간 소요 |
| (4) 비선형 보간 | - non-linear interpolation | |

## 2.5. 감독분류와 무감독분류

토지피복도(土地被覆圖, land cover)를 제작하기 위해 토지의 특성에 따라 영상을 분류할 때 해석자의 유무에 따라 감독분류(監督分類, supervised classification)와 무감독분류(無監督分類, unsupervised classification)로 구분한다.

감독분류는 해석자가 분류항목별로 사전에 그 분류 기준이 되는 통계적 특정을 규정하고 이를 근거로 직접 분류를 수행하는 것이며, 무감독분류는 분류 항목별 통계 없이 단지 통계적 유사성을 기준으로 컴퓨터를 이용하여 자동으로 분류하는 기법을 의미한다.

표 2-63. 토지피복과 토지피복도

| 종 류 | 설 명 |
|---|---|
| 토지피복 | - 지표면의 물리적 상태를 의미<br>- 지면의 사회적 이용 상태를 의미하는 토지이용(land use)과 구분<br>- 주로 원격탐측으로 직접 취득 |
| 토지피복도 | - 지표면의 지형지물의 형태를 일정한 생태학적 기준에 따라 분류한 지도<br>- 동질의 특성을 지닌 지역을 지도의 형태로 표현한 주제도<br>- 지표면의 현재 상황을 가장 명확히 반영<br>- 토지, 환경, 자원, 식생 등 기타 분야에 다양한 기초자료로 활용 |

## (1) 영상분류 방법

### 1) 영상분류

영상분류(映像分類, image classification)는 영상의 모든 영상소를 몇 종류의 토지피복 항목이나 주제별로 자동 지정하는 작업이다. 일반적으로 다중파장 위성영상을 이용하며 각 영상소의 파장대별 영상소 값을 이용한다.

### 2) 분류 체계

토지피복지도에는 대분류, 중분류, 세분류의 세 가지 계층이 있다. 대분류에서는 우리나라의 대표적인 7가지 토지피복을 분류하여 농업지역, 산림지역, 초지, 습지, 나지, 수역으로 구분하였고, 중분류는 23개 항목, 세분류는 48개 항목으로 각각 세분하였다.

표 2-64. 토지피복분류 체계

| 대분류(7항목) | | 중분류(23항목) | | 세분류(48항목) | |
|---|---|---|---|---|---|
| 시가화 건조지역 | 100 | 주거지역 | 110 | 단독주택 | 111 |
| | | | | 연립주택지역 | 112 |
| | | | | 아파트지역 | 113 |
| | | 공업지역 | 120 | 공업지역 | 121 |
| | | 상업지역 | 130 | 상업·업무지역 | 131 |
| | | | | 혼합지역 | 132 |
| | | | | 주유소 · 가스충전소 · 저유소 | 133 |
| | | 위락시설지역 | 140 | 오락휴양시설 | 141 |
| | | | | 경기장 | 142 |
| | | 교통지역 | 150 | 공항 | 151 |
| | | | | 항만 | 152 |
| | | | | 철도 | 153 |
| | | | | 도로 | 154 |
| | | | | 기타 교통·통신시설 | 155 |
| | | 공공시설지역 | 160 | 환경기초시설 | 161 |
| | | | | 발전시설 | 162 |
| | | | | 교육 · 교정 · 군사시설 | 163 |
| | | | | 기타 공공 시설물 | 164 |
| 농업지역 | 200 | 논 | 210 | 경지정리가 된 논 | 211 |
| | | | | 경지정리가 안 된 계단식 논 | 212 |
| | | 밭 | 220 | 밭 | 221 |
| | | | | 산간지방의 밭 | 222 |
| | | 하우스재배지 | 230 | 하우스재배지 | 231 |
| | | 과수원 | 240 | 과수원 | 241 |
| | | 기타재배지 | 250 | 원예/조경 재배지/묘포원 | 251 |
| | | | | 농장/농원/목장/방목장 | 252 |
| 산림 지역 | 300 | 활엽수림 | 310 | 자연 활엽수림 | 311 |
| | | | | 식재 활엽수림 | 312 |
| | | 침엽수림 | 320 | 자연 침엽수림 | 321 |
| | | | | 식재 침엽수림 | 322 |
| | | 혼효림 | 330 | 혼효림 | 331 |
| 초지 | 400 | 자연초지 | 410 | 자연초지 | 411 |
| | | 골프장 | 420 | 골프장 | 421 |
| | | 기타초지 | 430 | 공원묘지 | 431 |
| | | | | 가로수 | 432 |
| | | | | 기타 초지 | 433 |
| 습지 | 500 | 내륙습지 | 510 | 내륙습지 | 511 |
| | | 연안습지 | 520 | 갯벌 | 521 |
| | | | | 염전 | 522 |
| 나지 | 600 | 채광지역 | 610 | 광산 | 611 |

| | | | | | |
|---|---|---|---|---|---|
| | | | | 채석장 | 612 |
| | | | | 기타 광물질 채취장 | 613 |
| | | 기타 나지 | 620 | 해변 | 621 |
| | | | | 강기슭 | 622 |
| | | | | 기타 나지 | 623 |
| 수역 | 700 | 내륙수 | 710 | 하천 | 711 |
| | | | | 호소 | 712 |
| | | 해양수 | 720 | 해양수 | 721 |

### 3) 분류 과정

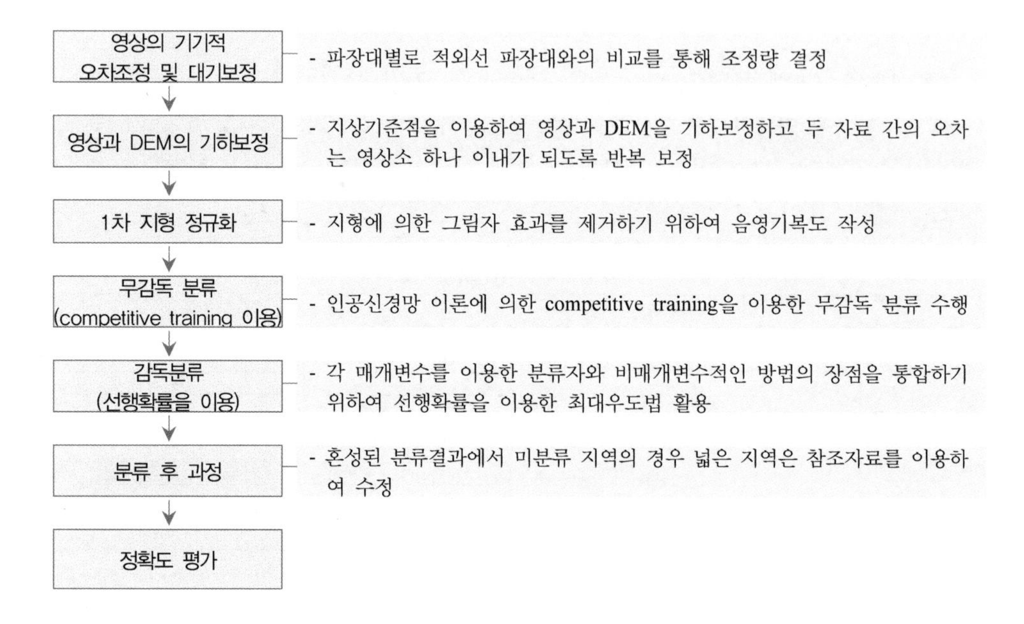


### 4) 영상 분류 방법

| | | |
|---|---|---|
| 접근방식에 따른 분류 | 분광적 특성에 따른 분류 | - spectral pattern<br>- 영상소 값을 기초로 분광패턴을 인식하여 분류 |
| | 공간적 특성에 따른 분류 | - spatial pattern<br>- 영상소 값을 기초로 지리적 특성을 인식하여 분류 |
| | 시간적 특성에 따른 분류 | - temporal pattern<br>- 영상의 다중파장특성에 적용 가능하며 시간에 따른 변화를 파악하여 대상물의 확인 분류 |
| 처리방식에 따른 분류 | 무감독분류 방법 | - 트레이닝 데이터인 표본영상자료를 사용하지 않고 영상의 특성에 의해서만 분류한 후 실제와 비교 |
| | 감독분류 방법 | - 분류자가 트레이닝 데이터인 표본 영상자료를 지정하여 그에 근접한 특징을 갖도록 항목분류 |

## (2) 무감독분류와 감독분류

영상을 분류하는 방법에는 컴퓨터에 의해 자동으로 영상을 분류하는 무감독분류와 사용자가 수동으로 직접 영상을 분류하는 감독분류가 있다.

| | |
|---|---|
| 무감독 분류 | - 비계층적 클러스터링 기법 활용<br>- 자동으로 계산되는 평균값 등을 이용해 각 픽셀이 어느 분류에 포함되는지 결정<br>- 반복 작업의 횟수 또는 픽셀 정렬작업의 전후를 비교하여 최종 결정 |
| 감독 분류 | - 최대우도법 또는 최적분류법<br>ㆍ가장 많이 이용되는 분류법<br>ㆍ각 분류에 대한 영상소 자료의 유사성(likelihood)을 구하고 최대우도 분류를 통해 그 영상소 분류 |



### (3) 분류 정확도의 평가

위성영상의 분류 정확도는 주로 분류오차행렬(classification error matrix)을 구성함으로써 평가하게 된다. 이러한 분류 정확도를 확인하기 위한 전체 정확도는 전체의 영상소 값의 합과 정확히 분류된 영상소 값의 합과의 비율로 표현하며 이때 분류가 정확히 이루어진 영상소는 표 2-64에 빨갛게 표현된 값들과 같이 오차행렬 대각선의 값들을 의미한다. 이러한 전체 정확도를 정확히 분류된 백분율(PCC, Percent Correctly Classified)이라고 한다.

표 2-65. 토지피복분류 방법

| | | 참조 데이터(reference data) | | | | | 합 |
|---|---|---|---|---|---|---|---|
| | | A | B | C | D | E | |
| 표본 데이터 (sample data) | A | 1 | 2 | 0 | 1 | 1 | 5 |
| | B | 0 | 5 | 0 | 2 | 0 | 7 |
| | C | 0 | 3 | 5 | 1 | 0 | 9 |
| | D | 0 | 0 | 3 | 5 | 1 | 9 |
| | E | 1 | 0 | 0 | 0 | 0 | 1 |
| 합 | | 2 | 10 | 8 | 9 | 2 | 31 |

따라서 위의 표와 같은 자료가 주어진 경우 PCC는

$$PCC = \frac{\text{정확히 분류된 영상소 값의 합}}{\text{전체 영상소 값}} = \frac{1+5+5+5+0}{31} = 0.516 = 51.6\%$$

## 3. 영상정합

수치사진측량에서 가장 기본적인 과정은 입체사진의 중복 영역에서 공액점(epipolar point)을 찾는 것이며 아날로그나 해석식 사진측량에서는 이러한 점을 수작업 또는 해석도화기를 통해 수행하였다. 그러나 수치 사진측량기술이 발달하면서 이러한 공정은 점차 자동화되고 있다.

영상정합(映像整合, image matching)은 입체영상 중 한쪽 영상의 특정한 위치에 해당하는 실제의 객체가 다른 영상의 어느 위치에 촬영되어 있는가를 발견하는 작업으로 양쪽 이미지에서 상응하는 위치를 발견하기 위해 유사성 측정을 이용한다. 이는 사진측량이나 로봇시각(robot vision) 등에서 3차원 정보를 추출하기 위해 필요한 주요 기술이며 수치사진측량에서는 입체영상에서 수치표고모형(DEM, Digital Elevation Model)을 생성하거나 항공삼각측량에서 점이사를 위해 적용된다. DEM에 관한 내용은 제5장 지리공간정보시스템 2 정보의 흐름에서 자세히 다루기로 한다.

### 3.1. 밝기값

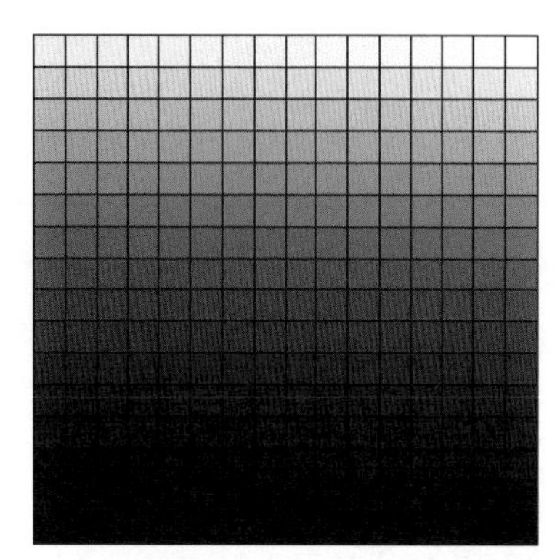

그림 2-55. 밝기값 표현 : 그레이 스케일과 디지털 넘버의 표현 (RGB, CMYK)

#### (1) 그레이 스케일

그레이 스케일(gray scale)은 앞의 **제1장 사진측량**의 7 **수치사진측량**의 5. **해상도** 부분에서도 서술하였듯이 계조(階照)값이라고도 하며 흑백영상을 백색과 흑색 그리고 나머지 영역에서는 그 중간 밝기의 회색으로 구분하는 단계이다. 이러한 단계를 어느 정도까지 세분하는가를 표현하는 것이 앞의 2 **인공위성과 위성영상의 특성**에 표현한 방사해상도이다. 이 그레이 스케일에서는 8*bit*의 방사해상도를 갖는 영상의 경우 회색의 짙은 정도를 검은색에서 흰색까지 $2^8$인 총 256(0~255까지) 단계로 구분하여 밝기의 단계로 표현한다.

과거에는 고해상도 위성영상이 주로 흑백영상인 팬크로매틱으로 제공되었기 때문에 흑백영상을 다루는 연구가 주로 수행되었지만 현재의 위성영상은 거의 컬러로 얻어지므로 그레이 스케일만으로 모든 색상을 구분하기에는 한계가 있다. 그래서 컬러 영상을 구분하기 위해 다음 설명과 같은 디지털 넘버를 사용하고 있다.

#### (2) 디지털 넘버

디지털 넘버(DN, Digital Number)로 표현하는 숫자는 수치영상에서 가장 널리 사용하며 하나의 영상소(pixel)에 대해 밝기값에 따른 숫자를 부여함으로써 대상물의 상대적인 반사나 방사의 정도를 표현한다. DN의 범위는 그레이 스케일과 마찬가지로 8 *bit*의 방사해상도의 경우 0부터 255를 사용하며 엄밀하게 육안으로 그 차이를 확인하기는 어렵다. 256가지의 서로 다른 값을 포함하는 정보는 8*bit*로 저장되고 8*bit*는 1 *byte*로 표현된다. 현재의 인공위성 영상은 11*bit*의 방사해상도를 갖는 경우도 있으며, 이 경우 각각 빨강, 녹색, 청색 파장대를 2048 단계로 분류하는 영상이 제공된다.

DN을 표현하는 방식은 다음과 같이 크게 3가지로 구분할 수 있다.



| 구분 | | 내용 |
|---|---|---|
| RGB | | - 구성 : 빨강(red), 녹색(green), 파랑(blue)<br>- 빛의 삼원색을 이용하여 색을 표현하는 방식<br>- 세 종류의 광원(光源, light source)을 이용하여 색을 혼합<br>- 가산혼합(加算混合) : 색을 섞을수록 밝아짐<br>- 수치영상에서 사용되는 RGB 가산혼합의 종류 : sRGB, 어도비 RGB 등 |
| IHS | | - 구성 : intensity(명도, 明度), hue(색도, 色度), saturation(채도, 彩度)<br>- RGB를 이용하는 방법보다 사용자가 원하는 색을 용이하게 조정하는 것이 가능 |
| | 명 도 | - 색의 전체적인 밝기를 나타내며 그 범위는 0~100%<br>- 명도 1에 가까울수록 밝은 색(흰색)으로 표현 |
| | 색 도 | - 빛이 색에 주는 주파장 또는 평균파장을 표시하며 범위는 0~360° |
| | 채 도 | - 색의 순수한 정도를 표현하며 범위는 0~100%<br>- 채도가 높을수록 순수한 색을 표현하고 낮을수록 회색에 가깝게 표현 |
| CMY | | - 구성 : cyan(시안), magenta(마젠타), yellow(노랑)<br>- 혼합을 함으로써 명도가 감소<br>- 감산혼합(減算混合) : 색을 섞을수록 어두워짐 |

## 3.2. 영상정합 수행과정

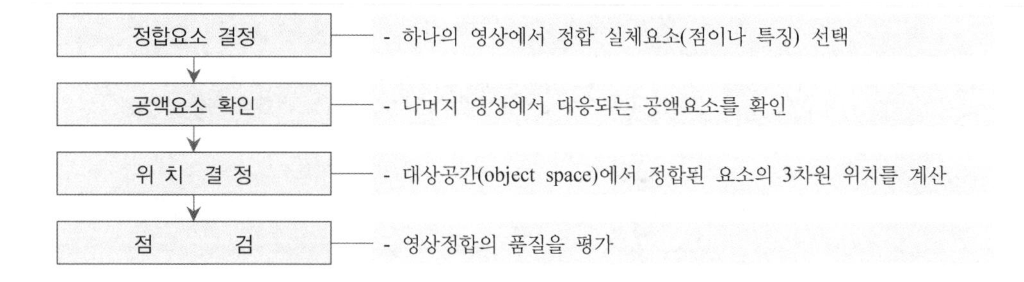


## 3.3. 영상정합 요소의 기하학적 왜곡

영상정합 요소가 기하학적 왜곡을 포함하는 데에는 다음과 같은 원인이 있다.

- 표정인자에 의한 기하학적 왜곡
- 기하학적 왜곡에서 경사진 표면의 영향
- 기하학적 왜곡에서 기복의 영향
- 형상기준정합에서 기하학적 왜곡의 영향

## 3.4. 영상정합 방법

기본적인 영상정합 방법은 다음과 같다.

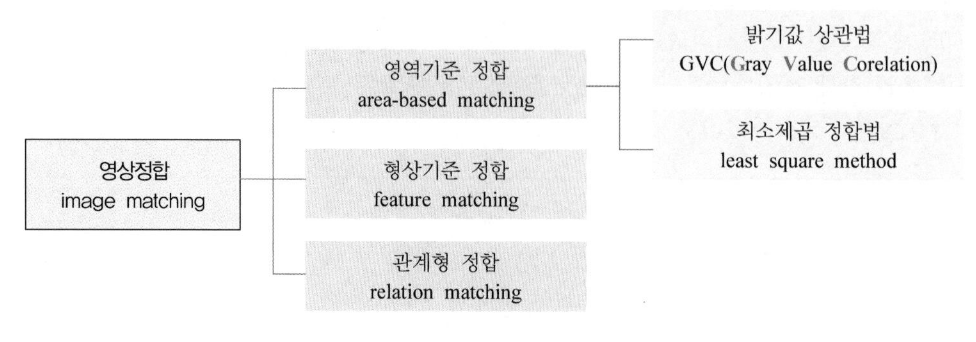


그림 2-56. 영상정합의 종류

### (1) 영역기준 정합

영역기준 정합(領域基準整合, area-based matching)은 오른쪽 영상의 일정한 구역을 기준영역으로 설정한 후 이에 해당하는 왼쪽 영상의 동일 구역을 일정한 범위 내에서 이동시키면서 오른쪽 영상과 대응하는 위치를 찾아내는 원리이다. 이 방법에는 밝기값 상관법과 최소제곱 정합법이 있다.

| | |
|---|---|
| 밝기값 상관법<br>gray value correlation | - 영상을 정합하는 간단한 방법<br>- 한 영상에서 정의된 대상지역을 다른 영상의 검색영역 상에서 한 점씩 이동하면서 모든 점들에 대해 통계적 유사성을 관측하여 관측값을 계산하는 방법<br>- 전반적인 영상에 대해 정합을 수행하기 전에 두 영상에 대해 에피폴라 정렬을 수행하여 검색영역을 크게 줄임으로써 정합의 효율성 향상 |
| 최소제곱 정합<br>least square matching | - 탐색영역에서 대응점의 위치를 대상영상과 탐색영역의 밝기값들의 함수로 정의하여 대상물의 일치점을 찾아내는 방법 |

### (2) 형상기준 정합

형상기준 정합(形象基準整合, feature matching)은 영상들 사이의 대응점을 찾기 위한 자료로 점, 선 또는 모서리(edge)와 같은 특징을 이용하여 대응하는 특징을 찾아내는 기법이다.

특정정보를 추출하는 연산자는 컴퓨터 시각분야에서 많은 연구가 진행되었으며 이러한 연산자를 응용하여 형상기준정합에 활용하고 있다. 이 정합을 수행하기 위해서는 두 영상의 모든 특징을 추출하는 것이 선행되어야 한다. 이러한 특징정보는 영상을 형태로 분석하여 대응하는 특징을 찾기 위한 검색영역을 감소시키기 위하여 에피폴라 정렬을 수행하여야 한다.

### (3) 관계형 정합

영역기준 정합과 형상기준 정합만 이용하여 영상 전 영역에 대한 정합점을 모두 발견하기에는 무리가 있다. 관계형 정합(關係形整合, relation matching)은 영상에 나타나는 특징을 선이나 영역 등의 부호적 표현을 이용하여 묘사하고 이러한 객체 외에 다른 객체들과의 관계까지도 포함하여 정합을 수행하는 기법이다.

point, blob, line, region과 같은 구성 요소들은 길이, 면적, 형상, 평균 밝기값 등의 속성을 이용하여 표현된다. 이러한 구성 요소들은 공간적 관계에 의해 그래프로 구성되며 두 영상에 구성되는 그래프의 구성 요소들의 속성들을 이용하여 두 영상을 정합한다. 입체영상은 시야각이 다르기 때문에 구성 요소들의 차이가 발생할 수 있으며 정합과정에서 이러한 차이를 보정할 수 있는 방법이 필요하다. 관계형 정합은 연구가 진행 중인 단계이므로 향후 지속적인 연구의 수행이 이루어져야 실제 상황에 만족할 만큼 적용할 수 있을 것이다.



## 3.5. 수치영상에 의한 3차원 위치결정

수치영상을 이용한 3차원 위치의 결정은 다음과 같은 순서로 수행한다.

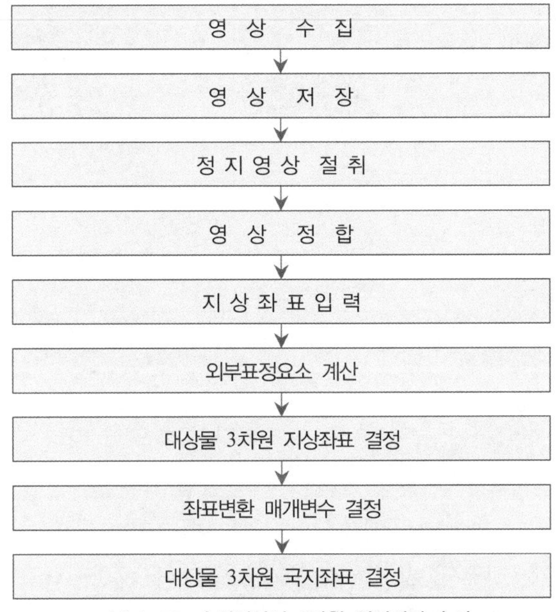


그림 2-57. 수치영상의 3차원 위치결정 순서

## 4. 위성영상의 지상좌표화

위성영상의 지상좌표화(地上座標化, georeferencing)는 영상의 임의의 점에 대응되는 대상 공간상의 점을 연결하는 것이다. 지상좌표화를 위해서 대상공간의 기준점(GCP, Ground Control Point) 좌표를 얻어 내고, 공선조건의 선형화, 후방 및 전방교회법의 활용, 탐측기 모형화 등에 관한 해석을 하여야 한다. 탐측기의 물리적 자료에는 궤도 요소, 탐측기의 검정자료, 탑재기에서 제공하는 물리적 탐측기 모형과 물리적 자료를 제공하지 않는 탐측기에 적용하는 일반화된 탐측기 모형이 있다.

| 종 류 | 내 용 | 특 성 |
|---|---|---|
| 물리적 탐측기 모형 | - 탐측기에 대한 물리적인 자료 제공<br>- 포함된 매개변수는 대상공간 좌표계에 대한 위치와 방향을 표현<br>- 종류<br>· 궤도의 매개변수<br>· 위성 궤도력 자료<br>· 지구 곡률<br>· 렌즈 왜곡<br>· 탐측기의 탑재기<br>· 기복변위<br>· 대기굴절 | - 공선조건식과 같이 정교하기 때문에 항공삼각측량과 같은 조정에 적합<br>- 새로운 항측장비, 위성 탐측기에 의한 새로운 형태의 탐측기 자료를 처리하기 위해서는 사용자가 신규 탐측기 모형을 처리할 수 있는 모듈이 추가된 컴퓨터 프로그램을 구입하거나 탐측기 모델에 대한 개발 수행이 필요 |
| 일반화된 탐측기 모형 | - 물리적 탐측기 모형을 공개하지 않는 일반화된 탐측기 모형에서 대상물과 영상 간의 변화관계가 물리적인 영상처리 과정을 모형화할 필요가 없는 어떤 함수로 표시 | - 일회성 탐측기 모형의 함수는 다항식과 같은 서로 다른 형태로 표현가능<br>- 탐측기의 상태를 알 수 없어도 수행이 가능하므로 서로 다른 형태의 탐측기에 적용가능<br>- 물리적 탐측기 모형을 알 수 없거나 실시간 처리가 필요할 때 사용 |

## 5. 원격탐측 영상의 활용

위성영상의 활용분야는 분류목적 또는 분류자의 의도에 따라 여러 가지로 구분할 수 있다. 이는 주로 지도제작, 환경, 해양, 지질, 임업, 수자원, 농업, 기상, 기타 분야로 구분할 수 있으며 기타 분야는 위성영상의 처리기법과 알고리즘 개발, 정확도 평가 등으로 위성영상을 활용하는데 필요한 기반기술 연구에 해당된다.

표 2-66. 위성영상을 활용한 각 분야의 주요 연구

| 분 야 | 분 류 기 준 |
|---|---|
| 지도 제작 | - 지도제작, 고도값 추출, 변화탐지 등 |
| 환 경 | - 환경계획, 환경모델링 및 모니터링, 환경영향평가, 피복분류 등 |
| 해 양 | - 빙하탐지, 어업관리, 갯벌 생태계조사 등 |
| 수 자 원 | - 수질관리, 수자원재해 모니터링, 습지변화탐지 등 |
| 지질 자원 | - 선형구조 추출, 광물탐지, 지질재해조사 등 |
| 임 업 | - 산림피복분류, 산림재해 모니터링, 산림자원 정보 구축 등 |
| 농 업 | - 작황분석, 농업재해 모니터링 등 |
| 기상 및 기후 | - 대기보정, 기상모니터링, 대기오염분석 등 |
| 국토 및 도시계획 | - 지도제작, 현황도면 제작, 가상 시뮬레이션, 도시계획 DEM 작성 등 |



### 5.1. 지도제작

위성영상을 이용한 지도제작은 과거 SPOT 위성을 이용하여 실험적으로 수행된 이후 최근 $1m$ 이하 급의 고해상도 위성영상이 상용화됨에 따라 수치도화방법을 통해 수치영상처리 시스템이 구축되었고 위성영상을 이용한 고해상도 수치지도 제작기술 개발이 이루어지고 있다. 지도제작 분야에는 입체영상을 얻을 수 있는 것이 가능한 위성영상의 활용과 계속 발전되는 IKONOS, QuickBird 및 아리랑 3호 등의 고해상도 위성영상을 이용하는 것이 가능해짐에 따라 본격적으로 위성을 활용하여 지도를 제작하는 것이 가능해질 것이다.

### 5.2. 환경 분야

환경 분야는 그 범위도 넓고 다른 분야와의 상호 연관성도 높은 편이다. 이 분야에서는 위성영상을 주로 식생분류, 토지피복분류에 활용하여 왔고 수질오염과 갯벌관리, 수자원 및 유역관리, 환경 모델링 등에도 그 활용을 확장시키고 있다. 다양한 활용 분야가 있기 때문에 이용되는 영상과 그에 따른 활용기법도 다양하다.

주로 LANDSAT의 TM영상과 IKONOS, 또는 아리랑 위성을 이용하여 환경문제 해결을 위해 연구가 수행된다. 환경분야의 활용영역 제시와 활용가능 영상 및 그 한계, 토지피복도의 구축방안 및 분류항목 선정, 습지분류 및 하천 습지분류도 작성에 관한 연구들이 수행되고 있다.

### 5.3. 해양 분야

위성영상은 수산자원 분석, 연안과 양식어장 관리, 갯벌 등 생태계 관리, 해양오염 등의 연구에도 활용된다. 해양 및 수자원 분야에 활용되고 있는 위성영상의 종류로는 SeaWiFS, OSMI, MODIS 등 광대역 저해상도 위성영상이 있으며 연안지역 부분에서는 LANDSAT, SPOT, IRS 등 중해상도 위성영상이 활용되고 있다.

해양 분야의 주요 연구로는 연안어장의 환경모니터링 기법의 개발을 위한 환경민감도 지도제작, 시화호의 방류에 따른 환경영향평가, 연안 부유퇴적물의 거동 및 퇴적모델 구축, 육지와 해양의 상호작용에 따른 부분의 분석 등이 수행되고 있다.

### 5.4. 수자원 분야

수자원 분야에서는 주로 수자원의 현황조사, 수질조사, 유역관리를 위한 조사 등에 위성영상을 활용하여 연구를 수행 중이다.

### 5.5. 지질자원 분야

지질 분야에는 LANDSAT TM, IRS-1C 등의 광학영상과 ERS, JERS 및 RadarSat과 같은 SAR 영상이 많이 이용되며 아리랑 5호도 이 분야에서 많은 활약을 하고 있다. 원격탐사의 지질학적 응용분야는 주로 암종구분(巖種區分)에 의한 지질도 작성, 선 구조 추출에 의한 지하수 탐사, 지질구조 판독에 의한 광물자원탐사, 산사태, 산불, 지반 침하와 같은 지질재해 모니터링 등이 있다.

### 5.6. 임업 분야

위성영상을 이용하여 식생현황, 임상구분, 산지이용현황, 산림재해현황 등과 같은 임업분야에 필요한 다양한 정보를 추출할 수 있다. 또한 위성영상은 자원의 변화상태를 관찰하는 모니터링 시스템의 개발과 산불피해 현황을 분석하는 분야에도 많이 활용되고 있다. 임업 분야에 활용되고 있는 위성영상은 주로 분광특성을 이용하여 분석하기 때문에 대부분 여러 개의 다중파장대 영역으로 촬영되는 영상들의 활용도가 높은 편이다.

산림정보처리 해석, 솔잎혹파리 피해지역 분석 및 확산경로 예측분석, 북한의 산림자원 및 토지이용형태 조사, 산림측정기법 개발, 임상별 산림자원량 추정식 유도 및 자원량 산출, 산불피해 현황분석 및 피해 정도 구분 등의 연구가 수행 중이다.

### 5.7. 농업 분야

농업 분야에서는 농작물 분류 및 구분, 농업토양분석, 농업기상분석, 농업재해분석, 작황예측 등에 위성영상을 이용하고 있다. 작황상태를 분석하거나 농업재해를 측정하기 위하여 LANDSAT TM, NOAA, RadarSat, IRS-1C 등 중저해상도 위성영상을 많이 활용한다.

이 분야에서는 홍수피해 추정, 토양침식도 작성, 벼 재배면적과 벼 생육주제도 및 벼 침수지역 파악, 지표면피복분류, 변화탐지 등에 관한 연구가 수행되고 있다.



### 5.8. 기상 및 기후 분야

기상 및 기후 분야는 주로 오존층의 형성에 관한 모델링과 그 예측에 인공위성 영상을 활용하고 있으며 지구 복사에너지 및 반사에너지 측정이나 지구의 기후모델링 등에도 활용하고 있다. 대부분 저해상도의 기상위성영상이 이용되고 있고 일부 지역에 대해서 중해상도 위성영상의 열파장대가 활용되기도 한다.

### 5.9. 국토 및 도시계획 분야

국토 및 도시계획 분야에는 최고화질의 고해상도 영상이 필요하기 때문에 아직은 항공사진을 많이 이용하고 있다.

인공위성 영상은 그 영상이 지니고 있는 고유한 특성과 각각의 해상도에 따라 그 특성이 다르다. 이러한 해상도는 공간해상도, 분광해상도, 방사해상도, 주기해상도에 따라 각각 다른 성질을 표현하기 때문에 영상을 이용하는 활용분야 역시 다양하게 변하고 또 빠르게 확대되고 있다. 지도제작에는 주로 공간해상도가 높은 팬크로매틱 영상을 많이 사용하게 되고 토지피복분류나 식생분류에 사용되는 영상은 다중파장대역이 많이 사용된다. 이러한 각 인공위성의 영상을 적절한 해석분야에 활용하여 분석의 정확도를 향상시킬 수 있으며, GIS기초자료로 사용하여 분석이 필요한 모든 분야에 활용함으로써 영상이 지니고 있는 활용성을 고도화시킬 수 있는 방법들이 빠른 속도로 개발되어 실생활에 적용되고 있다.

# 5 초분광 영상

## 1. 초분광 영상

### 1.1. 초분광 영상의 개요

초분광(hyperspectral) 영상은 각 파장의 대역폭이 10~20$nm$ 정도인 여러 파장대로 얻은 영상을 의미한다. 이러한 초분광 영상은 다중파장 영상에 비해 훨씬 많은 파장대에 걸쳐 분포된 영상을 수집할 수 있으며 일반적으로 40개 이상의 다양한 파장대, 좁은 파장범위, 연속적인 파장대를 포함하고 각각의 영상소는 완전한 분광정보를 포함하고 있다. 이러한 초분광 영상은 분광해상도(spectral resolution)가 매우 높아 매질의 특성, 식생분류, 식생 스트레스, 피복분류, 지질 및 광물탐사, 수질 분석 등에 다양하게 활용될 수 있다. 현재 초분광은 이미징 스펙트로메트리(imaging spectrometry), 이미징 스펙트로스카피(imaging spectroscopy) 등과 같은 용어로 사용되기도 하지만, 주로 **하이퍼스펙트럴 영상** 또는 **초분광 영상**이라는 용어로 사용되고 있다.

초분광 영상은 다른 영상에 비하여 각 물체가 갖는 분광정보를 아주 세밀하게 표현할 수 있는데, 그 이유는 초분광 영상의 특성인 좁은 파장대 폭, 연속적인 파장영역 등의 특성으로 인해 미세한 분광반사 특성의 변이측정이 가능하고 다양하고 세분화된 피복분류가 가능하기 때문이다. 이러한 특징으로 인하여 초분광 영상을 활용하면 과거 주로 활용되던 다중파장대 영상보다 정밀하고 정확한 분석이 가능하다. 현재는 탐측기 개발기술의 한계로 인하여 위성에서 얻은 초분광 영상보다는 높은 공간해상도를 갖는 항공기에서 수집한 초분광 영상이 주로 활용되고 있다.

### 1.2. 초분광 영상의 특징

초분광 영상은 다중분광 영상에 비해 많은 파장대를 이용하여 촬영하므로 같은 물체의 특성을 나타내는데 여러 이점이 있다. 위 그림 2-58은 초분광 탐측기를 이용하여 지상의 영상을 얻은 후 하나의 영상소에 관한 각 파장대별 분광 정보들을 나타내고 있는 내용을 모식화한 그림이다. 초분광 영상은 다양한 파장대의 수로 인해 저장능력과 데이터 처리 부문에는 아직 한계가 있고, 공간 해상도와 관측 파장대의 폭이 낮다는 문제가 있다. 그러나 이러한 문제는 컴퓨터 처리기술의 발전과 초분광 탐측기의 개발과 더불어 조만간 해결될 것으로 기대된다.

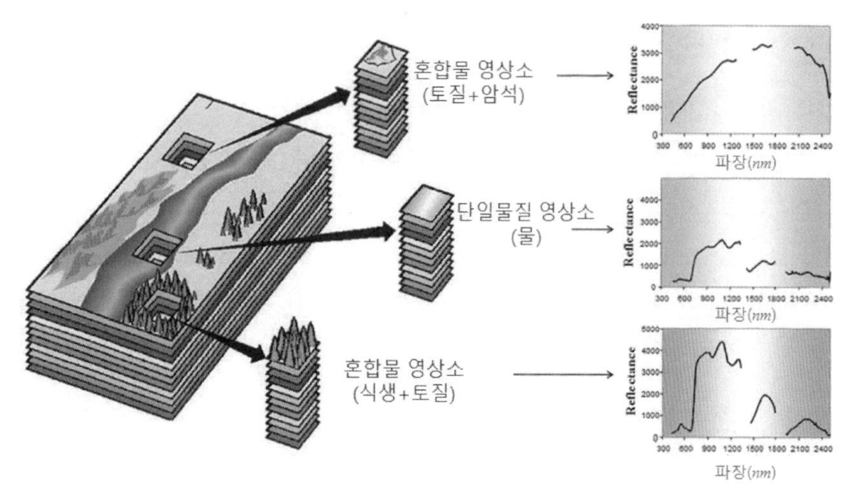


그림 2-58. 초분광 원격탐측 개념



## 1.3. 영상 큐브(Image Cube)

초분광 탐측기로 얻어진 자료는 공간과 분광 영역의 영상소 재배열(sampling) 과정을 거쳐 가상의 초분광 데이터 구조(HSI, HyperSpectral Image)를 형성하게 되는데 이를 데이터 큐브(data cube) 또는 영상 큐브(image cube)라고 한다.

데이터 큐브는 상부 표면이 공간 좌표(spatial domain)로 구성되고, 그 폭은 파장대(spectral domain)로 구성되는 형태를 갖게 된다. 이 데이터는 각 파장대를 기준으로 탐측기의 시야각(FOV, field of view)에 의해 촬영된 각 영상소의 공간좌표를 포함하는 영상이 생성되고 각 영상의 영상소를 기준으로 영상소 내의 물질을 특징짓는 파장값을 갖게 된다.

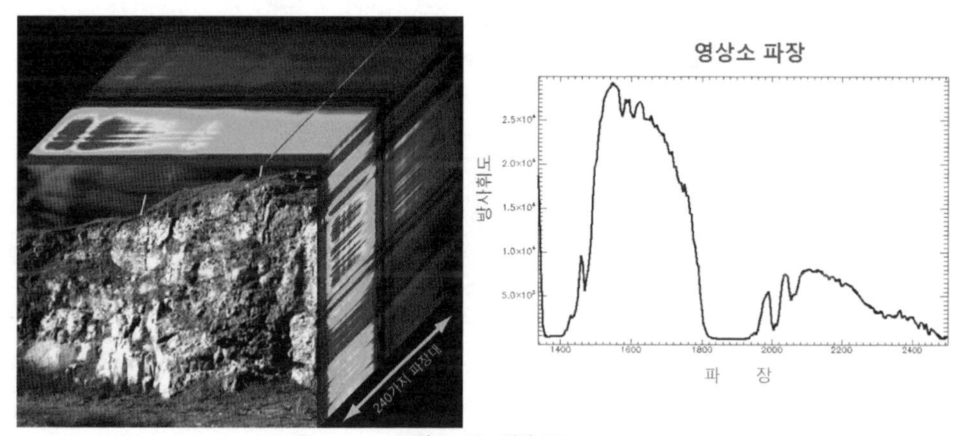


그림 2-59. 영상 큐브

### 1.4. 분광 라이브러리

분광 라이브러리(spectral library)는 지표면에서 관찰되는 물질이나 인공물과 같은 특정 물질에서 나오는 전자기파를 파장과 반사도 스케일(reflectance scale)의 관계곡선으로 나타낸 것이다.

현재 USGS(United States Geological Survey), JPL(Jet Propulsion Lab.), JHU(Johns Hopkins University) 등에서 순수한 수백 개의 물질들에 대한 분광 라이브러리를 제공하고 있고 계속 갱신되고 있다.

## 2. 초분광 탐측기

현재 운용되고 있는 초분광 탐측기는 그 종류도 무척 다양하고 탑재체, 파장대에 따른 다양한 종류가 소개되고 있다. 여기서는 탑재체에 따라 지상초분광 탐측기, 항공기 탐측기, 그리고 위성탑재 탐측기로 나누어 설명하였다.

(1) 지상 초분광 탐측기

(2) 항공기 탑재 초분광 탐측기

(3) 위성 탑재 초분광 탐측기

그림 2-60. 여러 가지 초분광 탐측기

### 2.1. 지상 초분광 탐측기

일반적으로 사용자가 들고 다니면서 영상을 수집하는 장비로 하이퍼스펙 스냅샷(Hyperspec Snapshot) 탐측기와 같은 제품이 이 종류에 포함된다. 이러한 제품은 초경량으로 제작되고 넓은 시야각(FOV, Field Of View)을 가지며 380～1,000$nm$의 초근적외(VNIR, Very Near InfraRed) 파장에서 영상을 수집한다.

## 2.2. 항공기 탑재 탐측기

### (1) 푸쉬브룸 방식 탐측기

앞의 [2] **인공위성과 위성영상의 특성**의 3.1. **위성영상 얻는 방식**에서도 서술한 바와 같이 푸쉬브룸(pushbroom) 방식의 탐측기는 위스크브룸(whiskbroom) 방식에 비해 관측 폭이 좁지만 200개 내외의 많은 파장대를 이용하여 영상을 수집한다. 이러한 파장대를 나누는 기법으로는 회절격자(回折格子, diffracting grating)나 프리즘(prism) 방식을 많이 채택하고 있다.



### (2) 위스크브룸 방식 탐측기

위스크브룸 방식의 탐측기는 부쉬브룸 방식에 비해 넓은 시야각을 갖지만 적은 파장대 수를 갖는다. 파장대를 분할하는 기법에는 주로 회절격자와 필터 방식이 사용되고 있다. 각각의 위스크브룸 방식과 푸쉬브룸 방식의 초분광 탐측기가 다음 표에 나타나 있다.

표 2-67. 항공기 탑재 탐측기

| 탐측기 종류 | 탐 측 기 |
|---|---|
| 위스크브룸 방식 | CASI : Compact Airborne Spectrographic Imager<br>HYDICE : Hyperspectral Digital Imagery Collection Experiment<br>TRWIS-III : TRW Imaging Spectrometer-III<br>AISA : Airborne Imaging Spectrometer for Application<br>AAHIS-3 : Advanced Airborne Hyperspectral Imaging System-3<br>AHI : Airborne Hyperspectral Imager<br>ASAS : Advanced Solid State Array Spectroradiometer<br>HRIS : High Resolution Imaging Spectrometer<br>ROSIS : Reflective Optics System Imaging Spectrometer<br>SFSI : SWIR Full Spectrographic Imager<br>SMIFTS : Spatially Modulated Imaging Fourier Transform Spectrometer |
| 푸쉬브룸 방식 | AVIRIS : Airborne Visible/InfraRed Imaging Spectrometer<br>DAIS 7915 : Digital Airborne Imaging Spectrometer 7915<br>HyMap : Hyperspectral MapMapping System<br>MAS : MODIS Airborne Simulator<br>ISM : Imaging Spectroscopic Mapper<br>AMSS MK-II : Airborne MultiSpectral Scanner MK-II<br>CIS : Chinese Imaging Spectrometer<br>MAIS : Modular Airborne Imaging Spectrometer<br>MASTER : MODIS/ASTER Airborne Simulator<br>MIVIS : Multispectral Infrared and Visible Imaging Spectrometer |

표 2-68. 대표적인 항공기 탑재 초분광 탐측기

| 탐측기 | 세 부 설 명 |
|---|---|
| TRW | - 1990년 처음 개발되어 여러 개의 분광계로 발전<br>- TRWIS B : 최초로 상업적으로 이용하기 위해 개발<br>- TRWIS II : SWIR 영역에서의 분광정보들을 수집하기 위해 개발<br>- TRWIS D : TRWIS를 개선한 소형 탐측기 |
| AVIRIS | - NASA JPL에서 운용<br>- 614×512 영상소의 영상(ER-2기에 탑재 시 약 11×10*km* 면적)으로 저장<br>- 224개 스펙트럼 밴드를 2byte로 저장<br>- 총 저장 용량은 약 140MB 정도 |
| HYDICE | - 1995년 1월 처음 데이터 취득<br>- ERIM(Environmental Research Institute of Michigan)에 의해 운용되는 Convair 580 비행기에 탑재<br>- 2차원 CCD 사용하여 320×210 영상소의 영상 취득<br>- 5,000~25,000*ft* 상공에서 촬영<br>- 지상순간시야각(GIFOV, Ground Instantaneous Field Of View) : 0.8~4*m* 정도 |
| DAIS 7915 | - 1995년 봄부터 사용<br>- 79개 파장대를 가진 초분광 탐측기<br>- GER(Geophysical Environmental Research Corp.)에서 개발<br>- 공간해상도 : 약 3~20*m*<br>- 순간 시야각 : 0.894*rad*<br>- 15*bit*의 분광해상도<br>- 5개의 빔으로 나누어 각각의 감지기에 저장 |

## 2.3. 위성 탐측기

초분광 영상을 얻기 위해 위성에 탑재되는 탐측기로는 NASA에서 추진 중인 새천년 프로그램(NMP, New Millennium Program) 수행을 위해 발사된 EO-1 위성과 군사위성인 MightySat-Ⅱ, MODIS 센서를 장착한 Terra(EOS-AM), Aqua (EOS-PM) 등이 있다. 이 중에서 Terra 위성과 Aqua 위성 및 탐측기는 앞의 5. Terra에서 자세히 설명하였으므로 여기에서는 설명을 생략하기로 한다.

표 2-69. 인공위성 탑재 초분광 탐측기

| 탐측기 | 세 부 설 명 |
|---|---|
| EO-1 | - NASA의 NMP(New Millennium Program) 첫 번째 지구관측위성으로 Hyperion, ALI, LAC 탐측기 탑재<br>- LANDSAT 위성과 같은 궤도를 돌면서 지구를 관측<br>- Hyperion 탐측기 특징<br>　· TRW에 의해 개발된 탐측기로 220개의 파장대를 갖는 초분광 영상 제공<br>　· 푸쉬브룸 방식으로 정보를 취득하며 12*bit*의 방사해상도와 30*m*의 공간 해상도<br>　· 약 7.6*km*의 좁은 관측 폭 |
| MODIS | - 1999년 12월 18일 Terra 위성에 탑재되어 발사<br>- Terra(EOS-AM)와 Aqua(EOS-PM) 위성에 탑재된 탐측기<br>- Aqua 위성은 FM1 탐측기를 탑재하고 2002년 5월 4일 궤도진입<br>- 두 개의 위성을 이용해 매 2일 전 지구를 탐색<br>- 705*km* 고도에서 250*m*, 500*m*, 1,000*m* 해상도로 2,330*km* 폭의 지상 정보 취득 |
| NEMO | - ONR(the Office of Naval Research), NSS(Naval Space Science), TPO(Technology Program Office), Navy/Private Industry Team에서 추진하는 해군·상업용 초분광 탐측기 탑재 위성<br>- 하루에 1,000,000$km^2$의 면적 촬영 능력 |

## 3. 초분광 영상 생성원리

초분광 영상을 생성하는 원리는 분광선택 방식과 탐측기이동 방식으로 나눌 수 있다.

### 3.1. 분광선택 방식

표 2-70. 분광선택 방식에 의한 초분광 영상 생성

| 방 식 | 세 부 설 명 |
|---|---|
| Dispersion Element | - 회절격자나 프리즘을 이용하여 분광영상 수집<br>- 수신기에 들어오는 전자기 방사값은 바뀌는 각에 따라 분리되어 각 영상소들에 대한 분광값들이 감지기에 저장<br>- 일반적으로 초분광 탐측기에서는 파장을 분산시키는 요소로 프리즘보다 회절격자를 많이 사용 |
| Filter-Based System | - 광학 통과 주파수대역 필터를 적용하여 스펙트럼의 좁은 밴드 분할<br>- linear wedge 필터는 분광 차원에서 광원의 공간 위치에 따른 중간 파장에서 빛을 전달하는 역할을 하고, 장치 뒤에 있는 감지기는 영상의 다른 파장에서 빛을 제공받음<br>- $x_1$부터 $x_n$은 분광차원(spectral dimension)으로 $x_i$ 열은 같은 파장대의 영상을 형성 |
| FTS | - 휴리에 변환 분광광도계(Fourier Transform Spectrometers)<br>- MightySat-II에 탑재된 SMIFTS나 FTHSI 등의 공간영역의 퓨리에 변환 분광광도계는 단일 칩으로 만들어진 간섭계의 원리 이용<br>- 전통적인 FTS와는 달리 LEO에 탑재된 지구관측용 분광계는 고정된 거울로 작동<br>- 탐지기의 1차원상의 분광 차원상의 값들로 분배하고 다른 부분은 관측 폭에 해당하는 공간차원(spatial dimension)을 갖게 됨 |

### 3.2. 탐측기 이동 방식

표 2-71. 탐측기 이동 방식에 의한 초분광 영상 생성

| 방 식 | 세 부 설 명 |
|---|---|
| Whiskbroom Imager | - 주사거울(scan mirror)이 한쪽 끝 지점에서 다른 쪽 지점까지 좌우 방향으로 움직여 지상의 정보를 받아들이는 방식<br>- 탐측기 시야각은 각각의 감지기(discrete detector)나 하나의 라인 감지기(line detector)에 의해 감지<br>- 광범위한 지역의 정보를 얻고자 할 때 유리<br>- 주사 라인(scan line)에 감지되는 복합적인 지상격자를 구성하기 때문에 감지기 상에 정보취득 시간이 단축 |
| Pushbroom Imager | - 라인 감지기를 이용해서 지상의 정보를 받아들이는 방식<br>- 일반적으로 수집된 영상에서의 영상소 수는 지상격자의 수와 같음<br>- 푸쉬브룸 방식은 WFI(Wide Field Imager)와 NFI(Narrow Field Imager) 두 가지 방식으로 구분<br>- MERIS나 ROSIS와 같은 센서들은 WFI 방식을, HSI, PRISM과 같은 센서들은 NFI 방식을 사용 |
| Staring Imager | - 2차원 시야각을 가지고 있어 한 번에 지상의 분광정보를 탐지<br>- 일반적인 전자기적 탐측기에는 많이 쓰이지 않는 방식<br>- WIS 방식의 경우 들어오는 빛이 wedge 필터를 지날 때 결정된 각각의 파장대 정보를 저장<br>- TDI(Time Delay Integration)의 경우 면 CCD(Charge Coupled Device) 탐측기를 통해 각 파장대별로 지상의 정보를 취득 |

# 4. 초분광 영상의 정보

## 4.1. 영상자료 구성 및 표현

초분광 자료는 흑백 영상이나 다중파장 영상과는 달리 다양한 파장대에서 영상을 수집하므로 가상의 데이터 구조로 표현하거나 각 파장대별로 밝기값을 이용하여 신호처리 형태로 데이터를 처리하기도 한다. 이러한 초분광 자료는 앞에서 설명한 바와 같이 영상 큐브 또는 분광 라이브러리 등으로 표현할 수 있다.

## 4.2. 초분광 영상처리 소프트웨어

초분광 영상의 처리는 많은 부분이 다중분광 영상처리 기법과 유사하지만 일반적으로 독립적인 분석도구는 상용 소프트웨어로 제공되어 이 프로그램을 이용하여 영상처리를 수행한다. 이러한 초분광 영상 처리에 사용되는 프로그램으로는 ENVI, PCI Geometica, ERDAS IMAGINE, Multispec 등이 있다.

(1) ENVI

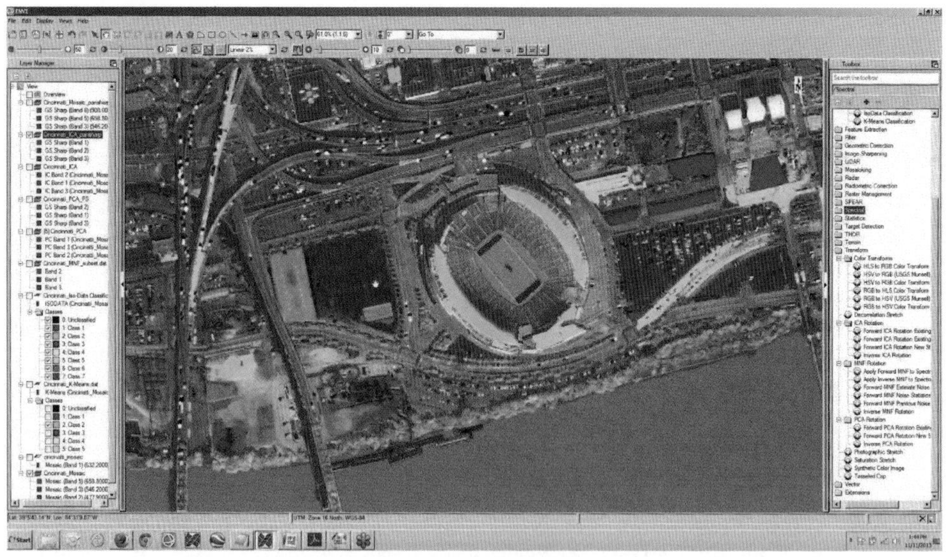

그림 2-61. ENVI 프로그램

ENVI는 인공위성이나 항공측량에 의해 얻어진 대부분의 형식의 자료도 파일의 크기나 파장대의 수에 상관없이 효율적으로 관리하고 분석할 수 있는 소프트웨어이다. RADARSAT, NASA, EOSAT, SPOT, NOAA, ESA, USGS, GIS Tool 등에서 제공되는 여러 가지 영상자료로의 접근이 쉽고, 지형보정, 토지분류, 파장대 간의 수학적 계산, 영상대비 개선, 필터링, 영상의 경계검출(edge detect), 지도합성, 보정 등의 기초적인 영상처리를 효과적으로 수행할 수 있으며, 작업과정에서 복잡한 형식의 데이터의 입출력을 간편하고 신속하게 처리할 수 있도록 한다. ENVI는 기본적인 다중파장대 영상분류기법을 제공하고 있고 이러한 분류기법은 초분광 영상 분류에도 사용이 가능하다.



(2) PCI Geometica

PCI Geometica는 1982년 설립된 캐나다 토론토에 본사를 둔 *PCI Geomatics*에서 개발한 원격탐측 전문 소프트웨어이다. 최근 Geomatica를 발표하면서 기존의 Ortho Engine, APEX, ACE, SPANS 등을 통합하여 관리할 수 있게 되었다.

그림 2-62. PCI Geometica 프로그램

초분광 분석 패키지는 몇 개의 프로그램으로 구성되어 있다.

| | |
|---|---|
| - MNF | 영상자료의 고유 차원을 결정하거나 노이즈를 조정하기 위하여 사용 |
| - Pixel-Purity-Index(PPI) | 다중분광 영상이나 초분광 영상에서 분광적으로 순수한 영상소를 검색하서나 최고의 영상소를 검색하기 위한 수단으로 사용 |
| - *n*-Dimensional Visualizer | *n*차원에서 endmember를 선택하기 위한 도구로 파장대 수에 해당하는 *n*차원의 산점도(scatter plot) 계산 |
| - MTMF(Mixture Tuned Matched Filtering) | 각 파장대에서의 endmember들이 참조파장(reference spectrum)에 일치하는 정도를 측정하는 수단 |

이렇게 구성된 각 프로그램은 기능의 특성에 따라서 두 개의 집단으로 분류되는데,

첫 번째 집단은 분광 라이브러리를 위한 일반적인 기능을 수행하도록 하고, 두 번째 집단은 파장대의 분류와 다양한 영상분광 관련기능을 수행할 수 있게 한다.

### (3) Erdas Imagine

Erdas Imagine은 영상 입력, 영상강조, 출력, 공간 분석, 수치 사진측량, GIS 데이터 통합 및 지도 작성을 위한 유연하면서도 확장 가능한 해법을 제공하여 널리 사용되고 있는 소프트웨어이다. 이 프로그램은 영상 매핑과 시각화, 기하보정을 위한 기본 도구를 제공할 뿐만 아니라 상용자 인터페이스 화면출력과 영상처리의 기본 기능 외에 강력하고 효과적인 공간자료의 화면출력, 조합, 분석 등의 수행이 가능하다. 이 프로그램에서는 정교한 초분광 분석 도구를 제공하지는 않지만 분광 라이브러리, 스펙트럼의 정규화와 같은 기본적인 툴을 안정적으로 제공한다.

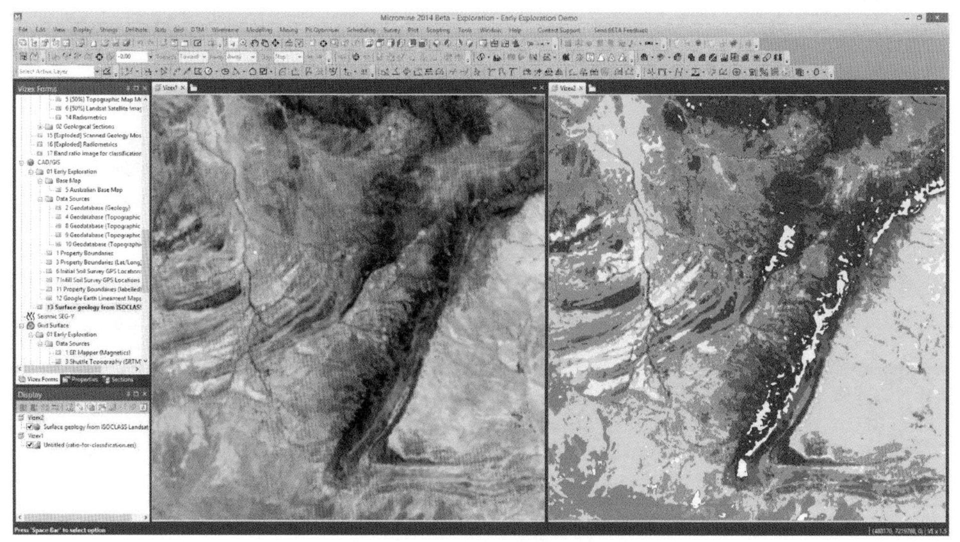

그림 2-63. Erdas Imagine 프로그램

8.6. 버전 이후부터는 분광분석 워크스테이션(Spectral Analysis Workstation)을 통해 보다 효과적이고 기능적인 초분광 자료처리가 가능해졌다. Erdas Imageine에서 제공하는 초분광 분석기능들은 다음과 같다.

| | |
|---|---|
| - Normalize | 스펙트럼 정규화 |
| - Internal Average Relative Reflectance(IARR) | 대상 영상의 평균 파장으로 나누어진 영상소의 상대적인 반사율 계산 |
| - Log Residuals | 영상 전처리 과정에서의 방사보정 |
| - Rescale | 항상 8비트 형식으로 유지 |
| - Spectrum Average | 평균 스펙트럼 계산 |
| - Signal to Noise | 특정 밴드의 유용성과 유효성 평가 |
| - Mean per Pixel | 입력되는 파장의 수와 상관없이 단일 파장으로 결과물을 산출 |
| - Spectral Profile | 지정한 영상소의 반사스펙트럼 표시 |
| - Surface Profile | *x*(row), *y*(column)를 사용자가 고정하고 다른 *z*를 선택하여 표시 |
| - Spectral Library | JPL과 USGS의 mineral spectral library 제공 |



### (4) Multispec

Multispec은 미국 퍼듀 *Purdue* 대학교에서 개발한 다중분광 영상과 초분광 영상처리 시스템으로 일반적인 다중분광 영상의 분석과정은 다음과 같이 수행된다.

| | |
|---|---|
| - 자료 조사 | 자료의 질, 일반적 특성에 대한 검토 단계로 영상을 시각적으로 살펴보는 단계 |
| - 분류기준의 정의 | 구분되어야 하는 클래스를 정의하여 트레이닝 샘플 선정 |
| - 형상 결정 | 최적 파장대를 선택하는 과정 또는 파장대 조합을 계산 |
| - 분석 | 분류을 위한 특정 분석 알고리즘 적용 |
| - 결과 평가 | 질과 특성을 결정하기 위한 정성적/정량적인 수단의 사용 |

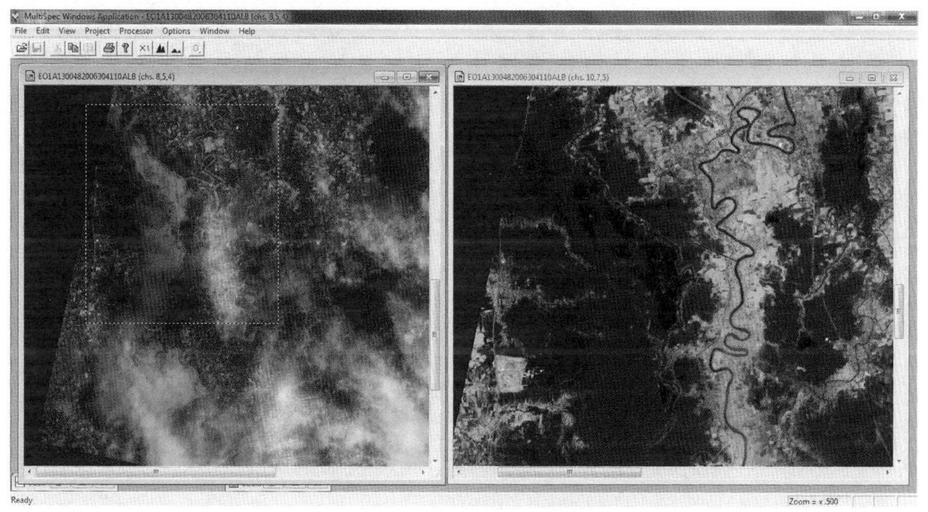


그림 2-64. Multispec 프로그램

## 5. 초분광 영상의 활용

### 5.1. 초분광 영상의 활용 분야

초분광 영상을 이용한 초기의 연구들은 군사적인 목적이나 광물자원의 분포를 파악하기 위해 주로 지질 분야에서 사용되어 왔다. 그러나 최근 수종의 세밀한 분류, 엽면적 지수의 추정, 식물의 생화학적인 변화탐지 등 식생분야와 토양 황폐화, 강의 기름 유출, 세계무역센터 테러 후 주변 환경영향평가 분석 등에도 활용되고 있다.

초분광 영상은 이 외에도 암초, 산호초, 연안 탐지 및 산불의 진행 정도, 피해상황, 발화지점, 완전히 소화되지 않은 지점 등에 관한 분석, 도심지의 속성들과 같은 특징 있는 지역을 분석함으로써 도시 및 시설물 관리 분야에 적용되기도 하였다. 또한 이 영상은 피부의 종양을 추출하는 의학 분야로까지 그 영역을 넓혀 가고 있다.

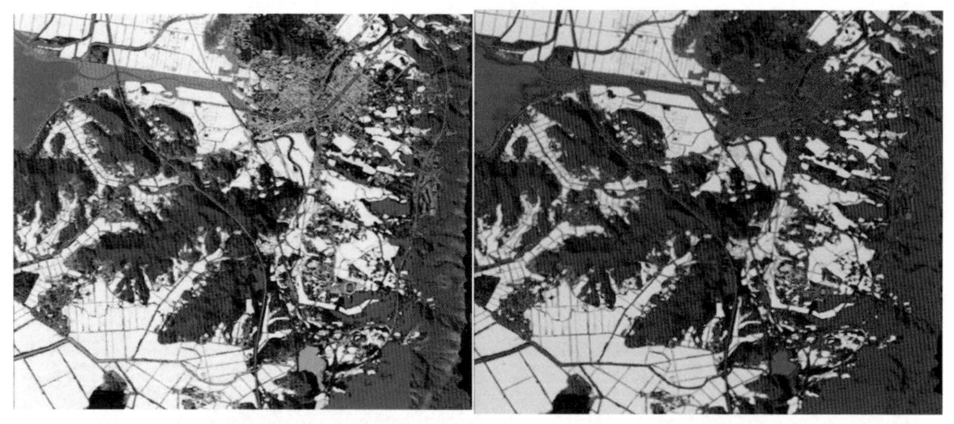

대분류 영상 소분류 영상

**그림 2-65. 초분광 영상의 활용 예 (토지피복 분류)**

(1) 항공사진

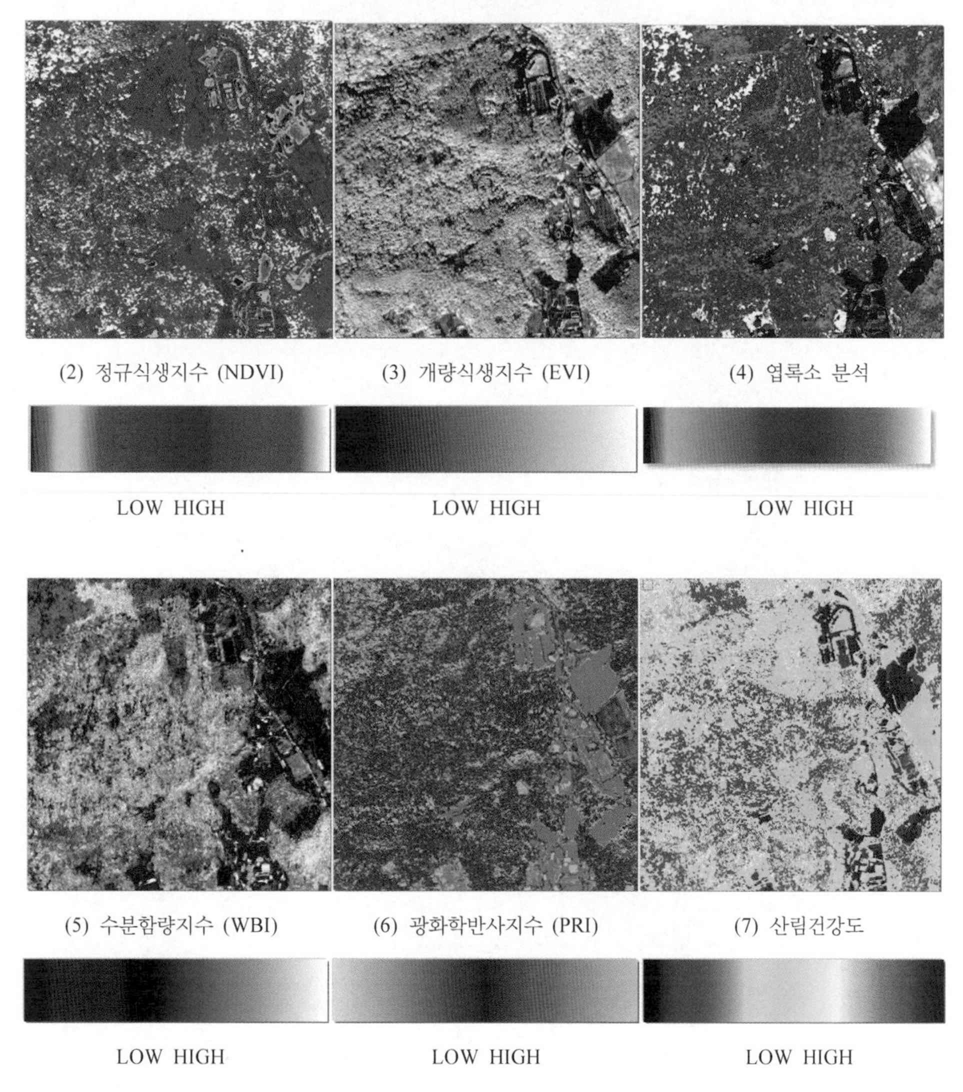


그림 2-66. 초분광 영상의 활용 예 (삼림분석)

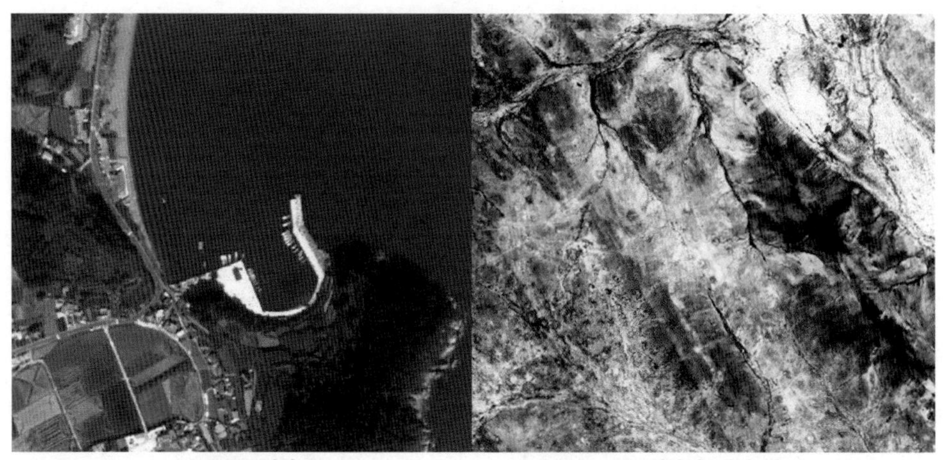

(1) RGB 영상 (2) 해안선 재질 분류

**그림 2-67. 해안선 재질 조사에 활용한 초분광 영상**

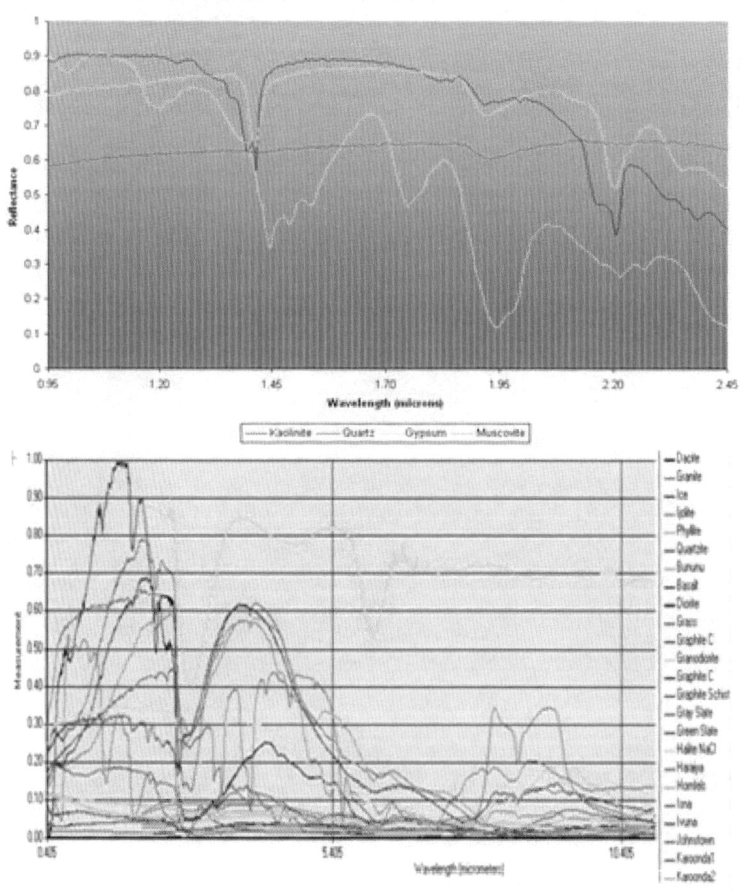


**그림 2-68. 토양 암석 분석에 활용한 초분광 영상**

## 단원 핵심 예제

문제 2-1. 어떤 지상물체의 분광반사율(albedo)이 57%라고 할 때 임의의 전자기 복사 에너지 파장대에서 그 지상물체에서 반사되는 복사에너지가 15.3 $Wm^{-2}sr^{-1}$이었다면 이 지상물체로 입사되는 총 복사에너지는 얼마인가?

문제 2-2. 다음과 같은 수치 영상을 분석해 본 결과 영상의 한가운데에 불필요한 성분인 노이즈가 포함되어 있는 것을 확인하였다. 이 노이즈를 제거하기 위해 이동평균법으로 계산할 경우 치환되는 숫자는 얼마가 되는가?

| | | |
|---|---|---|
| 2 | 3 | 3 |
| 2 | 9 | 1 |
| 2 | 1 | 2 |

문제 2-3. 다음 그림은 6×6 영상소 크기의 영상자료를 수치화한 디지털 값으로 표현한 것이다. 이 영상 데이터를 2×2 영상소의 크기로 중앙값 방법(median method)을 이용하여 재배열 할 때의 결과를 표현하라.

| | | | | | |
|---|---|---|---|---|---|
| 2 | 1 | 3 | 2 | 1 | 3 |
| 2 | 3 | 2 | 2 | 2 | 2 |
| 2 | 2 | 2 | 2 | 2 | 2 |
| 2 | 1 | 3 | 2 | 1 | 3 |
| 2 | 4 | 2 | 2 | 3 | 2 |
| 2 | 2 | 2 | 2 | 2 | 2 |

---

답 **문제 2-1.** $26.8421\,W/sr \cdot m^2$ **문제 2-2.**

| | | |
|---|---|---|
| 2 | 3 | 3 |
| 2 | 2 | 1 |
| 2 | 1 | 2 |

**문제 2-3.**

| | |
|---|---|
| 2 | 2 |
| 2 | 2 |

제2장

문제 2-4. 다음 표는 영상 분류오차행렬(classification error matrix)이다. $PCC$(percent correctly classified) 지수는 얼마인가?

| | | 참조 데이터 | | | | 합 |
|---|---|---|---|---|---|---|
| | | A | B | C | D | |
| 표본 데이터 | A | 1 | 2 | 0 | 0 | 3 |
| | B | 0 | 5 | 0 | 2 | 7 |
| | C | 0 | 3 | 5 | 1 | 9 |
| | D | 0 | 0 | 4 | 4 | 8 |
| 합 | | 1 | 10 | 9 | 7 | 27 |

문제 2-5. 원격탐측의 정의로 가장 올바른 것은?

① 지상에서 대상물체에 전파를 발생시켜 그 반사파를 이용하여 관측하는 측량방법이다.
② 센서를 이용하여 지표의 대상물에서 반사 또는 방사되는 전자 스펙트럼을 관측하고 이들의 자료를 이용하여 대상물이나 현상에 관한 정보를 얻는 기법이다.
③ 우주에 산재하여 있는 물체들의 고유 스펙트럼을 이용하여 각각의 구성성분을 지상의 레이더망으로 수집 처리하는 기법이다.
④ 우주에서 찍은 중복된 사진을 이용하여 지상에서 항공사진의 처리와 같은 방법으로 판독하는 작업이다.

문제 2-6. 원격탐측에 대한 설명으로 옳지 않은 것은?

① 자료가 대단히 많으며 불필요한 자료가 포함되는 경우가 있다.
② 물체의 반사 스펙트럼 특성을 이용하여 대상물의 정보추출이 가능하다.
③ 높은 고도에서 좁은 시야각에 의하여 촬영되므로 중심투영에 가까운 영상이 촬영된다.
④ 자료취득 방법에 따라 수동적 센서에 의한 것과 능동적 센서에 의한 방법으로 분류할 수 있다.

답 **문제 2-4.** 55.56%　　**문제 2-5.** ②　　**문제 2-6.** ③

문제 2-7. 원격탐측 플랫폼에서 지상물체의 특성을 탐지하고 기록하기 위해 이용하는 전자기복사 에너지(electromagnetic radiation energy) 중 파장이 긴 것부터 짧은 순서대로 나열한 것은?

① visible blue → visible red → visible green
② visible blue → mid infrared → thermal infrared
③ visible red → visible green → visible blue
④ visible red → mid infrared → thermal infrared



문제 2-8. 감독분류 알고리즘 중 하나로 확률에 기초한 각 밴드 내의 클래스에 대한 훈련자료 통계가 정규분포를 이룬다고 가정하고 영상을 분류하는 방법은?

① 최근린 분류(nearest-neighbor classifier)
② 최단거리 분류(minimum distance classifier)
③ 최대우도 분류(maximum likelihood classifier)
④ 거리가중 분류(distance weighted classifier)

문제 2-9. 물, 농작물, 산림, 습지 및 아스팔트 포장 등과 같이 지표면에 존재하는 물질의 종류를 표현하는 용어는?

① 토지이용(land use) ② 토지피복(land cover)
③ 토지정보(land information) ④ 토지분류(land classification)

문제 2-10. 공간해상도가 다른 두 종류 이상의 영상을 합성하여 상대적으로 고해상도의 종합정보를 포함하는 영상을 제작하는 과정은 무엇이라 하는가?

① 영상강조(image enhancement) ② 영상분류(image classification)
③ 영상전처리(image preprocessing) ④ 영상접합(image fusion)

답 문제 2-7. ③ 문제 2-8. ③ 문제 2-9. ② 문제 2-10. ④

문제 2-11. 녹색식생의 상대적 분포량과 활동성을 나타내는 방사측정값인 식생지수의 특징이 아닌 것은?

① 식생지수는 유효성 및 품질관리를 위해 구체적인 생물학적 변수와 연관되어야 한다.
② 식생지수는 지형효과 및 토양변이 등에 의한 영향을 줄 수 있는 내부효과를 정규화하여야 한다.
③ 식생지수는 일관된 비교를 위해 태양각, 촬영각, 대기상태와 같은 외부효과를 정규화하거나 모델링할 수 있어야 한다.
④ 식생지수는 식물의 생물리적 변수에 대한 민감도를 최소화할 수 있어야 하며 소규모지역의 식생상태와 비선형적으로 비례하여야 한다.

문제 2-12. 일괄적이고 자동적인 통계처리에 의해 영상을 분류하는 방법으로 영상의 DN(digital number, 밝기값) 사이에 존재하는 특성집단 혹은 클러스터에 따라 픽셀을 몇 개의 항목으로 분류하는 방법은?

① 감독분류(supervised classification)
② 무감독분류(unsupervised classification)
③ 최대우도법(maximum likelihood classification)
④ 최단거리분류법(minimum distance classification)

문제 2-13. 다음 중 원격탐측 영상을 이용하여 토지피복도를 제작할 때 가장 활용도가 높은 영상은?

① 자외선 영상(infrared image)
② 초분광 영상(hyper spectral image)
③ 열적외선 영상(thermal infrared image)
④ 레이더 영상(RADAR image)

문제 2-14. 수치지형모델(DTM, digital terrain model)에 대한 설명으로 옳지 않은 것은?

① 지형도를 개입시킴으로써 항공사진으로부터 직접 구하는 방법과 비교하여 자료의 정확도가 더 우수하다.
② 계산기 내에서의 모델의 조립 및 구하려는 점의 삽입에 요하는 시간이 적을수록 좋다.
③ 가능한 적게 주어진 점에서 원하는 정도를 유지하여 지형을 근사화할수록 좋다.
④ DTM의 원리는 지형상의 무수한 점을 x, y, z 좌표와 집합으로서 지형을 표현하는 것이다.

---

답 **문제 2-11.** ③ **문제 2-12.** ② **문제 2-13.** ② **문제 2-14.** ①

제3장

# 위성항법시스템

위치를 결정하기 위해 사용하는 인공위성은 크게 두 가지로 구분할 수 있다. 그중 하나는 앞의 제2장 원격탐측에서 설명한 것과 같이 우리에게 영상을 제공하여 이 영상에서 각종 정보를 추려낸 후 이 데이터를 원하는 목적에 맞춰 사용하는 원격탐측 영상과 관련된 위성들이다. 과거에는 이러한 위성영상을 통해 주로 특성을 해석하는 정보만 얻을 수 있었고 이 영상으로 정확한 위치를 결정하고 지도를 제작하기에는 아쉬운 점이 많았다. 그 이유는 위성으로부터 얻은 영상의 해상도가 낮아서 지도제작으로 사용하기에는 정확도가 충분하지 않았기 때문이었다. 그러나 현재에는 많은 위성영상들이 높은 해상도로 제공되므로 정확한 위치도 얻을 수 있고 또 함께 제공되는 입체영상을 이용하여 높이에 대한 위치자료도 뽑아 낼 수 있다.

이렇게 위성에서 찍은 사진을 우리에게 넘겨주는 원격탐측 위성 외에 GNSS 위성들과 같이 1초에 한 번씩 위치 관련 자료를 전송하여 이 자료를 통해 언제 어디서든지 우리가 알고자 하는 위치에 대한 3차원 좌표를 정확히 계산할 수 있도록 도움을 주는 위성이 있다. 이 위성을 **항법위성**이라 부르며 이러한 위성을 통해 위치를 결정하는 시스템을 **위성항법시스템**이라고 한다.

미국의 GPS나 러시아의 GLONASS는 모두 군사적인 목적으로 서비스가 시작되었다. 그러나 이들 위성에서 받은 신호가 우리의 일상생활 무척 깊은 부분에까지 사용되므로 민간부문의 사용자들이 급속하게 늘게 되었고, 군사위성으로 인해 많은 제약이 있었던 이 위성시스템의 불편함을 해소하기 위해 민간영역에서 주로 사용할 목적으로 운용되는 유럽연합의 Galileo도 등장하게 되었다.

또 새로이 떠오르는 위성 강국인 중국과 인도에서도 자국에 서비스 할 수 있는 항법위성을 개발하여 국지적인 시스템을 확보하려 노력하고 있다. 중국의 Beidou 위성시스템의 경우 국지적인 한계를 벗어나 전 지구에서 수신이 가능하도록 하는 글로벌시스템으로 진화하여 신호를 전송하기 시작하였다.

이번 장에서는 여러 위성항법시스템의 역사와 위치결정 원리, 각 위성들에서 전송하는 신호의 종류와 성질을 살펴보고 위성항법을 통해 위치를 결정할 때 발생하는 오차를 줄이기 위한 정확도 향상방법과 그 활용분야에 대해 생각해 보고자 한다.

## 1 위성항법을 이용한 위치결정

별은 예로부터 우리에게 환상적이고 낭만적인 느낌으로 다가와 때로는 동경의 대상이 되기도 하고 때로는 시와 노래의 주제가 되기도 하였다. 여러 역사의 기록에서 인류는 별을 길흉을 점치거나 기후를 예측하는데 사용하기도 하였다는 것을 쉽게 확인할 수 있다. 또 별을 이용하여 고대 페니키아 *Phoenicia* 사람들은 계절마다 변화하는 별자리의 위치를 파악하고 이 별을 길 찾기나 항해의 기본자료로 사용하여 지중해에서 남아프리카를 돌아 북극까지 항해하기도 하였다는 사실에서 이러한 별은 정서적인 면에서나 실용적인 면에서 많은 사랑과 관심의 대상이었음을 알 수 있다. 현대에는 이러한 동경의 대상이었던 별을 인위적으로 만들어 쏘아 올리고 이러한 인공별인 인공위성을 통해 우리가 필요로 하는 다양한 정보를 얻어내고 있다.

위성항법시스템(GNSS, Global Navigation Satellite System)은 위치결정을 하기 위해 항법위성(航法衛星, navigation satellite)을 쏘아 올리고 이를 통해 3차원 위치를 결정하기 위한 시스템이다. 범지구위성항법(汎地球衛星航法)시스템이라고도 부르는 GNSS는 정확한 위치를 알고 있는 네 개 이상의 항법위성에서 신호를 수신하고 이때 위성에서 수신기까지 전파가 이동하는 시간을 관측한 후 후방교회법(後方敎會法)으로 수신기의 3차원 위치 $x, y, z$를 정확히 알아내는 측량방법이다. 이때 수신기가 이동을 한다면 1초마다 변하는 수신기의 위치도 추적할 수 있기 때문에 속도도 파악할 수 있고 시간의 변화에 따른 위치의 변화인 4차원 관측값 $x, y, z, t$도 결정할 수 있다.

측량을 구분할 때 1차원 수직위치와 2차원 평면위치를 각기 다른 방법으로 관측한 후 이 값들을 합성하여 3차원 위치정보를 만들어 내는지, 아니면 하나의 기계와 한 번의 관측으로 3차원 위치를 얻어 낼 수 있는지에 따라 종래측량과 현대측량으로 구분하기도 한다. 또 관측을 할 때 기상이나 환경적인 제약을 받는지 아니면 이러한 제약이 없는 전천후 측량이 가능한지에 따라 역시 종래와 현대측량으로 구분하기도 한다. GNSS는 이러한 현대측량의 특성을 명확히 보여 주는 측량방법으로 우리는 언제 어디에서도 주변 환경의 제약조건 없이 실시간으로 3차원 위치정보를 얻어 낼 수 있다. 이렇게 항법에 사용하는 별을 항법위성 또는 위치결정 위성(位置決定 衛星, positioning satellites)이라 부른다.

과거에는 항법시스템이라고 할 때 가장 널리 쓰였던 미국의 GPS로 통용했었으나, 현재에는 GPS 외에도 러시아의 GLONASS, 유럽연합의 Galileo, 중국의 Beidou, 그리고 국지적인 항법시스템인 인도의 NAVIC과 같은 여러 위성항법시스템들이 경쟁적으로 위치정보를 제공하고 있다. 따라서 위성항법시스템을 이야기할 때에는 모든 항법시스템을 포괄하는 GNSS라는 용어를 사용하는 것이 보편적이다.

# 2 항법위성

## 1. GPS

GPS는 미국에서 군사적인 목적으로 쏘아 올린 위성 시스템으로 정식 명칭이 NavstarGPS(Navigation satellite timing and ranging Global Positioning System)이다. 이러한 긴 이름에서 알 수 있듯이 GPS는 지구를 중심으로 궤도를 형성하여 돌고 있는 GPS 위성을 이용하여 시간과 장소에 관계없이 위치, 속도, 시간의 측정이 가능하다.

### 1.1. GPS의 역사

1973년 미국 공군과 해군에서 각각 사용하던 TRANSIT(또는 NAVSAT, NAVy navigation SATellite system), TIMATION 그리고 621B 등의 시스템을 기초로 하여 보다 향상된 새로운 위성항법시스템 개발을 결정하고 1974년부터 여러 시험을 시작하였다. 1977년 첫 번째 위성이 발사되기 전부터 지상에서는 수신기 실험이 시작되었고 지상에 의사위성(擬似衛星)이라는 뜻의 pseudolite(pseudo satellite)를 설치하여 지속적인 시험을 거친 후 1977년 6월에 최초로 항법시스템 기능을 수행할 수 있는 위성이 발사되어 NTS-2(Navigation Technology Satellite 2)라고 이름이 붙여졌다. NTS-2는 7개월 동안 운영되면서 위성에 기초한 항해이론이 타당하다는 것을 입증하였고 이를 기초로 1978년 2월 최초의 GPS 위성인 Block I이 발사되었다.

Block I 위성의 발사를 시작으로 1985년까지 모두 11개의 Block I 위성들이 계속 쏘아 올려졌고 1979년에 2단계로 전체 규모의 설계와 검증이 수행되어 6년 동안 9개의 Block I 위성이 추가로 발사되었다. 1980년 Block I 위성은 원자폭탄실험을 감지하는 센서를 탑재하였는데 이는 1963년 미국과 소련 사이에 체결한 지상, 해저, 우주상에서 원자폭탄 실험금지조약에 대한 감시를 수행하려는 목적이 있었다. 3단계의 GPS 위성은 1985년 말 2세대 GPS 위성인 Block II가 제작되면서 시작되었다.

1983년 9월 대한항공 KAL 007 항공기가 항로를 잃고 러시아 영공으로 들어갔다 나오다가 러시아 공군기에 의해 피격되는 사건이 발생하였다. 이 사건 이후 미국은 자국의 항공기도 러시아 영공으로 들어가면 같은 상황이 발생할 수 있을 것이라고 생각하고 그런 경우 발생할 피해와 국제관계를 고려하여 민간항공기가 경로를 잃지 않도록 모든 민간 항공기에 GPS 사용을 의무화하게 하였으며 이를 계기로 민간시설에서 GPS 사용이 급격히 확산되었다.

Block I 위성

Block II 위성

그림 3-1. 초기 GPS 위성

표 3-1. GPS Block I 위성

| 발사 일시 | 발사 로켓 | 로켓 형식 | 일련 번호 | 발사 기지 | 위성 | 위성 번호 | PRN | 결과 | 비고 |
|---|---|---|---|---|---|---|---|---|---|
| 1978.02.22. | Atlas F | SGS-1 | - | Vandenberg | NAVSTAR 01 | 01 | 04 | 성공 | 최초 위성 |
| 1978.05.13. | Atlas F | SGS-1 | - | Vandenberg | NAVSTAR 02 | 02 | 07 | 성공 | |
| 1978.10.06. | Atlas F | SGS-1 | - | Vandenberg | NAVSTAR 03 | 03 | 06 | 성공 | |
| 1978.12.10. | Atlas F | SGS-1 | - | Vandenberg | NAVSTAR 04 | 04 | 08 | 성공 | |
| 1980.02.09. | Atlas F | SGS-1 | - | Vandenberg | NAVSTAR 05 | 05 | 05 | 성공 | |
| 1980.04.26. | Atlas F | SGS-1 | - | Vandenberg | NAVSTAR 06 | 06 | 09 | 성공 | |
| 1981.12.19. | Atlas F | SGS-1 | - | Vandenberg | NAVSTAR 07 | 07 | - | 실패 | |
| 1983.07.14. | Atlas F | SGS-2 | - | Vandenberg | NAVSTAR 08 | 08 | 11 | 성공 | |
| 1984.06.13. | Atlas E | SGS-2 | - | Vandenberg | NAVSTAR 09 | 09 | 13 | 성공 | |
| 1984.09.08. | Atlas F | SGS-2 | - | Vandenberg | NAVSTAR 10 | 10 | 12 | 성공 | |

표 3-2. GPS Block II 위성

| 발사일시 | 발사 로켓 | 로켓 형식 | 일련 번호 | 발사 기지 | 위성 | 위성 번호 | PRN | 결과 | 비고 |
|---|---|---|---|---|---|---|---|---|---|
| 1989.02.14. | Delta II | 6925 | 184 | Cape Canaveral | NAVSTAR II-1 | 14 | - | 성공 | 최초 DELTA II 로켓 |
| 1989.06.10. | Delta II | 6925 | 185 | Cape Canaveral | NAVSTAR II-2 | 13 | - | 성공 | |
| 1989.08.18. | Delta II | 6925 | 186 | Cape Canaveral | NAVSTAR II-3 | 16 | - | 성공 | |
| 1989.10.21. | Delta II | 6925 | 188 | Cape Canaveral | NAVSTAR II-4 | 19 | - | 성공 | |
| 1989.12.11. | Delta II | 6925 | 190 | Cape Canaveral | NAVSTAR II-5 | 17 | - | 성공 | |
| 1990.01.24. | Delta II | 6925 | 191 | Cape Canaveral | NAVSTAR II-6 | 18 | - | 성공 | |
| 1990.03.26. | Delta II | 6925 | 193 | Cape Canaveral | NAVSTAR II-7 | 20 | - | 성공 | |
| 1990.08.02. | Delta II | 6925 | 197 | Cape Canaveral | NAVSTAR II-8 | 21 | - | 성공 | |
| 1990.10.01. | Delta II | 6925 | 199 | Cape Canaveral | NAVSTAR II-9 | 15 | - | 성공 | |

1983년부터 GPS 위성을 실어 나르는 로켓의 비용을 절약하기 위하여 우주왕복선(宇宙往復船, space shuttle) 챌린저 *Challenger*를 이용하여 GPS Block II 위성을 발사하려던 계획이 1986년 사고로 실패하면서 다시 델타 *Delta*로켓에 의해 GPS 위성을 쏘아 올리도록 계획이 변경되기도 하였다.

1988년 GPS 위성은 다시 24기가 가동되어 종래 18개의 위성으로 인해 작동이 불완전하였던 문제점을 해결하였고 1989년 2월부터 1990년까지 모두 9개의 Block II 위성이 발사되어 작동하기 시작하였다.

1990년 3월 미국은 걸프 *Gulf* 전쟁 당시 자국의 군사적 목적을 위하여 일시적으로 GPS 신호를 중단시키기도 하였고 2000년까지 GPS 신호에 고의적 신호저하 잡음인 SA(Selective Availability, 선택적가용성, 選擇的可用性)를 섞어 넣어 정확도를 떨어뜨리는 등 군사적인 필요에 따라 GPS 신호를 임의로 조작하였다. 이러한 고의적인 잡음으로 인해 민간에서 사용하는 GPS는 안테나와 수신기를 한 대씩만 이용하여 단독위치결정(single GPS positioning)을 하는 경우 100$m$가 넘은 오차가 함께 수신되어 잘못된 위치정확도의 관측값이 얻어지는 경우도 많았다.

1990년 11월부터 1997년까지 모두 19개의 Block IIA 위성이 발사되었으며 1993년 12월 24개의 GPS 위성시스템이 구축되어 초기 가동이 정상화되었다. 1994년 10월에는 미국 정부에서 향후 10년간 GPS 서비스를 무료로 제공하겠다는 원칙을 발표하여 군사용 수신보다는 제한적이고 낮은 정확도이기는 하지만 GPS 신호를 민간에서 무료로 사용할 수 있다는 것이 다시 한번 확인되었다.



표 3-3. GPS Block IIA 위성

| 발사일시 | 발사로켓 | 로켓형식 | 일련번호 | 발사 기지 | 위성 | 위성번호 | PRN | 결과 | 서비스종료 |
|---|---|---|---|---|---|---|---|---|---|
| 1990.11.26. | Delta II | 7925 | 201 | Cape Canaveral | GPS IIA-01 | 23 | 32 | 성공 | |
| 1991.07.04. | Delta II | 7925 | 206 | Cape Canaveral | GPS IIA-02 | 24 | (24) | 성공 | 2011.11.04. |
| 1992.02.23. | Delta II | 7925 | 207 | Cape Canaveral | GPS IIA-03 | 25 | - | 성공 | 2009.12.18. |
| 1992.04.10. | Delta II | 7925 | 208 | Cape Canaveral | GPS IIA-04 | 28 | - | 성공 | |
| 1992.07.07. | Delta II | 7925 | 211 | Cape Canaveral | GPS IIA-05 | 26 | 26 | 성공 | |
| 1992.09.09. | Delta II | 7925 | 214 | Cape Canaveral | GPS IIA-06 | 27 | 27 | 성공 | 2010.10.06. |
| 1992.11.22. | Delta II | 7925 | 216 | Cape Canaveral | GPS IIA-07 | 32 | - | 성공 | |
| 1992.12.18. | Delta II | 7925 | 217 | Cape Canaveral | GPS IIA-08 | 29 | - | 성공 | 2007.10.23. |
| 1993.02.03. | Delta II | 7925 | 218 | Cape Canaveral | GPS IIA-09 | 22 | - | 성공 | |
| 1993.03.29. | Delta II | 7925 | 219 | Cape Canaveral | GPS IIA-10 | 31 | - | 성공 | |
| 1993.05.13. | Delta II | 7925 | 220 | Cape Canaveral | GPS IIA-11 | 37 | - | 성공 | |
| 1993.06.26. | Delta II | 7925 | 221 | Cape Canaveral | GPS IIA-12 | 39 | 09 | 성공 | |
| 1993.08.30. | Delta II | 7925 | 222 | Cape Canaveral | GPS IIA-13 | 35 | 30 | 성공 | 2010.03.01. |
| 1993.10.28. | Delta II | 7925 | 223 | Cape Canaveral | GPS IIA-14 | 34 | 04 | 성공 | |
| 1994.03.10. | Delta II | 7925 | 226 | Cape Canaveral | GPS IIA-15 | 36 | 06 | 성공 | |
| 1996.03.28. | Delta II | 7925 | 234 | Cape Canaveral | GPS IIA-16 | 33 | 03 | 성공 | |
| 1996.07.16. | Delta II | 7925A | 237 | Cape Canaveral | GPS IIA-17 | 40 | 10 | 성공 | |
| 1996.09.12. | Delta II | 7925A | 238 | Cape Canaveral | GPS IIA-18 | 30 | - | 성공 | 2011.07.20. |
| 1997.11.06. | Delta II | 7925A | 249 | Cape Canaveral | GPS IIA-19 | 38 | 08 | 성공 | |

1995년 4월 24개의 GPS 위성군이 정상적으로 구성되고 작동되기 시작하였고 1997년 7월부터 4세대 위성인 Block IIR 위성이 발사되기 시작하였다. IIR에서 R은 재정비된 위성설계(replenishment satellite design)로 채움, 저장, 보충 등을 의미한다.

표 3-4. GPS Block IIR 위성

| 발사일시 | 발사로켓 | 로켓형식 | 일련번호 | 발사 기지 | 위성 | 위성번호 | PRN | 결과 | 비고 |
|---|---|---|---|---|---|---|---|---|---|
| 1997.01.17. | Delta II | 7925-9.5 | 241 | Cape Canaveral | GPS IIR-01 | 42 | - | 파괴 | |
| 1997.07.23. | Delta II | 7925-9.5 | 245 | Cape Canaveral | GPS IIR-02 | 43 | 13 | 성공 | |
| 1999.10.07. | Delta II | 7925-9.5 | 275 | Cape Canaveral | GPS IIR-03 | 46 | 11 | 성공 | |
| 2000.05.11. | Delta II | 7925-9.5 | 278 | Cape Canaveral | GPS IIR-04 | 51 | 20 | 성공 | |
| 2000.07.16. | Delta II | 7925-9.5 | 279 | Cape Canaveral | GPS IIR-05 | 44 | 28 | 성공 | |
| 2000.11.10. | Delta II | 7925-9.5 | 281 | Cape Canaveral | GPS IIR-06 | 41 | 14 | 성공 | |
| 2001.01.30. | Delta II | 7925-9.5 | 283 | Cape Canaveral | GPS IIR-07 | 54 | 18 | 성공 | |
| 2003.01.29. | Delta II | 7925-9.5 | 295 | Cape Canaveral | GPS IIR-08 | 56 | 16 | 성공 | |
| 2003.03.31. | Delta II | 7925-9.5 | 297 | Cape Canaveral | GPS IIR-09 | 45 | 21 | 성공 | |
| 2003.12.21. | Delta II | 7925-9.5 | 302 | Cape Canaveral | GPS IIR-10 | 47 | 22 | 성공 | |
| 2004.03.20. | Delta II | 7925-9.5 | 303 | Cape Canaveral | GPS IIR-11 | 59 | 19 | 성공 | |
| 2004.06.23. | Delta II | 7925-9.5 | 305 | Cape Canaveral | GPS IIR-12 | 60 | 23 | 성공 | |
| 2004.11.06. | Delta II | 7925-9.5 | 308 | Cape Canaveral | GPS IIR-13 | 61 | 02 | 성공 | |

2000년 5월 1일 세계시로 자정을 기해 고의적인 잡음신호였던 SA가 해제되어 민간목적의 단독위치결정에서도 10$m$ 내외의 오차를 갖는 위치자료가 수신되기 시작하였다.

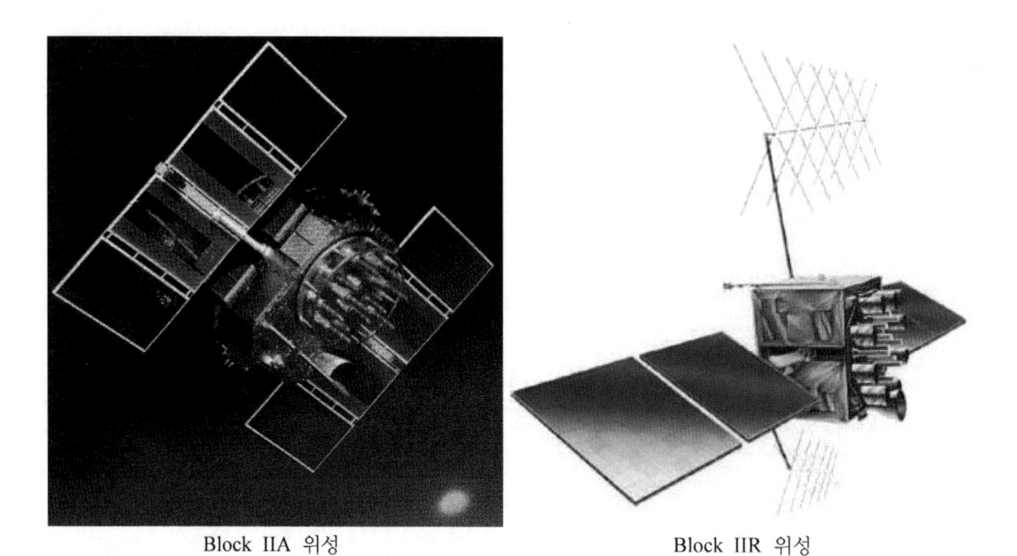

Block IIA 위성　　Block IIR 위성

그림 3-2. 중기 GPS 위성

2003년 이후 초기 위성인 Block I 위성들이 수명이 다하여 이들을 대신할 새로운 위성들이 지속적으로 발사되었고 2004년 3월 20일에는 50번째 GPS 위성이 진수되었다. 또한 2005년 9월 25일 첫 번째 Block IIR-M 위성이 발사되어 새로운 형태의 신호인 군사용 M 신호와 민간용 L2C 신호를 전송하기 시작하면서 과거 L2 신호의 향상된 형태인 L2C와 신설된 L5파를 통해 Galileo 및 GLONASS-M과의 경쟁에서 우위를 유지하기 위한 과감한 신호제공 서비스가 시작되었다. 여기서 M은 새로 보충되는 현대화 기능이 추가된 위성설계(replenishment satellite design with Modernizedfeatures)를 의미하며 재정비되고 현대화된 특성의 새로운 위성을 의미한다.

표 3-5. GPS Block IIR-M 위성

| 발사일시 | 발사로켓 | 로켓형식 | 일련번호 | 발사 기지 | 위성 | 위성번호 | PRN | 결과 | 비고 |
|---|---|---|---|---|---|---|---|---|---|
| 2005.09.26. | Delta II | 7925-9.5 | 313 | Cape Canaveral | GPS IIR-M-1 | 53 | 17 | 성공 | L2C 방송 |
| 2006.09.25. | Delta II | 7925-9.5 | 318 | Cape Canaveral | GPS IIR-M-2 | 52 | 31 | 성공 | |
| 2006.11.17. | Delta II | 7925-9.5 | 321 | Cape Canaveral | GPS IIR-M-3 | 58 | 12 | 성공 | |
| 2007.10.17. | Delta II | 7925-9.5 | 328 | Cape Canaveral | GPS IIR-M-4 | 55 | 15 | 성공 | |
| 2007.12.20. | Delta II | 7925-9.5 | 331 | Cape Canaveral | GPS IIR-M-5 | 57 | 29 | 성공 | |
| 2008.03.15. | Delta II | 7925-9.5 | 332 | Cape Canaveral | GPS IIR-M-6 | 48 | 07 | 성공 | |
| 2009.03.24. | Delta II | 7925-9.5 | 340 | Cape Canaveral | GPS IIR-M-7 | 49 | 27 | 성공 | L5 시험방송 |
| 2009.08.17. | Delta II | 7925-9.5 | 343 | Cape Canaveral | GPS IIR-M-8 | 50 | 05 | 성공 | L5 방송취소 |

표 3-6. GPS Block IIF 위성

| 발사일시 | 발사로켓 | 로켓형식 | 발사 기지 | 위성 | 위성번호 | PRN | 결과 | 비고 |
|---|---|---|---|---|---|---|---|---|
| 2010.05.28. | Delta IV | M+(4,2) | Cape Canaveral | GPS IIF SV-1 | 25 | 25 | 임무수행 중 | L5 방송 |
| 2011.07.16. | Delta IV | M+(4,2) | Cape Canaveral | GPS IIF SV-2 | 63 | 01 | 임무수행 중 | |
| 2012.10.04. | Delta IV | M+(4,2) | Cape Canaveral | GPS IIF SV-3 | 65 | 24 | 임무수행 중 | |
| 2013.05.15. | Atlas V | 401 | Cape Canavera | GPS IIF-4 | 66 | 27 | 임무수행 중 | |
| 2014.02.21. | Delta IV | M+(4,2) | Cape Canavera | GPS IIF-5 | 64 | 30 | 임무수행 중 | |
| 2014.05.17. | Delta IV | M+(4,2) | Cape Canavera | GPS IIF-6 | 67 | 06 | 임무수행 중 | |
| 2014.08.02. | Atlas V | 401 | Cape Canavera | GPS IIF-7 | 68 | 09 | 임무수행 중 | |
| 2014.10.29. | Atlas V | 401 | Cape Canavera | GPS IIF-8 | 69 | 03 | 임무수행 중 | |
| 2015.03.25. | Delta IV | M+(4,2) | Cape Canavera | GPS IIF-9 | 71 | 26 | 임무수행 중 | |
| 2015.07.15. | Atlas V | 401 | Cape Canavera | GPS IIF-10 | 72 | 08 | 임무수행 중 | |
| 2015.10.31. | Atlas V | 401 | Cape Canavera | GPS IIF-11 | 73 | 10 | 임무수행 중 | |
| 2016.02.05. | Atlas V | 401 | Cape Canavera | GPS IIF-12 | 70 | 32 | 임무수행 중 | |

Block IIR-M 위성

Block IIF 위성

그림 3-3. 현재 활동 중인 GPS 위성

GPS Block III 위성은 향후 30년 이상을 주도할 위성기반의 항법과 시각(時刻)결정 부분에 사용자의 요구를 충족시키기 위한 미 공군의 새로운 계획으로 시작되었다. 록히드마틴 *Lockheed Martin*과 보잉 *Boeing*에 의해 주도된 이 계획은 최종적으로 미 공군이 록히드마틴을 새로운 개발자로 선정하여 2014년까지 14억 달러에 해당되는 8개의 GPS IIIA 위성을 제작하였고 향후 8개의 GPS IIIB 위성과 16개의 GPS IIIC 위성을 지속적으로 발사할 계획도 세워 놓았다. GPS III 위성은 길이 5.3$m$, 폭 1.5$m$의 크기로 중량은 855$kg$이고 수평위치 오차는 3$m$, 궤도는 기존 GPS 위성의 궤도와 유사한 20,200$km$, 그리고 서비스 제공수명은 15년으로 계획하고 있다.

GPS IIIA 위성이 가동되면 군용 및 민간 사용자 모두에게 향상된 위치와 항법 및 시각정보를 제공하게 되며 현대화된 민간용 신호인 L1C 반송파(搬送波, carrier wave)

그림 3-4. 추진 중인 GPS Block III 위성

도 함께 제공될 예정이다. 이러한 GPS III 위성이 모두 배치되면 위성 간의 송수신과 통제가 가능해질 것으로 예상되며, 지상 안테나를 통해 모든 위성의 궤도를 결정하지 않고 하나의 지상국의 신호만으로도 통제하고 조정할 수 있게 될 것으로 기대되고 있다.

향후 미국은 러시아의 GLONASS-M 및 GLONASS-K, 유럽연합의 Galileo 위성, 그리고 중국의 Beidou 시스템과 경쟁하기 위하여 민간용 신호를 대폭 개선하고 다음 표 3-7과 같이 새로운 위성을 쏘아 올릴 계획을 수립하였다. 2017년 2월 현재 활동하고 있는 GPS 위성의 현황은 다음 표 3-8과 같다.

표 3-7. BLOCK III 계획

| 위성 종류 | 발사 일자 | 발사 로켓 | 로켓 형식 | 위성 이름 | 위성 번호 | 발사기지 |
|---|---|---|---|---|---|---|
| Block IIIA | 2018.03. | Delta IV | M+(4,2) | GPS IIIA-1 | 74 | 미국 캘리포니아 공군기지 (예정) |
| | 2018.05. | Falcon 9 | Full Thrust | GPS IIIA-2 | 75 | |
| | 2019. | 계획 중 | 계획 중 | GPS IIIA-3 | 76 | |
| | 미정 | 계획 중 | 계획 중 | GPS IIIA-4 | 77 | |
| | 미정 | 계획 중 | 계획 중 | GPS IIIA-5 | 78 | |
| | 미정 | 계획 중 | 계획 중 | GPS IIIA-6 | 79 | |
| | 미정 | 계획 중 | 계획 중 | GPS IIIA-7 | 80 | |
| | 미정 | 계획 중 | 계획 중 | GPS IIIA-8 | 81 | |
| | 미정 | 계획 중 | 계획 중 | GPS IIIA-9 | 82 | |
| | 미정 | 계획 중 | 계획 중 | GPS IIIA-10 | 83 | |



### 1.2. GPS의 구성

GPS는 미국 공군이 군사적 목적으로 제작한 시스템으로 위성에서 발사된 신호를 수신하는 수신기의 위치와 시간은 물론 이동속도까지도 관측할 수 있는 시스템이다. 이 위성에는 약 16만 년에 1초 정도의 오차가 있는 정밀한 원자시계가 탑재되어 하나의 안테나와 수신기를 이용하여 관측하는 단독위치결정을 하는 경우 약 10$m$의 오차로 3차원 위치를 결정할 수 있고 $10^{-9}$ 단위 이하의 시각정보를 제공한다.

GPS는 현재 로스앤젤레스 *Los Angeles* 공군기지에 설치된 합동프로그램사무소(JPO, Joint Program Office)에서 책임을 맡아 미국방성에 의해 GPS의 개발 및 운영에 대한 통제를 받고 있으며, 이 사무소에서는 현재 GPS를 관리하고 운영하는 세 부문인 우주부문(space segment), 제어부문(control segment), 사용자부문(user segment)을 관장하고 있다.

표 3-8. GPS 위성의 현황

| 전체 위성 수 | 32개 |
|---|---|
| 작동 위성 | 31개 |
| 작동 준비 위성 | -개 |
| 보수 중인 위성 | 1개 |

| 궤도면 | 궤도번호 | 위성번호 | 위성종류 | 발사일 | 작동 개시 | 작동 중지 | 활동개월 수 | 비 고 |
|---|---|---|---|---|---|---|---|---|
| A | 1 | 24 | II-F | 2012.10.04. | 2012.11.14 | | 64.7 | |
| | 2 | 31 | IIR-M | 2006.09.25. | 2006.10.13. | | 137.9 | |
| | 3 | 30 | II-F | 2014.02.21. | 2014.05.30. | | 46.3 | |
| | 4 | 7 | IIR-M | 2008.03.15. | 2008.03.24. | | 120.5 | |
| | | | | | | | | |
| | | | | | | | | |
| B | 1 | 16 | II-R | 2003.01.29. | 2003.02.18. | | 181.7 | |
| | 2 | 25 | II-F | 2010.05.28. | 2010.08.27. | | 91.4 | |
| | 3 | 28 | II-R | 2000.07.16. | 2000.08.17. | | 211.8 | |
| | 4 | 12 | IIR-M | 2006.11.17. | 2006.12.13. | | 132.7 | |
| | 5 | 26 | II-F | 2015.03.25. | 2015.04.20. | | 35.6 | |
| | 6 | | IIR-M | 2009.03.24. | | | | |
| C | 1 | 29 | IIR-M | 2007.12.20. | 2008.01.02. | | 120.1 | |
| | 2 | 27 | II-F | 2013.03.15. | 2013.06.21. | | 57.5 | |
| | 3 | 8 | II-F | 2015.07.15. | 2015.08.12. | | 31.8 | |
| | 4 | 17 | IIR-M | 2005.09.26. | 2005.11.13. | | 148.8 | |
| | 5 | 19 | II-R | 2004.03.20. | 2004.04.05. | | 168.1 | |
| | | | | | | | | |
| D | 1 | 2 | II-R | 2004.11.06. | 2004.11.22. | | 157.4 | |
| | 2 | 1 | II-F | 2011.07.16. | 2011.10.14. | | 74.7 | |
| | 3 | 21 | II-R | 2003.03.31. | 2003.04.12. | | 176.8 | |
| | 4 | 6 | II-F | 2014.05.17. | 2014.06.10. | | 45.9 | |
| | 5 | 11 | II-R | 1999.10.07. | 2000.01.03. | | 216.1 | |
| | 6 | 18 | II-A | 1993.10.26. | 1993.11.22. | | 292.6 | |
| E | 1 | 3 | II-F | 2014.10.29. | 2014.12.12. | | 39.8 | |
| | 2 | 10 | II-F | 2015.10.30. | 2015.12.09. | | 27.9 | |
| | 3 | 5 | IIR-M | 2009.08.17. | 2009.08.27. | | 103.4 | |
| | 4 | 20 | II-R | 2000.05.11. | 2000.06.01. | | 214.3 | |
| | | | | | | | | |
| | 6 | 22 | II-R | 2003.12.21. | 2004.01.12. | | 170.9 | |
| F | 1 | 32 | II-F | 2016.02.25. | 2016.03.09. | | 24.9 | |
| | 2 | 15 | IIR-M | 2007.10.17. | 2007.10.31. | | 125.3 | |
| | 3 | 9 | II-F | 2014.08.02. | 2014.09.17. | | 42.6 | |
| | 4 | 23 | II-R | 2004.06.23. | 2004.07.09. | | 165.0 | |
| | 5 | 14 | II-R | 2000.11.10. | 2000.12.10. | | 208.0 | |
| | 6 | 13 | II-R | 1997.07.23. | 1998.01.31. | | 242.3 | |

* 2018.04.06., 수신된 항법메시지 자료를 근거로 작성한 것임.

### (1) 우주부문

우주부문은 24개의 위성과 세 개의 보조 위성으로 구성되어 전파신호를 보내는 역할을 담당한다. 초기 GPS 위성은 1978년 2월 적도에 대한 경사각이 63°인 우주궤도에 올려졌고 무게는 455$kg$, 공급전력은 400 $W$이며 예상수명은 5년이었다.

모든 GPS 위성에는 세슘 원자시계와 루비듐 시계가 각각 두 개씩 장착되어 정밀한 시간을 유지하도록 하였고 위성마다 의사난수잡음(PRN, Pseudo Random Noise) 코드라 불리는 고유코드를 발생하여 이 코드에 의해 위성들을 구분한다. PRN 코드는 2진 체계의 코드로 의사잡음(pseudonoise) 코드라고도 하며 이러한 코드는 거리계산 시스템에 사용되어 C/A-코드(Coarse/Acquisition code 또는 standard code)와 P-코드(Precise code)로 송신된다.

GPS 위성에 장착된 안테나는 헬릭스 어레이(Helix Array)로 가장 큰 이득값(gain)은 15$dB$이며 오른쪽으로 치우쳐 설치되어 있다. GPS 위성은 지상고도 약 20,183$km$에서 원에 가까운 타원궤도를 돌고 있으며 궤도 경사각은 55°이다. 적도면에 등간격으로 분포된 6개의 궤도면에 각각 네 개씩 위성이 할당되어 전체 시스템은 총 24개의 위성으로 구성되며, GPS 위성이 지구를 한 바퀴 도는 공전주기는 11시간 58분의 항성시로 하루에 두 번씩 지구를 공전한다.

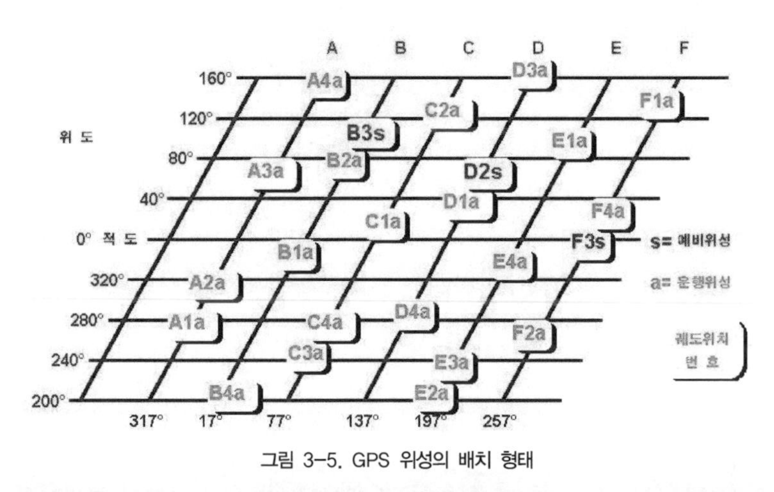

그림 3-5. GPS 위성의 배치 형태

그림 3-6. GPS 위성의 궤도

GPS 위성은 전파송수신기, 원자시계, 컴퓨터 및 작동에 필요한 여러 보조 장치를 탑재하고 있고, 위성의 공간상 위치와 삼차원 후방교회법에 의해서 사용자의 위치를 결정한다. 초기 GPS 위성은 미국의 락웰 *Rockwell*에서 제작하였고, 위성의 가격은 대당 약 4천만 달러였다. 발사가격은 1천만 달러, 무게는 Block II 위성의 경우 900$kg$ 정도이며, 태양 전지판을 완전히 펼쳤을 경우 폭이 약 5$m$가 된다.

### (2) 제어부문

제어부문은 위성의 통제와 위성시스템의 연속적인 제어, GPS의 시각결정, 위성 시간값 예측, 각각의 위성에 대한 주기적인 항법메시지의 갱신 등과 같은 일을 한다. 지상 관제국은 하나의 주관제국(MCS, Master Control Station)과 5개의 무인 부관제국(MS, Monitor Station), 그리고 갱신자료를 송신할 수 있는 지상송신국(GA, Ground Antenna)으로 구성되어 있다.

주관제국은 미국 콜로라도 스프링스(Colorado Springs)의 팰콘 공군기지(Falcon Air Force Station)에 위치하고 있으며, 이곳에서는 부관제국으로부터 전송된 자료를 사용하여 방송궤도력(broadcast ephemeris)과 원자시계오차(atomic clock bias)를 추정하고 이 결과를 GPS 위성으로 전송하는 역할을 담당한다.

주관제국은 부관제국으로부터 자료를 받아 위성이 자신의 궤도를 유지하는데 필요한 모든 처리와 계산을 하며 각 위성의 궤도를 포함한 항법메시지(navigation massage)를 만들어 낸다. 이때 주관제국과 부관제국, 지상송신국 사이의 통신은 GPS가 아닌 다른 위성을 이용하여 이루어진다.

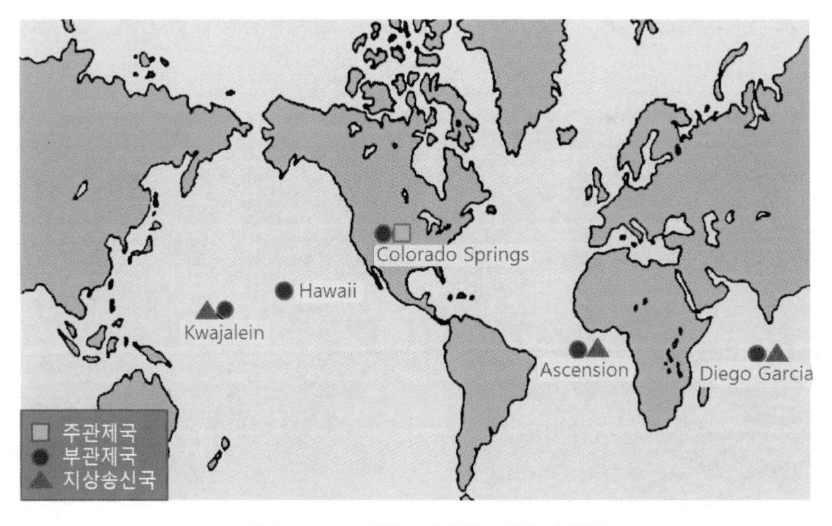


그림 3-7. GPS 위성 관측소를 포함한 제어부문

부관제국은 그림 3-7에 나타난 것과 같이 적도 부근에서 전 세계에 고루 배치되어 있다. 위성에서 전송하는 신호는 콰잘레인(Kwajalein), 디에고가르시아(Diego Garcia), 어센션(Ascension), 하와이(Hawaii) 및 콜로라도(Colorado)에 위치해 있는 5개의 부관제국에서 수신된다. 부관제국에서는 상공을 지나는 모든 GPS 위성을 추적하여 위성까지의 거리와 거리변화율을 동시에 관측하여 신호를 저장한 후 주관제국으로 전송하게 되며 이 통신시설을 DSCS(Defense Satellite Communication System)라 한다. 주관제국은 위성의 정확한 궤도, 일력, 위성시간을 계산하여 최신의 정보로 갱신하게 된다. 갱신된 정보들은 위성을 제어하고 감시하는 지상송신국을 통해 각 위성에 전달되고 각각의 위성은 GPS 수신기에 자료를 전송하여 사용자들이 이용하게 된다.

관제국과는 별도로 적도면을 따라 일정한 간격으로 위치하고 있는 세 개의 지상송신국은 S-파장대를 통해 위성으로 신호를 전송하기도 하고(up-link 1,783.74*MHz*), 자료를 전송받기도 하여(down-link 2,227.5*MHz*) 위성의 작동 상태에 관한 자료를 수신하고 위성을 제어하는 신호와 주관제국으로부터 받은 새로운 내용의 항법메시지를 위성으로 전송한다.

이 외에 유사시에 주관제국을 대신할 수 있는 두 개의 예비 주관제국을 캘리포니아의 써니베일(Sunnyvale)에 두고 있다.



### (3) 사용자부문

사용자부문은 위성으로부터 전송되는 신호를 이용하여 수신기의 위치를 결정하고 활용하는 분야로 GPS 수신기와 사용자로 구성된다. 즉, 사용자부문은 위성으로부터 전송되는 시간과 위치정보를 처리하여 정확한 위치와 속도를 구하는 사용자를 의미한다. 사용자부문에서 이용하는 GPS 수신기는 안테나와 위성신호를 수신하여 항법을 수행하는 처리장치, 조작부분 그리고 화면출력장치와 같은 세 개의 구성요소로 이루어져 있다. 구하고자 하는 대상지점의 3차원 좌표와 시간이 합쳐져 네 개의 미지수를 결정해야 하기 때문에 네 개 이상의 위성에서 동시에 위성신호를 받아야 위치와 시간을 결정할 수 있다.

### 1.3. GPS 위성신호 및 서비스

GPS 위성신호는 PRN 코드와 반송파, 그리고 항법메시지로 구성된다.

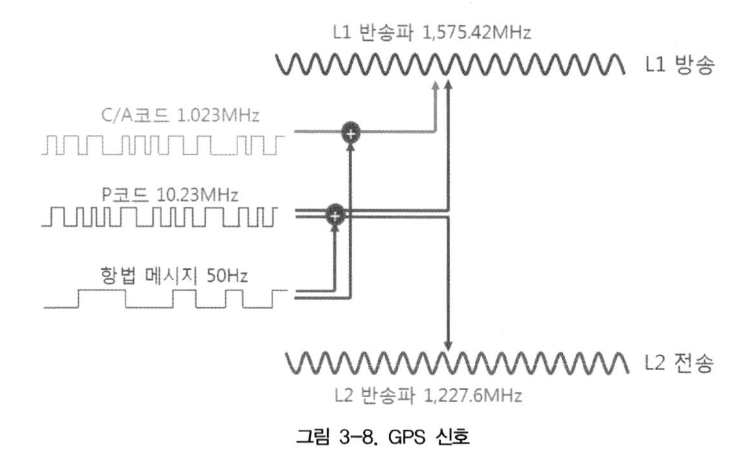


그림 3-8. GPS 신호

#### (1) PRN 코드와 반송파

의사난수잡음라고도 불리는 PRN(Pseudo Random Noise) 코드는 C/A-코드(Coarse/Acquisition code)와 P-코드(Precise code)로 구성되며 위성의 고유번호를 구분하고 의사거리를 관측할 때에도 사용된다. 수신기는 1번 위성부터 시작하여 각 위성과의 상관값을 검사하여 수신한 신호가 몇 번 위성의 신호인지를 알아내고 위성궤도력을 이용하여 위성의 위치를 알아낸 후 의사거리를 구하여 수신기의 위치를 역으로 계산하게 된다.

GPS 위치결정서비스는 SPS(Standard Positioning Service, 표준위치결정 서비스)와 PPS(Precise Positioning Service, 정밀위치결정 서비스)로 구분되며 이 중 SPS는 민간영역에서 사용하고 PPS는 주로 군사부문의 용도에서 사용하고 있다.

C/A-코드와 P-코드는 각각 반복주기가 $1ms$(millisecond)와 7일(1주일)인 PRN이다.

#### 1) C/A-코드

C/A-코드는 비트율(bit rate) 1.023$Mbps$로 위성마다 고유한 PRN 코드가 부여된다. C/A-코드의 주파수는 1.023$MHz$이고 이 값은 P-코드의 1/10의 주파수를 갖기 때문에 300$m$의 파장이 된다.

### 2) P-코드

P-코드는 비트율(bit rate) 10.23$Mbps$로 이 코드 역시 위성마다 고유한 PRN 코드가 할당되며 이 코드가 사용하는 주파수는 C/A-코드보다 10배 빠른 10.23$MHz$이다. 이 값은 매초 30$m$의 파장으로 $10^7$의 이진부호가 전송되는 양이다.

여기에서 각각의 주파수와 파장의 관계는 다음 식으로 설명할 수 있다.

$$\lambda = \frac{c}{f}$$

여기서, $\lambda$: 파장
$c$: 광속도(299,792,458$m$/sec)
$f$: 주파수

C/A-코드는 민간에 개방되어 있으나 P-코드는 군사용으로만 사용하기 위해 비공개 암호를 이용하여 전송된다. 암호화된 P-코드를 Y-코드 또는 P(Y)-코드라고 하며 이것을 해독하기 위해서는 특수한 장비가 필요하고 1주일 단위로 갱신되는 암호를 알아야 한다.

표 3-9. P-코드와 C/A-코드의 비교

| 신호 종류 | | P-코 드 | C/A-코 드 |
|---|---|---|---|
| PRN 반복주기 | | 7일 | 1$ms$ |
| 위 치 오 차 | | 6~20$m$ | 8~60$m$ |
| 사용 반송파 | | L1과 L2 | L1 |
| 코 드 길 이 | | 6.1871×1012$bit$ | 1023$bit$ |
| 파 장 길 이 | | 30$m$ | 300$m$ |
| 주 파 수 | | 10.23$MHz$ | 1.023$MHz$ |
| 제 공 | 형 태 | AS-mode로 동작하기 위해<br>Y-code로 암호화되어 제공 | L1에 변조되어 제공 |
| | 대 상 | PPS(군사용 정밀 위치결정 서비스) | SPS(민간용 표준 위치결정 서비스) |

### (2) 반송파

GPS 위성은 위성시계의 발진을 통한 L-파장대의 주파수를 이용하여 1,575.42$MHz$의 주파수를 가진 L1파와 1,227.60$MHz$의 주파수를 가진 L2파 2개의 반송파(搬送波, carrier wave) 신호를 이용하여 전송한다. L1파의 주파수 1,575.42$MHz$는 GPS 기본 주파수 10.23$MHz$의 154배로 10.23$MHz$×154로 계산할 수 있다. L2파의 주파수 1,227.60$MHz$ 역시 GPS의 기본 주파수 10.23$MHz$의 120배에 해당하는 값으로 10.23$MHz$×120으로 구할 수 있다.

앞의 그림 3-8에서 표현한 GPS의 신호와 같이 L1 반송파에는 C/A-코드와 P-코드가 모두 실려 방송되고 L2에는 P-코드만 변조된다. L1 반송파 주파수를 통해 전송되는 정보는 1초당 50bit이며 여기에는 C/A-코드와 P-코드가 함께 변조되어 실리게 된다. 이와는 대조적으로 L2 반송파에는 P-코드만 실리게 된다. 민간용으로 수신할 수 있는 파장은 L1이었지만, 현재는 2주파 방식의 수신기를 이용해 L1과 L2파를 모두 수신할 수 있다. 그러나 민간용 위치결정에는 P-코드는 수신할 수 없기 때문에 L1파에 변조된 신호인 C/A-코드만 사용할 수 있다.

### (3) 항법메시지

수신기에서 수집한 PRN 코드를 이용하여 대상지의 3차원 위치를 결정할 때 이 신호가 어느 위성으로부터 온 것인지를 파악한 후 이 위성의 시각정보, 궤도위치를 비롯한 여러 특성을 알아야 한다. 항법메시지(navigation message)에는 이러한 특정 PRN 코드를 보낸 위성에 대한 각종 정보가 수록되어 각각의 수신기에 전달된다. 이 항법메시지에는 위성의 상태정보, 위성에 탑재된 시계의 시각 및 오차, 궤도정보와 천체력(almanac), 위성궤도력(ephemeris), 오차보정을 위한 계수 등이 포함되어 있고 50bps의

표 3-10. GPS 위성신호 종류

| 신 호 | 내 용 | | |
|---|---|---|---|
| PRN 코드 | P-코드(10.23MHz) | | - 군사용으로 사용<br>- L1과 L2파 모두에 실려 전송 |
| | C/A-코드(1.023MHz) | | - 민간 부문에 사용<br>- L1파에 실려 전송 |
| | M-코드(10.23MHz) | | - 군사용으로 사용되던 P-코드의 새로운 형태<br>- 기존의 P-코드에 비해 20dB 이상, 약 100배 강도의 신호<br>- L1과 L2파 모두에 실려 전송 |
| 반 송 파 | L1 | 1,575.42MHz<br>(154×10.23MHz) | - 처음부터 제공되던 주파수 파장<br>- P-코드와 C/A-코드 모두 방송 |
| | L1C | 1,575.42MHz<br>(154×10.23MHz) | - 민간 사용자를 위해 L1에 실려 전송<br>- 2014년 Block III 발사 이후 방송 시작<br>- Galileo L1보다 높은 민간 사용성 제공 목표 |
| | L2 | 1,227.60MHz<br>(120×10.23MHz) | - 처음부터 제공되던 주파수 파장<br>- P-코드만 전송 |
| | L2C | 1,227.60MHz<br>(120×10.23MHz) | - 민간 사용자를 위해 방송<br>- C/A와는 다르게 2개의 특별한 PRN코드(CM, CL) 전송<br>- 2005년 Block IIR-M부터 방송 시작 |
| | L5 | 1,176.45MHz<br>(115×10.23MHz) | - 생활안전(Safety of Life) 신호 전송<br>- 2010년 Block IIF 위성부터 방송 시작<br>- L1과 L2파에 비해 3dB(2배 강도) 강한 신호 송출 |
| 항법 메시지 | - GPS 위성의 궤도, 시간, 다른 시스템의 변수값들을 포함<br>- C/A-코드와 함께 L1파에 실려서 전송 | | |

속도로 전송된다.

항법메시지 중 궤도정보 및 이력에는 모든 GPS 위성의 비교적 장기간 동안 유지되는 궤도정보가 들어 있고 이를 완전히 송신하는데 12.5분이 걸린다. GPS 수신기의 초기 구동을 위해서는 궤도정보 및 이력의 완전한 수신이 필요하므로 이와 같은 초기화 시간이 필요하다. 한 위성으로부터 궤도정보 및 이력의 수신이 완료된 이후에 다른 위성으로부터의 수신이 진행된다. 위성궤도력(ephemeris)에는 지상 제어국으로 부터 신호를 받아 2시간마다 갱신되고 4시간 동안 유효한 개별 위성의 궤도정보가 담겨 있다. 이와 같은 항법메시지는 C/A-코드 및 P-코드와 함께 L1과 L2 반송파에 실려 송신된다.

### (4) 현대화된 GPS 신호

미국은 GPS의 현대화와 GLONASS 및 Galileo와의 경쟁력을 갖추기 위해 새로운 민간신호의 추가적인 신호 서비스를 하기 위해 시행 중이거나 준비하고 있다.

#### 1) M

GPS 근대화 계획에서 중요한 과정 중 하나는 새로운 군용신호를 전송하는 것이다. M-코드라고 불리는 군용코드(military code)는 기존의 군용코드에 비해 자료의 손실을 줄이고 효율적인 보안시스템을 통해 안전하게 사용할 수 있다. 이러한 새로운 군용코드는 미군에 의해 제한적으로 다루어지기 때문에 공식적으로 소개되지 않고 있고 5.511 $MHz$의 주파수를 갖고 공개되지 않은 크기로 변조된 PRN 코드를 사용한다는 것만 알려져 있다. P(Y)-코드와의 차별점은 M-코드가 자율적(autonomous)으로 설계되었다는 것으로 이것은 M-코드 하나만으로도 사용자가 자신의 위치를 계산할 수 있다는 것을 의미한다. P(Y)-코드는 최초에 사용자가 C/A-코드를 통해 수신기 신호를 결정하여 위치를 고정한 후 이 고정값을 P(Y) 코드로 전송하여 정확한 위치를 계산할 수 있도록 설계되었지만 시간이 흐르면서 사용자가 자율적인 기법에 의한 P(Y)-코드를 사용하도록 하는 직접위치관측기법으로 진화되었다.

민간부분에서 CNAV(Civil NAVigation)라고 불리는 항법메시지를 수신하는 것과는 달리 M-코드는 MNAV(Military NAVigation)라고 하는 군사 전용의 항법메시지를 사용한다. 이 메시지는 새로운 CNAV와 유사하게 프레임 대신 패킷으로 전송되어 매우 유연한 데이터의 유효탑재(payload)가 가능하며 이를 위해 오차선보정(FEC, Forward Error Correction)과 오차감지기법을 사용한다.

M-코드는 기존의 군용신호인 P(Y)-코드와 마찬가지로 L1과 L2에 의해 전송된다. 그러나 이 새로운 신호의 주파수는 기존의 P(Y)와 C/A 파장대 가장자리의 주파수 영역에서 신호를 전송하도록 설정해 놓았다. 이렇게 주파수의 중심위치가 아닌 가

**표 3-11. GPS 현대화에 따라 신설되는 민간사용 신호**

| 파 장 | 상 태 | | 특 징 |
|---|---|---|---|
| L2C | - 현재 9개 위성에서 방송<br>- 2005년 Block IIR-M에서 방송 시작<br>- 2018년 24개의 GPS 위성에서 방송 | 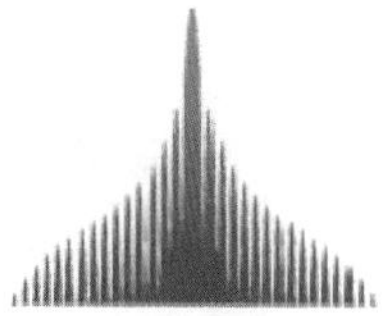 | - 주파수 1,227.60*MHz*<br>- 2번째 민간용 신호<br>- RNSS(Radio Navigation Satellite System)의 라디오파<br>- 다중메시지 형태와 오차보정을 포함하는 현대화된 신호<br>- 이진위상키 이동(BPKS, Binary Phase Key Shifting) 변조<br>- 무코드 추적(codeless tracking)을 위한 할당영역 포함 |
| L5 | - 현재 9개 위성에서 방송<br>- 2010년 Block IIF 위성부터 방송 시작<br>- 2021년 24개의 GPS 위성에서 방송 | 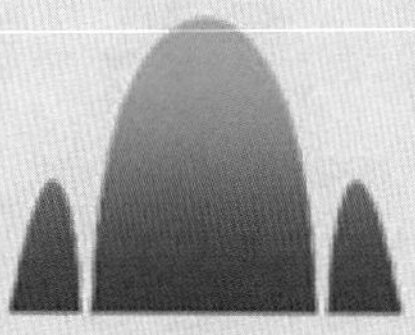 | - 주파수 1,176.45*MHz*<br>- 3번째 민간용 신호<br>- 고정밀 보안 ARNS 전파 주파수대<br>- L1의 C/A-코드나 L2C보다 강한 전송전력<br>- 진보된 통신혼잡저항을 위해 넓어진 주파수대역 채택<br>- 여러 개의 신호형태와 오차보정을 포함하는 현대화된 신호<br>- 이진 분할반송파(BOC, Binary Offset Carrier) 변조<br>- 무코드 추적(codeless tracking)을 위한 할당영역 포함 |
| L1C | - 2015년 Block III 위성부터 방송<br>- 2026년 24개의 GPS 위성에서 방송 |  | - 주파수 1,575.42*MHz*<br>- 4번째 민간용 신호<br>- ARNS 전파 주파수대<br>- 국제 GNSS 위성들과 상호호환을 위해 설계<br>- 오차보정을 포함하는 현대화된 신호설계(CNAV-2)<br>- 다중이진분할반송파(MBOC, Multiplexed Binary Offset Carrier) 변조 |

장자리로 이동시켜 신호를 전송하도록 거리를 두어 배치한 이유는 M-코드에서 spot beam이라고 불리는 높은 이득값을 갖는 지향성 안테나를 추가로 사용하여 기존의 GPS 신호보다 약 100배 정도 강한 20*dB* 강도의 전파를 수집할 수 있도록 하기 위함이다.

### 2) L2C

새로운 민간 사용자를 위한 신호인 L2는 2005년 Block IIR-M 위성을 통해 C/A-코드에 의해 전송되기 시작하였다. 이 신호는 L2 주파수에 의해 전송되기 때문에 L2C라고 불리게 되었다. 이 신호를 전송하기 위해서는 위성에 특수한 하드웨어가

장착되어 있어야 하기 때문에 Block IIR-M이라는 위성을 새로이 설계하였다. L2C는 향상된 항법정확도를 수행하기 위하여 신호추적을 용이하게 하도록 하는 기능이 추가되었고, 발생할 수도 있는 지역적인 전파간섭에 대비하기 위해 보조신호를 함께 제공한다.

L2C가 다른 C/A-코드와 다른 점은 2개의 특별한 PRN 코드를 포함한다는 것이다. 이 특별한 PRN 코드는 민간 변조코드인 CM(Civilian Moderate length)-코드와 민간 장파장코드인 CL(Civilian Long length)-코드이다. 이 파장들은 각각 20*ms*마다 반복되는 10,230*bit*의 길이와 1,500*ms*마다 반복되는 767,250*bit*의 길이를 갖는다. 2개의 민간 주파수를 이용하여 민간 사용자들도 암호화된 P(Y)-코드를 수신하는 군용의 수신기처럼 이온층 오차를 직접적으로 계산할 수 있다. 그러나 L2C 신호만 수신하는 경우 L1 신호에 비해 65% 정도의 불확실성이 포함된 자료를 수신하게 된다.

### 3) L5

민간 분야에 생활안전(Safety of Life) 신호인 L5는 2010년 첫 번째 Block IIF에 의해 방송이 시작되었다. 현재 2개의 PRN 거리관측코드가 L5에 실려 전송되고 있으며 주파수에 붙어 있는 L5의 5로부터 이 코드는 각각 I5(in-phase) 코드와 Q5(quadrature-phase) 코드라고 이름이 붙여졌다. 두 코드 모두 10,230*bit*의 길이를 가지며 10.23*MHz*로 전송된다. Block IIR-M7 위성에서 전송하고 있는 L5는 다음과 같은 특징이 있다.

| |
|---|
| - 향상된 성능을 위한 진보된 신호구조 |
| - L1/L2 신호에 비해 높은 전송강도(3*dB* 이상 또는 2배 이상의 강도) |
| - 10배 이상의 성능이득을 제공하는 넓은 신호대역 폭 |
| - C/A-코드에 비해 10배 이상 긴 확장코드 |
| - ARNS(Aeronautical Radio Navigation System)에 할당된 주파수대역 사용 |

이러한 L5파는 기존 전파의 영향을 거의 받지 않는 주파수 영역대를 사용하고 출력도 L1파보다 강하다는 장점이 있다. 따라서 세 번째 GPS 민간신호인 L5를 이용하여 사용자는 향상된 관측정확도와 안정적인 관측결과를 얻을 수 있다.

### 4) L1C

L1C는 민간에서 사용하는 주파수 대역으로 1,575.42*MHz*의 L1주파수에 의해 전송될 예정이다. 이러한 L1 주파수는 현재 모든 GPS 사용자들이 전송받는 C/A 신호

를 담고 있다. L1C는 2014년 계획된 첫 번째 Block III 위성이 발사된 이후 수신이 가능하게 되었다.

L1C에서 사용하는 PRN 코드는 10,230*bit*의 길이를 갖고 1초에 1.023*Mbit*로 전송되며 L2C와 마찬가지로 파이롯신호와 데이터 전송에 사용된다. L1C는 다음과 같은 특징이 있다.

| |
|---|
| - C/A-코드의 강도를 최소 1.5*dB* 이상 증가시켜 잡음발생 완화 |
| - data-less 신호요소 파일롯 전송파를 이용하여 위성추적 향상 |
| - Galileo 위성의 L1파와 함께 사용하여 민간영역의 정보처리 상호운용 확대 |

L1C의 항법메시지는 CNAV-2(Civil NAViagtion-2) 항법메시지라 불리며 1,800*bit*의 크기로 1초당 100*bit*씩 전송한다. 이 메시지는 9*bit* 크기의 시간정보, 600*bit*의 궤도력 데이터(ephemeris data), 274*bit*의 패킷화된 데이터 유효탑재(payload)로 구성된다.

### 1.4. GPS 주파수

모든 GPS 위성은 동일한 2가지 주파수인 1,575.42*MHz*의 L1 주파수와 1,227.6 *MHz*의 L2 주파수를 사용한다. 위성의 신호는 코드분할 방식(CDMA, Code Division Multiple Access)의 스프레드 스펙트럼(spread-spectrum) 기법을 사용하여 낮은 비트전송률을 갖는 메시지 데이터를 높은 전송률의 PRN 코드로 변환하여 각각의 위성을 구분할 수 있도록 한다. 수신기는 항상 각각의 위성에 대한 PRN 코드를 감지하여 실제 데이터와 동일하도록 자료를 재구성한다.

민간에서 이용하는 C/A-코드는 1초당 $1.023 \times 10^6$의 칩(chip)을 전송하는데 반해 미국 군용의 P-코드는 1초에 $10.23 \times 10^6$의 칩을 전송한다. 앞에서 설명한 바와 같이 L1 반송파에는 C/A와 P-코드 모두를 변조하지만 L2 반송파는 P-코드만 전송하고 이것은 다시 P(Y)-코드로 암호화되어 군용으로만 사용된다. 이렇게 암호화된 P(Y)-코드는 군용으로 제작된 GPS 수신기에서만 해독이 가능하다. C/A와 P(Y)-코드 모두는 사용자에게 정확한 시간정보를 제공해 주고 있으며 GPS에서 사용하는 모든 주파수는 다음 표 3-12와 같다.

표 3-12. GPS 반송파 종류 및 특성

<table>
<tr><th>반송파</th><th>주 파 수</th><th>단계</th><th>기존 서비스</th><th>현대화 서비스</th><th>사용 위성</th><th>비 고</th></tr>
<tr><td rowspan="2">L1</td><td rowspan="2">1,575.42 MHz<br>10.23 MHz×154</td><td>In-Phase (I)</td><td colspan="2">- 암호화된 정밀한 P(Y)코드</td><td rowspan="2">- Block IIR<br>- Block IIR-M<br>- Block IIF</td><td rowspan="2">- 현재 방송<br>- 오차보정 불가</td></tr>
<tr><td>Quadrature-Phase (Q)</td><td>- C/A-코드</td><td>- 민간 : C/A-코드 L1C-코드<br>- 군용 : M-코드</td></tr>
<tr><td rowspan="2">L2</td><td rowspan="2">1,227.60 MHz<br>10.23 MHz×120</td><td>In-Phase (I)</td><td colspan="2">- 암호화된 정밀한 P(Y)코드</td><td rowspan="2">- Block IIR-M<br>- Block IIF</td><td rowspan="2">- 2005년 방송시작<br>- 오차보정 가능</td></tr>
<tr><td>Quadrature-Phase (Q)</td><td>- 변조되지 않은 반송파</td><td>- 민간 : L2C-코드<br>- 군용 : M-코드</td></tr>
<tr><td>L3</td><td>1,381.05 MHz<br>10.23 MHz×135</td><td></td><td>- 핵실험 방지<br>- 시스템 payload</td><td></td><td></td><td></td></tr>
<tr><td>L4</td><td>1,379.913 MHz<br>10.23 MHz×1214/9</td><td></td><td>-</td><td>- 추가적인 전리층 보정을 위해 연구 중</td><td>- Block IIF</td><td></td></tr>
<tr><td rowspan="2">L5</td><td rowspan="2">1,176.45 MHz<br>10.23 MHz×115</td><td>In-Phase (I)</td><td rowspan="2">-</td><td>- 생활안전(SoL) 신호</td><td rowspan="2">- Block IIF</td><td rowspan="2">- 2014년 방송시작<br>- 오차보정 가능</td></tr>
<tr><td>Quadrature-Phase (Q)</td><td>- 생활안전(SoL) 파이롯신호</td></tr>
</table>

## 1.5. GPS 오차와 정확도

GPS를 이용하여 보다 정확한 대상물의 위치정보를 얻기 위해서는 관측을 시작할 때 위성의 위치를 고려해야 한다. GPS 수신이 각종 장애물에 의해 관측자에게 도달하지 못하거나, GPS 위성이 한쪽으로 몰려 있거나, 필요한 가시위성의 개수를 확보할 수 없는 경우에도 오차가 발생하게 된다. GPS의 오차에는 가시위성에 따른 시통에 의한 오차, 구조적 요인에 의한 오차, 위성의 배치에 따른 오차, 고의에 의한 오차 등이 있다.

### (1) 가시(可視) 위성에 따른 시통에 의한 오차

GPS 위성이 지구를 일주하는 시간인 주기는 0.5항성일이다. 기준국에서는 항상 위성의 궤도를 감시하고 위성이 이 주기로 지구를 선회하도록 고도를 제어하고 있다. 1항성일이란 지구가 항성계에 대하여 1회전하는데 걸리는 시간으로 23시간 56분 4.09초이며 이것은 지구가 360° 회전하는 시간, 즉 지구의 자전주기에 해당한다. 우리가 1일이라고 정하고 있는 것은 지구가 태양을 중심으로 하루에 1/365 만큼 이동하는 시간이 더 걸리게 되고 이 시간은 실제로 지구가 1회전하는 시간보다 3분 55.91초 길다. 항성일의 주기로 돌고 있는 위성은 완전히 지구의 자전과 동시에 이동하고 있기 때문이다. 위성은 항상 같은 장소의 상공을 통과하므로 이 때문에 GPS 측량이 가능한 시각이 하루에 약 4분 빨라지게 된다.

### (2) 구조적 요인에 의한 오차

표 3-13. 구조적 요인에 의한 GPS 오차

| 구분 | 세부 | 내용 | 크기 |
|---|---|---|---|
| 위성에서 발생하는 오차 | 위성궤도 오차 | - 항법메시지는 12.5분마다 갱신되어 전송<br>- 현재보다 이전의 항법메시지 정보를 사용하는 경우 현재 위성의 위치와 실제 위치가 일치하지 않아서 발생<br>- 보다 정확한 궤도정보와 이력을 별개의 채널을 통해 사용함으로써 오차 보정 | 크기 약 5$m$ |
| | 위성시계 오차 | - 위성 시계는 매우 정밀하지만 시간 밀림(clock drift)이 발생<br>- 최대 2$m$ 정도의 오차 발생 가능 | |
| 대기권 전파 지연 오차 | - 의사거리 오차를 줄이는 데에는 대기권으로 인한 오차를 줄이는 것이 가장 효과적<br>- 이 오차는 대기권을 통과하는 전파의 시간차 때문에 발생하며 이 영향으로 GPS 위성이 수신기 오차는 바로 머리 위에 있을 때 가장 작고 지평선 부근에 위치할 때 가장 크게 작용<br>- 위성신호의 전리층 통과 전파지연 | | 크기 약 2$m$ |
| | 전리층 오차 | - 산란으로 인한 것으로 신호의 주파수에 따라 변화<br>- 군사용의 고정밀 GPS 수신기는 L1과 L2 채널을 동시에 수신함으로써 전리층 효과를 직접 보정<br>- L1 채널만을 수신하는 일반 GPS 수신기는 항법메시지에 포함된 오차 보정계수만 사용해 전리층 효과를 보정하므로 오차 발생<br>- 전리층 오차는 태양활동에 영향을 받으며 태양활동 극대기일 때 전리층 오차 최대 | |
| | 대류권 오차 | - 대류권에 존재하는 공기와 수증기에 의해 발생하는 오차<br>- 전리층 오차보다 빠른 변화<br>- GPS 위성신호가 통과하는 거리가 고도에 따라 달라지기 때문에 발생<br>- 수신기의 높이값 오차는 대류권 오차와 밀접한 관계 | |
| 수신기에서 발생하는 오차 | 다중경로(multipath) 오차 | - 수신기 주변에 있는 건물 등의 지형지물 때문에 위성으로부터 방송된 신호가 굴절, 반사되어 발생하는 오차<br>- 협상관기(narrow correlator)나 특별히 설계된 안테나 등의 기법을 사용하여 오차보정 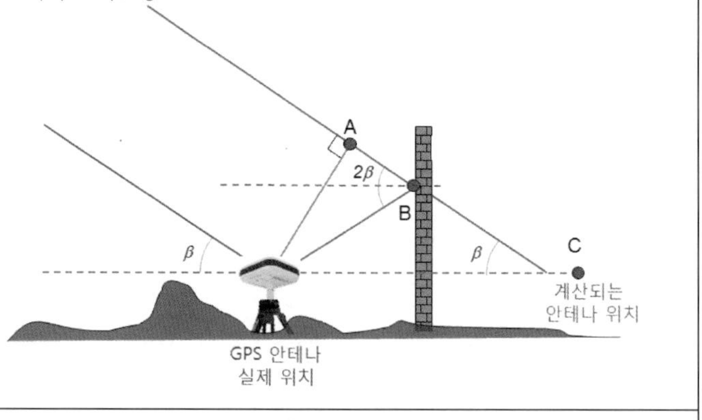<br>A, B, C, 2$\beta$, $\beta$, 계산되는 안테나 위치, GPS 안테나 실제 위치 | 크기 1~10$m$ |
| | 신호단절(cycle slip) | - 수신기에서 위성 신호를 받다가 순간적으로 신호가 끊어져서 발생하는 오차 | |
| | - 수신기 자체의 잡음 | | |
| | - 안테나 구심오차 | | |

### (3) 위성의 배치에 따른 오차

GPS 관측에서는 사용하는 위성의 배치에 따라 관측값이 영향을 받으며 여러 개의 위성으로부터 전파를 수신하더라도 위성의 배치가 한쪽으로 치우쳐 있다면 충분한 정밀도가 얻어지지 않는 경우가 있다.

DOP(Dilution Of Precision)는 정밀도의 저하를 나타내며 DOP 값 자체가 오차량을 직접 의미하는 것은 아니고 실제의 정밀도는 DOP에 단위관측정확도를 곱하여 계산한다. 이러한 DOP에는 높이와 관계된 VDOP, 평면위치인 2차원 위치결정의 HDOP, 3차원 위치결정의 PDOP, 시간의 TDOP, 2차원과 시간의 조합인 HTDOP, 그리고 기하학적인 정밀도를 나타내는 GDOP가 있다. 이러한 DOP의 종류는 다음 페이지 표 3-14에 나타나 있다.

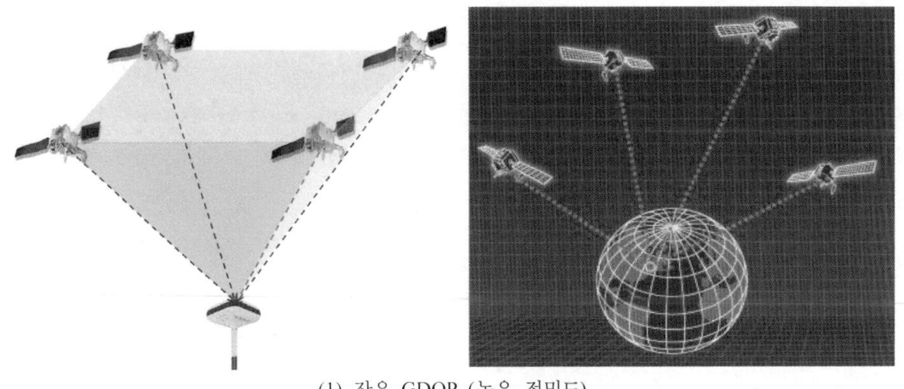

(1) 작은 GDOP (높은 정밀도)

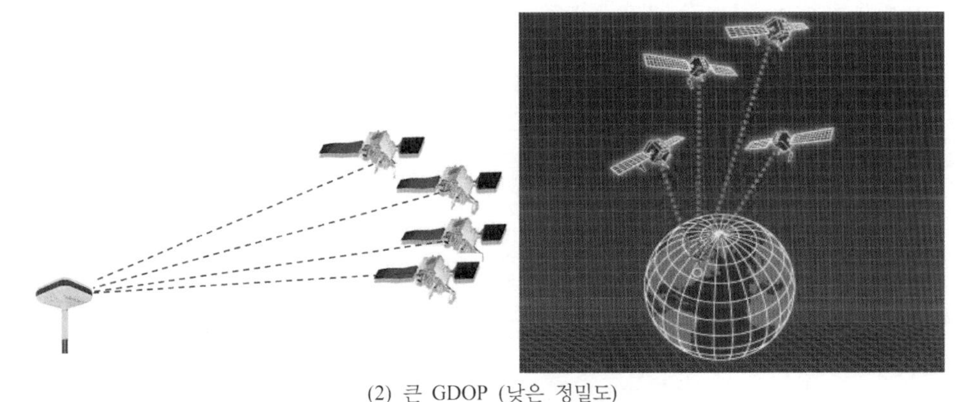

(2) 큰 GDOP (낮은 정밀도)

그림 3-9. GDOP 상태에 따른 관측 정확도 변화

표 3-14. DOP의 종류

| DOP의 종류 | 의 미 |
|---|---|
| - VDOP(Vertical DOP) | - 높이의 정밀도 |
| - HDOP(Horizontal DOP) | - 수평방향의 정밀도 |
| - PDOP(Position DOP) | - 3차원 위치결정의 정밀도 |
| - TDOP(Time DOP) | - 시간의 정밀도 |
| - HTDOP(Horizontal, Time DOP) | - 2차원 관측과 시간의 정밀도 |
| - GDOP(Geometrical DOP) | - 기하학적 정밀도 |

* 계산되는 정밀도 $\sigma$=DOP$\times\sigma_0$(단위관측정확도)

GDOP는 기하학적인 DOP로 GPS 관측에서 정밀한 값을 얻기 위해서는 GDOP 값이 작아야 한다. 이러한 조건은 한 개의 위성이 관측점 수직상공에 있고 나머지 세 개가 관측점을 포함한 수평면에 120°의 공간에 배치되어 있는 상태일 때 형성되거나, 수신기를 기준으로 사면체 도형이 거꾸로 놓여 있는 것과 같은 상태에서 만들어진다. 이 상태는 그림 3-10의 (1)과 같이 마치 피라미드를 뒤집어 놓고 뒤집혀져 아랫부분에 위치하게 되는 피라미드의 꼭짓점에는 GPS 안테나가, 평면을 형성하는 각 모서리에는 GPS 위성이 배치되어 있는 것과 같은 형상을 만들 때와 같다. 이 조건에서 얻어지는 GDOP의 값은 2 정도이다. 반대로 GDOP 값이 커지는 조건은 그림 3-10의 (2)와 같이 위성이 한쪽에 치우쳐 몰려 있는 경우이고 이때 GDOP 값은 상당히 커지게 되고 그만큼 정밀도가 저하된다.

정밀도가 높은 작은 GDOP를 갖는 관측값을 얻기 위해서는 위에서 언급한 것과 같이 위성의 배치가 체적이 큰 사면체를 형성하고 있을 때이다. GDOP가 최소가 되는 관측값은 지표의 관측점을 중심으로 궤도반경과 같은 반경의 구에 내접하는 정사면체의 정점에 위성이 배치되어 있을 때 얻어지며, GDOP가 최소가 되는 이 상태에서 고도에 영향을 미치는 VDOP와 경위도에 영향을 미치는 HDOP의 관계를 비교하면 위성의 위치관계에 따른 VDOP 쪽의 영향을 더 많이 받게 된다. GPS로부터 얻어지는 높이값은 평면위치인 위도나 경도의 관측값보다 큰 오차를 갖는 경우가 많으며, 수평선 방향에 위치한 위성으로부터의 전파는 대기권이나 전리층을 통과하는 거리가 길어지므로 그만큼 전파지연시간의 변동에 의한 영향을 더 받게 된다.

GPS 수신기는 수신을 할 때 사면체의 체적이 최대가 되는 조합을 선택하여 관측하도록 제작되며 수신 가능한 위성이 네 개 이상인 경우에는 GDOP가 작아진다. 수신 가능한 위성의 수가 한정되어 있는 경우 위성끼리 교차하거나 동일방향으로 모여 있으면 GDOP 값이 커져 좋은 정밀도로 관측하기가 곤란해진다. 또 관측점의 주변에 산이나 건물과 같은 장애물이 있어 위성으로부터의 전파가 가려지는 경우에도 정밀도가 저하된다.

GDOP의 계산은 단독위치결정의 선형화된 관측방정식을 구성하고 정규방정식의 역행렬을 이용하여 계산할 수 있다. 관측점의 3차원 좌표와 수신기 시계에 대한 cofactor 행렬의 계산요소가 구해지면 GDOP는 다음 식에 의해 계산된다.

$$\text{GDOP}=\sqrt{q_x^2+q_y^2+q_z^2+q_t^2}$$

여기서, $q_x^2$, $q_y^2$, $q_z^2$, $q_t^2$ : $x$, $y$, $z$ 좌표 및 수신기 시계 $t$에 대한 cofactor 행렬의 대각선 요소

일반적으로 GDOP의 값이 1과 3 사이면 매우 좋은 위성배치 상태이며 4에서 5 정도는 좋은 상태, 5에서 6까지는 보통이고 6 이상이면 위성의 배치가 좋지 못한 상태로 볼 수 있다.

### (4) 고의적인 오차

미국은 일반 사용자 특히 적국이 군용으로 GPS를 이용하는 것을 방지하기 위하여 고의로 신호의 정확도를 떨어뜨릴 목적으로 코드암호화기법(AS, Anti-Spoofing)을 이용하고 있고, 선택적가용성(SA, Selective Availability)이라는 교란전파를 방송한 적이 있다.



#### 1) AS

GPS는 SPS(Standard Positioning Service, 표준위치결정 서비스)와 PPS(Precise Positioning Service, 정밀위치결정 서비스)로 구분되고 이 중 SPS는 민간영역에서 사용하며 PPS는 군사부문의 용도에 사용된다고 설명한 바 있다. AS는 군사목적의 P-코드를 적의 교란으로부터 방어하기 위하여 암호화시키는 기법으로 이 암호를 풀 수 있는 수신기를 가진 사용자만이 GPS 위성신호를 수신할 수 있도록 한 장치이다.

#### 2) SA

SA는 미국이 군사적 목적으로 개발된 GPS를 적대국에서 사용하지 못하도록 하기 위해 C/A-코드에 인위적인 궤도오차 및 시계오차를 첨가한 것으로 1990년 3월 25일부터 방송하였지만 2000년 5월 1일 GMT로 자정을 기해 이 잡음을 제거하였다. 이 결과 현재 단독위치경정에서 약 10$m$ 정도의 위치오차를 포함하는 관측값이 얻어질 수 있게 되었다.

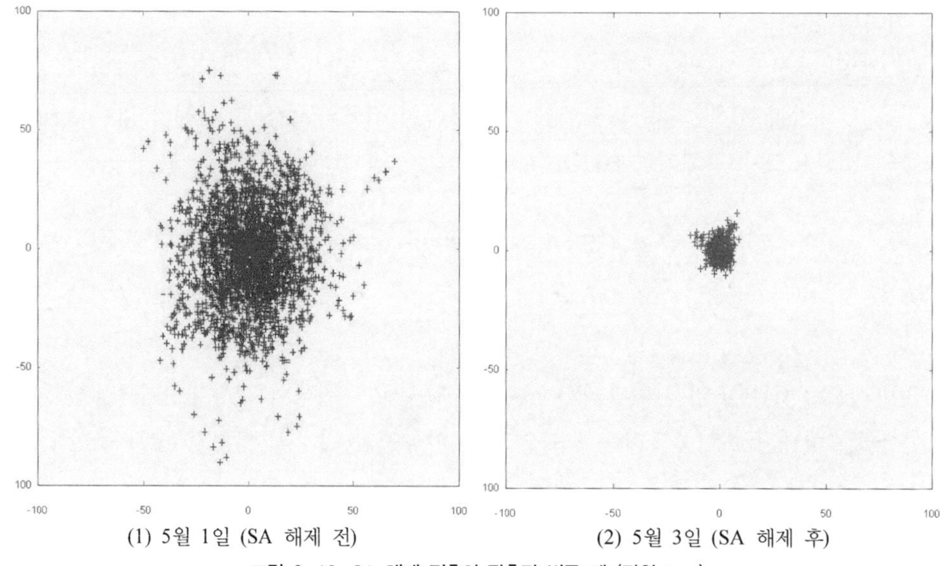


그림 3-10. SA 해제 전후의 관측값 변동 예 (단위 : m)

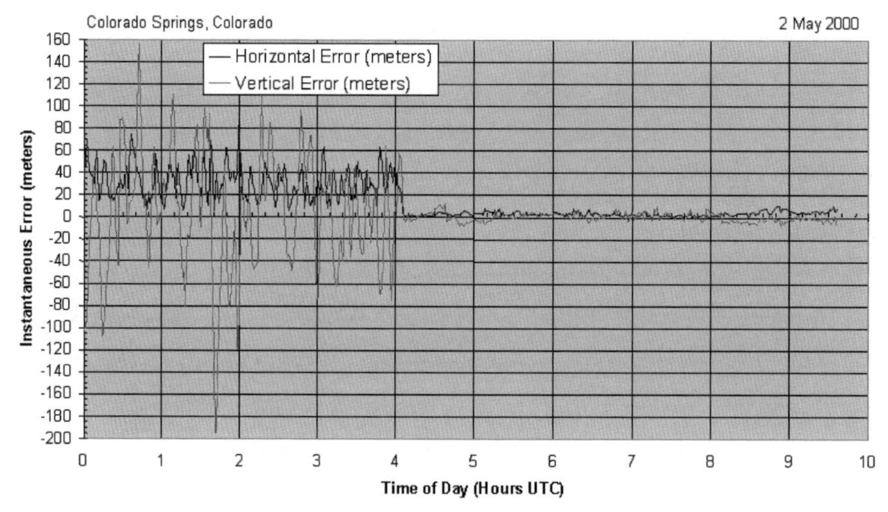


그림 3-11. SA 해제에 따른 GPS 관측값의 변화

## 1.6. GPS 관련 서비스

현재 GPS 사용자들이 최적의 효과를 얻을 수 있도록 다양한 형태의 서비스가 지원되고 있다. 이러한 서비스 중 하나가 미국 해양대기관리처(NOAA, National Oceanic and Atmospheric Administration)에서 제공하는 NGS(National Geodetic Service) 안테나 보정

서비스이다. 이 외에도 비엔나 공과대학(Technische Universität Wien, Vienna University of Technology)과 캐나다의 뉴브런스윅(University of New Bruswick)에서 제공하는 유체정역학적인 자료, 스웨덴의 온살라 관측소(Onsala Space Observatory)에서 제공하는 대양의 조석관측자료, 국제지구자전회전국(IERRS, International Earth Rotation and Reference Systems Service)에서 제공하는 극운동과 지구자전 자료, 지오이드의 불균질과 회전타원체면의 높이 보정을 위한 각종 정보, 네덜란드 델프트대학(Technische Universiteit Delft)에서 무상으로 제공되는 LAMBDA(Least-squares AMBiguity Decorrelation Adjustment) 등이 있다. 이 중에서 GNSS에서 활용되는 가장 중요한 서비스 중의 하나는 IGS(International GNSS Service)에서 제공하는 자료와 관측된 GNSS 자료를 이용하여 최종 관측점과 여러 관련 정보를 얻을 수 있는 온라인 서비스이다.

(1) IGS

국제 GNSS 서비스(IGS, International GNSS Service)는 GNSS 시스템의 여러 가지 활용을 가능하도록 하려는 사용자들의 요구사항에 부합하기 위해 만들어진 국제기구이다. 전 세계적으로 다양한 회원 단체와 기관에서 여러 지원이 이루어지고 있는 IGS는 1993년 IUGG의 협력단체인 IAG(International Association of Geodesy, 국제 측지학 협회)가 조직된 후 1994년 지구동역학을 위한 국제 GPS 서비스(International GPS Service for Geodynamics)라는 하위조직으로 활동을 시작하였다. 현재 사용되고 있는 IGS라는 이름은 2005년 이후 모든 GNSS에 대한 통합된 서비스를 제공하기 위해 개정되었다.

IGS는 GNSS 데이터의 형식에 대한 특정한 기준을 정하여 자료를 제공하고 있고 제공되는 서비스 중 하나가 특별한 수신기 독립교환형식이라 부르는 RINEX(Receiver INdependent EXchange Format)이다. 이 외에도 위성궤도 파일과 관련된 SP3, 소프트웨어와 기술 독립교환형식이라 부르는 SINEX(Solution INdependent EXchange Format), 그리고 이온층의 데이터와 관련된 이온층 교환형식인 IONEX(IONspheric EXchange Format) 등의 서비스도 제공되고 있다.

GPS 측량은 다양한 수신기에 의해 자료가 얻어지므로 기록형식이나 자료의 내용도 다르기 때문에 기종을 혼용하여 수신을 하게 되면 기선해석에 어려움이 발생한다. IGS에서는 RINEX를 통해 여러 데이터 형식을 통합하여 규격화되고 통일된 자료형식으로 서비스를 제공하여 다른 기종 간에 기선해석이 가능하도록 하고 있으며 이러한 형식들을 1996년부터 GPS의 공동포맷으로 사용하고 있다. 여기서 만들어지는 공통적인 자료로는 의사거리, 위상자료, 도플러자료 등이다.

## (2) IGS 제공자료

### 1) RINEX

RINEX(Receiver INdependent EXchange Format)는 수신기 독립교환형식이라고도 하며 GPS를 통해 수신된 원시 데이터를 서로 다른 수신기로 수신하더라도 상호 교환하여 호환성 있게 활용할 수 있도록 IGS에서 제정한 형식이다. GPS 신호는 수신기로 전달될 때 2진 신호로 수신되고 이 자료는 아스키 *ASCII* 형태로 저장되며 사용자가 수신된 데이터를 후처리하여 보다 정확한 결과값을 얻는데 사용한다. 위성항법 수신기에서는 안테나의 위치, 속도 및 여러 물리학적 값들이 최종적으로 얻어지고 이러한 관측값들은 하나 또는 그 이상으로부터 관측값 일련의 값을 기초로 계산된다.

실시간으로 수신기가 위치를 계산한다고 하더라도 후처리에 활용하기 위해 중간값들도 계속 저장해 놓아야 한다. RINEX는 수신기 제조업체나 처리 프로그램의 종류에 관계없이 수신기에 의해 만들어져 신호의 유지와 처리를 가능하게 하기 위한 표준형식이라 할 수 있다.

위성항법 수신기는 같은 시간에 여러 개의 인공위성으로부터 자료를 수신해야 한다. 이동 수신기에서 자료가 모두 수집되면 기준 수신기는 작동을 멈추고 두 수신기에서 모아진 자료는 컴퓨터로 옮겨져 저장된다. 이때 컴퓨터로 전송되는 자료는 수신기 제작 회사별로 형식이 다르기 때문에 여러 수신기 제작회사에 따라 다른 각각의 형식에 상관없이 사용할 수 있는 형식으로 바뀌어 통일된 형식으로 저장되게 되는데 이러한 형식이 RINEX 표준형식이다. 이러한 형식을 이용하여 신호처리를 수행하면 후처리 결과보다 더 정확한 위치값 결정이 가능해지고 다양한 분야에 높은 정확도로 활용할 수 있다.

RINEX 형식은 처음 결정된 이후 새로운 형식의 관측방법이나 새로 시작되는 항법시스템을 포함하기 위해 계속 진화해 왔다. 현재 가장 보편적으로 사용되고 있는 2.11 버전에는 RINEX의 의사거리(pseudorange), 반송파위상(carrier-phase), GPS의 최신화 신호인 L5와 L2C파를 포함하는 GPS 신호에 대한 도플러 시스템이 저장될 수 있다. 이 형식은 러시아의 GLONASS, 유럽연합의 Galileo, 그리고 중국의 Beidou뿐 아니라 EGNOS(European Geostationary Navigation Overlay System)와 WAAS(Wide Area Augmentation System)를 활용하여 DGPS 신호를 송출하는 위성인 SBAS(Satellite Based Augmentation System)는 물론 일본의 준천정위성인 QZSS 신호의 저장까지도 가능하게 한다. SBAS 위성을 이용한 GPS 위치결정 향상기법은 뒤에 서술하는 5 **위성항법 정확도 향상**에서 자세히 다루기로 한다.

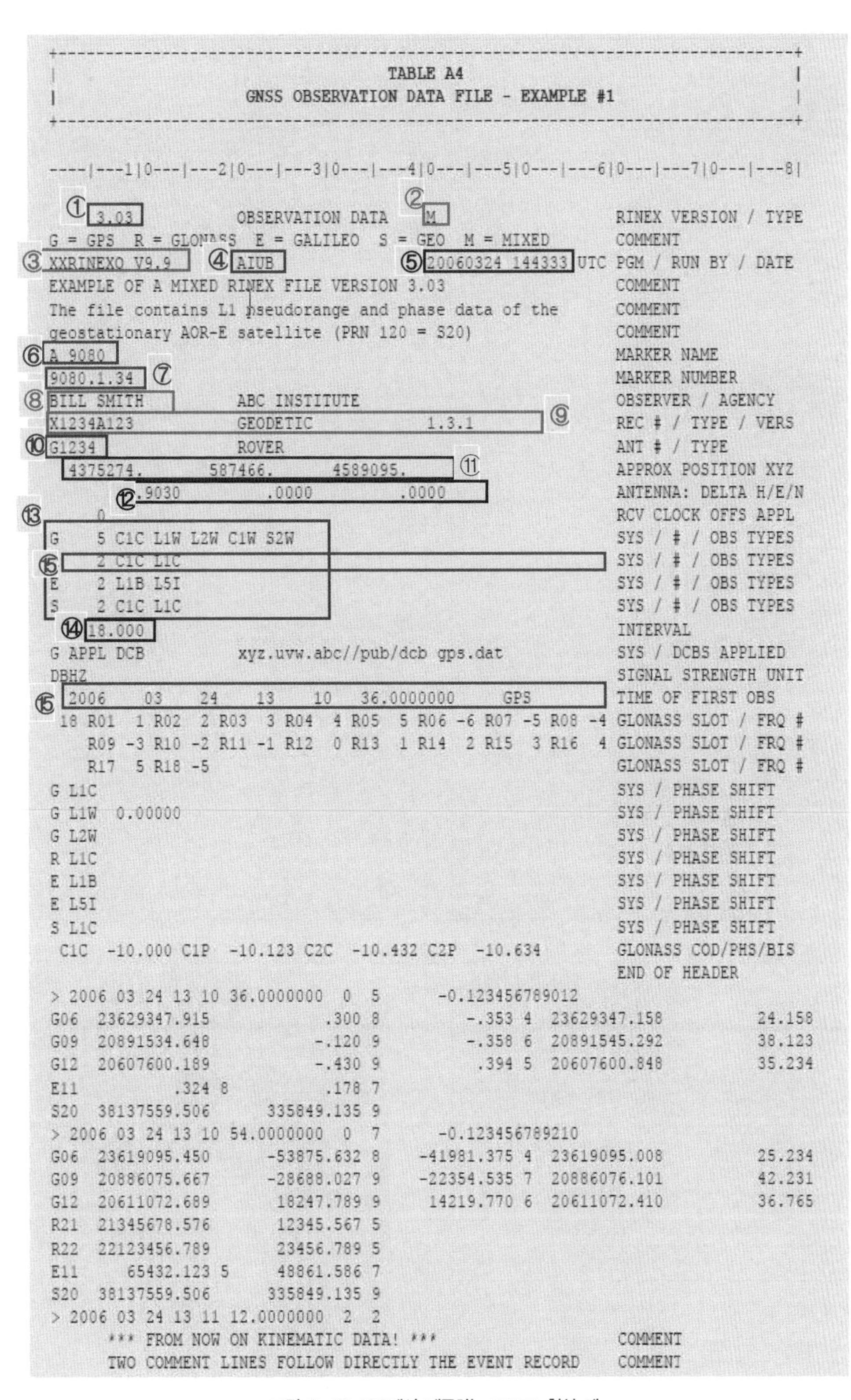

```
+----------------------------------------------------------------------------+
|                                TABLE A4                                    |
|                 GNSS OBSERVATION DATA FILE - EXAMPLE #1                    |
+----------------------------------------------------------------------------+

----|---1|0---|---2|0---|---3|0---|---4|0---|---5|0---|---6|0---|---7|0---|---8|

     3.03           OBSERVATION DATA    M                   RINEX VERSION / TYPE
G = GPS  R = GLONASS  E = GALILEO  S = GEO  M = MIXED       COMMENT
XXRINEXO V9.9       AIUB                20060324 144333 UTC PGM / RUN BY / DATE
EXAMPLE OF A MIXED RINEX FILE VERSION 3.03                  COMMENT
The file contains L1 pseudorange and phase data of the      COMMENT
geostationary AOR-E satellite (PRN 120 = S20)               COMMENT
A 9080                                                      MARKER NAME
9080.1.34                                                   MARKER NUMBER
BILL SMITH          ABC INSTITUTE                           OBSERVER / AGENCY
X1234A123           GEODETIC            1.3.1               REC # / TYPE / VERS
G1234               ROVER                                   ANT # / TYPE
  4375274.       587466.      4589095.                      APPROX POSITION XYZ
         .9030         .0000         .0000                  ANTENNA: DELTA H/E/N
     0                                                      RCV CLOCK OFFS APPL
G    5 C1C L1W L2W C1W S2W                                  SYS / # / OBS TYPES
     2 C1C L1C                                              SYS / # / OBS TYPES
E    2 L1B L5I                                              SYS / # / OBS TYPES
S    2 C1C L1C                                              SYS / # / OBS TYPES
    18.000                                                  INTERVAL
G APPL DCB          xyz.uvw.abc//pub/dcb_gps.dat            SYS / DCBS APPLIED
DBHZ                                                        SIGNAL STRENGTH UNIT
  2006    03    24    13    10   36.0000000     GPS         TIME OF FIRST OBS
 18 R01  1 R02  2 R03  3 R04  4 R05  5 R06 -6 R07 -5 R08 -4 GLONASS SLOT / FRQ #
    R09 -3 R10 -2 R11 -1 R12  0 R13  1 R14  2 R15  3 R16  4 GLONASS SLOT / FRQ #
    R17  5 R18 -5                                           GLONASS SLOT / FRQ #
G L1C                                                       SYS / PHASE SHIFT
G L1W  0.00000                                              SYS / PHASE SHIFT
G L2W                                                       SYS / PHASE SHIFT
R L1C                                                       SYS / PHASE SHIFT
E L1B                                                       SYS / PHASE SHIFT
E L5I                                                       SYS / PHASE SHIFT
S L1C                                                       SYS / PHASE SHIFT
 C1C  -10.000 C1P  -10.123 C2C  -10.432 C2P  -10.634        GLONASS COD/PHS/BIS
                                                            END OF HEADER
> 2006 03 24 13 10 36.0000000  0  5      -0.123456789012
G06  23629347.915            .300 8         -.353 4  23629347.158          24.158
G09  20891534.648           -.120 9         -.358 6  20891545.292          38.123
G12  20607600.189           -.430 9          .394 5  20607600.848          35.234
E11          .324 8          .178 7
S20  38137559.506       335849.135 9
> 2006 03 24 13 10 54.0000000  0  7      -0.123456789210
G06  23619095.450       -53875.632 8    -41981.375 4  23619095.008          25.234
G09  20886075.667       -28688.027 9    -22354.535 7  20886076.101          42.231
G12  20611072.689        18247.789 9     14219.770 6  20611072.410          36.765
R21  21345678.576        12345.567 5
R22  22123456.789        23456.789 5
E11      65432.123 5     48861.586 7
S20  38137559.506       335849.135 9
> 2006 03 24 13 11 12.0000000  2  2
      *** FROM NOW ON KINEMATIC DATA! ***                   COMMENT
      TWO COMMENT LINES FOLLOW DIRECTLY THE EVENT RECORD    COMMENT
```

그림 3-12. IGS에서 제공하는 RINEX 형식 예

**표 3-15. RINEX 형식과 표현**

| ① | - RINEX 버전 | | |
|---|---|---|---|
| ② | - 관측데이터와 위성(항법시스템 코드) | | |
| | 코 드 | G : GPS<br>R : GLONASS<br>E : Galileo<br>J : QZSS<br>C : BDS<br>I : IRNSS<br>S : SBAS<br>M : Mixed(혼합) | |
| ③ | - RINEX 변환 프로그램 | | |
| ④ | - 사용자 | | |
| ⑤ | - 변환 날짜 | | |
| ⑥ | - 기준점 명칭 | | |
| ⑦ | - 기준점 번호 | | |
| ⑧ | - 관측자/사용기관 | | |
| ⑨ | - 수신기 번호/장비명/펌웨어버전 | | |
| ⑩ | - 안테나타입 | | |
| ⑪ | - 개략적인 안테나 위치 | | |
| ⑫ | - 안테나 위치 offset(이동량) | | |
| ⑬ | - 항법시스템 코드/관측위성 개수/코드<br>1. 항법시스템 코드 : G/R/E/J/C/I/S<br>2. 관측위성의 개수<br>3. 코드 : 형식(1)+파장대(2)+사용자(3) | | |
| | (1) 형식 | C : 코드/의사거리<br>L : 위상<br>D : 도플로<br>S : 원시신호강도<br>I : 오온층 지연<br>X : 수신기 채널 타입 | |
| | (2) 파장대 | 1 | L1(GPS, QZSS, SBAS)<br>G1(GLO)<br>E1(GAL) |
| | | 2 | L2(GPS, QZSS)<br>G2(GLO)<br>B1(BDS) |
| | | 5 | L5(GPS, QZSS, SBAS)<br>E5a(GAL)<br>L5(IRNSS) |
| | | 6 | E6(GAL)<br>LEX(QZSS)<br>B3(BDS) |
| | | 7 | E5b(GAL)<br>B2(BDS) |
| | | 8 | E5a+b(GAL) |
| | | 9 | S(IRNSS) |
| | | 0 | for type X(all) |
| | (3) 사용자<br>P=P 코드 기반(GPS, GLO)<br>C=C 코드 기반<br>(SBAS, GPS, GLO, QZSS)<br>D=semi-codeless(GPS)<br>Y=Y 코드 기반(GPS)<br>M=M 코드 기반(GPS)<br>N=codeless(GPS)<br>A=A 채널(GAL, IRNSS)<br>B=B 채널(GAL, IRNSS)<br>C=C 채널(GAL, IRNSS)<br>I=I 채널(GPS, GAL, QZSS, BDS)<br>Q=Q 채널(GPS, GAL, QZSS, BDS)<br>S=M 채널(L2C GPS, QZSS)<br>L=L 채널(L2C GPS, QZSS)<br>S=D 채널(GPS, QZSS)<br>L=P 채널(GPS, QZSS)<br>X=B+C 채널(GAL, IRNSS)<br>I+Q 채널(GPS, GAL, QZSS, BDS)<br>M+L 채널(GPS, QZSS)<br>D+P 채널(GPS, QZSS)<br>W=Z-tracking(GPS)<br>Z=A+B+C 채널(GAL) | | |
| ⑭ | - 관측간격(초) | | |
| ⑮ | - 최초 GPS 관측시간 | | |

2013년 RINEX 버전 3.02로 교체되어 GPS와 Galileo 시스템으로부터 자료처리 하는 것이 가능하였고 가장 최근의 버전은 2015년 7월부터 사용되는 RINEX 3.03이다.

RINEX 파일형식에는 가장 많이 활용되는 형식인 RINEX-O 파일(관측 파일)을 비롯하여 RINEX-N(GPS 항법) 파일, RINEX-M(기상데이터) 파일, 그리고 RINEX-G (GLONASS 내비게이션) 파일 등이 있으며 이러한 파일들은 IGS를 비롯한 여러 기준국에서 제공된다. 서울특별시, 국립지리원, 해양측위정보원을 통해서도 상시관측소의 RINEX 형식의 자료를 내려받을 수 있다. RINEX의 형식의 예와 이에 대한 설명은 각각 그림 3-13과 표 3-15에 나타나 있다.

2) SINEX

SINEX(Solution INdependent EXchange Format)는 다양한 소프트웨어나 기술에 서로 호환되도록 하여 문제를 해결하기 위한 독립적인 교환형식이다. 원래 이 용어는 1994에 제안되어 0.04, 0.05, 1.00 등으로 IGS의 SINEX 작업그룹이 지속적인 노력을 하여 발전되어 왔다. IGS에서는 1995년 중반부터 1주일간의 관측자료에 대한 해를 제공하기 위해 이 형식의 자료를 사용한다. SINEX가 IGS의 서비스에 의해 발전되었지만 GPS에 활용할 수 있는 범용성으로 인해 국제 레이저 거리관측 서비스(ILRS, International Laser Ranging Service)와 국제 VLBI 서비스(IVS, International VLBI Servic)에서도 SINEX를 사용하기 위한 실험프로젝트를 수행하고 있다.

레이저측량과 초장기선간섭계(VLBI, Very Long Baseline Interferometry)에서 필요한 해를 제공하기 위한 모든 조건을 충족시키기 위해 이 그룹들에 의해 새로운 사항이 추가되었고 2002년에 이런 작업들은 모든 우주측지기술에 대한 형식을 정의하기 위해서 SINEX 버전 1.0으로 통합하였다. 그 후 2.0 버전을 거쳐 Galieo 수요와 매개변수의 사용성으로 인해 현재에는 최신 버전 2.1이 사용되고 있다.

## 2. GLONASS

러시아의 범지구적 궤도 위성항법시스템(GLONASS, GLobal Orbiting NAvigation Satellite System, ГЛОНАСС - ГЛОбальная НАвигационная Спутниковая Система)은 미국의 GPS 시스템과 같이 궤도를 따라 이동하며 사용자에게 신호를 전송해 주는 위성항법시스템 중의 하나이다.

최초의 GLONASS 시스템을 통해 얻을 수 있는 위치 정확도는 65$m$로 설계되었지만 실재 민간영역에서는 20$m$, 군용으로는 10$m$의 정확도를 갖고 있었다. 최초의 GLONASS 위성의 높이는 7.8$m$, 태양 전지판을 폈을 때의 폭은 7.2$m$이고 중량은 1,260$kg$으로 설계되었다.

### 2.1. GLONASS 역사

GLONASS는 미국보다 3년 늦은 1976년 개발이 시작되어 1991년까지 전 세계 서비스를 목표로 진행되었다. 1982년 10월 12일 미국의 GPS에 대항할 수 있는 새로운 위성항법시스템을 확보하기 위해 프로톤 *Proton* 로켓에 Cosmos-1413, Cosmos-1414, Cosmos-1415 3기의 시험위성을 쏘아 올리면서 GLONASS 항법시스템이 시작되었다.

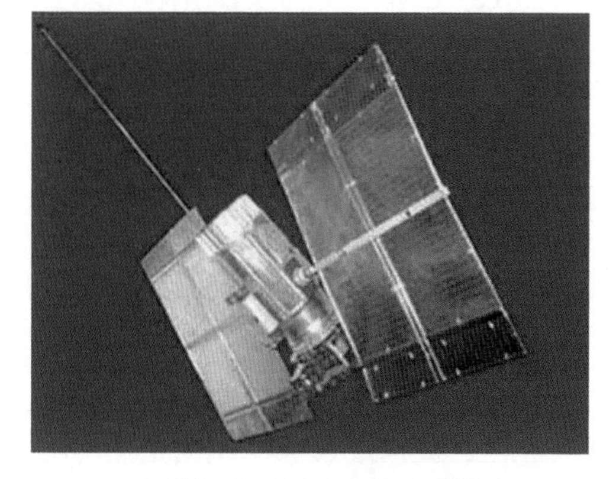

그림 3-13. 초기 GLONASS 위성

1982년부터 1991년 4월까지 구소련은 모두 43개의 GLONASS 관련 위성과 5개의 테스트 위성을 발사하였다. 1991년 소련은 12개의 위성이 두 개의 궤도에서 작동하게 되었다고 발표하였으며 이러한 12개의 위성은 제한적이기는 하지만 GLONASS 시스템을 구동시킬 수 있는 최소한의 위성 수를 구성하게 되었다. 소련의 전 영토에서 GLONASS 시스템을 이용하여 위치정보를 정상적으로 수신하기 위해서는 최소 18개의 위성이 필요하다.

1991년 12월 소련, 즉 소비에트 사회주의 공화국연방(USSR, The Union of Soviet Socialist Republics)이 해체되고 러시아 정부가 정권을 잡게 되면서 GLONASS 위성 배치를 통제하는 모든 사항이 러시아 정부로 넘어오게 되었다. 1993년 이 시스템은 이제 작동 중인 12개의 위성을 이용하여 제한적이기는 하지만 사용이 가능한 단계에 들어섰고, 2년 뒤인 1995년 12월 GLONASS 시스템의 궤도는 마침내 24개의 위성으로 구성되는 최적상태를 이루게 되었다. 이 사실은 GLONASS 시스템을 통해 위치를 결정하는 경우 미국의 GPS 시스템과 동등한 정도의 위치정확도를 갖는 시스템이 처음 계획보다 1년 일찍 구축되었다는 것을 의미한다.

당시 GLONASS 시스템 1세대 위성의 수명이 3년 정도였기 때문에 시스템을 정상적으로 작동시키기 위한 24개의 위성 수를 유지하기 위해서는 1년에 두 개씩 새로운 위성을 궤도에 진입시켜야 하였다. 그러나 1989년부터 1999년까지 재정적인 어려움으로 러시아 정부에서 우주개발에 필요한 자금을 80% 수준으로 삭감하였고 이로 인해 1년에 2개씩 위성을 발사하던 비율로 위성을 올려 보내기가 어려워졌다. GLONASS 위성은 완성된 궤도를 구성했던 1995년 12월 이후부터 1999년 12월까지 새로운 위성이 추가될 수 없었고 이 결과 2001년 GLONASS 시스템의 궤도를 형성하는 위성은 6개밖에 남지 않게 되었다. 이후 지속적으로 GLONASS 프로그램을 진행하기 위하여 GLONASS 프로젝트에 대한 책임이 러시아 국방성에서 러시아 민간우주연구원인 로스코스모스 *POCKOCMOC*로 옮겨지게 되었다.

2000년대 푸틴 *Vladmir Putin* 대통령이 집권할 당시 경기가 회복되고 자금이 마련되기 시작하였다. 푸틴 대통령은 GLONASS에 많은 관심을 갖고 있었으며 이 시스템의 재건이 정부가 해야 할 가장 우선순위의 작업이라고 생각하여 2001년 8월 연방차원의 위성항법시스템 프로그램을 시작으로 2002년부터 2011년까지 4억2천 달러 규모의 예산을 책정하였고 2009년 시스템을 정상화시키기 위한 운동을 시작하였다. 이 계획에는 시스템의 정확도, 가용성, 무결성을 향상시켜 전 세계 GNSS 시장에서 미국의 GPS와 대항할 수 있는 경쟁력을 갖도록 한다는 내용이 포함되어 있다. 또한 위성의 수명을 늘려 작동가능 기간을 10년에서 최장 12년까지 연장시키기 위한 연구를 병행하였으며, 하나의 로켓에 보다 많은 위성을 탑재하여 발사하고, 위성의 무게도 줄여 위성을 쏘아 올리는데 소요되는 비용을 절감할 계획도 수립하였다. GPS나 Galileo와 같은 다른 GNSS 위성들과 호환이 되는 시스템을 구축한다는 내용도 이 프로그램에 포함되어 있다.

2003년 12월 10일 러시아는 차세대 위성인 GLONASS-M을 설계하여 같은 해 이 시리즈의 첫 번째 위성을 쏘아 올렸다. 이 위성은 초기의 GLONASS 위성보다 약간 무거운 1,415㎏로 제작되었지만 위성의 수명은 초기 위성의 수명에 비해 두 배 이상 연장되어 임무를 수행할 수 있었으므로 위성을 발사하는데 드는 비용을 50% 절감시키는 효과를 가져왔다. 이러한 새로운 위성은 보다 높은 정확도의 위치신호를 방송하였으며 추가로 두 개의 민간용 신호를 추가하기 위한 시스템의 개발도 시작하였다. 이러한 노력으로 경제 여건이 나아지면서 2004년 다시 11기의 위성이 작동하게 되었고 2005년 말에는 모두 14개의 위성이 작동하게 되었다.

2006년 9월 초 러시아 국방장관 세르게이 이바노프 *Sergei Ivanov*가 30$m$ 이내의 정확도를 갖는 민간 사용자를 위한 신호를 추가할 것을 주장했지만 푸틴 대통령은 민간 사용자에게만 관심을 두지 않고 군용과 민간부문의 모든 사용자가 활용할 수 있는 전체 시스템을 구성하도록 요구하였다. 2007년 5월 18일 군용으로만 사용되던 GLONASS의 독점적인 제약이 획기적으로 줄어들어 과거 군사용으로만 제공되던 10 $m$ 정도의 위치정확도를 갖는 신호를 민간에서도 자유로이 수신할 수 있게 되었다. 이러한 변화를 수용하기 위한 계획에 따라 새로운 GLONASS-K 위성개발 계획이 수립되어 2006년 위성을 발사하기 시작하였으며, 항법의 정확도와 신뢰도를 향상시키기 위하여 세 번째의 주파수를 추가하고, Galileo 프로젝트에서 지원하는 검색 및 구조 기능을 추가한다는 내용을 포함시켰다.

2000년대 초기부터 10년 동안 러시아의 경제가 성장하기 시작하였고 결과적으로 우주계획에 관한 재정도 확충되기 시작하여 GLONASS 프로그램에 대한 재정지원이 급격히 증가하게 되었다. 2006년 GLONASS를 위한 예산이 1억8천 달러로 급증하였으며 2007년에는 다시 3억8천 달러로 증가하여 2001년부터 2011년까지 10년 동안 이 프로그램에 대한 총예산이 1,401억 루블인 약 47억 달러에 달하게 되었다. GLONASS 프로그램은 로스코스모스가 수행하는 프로젝트 중 가장 큰 비용의 프로젝트가 되었고 2010년 삼사분기에만 8,450억 루블이 투자되었다.

2007년 12월 25일 GLONASS-M 위성 세 개가 진수되었고 2009년 12월 14일 세 개의 GLONASS-M 위성이 바이코누르 *Baykonur* 발사기지에서 프로톤 *Proton-M* 로켓에 의해 추가로 발사되어 다른 GLONASS 위성과 마찬가지로 고도 19,140$km$의 원궤도 상에 올려졌다. 이러한 GLONASS-M은 차세대 무기인 Kh-555 크루즈 미사일과 위성신호 동기폭탄과 같은 군사용 무기도 지원하는 등 민간과 군용목적에 모두 활용되고 있다. GLONASS-M 위성에는 관측정확도를 높일 수 있는 장치도 추가되어 항법 메시지 데이터의 오차를 개선하였고 더욱 정밀해진 시계를 장착하였으며 위성의 수명

(1) GLONASS-M

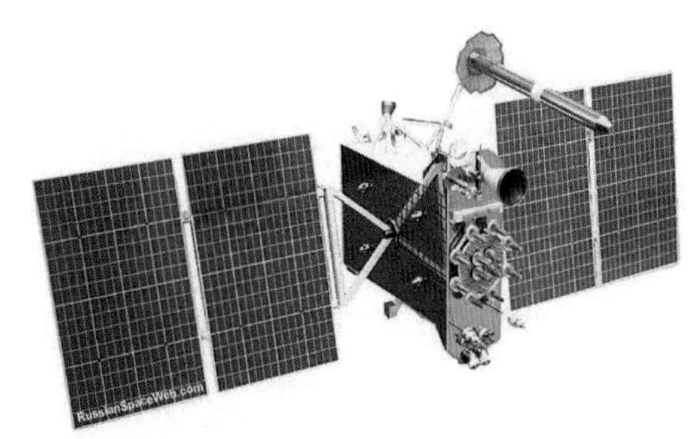


(2) GLONASS-K

그림 3-14. 현대화된 GLONASS 위성

도 향상되었다.

현재 GLONASS를 추적할 수 있는 곳은 러시아 내에는 세 곳뿐이고, 아직까지는 러시아 외부에 관측소를 설치할 계획은 없는 것으로 알려져 있다. GLONASS의 정확도가 향상되고 활용도가 높아지면서 세계 30여 국에서 GLONASS 추적을 위한 관측소 설치를 제안하기도 하였다.

GLONASS의 위성궤도가 전 지구를 감싸고 있지만 상업적인 측면, 특히 사용자부문에서는 미국의 GPS에 뒤져 있던 것이 사실이다. 예를 들어 초기 러시아에서 제작한 차량용 항법장치가 2007년 소개되었지만 동급의 GPS 수신기에 비해 크기도 훨씬 크고 장비도 고가였다. 2010년 하반기에는 들고 다닐 수 있는 크기의 GLONASS 수신기가 시장에서 판매되기는 하였지만 역시 소비층이 한정되어 있었다. 이러한 상황을 개선하기 위하여 러시아 정부는 민간 사용자를 위한 GLONASS를 개발하는데 많은 관심을 갖기 시작하였다.

사용자부문의 개발을 고취시키기 위하여 2010년 8월 11일 세르게이 이바노프는 휴대폰을 포함한 모든 GPS 관련 수입품들에 대해 GLONASS 신호를 동시에 수신할 수 없다면 25%의 수입관세를 부과하기로 결정하였다. 또한 2011년부터 러시아 내에서 제작되는 모든 자동차 제조업자들은 GLONASS 수신이 가능한 차량항법장치를 탑재하도록 의무화하였기 때문에 포드 *Ford* 나 도요다 *トヨタ* 와 같이 러시아 내에 생산공장을 소유하고 있는 외국의 제조업체들에게까지도 영향을 미치게 되었다.

이러한 이유로 스마트 휴대전화에서 사용하는 GPS 칩을 제조하는 에릭슨 *ST-Ericsson*, 브로드밴드 *Broadband*, 퀄컴 *Qualcomm*과 같은 주요 휴대전화 제조업체에서도 GPS와 GLONASS를 함께 수신할 수 있는 칩을 생산하기 시작하였다. 같은 이유로 2011년 4월 실시간 위치결정에 $1m$ 이하의 정확도록 가능하도록 하기 위한 GPS 보정신호를 제공하는 스웨덴의 스웨포스 *Swepos*도 최초로 GLONASS 수신이 가능한 제품을 생산하기 시작하였다.

스마트폰과 태블렛 PC 분야에서도 소니 에릭슨 *Sony Ericsson*, 삼성, 아수스 *Asus*, 애플 *Apple*(2012년 후반기의 iPhone 4S와 iPad), HTC 등과 같은 회사들이 여러 악조건에서도 정확도를 향상시켜 위치정보를 수신할 수 있는 GLONASS 수신 장치를 단말기에 탑재한 제품을 생산하고 있다.

러시아의 마지막 궤도 완성을 위한 계획이 2010년 12월 5일 카자흐스탄의 바이코누르 우주기지에서 발사된 GLONASS-M 위성 세 개가 궤도에 진입하지 못하여 실패함으로써 차질을 빚게 되었다. 이 위성을 발사한 프로톤-M 로켓 자체의 결함은 없었지만 마지막 단계에서 추진체에 실려 있던 연료의 지나친 무게 때문에 센서의 작동이 실패하였고 이 결과 윗부분에 탑재되어 있던 세 개의 위성이 태평양으로 추락하게 되었다. 이 사고로 인한 손실이 1억6천만 달러 정도라고 추산되고 있다. 이러한 실패 후 로스코스모스는 두 개의 예비 위성을 가동시켰고 2011년 2월 26일 최초의 개선된 GLONASS-K 위성이 소유즈 *Soyuz* 2-1B 로켓에 실려 발사되었다. 원래 이 위성은 테스트를 위해 올려질 계획이었으나 계획이 변경되어 정상임무를 수행하기 위해 궤도에 진입시켰고 현재 정상적으로 활동하고 있다. 다음 GLONASS-K 위성은 2012년 말 발사하기로 계획이 되어 있었으나 기술적인 결함으로 2013년으로 연기되었다.

2010년 드미트리 메드베데프 *Dmitri Medvedev* 대통령은 2012부터 2020년까지 새로운 연방차원의 GLONASS 프로그램을 준비하라는 지시를 하였다. 2001년 수립한 최초의 GLONASS 계획이 2011년에 종료되기 때문에 2011년 6월 22일 로스코스모스는 4,020억 루블, 약 14억 달러 규모의 예산을 확보하여 계속되는 프로그램을 위해 준비하고 있다. 이러한 자금은 GLONASS가 사용자들의 마음을 끌 수 있는 추가적인 기술에 대한 지원뿐만 아니라 위성 궤도구성의 유지관리, 항법용 지도의 발전과 유지관리에도 이용될 것이다.

2011년 10월 2일 GLONASS-M 위성이 프레세츠크 우주발사장 *Plesetsk Cosmodrome* 에서 성공적으로 발사되어 현재 임무를 수행하고 있다. 이 위성이 올라가서 GLONASS 시스템의 궤도를 채웠다는 것은 1996년 이후 처음으로 GLONASS 위성 궤도에 필요한 모든 위성이 올라가 GLONASS 시스템의 궤도를 모두 24개의 위성으로 다시 채워 완전한 시스템을 재구성하였다는 것을 의미한다. 이 외에도 2011년 11월 4일 세 개의 추가 GLONASS-M 위성이 프로톤-M 로켓에 의해 바이코누르 우주 발사장에서 발사되어 마지막 궤도를 형성하게 되었고 이로써 2010년 GLONASS-M 위성 세 개의 진입 실패를 만회하게 되었다. 2011년 11월 28일 소유즈 로켓은 프레세츠크 우주발사장에서 3번째 궤도에 하나의 GLONASS-M 위성을 다시 진입시켰다. 위에서 설명한 것과 같이 GLONASS 시스템은 여러 번의 업그레이드를 통해 현재 최신 위성인 GLONASS-K까지 계속 진화해 왔다.

미국의 GPS, 유럽연합의 Galileo 및 중국의 Beidou 시스템과 마찬가지로 GLONASS가 전 지구를 상대로 충분한 서비스를 하기 위해서는 위성이 24개 이상으로 구성되어야 한다. 이 위성 중 21개는 3차원 원궤도면에서 임무를 수행하고 세 개는 궤도 상에서 예비위성으로 임무를 수행한다. 러시아는 GLONASS-M과 K 위성들을 이용하여 러시아의 군과 민간부문 모두에게 보다 높은 정확도를 갖는 위치정보를 제공하고 있다. 현재의 위성보다 진보된 위성인 GLONASS-KM 시스템에 대한 계획도 이미 수립되어 있고 2015년부터 2035년까지 진행될 예정이다.

표 3-16. GLONASS 위성의 현황

| | |
|---|---|
| 전체 위성 수 | 25개 |
| 작동 위성 | 24개 |
| 보수 중인 위성 | - |
| 점검 중인 위성 | - |
| 예비 위성 | - |
| 시험비행 단계 | 1개 |

| 위성 번호 | 궤도 | 주파수 (RF) | 발사일 | 작동 개시 | 작동 중지 | 활동 개월 | 궤도력상의 위성활동 양호상태(세계시 기준) | | 비 고 |
|---|---|---|---|---|---|---|---|---|---|
| 1 | 1 | 1 | 2009.12.14. | 2010.01.30. | | 99.8 | 2018.04.06. | 양호 | 임무수행 |
| 2 | 1 | -4 | 2013.04.26. | 2013.07.04. | | 59.4 | 2018.04.06. | 양호 | 임무수행 |
| 3 | 1 | 5 | 2011.11.04. | 2011.12.08. | | 77.1 | 2018.04.06. | 양호 | 임무수행 |
| 4 | 1 | 6 | 2011.10.02. | 2011.10.25. | | 78.2 | 2018.04.06. | 양호 | 임무수행 |
| 5 | 1 | 1 | 2009.12.14. | 2010.01.10. | | 99.8 | 2018.04.06. | 양호 | 임무수행 |
| 6 | 1 | -4 | 2009.12.14. | 2010.01.24. | | 99.8 | 2018.04.06. | 양호 | 임무수행 |
| 7 | 1 | 5 | 2011.11.04. | 2011.12.18. | | 77.1 | 2018.04.06. | 양호 | 임무수행 |
| 8 | 1 | 6 | 2011.11.04. | 2012.09.20. | | 77.1 | 2018.04.06. | | |
| 9 | 2 | -2 | 2014.12.01. | 2016.02.15. | | 40.2 | 2018.04.06. | 양호 | 임무수행 |
| 10 | 2 | -7 | 2006.12.25. | 2007.04.03. | | 135.5 | 2018.04.06. | 양호 | 임무수행 |
| 11 | 2 | 0 | 2016.05.29. | 2016.06.27. | | 22.3 | 2018.04.06. | 양호 | 임무수행 |
| 12 | 2 | -1 | 2007.12.25. | 2008.01.22. | | 123.5 | 2018.04.06. | 양호 | 임무수행 |
| 13 | 2 | -2 | 2007.12.25. | 2008.02.08. | | 123.5 | 2018.04.06. | 양호 | 임무수행 |
| 14 | 2 | -7 | 2017.09.22. | 2017.10.16. | | 6.4 | 2018.04.06. | 양호 | 임무수행 |
| 15 | 2 | 0 | 2006.12.15. | 2007.10.12. | | 135.5 | 2018.04.06. | 양호 | 임무수행 |
| 16 | 2 | -1 | 2010.09.02. | 2010.10.04. | | 91.2 | 2018.04.06. | 양호 | 임무수행 |
| 17 | 3 | 4 | 2016.02.07. | 2016.02.28. | | 25.3 | 2018.04.06. | 양호 | 임무수행 |
| 18 | 3 | -3 | 2014.03.24. | 2014.04.14. | | 48.5 | 2018.04.06. | 양호 | 임무수행 |
| 19 | 3 | 3 | 2007.10.26. | 2007.11.25. | | 125.4 | 2018.04.06. | 양호 | 임무수행 |
| 20 | 3 | 2 | 2007.10.26. | 2007.11.27. | | 125.4 | 2018.04.06. | 양호 | 임무수행 |
| 21 | 3 | 4 | 2014.06.14. | 2014.08.03. | | 45.8 | 2018.04.06. | | |
| 22 | 3 | -3 | 2010.03.02. | 2010.03.28. | | 97.2 | 2018.04.06. | 양호 | 임무수행 |
| 23 | 3 | 3 | 2010.03.02. | 2010.03.28. | | 97.2 | 2018.04.06. | 양호 | 임무수행 |
| 24 | 3 | 2 | 2010.03.02. | 2010.03.28. | | 97.2 | 2018.04.06. | 양호 | 임무수행 |
| 20 | 3 | -5 | 2011.02.26. | | | 85.3 | | | 비행시험 |

* 2018.04.06. 수신된 항법메시지 자료를 근거로 작성한 것임.

## 2.2. GLONASS 구성

GLONASS 시스템은 위성의 궤도와 배치를 담당하는 우주부문(space segment), 시스템통제센터 등으로 구성되는 지상의 제어부문(control segment), 그리고 안테나를 이용하여 위치결정을 직접 수행하는 사용자부문(user segment)으로 구성된다. 이 세 부문이 유기적으로 함께 작용하여 전 세계에 있는 GLONASS 사용자들에게 정확한 3차원 좌표와 시간 및 속도자료를 제공한다.

표 3-17. GLONASS 시스템 구성

| 부 문 | 담 당 | |
|---|---|---|
| 우주부문 | - 우주에서 활동하는 GLONASS 위성에서 위치정보를 제공하는 부문<br>- 각 궤도면에 8개 위성을 배치하여 세 개의 궤도면에 총 24개의 위성으로 구성 | |
| 제어부문 | 구 성 | 담당 업무 |
| | - 시스템 통제센터<br>- 러시아 전역에 배치된 임무 통제 네트워크 | - 위성의 현황, 위성 궤도력의 결정, GLONASS 시간과 UTC 비교하여 위성시각 차이 분석<br>- 1일 2회 위성으로 신호전송 |
| 사용자부문 | - 위성신호를 추적하고 수집하는 수신기 및 사용자<br>- GPS와 같이 GLONASS도 군사와 민간신호로 구성<br>- 민간영역에서의 활용이 점차 확대 | |

### (1) 우주부문

GLONASS의 우주부문은 미국의 GPS 네트워크와 비슷하게 구성된다. 우주부문은 24개의 GLONASS-M 위성으로 구성되며 적도와 64.8°의 경사를 이루는 세 개의 원궤도 상에 위성을 배치하고 이 세 개의 궤도는 각각 120° 간격으로 형성되어 지구표면에서 언제든지 5개 이상의 위성을 볼 수 있다.

GLONASS 위성 궤도의 높이는 미국의 GPS보다 약간 낮은 19,100㎞이고 이는 지구 중심에서부터 25,470㎞ 떨어진 상공에 형성되는 궤도로 위성의 주기는 11시간 15분 45초이다. 8개의 위성들이 위도 45°의 간격으로 각각의 궤도에서 활동하고 모든 위성들은 위도 상에서 서로 15°의 편각을 이루며 배치되어 적도면에 대하여 64.8°의 각도로 기울어져 있다. GLONASS 시스템이 형성하는 궤도는 GPS 시스템이 위치정보를 수신할 때 문제를 일으킬 수 있는 남극과 북극과 같은 높은 위도에서도 신호를 잘 수신할 수 있도록 설계되었다. GLONASS 위성은 1,200~1,600㎒까지 두 개의 주파수를 통해 정밀신호(SP, Standard Precision)와 고정밀신호(HP, High Precision)를 전송한다.

그림 3-15. GLONASS 위성의 궤도 구성

GPS와 마찬가지로 GLONASS 수신기도 보통 6개에서 12개의 위성신호를 받는다. GLONASS 시스템으로부터 신호를 받아 러시아 영역 내에서 위치를 결정하기 위해서는 최소 18개의 위성이 필요하고 전 세계를 포괄하기 위해서는 24개의 위성이 필요하다. 위치정보를 효과적으로 수신하고 결정하기 위해서는 관측하려는 지점의 하늘에 최소 네 개 이상의 위성이 있어야 하며, 이 중 세 개는 사용자의 위치를 결정하는데 사용되고 네 번째 위성은 수신기의 시각과 다른 세 개의 위성의 동기화에 사용된다.

GLONASS는 시스템은 GPS보다 위성고도가 낮고 위성의 수명이 짧으며 주파수 분할방식(FDMA, Frequency Division Multiple Access)을 이용하기 때문에 위성마다 모두 주파수가 다르다. GPS 위성궤도정보에서 케플러 궤도요소(Keplerian orbital element)와 섭동요소(攝動要素, perturbational element)들이 시간의 함수로 기록되는 것과는 달리 GLONASS 위성궤도정보는 매 15분과 45분에 수집되는 위성의 3차원 직각좌표성분, 가속도성분 등으로 구성된다.

30년 이상 지나는 동안 GLONASS 위성들은 크게 네 번의 진화가 이루어졌다. 이러한 진화에 따라 위성을 분류하면, 먼저 1982년부터 시작한 초기의 GLONASS 위성, 두 번째, 2003년 이후 발사된 GLONASS-M 위성, 세 번째, 2011년 이후 개발된 GLONASS-K 위성, 그리고 마지막으로 2015년 이후 최신화된 GLONSAS-KM 시리즈의 위성으로 구분할 수 있으며 이들의 특징을 표 3-18에 표현하였다.



표 3-18. GLONASS 위성들의 특성

| | | GLONASS | GLONASS-M | GLONASS-K | | GLONASS-KM |
|---|---|---|---|---|---|---|
| | | | | K1 | K2 | |
| 최초 발사 | | 1982년 | 2003년 | 2011년 | 2013년 | 2015년 이후 |
| 위성 수명 | | 3년 | 7년 | 10~12년 | | 보다 개선 |
| 위성 무게 | | 1,250kg | 1,415kg | 750kg | | 계획 중 |
| 발사 위성 수 | Proton 로켓 | 3 | 3 | 6 | | - |
| | Soyuz 로켓 | | | | | |
| 전력 | | 1,000 W | 1,600 W | 1,270 W | | 계획 중 |
| 주파수 방식 | | FDMA | FDMA | FDMA | FDMA, CDMA | FDMA, CDMA |
| 실시간 수직방향 정확도 (95%) | | 60m | 30m | 5~8m (DGNSS : 40~60cm) | | 계획 중 |
| 민간 신호 개수 | | 1 | 2 | 3 | | 3 |
| 특수 신호 개수 | | 2 | 2 | 3 | | 계획 중 |
| 위성 시각 안정도 | | $5\times10^{-13}$ | $1\times10^{-13}$ | $1\times10^{-13}$ | | 계획 중 |
| 항법신호의 상호 연동 RMSE | | 15ns | 8ns | 3~4ns | | 계획 중 |

### (2) 지상부문

GLONASS의 지상부문은 표 3-19와 같이 6가지 요소가 결합되어 구성된다.

표 3-19. GLONASS 지상부문

| | | |
|---|---|---|
| SCC | - System Control Center(시스템통제센터)<br>- 러시아 전역에 배치 | |
| CTS | - Command and Tracking Station(임무전달 및 추적국) | |
| | TT&C | - Telemetry, Tracking and Command center(신호전송, 추적 및 지휘센터)<br>- 5개로 구성 |
| | CC | - Central Clock(중앙 시각국)<br>- 모스크바(Moscow) 근처인 쉘코보(Schelkovo)에 설립 |
| | ULS | - UpLoad Station(신호발신국)<br>- 지상에서 위성으로 신호를 쏘아 주는 3개 발신국 |
| | SLR station | - Satellite Laser Ranging station(위성 레이저 관측국)<br>- 2개로 구성 |
| | MS | - Monitoring and measuring Station(감시 및 관측국)<br>- 4개로 구성 |
| 기타 | - 6개로 구성되는 추가적인 감시 및 관측소<br>- 러시아와 주변의 인근국가에 더 설립될 예정 | |

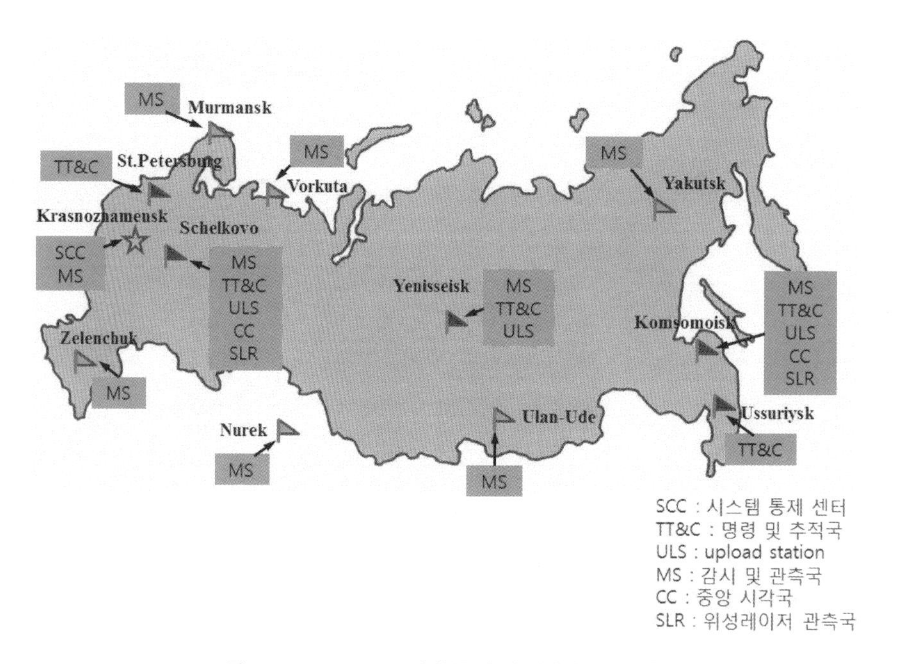


그림 3-16. GLONASS 지상부문의 각 관제센터 및 관측소

시스템통제센터인 SCC(System Control Center)는 위성의 궤도통제와 관리를 담당하며 전체 GLONASS 위성의 위치전송, 임무전달과 통제기능을 담당한다. SCC는 모든 GLONASS 시스템이 잘 구동되도록 모든 기능과 작동을 조정하며 TT&C(Telemetry, Tracking and Command center, 신호전송, 추적 및 지휘센터)에서부터 전송된 정보를 처리하여 위성의 시각과 궤도상태, 그리고 각 위성의 항법메시지를 업데이트한다.

이 외에 임무전달 및 추적국인 CTS(Command and Tracking Station)는 러시아 전역에 설치된 5개의 TT&C의 네트워크로 구성된다. CTS에서는 GLONASS 위성들을 추적하고 위성에서 수신한 신호를 이용하여 거리데이터와 위치관계를 종합한다. CTS에 수집된 정보는 SCC에서 위성 시각과 궤도 상태의 결정, 그리고 각각의 위성의 항법메시지를 업데이트 하는데 사용된다. 이렇게 업데이트된 정보는 신호발신국 ULS(UpLoad Station)를 통해 위성으로 전송되고 위성의 통제와 관련된 정보를 전송하는 데에도 사용된다.

고정밀도의 위성레이저 관측을 통해 얻은 데이터는 GLONASS 궤도력 결정에 대한 보정신호로 이용되며 다음과 같은 역할을 수행하여 여러 정보를 제공하고 있다.

- GLONASS 궤도결정을 위한 라디오 주파수(RF, Radio Frequency)의 정확도와 보정신호 평가
- 위성레이저(SLR, Satellite Laser Ranging) 관측국에 수소메이저(hydrogen MASER, Microwave Amplification by the Stimulated Emission of Radiation) 주파수 기준과 연결된 측지계수준의 RF 항법 수신자료를 제공하여 위성시계를 감시하고 GLONASS 위성의 시간과 궤도력 데이터의 통제를 효율적으로 수행
- GLONASS에서 사용하는 좌표계를 측지학적 기준으로 사용하기 위한 SLR 관측국 좌표결정
- SLR 관측자료는 위성궤도력의 필요정밀도를 검증하는 기준제시

## 2.3. GLONASS 위성신호 및 서비스

### (1) GLONASS 위성신호의 특징

앞에서 서술한 바와 같이 GPS는 코드분할방식(CDMA, Code Division Multiple Access technique)에 의해 각각의 위성이 C/A-코드와 P-코드를 고유의 할당된 PRN 코드에 실어 보낸다. 이와는 다르게 GLONASS는 주파수분할방식(FDMA, Frequency Division Multiple Access technique)을 이용하여 각각의 위성들이 같은 PRN 코드를 위성마다 할당된 다른 주파수대에 실어 전송한다.

GLONASS 위성은 두 가지 형태의 신호를 전송하는데 이들은 각각 SP(표준정밀도, Standard Precision)와 HP(고정밀도, High Precision) 신호이다. 이 신호들은 GPS 신호에서 사용하는 것과 유사한 직접시퀀스 확산스펙트럼 부호화(DSSS encoding, Direct Sequence Spread Spectrum encoding)와 이진위상 편이변조(BPSK, Binary Phase-Shift Keying)를 사용한다. 직접시퀀스 확산스펙트럼(DSSS) 부호화는 하나의 신호심볼을 일정한 시퀀스로 확산시켜 통신하는 방식으로 채널간섭을 위해 조각난 코드로 변조하여 전달한 후 복호하여 인식하는 기법이다. 모든 GLONASS 위성들은 SP 신호로 같은 코드를 전송하지만 각각은 L1 파장대로 알려진 1,602.0 $MHz$로부터 확장된 각각 다른

15개의 채널의 주파수분할 방식(FDMA)에 의해 모두 다른 주파수에 실려 전송된다. 중심 주파수는 1,602 $MHz + n \times 0.5625$ $MHz$ 이고 여기서 $n$은 -7~6까지의 정수로 구성되는 위성의 주파수 채널 번호이다. 이 채널번호는 과거 0~13까지였었으나 2005년 이후 -7~6으로 재배열되었다. 신호의 구조는 38°의 각을 갖는 원뿔형의 형태인 우선회 원편파(圓偏波, circular polarization)로 전력 316~500 $W$까지인 25~27 $dbW$ 사이의 유효등방성복사전력(實效等方放射電力, EIRP, Effective Isotropic Radiated Power) 범위에서 전송된다.

여기서 원편파란 안테나로부터 복사된 전자파의 진행방향에 대해 직각인 단면 내에서 주기적으로 회전하는 편파를 의미하고, 크기가 같고 두 전자파의 위상에 90° 차이가 있는 수평편파와 수직편파를 조합하면 그 합성벡터가 원을 그리기 때문에 원편파가 발생하게 된다. 이 편파가 시계방향으로 회전하면 우선회 편파, 시계반대방향으로 회전하면 좌선회 편파라고 한다. 위성방송의 하향회선이나 지상파 FM 방송에서 이러한 원편파를 주로 사용하고 있으며 일반적으로 주파수 효율을 높이기 위해 우선회 편파와 좌선회 편파를 동시에 사용하고 있다 유효등방성복사전력(EIRP)은 위성이 가시권 지역을 향해 위성의 송신안테나에서 전송하는 송신출력의 세기를 $dbW$이라는 단위로 표현한 것으로 가시권역 내의 수신감도를 가늠하고 안테나의 크기를 결정하는데 영향을 미치는 성분이다.

HP 신호인 L2는 SP 신호와 함께 4각 위상구조(phase quadrature)의 형태로 방송되며 SP 신호와 같은 반송파를 공유하지만 열 배나 높은 주파수 대역으로 전송된다.

GLONASS는 반송파 신호로 L1, L2 주파수대역을 사용하고 최초 1,602.5625 $MHz$부터 1,615.5 $MHz$까지의 주파수대역을 25개의 채널로 분할하는 FDMA방식에 의해 각각 다른 파장대를 이용하여 전송한다. L1 주파수의 계산은 위에서 중심 주파수에 대한 설명을 할 때 언급했던 것과 같이 1,602 $MHz + n \times 0.5625$ $MHz$의 식을 통해 구한다. 마찬가지로 L2 파장의 평균 주파수는 1,246 $MHz + n \times 0.4375$ $MHz$로 계산할 수 있다.

그림 3-17. GPS L1 주파수와 비교한 GLONASS 주파수

G1주파수라 불리는 L1주파수에는 0.511$MHz$의 C/A-코드와 5.11$MHz$의 P-코드가 실려서 방송되게 되고, G2주파수인 L2주파수에는 5.11$MHz$의 P-코드가 전송된다. 항법메시지에는 C/A-코드 데이터와 P-코드 데이터가 있으며 모두 50$bps$로 전송된다. 항법메시지는 GPS와 같이 위성과 관련된 정보를 수신기에 전달하며 특히 인공위성의 궤도정보를 WGS84나 ITRF와 같은 지구중심기준좌표계(ECEF, Earth Centered Earth-Fixed)의 직교좌표 형태로 전달한다.

최대의 성능으로 위성의 수신이 가능할 때, 초기 네 개의 1세대 위성들을 이용하여 관측하는 것을 기준으로 SP 신호는 5～10$m$의 평면위치 오차와 15$m$ 이내의 수직오차를 포함하는 위치 데이터를 전송하였으며 속도벡터는 10$cm$/sec 이내이고 자료취득 시간간격은 20$ns$이었다. GLONASS-M과 같은 위성들은 이보다 향상된 정확도로 수신이 가능하다.

SP보다 정확한 HP 신호는 러시아군에서와 같이 사용권한이 있는 사용자만 수신이 가능하며, W-코드에 의해 부호화되어 변조되는 미국의 암호화된 P(Y)-코드와는 다르게 GLONASS P-코드는 명료화되지 않은 보안(security through obscurity) 만을 사용하여 암호화되지 않은 상태로 전송된다. 이 신호는 보안되지 않은 신호이기 때문에 정확도가 갑자기 변할 수도 있다는 위험을 감수하여야 한다. L2P-코드에 실린 데이터 $bit$의 변조는 최근 임의의 주파수 간격에서 증폭되는 250$bit$/sec까지 변조되지는 않도록 설계하였다. GLONASS L1P-코드는 50$bit$/sec에서 변조되고 이 신호가 C/A-코드를 이용하여 동일한 궤도요소들을 실어서 방송하는 동안 발생할 수 있는 여러 요인, 즉 태양과 달의 가속도 매개변수, 시간 오차와 같은 위험요소에 대비하여 충분한 양의 데이터를 할당해 놓고 있다.

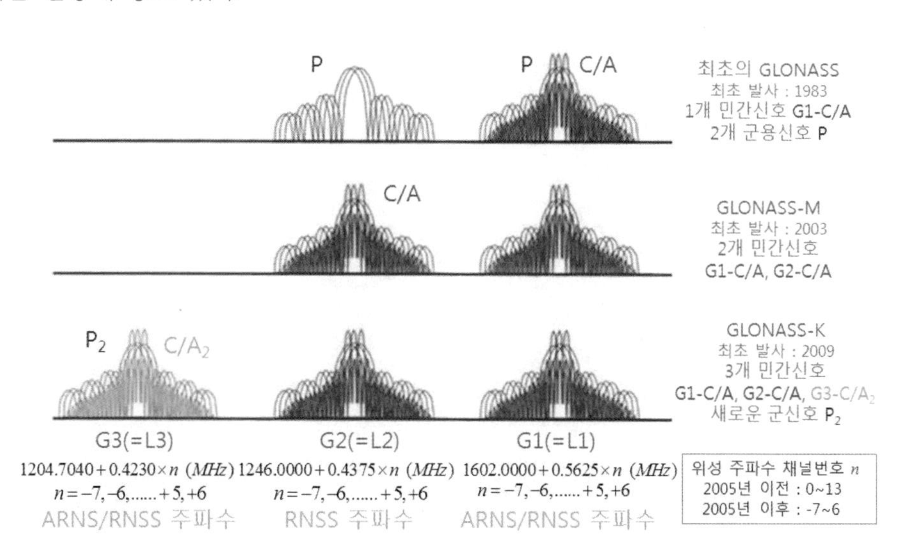


그림 3-18. GLONASS 주파수

추가적인 민간부문 할당신호인 L1 파장대의 SP-코드와 동일한 신호가 L2 파장대를 통해 전송된다. 이 신호의 전송은 성능이 최신 위성보다 낮은 초기 GLONASS 위성인 795번 위성과 이러한 추가신호를 방송하지 못하고 오직 L1 파장대에서만 신호를 전송하는 1개의 GLONASS-M 위성을 제외하고는 모든 위성에서 방송하는 것이 가능하다.

### (2) GLONASS 좌표계

GLONASS는 PZ-90이라는 측지학적 기준 좌표계를 사용하며 이 좌표계는 **지구매개변수**(Earth Parameters) 1990 또는 **제밀리 파라미터**(Parametry Zemili) 1990이라고도 한다. 이 좌표계에서 표현하는 정확한 북극의 위치는 1900년부터 1905년까지의 관측값을 평균함으로써 구해졌다. GPS에서는 WGS84를 사용하고 있는데 WGS84에서는 PZ-90과는 다른 1984년 결정된 북극의 위치를 적용한다. 2007년 9월 17일 이후 PZ-90 좌표계는 WGS84와 어느 방향에서도 40㎝이내의 차이 값만 갖도록 업데이트되었다.

### (3) GLONASS 위성신호의 최신화

최신 GLONASS-K1 위성은 2011년 2월에 발사되어 새로운 주파수인 CDMA 신호로 전송하기 시작하였다. 이 신호는 1,202.025㎒ 대역에서 L3 주파수를 변조한다. 2013년 발사된 GLONASS-K2 위성들은 1,207.14㎒에 L3를 변조하고 부가적인 L1 파장대에서 1,575.42㎒의 주파수에 변조되어 민간에게 개방된 CDMA 신호를 방송하고 있다. 또한 후속 위성인 GLONASS-KM 시리즈의 위성이 2015년 이후 발사되었고 새로운 개방 CDMA를 전송하게 되며 추가되는 신호에는 기존에 사용하고 있는 하나의 L1 파장대, L2 파장대의 1,242㎒, 그리고 L5 파장대의 1,176.45㎒ 등이 포함되었다. 이 GLONASS-KM 위성은 현재 사용 중인 L1과 L2 파장대의 제한적 신호도 함께 전송할 것으로 보인다.

아직까지 현대화된 GLONASS CDMA 신호변조방식이 확정되지는 않았지만 이러한 새로운 신호들이 같은 주파수대에서 필수적으로 사용하는 GPS, Galileo, Beidou 신호와 비슷한 신호가 될 것으로 예측된다. 무료로 제공되는 개방신호인 L1 주파수대는 현대화된 GPS 신호의 L1, Galileo와 Beidou의 E1과 같은 방식으로 1,575.42㎒를 중심으로 변조되는 BOC(Binary Offset Carrier)를 사용하게 될 것이다. BOC는 이진 옵셋 반송파 변조방식으로 현재 유럽연합의 Galileo 위성에서 사용되고 있는 기법이다. Galileo는 GPS와 같은 주파수대를 사용하지만 두 파가 간섭되는 것을 막기 위하여 후발 주자인 Galileo에서 신호의 에너지 중심을 약간 빗나가는 사각형 파(square wave)

에 하위 반송파(sub-carrier)를 곱해줌으로써 새로운 파를 생성하는 것과 같은 효과를 발생시키는 방식이다. 이러한 하위 반송파의 배수가 되도록 주파수를 증가시킴으로써 위성신호의 스펙트럼은 두 부분으로 분리되게 되고 이러한 이유로 BOC 변조가 스펙트럼 분리변조로 알려져 있다.

**표 3-20. GLONASS의 신호**

| 위성 종류 | 발사 연도 | 상태 | 주파수 *MHz* | | | | | | 시각 오차 |
|---|---|---|---|---|---|---|---|---|---|
| | | | 1,602+ n×0.5625 (L1 FDMA) | 1,575.42 (L1 CDMA) | 1,246+n×0.4375 (L2 FDMA) | 1,242 (L2 CDMA) | 1,207.14 (L3 CDMA) | 1,176.45 (L5 CDMA) | |
| GLONASS | 1982～1985 | 종료 | L1OF, L1SF | | L2SF | | | | $5\times10^{-13}$ |
| GLONASS -M | 2003～2018 | 활동 | L1OF, L1SF | | L2OF, L2SF | | | | $1\times10^{-13}$ |
| GLONASS -K1 | 2011, 2014 | 활동 | L1OF, L1SF | | L2OF, L2SF | | L3OC† | | $5\times10^{-14}$ ～$1\times10^{-13}$ |
| GLONASS -K2 | 2018～2024 | 설계 | L1OF, L1SF | L1OC, L1SC | L2OF, L2SF | L2SC | L3OC | | $5\times10^{-14}$ |
| GLONASS -KM | 2025～ | 연구 | L1OF, L1SF | L1OC, L1OCM, L1SC | L2OF, L2SF | L2OC, L2SC | L3OC | L5OC | $5\times10^{-14}$ |

O : 개방신호 (표준 정밀도)　　F : FDMA, $n=-7,-6,-5,\ldots6$
S : 제한적 사용 신호 (고정밀도)　　C : CDMA

† GLONASS-K1 위성들은 L3OC에 대해 1,202.025*MHz* 신호 사용



개방신호인 L5 파장도 BOC 변조를 사용하여 GPS의 생활안전신호인 L5, Galileo의 E5a과 같이 1176.45*MHz* 중심의 주파수를 사용하게 될 것이고, 개방 신호인 L3 파장은 직교위상편이변조(QPSK, Quadrature Phase-Shift Keying)로 Galileo와 Beidou의 E5b와 같은 중심 주파수 1207.14*MHz*를 사용하여 정보와 파일롯 신호를 전송할 예정이다. 이러한 주파수에 대한 정리가 여러 종류의 GNSS 신호를 수신할 수 있는 복합신호 GNSS 수신기를 저렴하게 제작할 수 있도록 하고 있다.

이진위상편이변조(BPSK, Binary Phase-Shift Keying) 방식은 일반적인 GPS와 GLONASS 신호에 이용되었지만 BPSK와 QPSK는 특히 QAM-2와 QAM-4와 같은 직교 진폭변조(QAM, Quadrature Amplitude Modulation)에서 사용될 수 있다. BOC 변조방법은 앞에서 설명한 바와 같이 Galileo, 현대화된 GPS, 그리고 중국의 Beidou에서 채택하고 있는 주파수 변조방식이다.

CDMA의 도입과 함께 GLONASS 궤도에는 2025년까지 계속 위성이 추가되어 임무를 수행하는 위성이 30개로 증가될 예정이고 FDMA 방식의 위성은 사라질 예정이다. 새로운 위성이 3개의 추가된 궤도면을 형성하며 신호를 전송하기 때문에

GLONASS 위성의 궤도는 현재 3개의 궤도면에서 6개로 늘어나게 된다. 이렇게 새로운 궤도가 형성되면 2011년 11월 발사한 Luch-5A 위성과 지상국을 연결하는 네트워크를 형성하고 이를 통해 보정신호와 감시시스템(SDCM, System for Differential Correction and Monitoring)을 형성하여 GLONASS 신호의 정확도를 높일 수 있는 시스템이 완성될 것이다. GPS와 GLONASS의 정확도 향상을 위해 새롭게 추가되는 DGNSS를 지원하는 러시아의 SDCM 위성들은 북극지역에서 좋은 시야를 제공하는 몰리야 궤도(Molniya orbit)나 일본의 QZSS와 같이 8자를 그리는 툰드라 궤도(Tundra orbit)를 형성하여 지역적인 효과를 증대시킬 수 있을 것이다. 이러한 DGNSS 구성과 각각의 DGNSS를 구성하는 위성에 대한 설명은 뒤의 5 **위성항법 정확도 향상**의 4. **위성을 이용한** DGNSS 부분에 자세히 수록해 놓았다.

### 2.4. GLONASS 정확도

GLONASS 시스템은 표준 C/A 위치와 시각정보를 전송하여 4개의 위성신호를 기준으로 위치를 결정하였을 때 수평방향으로 55$m$ 이내, 수직방향으로 70$m$ 이내의 위치 정확도를 제공한다. GLONASS의 위치정확도는 SA가 섞여 있을 때의 GPS에 비해 높은 정확도를 갖지만 SA 해제 이후의 GPS에 비해서는 낮은 정확도를 갖는다. 현재 상당히 저렴한 GLONASS 전용 수신기가 판매되고 있고 상용 GPS 수신기는 GPS 신호뿐 아니라 GLONASS 신호 모두를 수신할 수 있도록 제작되고 있다.

2010년의 GLONASS 분석 자료에 의하면 GLONASS 항법결정의 평면위치정확도는 4.46~7.38$m$로 나타났다. 이것은 같은 시간에 관측한 GPS 항법결정의 평면위치정확도가 2.00~8.76$m$으로 나타난 것과 대조적이다. 이 사실로부터 민간에서 사용되는 GLONASS는 단독위치결정 방법에 의해 관측값을 얻을 때 GPS에 비해 약간 낮은 정확도를 갖는다는 것을 알 수 있다. 그러나 극지방에 가까울수록 GLONASS 위성은 궤도 위치와 자세로 인하여 GPS보다 정확한 위치정보를 제공한다.

현재 최신 항법위성수신기는 모두 50개가 넘은 GPS와 GLONASS 위성으로부터 수신이 가능하기 때문에 높은 빌딩 때문에 만들어지는 도심지 협곡에서도 향상된 수신영역을 제공하는 것이 가능하고 수신값을 고정시키는데 많은 시간이 단축된다. 실내, 도시협곡, 산악지역에서도 GPS 하나만으로 위치를 결정하는 것보다 GLONASS 신호를 함께 수신하여 위치결정을 하면 정확도가 상당히 향상된다. 2가지 위성신호를 동시에 받음으로써 GPS/GLONASS 연합의 위치정확도는 2.37~4.65$m$로 향상되었다.

2009년 5월부터 지속적으로 GLONASS 위성 수를 늘리기 위한 계획이 실행되었고 2011년까지 GLONASS의 위치오차를 2.8$m$로 향상시킬 수 있도록 지상부문의 시스템이 강화되었으며, 특히 최신설계로 제작되는 GLONASS-K가 가동되면서 GLONASS의 위치정확도는 2배 이상 향상되었다. 이렇게 정확도를 향상시키기 위한 노력으로 2012년 초부터 16개의 위치결정을 위한 지상국들이 러시아와 남극지방의 벨링스하우젠 *Bellingshausen*과 노볼라자레브스카야 *Novolazarevskaya* 기지에 건설 중이고, 새로운 기지국들이 브라질부터 인도네시아까지 남반구에 걸쳐 건설될 계획이다. 이러한 새로운 진보된 기술과 장치들이 GLONASS 시스템과 결합할 때 GLONASS를 이용하여 위치를 결정하면 오차가 0.6$m$보다 적은 정확한 관측값을 사용자에게 제공해 줄 것으로 기대된다.

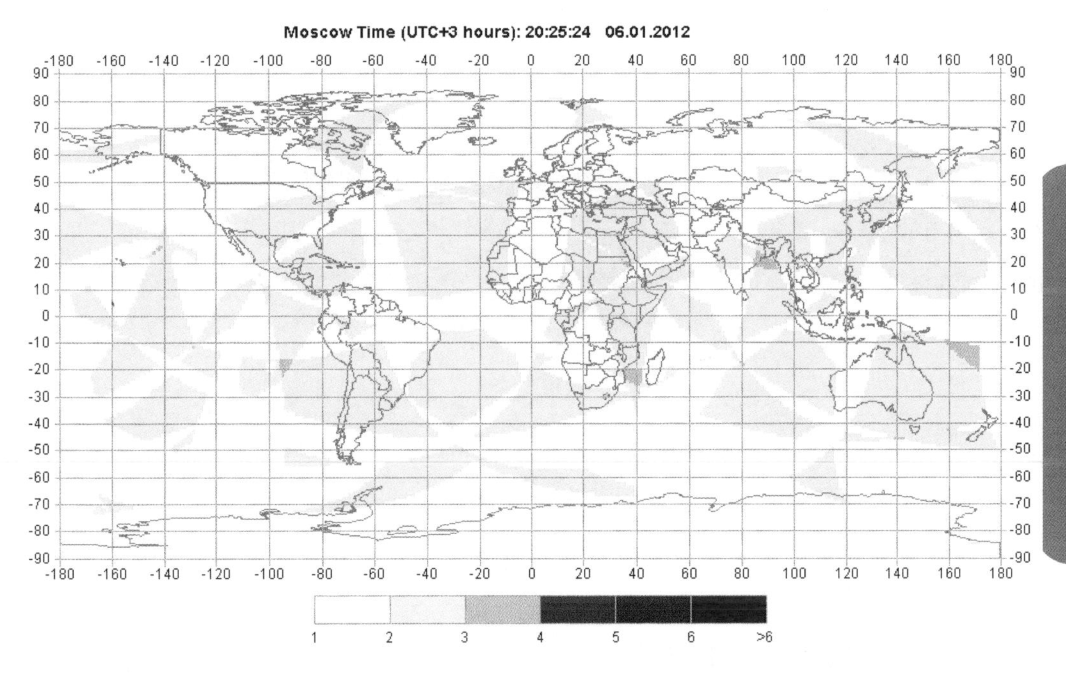


그림 3-19. GLONASS 위치정확도 (PDOP) 분포

## 3. Galileo

Galileo(갈릴레오) 항법시스템은 미국의 GPS 독점에 대항해 유럽연합(EU, European Union)과 유럽우주국(ESA, European Space Agency)이 공동으로 추진하고 있는 세계 최초의 민간용 위성항법시스템이다. 유럽은 2003년 이라크 전쟁 당시 미국과 갈등을 빚은 뒤 독자적인 위성항법시스템 개발의 필요성을 절실히 느꼈다. 이라크 전쟁에서 미군은 정밀한 위치추적 군사용 GPS를 이용하여 이라크군을 정밀 폭격하고 적국이 GPS를 사용하지 못하도록 신호를 교란하거나 중단하는 등 자국의 이익을 위해 GPS 신호를 인위적으로 조정하였다. 현재 GPS 서비스는 무료로 제공되고 있지만 GPS의 개발목적이 민간용이 아닌 군용이기 때문에 미국은 군사적인 이유를 들어 민간용 GPS 사용범위를 제한하고 있다.

유럽은 독자적인 항법위성의 개발을 통해 경제적인 효과는 물론 군사적으로 미국의 지배를 받지 않으려는 정치적 동기가 작용하였고 미국과 같은 위성시스템을 보유할 필요가 있다고 판단하였다. Galileo 위성항법시스템은 순수 민간용 항법시스템으로 출발하지만 미국과 유럽이 군사적 갈등을 빚으면 이 시스템을 언제든지 군사용으로 전환하는 것이 가능하고 유럽의 방위산업체들도 이 위성 기술을 이용할 수 있을 것이다.

### 3.1. Galileo 역사

1999년 Galileo 프로젝트에 대해 각기 다른 구성을 고려하던 독일, 프랑스, 이탈리아와 영국은 공통된 프로젝트를 위해 협력할 것에 동의하여 2003년 5월 23일 EU와 ESA가 공식적으로 이 프로젝트에 합의를 함으로써 Galileo 프로그램이 시작되었다.

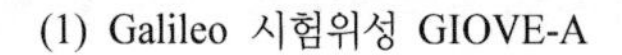

(1) Galileo 시험위성 GIOVE-A (2) Galileo 시험위성 GIOVE-B 위성

그림 3-20. Galileo 시험위성

원래 군사적 목적에서 탄생한 미국의 GPS에 의존하고 있는 세계의 여러 나라들은 미국이 자국의 이익을 위해 언제든지 GPS 운용을 중단할 수 있고 시스템을 변경할 수 있다는 우려 때문에 상업용 항법시스템인 Galileo 프로젝트에 참여하고 있다.

EU는 Galileo 위성시스템의 인지도를 국제적으로 확산하여 이용을 확대하고 Galileo 프로젝트의 사업비 충당을 위해 2001년 5월 비EU 국가들에 대해서도 문호를 개방하기로 결정하였다. 이 결정에 따라 중국, 이스라엘, 인도, 캐나다, 브라질 등 지역별 거점국가를 중심으로 Galileo 사업 참여를 권유하였고, 이스라엘, 우크라이나, 인도, 모로코, 한국 등 5개국과 협정을 체결하였다. 중국은 2003년 2억 9,600만 달러를 단계적으로 투자하기로 하여 위성 궤도투입기술, 제조, 서비스시장 개발, 제품 표준화 등의 분야에서 적극 협력하기로 합의하였다. 이스라엘은 2004년 EU와 Galileo 프로젝트 참여에 합의하였으며 우리나라도 Galileo 프로젝트에 참여하기 위해 2005년 3월 EU에 참여의향서를 보낸 뒤 2006년 1월 최종 서명하였다.

2004년 6월 Galileo와 GPS는 신호를 함께 사용하는 것이 가능하도록 조정하였으며, 2005년부터 궤도결정, 수정위성 제작발사, 지상국 최종 위성배치 및 시스템 시험운영을 하여 2008년 이후 유럽 및 각 국가에 Galileo 위성신호를 공급할 계획이었다. 그러나 미국과 러시아 주도의 위성항법기술과 시장에 대한 의존도를 낮추고 새로운 민간 전용의 위성항법 관련시장을 창출하기 위해 EU는 이 프로그램을 보다 신중히 추진하고 사업비도 확충할 목적으로 일부 계획을 수정하였다.

2005년 12월 28일 카자흐스탄의 바이코누르 *Baykonur* 기지에서 발사한 시험위성 GIOVE(지오베, Galileo In Orbit Validation Element)-A호가 궤도에 진입하였고 이어 2008년 두 번째 시험위성인 GIOVE-B 위성도 성공적으로 발사되었다. GIOVE는 이탈리아어로 목성을 의미하는 말이기도 하며 GIOVE-A는 영국의 SSTL(Surrey Satellite Technology Ltd.)에서 제작되었다. 프랑스의 우주항공회사 아스트리움 *Astrium*과 프랑스의 *TSA*(Thales Alenia Space)에서 제작된 GIOVE-B는 GIOVE-A에 비해 더욱 진보된 위성으로 러시아의 소유즈 *Союз* 로켓에 의해 2008년 4월 27일 발사되었다.

세 번째 시험위성인 GIOVE-A2는 SSTL이 제작하여 2008년 중반에 발사될 계획이었으나 GIOVE-B가 정상적으로 발사되고 궤도에서의 임무를 성공적으로 수행하게 되면서 필요가 없어져 GIOVE-A2의 계획은 취소되었다.

시험위성들이 성공적으로 작동하면서 Galileo 프로젝트에서 구현하고자 하는 위성계획이 실현되어 실제 사용될 한 쌍의 궤도확인 위성(IOV, In Orbit Validation satellites)인 Galileo-IOV PFM과 Galileo-IOV FM2가 2011년 10월 21일 세계표준시(GMT, Greenwich Mean Time) 10시30분 남미에 위치한 프랑스령 기아나(Guyana) 공화국의 우주 센터인 쿠루 *Kourou* 발사기지에서 소유즈 VS01 로켓에 실려 성공적으로 발사

제3장

되었고 이륙 3시간 49분 만에 Galileo의 궤도 23,222$km$ 위치에 진입하였다.

(1) 소유즈 *Soyuz*-2-1b Fregat-MT 로켓의 발사장면

(2) IOV-PFM과 FM1의 궤도 진입

**그림 3-21. 첫 번째 Galileo 궤도확인 (IOV) 위성 (2011.10.21.)**

2012년 10월 12일 소유즈 ST-B 로켓이 예정대로 세계시 18시 15분에 1년 전 IOV 위성이 발사되었던 프랑스령 기아나 공화국의 우주센터에서 Galileo-IOV FM3와 FM4 두 기의 위성을 싣고 발사되었고 발사 후 40여 분 뒤 두 위성 모두 성공적으로 궤도에 진입하여 현재 임무를 수행하고 있다.

**표 3-21. 초기 Galileo 위성**

| 위 성 | 발사일(계획) | 작동 시작 | 계획 수명 | 비 고 |
|---|---|---|---|---|
| GIOVE-A | 2005.12.28. | 2006.01.12. | 2년(2012.06.중단) | 시험위성, 현재 작동 중 |
| GIOVE-B | 2008.04.27. | 2008.05.07. | 2년 | 시험위성, 현재 작동 중 |
| GIOVE-A2 | 2008. 중반 | 발사 취소 | - | 시험위성, 계획 취소 |
| IOV-PFM, IOV-FM2 | 2011.10.21. | 2011.10.21. | 12년 이상 | 한 쌍(2기), 궤도확인 위성 |
| IOV-FM3, IOV-FM4 | 2012.10.12. | 2012.10.12. | 12년 이상 | 한 쌍(2기), 궤도확인 위성 |

2012년 기아나 공화국에서 쏘아 올려진 IOV 위성의 발사장면은 그림 3-22에, 2011년과 2012년 각각 두 개의 위성이 우주로 올라가 궤도를 형성하며 임무를 수행하는 모식도가 그림 3-23에 표현되어 있다. 현재까지 발사된 모든 Galileo 위성들은 EU 국가를 상징하는 국가의 특징적인 이름을 붙여 놓았다. 이 이름은 EU에서 주최한 Galileo 사생대회에서 입상한 EU 국가들의 어린이들의 이름에서 따 왔다고 한다. 이러한 위성의 리스트가 표 3-22에 나타나 있으며 향후 계획이 수립되어 우주로 올라갈 위성목록은 표2-23에 나타나 있다.

그림 3-22. 두 번째 본궤도 위성(IOV)의 발사장면
(Soyuz-2-1b Fregat-MT. 2012.10.12.)

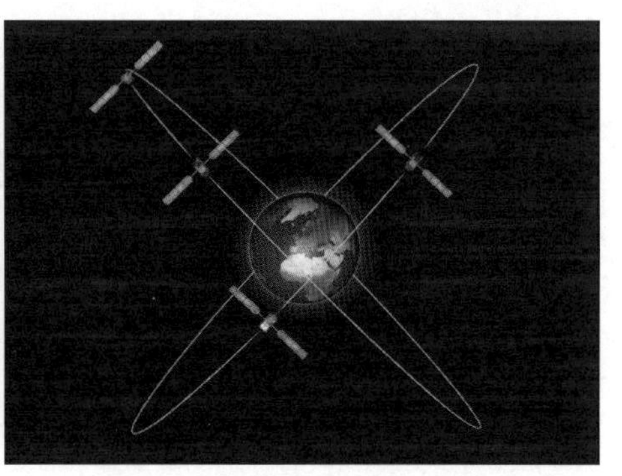

그림 3-23. 4개의 IOV위성과 궤도

표 3-22. 발사된 Galileo 위성

| 번호 | 위 성 | 위성 이름 (별명) | 발 사 일(UTC) | 발사장소 | 발 사 로 켓 | 위성 번호 | 상 태 |
|---|---|---|---|---|---|---|---|
| - | GIOVE-A | GSAT0001 | 2005-12.28. | Baikonur | Soyuz-FG/Fregat | Test | 2012.06.30 임무 종료 |
| - | GIOVE-B | GSAT0002 | 2008.04.26. | Baikonur | Soyuz-FG/Fregat | Test | 2012.07.23 임무 종료 |
| 1 | Galileo-IOV PFM | GSAT0101 Thijs | 2011.10.21. | Kourou | Soyuz-STB/Fregat-MT | E11 | 작 동 |
| 2 | Galileo-IOV FM2 | GSAT0102 Natalia | | | | E12 | 작 동 |
| 3 | Galileo-IOV FM3 | GSAT0103 David | 2012.10.12. | Kourou | Soyuz-STB/Fregat-MT | E19 | 작 동 |
| 4 | Galileo-IOV FM4 | GSAT0104 Sif | | | | E20 | 작동중지 |
| 5 | Galileo-FOC FM1 | GSAT0201 Doresa | 2014.08.22. | Kourou | Soyuz-STB/Fregat-MT | E18 | 작 동 |
| 6 | Galileo-FOC FM2 | GSAT0202 Milena | | | | E14 | 작 동 |
| 7 | Galileo-FOC FM3 | GSAT0203 Adam | 2015.03.27. | Kourou | Soyuz-STB/Fregat-MT | E26 | 작 동 |
| 8 | Galileo-FOC FM4 | GSAT0204 Anastasia | | | | E22 | 작 동 |
| 9 | Galileo-FOC FM5 | GSAT0205 Alba | 2015.09.11. | Kourou | Soyuz-STB/Fregat-MT | E24 | 작 동 |
| 10 | Galileo-FOC FM6 | GSAT0206 Oriana | | | | E30 | 작 동 |
| 11 | Galileo-FOC FM8 | GSAT0208 Andriana | 2015.12.17. | Kourou | Soyuz-STB/Fregat-MT | E08 | 작 동 |
| 12 | Galileo-FOC FM9 | GSAT0209 Liene | | | | E09 | 작 동 |
| 13 | Galileo-FOC FM10 | GSAT0210 Danielė | 2016.05.24. | Kourou | Soyuz-STB/Fregat-MT | E01 | 작 동 |
| 14 | Galileo-FOC FM11 | GSAT0211 Alizée | | | | E02 | 작 동 |
| 15 | Galileo-FOC FM7 | GSAT0207 Antonianna | 2016.11.17. | Kourou | Ariane 5ES | E07 | 작 동 |
| 16 | Galileo-FOC FM12 | GSAT0212 Lisa | | | | E03 | 작 동 |
| 17 | Galileo-FOC FM13 | GSAT0213 Kimberley | | | | E04 | 작 동 |
| 18 | Galileo-FOC FM14 | GSAT0214 Tijmen | | | | E05 | 작 동 |
| 19 | Galileo-FOC FM15 | GSAT0215 Nicole | 2016.12.12. | Kourou | Ariane 5ES | E21 | 작 동 |
| 20 | Galileo-FOC FM16 | GSAT0217 Alexandre | | | | E25 | 작 동 |
| 21 | Galileo-FOC FM17 | GSAT0213 Kimberley | | | | E27 | 작 동 |
| 22 | Galileo-FOC FM18 | GSAT0218 Irina | | | | E31 | 작 동 |

**표 3-23 Galileo 위성 발사 계획**

| | 위 성 | 위성 이름 (별명) | 발사 예정 | 발사 장소 | 발 사 로 켓 |
|---|---|---|---|---|---|
| 23 | Galileo-FOC FM19 | GSAT0219 Tara | 2018 3/4 분기 | Kourou | Ariane 5ES |
| 24 | Galileo-FOC FM20 | GSAT0220 Samuel | | | |
| 25 | Galileo-FOC FM21 | GSAT0221 Anna | | | |
| 26 | Galileo-FOC FM22 | GSAT0222 Ellen | | | |
| 27 | Galileo-FOC FM23 | GSAT0223 Patrick | 2020 | Kourou | Ariane 6 A62 |
| 28 | Galileo-FOC FM24 | GSAT0224 | | | |
| 29 | Galileo-FOC FM25 | GSAT0225 | 2021 | Kourou | Ariane 6 A62 |
| 30 | Galileo-FOC FM26 | GSAT0226 | | | |
| 31 | Galileo-FOC FM27 | GSAT0227 | 2022 이후 | Kourou | Ariane 6 A62 |
| 32 | Galileo-FOC FM28 | GSAT0228 | | | |
| 33 | Galileo-FOC FM29 | GSAT0229 | 2022 이후 | Kourou | Ariane 6 A62 |
| 34 | Galileo-FOC FM30 | GSAT0230 | | | |

Galileo 프로젝트를 수행하기 위하여 2004년 시작된 GSTB-V1(Galileo System Test Bed Version 1) 프로젝트는 GIOVE-1과 GIOVE-2의 발사와 임무수행을 시작으로 이 시스템들이 성공적인 Galileo 프로젝트가 될 것이라는 확신을 갖게 하였다. 또 본궤도 위성인 궤도확인 위성 Galileo-IOV PFM과 Galileo-IOV FM2도 2011년 궤도에 진입하여 임무를 수행하고 있으며, 이어 2012년 발사된 Galileo-IOV FM3와 Galileo-IOV FM4도 정상적으로 작동을 함으로써 Galileo 프로젝트는 가속화되었다. 이러한 네 개의 본궤도 위성으로 이루어진 시스템은 지구에서 3차원 위치결정을 계산하기 위해 수신하여야 하는 최소한의 위성 수로 이 위성들로 인하여 이제 Galileo도 궤도확인을 위한 검증이 끝났다는 것을 의미한다. 궤도확인 위성이 성공적으로 작동하면서 Galileo 시스템이 완전한 임무를 수행할 수 있는 위성이 계속 올려지고 있다. 이미 2010년 1월 7일 유럽연합은 첫 번째 임무수행을 위한 14개의 Galileo 위성에 대한 계획을 통해 14개 추가 위성의 제작에 약 5억 7천 유로를, 발사체의 제작에 약 4억 유로를 투자할 것이라고 발표하였다. 2012년 2월 추가로 8개 Galileo 위성의 제작이 주문되었으므로 모두 22기의 위성을 발사하기 위한 프로젝트가 추진되었고 향후 모두 30개의 위성으로 위성항법에 필요한 위성의 수를 모두 충족시키고 서비스를 시작할 계획이다.

경제적인 이유로 초기계획보다 많이 늦어졌지만 Galileo 위성의 등장으로 최초의 민간용 항법위성이 등장하여 미국의 독점적인 GPS를 견제하고 러시아의 GLONASS, 중국의 Beidou 시스템과 더불어 새로운 항법시대를 열게 되었다. 현재 미국의 GPS가 단독위치결정 방식에서 10$m$ 정도 오차범위가 있지만 Galileo는 오차범위를 1$m$ 이내로 하는 것을 목표로 보다 향상된 정확도의 위치결정정보를 제공할 것으로 기대되고 있다.

고도 23,222$km$의 원궤도와 56°의 경사각을 가진 3개의 궤도면에 지구 중궤도(MEO, Medium Earth Orbit) 위성 각각 10개씩을 배치하여 모두 30기의 위성으로 구성되는 Galileo 시스템은 27개의 주 위성과 비상시를 대비한 세 개의 보조위성으로 가동된다. 두 개의 Galileo 제어센터를 포함한 지상국 네트워크를 전 세계에 구축하여 지구 전역을 대상으로 하는 서비스 체제를 구축하기 위한 Galileo 프로젝트는 유럽의 우주 개발 역사상 가장 큰 규모의 프로젝트이다.

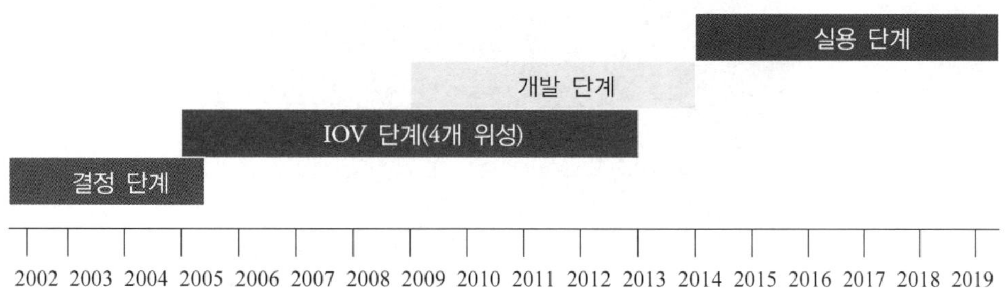


그림 3-24. 수정된 Galileo 프로젝트 추진 계획

## 3.2. Galileo 구성

Galileo 시스템은 다음 표 3-24와 같이 우주부문과 자상부문으로 구성된다.

표 3-24. Galileo 시스템 구성

| 부 문 | 담 당 | |
|---|---|---|
| 위성 부문 | - 위성의 고도 및 궤도<br>- 위성의 위치와 위성 배치 | |
| 지상 부문 | 주관제국(2) | 중부 유럽에 배치 |
| | 관제국(5) | 호주, 남아공화국, 브라질, 노르웨이, 남태평양 |
| | 신호전송 제어국(9) | 노르웨이, 캐나다, 브라질, 남태평양(2), 남아공화국, 인도, 호주, 칠레 |
| | 지상 통제국(30) | 일본, 러시아 캄차카반도, 중앙아시아, 노르웨이, 스페인, 중앙아프리카, 수단, 마다가스카르, 남아공화국, 인도, 호주(2), 뉴기니, 중앙 및 남태평양(6), 브라질(2), 칠레(2), 카리브해, 캐나다(3), 남대서양, 남인도양 |

### (1) 우주부문

Galileo 위성은 고도 23,222$km$의 중궤도에서 선회하며 주기는 14시간 21분 6초이다. 궤도는 세 개의 타원궤도로 구성되며 여기에 9개의 주 위성과 세 개의 예비위성을 배치하고 궤도마다 주 위성 9개와 보조위성 1개씩 총 30개의 위성을 배치하여 GPS, GLONASS에 비해서 더 많은 수의 가시위성을 제공할 계획이다.

궤도 경사각은 GPS보다 다소 큰 56°를 유지하도록 설계되었으며 순수 민간용으로 개발되어 군사용으로 제작된 GPS나 GLONASS에 비해 정확한 위치신호를 민간에 제공하여 이 시스템을 통해 결정되는 위치오차는 1$m$ 정도가 될 예정이다.

Galileo는 크게 위성부문과 지상부문으로 구성된다. 위성부문에서는 위성의 궤도 및 고도, 위성의 위치를 통제한다.

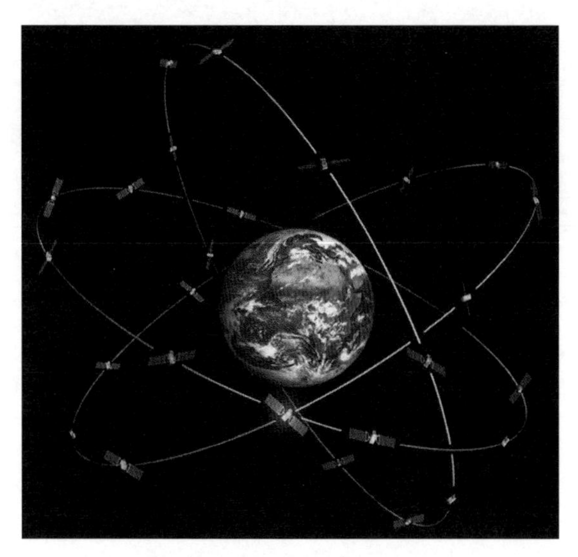

그림 3-25. Galileo 위성의 궤도 구성

### (2) 지상부문

지상부문은 주관제국 2기, 관제국 5기, 신호전송 제어국 9기, 지상통제국 30기로 구성된다. 주관제국 2기는 중부 유럽에 설치되고 관제국 5기는 호주, 남아공화국, 브라질, 노르웨이, 남태평양에 설치된다. 위성으로 신호를 전송하는 신호전송제어국(uplink mission center) 9기는 노르웨이, 캐나다, 브라질, 남태평양(2), 남아공화국, 인도, 호주, 칠레에 설치된다. 지상통제국은 일본, 러시아 캄차카반도, 중앙아시아, 노르웨이, 스페인, 중앙아프리카, 수단, 마다가스카르, 남아공화국, 인도, 호주(2), 뉴기니, 중앙 및 남태평양(6), 브라질(2), 칠레(2), 카리브해, 캐나다(3), 남대서양, 남인도양 등 30개 장소에 설치된다.

아래와 같은 형태로 구축된 위성과 지상부문의 시스템은 GPS의 위치결정 방법과 동일한 방법인 후방교회법 원리를 이용하여 수신기의 위치를 결정하게 된다. 궤도를 비행하는 30개의 인공위성 중 세 개 이상의 위성에서 지상의 수신기로 전송되는 전파의 도달시간을 관측하여 위치정보를 파악하게 되는 원리이다.

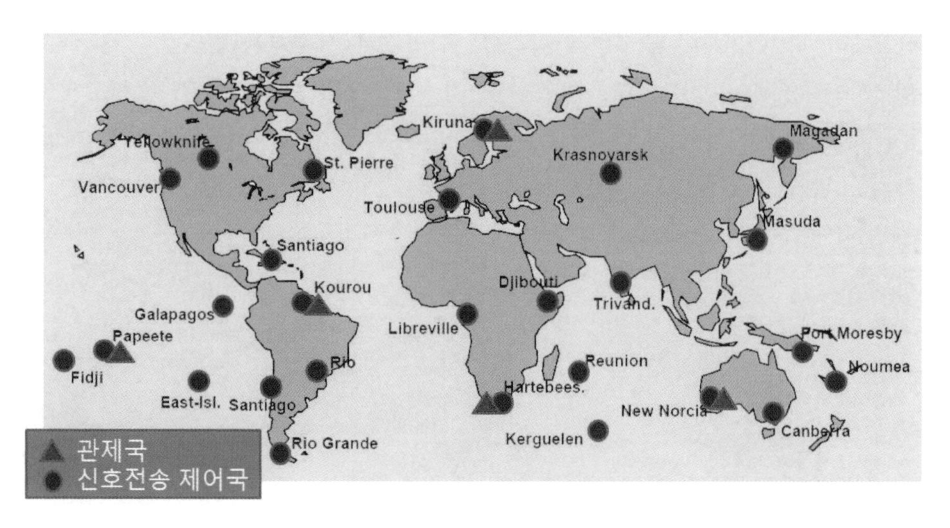


그림 3-26. Galileo 시스템의 지상부문

Galileo 프로젝트는 지난 2005년 12월 첫 시험 위성발사에 성공한 이후 최종 시스템 개발과 검증작업을 수행하고 있다. 2011년 위성을 쏘아 올려 2012년부터 상용 서비스를 시작할 계획이었으나 재정적인 문제로 계획이 지연되었다.

우리나라는 미국의 GPS가 독점하고 있는 현재의 위성항법 사용구도에서 탈피하기 위해 Galileo 시스템을 적극적으로 도입하여 안정적인 위성항법 서비스를 제공받아 다양한 분야에 활용하기 위한 노력을 하고 있다. Galileo는 GPS와 GLONASS 체계와는 독립적이지만 함께 연합하여 해석하는 것도 가능하다.

제3장

### 3.3. Galileo 위성신호 및 서비스

Galileo 시스템은 그림 3-28와 같이 11가지의 다른 항법신호를 방송할 계획이다. Galileo 위성항법 수신기에서 수신하는 신호는 위성신호를 수신하는 지역의 정확한 3차원 위치결정을 하기 위하여 계산되며 이러한 과정을 통해 수신기는 사용자로부터 위성까지의 거리를 계산한다. Galileo 수신기는 위성의 위치, 그리고 Galileo 지상관제국에서 계산하여 위성으로 전송하는 위성시간의 오차신호 등의 자료를 함께 전송받아 사용자의 위치를 계산하게 된다.

위성에서 사용되는 주파수는 1.1 *GHz*에서 1.6 *GHz* 범위 내의 주파수 중 이동 중의 항법과 통신서비스에 잘 부합되는 주파수를 사용하며 모든 위성은 동일한 주파수를 전송한다. 즉, L1파에서의 모든 Galileo 신호의 주파수는 1,575.42 *MHz*이다. 수신기가 이 신호를 수신하여 어떤 위성으로부터 도착한 신호인가를 구별하고 이 신호를 위치

계산에 사용하기 위하여 위성별로 각각 다른 코드가 신호에 삽입된다.

이 코드는 열쇠와 같은 역할을 하여 수신기가 위성신호를 수신할 때 수신기에 저장된 지역신호와 비교하여 사용하게 된다. 수신기의 코드와 위성의 코드가 일치하면 수신기의 채널이 열리게 되고 그렇지 않은 경우 수신기는 다른 위성에서 전송되는 코드를 수신하여 일치될 때까지 비교를 하게 된다.

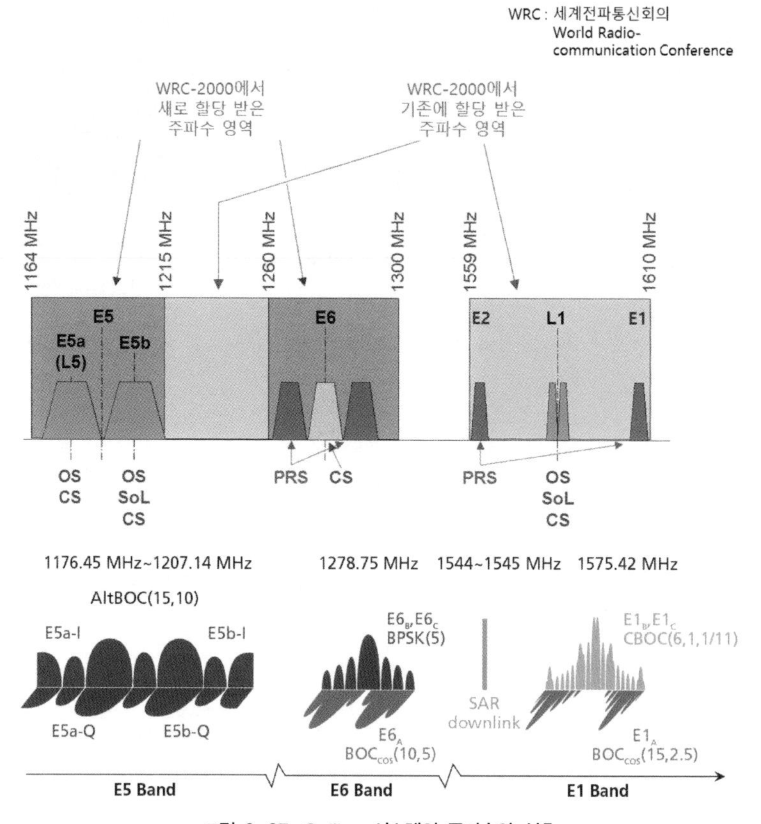


**그림 3-27. Galileo 시스템의 주파수와 신호**

그림 3-27과 같이 Galileo 시스템에서 이렇게 많은 신호를 갖도록 설계한 이유는 모든 사용자들의 만족을 최대화시키려는 노력에서 시작되었다. 아무리 좋은 설계로 만들어진 시스템이라도 모두를 만족시킬 수는 없다. Galileo 시스템에서는 실내에서의 사용자, 긴 코드를 사용하려는 정지측량에서의 사용자, 빠른 이동체에서 보다 짧은 코드를 선호하는 다양한 사용자들에게 필요에 따라 적절한 코드를 사용할 수 있는 시스템을 제공하기 위하여 많은 신호를 갖게 되었다.

Galileo가 다양한 신호를 갖는 또 다른 이유는 전류층에서의 지연오차를 수신기가 계산할 수 있도록 하기 위해서이다. 전류층 오차로 인해 항법신호는 전류층을 통과할 때 전파지연이 발생하게 된다. 이 전파지연으로 인하여 수신기에 의해 계산되는 위성과 수신기 사이의 거리가 실제보다 길어지게 되고 이것은 결국 커다란 위치오차를 발생시키게 된다. 이러한 전류층 지연오차는 신호주파수 파장에 비례하여 발생하므로 낮은 주파수의 신호는 높은 주파수의 신호보다 긴 지연시간을 갖게 된다. 그러므로 동일한 위성에서 두 개의 다른 주파수를 이용하여 관측한 값을 합성하면 전류층 지연오차가 제거된 상태의 결과물을 계산해 낼 수 있고 미국의 군사용 GPS는 이 원리를 이용하여 높은 정확도의 신호수신이 가능한 것이다. 이러한 오차 제거는 두 개의 주파수를 비교하여 지연된 양을 계산하고 지연된 신호를 분리시킴으로써 더욱 효과적으로 수행될 수 있다.

### (1) Galileo 신호의 종류

Galileo 신호는 다음 표 3-25와 같은 세 개의 주파수 대역을 통해 전송될 예정이다.

표 3-25. Galileo 신호 파장대와 사용부문

| 반 송 파 | 파 장 | 서비스부문 | |
|---|---|---|---|
| E5a~E5b | 1,164~1,215 MHz | E5a(=L5) | OS, CS |
| | | E5b | OS, SoL, CS |
| E6 | 1,260~1,300 MHz | CS, PRS | |
| E2~L1~E1 | 1,550~1,591 MHz | PRS, OS, SoL, CS | |



이들 중에서 두 개의 주파수대역은 그림 3-28과 같이 GPS와 중복된다. 세 개의 반송파에는 총 11개의 신호(OS, SoL : 7개, CS : 2개, PRS : 2개)가 전송되도록 설계되어 있다.

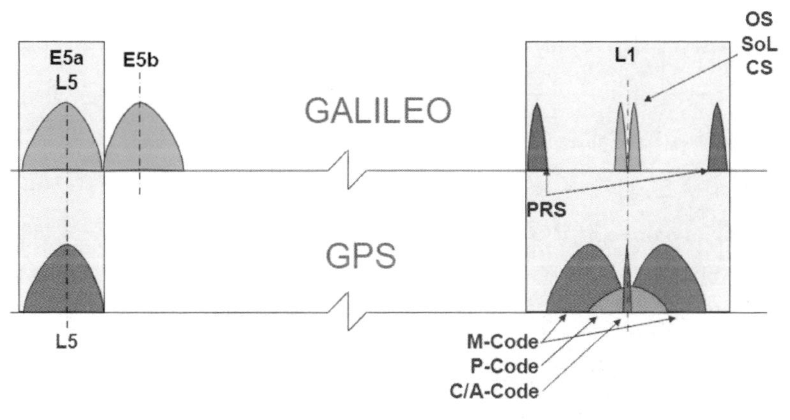


그림 3-28. Galileo 시스템과 GPS의 신호 간섭

### (2) Galileo 신호 서비스

Galileo 시스템에서 제공하는 서비스는 표 3-26과 같이 개방 서비스(OS, Open Service), 생활안전 서비스(SoL, Safety of Life), 상용 서비스(CS, Commercial Service), 공공규제 서비스(PRS, Public Regulated Service)가 있으며, 이와 별도로 탐색 및 구조 서비스(SAR, Search And Rescue service)도 계획되어 있다.

표 3-26. Galileo 서비스 종류

| 서비스 종류 | 내 용 |
|---|---|
| 개방 서비스<br>OS, Open Service | - L1, E5a, E5b를 이용하는 무료 기본 서비스<br>- 전류층 지연오차를 제거하기 위해 L1파와 E5a를 합성하여 사용<br>- 신호를 모두 합성하여 사용할 때 *cm* 단위의 정확도로 위치결정<br>- 책임이나 무결성 무보장 |
| 생활안전 서비스<br>SoL, Safety of Life | - E5b, L1을 이용하여 개방 서비스와 생활안전 목적에 맞도록 고안된 특별한 메시지 데이터를 합성하여 사용<br>- 책임과 무결성 보장<br>- 항공, 철도교통 등을 위한 위치결정서비스<br>- 개방 서비스의 데이터 채널과 유사 |
| 상용 서비스 CS, Commercial Service | - 상용 서비스로 신호가 암호화된 상태로 제공<br>- 유료로 제공되므로 책임과 무결성 보장<br>- 데이터 방송, 정밀시각, 위성정보 등을 제공<br>- 개방된 두 종류의 주파수 외에 1,278.75*MHz* 주파수대의 두 가지 부가신호를 더 수신하여 합성 가능 |
| 공공규제 서비스 PRS, Public Regulated Service | - 1,575.42*MHz*와 1,278.75*MHz* 주파수대를 결합하여 사용<br>- 접근이 가능한 사용자에게만 제공되는 암호화된 신호<br>- 책임과 무결성 보장<br>- 경찰, 세관 등 EU 가맹국의 정부기관에 제공 |
| 탐색 및 구조 서비스 SAR, Search And Rescue Service | - 탐색 및 구조에 활용<br>- 암호화되어 제공<br>- 방해전파에 잘 견디며 신호에 이상이 생길 경우 10초 이내에 재접속<br>- 정확도는 개방 서비스와 비슷한 수준이지만 안정성과 신뢰도가 높아 경찰이나 소방, 응급 서비스와 항공기의 자동관제시스템 등에 활용될 것으로 예상 |

### (3) 특이 신호

Galileo 시스템에서는 특이한 형태의 신호 파장대가 특별한 변조를 하기 위해 이용된다. 이 변조는 동일한 주파수대를 사용하는 GPS의 L1파와 같은 다른 항법시스템과의 간섭을 막기 위해 Galileo에서 채택된 기법이다. 앞의 2.3. GLONASS **위성신호 및 서비스**에서 설명한 바와 같이 이러한 변조방식을 이진옵셋 반송파율(BOC, Binary Offset Carrier of rate)이라고 하며 GPS와 Galileo 신호가 상호 간섭을 피하는 상태에서 동일한 주파수를 사용할 수 있도록 한다. GPS와 Galileo가 동일한 주파수를 사용하므로 수신기 제작자들은 GPS와 Galileo 신호 모두를 수신하는 수신기의 제작이 간편하고 사용자들도 하나의 수신기로 두 신호 모두를 수신할 수 있다.

Galileo 위성이 제공할 서비스는 현재 GPS 위성이 제공하는 위치정보서비스와 동일하다. 다만 위치정보의 오차가 GPS의 경우 10m 정도이지만 Galileo의 오차는 1m 이내로 줄어 더욱 정확한 위치추적이 가능하다. 또 미군이 통제하는 GPS와 달리 Galileo는 민간 기업에 의해 상업적 목적으로 운영되기 때문에 안정적인 서비스를 기대할 수 있다. Galileo 서비스는 누구나 수신기만 있으면 무료로 이용이 가능하지만 정밀한 위치정보는 유료 가입자에게만 제공된다.

### 3.4. Galileo의 정확도

Galileo 위성항법시스템은 이동 중인 선박과 항공기는 물론 사람, 물건 등의 위치를 수평위치인 경우 4m, 수직위치인 경우 8m 정도의 오차를 갖도록 설계되었다. 단순히 숫자만으로 비교한다면 GPS의 수평 13m, 수직 22m의 오차에 비해 보다 높은 정확도를 갖는다고 할 수 있다.

Galileo는 러시아의 GLONASS 시스템과도 호환이 되며 10m 정도의 오차범위를 갖는 GPS보다 정확도 면에서 월등하다. 또한 신호체계가 향상되어 실내에서도 위치정보를 얻을 수 있을 것으로 기대된다. GPS는 고층 건물이 밀집한 지역에서는 약 55% 정도만 수신이 가능하지만 Galileo 시스템이 완전히 구축되면 GNSS 인공위성 수가 2배 이상 증가하여 도심의 95% 이상의 지역에서도 위치결정이 가능할 것이다.



표 3-27. Galileo 신호와 서비스에 따른 오차 및 정확도

| 위성 신호 | 제공 서비스 | 평면오차 95% | 수직오차 95% | 정확도 범위 |
|---|---|---|---|---|
| L1 | OS SoL | 15m | 35m | 99.5% |
| E5a | | 24m | 35m | 99.5% |
| E5b | | 24m | 35m | 99.5% |
| E5a+L1 | | 4m | 8m | 99.5% |
| E5b+L1 | | 4m | 8m | 99.5% |

| 위성 신호 | 제공 서비스 | 평면오차 95% | 수직오차 95% | 정확도 범위 |
|---|---|---|---|---|
| L1 | PRS | 15m | 35m | 99.5% |
| E6 | | 24m | 35m | 99.5% |
| E6+L1 | | 6.5m | 12m | 99.5% |

표 3-28. Galileo 신호와 서비스에 따른 시간과 주파수의 정확도

| 위성 신호 | 제공 서비스 | 시간의 정확도 | 주파수 정확도 | 정확도 범위 |
|---|---|---|---|---|
| E5a+L1 | OS, SoL | 24시간 내내 95% 정확도 수준에서 30ns | $3\times10^{-13}$ $(2\sigma)$ | 99.5% |
| E5b L1 | OS, SoL | | | |

표 3-29. Galileo 시스템의 위치오차

| 반 송 파 | | 단 주파수 (L1) | 이중 주파수 (L1+E5) |
|---|---|---|---|
| 이 온 층 보 정 | | 단순 모델에 의거 | 이중 주파수 관측법에 의거 |
| 포 함 범 위 | | 전 지구 | |
| 정 확 도 | 평 면 오 차 | 15m | 4m |
| | 수 직 오 차 | 35m | 8m |
| 오 차 범 위 | | 99.5% | |

## 4. Beidou

중국은 2000년부터 자국의 위성항법과 응용산업 및 인프라 구축을 목표로 베이더우 시스템(북두항법 北斗航法, Beidou Navigation System)을 추진하여 왔다. 북두항법은 큰 곰자리에서 유래한 용어로 과거 북극성을 이용하여 길을 찾았던 길 찾기의 의미가 포함되어 있으며 이 시스템이 위치정보를 제공하기 위한 시스템이라는 뜻이 담겨 있다.

공식적으로 베이더우 위성항법 실험시스템(Beidou Satellite Navigation Experimental System)이라고 불리는 첫 번째 Beidou 시스템은 3개의 위성으로 제한적인 지역과 응용분야에 항법서비스를 제공해 왔다. 이 시스템은 2000년부터 중국과 인근지역에 대해서만 위성 서비스를 실시하였다.

Compass(컴퍼스) 또는 Beidou-2라고 불리는 중국의 다음 세대 위성항법시스템은 현재 진행 중인 위성발사 계획을 포함하여 35개의 위성을 이용하여 전 세계를 대상으로 하는 위성항법시스템을 구성할 예정이다. 2011년 12월 10개의 위성이 발사되어 임무를 수행하고 있고 2012년 말에는 아시아 태평양 지역의 사용자들에게 서비스를 개시하였으며 2020년까지 세계를 대상으로 서비스를 진행할 예정이다.

### 4.1. Beidou 시스템의 역사

Beidou 시스템은 중국공간기술연구원(中国空间技术研究院, CAST, China Academy of Space Technology)이 개발한 3개의 위성으로 구성되어 후속 위성인 Beidou-2 (Compass) 위성을 실험하기 위해 쏘아 올려졌다. 이 시스템은 2001년 말에 항법서비스를 제공하기 시작했고 2004년에는 민간사용자들도 사용할 수 있게 되었다. Beidou-1 시스템은 10$m$ 정확도로 공공서비스보다 더 정밀한 중국 군사용 서비스를 제공하고 있다.

중국 위성항법시스템의 기본적인 아이디어는 1980년대에 발의되었다. 중국 국가항청국(中国国家航天局)에서 발표한 중국의 위성항법시스템 개발사업은 다음과 같은 3단계로 추진되었다.

| 계 획 | 시 기 | 내 용 |
|---|---|---|
| 1단계 | 2000~2003 | 3개로 구성된 실험적인 Beidou 위성항법시스템 실험 |
| 2단계 | ~2012 | 중국과 인근지역을 포함하는 국지적인 시스템 개발 |
| 3단계 | ~2020 | 전 세계를 대상으로 하는 서비스를 위한 Beidou 항법위성시스템 개발 |

표 3-30. Beidou 위성의 현황

| 전체 위성 수 | 31개 |
|---|---|
| 작동 위성 | 15개 |
| 작동궤도에 없는 위성 | 16개 |

| 위성 번호 | 일련 번호 | 위성 이름 | 시스템 종류 | 발 사 일 | 종 료 일 | 활동 개월수 | 비 고 |
|---|---|---|---|---|---|---|---|
| --- | 002 | BDS-G2 | Beidou-2 | 2009.04.15. | | - | 궤도에 없음 |
| C01 | 003 | BDS-G1 | Beidou-2 | 2010.01.16 | | 98.6 | 작동중 |
| C02 | 016 | BDS-G6 | Beidou-2 | 2012.10.25 | | 65.4 | 작동중 |
| C03 | 004 | BDS-G3 | Beidou-2 | 2010.06.02 | | 94.2 | 작동중 |
| C04 | 006 | BDS-G4 | Beidou-2 | 2010.10.31 | | 89.2 | 작동중 |
| C05 | 011 | BDS-G5 | Beidou-2 | 2012.02.24 | | 73.4 | 작동중 |
| C06 | 005 | BDS-IGSO1 | Beidou-2 | 2010.07.31 | | 92.2 | 작동중 |
| C07 | 007 | BDS-IGSO2 | Beidou-2 | 2010.12.17 | | 87.6 | 작동중 |
| C08 | 008 | BDS-IGSO3 | Beidou-2 | 2011.04.09 | | 83.9 | 작동중 |
| C09 | 009 | BDS-IGSO4 | Beidou-2 | 2011.07.26 | | 80.4 | 작동중 |
| C10 | 010 | BDS-IGSO5 | Beidou-2 | 2011.12.01 | | 76.2 | 작동중 |
| C11 | 012 | BDS-M3 | Beidou-2 | 2012.04.29 | | 71.2 | 작동중 |
| C12 | 013 | BDS-M4 | Beidou-2 | 2012.04.29 | | 71.2 | 작동중 |
| C13 | 014 | BDS-M5 | Beidou-2 | 2012.09.18 | 2014.10.21 | - | 궤도에 없음 |
| C13 | 017 | BDS-IGSO6 | Beidou-2 | 2016.03.29 | | 24.2 | 작동중 |
| C14 | 015 | BDS-M6 | Beidou-2 | 2012.09.18 | | 66.6 | 작동중 |
| C17 | 018 | BDS-G7 | Beidou-2 | 2016.06.12 | | 21.8 | 작동중 |
| C19 | 201 | BDS-3-M1 | Beidou-3 | 2017.11.05 | | - | 궤도에 없음 |
| C20 | 202 | BDS-3-M2 | Beidou-3 | 2017.11.05 | | - | 궤도에 없음 |
| C21 | 205 | BDS-M1 | Beidou-2 | 2018.02.12 | | - | 궤도에 없음 |
| C22 | 206 | BDS-I1-S | Beidou-3 | 2018.02.12 | | - | 궤도에 없음 |
| C27 | 203 | BDS-I2-S | Beidou-3 | 2018.01.11 | | - | 궤도에 없음 |
| C28 | 204 | BDS-M1-S | Beidou-3 | 2018.03.30 | | - | 궤도에 없음 |
| C29 | | BDS-M2-S | Beidou-3 | 2007.04.13 | | - | 궤도에 없음 |
| C30 | 001 | BDS-3-M2 | Beidou-3 | 2018.03.30 | | - | 궤도에 없음 |
| C30 | | BDS-M1 | Beidou-3 | 2015.03.30 | | - | 궤도에 없음 |
| C31 | 101 | BDS-I2-S | Beidou-3 | 2015.09.29 | | - | 궤도에 없음 |
| C32 | 104 | BDS-M1-S | Beidou-3 | 2015.07.25 | | - | 궤도에 없음 |
| C33 | 102 | BDS-M2-S | Beidou-3 | 2015.07.25 | | - | 궤도에 없음 |
| C34 | 103 | BDS-M2-S | Beidou-3 | 2015.07.25 | | - | 궤도에 없음 |
| C35 | 105 | BDS-M3-S | Beidou-3 | 2016.02.01 | | - | 궤도에 없음 |

* 2018.04.06. 수신된 항법메시지 자료를 근거로 작성한 것임.

첫 번째 위성인 Beidou-1A는 2000년 10월 31일 발사되었고 뒤이어 같은 해 12월 21일 Beidou-1B 위성이 발사되었다. 세 번째 위성인 Beidou-1C는 2003년 5월 25일 궤도에 올려졌으며 이 위성의 발사가 성공적이었다는 것은 Beidou-1 항법시스템 궤도가 완성되었다는 것을 의미한다. 2006년 11월 2일 중국정부는 Beidou가 2008년부터 정확도 10$m$, 시각 0.2$ns$, 속도 0.2$m$/sec의 공개 서비스를 개시한다고 발표하였다.

그리고 뒤이어 2007년 2월, 네 번째이자 Beidou-1 시스템의 마지막 위성인 Beidou-1D 가 우주에 올려 보내졌다. 이 위성은 Beidou-2A라고도 불리는데 그 이유는 Beidou 위성을 보조하는 위성이라는 의미가 포함되었기 때문이다. 이 위성은 조작체계의 문제로 오작동이 있었으나 여러 조정이 수행된 후 결국 자신의 임무를 수행할 수 있게 되었다.

2007년 4월 Compass-M1이라고 이름 붙여진 첫 번째 Beidou-2 또는 Compass 시스템의 위성이 성공적으로 궤도로 올라가 Beidou-2 위성궤도에서의 주파수를 검증하였다. 두 번째 Beidou-2 궤도위성인 Compass-G2는 2009년 4월 14일 발사되었으며, 세 번째 위성인 Compass-G1은 장정 长征 3호(LM-3C, Long March) 로켓에 의해 2010년 1월 16일 발사되었다. 2010년 6월 2일 네 번째 Compass 위성이 성공적으로 궤도에 진입하였으며 다섯 번째 위성은 2010년 8월 1일 중국의 쓰창 위성발사기지(西昌卫星发射中心, Xichang Satellite Launch Center)에서 장정31호(LM-31)에 실려 성공적으로 발사되었다. 3개월 후 2010년 11월 1일 여섯 번째 위성 역시 장정3C(LM-3C)에 의해 발사되었다. 다른 종류의 Beidou-2 또는 Compass 위성인 IGSO-5는 정지궤도 위성으로 2011년 12월 2일 장정3A(LM-3A)에 의해 쓰창 위성발사기지에서 발사되었다. 표 3-30에 나타난 것과 같이 2012년 2월 24일과 10월 25일 각각 두 개의 정지궤도 위성인 Compass-G5와 G6가 발사되었고, 2012년 4월과 9월 로켓 하나에 두 개씩의 중궤도 위성이 각각 실려 모두 네 개의 위성이 발사되어 신호를 전송하고 있다.

중국에서 지속적으로 여러 위성을 쏘아 올리는 로켓은 장정 시리즈이고 이 추진체는 수년 동안 여러 형태로 진화를 거듭하였으며 대표적인 모양은 표 3-31과 같다.

표 3-31. 장정长征(Long March) 로켓 종류

| 2A | 2C | 2D | 2E | 2F | 3 | 3A | 3B | 3C | 4A | 4B | 4C |
|---|---|---|---|---|---|---|---|---|---|---|---|

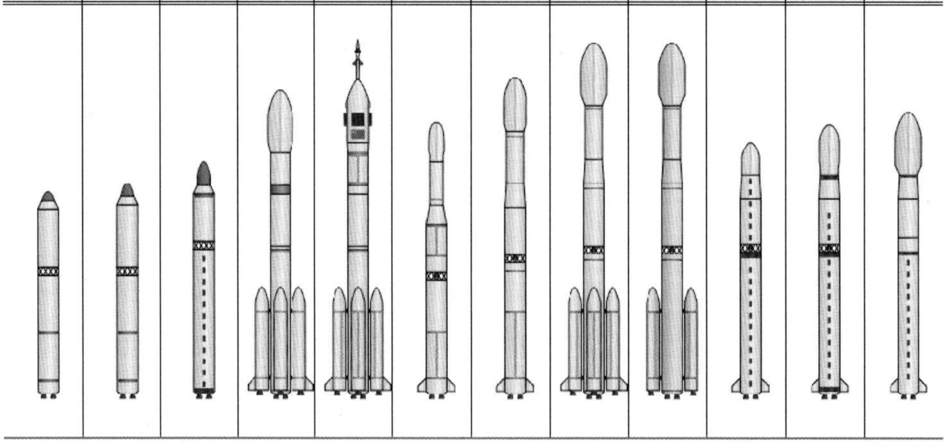

한편 이러한 계속적인 위성의 발사가 성공적으로 수행되고 정상적인 위성항법 서비스가 가능해짐에 따라 2010년 1월 15일 Beidou 위성항법시스템의 웹사이트가 공식적인 서비스를 시작하였다.

2003년 9월 중국은 유럽연합의 갈릴레오 프로젝트에 참여하기 위하여 2억 9,600만 달러를 투자할 것을 시사하였는데, 그때까지만 하여도 중국은 Beidou 시스템을 한정적인 군용 시스템으로만 개발할 계획을 가지고 있던 것으로 보인다. 2004년 10월 중국은 Galileo 프로젝트 협동에 관한 협정서에 서명함으로써 공식적으로 Galileo 프로젝트에 참여하였고 여러 갈릴레오 사업의 주요 계약자를 골조로 하는 재단을 출범하게 되었다. 2006년 4월까지 갈릴레오 사업과 관련된 11개의 협동 프로젝트가 중국과 유럽연합 사이에서 체결되었다. 그러나 2008년 1월 중국정부는 갈릴레오 프로젝트에서 중국이 참여하는 책임에 대해 실망을 하고 아시아 시장에서 갈릴레오와 경쟁할 수 있는 프로젝트를 수행하겠다는 입장을 발표하였다.

#### (1) 실험 시스템 : Beidou-1 시스템

Beidou-1 시스템은 세 개의 사용위성과 한 개의 예비위성을 이용하는 총 4기의 위성으로 구성되는 시험적인 국지적 위성항법시스템이다. 이 위성들은 중국의 DFH-3 지구동기 통신위성에 기반을 두어 제작되었고 각각 1,000㎏의 무게를 갖는다.

미국의 GPS, 러시아의 GLONASS, 그리고 유럽연합의 Galileo가 중궤도 위성으로 구성되는 것과는 다르게 Beidou-1 위성은 정지궤도를 갖는다. 이것은 Beidou 시스템에서 목표로 하는 위성항법 서비스가 지구 전체를 감싸는 위성배치를 목적으로 하지 않고 정지위성이 보이는 중국 주변의 국지적인 지역에서만 관측을 가능하도록 시스템을 구성하겠다는 의도였다. Beidou-1 시스템의 서비스 가능지역은 동경 70~140°E, 북위 5~55°N까지이며 사용 주파수는 2,491.75㎒이다.

#### (2) 글로벌 시스템 : Beidou-2, Compass 시스템

Compass 시스템이라고도 불리는 Beidou-2 시스템은 과거의 Beidou-1 시스템의 확장형이 아니라 이를 대신하는 새로운 위성들로 구성되는 시스템이다. 이러한 새로운 시스템은 35개의 위성으로 궤도를 형성하여 지구를 완전히 감싸는 구조로 형성된다. 이들 중 5개의 정지궤도는 과거 Beidou-1 시스템을 보강 지원하고 나머지 30개의 위성 중에서 27개는 중궤도 위성으로 구성되고 세 개는 경사지구 동기궤도(IGSO, Inclined Geo Synchronous Orbit) 위성으로 구성된다. Compass 시스템은 무료 서비스와 유료

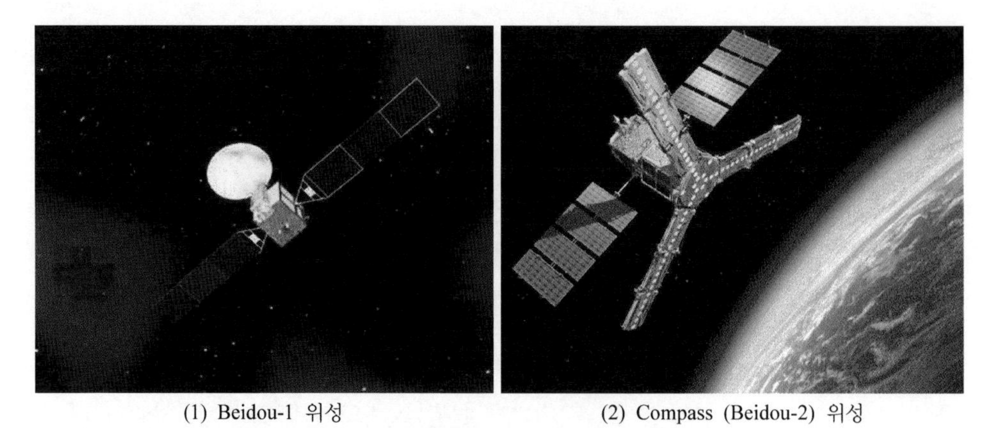

(1) Beidou-1 위성 (2) Compass (Beidou-2) 위성

그림 3-29. Beidou 위성의 종류

서비스를 통해 위성항법 자료를 제공한다. 이 중에서 무료사용은 10$m$의 정확도, 10 $ns$의 동기화 시각, 0.2$m/\sec$의 속도로 관측할 수 있는 신호를 제공하며, 인가된 사용자들에게 제공되는 유료 서비스는 10$cm$ 오차범위의 정확한 위치결정을 가능하도록 할 예정이다.

Compass 시스템의 위치결정 신호는 코드분할방식인 CDMA 원리에 기초를 두어 전송되며 이 신호방식은 전형적인 Galileo와 현대화된 GPS 신호와 비슷하다. 현재 계획 중인 전 세계의 모든 GNSS 위성이 발사되어 활동하게 되면 사용자는 GPS, GLONASS, Galileo, Beidou 등 모두 116개 이상의 위성에서 신호를 전송받게 되고 안정적인 신호의 수신으로 인해 정확도는 향상될 것이다. 특히 Galileo를 설명할 때 언급했던 것과 같이 도시협곡이라고 부르는 높은 빌딩이 있는 도심지에서도 위성의 신호를 효과적으로 수신할 수 있으므로 효용성은 더욱 증대될 것이다.

## 4.2. Beidou 위성

### (1) 주파수

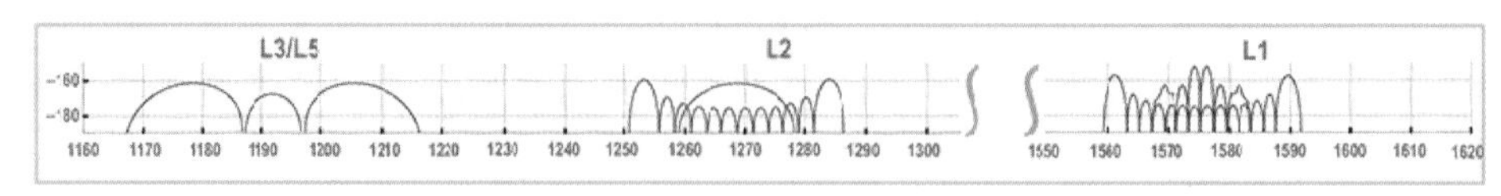


그림 3-30. Beidou 시스템의 주파수

Beidou 위성신호의 주파수는 4개의 주파수대로 형성되어 있다. 이 신호는 각각 E1, E2, E5B, E6 주파수대로 구성되며 Galileo와 중복된다. 어떤 관점에서 보면 주파수의 중복은 수신기를 설계하는데 편리할 수도 있지만 다른 관점에서는 수신기에서 주파수

들이 간섭될 수도 있고 실제로 E1과 E2 주파수대는 Galileo에서 공공규제 서비스 신호를 전송하기 위한 주파수대와 간섭된다. 국제 전기통신연합(ITU, International Telecommunications Union)의 전파사용 규정에 의하면 먼저 선점한 특정 주파수대에 대해 선점한 국가가 기득권을 갖게 되고 그 후 그 주파수를 사용하려는 국가나 기관은 선점국가나 기관에게 그 주파수대를 사용하기 전 허가를 받거나 그 주파수를 이용하여 방송을 하는 국가의 주파수를 방해하지 않는다는 약속을 하여야 한다. 그러한 사실로 미루어 현재 중국의 Beidou 시스템에서는 유럽연합의 Galileo가 E1, E2, E5B, E6 주파수를 사용하기 전에 먼저 선점하여 방송을 시작할 것으로 예상된다.

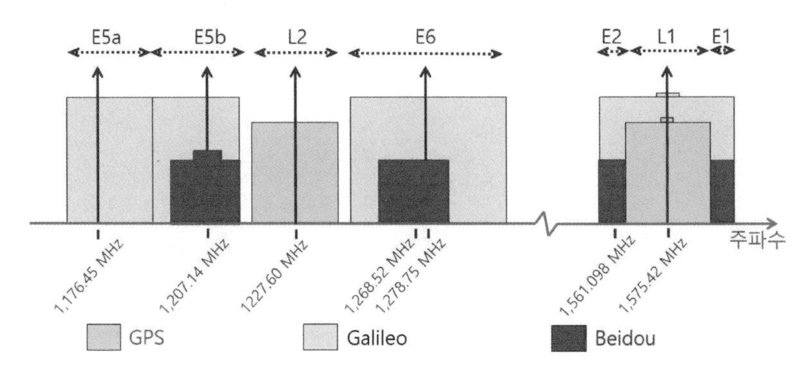


그림 3-31. GPS, Galileo의 주파수와 Beidou 시스템의 주파수 비교



(2) 위성궤도

Compass-M1위성은 2007년 4월 14일 발사된 위성으로 Beidou 시스템의 신호를 테스트하고 주파수를 확인하기 위해 올려진 실험적인 위성이다. 이 위성의 역할은 Galileo 시스템의 GIOVE 위성들의 역할과 비슷하다. 이 위성은 고도 21,150$km$에서 원에 가까운 궤도를 그리며 경사각 55.5°로 지구를 돌고 있다.

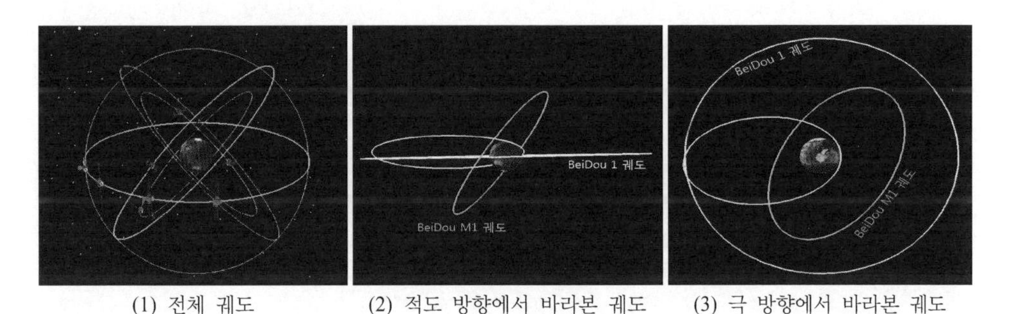


(1) 전체 궤도 (2) 적도 방향에서 바라본 궤도 (3) 극 방향에서 바라본 궤도

그림 3-32. Beidou 시스템을 구성하는 위성의 궤도들

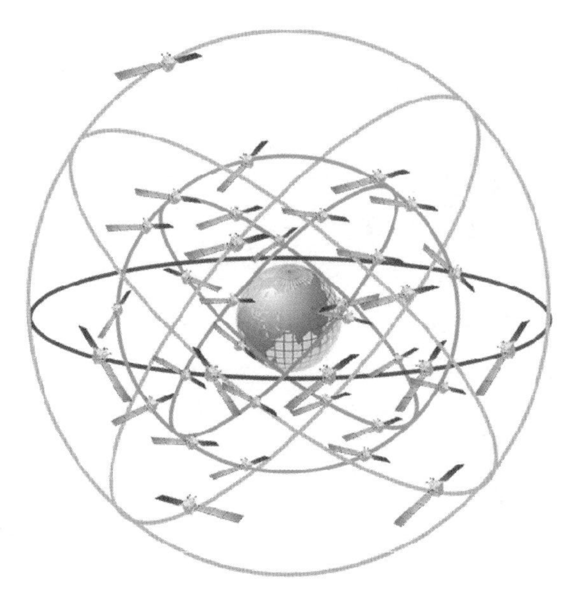

그림 3-33. Beidou 시스템 위성의 전체 궤도

(3) 위성신호

Compass-M1 위성은 E2, E5B, 그리고 E6 주파수의 신호를 송출하며 각각의 주파수는 90°의 위상차를 나타내는 두 개의 하위신호를 포함한다. 이러한 하위신호는 I와 Q로 표현되며 I 신호는 보다 짧은 코드를 갖고 개방 서비스에 할당될 예정이다. 반면, Q 신호는 훨씬 긴 코드로 구성되며 간섭에 강하게 설계되었고 향후 제한된 사용자에게만 전달될 계획이다.

표 3-32. GPS 신호와 비교한 Beidou 위성신호의 특성

| 신호 | Beidou 신호 | | | | | | GPS 신호 |
|---|---|---|---|---|---|---|---|
| | E2-I | E2-Q | E5B-I | E5B-Q | E6-I | E6-Q | GPS L1-CA |
| 원 명칭 | B1 | B1 | B2 | B2 | B3 | B3 | - |
| 코드 변조 | BPSK(2) | BPSK(2) | BPSK(2) | BPSK(10) | BPSK(10) | BPSK(10) | BPSK(1) |
| 반송파 주파수 | 1,561.098 MHz | 1,561.098 MHz | 1,207.14 MHz | 1,207.14 MHz | 1,268.52 MHz | 1,268.52 MHz | 1,575.42 MHz |
| 전 송 률 | 2.046 Mchips/sec | 2.046 Mchips/sec | 2.046 Mchips/sec | 10.230 Mchips/sec | 10.230 Mchips/sec | 10.230 Mchips/sec | 1.023 Mchips/sec |
| 코드 주기 | 1.0 Msec | >400 Msec | 1.0 Msec | >160 Msec | 1.0 Msec | >160 Msec | 1.0 Msec |
| Symbols/sec | 50 | ? | 50 | ? | 50 | ? | 50 |
| 항법 프레임 | 6 sec | ? | 6 sec | ? | ? | ? | 6 sec |
| 항법 하위프레임 | 30 sec | ? | 30 sec | ? | ? | ? | 30 sec |
| 항법 프레임 | 12.0 min | ? | 12.0 min | ? | ? | ? | 12.5 min |

E2과 E5B를 통해 방송되는 I 신호의 특징은 GPS의 민간신호인 L1C, L2C와 비슷하지만 Beidou 시스템이 약간 강한 강도를 가지고 있다. 위의 표 3-32에 사용된 Beidou 신호의 표기는 미국식 표기로 표현된 주파수 파장대의 이름을 따라 붙인 것이다.

### 4.3. Beidou 위성의 정확도

2011년 12월 Beidou 시스템은 시험단계에서 정상적으로 임무수행을 시작하였고 12월 27일부터 중국과 주변 지역에 항법, 시각 데이터를 무료로 전송하는 서비스를 시작하였다. 이러한 시험적인 임무에서 Beidou는 25$m$ 이내의 위치정확도의 신호를 전송하기 시작하였고 앞으로 다른 위성들이 발사되어 함께 신호를 방송하기 시작하면 정확도는 더욱 향상될 것이다. 모든 Beidou 위성들이 발사되어 정상가동을 시작하면 일반 사용자들도 0.2$m/\mathrm{sec}$ 정도의 속도에서 10$m$ 이내의 위치 정확도를 갖는 신호를 전송받을 수 있을 것이며 향후 Beidou 시스템은 0.02$\mu s$에 이르는 시각 동기화 신호를 공급할 수 있을 것으로 기대되고 있다.

2011년 3월 중국정부는 정지궤도위성을 기반으로 하는 GNSS 서비스를 우주 부표인 비행선을 통해 제공하겠다는 계획을 발표하였다. 공기보다 가벼운 비행선을 주요 도시 위에 띄워 놓고 신호를 전송하면 수직방향의 정밀도 저하인 VDOP를 줄일 수 있으며 이동전화나 기타 통신 서비스에 적용도 가능할 것이다. 이러한 GNSS의 확장 계획은 의사위성(pseudolite) 트랜스폰더를 이용한 방식과 2~7개의 추가 위성을 통해 하늘에서 Beidou 시스템의 정확도를 향상시키게 될 것으로 기대된다.

2010년 GLONASS 위성의 발사가 실패하여 GLONASS-M 위성이 잘못된 궤도로 진입하였다가 태평양으로 추락한 이후 일반적으로 항법위성이 돌고 있는 궤도보다 낮은 위치에 설치되는 기준점이나 위성과 같은 역할을 하는 장치를 설치하는 것이 논의되어 왔다. 이를 위하여 Compass Block IV를 시작으로 선박의 안전한 항해를 위하여 중국 본토에 있는 호수 아래에 기준 트랜스폰더를 설치하는 계획들이 Beidou 시스템에 포함되었다.

Beidou 시스템을 통하여 2012년 말부터 아시아-지역에 대한 서비스가 시작되었고 전 지구를 포함하는 항법시스템은 2020년 완성될 계획이다. 2017년 12월 30일 현재까지 25개의 Beidou-1과 Compass 시스템 위성들이 발사되어 활동하고 있고 2011년 12월 중국의 공식 발표와 같이 Beidou 시스템은 계획단계를 지나 시행단계에 들어섰으며 관련 기술자들은 다음 단계의 시스템 테스트와 평가에 주력하고 있다. 2012년 말부터는 중국과 주변지역에서 Beidou 시스템을 이용하여 활용 가능한 위치정보를 수집할 수 있게 되었다.

## 5. NAVIC

NAVIC(NAVigation with Indian Constellation)은 순수 인도정부의 주도하에 인도우주연구기구(ISRO, Indian Space Research Organization)에 의해 개발된 인도 지역에서 국지적으로 사용하기 위해 개발한 위성항법시스템이다.

2006년 5월 인도정부에 의해 승인되어 개발된 이 시스템은 2016년 8월 26일부터 전파를 송수신하여 항법에 활용이 가능하게 되었고 모두 7개의 항법위성이 궤도를 형성하여 신호를 전송하도록 설계되었다. 이 중 세 개의 위성은 정지궤도(GEO, GEOstaionary)에서 항법신호를 지구로 전송하며 나머지 네 개의 위성은 지구동기궤도(GSO, GeoSynchrO-nous)를 구성하여 신호를 전송한다. 이 시스템은 다른 항법시스템과 마찬가지로 기상이나 밤낮의 영향 없이 인도 전역과 그 주변 1,500$km$의 영역에서 7.6$m$보다 정확한 위치결정을 할 수 있는 정보를 전송한다.

위성, 로켓, 수신기와 모든 관련 부품이 인도에서 생산되었으며, IRNSS-1A부터 IRNSS-1G 까지 7개의 위성은 2013년 7월 1일부터 2016년 4월 28일까지 인도의 사티시 다완 *Satish Dhawan* 우주센터에서 순차적으로 발사되어 2016년 8월부터 본격적인 임무를 수행하고 있다.

### 5.1. NAVIC 시스템의 역사

NAVIC 시스템을 구성하는 첫 번째 위성인 IRNSS-1A는 2013년 7월 1일 발사되어 계획된 궤도에 성공적으로 올려졌고, 이 위성은 세 개의 지구동기궤도를 갖는 위성 중 하나이다. 첫 번째 위성의 발사가 최초의 계획보다 약간 지연되었기 때문에 6개월마다 위성 하나씩 발사하여 7개 모든 위성을 올려 인도 지역에 대한 국지적 항법시스템을 완성한다는 계획이 2016년으로 약간 연기되었다.

2013년 7월 18일 ISRO는 첫 번째 위성이 성공적으로 지구동기궤도에서 지구를 돌고 성공적인 시험이 확인되었다고 발표하였다. 이어 7월 23일 독일 항공우주센터에서 첫 번째 위성에서 발사한 L5 파장대의 신호를 수신하였다. 이 신호를 분석한 독일 항공우주센터의 연구원들에 의해 ISRO 계획에 따른 인도 국지 항법위성 시스템(IRNSS, Indian Regional Navigation Satellite System)을 위성항법으로 사용할 수 있다는 것이 확인되었다. IRNSS는 원래 인도 전역에서 GPS 신호가 지니고 있는 오차를 제거하고 끊김이 없는 안정적인 신호를 수신하기 위한 GPS 신호보정 시스템 위성 DGPS(Differential Global Positioning System)인 GAGAN(GPS Aided Geo Augmented Navigation)을 구축하기 위하여 인도에서 개발한 시스템이다. IRNSS에 대한 자세한 내용은 뒷부분 5 **위**

**성항법 정확도 향상**의 4.4. IRNSS에서 상세히 다루기로 한다.

2014년 10월 16일 ISRO는 세 번째 위성 IRNSS-1C를 스리하리코타 *Sriharikota*에 있는 사티쉬 다완 우주센터에서 인도로켓인 PSLV(Polar Satellite Launch Vehicle)에 의해 성공적으로 발사하였고 이 위성은 정상적으로 임무를 수행하고 있다. 네 번째 위성인 IRNSS-1D 역시 2015년 3월 28일 발사되어 궤도에 올려졌다. ISRO 주관제센터에서는 2015년 4월 9일 이후 이 위성이 지구동기궤도로 111.75°E 지역에서 경사각 30.5°를 유지하도록 위성의 자세와 위치를 통제하고 있다.

IRNSS 궤도의 다섯 번째 위성은 2016년 1월 20일에 발사되었고 이 위성을 뒤따라 2016년 3월 10일 여섯 번째 위성이 발사되었다. 계획을 완성하기 위한 일곱 번째 위성은 2016년 4월 28일 발사되어 모든 궤도가 완성되었으며 모든 항법위성들이 성공적으로 임무를 수행하고 있다.

## 5.2. NAVIC 시스템의 구성

2013년에 발사된 첫 번째 위성 IRNSS-1A부터 2016년 발사된 IRNSS-1G 위성은 다음 표와 같다.

표 3-33. NAVIC 위성

| 위 성 | 프로젝트명 | 발 사 일 | 계획수명 | 발사 로켓 | 주 파 수 | 궤 도 |
|---|---|---|---|---|---|---|
| IRNSS-1A | PSLV-C22/IRNSS-1A | 2013.06.01. | 10년 | PSLV-XL | 1176.45 *MHz*(L5) 2492.028 *MHz*(S) | GSO(55°E) |
| IRNSS-1B | PSLV-C24/IRNSS-1B | 2014.04.04. | 10년 | | | GSO(55°E) |
| IRNSS-1C | PSLV-C26/IRNSS-1C | 2014.10.16. | 10년 | | | GEO(83°E) |
| IRNSS-1D | PSLV-C27/IRNSS-1D | 2015.03.28. | 12년 | | | GSO(111.75°E) |
| IRNSS-1E | PSLV-C31/IRNSS-1E | 2016.01.20. | 12년 | | | GSO(111.75°E) |
| IRNSS-1F | PSLV-C32/IRNSS-1F | 2016.03.10. | 12년 | | | Sub-GTO |
| IRNSS-1G | PSLV-C33/IRNSS-1G | 2016.04.28. | 12년 | | | Sub-GTO |

NAVIC은 앞에서 설명한 바와 같이 모두 7개의 위성으로 구성되며 지구동기궤도 및 정지궤도 위성을 혼합하여 인도의 국지적 항법을 수행하기 위한 시스템으로 그 구성과 수신 가능 지역은 각각 다음 그림과 같다.

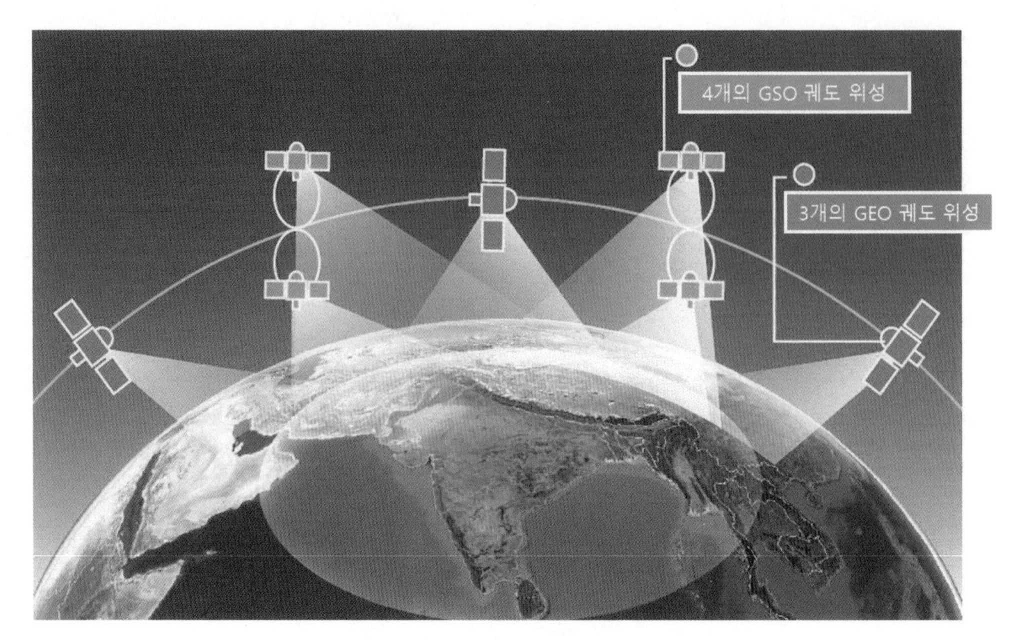


그림 3-34. NAVIC 시스템의 구성

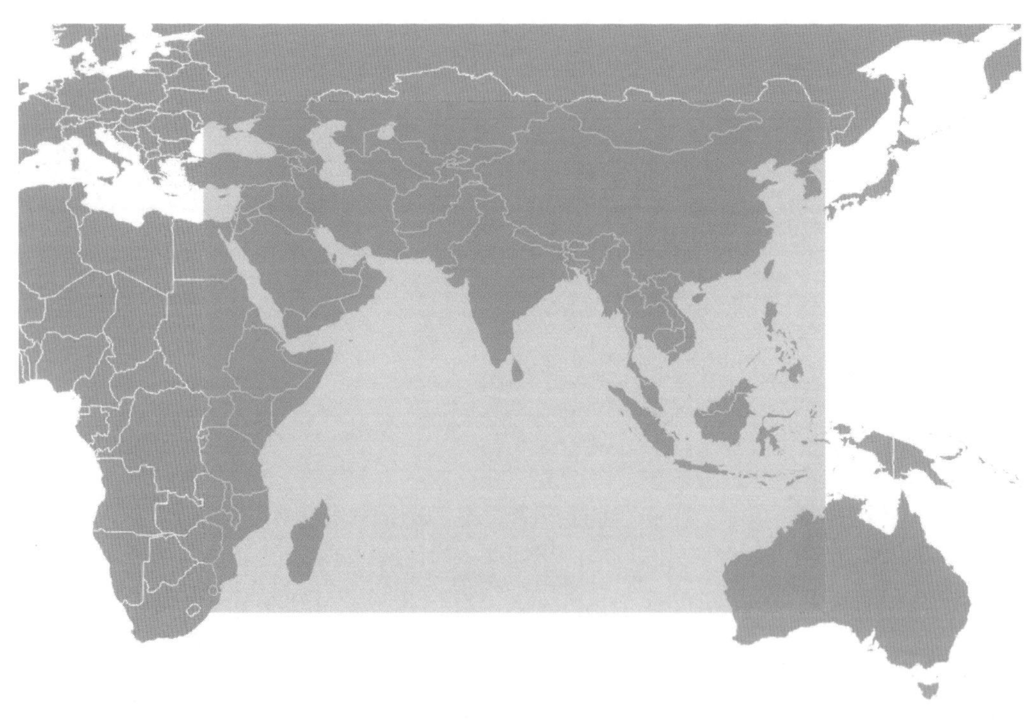

그림 3-35. NAVIC 신호 수신 가능 지역

### 5.3. NAVIC 위성 신호의 특징

NAVIC은 특별한 위치정보 서비스인 SPS(Special Positioning Service)와 정밀 서비스인 PS(Precision Service) 두 가지의 서비스를 제공한다. 두 가지 신호는 L5 파장대(1176.45$MHz$)와 S 파장대(2492.08$MHz$)를 통해 전송되며 항법신호는 S-파장대 주파수인 2~4$GHz$로 위상안테나를 통해 필요한 범위와 신호강도를 유지하기 위해 전송된다.

GPS가 약 30개의 위성으로 전 지구를 감싸는 형태를 이루는데 비해 NAVIC은 7개 이하의 위성으로 정밀한 위치정보를 제공하여야 하기 때문에 SPS와 PS의 데이터 구조는 이 상황에 적절하도록 연구되었고, 하나의 주파수를 사용하는 사용자에게 이온층의 보정을 가능하게 할 수 있도록 고안되었다. 7개의 IRNSS 위성의 시각, 궤도정보, 천체력 등의 데이터는 전형적인 GPS, GLONASS, 그리고 Galileo와 같다.

IRNSS 시스템의 하나인 NAVIC을 통해 제공받는 신호는 인도해 지역 인근 1,500 $km$ 지역에서 20$m$ 정도의 오차로, 인도와 정지궤도 수신 가능 지역에서는 10$m$ 이하의 오차를 갖는 정확도로 수신된다.

이 시스템 외에도 인도에서는 GPS의 보정신호를 위성을 이용하여 전송하는 국지적 위성항법 보조시스템인 IRNSS도 함께 운영하고 있다. 이러한 모든 시스템이 결합되면 인도 지역에서는 GPS와 NAVIC, 그리고 IRNSS 시스템을 이용하여 높은 정확도의 안정적인 위치정보를 제공받는 것이 가능하며, 특이 인도 내에 기상이 좋지 않은 공항 지역에서도 끊임없는 신호를 전송받아 안정적인 항법이 가능하다.

# 3 항법위성 시스템 비교

## 1. 각국의 GNSS 비교

현재 국제적으로 사용되고 있거나 계획 중인 GNSS 시스템은 미국의 GPS를 비롯하여 러시아의 GLONASS, 유럽연합의 Galileo, 중국의 Beidou, 그리고 인도의 NAVIC 시스템이다. 이 중 GPS와 GLONASS는 완전한 체계가 구축되어 사용 가능하며, Galileo는 완성단계까지는 아직 시간이 더 걸릴 것으로 예상된다. Beidou 시스템은 완성이 되어가고 있고, NAVIC은 국지항법시스템으로 완성되어 활용되고 있다. 이들 각국의 시스템에 대한 사양, 각각의 GNSS 위성들의 사용 주파수, 각 시스템에서 사용하는 궤도의 고도, 현재 활동 중인 위성의 수와 누적 위성 수에 대한 표와 그림들을 다음에 수록하였다.

표 3-34. 각국의 GNSS 시스템

| 분 류 | GPS | GLONASS | Galileo | Beidou | NAVIC |
|---|---|---|---|---|---|
| 국 가 | 미국 | 러시아 | 유럽연합 | 중국 | 인도 |
| 코드방식 | CDMA | FDMA/CDMA | CDMA | CDMA | CDMA |
| 궤도높이 | 20,183km | 19,130km | 23,222km | 21,150km | 36,000km |
| 주 기 | 11.97시간 (11시간58분) | 11.26시간 (11시간16분) | 14.08시간 (14시간5분) | 12.63시간 (12시간38분) | 정지위성 |
| 항성일당 회전수 | 2 | 17/8 | 17/10 | 17/9 | - |
| 기본 위 성 수 | - 24(+예비 3개) | - 21(+예비 3개) | - 27(+예비 3개) | - GEO 5개<br>- MEO 27개<br>- IGSO 3개 | - 정지 위성 7개 |
| 주 파 수 (단위 GHz) | L1 : 1.57542<br>L2 : 1.2276 | SP : 약 1.602<br>HP : 약 1.246 | E5a/E5b : 1.164~1.215<br>E6 : 1.260~1.300<br>E2/L1/E11 : 1.559~1.592 | B1 : 1.561098<br>B1/2 : 1.589742<br>B2 : 1.20714<br>B3 : 1.26852 | L5 : 1.16445~1.18845<br>S-band : 2.4835~2.5 |
| 상 태 | - 작동 중<br>- 31개 위성 작동<br>- 1개 준비 중 | - 작동 중<br>- CDMA 준비<br>- 24개 위성 작동<br>- 1개 준비 중 | - 부분 작동<br>- 21개 위성 작동<br>- 1개 준비 중 | - 부분 작동<br>- 16개 위성 작동<br>- 15개 준비 중 | - 작동 중<br>- 7개 위성 작동 |

표 3-35. 각국의 항법위성 시스템 간략 비교

| 시 스 템 | 국 가 | 코드방식 | 궤도 고도 및 주기 | 계획 위성 수 | 비 고 |
|---|---|---|---|---|---|
| GPS | 미 국 | CDMA | 20,183km, 12.0h | 27 | 작 동 |
| GLONASS | 러시아 | FDMA/CDMA | 19,130km, 11.3h | 24 | 작동, CDMA 준비 |
| Galileo | EU | CDMA | 23,222km, 14.1h | 30 | 준비 중 |
| Beidou | 중 국 | CDMA | 21,150km, 12.6h | 35 | 준비 중 |
| NAVIC | 인 도 | CDMA | 36,000km, 24h | 7 | 작 동 |

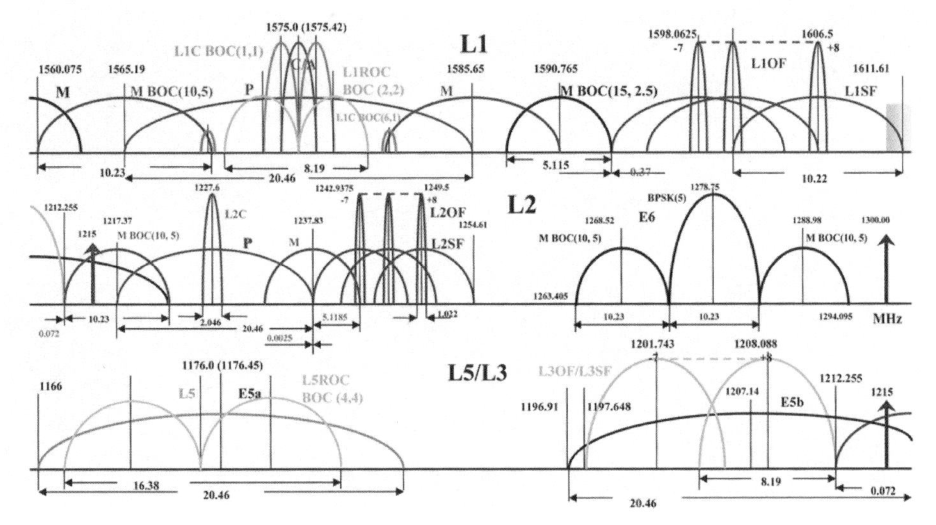


그림 3-36. GNSS 위성들의 주파수 특성

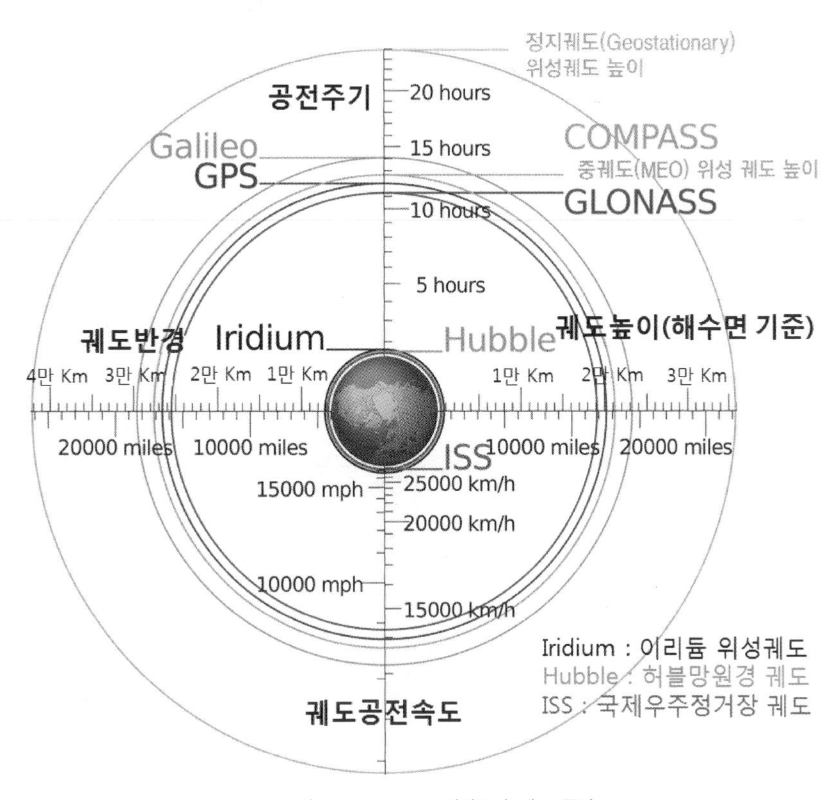


그림 3-37. GNSS 위성들의 궤도 특성

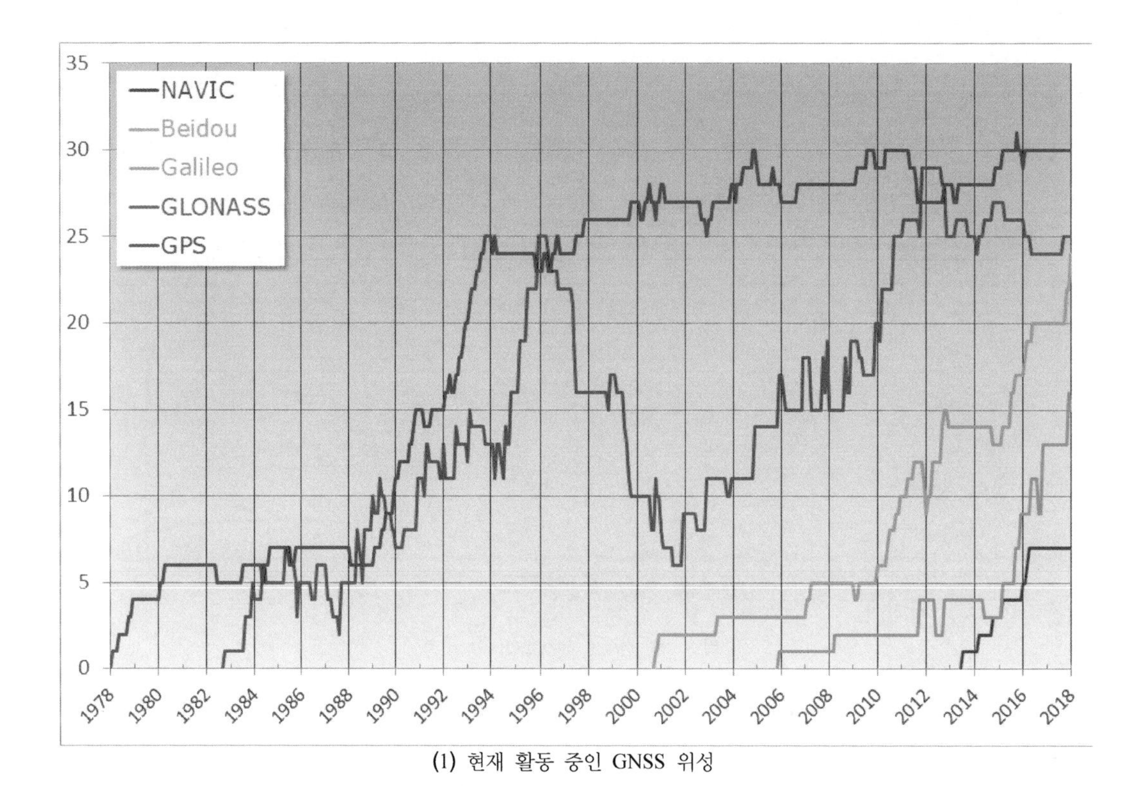


(1) 현재 활동 중인 GNSS 위성



(2) 현재까지 발사된 각국의 GNSS 누적 위성 수

**그림 3-38. GNSS 시스템들의 위성 수 비교**

# 4 위성항법자료의 위치해석

미국과 러시아, 유럽연합과 중국 그리고 인도에서 쏘아 올린 여러 GNSS를 이용하여 대상지의 3차원 위치의 결정은 미리 위치를 정확히 알고 있는 4개 이상의 위성에서부터 신호를 전송받아 위성에서 안테나까지의 전파도달시간을 비교하여 결정하게 된다. 이러한 위치결정 방법은 모든 GNSS에서 거의 동일하게 사용되므로 이 책에서는 여러 항법시스템 중 대표적인 GPS의 위치해석방법만을 다루고자 한다.

GPS 위성에서 전파를 수신하여 위치를 해석방법에는 의사거리를 이용한 위치결정(pseudo ranging positioning)과 반송파 위상관측(carrier phase measurement) 방법이 있다.

## 1. 의사거리를 이용한 위치결정

의사거리를 이용한 위치결정방법은 수신기로부터 여러 위성까지의 의사거리(擬似距離, pseudo ranging) 오차를 동시에 중첩함으로써 보정하여 수신기의 위치를 구하는 방법이다.

GPS 수신기에서 위성으로부터 발사된 반송파에 실린 C/A-코드를 감지하면 레플리카 코드(replica code)라고 하는 원래의 코드와 똑같은 복제코드를 만들어 내어 두 코드의 시간차를 비교한다. 그리고 관측된 두 코드의 시간차에 전파의 속도인 광속도를 곱하면 GPS 위성과 수신기 사이의 거리가 구해진다. 그러나 실제 전파경로로 인한 오차, GPS 위성과 GPS 수신기에 내장된 시계의 오차, 수신기 내부회로에서 발생하는 여러 오차의 작용으로 이렇게 구한 거리는 실제의 거리가 아닌 의사거리(pseudo range)가 된다. 이렇게 결정된 의사거리는 GPS 신호와 동시에 수신한 항법메시지 내의 여러 계수를 이용하여 보정된다. 암호화된 P-코드를 이용한 거리 계산도 C/A-코드를 이용한 계산과 비슷하다. 그러나 암호화되어 있기 때문에 허용된 사용자만이 해독할 수 있다.

GPS에서는 세계측지계인 WGS84 좌표계로 환산된 좌표값들이 수집되기 때문에 우리나라와 같이 일부 국지적으로 사용하고 있는 평면직각좌표계로 표현되는 좌표계를 사용하고 있다면 이 두 좌표계 사이의 값들을 상호 변환하여야 한다. 위성으로부터 받은 신호를 이용하여 좌표를 계산하기 위해서는 정밀한 시계가 필요하다. GPS 위성에는 고정밀의 원자시계가 탑재되어 있고 GPS 수신기는 필요한 정밀도에 따라서 원자시계 또는 수정발진기를 이용한 시계 등이 탑재되어 있다. 위치를 결정하기 위해서는 위성으로부터 수신한 항법메시지를 이용하여 GPS 수신기의 시계와 GPS 위성의 시계를 비교한다.

$\Delta t$를 관측된 도달시간이라 하고 $E$를 시계오차라고 하면 임의의 위성에서 수신기 $p$까지의 거리 $\gamma_{1p}$는 시간차와 광속을 곱하여 계산할 수 있으므로

$$\gamma_{1p} = (\Delta t - E).c$$

에 의해서 구할 수 있고 임의의 위성에 대한 관측방정식은 다음과 같다.

$$\sqrt{(X_p - X_1)^2 + (Y_p - Y_1)^2 + (Z_p - Z_1)^2} = (\Delta t - E) \cdot c$$

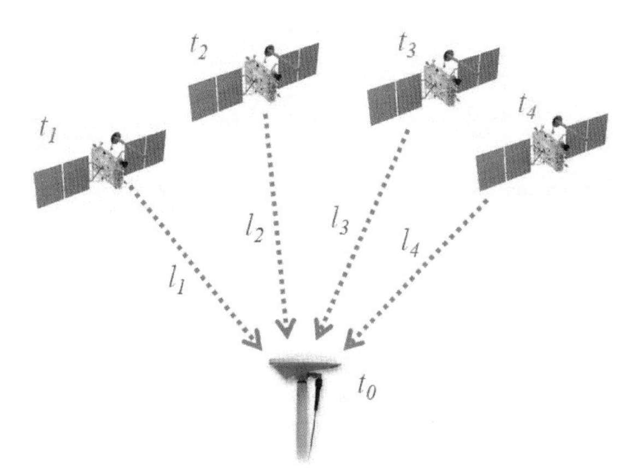


$$c \cdot (t_0 - t_1) = l_1$$
$$c \cdot (t_0 - t_2) = l_2$$
$$c \cdot (t_0 - t_3) = l_3$$
$$c \cdot (t_0 - t_4) = l_4$$
$$\rightarrow X, Y, Z, t_0$$

여기서, $c$ : 광속도
$t_o$ : 신호 발사 시각
$t_1 \sim t_4$ : 신호 도달 시간
$l_1 \sim l_4$ : 위성까지의 거리
$X, Y, Z$ : 관측점의 3차원 위치 좌표

**그림 3-39. 의사거리를 이용한 위치결정방법**

여기에서 $\Delta t$는 관측이 가능하므로 미지수는 총 네 개로 $X_p, Y_p, Z_p, E$ 이다. 구하고자 하는 미지수가 네 개 이므로 의사거리를 이용한 위치해석 방법에서는 그림 3-39에서와 같이 네 개의 위성에서 위성신호를 수신하여 위성에서 수신기까지 전파의 도달시간을 알면 구하고자 하는 수신기의 위치 $p$와 시계오차 $E$를 구할 수 있다. 현재 의사거리를 이용한 위치해석 방법은 비행기와 선박의 위치해석과 근사적인 위치해석에 사용되고 있다.

## 2. 반송파 위상관측

GPS를 이용하는 대부분의 정밀위치결정에는 연속위상관측(連續位相觀測, continuous phase observation) 방법을 많이 이용한다. 이 방법에서는 본질적으로 수신되는 반송신호(carrier signal)와 수신기에서 만들어지는 신호를 혼합하여 특정시간에 대한 결과로 발생되는 관측값을 얻는 헤테로다인 수신방법(heterodyning)을 이용한다.

수신기가 0°~360° 범위에서 순간위상값의 관측뿐 아니라 시작시간으로부터 순환수, 즉 360°~0°의 위상변화수를 계산하는 것을 연속위상이라 한다. 물론 수신되는 반송파에 접근하기 위하여 수신기는 180°의 위상변화에 의한 코드의 변조를 제거하여야 한다. 이 방법은 다음 그림 3-40의 형태와 같은 신호를 만들어 내는 신호제곱처리 방법에 의해 처리되며 원래의 반송파와 같은 반송파를 만들기 위해 의사난수이진배열에 대한 선행지식을 이용하여 수행된다.

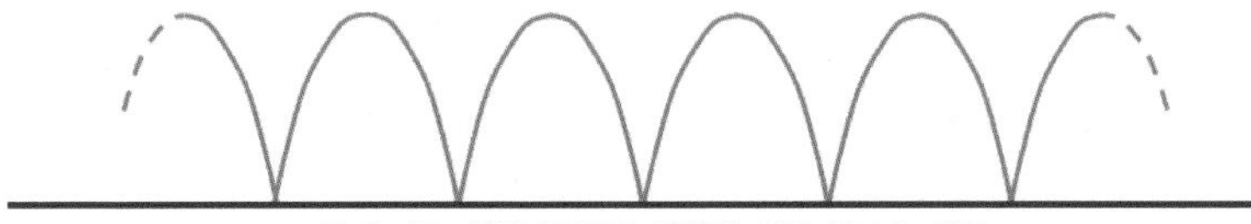

그림 3-40. 신호제곱처리 방법에 의한 주파수 처리



연속위상관측을 통해 얻는 위상값 $N[iaj]$는 수신기의 위치 $a$와 위성 $j$에서 시간기점 $i$까지 관측이 가능하며 다음 식으로 표현된다.

$$N\ [iaj] = E_s\ [ij] + E_R\ [ia] + I\ [aj] + f_j \Delta t\ [iaj] \quad ①$$

여기서, $E_s\ [ij]$ : 시간기점 $i$에서의 위성 시계오차
$E_R\ [ia]$ : 시간기점 $i$에서의 수신기 시간
$I\ [aj]$ : 모호정수(integer ambiguity)
$f_j$ : 방사된 신호 주파수
$\Delta t\ [iaj]$ : 시간기점 $i$에서 인공위성 $j$와 수신기 $a$ 사이의 신호 도달시간

도달시간 $\Delta t\ [iaj]$는 다음과 같다.

$$\Delta t\ [iaj] = \frac{\sqrt{(X_p - X_1)^2 + (Y_p - Y_1)^2 + (Z_p - Z_1)^2}}{c} + \Delta t^{ion}\ [iaj] + \Delta t^{trop}\ [iaj] \quad ②$$

여기에서$\Delta t^{ion}$ $[iaj]$와 $\Delta t^{trop}$ $[iaj]$는 전리층과 대류권에서의 지연시간이다. ②식을 ① 식으로 나누면 다음 식 ③을 얻을 수 있고, 이 식은 시간기점 $i$에서 인공위성 $j$와 수신기 $a$ 사이의 관측에 대한 일반위상 관측방정식이다.

$$N\ [iaj] - E_s\ [ij] - E_R\ [ia] - I\ [aj]$$
$$- \frac{f_j}{c}\left(\sqrt{(X_p - X_1)^2 + (Y_p - Y_1)^2 + (Z_p - Z_1)^2} - \Delta t^{ion}\ [iaj] - \Delta t^{trop}\ [iaj]\right) = 0 \quad ③$$

위 식에 사용된 $[iaj]$는 모호정수(integer ambiguity)라고 한다. 이 모호정수는 수신기에서 위성신호를 받아 자료를 처리할 때 위성과 수신기 사이의 전체 파장 개수를 알지 못하기 때문에 이 파장의 개수를 미지수로 놓고 GPS 수신기가 한 파장 내의 위상차와 전체 파장수의 변화값만 관측한 후 정수 배의 전체 파장 개수를 결정하여 관측에 사용하는 값이다. 이렇게 파장의 개수가 정확히 정의되어야만 정확한 관측이 가능하게 되는데 순간적인 신호단절(cycle slip)이 발생하게 되면 수신기는 또 다른 정수를 가정하여 위성신호와 비교한 뒤 전체 파장의 개수를 다시 결정하여야 하고, 이 파장의 개수가 결정되기 전까지는 정확한 관측값이 얻어질 수 없다. 이렇게 반송파 위상차이만 관측되고 위성과 수신기 사이의 진동수를 헤아리지 못하는 것을 모호정수라 한다.

위성과 수신기 사이의 정확한 거리를 알 때 모호정수와 파장은 다음 식과 같은 관계에 있다.

$$L = N\lambda + \Delta\lambda$$

여기서, $L$ : 위성과 수신기 사이의 거리
$N$ : 모호정수
$\lambda$ : GPS 신호의 파장
$\Delta\lambda$ : GPS 신호의 부분 주파수 파장

이 식을 이용하여 모호정수를 계산하는 식을 유도하면 다음과 같다.

$$N = \frac{L - \Delta\lambda}{\lambda}$$

뒷부분 **5. 우리나라의 공공위성항법 서비스**의 **5.2 가상기준점**에 모호정수에 의해 발생되는 문제점을 극복하기 위한 관측방법을 서술해 놓았다.

# 5 위성항법 정확도 향상

## 1. DGNSS

GNSS는 지금까지 개발된 어떤 전파 항법장치보다 매우 정확한 항법장치이지만 고정밀도를 요구하는 측량, 비행기의 이착륙, 좁은 수로에서의 선박 유도 등 정확도를 더욱 높여 사용범위를 확대하려는 노력이 계속되어 왔다.

GPS의 경우 민간에서는 상대적으로 정확도가 떨어지는 C/A-코드를 수신할 수밖에 없는데 이때 위치 정확도를 높이기 위해 사용되는 가장 대표적인 방법이 DGPS(Differential Global Positioning System)이다. 시대적인 흐름에 맞추어 DGPS를 DGNSS(Differential Global Navigation Satellite System)라고 하지만 주로 GPS에 대한 보정값을 만들어 사용하는 경우를 설명하므로 이 책에서는 특수한 경우를 제외하고 DGPS로 통일하여 사용하기로 한다.

위성에서의 항법신호는 사용자의 수신기에 도달하면서 위성시계와 수신기시계의 불일치, 전리층이나 대류권에서 전파지연으로 생기는 시간의 차이 등에 의해 정확도가 낮아지게 된다. DGPS 기법은 과거에는 SA로 인하여 발생하는 오차를 제거하기 위해 주로 사용되었지만 현재에도 대기굴절에 의한 오차, 위성과 수신기의 시계가 정확히 일치하지 않아서 발생하는 오차 등을 해결하기 위해 사용되고 있다.

DGPS를 이용하여 정확한 관측을 수행하기 위해서 수 $mm$ 이내로 정확히 알고 있는 지점에 정밀한 시계와 수신기를 갖춘 기준국(reference station)을 설치하고 그 지점에서 GPS 신호를 수신한다. 기준국의 수신기는 GPS 위성으로부터 수신한 위치값과 원래 알고 있는 자신의 정확한 위치를 비교하여 위치오차에 대한 보정값을 계산할 수 있다. 이 보정값을 주변에서 독립적으로 GPS 관측을 수행하고 있는 이동국(rover) GPS 수신기에 전송하면 이동국 수신기는 이 보정값을 함께 연합하여 현재 수신하는 위성신호의 오차를 제거한 후 이동국이 위치해 있는 좌표를 정확하게 계산할 수 있다. 즉, DGPS는 의사거리 혹은 좌표로 표현된 보정값에 대한 정보를 기준국 주위에서 관측하는 사용자에게 실시간이나 후처리에 의해 보정값을 넘겨주어 같은 위성의 신호를 수신하는 사용자가 이 값을 합성하여 보다 정확한 위치를 계산하도록 하는 원리이다.

이 기법으로 정확한 위치계산이 가능한 이유는 기준국에서 자신의 위치를 확인하고 보정값을 만들어 내어 정확한 위치계산을 가능하게 하는 것뿐 아니라 위성궤도오차, 위성시계오차, 전리층 시간지연, 대류층 시간지연, 그리고 C/A-코드 이용에 최대 난관이었던 SA 등을 두 수신기 간의 공통오차로 간주하여 이를 제거할 수 있기 때문이다.

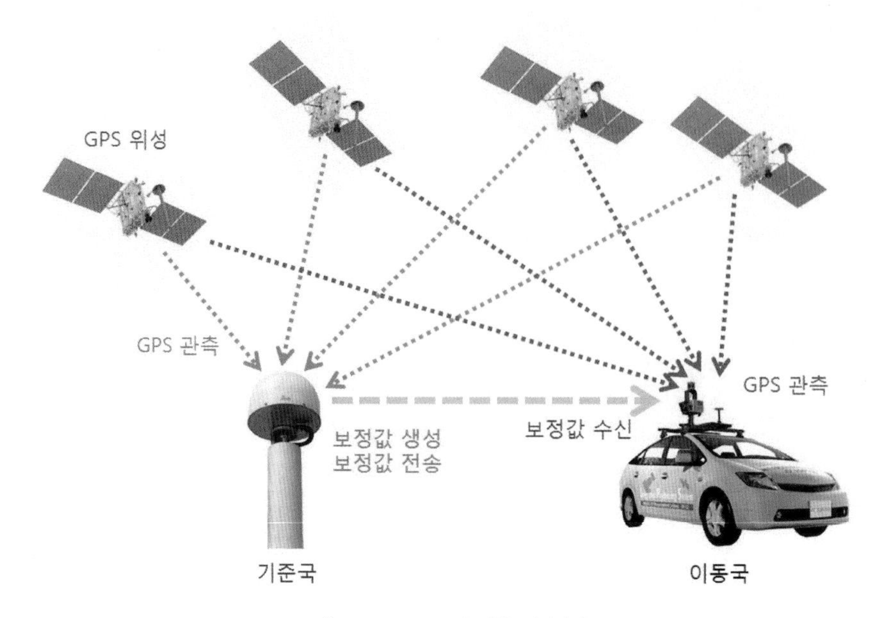


그림 3-41. DGPS에 의한 위치해석

RTK(Real Time Kinematic, 실시간이동측량) DGPS인 경우 기준국의 보정값을 무선으로 이동국에 송신하여 의사거리를 보정한 후 위치를 계산한다. 후처리(post processing) 방식에서는 기준국과 이동국 모두에서 수신한 자료를 컴퓨터에서 보정하여 위치를 해석한다. 그림 3-41은 정밀 DGPS 기법을 이용한 위치해석방법을 나타내고 있다. 그러나 이러한 DGPS를 통해 실제로 관측을 할 때 실제의 경우 두 수신기 간의 거리, 두 수신기 간의 정보 전달속도, 계산에 쓰이는 알고리듬 및 하드웨어의 성능 요인들이 이 DGPS의 정확도에 커다란 영향을 미친다.

특히 두 수신기 간의 거리가 멀면 한 위성과 두 수신기 사이에 놓여 있는 전리층과 대류권의 성질이 다를 수 있으므로 이들에 의한 시간지연 값이 두 수신기에 다르게 나타날 수 있다. 그러므로 보통 DGPS를 구성할 때 기준국과 이동국 간의 거리가 100 $km$를 넘지 않도록 기준국을 배열해야 한다. 측량과 같은 특정 목적에 사용하는 분야에서는 절대위치 측정보다는 두 점 간의 상대위치 정보가 필요할 수도 있다. 이런 경우는 주변 임의의 위치에 한 수신기를 놓아 기준국을 형성하고 두 수신기 사이의 상대적 위치를 결정하면 매우 정확한 관측값을 얻을 수 있다. 이 방법은 실제로 지질학 연구, 해양 시추선, 댐의 변형연구 등에 수 $mm$ 정도의 정확도로 응용되고 있다.

## 2. 후처리 상대위치결정

후처리 상대위치결정(post processing static surveying)은 측지 및 측량, 지각변동의 감시 등과 같이 수 $mm$의 고정밀 위치결정이 요구되는 분야에서 사용하는 기법이다. 이 방법은 기준점과 관측지점에서 동시에 수신한 L1/L2 반송파 자료를 상대위치 결정능력을 갖는 프로그램에 의해 계산하여 정밀도를 향상시키는 방법이다.

일반적으로 상용화된 고정밀 GPS 자료처리 프로그램은 측정거리에 대하여 1/1,000,000 또는 1/10,000,000 정도의 정밀도를 제공하며, 스위스 베른 대학교의 천문연구소에서 개발한 베르네스 *Berness* 프로그램과 같은 연구용 프로그램의 경우 두 수신기 간의 측정거리에 대해 1억 분의 2(20ppb : part per billion)의 정밀도로 위치를 결정할 수 있다.

## 3. 실시간이동측량

RTK는 광범위한 관측점의 좌표들을 1~2$cm$의 정밀도로 빠른 시간 내에 구하기 위해 개발된 기법이다. RTK의 기본개념은 오차보정을 위해 전송하는 데이터가 거리오차 보정값이 아닌 기준국에서 수신한 반송파 자료라는 것을 제외하고는 DGPS의 개념과 유사하다. 일반 DGPS와 다른 점은 RTK에서는 기준점에서 수신한 각 위성의 반송파 자료를 지속적으로 제공받아야 하고 정보의 전송장애로 발생할 수 있는 오차의 한계가 DGPS보다 상대적으로 크기 때문에 보다 안정적이고도 신속한 수신기 간의 통신방법이 필요하다는 것이다. 즉, 측정지점의 수신기가 GPS 수신은 물론 수신기 간의 통신도 가능하여야 하며 RTK 자료처리 기능을 가지고 있어야 한다는 점이 일반 DGPS와는 다르다.

현재 GPS를 응용하는 여러 분야에서 DGPS와 RTK가 주로 사용되고 있으며 GIS나 측량, 항법 등 모든 응용분야가 RTK 기법의 사용에 초점을 맞추어 실용화되고 있다.

표 3-36. 위치결정 방식에 따른 GNSS 정확도 비교

| 기 법 | 내 용 | 정확도 |
|---|---|---|
| 단독위치결정 | - GNSS 수신기 1대로 위치 관측 | 10$m$ |
| DGNSS | - 측량용과 항법용 수신기를 결합하여 이동체의 후처리 및 실시간 정밀 위치 관측 | 1~5$m$ |
| 후처리 상대위치결정 | - 2대 이상의 측량용 GNSS 수신기를 이용하여 고정밀 상대위치 측정하나 실시간 측량 불가능 | 수 $mm$ |
| 실시간 이동위치결정 | - 2대 이상의 측량용 수신기를 이용하여 실시간 고정밀 위치 관측 | 1~2$cm$ |

## 4. 위성을 이용한 DGNSS

GLONASS-N, K 및 Galileo와 같이 새로운 기술로 구축되는 GNSS 시스템은 과거의 GNSS 측량에 비해 향상된 정확도의 위치자료를 전송하지만 이 외에 기존의 GNSS 시스템에 부가적인 보정신호를 연계하여 정확도를 높이는 기법도 지속적으로 개발되고 있다. 이러한 높은 정확도의 위치결정을 하기 위해 대부분의 GNSS 시스템에서는 DGPS 기법을 적용하여 보정신호를 발생시키고 이를 이용하여 GNSS 위치정확도를 향상시키려는 노력을 하고 있다.

DGPS 신호를 GNSS 위성과는 다른 새로운 별개의 위성을 통해 전송하여 위치정확도를 향상시키려는 노력으로 미국에서는 WAAS(Wide Area Augmentation System)를 이용하여 GPS 정확도를 높이고 있으며 유럽에서는 EGNOS(European Geostationary Navigation Overlay System)를 개발하여 활용하고 있다. 그리고 일본과 인도에서도 각각 MSAS(MTSAT Satellite Augment System)와 GAGAN(GPS Aided Geo Augmented Navigation)이라는 시스템을 구축하여 사용하고 있다. 또한 러시아에서는 GLONASS 뿐 아니라 GPS까지 연계하여 보정신호를 함께 계산하고 이 보정값을 이용하여 정확도를 향상시키기 위한 SDCM(System for Differential Corrections and Monitoring)을 개발하고 있다. 이들은 모두 기존의 GNSS 신호를 DGNSS로 활용하기 위하여 구축된 시스템으로 기준국을 지상에 설치하는 과거의 방식과는 달리 위성을 이용하여 DGNSS 보정신호를 전송하여 보다 정확한 위치결정을 구현하도록 하는 시스템들이다.

이러한 시스템을 모두 연합하는 시스템을 일컬어 SBAS(Satellite Based Augmentation System), 즉 **위성을 이용한 GNSS 정확도 향상 시스템**이라고 하며 미국의 WASS, 유럽의 EGNOS, 그리고 일본의 MSAS, 인도의 GAGAN을 통합하여 하나로 연결하는 시스템이 전 세계를 연결하는 네트워크로 구성되어 사용되고 있다. 현재는 GPS, GLONASS, Galileo 등의 항법위성의 신호는 물론 이것과 더불어 SBAS의 신호까지 한꺼번에 수신하고 동시에 위치결정에 적용하여 위치정확도를 형상시킬 수 있는 수신기가 제작되어 보급되고 있으므로 보다 적은 노력으로 정확한 위치결정이 가능해지고 있다.

### 4.1. WAAS

WAAS(Wide Area Augmentation System)는 미국에서 개발한 광역 DGPS 보정신호 시스템으로 지상의 WAAS 기준국과 관제국에서 계산한 DGPS 신호를 지상발신국을 통해 WAAS 위성으로 전송하고 이 보정신호를 사용자가 다시 수신함으로써 GPS 정확도를 형상시키는 시스템이다. 이 시스템은 GPS 위치결정을 수행하는 사용자의 수신기가

GPS 위성의 신호와는 별개로 최소 2개 이상의 정지위성으로부터 보정신호를 받아 수신 지점의 정확도를 향상시키는 원리를 이용하고 있다. 이러한 WAAS는 우주부문(space segment), 지상부문(ground segment) 그리고 사용자부문(user segment)으로 구성된다.

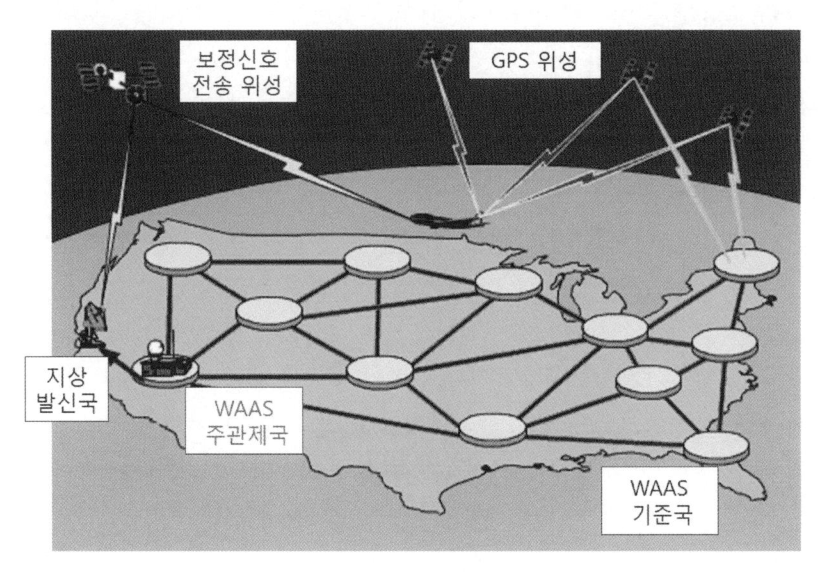


그림 3-42. WAAS의 구성



### (1) 우주부문

우주부문은 여러 개의 지구동기궤도 통신위성으로 구성되며 WAAS 주관제국인 WMS (WMS, Wide-area Master Station)에서 각각의 기준국으로부터 전송받은 GPS 보정신호를 수집하여 통신위성으로 전송한 후 이 신호를 다시 사용자에게 전달해 주는 역할을 한다. 이 위성들은 GPS 신호가 고정값을 갖도록 하는데 효과적으로 이용된다.

WAAS를 구성하는 우주부문은 다음 표에서와 같이 Inmarsat-4 F3, Telesat의 Anik F1R, 그리고 Intelsat의 Galaxy 15 등 3개의 위성으로 구성된다.

표 3-37. WAAS 구성 위성

| 위성 이름 | Pseudo-Random Number 코드 | NMEA | 위 치 | 비 고 |
|---|---|---|---|---|
| Inmarsat 4F3 | 133 | 46 | $98^{o}W$ | |
| Galaxy 15 | 135 | 48 | $133^{o}W$ | |
| Anik F1R | 138 | 51 | $107.3^{o}W$ | |
| Pacific Ocean Region (POR) | 134 | 47 | $178^{o}E$ | 전송중단 |
| Atlantic Ocean Region-West | 122 | 35 | $142^{o}W$ | 전송중단 |

*NMEA : 수신기에서 수신한 위성정보에서 산출된 위성번호($NMEA = PRN - 87$)

### (2) 지상부문

지상부문은 여러 개의 지상에 설치된 WAAS 기준국인 WRS(WRS, Wide-area Reference Station)로 구성된다. 자신의 위치를 정확히 알고 있는 지점에 설치된 기준국들은 GPS 신호들의 정보를 수집하고 감시한 후 수신된 GPS 위치신호를 지상의 네트워크를 통하여 세 개의 WAAS 주관제국인 WMS로 전송한다. 이 WRS 기준국들은 WAAS 위성으로부터 전송받은 신호도 감시한다. 현재 미국 본토에 38개, 알래스카에 7개, 하와이에 1개, 푸에르토리코에 1개, 그리고 캐나다에 4개를 포함하여 38개의 WAAS 기준국이 운용되고 있다.

WRS에서 수신된 신호를 이용하여 WMS들은 두 가지 종류의 빠르고 느린 보정신호를 생성한다. 빠른 보정신호는 GPS 위성의 즉각적인 위치 및 시각오차와 주로 관련된 빠르게 변하는 오차값이다. 이러한 보정신호는 WAAS 범위에 있는 어떠한 수신기에도 즉시 적용될 수 있도록 사용자의 독립적인 위치를 결정하는데 사용된다. 느린 보정신호는 이온층 지연정보와 같은 장시간의 궤도력과 시각오차의 보정값을 포함한다. 이상에서 설명한 보정신호를 이용하여 WAAS가 서비스되는 지역 내에서 많은 점들의 보정값을 제공하여 GPS 관측값의 정확도를 향상시키게 된다.

보정신호들이 생성되게 되면 WMS들은 이 신호들을 지상발신국인 GUS(Ground Uplink Station)로 송신하게 되고 이 신호는 사용자들이 지상에서 사용할 수 있도록 우주부문의 위성에게 보내진 후 지상으로 재방송되게 된다.

### (3) 사용자부문

사용자부분은 GPS와 WAAS 수신기로 각각의 GPS 위성에서 받은 자료를 이용하여 위치와 수신시간을 결정하고 WAAS 우주부문에서 전송된 보정신호를 전송하는 역할을 한다. WMS에서 만들어진 빠른 보정신호와 늦은 보정신호 두 가지의 보정메시지 신호가 사용자에게 전달되어 수신되어 각각 다른 방법으로 사용된다.

GPS 수신기는 빠른 형태의 보정신호를 즉시 적용할 수 있고 이 자료에는 보정된 위성의 위치와 시간 데이터가 포함되며 일반적인 GPS 계산방법을 통해 위치를 결정할 수 있다. 대략적인 수신위치가 결정되면 수신기는 느린 보정신호를 이용하기 시작하여 위치정확도를 향상시키는 작업을 수행한다. 앞에서 설명한 바와 같이 이러한 느린 보정신호에는 이온층 지연도 포함된다. GPS 신호가 위성에서 지상의 GPS 안테나로 도달할 때 이온층을 통과하게 되고 수신기는 이온층을 뚫고 통과할 때의 위치로부터 지연시간을 계산하게 된다. 수신기가 특정 지점에서 이온층 지연값을 수신하게 되면 이온층 오차에 대한 보정을 수행하게 된다.

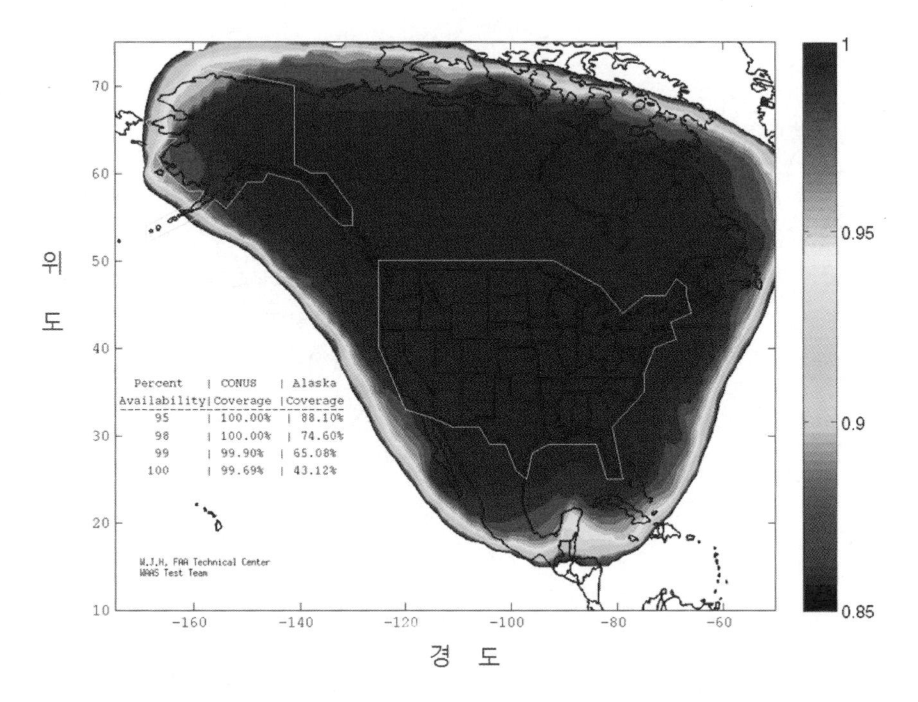


그림 3-43. WAAS 수신가능 범위



느린 보정 데이터가 필요한 경우 1분마다 갱신되는데 반해 궤도력오차와 이온층 오차는 이러한 주기로 빠르게 갱신되지는 않기 때문에 사용되는 궤도력 오차와 이온층 오차는 2분마다 최신화되고 6분까지 유효하게 된다.

WAAS는 GPS 수신값 95% 이상의 관측값에서 수평과 수직방향의 오차 모두 7.6$m$ 이하로 만들기 위하여 설계되었고 미국 본토와 캐나다와 알래스카 대부분의 지역에서 관측값 검증실험을 수행한 결과 실제 관측값은 수평방향으로 1.0$m$, 수직방향으로 1.5 $m$ 정도로 나타났다.

### 4.2. EGNOS

EGNOS(European Geostationary Navigation Overlay System)는 최초의 유럽 전 지역을 통합하는 위성항법시스템이다. 이 시스템은 미국의 GPS 위성신호에 부가적인 보정신호를 만들어 EGNOS 위성으로 전송하고 전송된 보정신호를 다시 지상에서 GPS 위치결정값과 함께 수신하여 비행 중인 항공기나 좁은 수로를 항해하는 선박이 정확한 위치를 결정할 수 있도록 하기 위하여 고안되었다.

EGNOS는 유럽항공우주국(ESA, European Space Agency)과 유럽위원회(European Commission and Eurocontrol), 항해안전을 위한 유럽조직(European Organization for the Safety of Air Navigation)이 공동으로 추진한, GNSS 분야에서는 유럽 최초의 활동이다. 성공적인 임무수행이 확인된 이후 EGNOS의 관제는 2009년 4월 1일 유럽위원회로 넘겨져 프랑스의 위성서비스 제공자가 관리하고 있다.

EGNOS 시스템의 서비스는 2009년 10월 1일부터 시작되어 EGNOS의 수신이 가능한 GPS 수신기를 사용하는 모든 사용자에게 전 유럽을 통해 무상으로 제공되고 있으며 EGNOS 생활안전서비스는 2011년 3월 2일 공식적으로 선포되어 제공되고 있다.

세 개의 정지궤도 위성과 지상의 네트워크로 구성되는 EGNOS는 GPS로부터 추출한 보정신호를 이용하여 신뢰적이고 정확한 정보를 포함하는 신호를 전송하려는 목표로 수행되고 있다. EGNOS 시스템을 이용하여 GPS 관측을 수행하면 유럽 본토와 그 외곽지역에서 1.5㎝보다 정확한 위치정확도로 관측이 가능하다.

EGNOS 신호는 GPS L1(1575.42㎒)의 C/A 민간신호와 같은 주파수 대역과 변조방식을 통해 전송된다. GPS가 지구 전체를 감싸는 궤도를 형성하며 위치신호를 전송하는 것과는 대조적으로 EGNOS는 유럽지역에 대해서만 보정신호를 전송하는 시스템이다. 이러한 EGNOS는 WAAS와 마찬가지로 우주부문, 지상부문 그리고 사용자부문으로 구성되어 있다.

### (1) 우주부문

우주부문은 GPS 위성의 L1 주파수 대역폭의 정보를 종합하여 보정신호를 전송해주는 세 개의 정지궤도 위성(geostationary satellite)으로 구성된다. WAAS와 유사한 EGNOS 시스템은 주로 높은 고도를 비행하는 항공기 등에서 정지궤도의 EGNOS 위성으로부터 전송된 신호를 어려움 없이 전송받도록 설계되었기 때문에 지상에서 높은 빌딩이 밀집해 있는 도심지역에서는 상대적으로 낮은 정지궤도 위성의 고도로 인해 위성신호 수신에 문제가 발생할 수 있다. 실제로 중앙 유럽에서는 30°의 위성고도가 제한적인 요인으로 작용하게 되고 더 높은 위도인 북유럽 지역에서는 우주에 배치된 위성의 궤도 경사각으로 인해 이보다 더 낮은 경사각으로 위성신호가 수신되어 GPS 위성으로 수신을 받는 것에 한계가 발생하게 된다.

이러한 한계를 해결하기 위하여 유럽항공우주국 *ESA*에서는 2002년 지상 사용자들을 위해 EGNOS 보정신호를 고도각의 영향을 받는 위성이 아닌 인터넷을 통해 전송하는 EDAS(EGNOS Data Access Service)를 제공하고 있다. 첫 번째 시험적인 수신기는 핀란드 측지연구소(Finnish Geodetic Institute)에 의해 개발되었으며 상용적인 수신기는 셉텐트리오 *Septentrio*에 의해 개발되기 시작하였다. EGNOS를 서비스 가능지역과 구성 위성 각각 다음 표와 그림에 나타나 있다.

표 3-38. EGNOS 구성 위성

| 위성 이름 | NMEA/PRN | 위 치 | 비 고 | 활 동 |
|---|---|---|---|---|
| Inmarsat AOR-E | NMEA #33 / PRN #120 | $15.5^o W$ | 대서양 지역(동부) | ○ |
| Artemis | NMEA #37 / PRN #124 | $21.5^o E$ | 유럽 중부, 아프리카 동부 | ○ |
| Inmarsat IOR-W | NMEA #39 / PRN #126 | $25^o E$ | 인도해 | ○ |
| Inmarsat 3F1 | NMEA #44 / PRN #131 | $64.5^o E$ | | × |
| Astra 4B | 2012년 발사 | $5.0^o E$ | | × |
| Astra 5B | 2013년 발사 | $31.5^o E$ | | × |

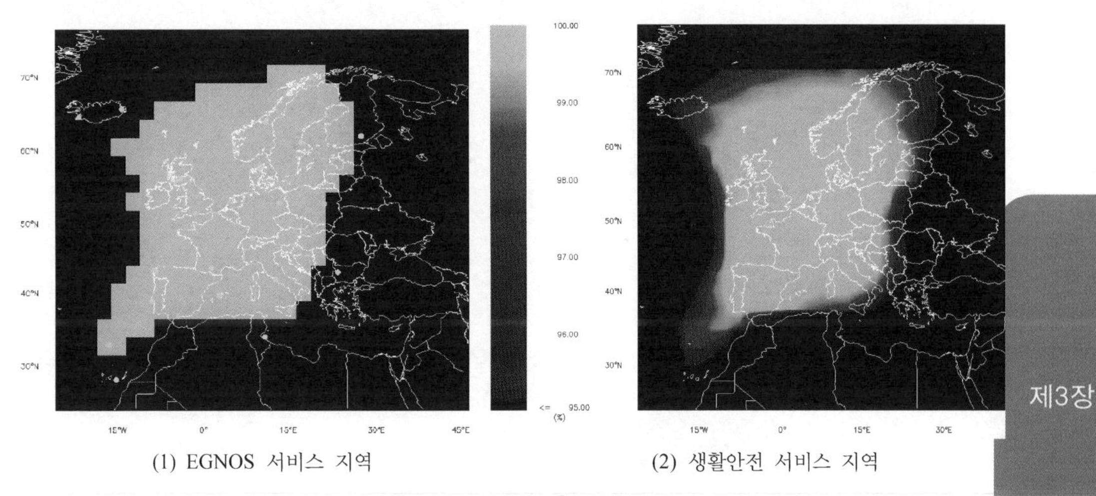


(1) EGNOS 서비스 지역 (2) 생활안전 서비스 지역

그림 3-44. EGNOS 활동 범위



## (2) 지상부문

EGNOS의 지상부문의 주요 구성은 RIMS(Ranging and Integrity Monitoring Station, 보정신호 위치결정 및 신호조합 감시국)들로 구성된 네트워크, 네 개의 MCC(Master Control Centre, 주관제국), 그리고 6개의 NLES(Navigation Land Earth Station, 지상국)로 구성되며 시스템의 성능평가와 시스템을 확인하기 위한 시설과 품질평가를 위한 응용시설들로 구성된다.

RIMS는 GPS 신호를 수신하여 주관제국인 MCC로 전송하고, MCC에서는 감시국인 RIMS로부터 수신받은 신호를 처리하여 세 개의 정지궤도위성 으로 전송하는 역할을 하며 위성에서 다시 지상으로 GPS 보정신호를 전송하여 사용자들이 사용하게 된다.

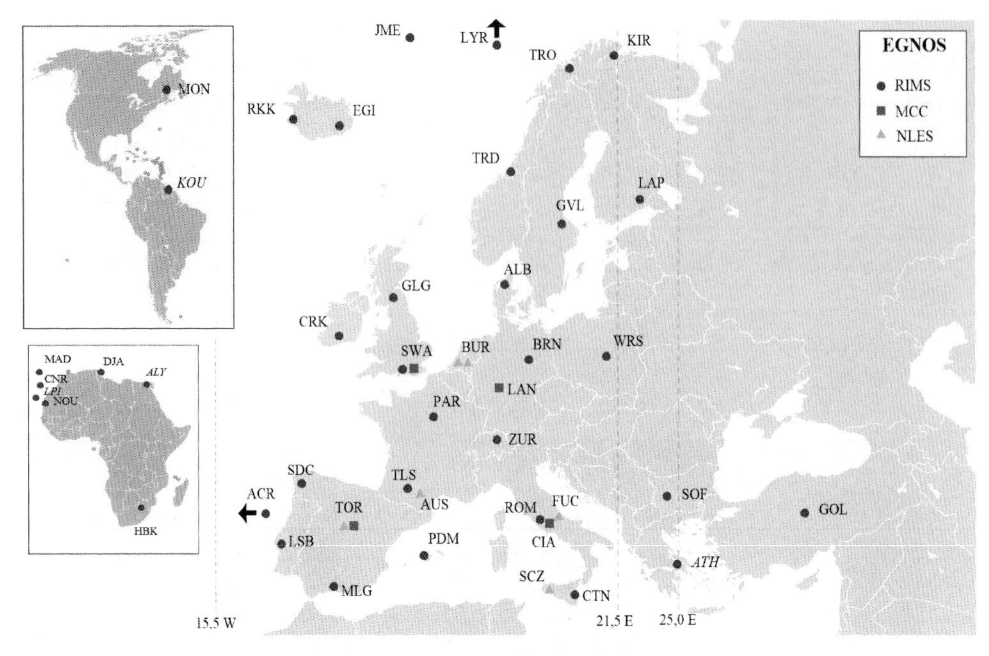


그림 3-45. EGNOS 네트워크

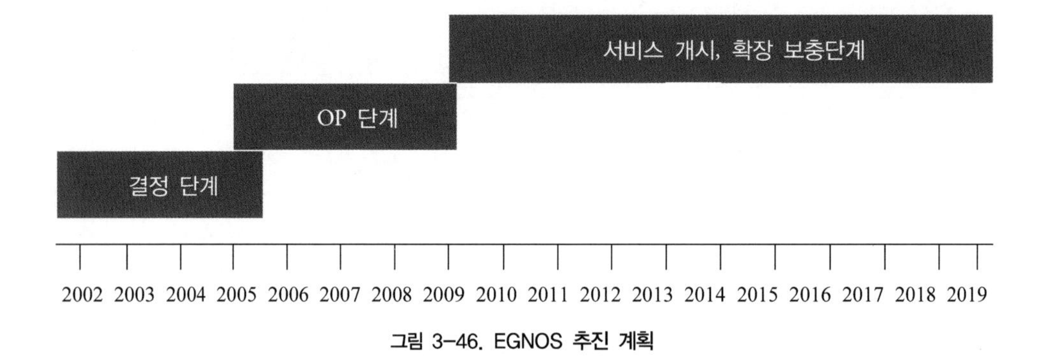


그림 3-46. EGNOS 추진 계획

### (3) 사용자부문

사용자부문은 WAAS와 동일하게 GPS 신호와 EGNOS 신호 모두를 수신하여 정확한 수신기의 위치를 결정하는 관측을 수행한다.

이와 같이 EGNOS 시스템을 이용하면 95% 수준에서 평면오차는 $3m$, 수직오차는 $4m$ 정도의 정확도로 GPS에 비해 향상된 정확도로 위치결정을 하는 것이 가능하다.

### 4.3. JRANS

JRANS(Japanese Regional Advanced Navigation System)는 일본 내에서 GPS 정확도를 향상시키기 위해 위성을 이용하여 DGPS를 가능하게 하는 시스템이다. 이 시스템을 완성하기 위해 일본은 준천정 위성으로 구성되는 QZSS, 그리고 MTSAT로 구성되는 다기능 위성보정 시스템인 MSAS를 연합하여 위성을 통한 DGPS 보정신호 시스템을 진행하였다.

#### (1) QZSS

QZSS(Quasi-Zenith Satellite System, 준천정 위성시스템)는 GPS의 보정신호를 발사하는 3개의 준천정(準天頂) 위성으로 구성되며 위성에서 방송한 보정신호를 이용하여 일본 내에서 DGPS 신호를 수신할 수 있도록 설계되었다. 첫 번째 위성인 미치비키 *みちびき*가 2010년 9월 11일 H-IIA F18 로켓에 실려 성공적으로 발사되었고 2013년 완전한 작동이 가능해질 것으로 기대되고 있다.

2002년 QZSS 또는 준천정 위성 시스템에 대한 개발이 미츠비시 *三菱* 전기, 히다치 *日立*, GNSS 테크놀로지(測位衛星技術株式会社)로 구성된 우주개발사업단(宇宙開發事業團)의 발족과 함께 시작되었으나 2007년 해산되어 일본 정부에서 소유하고 있는 위성측위이용추진(衛星測位利用推進)센터로 이관되어 진행이 계속되었다.

QZSS는 모바일 환경에서 통신기반의 서비스와 위치결정정보를 제공하기 위해 개



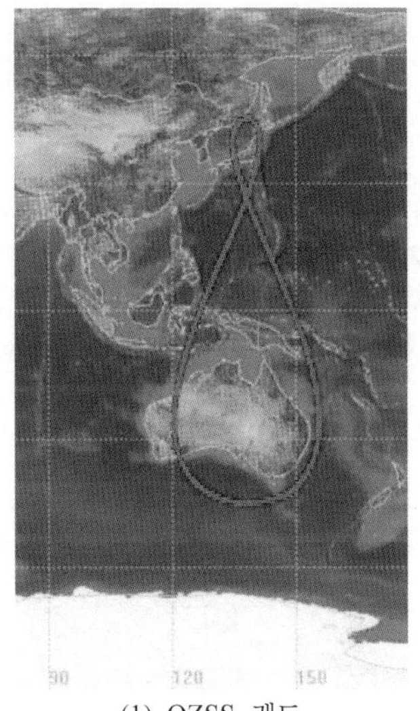


(1) QZSS 궤도

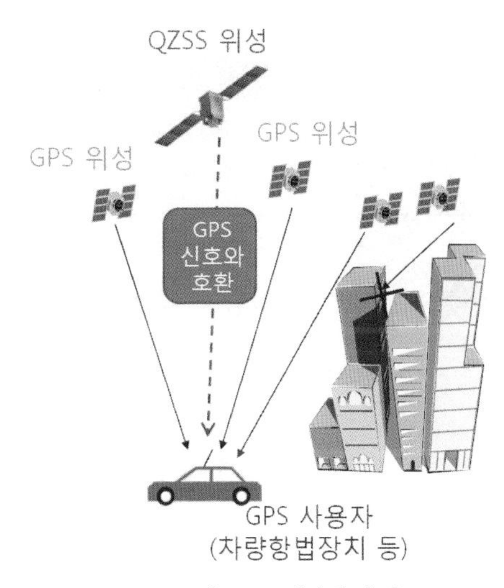


(2) QZSS와 GPS 데이터 수신

그림 3-47. QZSS 궤도와 작동원리

발되었다. QZSS의 위치관련 서비스는 그 자체만으로는 제한적인 정확도의 서비스 외에는 제공하지 못하기 때문에 단독으로 위치결정에 사용될 수는 없다. 그러나 DGPS와 같은 GPS 위치정확도 향상에는 많은 장점이 있기 때문에 미국의 WAAS, 유럽연합의 EGNOS와 같이 현재 일본의 MTSAT 위성과 연계하여 MSAS를 구성하여 서비스를 제공하는 기술로 활용되고 있다.

### (2) MSAS

MSAS는 일본의 다기능 통신위성인 MTSAT(Multifunctional Transport SATellites)를 이용하여 GPS 보정신호를 전송하기 위해 개발된 SBAS의 일종으로 2007년 9월 27일부터 신호를 전송하기 시작하였다.

MSAS는 원래 기상과 항공제어에 활용하기 위한 통신용으로 개발되었다. 이 위성들은 일본 정부에 의해 운영되는 정지궤도 위성들로 동경 140°를 중심으로 일본과 오스트레일리아의 사용자를 주 대상으로 한다.

이 위성들은 해바라기라는 뜻의 히마와리 ひまわり라고도 불리는 GMS-5 위성을 대신하여 임무를 수행하고 있고 가시광, 수분 파장대를 포함한 4개의 적외선 등 모두 5개의 파장대를 통해 영상을 얻는다. 가시부는 1㎞의 공간해상도를 가지며 적외선 카메라는 4㎞의 공간해상도로 촬영을 하지만 동경 140°의 적도상 궤도에서 멀어지는 지역일수록 해상도는 떨어지게 된다.

이 위성의 수명은 5년으로 설계되었으며 MTSAT-1과 1R 위성은 미국의 SS/L(Space Systems/Loral)에서 제작하였고 MTSAT-2는 미츠비시에서 제작하였다.

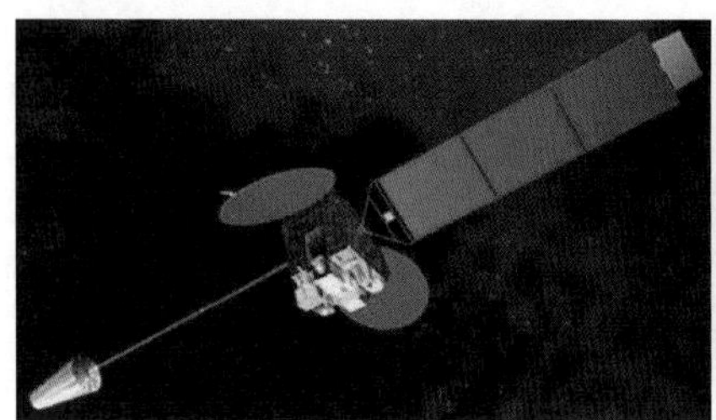

(1) MTSAT-1 위성

(2) MTSAT-2 위성

그림 3-48. MSAS 위성

위성에서 DGPS 신호를 전송하기 위해 1999년 11월 15일 MTSAT-1 위성을 일본의 H-II 로켓으로 쏘아 올렸으나 파괴되었고 미국의 NOAA GOES-9 위성이 임시로 MTSAT-1 위성을 대신하였다. 2005년 2월 26일 히마와리 6으로도 알려진 MTSAT-1R 위성이 H-IIA 로켓으로 궤도에 올려져 2005년 6월 28일부터 부분적으로 작동하기 시작하였다. 완전한 작동이 되지 않는 이유는 세 개의 위성이 모두 자리를 잡아야 정상적인 작동이 가능한데 두 개로는 불완전한 궤도를 이루기 때문이다. 2005년 6월 MTSAT-1R 위성이 궤도에 진입하면서 NOAA의 GOES-9 위성은 임무를 마감하였다.

히마와리 7이라는 이름으로도 알려진 MTSAT-2 위성은 2006년 2월 18일 성공적으로 발사되어 동경 135° 위치에서 궤도를 형성하고 있다. 2007년 11월 5일 MTSAT-2 위성의 고도가 통제되지 않아 같은 해 11월 7일까지 작동이 중단되었으나 현재는 정상적으로 임무를 수행하고 있다. 위에서 설명한 주요 MSAS 위성은 다음에 수록된 표 3-39에, 위성의 활동범위는 그림 3-49에 수록하였다.

표 3-39. MSAS 위성

| 위성 번호 | NMEA / PRN | 위성의 위치 |
|---|---|---|
| MTSAT-1R | NMEA #42 / PRN #129 | $140^{o}E$ |
| MTSAT-2 | NMEA #50 / PRN #137 | $145^{o}E$ |

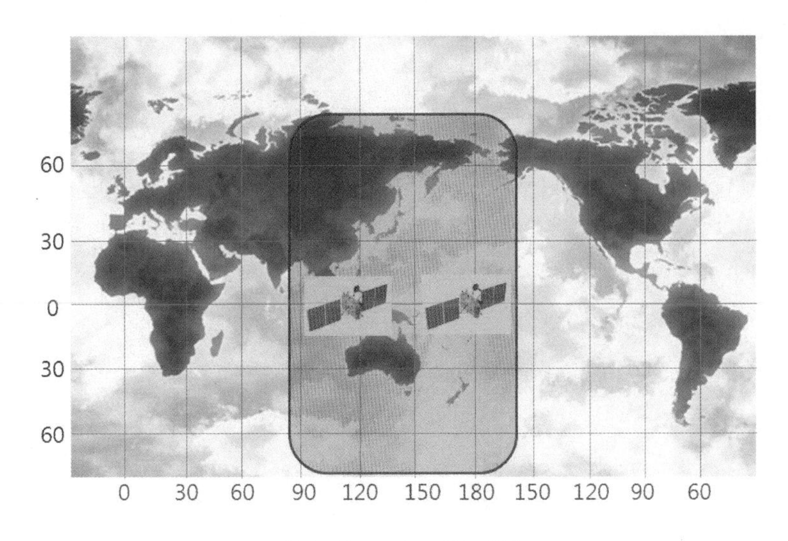


그림 3-49. MTSAT 활동 범위

MSAS의 지상부문 요소는 두 개의 MCS(Master Control Station, 주관제국), 네 개의 GMS(Ground Monitor Station, 지상감시국), 그리고 두 개의 MRS(Monitor and Ranging Station, 감시 및 거리결정국)로 구성된다.

두 개의 주관제국인 MCC는 고베(こうべ, 神戶)와 히타치오타(ひたちおおた, 常陸太田)에 위치해 있으며 전체 시스템의 통제, 위성오차의 계산, MTSAT 위성의 궤도결정, 이온층 지연보정 계산, DGPS 보정신호 취합, GPS와 MTSAT 신호의 수신 및 수집을 담당한다. 삿뽀로(さっぽろ, 札幌), 도쿄(とうきょう, 東京), 후쿠오카(ふくおか,

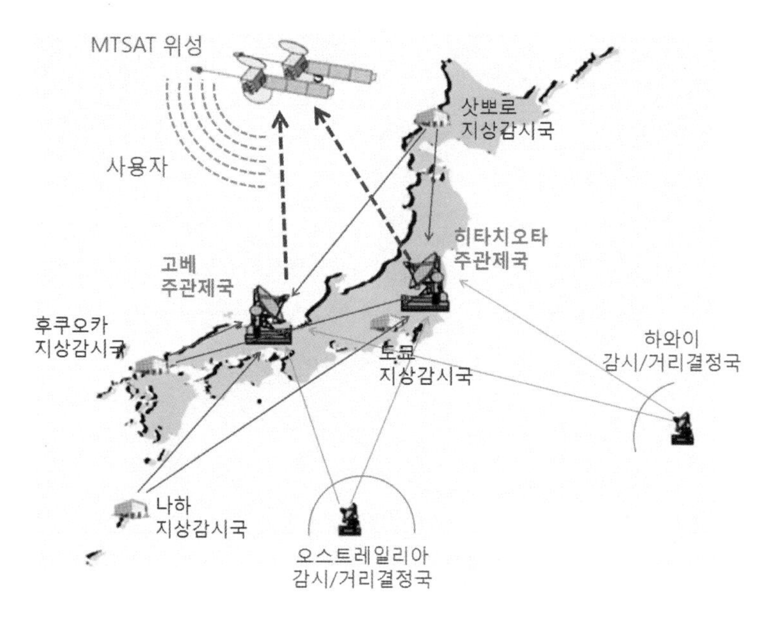


그림 3-50. MTSAT 활동 범위

福岡), 나하(なは, 那覇) 지역에 지상감시국이 설치되어 있으며 이곳에서는 GPS와 MTSAT 신호를 수신하고 수집한다. 하와이와 오스트레일리아에 설치된 감시 및 거리 결정국인 MRS에서도 GPS와 MTSAT 신호를 수신하고 수집하는 역할을 수행한다.

이러한 QZSS와 MSAS를 포함하는 JRANS 시스템을 이용하여 GPS 보정신호를 수신하면 수평위치와 수직위치 모두에서 향상된 오차범위로 정확한 위치를 결정할 수 있다. 이 시스템은 고층빌딩에 의해 GPS 정밀도가 현저히 떨어지는 도심지역에서 GPS 정밀도 확보에 효과적이므로 미국과 일본은 이 시스템을 개발하는데 협력하였으며 이미 여러 GPS 수신기 제조회사에서는 GPS와 MSAS 신호의 동시수신이 가능한 수신기를 개발하여 상용화하고 있다.

이상과 같이 MSAS 시스템은 북미의 WASS, 유럽연합의 EGNOS와 동일한 시스템으로 일반적인 방법으로 수신한 $10m$ 정도의 GPS 위치오차를 수평, 수직방향 모두 $1.5 \sim 2m$의 정확도로 향상시키기 위해 개발되었다. 이 시스템을 통해 일본 지역과 호주 지역에서 위성을 이용한 DGPS보정신호 수신이 가능하게 되었고 이러한 지역 외에 인근에 위치해 있는 우리나라에서도 MSAS 사용이 가능하다.

### 4.4. IRNSS

인도 국지 항법위성 시스템(IRNSS, Indian Regional Navigational Satellite System)은 인도우주연구기구(ISRO, Indian Space Research Organization)에 의해 개발되었다.

GAGAN(GPS Aided Geo Augmented Navigation)이라고도 불리는 이 프로젝트는 인도 영공과 인근지역에서 GPS의 정확도를 향상시키기 위해 위성에서 GNSS 보정신호를 전송하여 위치를 결정하도록 하는 SBAS의 일종이다. 이 시스템은 2006년 5월 인도 정부에 의해 주도되어 7개의 항법위성으로 구성하는 시스템을 갖추기 위해 계획되고 추진되었다.

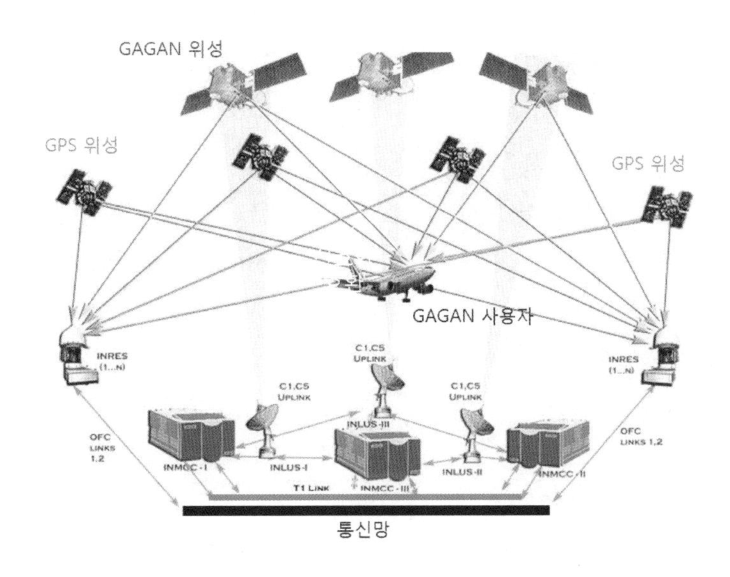


그림 3-51. GAGAN 구성



이 시스템은 인도 전역을 둘러싸는 약 2,000$km$의 지역 내에서 3$m$보다 향상된 위치정확도를 제공하기 위해 개발되었으며 다른 SBAS와 비슷한 구성으로 우주부문, 지상부문, 그리고 사용자부문으로 구성된다.

### (1) 우주부문

GAGAN 계획이 수립된 이후 우주부문을 구성하기 위하여 2011년 5월 21일 아리안 *Ariane* 5호에 의해 발사된 GSAT-8P 위성은 지구동기궤도를 가지며 동경 5°에서 임무를 수행하고 있다. GSAT-10 위성은 Ku와 C 파장대의 트랜스폰더(transponder)의 요구가 증대됨에 따라 계획되었으며 12Ku 파장대와 12C 파장대, 그리고 확장 12C 파장대의 트랜스폰더가 GAGAN 업무를 수행하기 위해 사용된다. 트랜스폰더란 외부 신호에 자동적으로 신호를 되보내는 라디오 또는 데이터 송수신기를 의미한다. 2012년 9월 29일 아리안 5호에 실려 성공적으로 발사된 이 위성은 6$kW$ 부근에서 전력 조절이 가능한 표준 I-3K 구조를 채택하여 제작되었으며 중량은 약 3400$kg$이다.

GSAT-9 위성은 인도를 포괄하는 12Ku 파장대 트랜스폰더와 GAGAN 보정신호를 발송하게 되며 2014년 GSLV 로켓에 의해 발사되었다. 이 위성은 I-2K 구조를 채택하여 제작되고 중량은 2330㎏, 전력은 2300 $W$을 사용하여 임무를 수행한다.

우주부문에 배치된 이 위성시스템은 세 개의 정지위성과 적도면에 29°의 경사를 갖는 지구동기 궤도에 네 개의 위성이 배치되는 구성으로 진행될 예정이고 7개 위성이 지속적으로 인도 위성관제국에 의해 전파수신이 가능하도록 진행되었다.

### (2) 지상부문

GAGAN은 인도 전역에서 효과적인 DGPS 신호를 수신하기 위해 미국 공군과 미국방성으로부터 각각 2001년 11월, 2005년 3월에 L1과 L5 주파수에 대한 WAAS 코드를 수집하였다. GAGAN은 델리 *Delhi*, 구와티 *Guwahati*, 콜카타 *Kolkata* 등 18개 지역의 인도기준국(INRES, INdian REference Station), 그리고 방갈로 *Bangalore*에 건립되는 주관제센터(MCC, Master Control Center)로 구성된다.

이러한 시스템을 구성하고 추진하기 위한 프로그램인 TDS(Technology Demonstration System)를 완성하기 위해 인도항공국(AAI, Airports Authority of India)과 인도우주연구기구(ISRO, Indian Space Research Organization)가 공동으로 작업을 수행하였고 2007년 8개의 인도 내 공항에 있는 인도기준국이 성공적으로 임무를 수행하기 시작하였으며 방갈로 주변에 위치한 중앙관제센터와 연계하는 임무를 시작하였다.

GAGAN의 지상부문 15개의 기준국이 미국 레이테온 *Raytheon*에서 인도 전역에 건설하여 작동하고 있으며, 위성으로 DGPS 보정신호를 전송하기 위한 2개의 임무관제센터인 MCS(Mission Control Center)도 방갈로에 있는 쿤달라할리 *Kundalahalli*에 세워져 임무를 수행 중이다. 이러한 MCS는 향후 델리에 추가로 건립될 예정이다. 그림 3-52는 GAGAN 프로그램으로 세워진 18개의 인도기준국 INRES의 위치를 나타내고 있으며 여기에서 얻어진 자료를 종합하여 인도 지역의 이온층의 이동에 대한 연구와 분석도 수행할 예정이다.

GAGAN의 TDS 신호는 7.6$m$ 이내의 정확도가 요구되는 인도 지역에서 3$m$의 정확도로 위치결정을 할 수 있도록 지원하며 이러한 신호는 인도 내의 주요 공항은 물론 그 외의 지역에서 만족스러운 정확도를 제공하며 활용되고 있다.

GAGAN은 2014년부터 본격적으로 서비스 되고 있으며 인도 영공에서 3$m$의 정확도로 비행체가 항해하는데 도움을 주고 있다. GAGAN의 도움으로 극한의 기상조건을 지니고 있는 맹걸로 *Mangalore* 공항과 레이 *Leh*와 같은 지역에서 비행체가 안전하게 착륙할 수 있도록 유도하는 것도 가능해졌다.

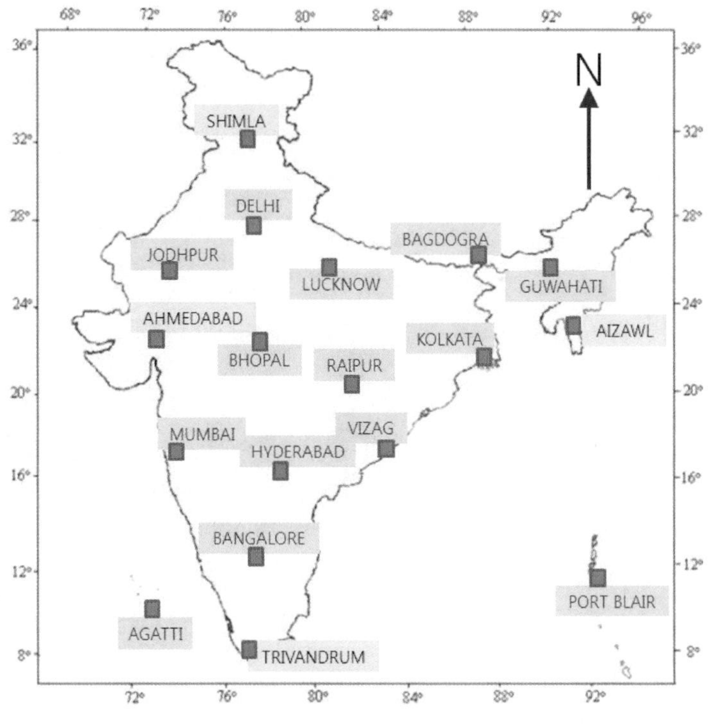


그림 3-52. INRES 기준국



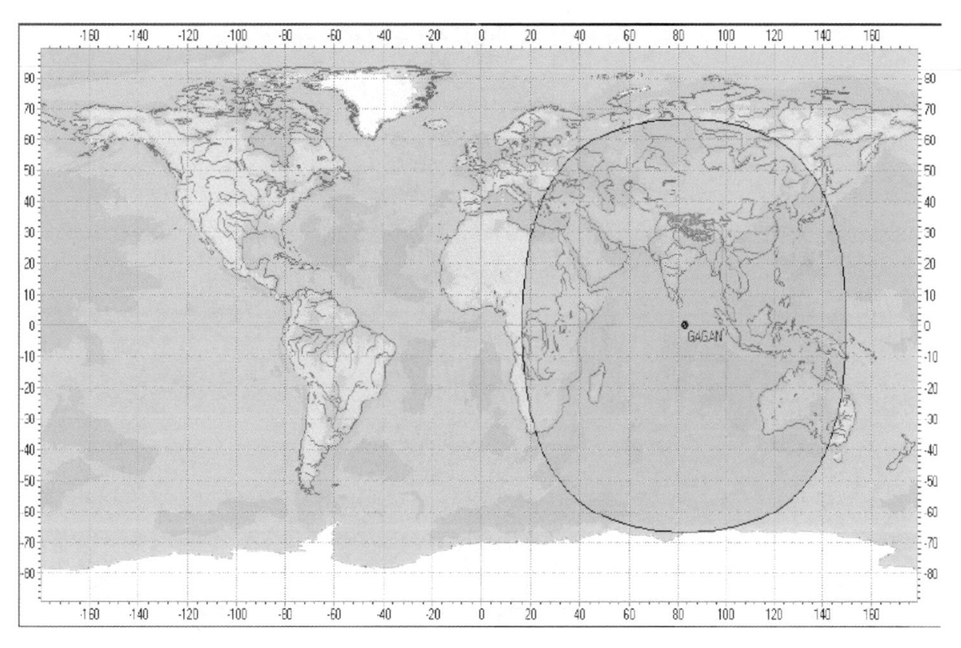


그림 3-53. GAGAN 활동 범위

## 4.5. SDCM

SDCM(System for Differential Corrections and Monitoring)은 현재 러시아에서 GLONASS 시스템의 일부분으로 수행되고 있는 DGNSS 정확도 향상 프로그램이다. SDCM이 다른 SBAS 시스템과 다른 점은 일반적인 SBAS는 GPS 신호만을 이용하여 보정신호를 만들어 제공하지만, SDCM은 GPS와 GLONASS 신호를 모두 이용하여 보정신호를 발생시킨다는 것이다. 따라서 일반적으로 SBAS를 설명할 때 러시아의 SDCM은 제외한다. 이러한 SDCM은 크게 우주부문과 지상부문으로 구별된다.

### (1) 우주부문

SDCM은 Luch 다기능 지구동기궤도 통신위성(Multifunctional Space Relay System geostationary communication satellite)에 있는 트랜스폰더를 이용하여 GPS L1 주파수를 이용하여 보정신호를 만들고 이 값을 전송한다. SDCM 우주부문은 세 개의 정지궤도 위성(GEO, Geostationary Orbit)과 한 개의 정지궤도 예비위성으로 구성된다.

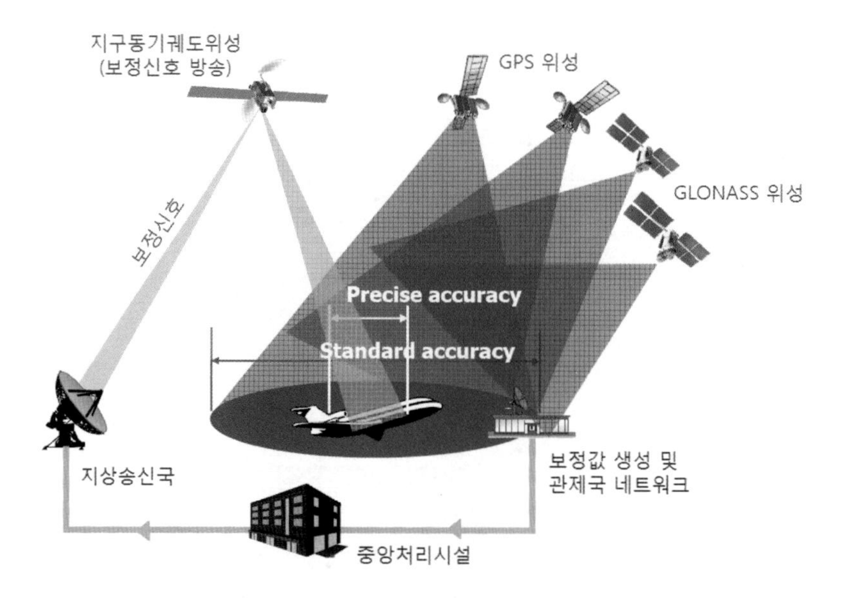


그림 3-54. SDCM 구성

표 3-40. SDCM을 구성하는 GEO 위성

| 위 성 | 위 치 | 발사 연도 | 수 명 |
|---|---|---|---|
| Luch-5A | $16^o W$ | 2011 | 10년 |
| Luch-5B | $95^o E$ | 2012 | 10년 |
| Luch-5 | $167^o E$ | 2014 | 10~15년 |
| Luch-4 | 미 정 | 2016 | 미 정 |

### (2) 지상부문

주요 지상부문의 SDCM 요소는 모스크바에 설치되는 중앙처리시설, 각각의 지상기준국들, 위성으로 보정신호를 전송하기 위한 발신국, 그리고 지표에서 보정값을 방송하기 위한 네트워크로 구성된다. 이러한 기준국 네트워크를 형성하기 위해 러시아 내의 18개 기준국과 해외의 세 개 기준국을 설치하였다. 또한 지구동기궤도 위성을 통한 방송이 추가되면 SDCM 신호는 시스넷 *SISNet* 서버와 엔트립 *NTRip* 서버를 통해 인터넷 등으로 사용자들에게 전달될 수 있을 것이다.

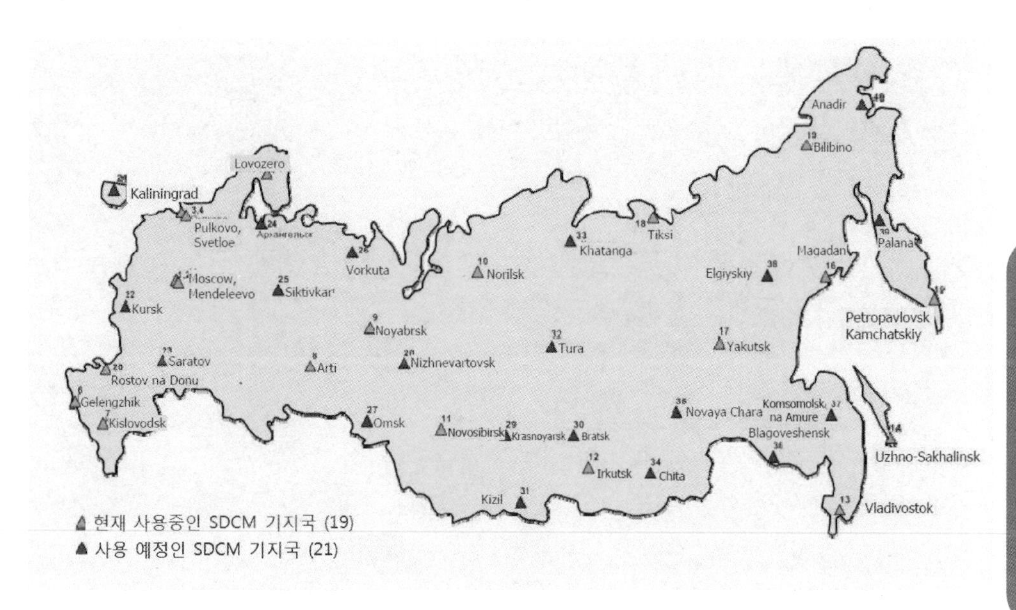


그림 3-55. SDCM 지상부문

### (3) SDCM의 목표와 성능

이러한 구성으로 SDCM 서비스의 가능지역은 러시아 전역이 포함되며 이 지역에서 제공하려는 SDCM의 목표는 다음과 같다.

- GPS, GLONASS 위성들의 감시
- 보정신호를 이용하여 GLONASS 정확도 향상
- GLONASS 시스템 성능의 자세한 분석

SDCM에 의해 보정신호를 함께 처리하면 1~1.5$m$의 수평오차와 2~3$m$의 수직오차로 위치결정을 할 수 있다. 또한 200$km$의 기준국 범위에서 사용자에게 $cm$급의 정확도로 위치정보를 제공할 수 있을 것으로 기대된다.

### 4.6. 위성을 이용한 DGPS : SBAS

현재 위에서 설명한 각각의 위성들을 이용하여 GPS 정확도 향상을 위해 구축하는 위성 DGPS 시스템들을 모두 연계하여 세계적으로 공통망을 형성하였다. 현재 사용되고 있는 GPS 정확도 향상방법인 WAAS, EGNOS, MSAS, GAGAN을 모두 연계하면 GPS, GLONASS, Galileo, Beidou, NAVIC 위성 신호만으로 위치결정을 할 때보다 훨씬 높은 정확도인 $3m$ 이내의 오차를 갖는 관측값을 얻어 낼 수 있다.

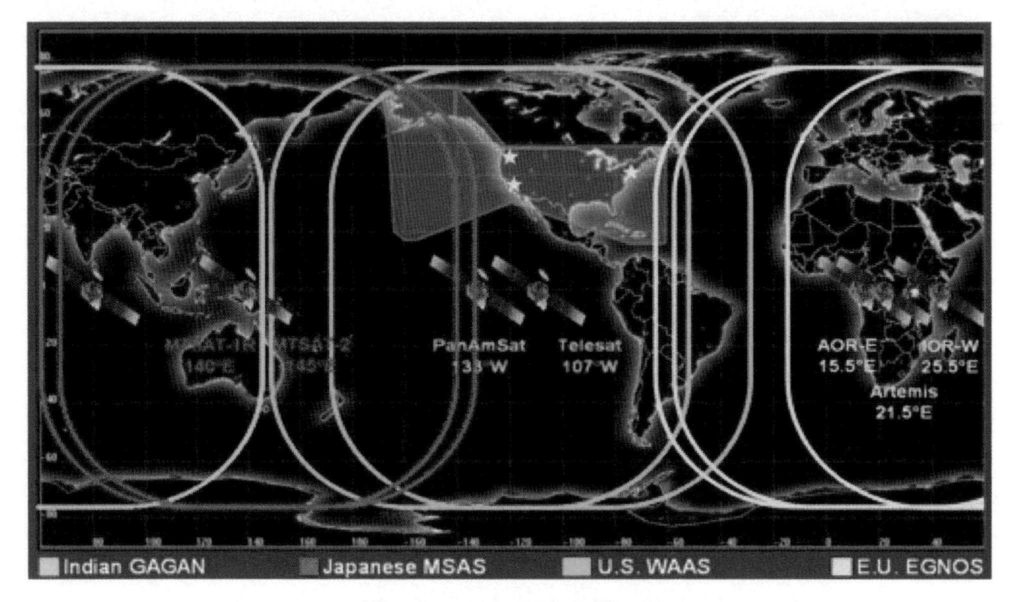


그림 3-56. SBAS 위성들의 활동 영역

GPS에서 수신한 위치정보가 $10m$ 이내의 위치정확도로 수신되고 있고 향후 완성되는 Galileo 시스템을 이용하면 $1m$ 정도의 정확도로 위치결정이 가능하게 될 것이다. 여기에 여러 가지 GNSS의 수신값과 위성을 통한 DGNSS의 수신을 결합하여 신호의 끊어짐 없이 연속적으로 높은 정확도의 위치결정을 할 수 있다면 정교한 관측이나 공공부문, 건설, 긴급구조, 항법 등에 효율적으로 이용할 수 있으므로 우리의 생활에 더욱 편리함을 제공해 줄 것이다.

표 3-41. SBAS를 구성하는 각국의 위성

| 구성 시스템 | PRN 번호 | 위성 이름 | 위 치 |
|---|---|---|---|
| WAAS | 135 | Galaxy 15(Intelsat) | $133.0^{o}W$ |
| | 138 | Anik F1R(Telesat) | $107.3^{o}W$ |
| EGNOS | 120 | Inmarsat 3F2(AOR-E) | $15.5^{o}W$ |
| | 124 | Artemis | $21.5^{o}E$ |
| | 126 | Inmarsat 4F2(IOR-W) | $25.1^{o}E$ |
| MSAS | 129 | MTSAT-1R | $140.0^{o}E$ |
| | 137 | MTSAT-2 | $145.0^{o}E$ |
| GAGAN | 127 | (Inmarsat 4F1) | $(64.0^{o}E)$ |

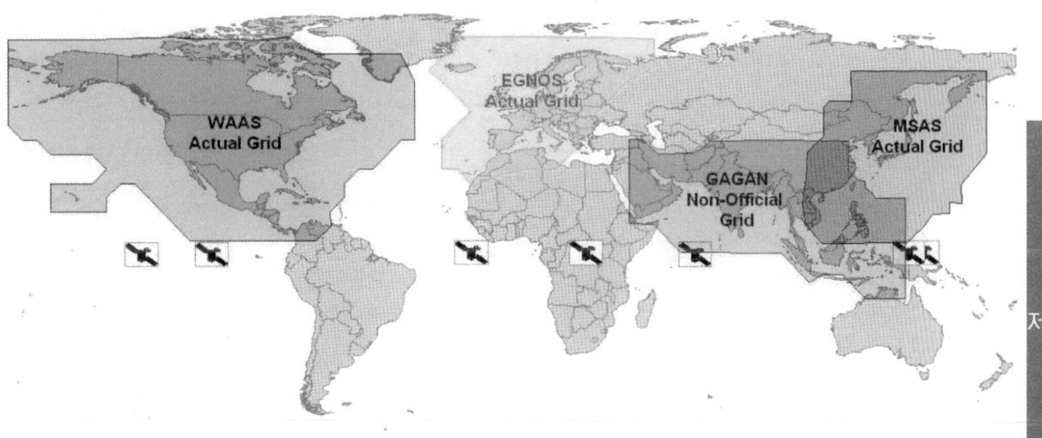


그림 3-57. SBAS 보정신호 수신 가능 범위



## 5. 우리나라의 공공위성항법 서비스

### 5.1. 위성항법정보시스템

우리나라의 위성항법정보시스템은 우리나라 연안 해역을 항해하는 선박의 안전을 위하여 1999년 5월 팔미도, 어청도 등 서해권 서비스를 시작으로 2001년 동, 남해권에 DGNSS 서비스를 제공한 과거 해양수산부의 업무로부터 시작되었다. DGPS 기준국을 설치할 당시 바다 및 연안지역을 항해하는 선박의 안전이 주요 목적이었기 때문에 우리나라의 해안을 모두 포함할 수 있도록 주로 섬 지역에 기준국을 설치하게 되었다.

이러한 DGPS 기준국을 이용하여 보정신호를 수신하는 경우 보통 10$m$의 오차를 갖던 GPS 오차가 1~2$m$로 줄어들어 위치정확도가 월등히 향상되기 때문에 점차 활용이 확대되기 시작하였다. 사용자의 요구가 늘어나고 효용성이 입증되면서 기준국의 보정신호를 내륙지역에서도 수신할 수 있도록 하기 위해 2009년에는 6개의 내륙 위성항법사무소를 설치하여 현재 전국 어디에서나 활용할 수 있는 DGPS 기준국 전국망 서비스를 제공하고 있다.

내륙위성항법사무소의 장비는 해양기준국 시스템과 동일하지만 해양과 달리 내륙에서 이동하는 전파의 특성으로 송신출력 및 이용범위가 다르기 때문에 전파를 수신할 수 있는 면적이 해양기준국 시스템에 비해 상대적으로 축소된다. 그러나 인터넷을 통해 지속적으로 홍보도 하고 안정적인 GPS 관련신호를 서비스함으로써 위치정보를 얻고자 하는 이용자에게 다양한 정보를 제공할 수 있다.

2008년 국토해양부의 설립으로 건설교통부와 해양수산부가 통합되어 모든 업무들이 합쳐지면서 해양수산부에서 담당하였던 DGPS의 해양기준국, 위성항법사무소, 감시국들과 건설교통부 국토지리정보원에서 관리하던 상시관측소가 통합되었다. 현재 국립해양측위정보원에서 관리하는 위성항법사무소는 대전 중앙사무소 통제국 1개소와 11개소의 기준국 및 8개소의 감시국으로 구성되어 운영되고 있다.

### (1) 중앙사무소

중앙사무소는 기준국과 감시국의 DGPS시스템 운영상태를 PSDN(Packet Switched Data Network) 망을 이용하여 실시간으로 원격감시와 제어를 하며 위치정보에 대한 감시, 위성상태 감시, 기준국 및 감시국 위치오차를 분석하여 GPS 사용 가능성 상태를 확인한다. 또한 위치보정 데이터(PPS, Post Processing Data), RINEX(Reciver INdependent EXchance Data), SSF(Standard Storage Format) 등의 신호를 인터넷을 통해 무료로 24시간 제공하고 있다.

### (2) 기준국

기준국은 위치를 정확히 알고 있는 지점에 GNSS 안테나를 설치하여 GPS 위성신호를 수신하고 의사거리에 의한 위치와 이미 알고 있는 안테나 설치 지점의 위치, 그리고 GPS 관측값을 비교한 후 오차 보정값을 생성한다. 이렇게 생성된 보정값은 RTCM SC-104(Radio Technical Commission for Maritime Services, Special Committee 104) 형식에 따라 중파(283.5~325$KHz$) 파장대로 사용자에게 실시간으로 방송된다. 사용자는 이 보정값을 자신의 위치에서 수신한 GNSS값과 연계하여 정확한 위치를 계산할 수 있다.

기준국의 이용범위는 해상에서는 최대 185*km*까지 가능하지만 육상의 경우는 수신거리가 100*km* 정도로 짧아지게 된다. 이 이유는 기준국의 이용범위가 사용 주파수대역의 특성상 주된 전파가 지표파이므로 안테나의 출력보다는 대부분 육상의 지형지물에 의한 감쇄영향이 크고 차량의 운행방향과 대기상태 등 기타 환경적인 영향이 발생하여 육상에서의 보정신호 전파 도달거리가 바다에서보다 감소하기 때문이다. 기준국과의 거리가 가까운 내륙 평야지역은 대체적으로 양호하게 수신되지만 국부적으로 수신이 불가능한 지역도 있다.

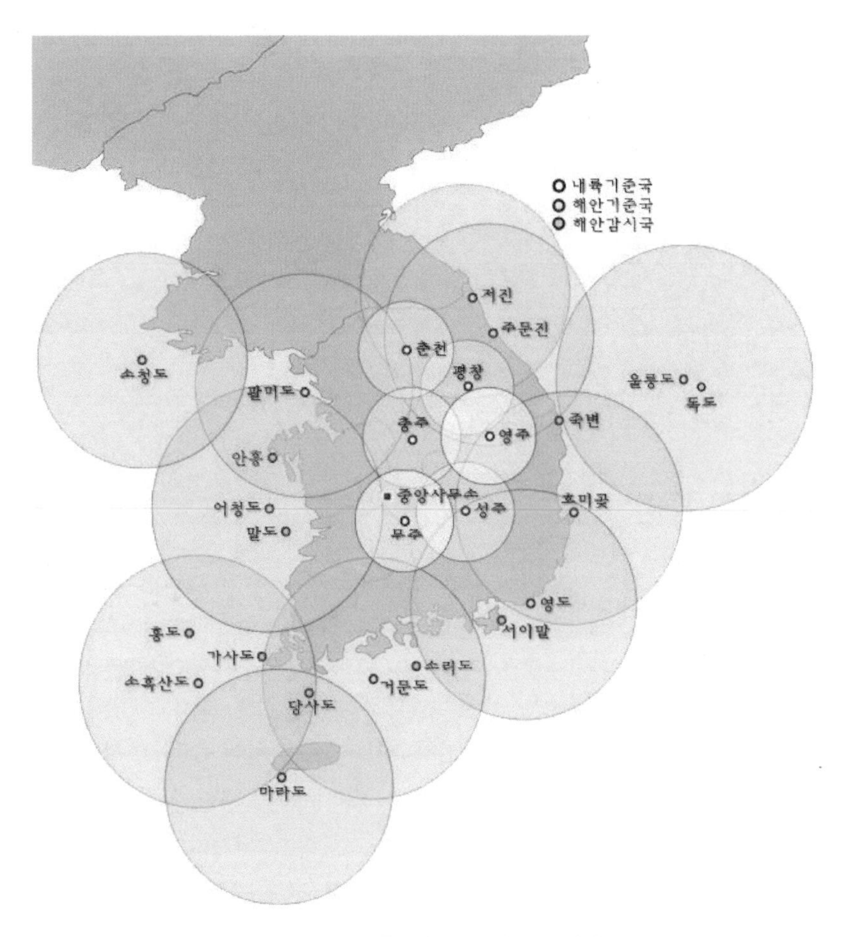


그림 3-58. 위성항법시스템의 기준국과 감시국

## (3) 감시국

감시국은 기준국으로부터 약 185*km* 떨어진 지점에 GNSS 안테나를 세우고 이 값을 이용하여 위성오차의 보정신호가 한계값을 벗어나는 경우와 위성신호가 정상이 아닌 경우 경보 메시지를 중앙사무소에 전달하여 위성의 상태와 위치정보의 정확성을 파악하고 이 값들을 위치 기준점으로 활용하기 위하여 설치되었다.

표 3-42. 우리나라의 위성항법정보시스템 구성 및 업무

<table>
<tr><th>시 설</th><th colspan="2">주요 업무</th><th>위 치</th></tr>
<tr><td>중앙사무소</td><td colspan="2">- 선박의 안전한 항해를 위한 DGNSS 서비스 제공<br>- 위성항법정보시스템 기준국과 감시국의 원격감시 및 제어<br>- DGNSS 보정데이터 관리 및 인터넷을 통한 무료제공<br>- DGNSS 시스템의 오차자료 분석<br>- 시설물, 장비의 신설, 개량, 유지보수<br>- DGNSS 시스템 홍보, 개발 및 교육, 해외동향 정보수집</td><td>대전</td></tr>
<tr><td rowspan="5">기준국</td><td>해안</td><td>- 광파, 전파, 음파표지 관리 및 운영<br>- 기계장비 및 부대시설 정비보수<br>- 기상관측 및 연안정지 해양관측</td><td>소청도, 팔미도, 어청도, 소흑산도, 거문도, 마라도, 영도, 호미곶, 주문진, 거진, 울릉도</td></tr>
<tr><td>내륙</td><td>- 내륙 이용자를 위한 DGNSS 서비스 제공<br>- 시스템 운영, 제어 및 점검<br>- 보정데이터 관리, 분석 및 인터넷을 통한 제공</td><td>무주, 영주, 춘천, 충주, 성주, 평창</td></tr>
<tr><td>측정가능 범위</td><td>기준국 반경 80~150km</td><td rowspan="3"></td></tr>
<tr><td>관측 정확도</td><td>약 1~3m</td></tr>
<tr><td>위치보정신호</td><td>RTCM SC-104 형식(국제표준)</td></tr>
<tr><td>감시국</td><td colspan="2">- 광파, 전파, 음파표지 관리 및 운영<br>- 기계장비 및 부대시설 정비보수<br>- 기상관측 및 연안정지 해양관측</td><td>안흥, 말도, 홍도, 가사도, 당사도, 소리도, 서이말, 죽변, 독도</td></tr>
</table>

## 5.2. 가상기준점

RTK의 경우 이동국의 위치정확도는 모호정수(模糊定數, integer ambiguity)의 결정 여부에 영향을 받는다. 모호정수는 앞에서 언급한 바와 같이 GPS 관측의 시작 때 위성과 수신기 간의 전체 파장의 개수를 미지수인 값으로 하여 GPS 수신기가 한 파장 내의 위상차와 전체 파장수의 변화값만 관측하기 때문에 발생한다. 즉, 반송파의 위상차만 관측되고 위성과 수신기 사이의 반송파의 진동수를 계산하지 못하기 때문에 이러한 오차가 빈번하게 발생하게 되는 것이다. 따라서 전체 파장의 개수는 추가의 미지변수로 간주되어 자료처리과정에서 동시에 결정되어야 한다. 그러나 관측 도중 신호가 중간에 잠깐 끊어지는 신호단절(cycle slip)이 발생하면 또 다른 불확실한 정수값을 계산하여야 한다. GPS 측량에서 가장 중요한 문제 중 하나는 이 모호정수값을 정밀하게 결정하기 위한 위성과 수신기 사이의 전체 파장의 개수를 정확히 결정하는 일이다. 이 때문에 사용자는 일반적으로 수신기의 특성에 맞도록 제작사에서 개발한 수신기

부속의 프로그램을 사용하고 있다.

일반적으로 관측시간이 짧으면 짧을수록 오차가 커질 확률이 높지만 거의 모든 수신기 제작사들은 기선거리 5～10$km$ 이내의 범위에서 사용 가능한 높은 신뢰도를 갖는 좌표결정기법을 제공한다. 여기서 말하는 신뢰도란 실제의 관측조건하에서 이루어진 불확실한 모호정수의 결정이 얼마나 정확한가를 의미한다.

기선이 짧은 경우 대기효과는 충분히 제거할 수 있으므로 짧은 시간 동안 수신된 자료만으로도 모호정수의 결정이 가능하다. 하지만 기선이 길어질수록 기선 양 끝에 위치한 수신기 위 하늘의 대기가 다를 수 있어 대기효과를 충분히 제거하는 것이 어려워지며 따라서 조정계산 과정에서 대기효과에 대한 잔차를 추정하더라도 충분한 데이터의 크기가 확보되어야 한다. 이러한 문제점을 극복하기 위해 VRS(Virtual Reference Station, 가상기준점) 방식의 GNSS 측량이 도입되었다.

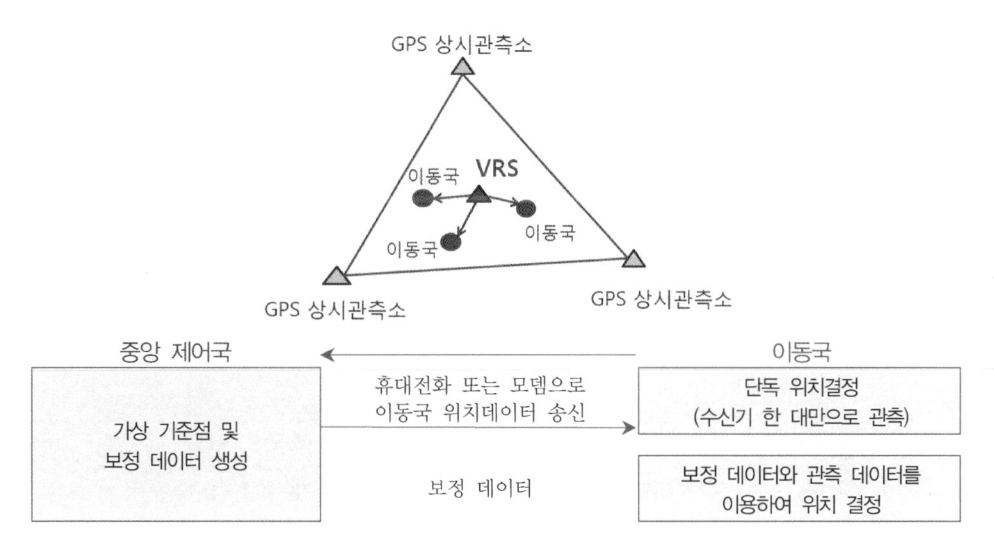


그림 3-59. VRS 개념 및 데이터 처리과정

VRS 측량에서 이동국의 개략적인 위치정보를 VRS 서버에 전송하면 VRS 서버는 상시관측소의 자료를 기준으로 이동국과 인접한 지점에 VRS 기준국을 만들어 주고, 이동국에서는 GPS 관측값과 VRS 기준국에서 제공하는 보정값을 합산하여 대기효과가 제거된 상태의 이동국 위치를 결정한다. 그림 3-59는 VRS 시스템에서의 데이터 처리과정을 나타낸 것이며 그림 3-60은 국토지리정보원에서 전국에 걸쳐 설치한 44개의 상시관측소의 위치를 나타낸 것이다. 또한 표 3-43에는 그림 3-60에 표시된 상시관측소의 현황 및 활용을 나열하였다. 현재 그림 3-60과 표 3-44에 위치한 전국의 상시관측소에서 GNSS 관측값을 수집하여 우리나라 전역에 VRS 서비스가 제공되고 있다.

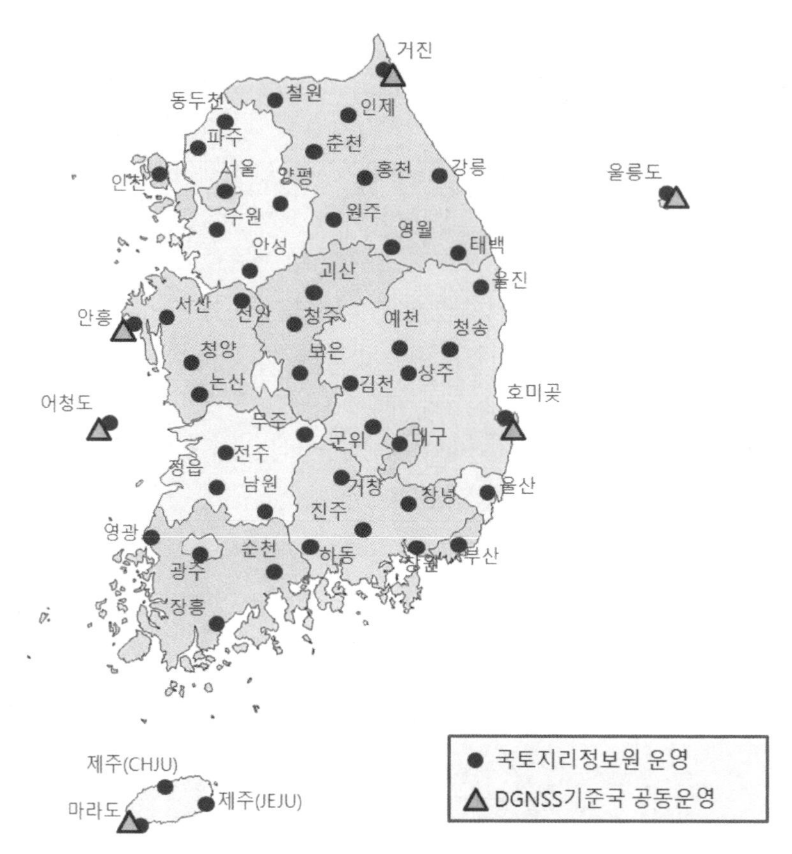


그림 3-60. 국토지리정보원의 상시관측소

표 3-43. 상시관측소 (위성기준점) 현황 및 활용

| 항 목 | 내 용 | |
|---|---|---|
| 설치 현황 | - 과거 국토지리정보원, 행정자치부, 해양수산부 및 과학기술부 등 국가기관에서 설치 및 운영 시작<br>- 기타 정부투자기관에서 독자적인 GNSS 기준망 설치 운영 | |
| 상시관측 시스템 구성 | 무인원격 관측소 | - GNSS 수신기 및 안테나<br>- 안테나 설치탑<br>- 통신장치<br>- 전력 공급장치 |
| | GNSS 관측센터 | - 통제 및 관측 시스템<br>- 데이터 수신, 저장, 처리 및 분석 시스템 |
| 상시 관측망 기대 효과 | - GNSS 위성 궤도정보 제공<br>- 측량 시 위성측지기준점으로 역할<br>- CNS 및 ITS의 기준국 역할<br>- 상시관측소의 지각변동량 조사 및 사전 지진감지 등 재난방재 시스템 역할 수행 | |
| 상시 관측망 응용 | - VRS의 기지국으로 활용<br>- 측량의 정확도 향상, 1인 측량 가능<br>- 차량, 항공기 및 선박 등의 운행을 위한 CNS와 ITS의 기준국으로 활용<br>- 지각변동조사 및 지진예지와 국지적 기상변화 연구 | |

표 3-44. 우리나라 전국의 상시관측소

* 모든 상시관측소의 통신은 ADSL로 구축

| | 관측소 | 수신기명칭 | 안테나형식 | 설치 | 설치장소 |
|---|---|---|---|---|---|
| 1 | 강릉(KANR) | Trimble NetRS | Trimble Chock-Ring | 1998 | 강릉대학교 |
| 2 | 거창(GOCH) | Trimble NetR5 | Trimble Zephyr Geodetic Mark 2 | 1999 | 거창 남하면사무소 |
| 3 | 광주(KWNJ) | Trimble NetRS | Trimble Chock-Ring | 1998 | 전남대학교 |
| 4 | 괴산(GSAN) | Trimble NetR5 | Trimble Zephyr Geodetic Mark 2 | 1999 | 괴산군청 |
| 5 | 군위(KUNW) | Trimble NetR5 | Trimble Zephyr Geodetic Mark 2 | 2000 | 군위군 정수장 |
| 6 | 김천(KIMC) | Trimble NetR5 | Trimble Zephyr Geodetic Mark 2 | 2000 | 김천시 환경사업소 |
| 7 | 남원(NAMW) | Trimble NetR8 | Trimble Zephyr Geodetic Mark 2 | 1999 | 남원시 배수장 |
| 8 | 논산(NONS) | Trimble NetR5 | Trimble Zephyr Geodetic Mark 2 | 2000 | 논산시청 |
| 9 | 대구(TEGN) | Trimble NetRS | Trimble Chock-Ring | 1998 | 경일대학교 |
| 10 | 동두천(DOND) | Trimble NetR5 | Trimble Zephyr Geodetic Mark 2 | 2000 | 동두천기상대 |
| 11 | 무주(MUJU) | Trimble NetR8 | Trimble Zephyr Geodetic Mark 2 | 2000 | 무주 공설운동장 옆 |
| 12 | 보은(BOEN) | Trimble NetR5 | Trimble Micro-Centered ANT | 2000 | 보은군청 |
| 13 | 부산(PUSN) | Trimble NetR5 | Trimble Zephyr Geodetic Mark 2 | 2000 | 부산대학교 |
| 14 | 상주(SNJU) | Trimble NetRS | Trimble Chock-Ring | 2000 | 상주대학교 |
| 15 | 서산(SEOS) | Trimble NetRS | Trimble Chock-Ring | 1999 | 서산기상대 |
| 16 | 서울(SOUL) | Trimble NetRS | Trimble Chock-Ring | 1999 | 서울산업대학교 |
| 17 | 수원(SUWN) | Trimble NetRS | Trimble Chock-Ring | 1995 | 국토지리정보원 |
| 18 | 순천(SONC) | Trimble NetR5 | Trimble Zephyr Geodetic Mark 2 | 2000 | 순천시립도서관 |
| 19 | 양평(YANP) | Trimble NetR5 | Trimble Zephyr Geodetic Mark 2 | 2000 | 양평군 저수장 |
| 20 | 영광(YONK) | Trimble NetR5 | Trimble Zephyr Geodetic Mark 2 | 2000 | 영광군립도서관 |
| 21 | 영월(YOWL) | Trimble NetR5 | Trimble Zephyr Geodetic Mark 2 | 1999 | 영월군청 |
| 22 | 예천(YECH) | Trimble NetR5 | Trimble Zephyr Geodetic Mark 2 | 2000 | 예천군 문예회관 |
| 23 | 울산(WOLS) | Trimble NetR5 | Trimble Zephyr Geodetic Mark 2 | 1999 | 울산 동구청 |
| 24 | 울진(WULJ) | Trimble NetRS | Trimble Chock-Ring | 1999 | 울진기상대 |
| 25 | 원주(WNJU) | Trimble NetRS | Trimble Chock-Ring | 1999 | 원주기상대 |
| 26 | 인제(INJE) | Trimble NetR5 | Trimble Zephyr Geodetic Mark 2 | 2000 | 인제군청 |
| 27 | 인천(INCH) | Trimble NetR5 | Trimble Zephyr Geodetic Mark 2 | 2000 | 연수배수지공원 |
| 28 | 장흥(JAHG) | Trimble NetR5 | Trimble Zephyr Geodetic Mark 2 | 1999 | 장흥 남산공원 |
| 29 | 전주(JUNJ) | Trimble NetRS | Trimble Chock-Ring | 1998 | 전북대학교 |
| 30 | 정읍(JUNG) | Trimble NetR8 | Trimble Zephyr Geodetic Mark 2 | 2000 | 정읍 수자원공사 관리단 |
| 31 | 제주(JEJU) | Trimble NetR8 | Trimble Zephyr Geodetic Mark 2 | 2000 | 성산생활체육관 |
| 32 | 제주(CHJU) | Trimble NetRS | Trimble Chock-Ring | 1998 | 제주기상청 |
| 33 | 진주(JINJ) | Trimble NetRS | Trimble Chock-Ring | 1999 | 상수도사업소 |
| 34 | 창녕(CHNG) | Trimble NetR8 | Trimble Zephyr Geodetic Mark 2 | 2000 | 창녕군 수질환경사업소 |
| 35 | 창원(CHWN) | Trimble NetR8 | Trimble Zephyr Geodetic Mark 2 | 2009 | 경남도청 |
| 36 | 천안(CHEN) | Trimble NetR5 | Trimble Zephyr Geodetic Mark 2 | 2000 | 천안시 경영개발사업소 |
| 37 | 철원(CHLW) | Trimble NetR5 | Trimble Zephyr Geodetic Mark 2 | 2000 | 철원군 서면사무소 |
| 38 | 청송(CHSG) | Trimble NetR5 | Trimble Zephyr Geodetic Mark 2 | 1999 | 청송군청 |
| 39 | 청양(CHYG) | Trimble NetR5 | Trimble Zephyr Geodetic Mark 2 | 1999 | 청양군청 |
| 40 | 청주(CNJU) | Trimble NetRS | Trimble Chock-Ring | 2000 | 충북대학교 |
| 41 | 춘천(CHCN) | Trimble NetR5 | Trimble Zephyr Geodetic Mark 2 | 1999 | 춘천시립도서관 |
| 42 | 태백(TABK) | Trimble NetRS | Trimble Chock-Ring | 2000 | 강원관광대학 |
| 43 | 파주(PAJU) | Trimble NetR5 | Trimble Zephyr Geodetic Mark 2 | 1999 | 파주 방과후학교 (구 교하중학교) |
| 44 | 하동(HADG) | Trimble NetR8 | Trimble Zephyr Geodetic Mark 2 | 2000 | 하동군 악양면사무소 |
| 45 | 홍천(HONC) | Trimble NetR5 | Trimble Zephyr Geodetic Mark 2 | 2000 | 홍천군 서석면 상수도 정수장 |

VRS 방식은 기존의 RTK 측량에 비해 짧은 시간 동안 얻은 자료를 이용하여 높은 위치정확도를 얻을 수 있다는 장점이 있어 그 활용이 점차 증가되고 있다.

(1) 수원 국토지리정보원의 상시관측소

(2) 경일대학교 상시관측소

그림 3-61. GPS 상시관측소 (위성기준점)

## 5.3. GNSS 기준망

현재 GNSS 상시관측소는 전 세계적으로 약 400개 이상의 GNSS 기준점으로 구성되어 있고 1,400개의 기준점 확대운영 계획이 수립되어 있다. 이러한 상시 관측소들을 연합하여 전 세계적인 관측망을 형성하려는 노력이 진행되고 있으며 상시 GNSS 관측망은 항법, 측지측량, GIS 등 여러 목적으로 이용되기 때문에 활용도가 급속히 확대되고 있다.

전 국토에 일정한 밀도로 상시 관측소를 설치하여 망으로 연결하면 전국 어디서나 시간, 거리, 장소, 기상 등의 제한 없이 실시간으로 정확히 위치정보를 제공받는 것이 가능해질 것이다.

# 6 GNSS의 전망

## 1. GNSS 응용분야

표 3-45. GNSS 활용 분야

| GNSS 활용 분야 | 내 용 |
|---|---|
| 측지측량기준망 설정 | - ITRF(International Terrestrial Reference Frame) 설정<br>- 80년 말부터 세계 전역을 하나의 동일 좌표계로 대륙 간을 *cm* 정확도로 연결하는 세계측지망 구축<br>- 지구상에 균등 배치된 VLBI, SLR, LLR 등의 관측소에서 항성, 위성 및 달을 목표물로 장기간 관측한 자료 분석<br>- 망의 정확도를 ±1*cm*로 유지 |
| 지 구 과 학 | - 기상연구, 해류연구, 대류층연구, 지각운동관찰<br>- 지각변동 관측, 지질구조의 해석, 지구의 자전속도 및 극운동 변화량 검출, 항공지구물리 등에 활용 |
| 정 밀 계 측 | - 정밀기준점 계측, GIS 데이터베이스 구축 및 설계 |
| 유도형 정보 취득 | - 유도계측, 토목공사 시공관리, 접안유도 시스템 |
| 국 토 개 발 | - 국토재정비 및 이용계획, 환경보존 등에 필요한 기준점 설정에 응용<br>- 국토개발에 편리성 제공 |
| 실시간 이동측량 | - 보정자료의 전송이 발전되고 있는 통신사업과 연계 |
| 지리공간정보시스템 | - 지형도 제작, 주제도 분류 및 제작, 수자원 관리, 삼림관리, 지상 및 지하의 각종 시설물에 대한 위치정보와 속성정보를 신속히 취득<br>- 원격탐측과 더불어 신속한 DB 구축 |
| 차량 항법 장치 | - 이동 중 차량에 탑재된 GNSS 수신기를 이용하여 위치를 파악하고 차량 내의 수치지도 DB를 이용하여 목적지 검색이나 최단거리 검색, 최적노선 설정 |
| 지능형교통체계(ITS),<br>선박의 항법/교통 분야 | - 화물트럭 관제, 철도차량 관제, 택배차량 관제, 구급 및 순찰차량 관제<br>- 선박항해, 수로안내, 운하운송 |
| 방범, 방재, 구급 | - 소방대원, 경찰, 구급차를 파견하여 화재, 범죄현장, 사고피해자, 구급대원의 위치를 신속하고 정확하게 감지<br>- 긴급구조 휴대전화에 GNSS 위치결정기술을 연계하여 간단하고 경제적이면서도 효과적인 구조 활동 수행 |
| 레저 및 스포츠 | - 하이킹, 등산, 요트, 캠핑, 낚시 등의 여가선용에 활용<br>- 길을 잃었거나 잃어버린 대상을 찾는데 이용<br>- 안전하고 손쉽게 이동에 필요한 정보를 제공 |
| 항공 및 우주개발 | - 항공기 운항, 항공기 감시, 정밀 착륙<br>- 위성의 정확한 궤도위치 및 위성의 자세 결정<br>- 엘니뇨 기상지도를 신속하고 경제적으로 제작<br>- 우주정거장 개발을 위하여 랑데부 운영을 손쉽게 해결<br>- 궤도수정을 하는 동안 상호 GNSS 운영을 효율적으로 수행 |
| 고응용체계로의 활용 | - 항공산업, 항구 내에서의 배의 운항, 정교한 기차의 조작을 수행하는 철로, 농업과 광업에서 요구하는 소요정확도 제공<br>- 정밀시공분야에 DGNSS를 활용하여 오차수정에 관한 연구수행 |
| 군 사 | - 유도무기, 정밀폭격, 정찰, 군 이동관리<br>- 높은 정확도의 위치 관측값 취득으로 선박, 항공기나 미사일의 공격목표선정 및 최대 공격효과 예측<br>- 군사작전에 필요한 각종 정보를 사전 또는 실시간으로 취득 |

이상과 같이 GNSS는 정확도와 편리함에서 지금까지 수행되었던 위치결정과 차별화된 서비스를 제공한다. GNSS를 통해 보다 정확하고 보다 쉽게 3차원 위치자료를 얻게 되므로 GNSS는 위치와 관련된 모든 분야에 활용될 수 있다는 장점이 있다. GNSS를 활용할 수 있는 응용분야는 앞의 표 3-45와 같이 정리할 수 있다.

## 2. GNSS 기대효과

GNSS의 활용으로 얻을 수 있는 기대효과는 다음과 같다.

첫째, GPS, GLONASS, Galileo, Beidou 그리고 NAVIC 등의 위성항법시스템을 통합하여 여러 위성을 통해 위치정보를 얻게 되면 위치정보 서비스가 보다 정확하고 안정적으로 제공될 것이다. 위치정보가 안정적으로 얻어지게 되면 건설현장이나 측량분야에 이용하는 것은 물론 항공기 관제와 같이 다양한 실생활에 여러 분야의 자동화 활용이 가능해질 것이다.

단독위치결정 방법으로 오차 $1m$ 범위 이내에서 위치추적을 하게 된다면 항법장치를 통해 개인이나 출입문의 위치까지 식별하는 것이 가능하다. 또 휴대폰에 위성 안테나를 내장해 위급한 상황에 긴급구조를 요청하는 것도 보편화될 것이다.

둘째, GPS, GLONASS, Galileo, Beidou, NAVIC 모두를 호환하여 사용하게 되면 90% 이상의 위치정확도로 위치를 파악할 수 있을 것이다.

셋째, 여러 항법시스템의 통합사용으로 위치결정은 광범위한 사용영역으로 확대될 것이며 내비게이션은 물론 국가전력망 분배, 이메일 및 인터넷 등의 활용과 가상공간, 금융거래 보안 시스템에서 다양하게 활용이 가능할 것이다.

## 3. GNSS 파급효과

GNSS가 충분히 보급되고 Galileo와 Beidou 시스템까지 완벽하게 구축된다면 위성항법시스템의 발전은 가속화될 것이고 미국의 GPS 독점체제는 무너지게 되어 지난 30년 동안 독점했던 GNSS 시장에 커다란 변화가 발생할 것이다. 지금까지 러시아의 GLONASS, 유럽연합의 Galileo, 중국의 Beidou, 인도의 NAVIC 시스템 등이 가동되거나 준비 중이지만 향후 모두 사용되게 된다면 위성항법시스템 분야에 다국화가 실현되고 서비스 품질이 낮은 위성에 대해서는 사용자가 외면하게 될 것이다.

그리고 하나의 위성항법시스템으로부터 자료를 전송받는 것이 아닌 여러 시스템을 통합하여 모든 위성자료를 거의 무제한으로 사용하게 되기 때문에 여러 위성항법 신호를 동시에 수신할 수 있는 수신기가 사용되어 사용자의 편익과 자료의 정확도는 더욱 향상될 것이다.

이러한 여러 가지 변화로 인하여 현재에도 이미 위성항법시스템이 우리의 생활 깊숙한 곳까지 전파되어 이용되고 있지만 앞으로 모든 생활 분야에서도 위성항법시스템의 활용도는 더욱 높아질 것으로 전망된다.

## ⬡ 단원 핵심 예제

문제 3-1. GPS 위성으로부터 전송되는 L1 신호의 주파수는 1575.42$MHz$이다. 광속($c$)의 속도가 299,792,458$m/\mathrm{sec}$일 때 L1신호 100,000 파장의 거리는 얼마인가?

문제 3-2. 위성의 기하학적 분포상태는 의사거리에 의한 단독 측위의 선형화된 관측방정식을 구성하고 정규방정식의 역행렬을 활용하면 판단할 수 있다. 관측점 좌표 $x$, $y$, $z$ 및 수신기 시계 $t$에 대한 cofactor 행렬의 대각선 요소가 각각 $q_{xx}$=0.5, $q_{yy}$=2.2, $q_{zz}$=2.5, $q_t$=1.3일 때 관측점의 GDOP를 구하라.

문제 3-3. 네 개의 위성 배치상태에 따른 정규행렬의 역행렬 $(A^T A)^{-1}$이 다음과 같을 때 각각 HDOP, PDOP, GDOP를 구하라.

$$(A^T A)^{-1} = \begin{vmatrix} \frac{11}{12} & 0 & 0 & 0 \\ 0 & \frac{11}{12} & 0 & 0 \\ 0 & 0 & \frac{17}{6} & 0 \\ 0 & 0 & 0 & \frac{4}{3} \end{vmatrix}$$

문제 3-4. 임의 시간에 GPS관측을 실시한 결과 PRN7 위성으로부터 수신기로 들어온 L1 신호 주파수의 부분주파수가 반파장이었다. L1 신호의 파장 $\lambda$=19.0$cm$이고 PRN7 위성과 수신 시간의 정확한 거리가 19,000,000.095$m$이면 L1 신호의 모호정수(ambiguity) $N$은 얼마인가?

답 **문제 3-1.** $19029.36728m$ **문제 3-2.** $3.6097$

**문제 3-3.** $HDOP = 1.2964$, $PDOP = 3.1159$, $GDOP = 3.3891$

**문제 3-4.** $100,000,000$

문제 3-5. GNSS(global navigation satellite system, 위청항법시스템) 측량에 대한 설명으로 옳지 않은 것은?

① GNSS 측량은 관측 가능한 기상 및 시간의 제약이 매우 적다.
② 도심지 내 GNSS 측량에서는 다중경로(multipath)에 주의하여야 한다.
③ GNSS 측량에서는 3차원 좌표값을 직접 얻기에 안테나 높이를 관측할 필요가 없다.
④ GNSS 측량에서는 수신점 간의 시통이 없어도 기선벡터를 구할 수 있으므로 시통을 염려할 필요가 없다.

문제 3-6. GNSS(global navigation satellite system, 위청항법시스템) 측량에서 수평위치 정밀도와 관련되는 위성의 기하학적 배치는 다음 중 어느 것인가?

① PDOP ② TDOP ③ HDOP ④ VDOP

문제 3-7. GNSS 반송파 상대측위 기법에 대한 설명 중 옳지 않은 것은?

① 전파의 위상차를 관측하는 방식으로서 정밀측량에 주로 사용된다.
② 오차보정을 위하여 단일차분, 이중차분, 삼중차분의 기법을 적용할 수 있다.
③ 수신기 1대를 사용하여 모호정수를 구한 뒤 측위를 실시한다.
④ 위성과 수신기 간의 전파의 파장 개수를 측정하여 거리를 계산한다.



문제 3-8. 다음 GNSS의 오차 요인 중에서 DGPS 기법으로 상쇄되는 오차가 아닌 것은?

① 위성의 궤도 정보 오차 ② 전리층에 의한 신호지연
③ 대류권에 의한 신호지연 ④ 전파의 혼신

문제 3-9. 다음 요인 중 GNSS 관측 시 발생하는 대류층 지연과 관련된 대기의 요소가 아닌 것은?

① 온도 ② 속도 ③ 습도 ④ 압력

---

답 **문제 3-5.** ④ **문제 3-6.** ③ **문제 3-7.** ③ **문제 3-8.** ④ **문제 3-9.** ④

문제 3-10. GNSS 신호는 두 개의 주파수를 가진 반송파에 의해 전송된다. 두 개의 주파수를 쓰는 가장 큰 이유는?

① 수신기 시계오차 제거　　② 대류권 오차 제거
③ 전리층 오차 제거　　④ 다중경로 오차 제거

문제 3-11. GNSS 구성에서 GPS 위성의 궤도를 추적하고 운영 관리하는 지휘 통제소 역할을 하는 부문은?

① 사용자부문　　② 우주부문　　③ 제어부문　　④ 송신부문

문제 3-12. 다음 중 RINEX 파일에 대한 설명 중 잘못된 것은?

① RINEX는 GNSS 수신기 기종에 따라 기록방식이 달라 이를 통일하기 위해 만든 표준 파일형식이다.
② 헤더부분에는 관측점명, 안테나 높이, 관측 날짜, 수신기명 등 파일에 대한 정보가 수록된다.
③ RINEX 파일로 변환하였을 경우 자료처리의 신뢰도를 높이기 위해 사용자가 편집하지 못하도록 하였다.
④ 반송파, 코드신호를 모두 기록한다.

---

답 **문제 3-10.** ③ **문제 3-11.** ③ **문제 3-12.** ③

# 레이저측량

레이저가 우리 실생활에 사용되기 시작한 것은 그리 오래전의 일은 아니다. 그러나 여러 과학자들이 유도방출을 통해 레이저를 만들어 내게 되면서 레이저가 지니고 있는 고유한 성질로 인해 이 레이저는 현재 우리 생활에 없어서는 안 될 아주 중요한 요소로 사용되고 있다.

저자와 같이 많은 강의를 하는 사람들에게 필수 아이템인 레이저포인터부터, 음악을 듣거나 동영상을 감상할 수 있는 CD, DVD, 블루레이, 그리고 암이나 기타 질병의 수술에 필요한 레이저 의료기구까지 대단히 많은 분야에서 레이저는 유용하게 사용되고 있다.

일반적인 빛의 성질과는 다르게 레이저 광선은 직진성이 좋아 퍼지지 않고 곧바로 나아가는 성질이 있다. 이러한 성질을 이용하여 과학자들은 레이저를 거리측량의 도구로 활용하여 개발하기 시작하였다. 또 레이저가 빛의 속도와 같은 속도로 움직인다는 것을 발견하고 레이저 광선의 이동시간을 재서 레이저파의 도달거리를 계산할 수도 있게 되었다.

이러한 레이저의 직진성과 레이저 도달시간의 계산을 통해 관측하려는 대상물에 레이저를 쏘고 돌아온 레이저를 분석하여 대상물의 3차원 모델링을 하는 기법이 **레이저측량**의 기본적인 관측방법이다. 이 레이저 관측장비를 비행기에 싣고 올라가 지상의 수많은 점들의 위치를 찾아내고 이를 이용하여 지형모델링을 하는 **항공 레이저측량**, 지상에서 건축물이나 문화재와 같은 조형 모델링에 활용하는 **지상 레이저측량**, 그리고 정확히 한 점의 위치나 소수의 위치를 정밀관측 하는 **위성 레이저측량**과 같은 분야에서 위치를 정확히 결정하기 위해 레이저는 무척 유용하게 이용된다.

이번 장에서는 레이저를 이용하여 위치를 결정하는 방법에 대해 살펴본다. 먼저 레이저의 방출원리와 레이저 개발의 시대적인 흐름을 살펴보고, 레이저를 이용하여 위치를 결정하는 항공 LiDAR, 지상 LiDAR, 그리고 위성 레이저측량인 SLR에 대해 살펴볼 것이다. 이러한 최첨단 측량분야인 레이저측량을 이용하여 대상물을 3차원으로 모델링하는 방법에 대한 소개와 레이저측량의 응용분야를 함께 생각해 봄으로써 레이저측량의 무한한 활용분야를 함께 공유해 보고자 한다.

## 1 레이저와 위치결정

항공기에 탑재한 카메라를 이용하는 사진측량 기법은 3차원 위치공간을 찾아내는 가장 탁월한 방법 중의 하나로 평가되어 현재까지 사용되고 있다. 사진측량은 1차원 또는 2차원 위치결정에 국한되어 있었던 과거의 측량과는 완전히 차별화된 기술로 3차원 위치를 동시에 결정할 수 있는 획기적인 측량방법이었다. 또 사진측량으로 얻은 공간위치정보는 높은 정확도를 가지고 있기 때문에 최근까지 지도제작에 가장 많이 사용되고 있다. 사진측량의 활용으로 정량적인 해석은 물론 정성적인 해석도 가능하게 되었고 최근 디지털 카메라의 출현으로 사진측량은 완전 자동화된 시스템으로 전환되고 있다.

그러나 사진은 빛의 영향을 받는다는 것이 가장 큰 제약조건이다. 태양이 비추지 않거나 빛이 약할 때에는 사진을 찍어 대상물의 위치를 파악하거나 형상을 구분하는 것이 불가능하기 때문에 항공사진측량은 항상 기상의 영향을 받을 수밖에 없다. 앞의 **제1장 사진측량**에서 설명을 한 바와 같이 우리나라의 연평균 쾌청일수는 80일밖에 되지 않고 그 기간 중에서도 오전 10시부터 오후 2시까지 태양이 충분히 밝은 빛을 보내 주어야 좋은 영상을 얻을 수 있다. 이러한 문제점을 극복하기 위해 개발된 것이 능동적 탐측기를 사용하여 측량에 적용하는 방법이었다.

카메라와 같은 수동적 탐측기와는 달리 레이더(RADAR)나 레이저(LASER) 같은 능동적 탐측기는 빛의 영향을 받지 않으며 구름 유무에 관계없이 촬영이 가능하다. 또한 파장이 짧아질수록 투과율이 좋기 때문에 기상의 영향을 받지 않고 원하는 대상을 관측할 수 있다.

이처럼 항공기에 카메라 대신 레이저 탐측기를 탑재하여 지상을 스캔하는 측량기법을 항공 레이저측량(ALS, Airborne Laser Scanning System)이라 하고 북미에서는 주로 라이다(LiDAR, Light Detection And Ranging)라는 용어를 사용한다.

레이저측량은 그 탑재기에 따라 항공기를 이용하는 항공 레이저측량(항공 LiDAR), 지상에서 수행하는 지상 레이저측량(지상 LiDAR), 위성에서 수행하는 위성 레이저측량(SLR, Satellite Laser Ranging)으로 구분할 수 있다.

SLR은 한 점이나 몇 개 점의 위치를 레이저를 이용하여 결정하는 방법으로 항공 레이저측량이나 지상 레이저측량이 대상면을 스캔하여 무수히 많은 점(포인트 클라우드, point cloud)의 위치를 찾아내어 영상을 얻어 내는 방법과는 방식이 다르다.

## 1. 레이저 방출 원리

레이저(LASER, Light Amplification by Stimulated Emission of RADAR)라는 용어는 유도방출(誘導放出, stimulated emission)에 의한 빛의 증폭을 의미한다. 레이저 발진장치는 그림 4-1과 같이 가늘고 긴 공진기 양쪽에 거울을 달고 있는 형태로 구성된다. 이 공진기 안에 레이저 매질을 채우고 외부에서 강한 에너지를 넣어 주면 매질에서 빛이 발생된다. 이때 발생하는 빛이 반사거울과 부분거울로 구성된 공진기 안에서 유도방출을 일으켜 증폭되면서 강력한 레이저 광선이 된다. 유도방출은 외부로부터 주입되는 광자의 수에 비례하여 광자가 방출되는 현상으로 이 광선은 파장과 위상, 진행 방향이 원래의 입사 에너지의 빛과 같다.

레이저 매질로는 고체, 액체, 기체, 반도체, 자유전자 등이 사용되며 현재 30가지가 넘는 매질이 존재하고 레이저의 파장은 매질 등의 구성요소에 의해 정확하게 정해진다. 매질에 따라 아르곤에서는 푸른색, 이산화탄소에서는 무색(적외선), 루비에서는 붉은색의 레이저가 방출된다.

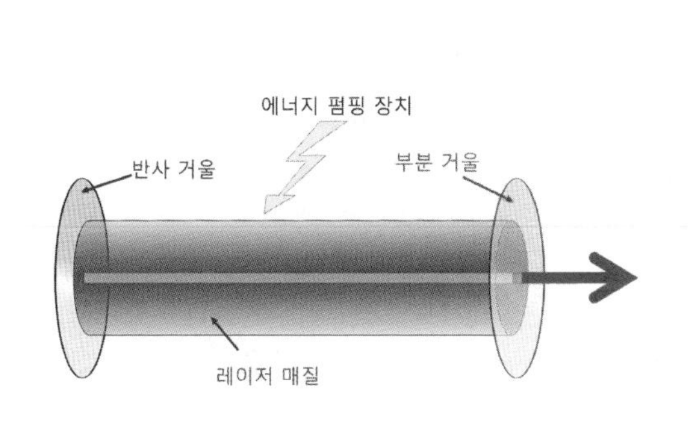


(1) 레이저 발진 장치

(2) 헬륨-네온 레이저 발진

그림 4-1. 레이저 발진



## 2. 레이저의 역사

레이저에 대한 연구는 1917년 아인슈타인 *Einstein*이 제안한 유도방출(誘導放出) 이론에서부터 시작되었다. 유도방출이란 외부에서 들어오는 빛 또는 광자(光子, photon)의 영향에 의해 높은 에너지의 원자가 낮은 에너지 상태로 변하면서 빛을 만드는 현상이다. 이 과정에서 한 개의 광자가 위상과 파장, 방향이 동일한 두 개의 광자로 방출된다는 것이 유도방출의 핵심이다.

이를 토대로 레이저라는 개념을 처음 생각한 사람은 미국의 물리학자 타운즈 *Townes*였다. 타운즈는 제2차 세계대전 당시인 1939년 벨연구소에서 보다 강력한 레이더를 연구하라는 주문을 받고 진공관을 이용해 마이크로파를 방사시키는 연구를 수행하여 마이크로파의 파장을 더 짧게 하면 더 강력한 레이저를 만들 수 있을 것이라는 것을 확인하였다. 그 후 암모니아의 특성을 이용해 1953년 마이크로파를 발진하고 증폭기능이 뛰어난 장치인 메이저(MASER, Microwave Amplification by the Stimulated Emission of Radiation)를 찾아내었으며 이 메이저는 유도방출에 의한 마이크로파 증폭이란 의미를 가지고 있다. 메이저는 레이저의 전신으로 빛 대신 마이크로파를 이용한다는 것만이 다르고 유도방출의 원리는 동일했다. 같은 시기 구소련 레베데프 물리학연구소(LPI RAS, Lebedev Physical Institute of the Russian Academy of Sciences)의 바소프 *Basov*와 프로호로프 *Prokhorov*도 암모니아 메이저를 개발하는데 성공했다. 메이먼 *Maiman*은 1960년에 합성보석 루비를 이용한 고체 레이저를 찾아내었고 이는 태양 표면에서 방출되는 빛보다 네 배 강한 붉은색 빛이었다.

1961년 가스 레이저가 개발된 이후 안정성과 활용성이 높은 상품이 지속적으로 개발되어 1970년대 초반부터는 물리적인 가공이나 거리측정 등에 실제로 레이저를 이용하기 시작하였다. 동시대에 레이저 고도측정계(laser altimeter)가 개발되어 거리를 관측하는데 사용되기 시작하였으며, 70년대 중반에 들어서면서 레이저 스캐닝(laser scanning) 기술이 개발되었다.

1980년대 레이저 고도측정계와 같은 장비를 레이저 프로파일러(laser profiler)로 개조하여 측량에 활용하기 위한 연구가 시작되었으며 1980년대 말 GPS가 보급되면서 GPS와 병행하여 측량을 하기 위한 레이저 프로파일러에 대해 본격적인 연구가 시작되었다.

1990년대에는 레이저 스캐너(laser scanner)가 상품으로 개발되어 판매되기 시작하였고 다양한 제품들이 등장하여 실생활에 이용되기 시작하면서 레이저를 이용한 LiDAR(Light Detection And Ranging) 측량이 실용화 단계에 이르게 되었다.

레이저는 단색성이 뛰어나고, 위상이 고르며, 간섭현상이 일어나기 쉽고, 직진성이 좋고, 에너지 밀도가 크다는 특징이 있다. 이러한 레이저 기술의 역사를 간략히 표로 나타내면 표 4-1과 같다.

표 4-1. 측량용 레이저 기술의 발달

| 시 기 | 내 용 |
|---|---|
| 1910년대 | - 아인슈타인, 레이저의 기본개념인 유도방출이론 발표 |
| 1960년대 | - 메이먼, 최초의 루비 레이저 개발<br>- 가스 레이저가 개발된 후 안정성, 수명성이 높은 상품개발 |
| 1970년대 | - 물리적 가공, 정렬 및 거리측정 등에 레이저 이용<br>- 레이저 고도측정계 개발<br>- 레이저 스캐닝 기술개발 |
| 1980년대 | - 레이저 고도측정계를 레이저 프로파일러로 개조하여 측량에 활용하기 위한 연구 시작<br>- GPS 도입으로 GPS 측량과 병행하는 레이저 프로파일러에 대한 본격적인 연구 시작 |
| 1990년대 | - 레이저 스캐너가 상품으로 개발<br>- 다양한 상용제품 등장<br>- LiDAR 측량 수행 |

## 3. 레이저의 특징

레이저는 태양광선이나 전등 빛과는 다른 다음과 같은 몇 가지 물리적 특성 때문에 다양한 분야에서 활용이 가능하다.

### 3.1. 단색성

단색성(單色性, monochromaticity)이란 여러 가지 빛이 혼합되어 있지 않고 순수한 단일광으로 이루어진 빛을 말하는 것으로 한 개의 단일 주파수만을 갖는다는 것을 의미한다. 레이저는 단색성의 성질을 가지므로 단일 파장의 빛을 내보낸다. 태양광선을 프리즘에 통과시키면 무지개색의 스펙트럼으로 분리되지만 레이저광선은 단 하나의 색깔 빛인 단색광만 발생시키는 선스펙트럼을 형성한다. 이 성질을 이용하여 원하는 특정한 물체에만 반응하게 할 수 있어 의료용으로 사용된다. 예를 들어 암세포에만 작용하는 화학물질을 투여한 후 특정 파장의 레이저광선을 쪼이면 그 화학물질이 붙어 있는 암세포만 선택적으로 제거할 수 있다.

### 3.2. 간섭성

간섭(干涉, coherence)은 위상의 차이에 따라 명암의 무늬가 나타나는 현상으로 레이저는 유도방출에 의하여 입사한 빛과 같은 위상의 빛을 방출하기 때문에 균일한 위상을 가지고 있고 광로차가 커져도 레이저는 파의 위상이 일치하게 된다.

레이저는 위상이 균일하기 때문에 약간의 장애물에 부딪치게 되어도 곧 간섭을 일

으킨다. 그러나 햇빛과 같은 일반적인 빛은 주파수와 위상이 다양하므로 간섭이 일어나기 어렵다. 레이저의 높은 간섭성을 이용한 것이 홀로그램으로 이를 통해 3차원 영상을 만들 수 있고 3차원 위치결정도 가능하다.

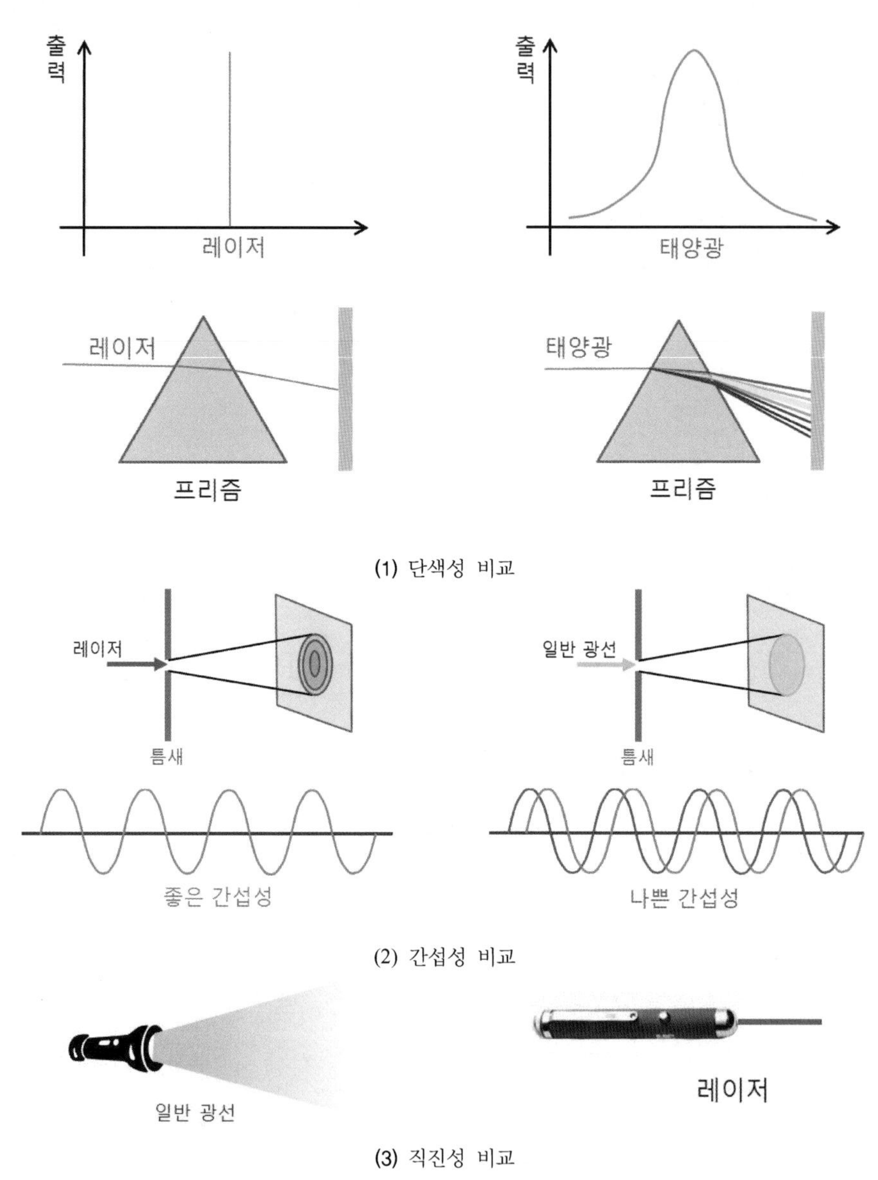


**그림 4-2. 레이저의 성질**

### 3.3. 직진성

직진성(直進性, directivity) 또는 지향성(指向性)은 빛이 퍼짐이 없이 일정한 방향으로 직진하는 것을 말한다. 레이저 광선은 직진성이 좋으므로 퍼지지 않고 가느다란 빛으로도 평행하게 멀리 나아간다. 이 성질은 강의나 발표에 많이 사용되는 레이저 포인터(laser pointer)를 생각하면 쉽게 이해할 수 있다.

전등 빛은 쉽게 퍼지기 때문에 전구에서 멀어지면 빛의 세기가 급격히 줄어들지만 레이저 광선은 거리가 아무리 멀어도 빛의 세기가 거의 줄어들지 않는다. 이 때문에 레이저는 거리, 위치 등을 측정하는 레이저 거리측정기 등과 같은 측량장비에서 활용도가 높다.

## 4. 레이저를 이용한 거리관측

레이저를 이용한 거리측정 방법에는 펄스(pulse)를 사용하는 방법과 위상차(phase difference)를 이용하는 방법이 있다.

펄스를 이용하는 방법은 펄스의 왕복시간을 측정하여 거리를 측정하는 방식으로 이 방식에서는 펄스의 송수신 사이의 시간차를 이용하여 거리를 결정한다.

위상차를 이용하는 방법은 연속적으로 빛을 방출하는 레이저를 이용하여 대상 물체로부터 송수신된 위상의 차이를 이용하는 방법으로 연속파(CW, Continuous Wave) 레이저라 부른다. 상용화된 레이저측량장비에는 CW 레이저를 거의 사용하지 않고 대부분 펄스를 이용한 방법을 사용하고 있다. 펄스 레이저는 보통 고체 레이저로 강한 출력을 갖는다.

표 4-2. 주요 거리 측량용 레이저

| 종 류 | 주요 레이저 | 범 위 | 정확도 | 내용 및 주요 응용 |
|---|---|---|---|---|
| 간 섭 | He-Ne | 100*m*(실내) | $10^{-7}$ | - interferometry<br>- 기기조정, 평면유지, 측지, 진동측정, 각도 등에 대한 보정 |
| 레이저 도플러 변위 | He-Ne | 100*m*(실내) | $10^{-7}$ | - laser doppler displacement<br>- 기기 조정, 평면유지, 진동 각도에 대한 보정 |
| 광변조 전송 | He-Ne, AlGaAs | 1*km* | $10^{-6}$ | - beam modulation telemetry<br>- 측량 |
| 광선의 이동 펄스 시간 | Q-switched solid state | 수*km* | $10^{-5}$ | - pulse time of flight<br>- 위성측량, 군용 위치결정 |

레이저측량을 이용하여 위치결정을 하는 경우 포함되는 오차는 여러 요인에 의해 발생되며 이러한 오차로 인해 영향을 받는 정확도는 거리 정확도, 위치 정확도, 자세 정확도, 그리고 시간차 등이 있다.

# 2 레이저측량

## 1. 항공 레이저측량

항공 레이저측량(ALS 또는 LiDAR)은 항공기에 탑재된 고정밀도의 레이저측량장비로 지표면을 스캔하고 대상의 공간좌표를 찾아내어 3차원으로 모델링하는 기법이다. LiDAR는 상대적으로 짧은 파장의 레이저를 발사하여 반사되어 돌아오는 레이저의 크기와 레이저파가 갔다가 돌아오는 시간을 측정하여 레이저측량기에서부터 떨어진 지면까지의 거리를 계산한다.

LiDAR는 식물과 지표면에서 반사되어 오는 레이저파를 각각 따로 기록하여 식물의 높이와 지표면의 고도를 정확히 구분하여 찾아내는 것이 가능하기 때문에 과거 사진측량에서 수행하기 어려웠던 산림, 수목 및 늪지대 등으로 가려져 있는 지표를 찾아내어 지형도를 제작하는데 유용하게 사용된다. 또한 모든 관측값이 디지털 형태로 저장되므로 항공사진측량에 비해 작업속도 면이나 경제적인 면에서 매우 유리하며 이 데이터를 이용하여 DEM과 DSM을 구분하여 두 가지 자료 모두를 얻어 낼 수 있다. DEM 및 DSM은 다음 표 4.3에 간략하게 비교하여 수록하였으며 **제5장 지리공간정보시스템의 3 정보의 흐름**에서 자세히 설명한다.

표 4-3. DEM, DSM과 DTM 간략 비교

| 종 류 | 내 용 |
|---|---|
| DEM | - Digital Elevation Model(수치표고모형)<br>- 건물, 수목 등을 제거한 순수 지형의 표면을 재현 |
| DSM | - Digital Surface Model(수치표면모형)<br>- 건물, 수목 등 지표면 위의 모든 지형과 지물의 표면을 재현 |
| DTM | - Digital Terrain Model(수치지형모형)<br>- DEM의 전신으로 현재는 DEM과 혼용되므로 DEM에 속성정보를 연결하는 것으로 정의 변경 |

### 1.1. 항공 레이저측량 방법

#### (1) LiDAR의 구성

LiDAR는 레이저측량기의 위치를 정확히 3차원 좌표로 구해 내고 이 위치에서 지표면을 스캔한 후 레이저파가 대상물에 갔다가 반사되어 돌아오는 시간을 관측하여 측량기와 대상물의 거리를 계산하는 원리로 대상물의 3차원 위치를 결정한다.

그림 4-3. 항공 LiDAR 구성

표 4-4. 항공 LiDAR 측량의 구성 내용과 역할

| 종 류 | 역 할 |
|---|---|
| 레이저 스캐너 | - 대상물에 갔다가 돌아오는 도달시간을 계산하여 대상물들의 위치좌표 결정<br>- 비행 중 지표면을 스캔하여 지표면의 3차원 좌표를 갖는 모든 점(point cloud)들의 위치 수집<br>- 레이저발진 주파수, 지표면의 스캔 간격, 촬영거리를 조절하여 최상의 지표면 형상 취득<br>- 레이저 관측점에 의하여 대상점까지의 거리와 거울회전 각도로 스캔 시간마다 비행기 자세와 위치를 통합 처리하여 대상점의 3차원 좌표 계산<br>- 관측범위는 주사각과 비행고도에 따라 결정<br>- DEM과 DSM 제작 |
| DGPS | - 기준국과 연동되는 DGPS<br>- 레이저 스캐너의 3차원 위치 결정 |
| INS | - 관성항법장치<br>- 레이저 스캐너의 자세정보 수집<br>- DGNSS의 보조자료로 활용 |
| 디지털 카메라 | - 레이저 관측과 동시에 지상의 영상을 촬영 |

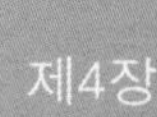


먼저 항공기와 레이저 측량장비의 위치를 정확히 구하기 위하여 기준국과 연동되는 DGNSS 시스템이 필요하고 항공기의 자세를 파악하기 위하여 관성항법장치(慣性航法裝置, INS Inertial Navigation System)가 함께 사용된다.

표 4-5. 항공 LiDAR 측량장비의 주요 사항

| 항　　목 | 최소 | 최대 | 일반적인 범위 |
|---|---|---|---|
| 주 사 각(°) | 14 | 75 | 20~40 |
| 펄스 빈도($KHz$) | 5 | 83 | 5~15 |
| 스캔 빈도($Hz$) | 20 | 630 | 25~40 |
| 비행 고도($m$) | 20 | 6100 | 500~1000 |
| GPS 관측빈도($Hz$) | 1 | 10 | 1~2 |
| INS 관측빈도($Hz$) | 40 | 200 | 50 |
| 레이저 광선의 퍼짐(mrad) | 0.05 | 4 | 0.3~2 |
| 관 측 폭($m$) | 0.25H | 1.5H | |
| 스캔방향 점 간 거리($m$) | 0.1 | 10 | |
| 비행방향 점 간 거리($m$) | 0.06 | 10 | |
| 각 정밀도(roll, pitch/heading)( ° ) | 0.004/0.008 | 0.05/0.08 | |
| 거리측정 정확도($m$) | 0.02 | 0.3 | |
| 높이 정확도($m$) | 0.1 | 0.6 | |
| 평면 정확도($m$) | 0.1 | 3 | |

### (2) LiDAR의 거리관측

항공 레이저측량에서는 주로 펄스를 이용하여 거리를 측량하는 방법을 사용한다. 펄스를 이용하여 거리를 구하는 방법은 다음 식과 같다.

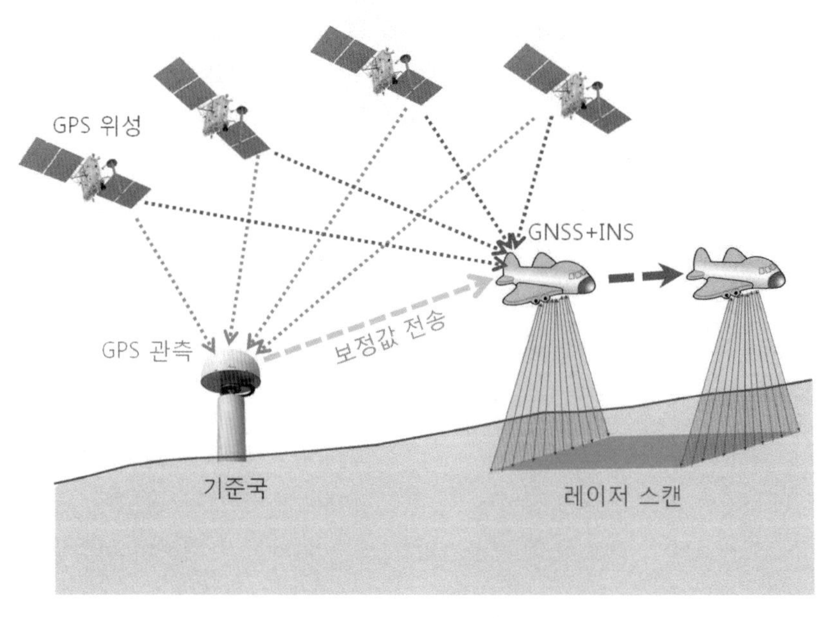


그림 4-4. 항공 LiDAR 관측 원리

$$d = \frac{1}{2}c \cdot t$$

여기서, $d$ : 측량기와 대상면의 거리
$t$ : 레이저 펄스의 왕복 이동시간
$c$ : 레이저의 속도(광속도 : $c$=299,792.458$m$/sec)

### 1.2. 항공 레이저측량의 순서

일반적인 항공 LiDAR 측량은 다음 순서에 따라 수행된다.

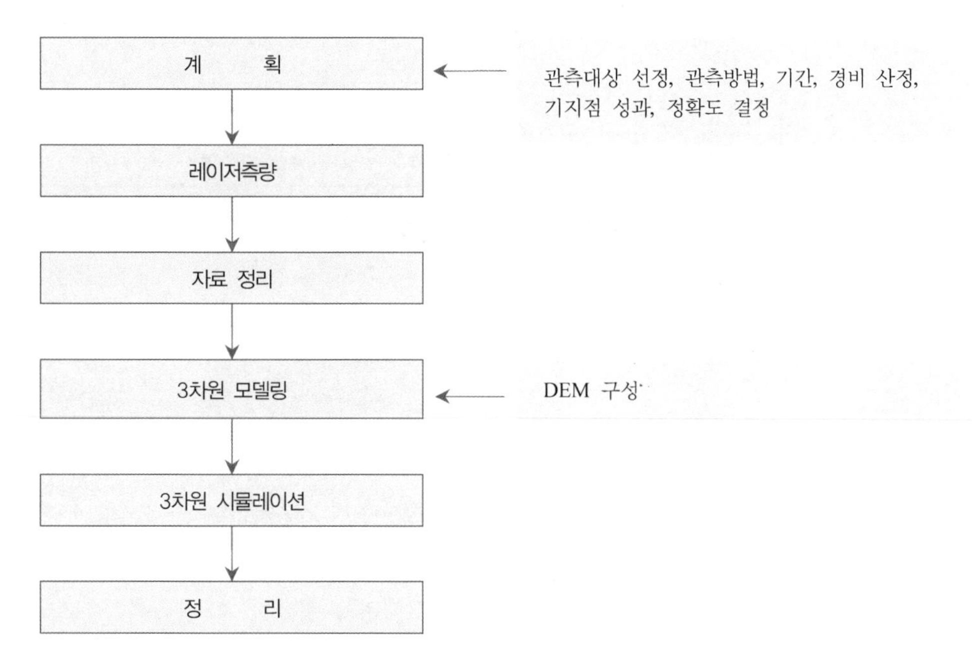


그림 4-5. 항공 레이저측량의 순서

### 1.3. 항공 레이저측량의 특징

항공 LiDAR를 이용하면 농경지, 모래지역, 석탄지역, 건물, 산림지 등 거의 모든 지상대상물의 관측이 가능하다. 또한 레이저의 주파수 변조를 통해 투과율을 달리하면 서로 다른 대상물을 감지하는 것과 같은 다양한 특징들을 얻을 수 있다. 다음 표 4-6에 항공 레이저측량의 특징을 정리해 놓았다.

표 4-6. 항공 LiDAR 측량의 특징

| |
|---|
| - 거의 모든 지상 대상물의 관측이 가능 |
| - 레이저 반송파가 특정 물체표면에서 반사하도록 주파수 변조 |
| - 삼림지역에서 지표면의 관측이 가능 |
| - 다른 주파수를 사용함으로써 나뭇잎 관통률을 높여 지표면을 관측하거나 혹은 반대로 숲의 윗부분 표면의 관측이 가능 |
| - 지상기준점을 이용한 시스템 검교정 실시 |
| - 15㎝의 높이 정확도와 10㎝의 평면위치 정확도 |
| - 거울 진동수와 1회 스캔 각도 폭 조절 가능 |
| - 관측 점의 밀도를 최대 100,000점/$m^2$까지 확대 가능 |
| - 12시간 이상 연속 자료취득 가능 |
| - 자료의 판독성 향상을 위해 사진촬영을 동시에 진행 |
| - 광학시스템이 아니므로 기상조건과 일조량의 영향을 적게 받고 밤낮에 상관없이 측량 가능 |
| - 비용과 소요시간 면에서 종래측량에 비해 우수 |

## 2. 지상 레이저측량

지상 LiDAR(terrestrial LiDAR)는 레이저를 현장이나 대상물에 발사하여 짧은 시간에 대상지의 3차원 점들의 좌표를 기록하여 고정밀도의 3차원 영상을 제작할 수 있는 새로운 측량기법이다. 이렇게 얻은 수많은 3차원 좌표점들은 마치 구름을 이루는 점과 같다고 하여 포인트 클라우드(point cloud)라 부른다. 이러한 3차원 점들은 CAD와 같은 응용프로그램에서 처리될 수 있으며 3차원 모델링을 형성한 후 단일색상, 그레이스케일, 적외선 사진이나 디지털 영상을 입혀 실제와 거의 흡사한 모델을 제작하는 것이 가능하다.

### 2.1. 지상 레이저측량 원리

지상 LiDAR에는 여러 가지의 레이저 스캔방식을 사용하지만 공통적인 원리는 물체에 발사하여 되돌아오는 레이저를 수신하여 해석하고 처리하는 원리이다. 지상 LiDAR로부터 얻은 정보를 해석하는 방법으로는 시간차(time-of-flight)법, 위상차(phase shift)법, 그리고 삼각법(triangulation) 등이 있다.

| | |
|---|---|
| (1) 시간차법 | - 레이저를 발사하여 되돌아오는 경과 시간을 이용하여 거리 계산<br>- 관측원리는 항공 LiDAR와 동일<br>- 발사된 레이저가 측정대상물 표면에서 반사되어 되돌아오는 경과시간에 광속도를 곱하여 모든 점들의 거리를 계산<br>- 레이저 송신부, 수신부, 처리부로 구성<br>- 레이저가 반사되어 돌아오는 시간을 계산하여 거리를 결정하고 각도만큼 수평, 수직으로 회전하여 관측한 점 위치 결정<br>- 삼각법에 비하여 정밀도가 떨어지고 먼 거리 관측에 주로 사용  |
| (2) 위상차법 | - 반사된 레이저 파장의 위상차를 측정하는 방식으로 측정속도가 매우 빠르고 펄스방식에 비해 높은 정확도(±1$mm$)<br>- 거리와 시간에 따라 점차 큰 위상변위를 만들어 동일한 거리에서 두 신호를 검출하고 두 파의 출발시간을 이용하여 결정된 위상변위로 측정거리 계산<br>- 측정거리가 반경 200$m$ 이내로 짧은 편으로 면적이 넓은 지역에서는 구간을 나누어 관측<br>- 장대교량이나 대형 구조물, 시가지 형상 등 장비를 설치하기 어려운 조건이나 개략적인 형상파악 등에 유리<br>- 거리의 신뢰도는 수신신호 진폭의 제곱에 반비례하므로 어둡고 먼 물체는 가깝고 더 밝은 물체보다 낮은 정확도 보유 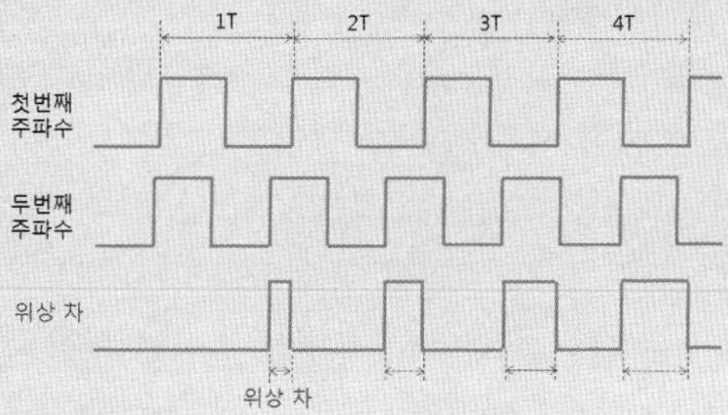 |
| (3) 삼각법 | - 일반적으로 공간관계를 결정하기 위하여 사용되는 기술<br>- 주로 지도제작이나 GNSS 관측에 사용되며 지상 LiDAR에서도 동일한 원리를 이용<br>- 되돌아온 레이저 빔이 맺히는 CCD 카메라와 레이저측량기 중심 사이에 일정간격의 기선을 잡아 삼각법으로 3차원 데이터를 추출하는 원리<br>- 다른 방식과 비교하여 높은 정밀도를 갖지만 관측시간이 길고 실물에 주사된 레이저가 CCD 카메라로 구분이 가능해야 하므로 직사광선이 있는 곳에서는 오류가 많이 발생<br>- 비교적 간단한 구조이며 가격이 저렴하고 작업시간이 빠른 장점이 있으나 스캔 각도의 제약과 원거리 관측시 정밀도 저하<br>- 좋은 자료를 얻기 위해서는 야간에 측량해야 하는 불편함<br>- 0.5$mm$ 이하의 매우 정밀한 데이터 취득이 가능하며 2$m$ 정도의 가까운 거리에서도 1$mm$ 이하의 오차 포함<br>- 측정거리가 길어지면 오차도 증가하므로 주로 지하공간이나 실내 등의 단거리 측정범위인 작은 규모의 구조물이나 인물, 문화재 등과 디자인 분야에서 활용 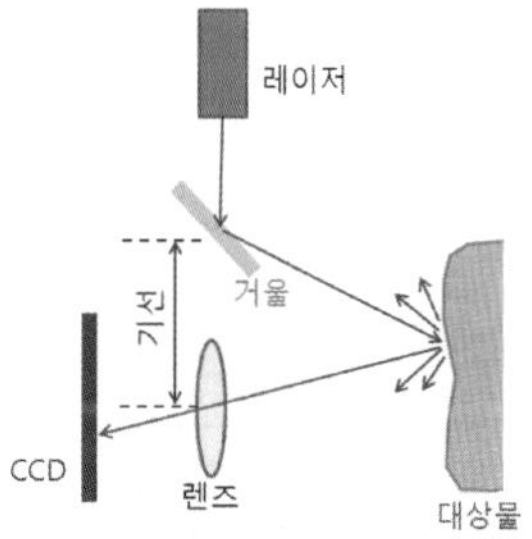 |

## 2.2. 지상 레이저의 스캔 방식

스캔 방식에는 360° 전체를 스캔하는 파노라마 방식과 일정범위를 지정하여 디지털 카메라로 촬영하고 스캔하는 카메라 방식이 있다. 위상차 방식은 대부분 파노라마 방식으로, 펄스 방식은 주로 카메라 방식을 사용한다.

(1) Faro, Laser Scanner LS 880

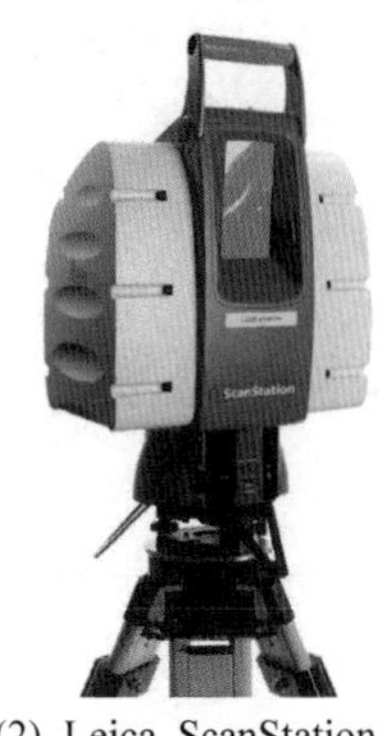

(2) Leica ScanStation 2

(3) Riegl LMS-Z420i

그림 4-6. 지상 LiDAR 스캐너 종류

## 2.3. 이동식도면화시스템

지상 LiDAR를 이용하여 데이터를 취득하는 방식으로 이동식도면화시스템(MMS, Mobile Mapping System)이 이용되고 있다. 이 시스템은 국가지리정보와 국가시설물정보 데이터베이스의 구축, 유지, 관리를 위해 요구되는 기존 측량방법과 비교하여 비용 및 시간 면에서 효율성을 높이고 향후 활용성을 높이기 위한 첨단정보 시스템이다.

이 시스템은 일반 차량에 CCD 카메라, 지상 LiDAR, 비디오카메라 등의 영상취득 장치와 GNSS 수신기, INS 등의 위치정보 취득 장치를 동시에 탑재하여 주행과 동시에 도로와 관련된 각종 시설물 현황이나 기타 속성정보를 실시간으로 자동으로 얻어내고 갱신할 수 있다.

(1) MMS 차량구성

(2) 광산 탐험용 MMS

그림 4-7. MMS에 의한 지상 LiDAR 측량

## 3. 위성 레이저측량

위성 레이저측량(SLR, Satellite Laser Ranging)은 레이저에 의한 거리측정장치를 이용하여 삼변측량에 의해 지상의 두 지점 사이를 수 $mm$의 정밀도로 관측할 수 있는 기법이다.

SLR은 특수 반사체가 설치된 위성으로 구성하여 지상에서 극초단파인 레이저를 쏘아 왕복시간을 관측하여 거리를 구하는 방법이다. 이 방법을 이용하여 정확한 궤도결정과 중요한 과학 결과물에 활용할 정확한 위치를 얻을 수 있다.

높은 정밀도로 두 지점의 거리를 관측할 수 있는 위성 레이저는 많은 부분에 활용이 가능하지만 자료를 얻어 내는 데에는 앞에서 설명한 항공 LiDAR 및 지상 LiDAR와는 다른 방식을 사용한다. LiDAR가 무수히 많은 레이저를 쏘아 각 점에서의 모든 3차원 좌표를 정확히 얻어 내고 이를 DEM과 같은 형식으로 영상화하여 3차원 모델링을 하는 기법이라면, 위성 레이저는 영상을 제작할 만큼 무수한 점의 위치를 구하는 것이 아니라 단지 하나 또는 몇 개의 점만 관측하여 그 지점의 위치만 정밀하게 결정한다는 것이 가장 큰 차이점이다.

(1) 레이저측량을 수행하는 Calipso 위성 (2) 하와이 할레아칼라 *Haleakala* 관측소 레이저 추적국

그림 4-8. 위성을 이용한 레이저측량



### 3.1. 위성 레이저측량의 특징

SLR은 가장 정밀한 인공위성 거리측정 방법으로 대부분 Nd:YAG(Neodymium- Doped Yttrium Aluminum Garnet) 레이저를 사용하며 단일 레이저에 의한 정밀도는 $cm$ 수준이다, 또한 다수의 레이저를 발사한 후 얻은 관측데이터를 통계적으로 처리하는 정

규점 데이터(normal point data)에 의한 정밀도는 $mm$ 수준이다.

SLR은 지구, 대기, 해양 시스템 연구에 중요한 자료를 제공하는 측지기술로 인공위성을 이용하여 지구중심 위치도 결정할 수 있는 정확한 기술이다. 이러한 SLR은 지구 중력장의 시간에 따른 변화를 관측할 수 있고 지구중심에 대한 지상관측망의 움직임을 모니터링하여 장기적인 기후변화를 평가하고 형상화할 수 있다.

SLR은 과거 태양 빛의 영향으로 야간에만 관측이 가능하였으나 필터기술의 발달로 현재에는 주간에도 관측이 가능해지게 되었고 레이저와 센서 기술의 발달로 레이저 반사경을 장착하지 않은 우주 물체에 대해서도 레이저 추적이 가능하여 1,100$km$ 상공의 15$cm$ 크기의 우주 잔해물도 레이저를 통해 추적할 수 있다. SLR은 레이저, 광학, 센서 및 제어 계측의 복합기술이라 할 수 있다.

### 3.2. 위성 레이저측량의 활용

위성 레이저측량은 지구 표면의 두 지점 사이의 거리를 정확히 관측할 수 있는 측량이다. 이러한 특성을 이용하여 대륙과 대륙 사이의 점의 위치나 국가와 국가 사이의 위치 등 먼 거리를 측정하는데 이용된다.

측량 이외에 IERS(International Earth Rotation and Reference Systems Service, 국제지구자전회전국)에서 연구하는 위치 천문학적인 측면에서도 활용 가능성이 많아 지구의 자전 연구, 지구 기준좌표계 구현, 지구역학 연구 등의 지구물리학 분야에 다양한 활용이 가능하다. SLR을 이용하여 수행할 수 있는 응용분야를 정리하면 다음과 같다.

| |
|---|
| - 표면의 고도를 직접 관측 |
| - 해수면 및 빙하 모니터링 |
| - 장기간 고체지구역학, 해양, 대기 관측 |
| - 구조지질학 움직임 연구에 자료 제공 |
| - 기초물리학 연구 지원 |

# 3 레이저측량의 응용

레이저측량 데이터는 과거의 어떠한 측량으로 얻은 자료보다 빠르고 정확한 관측값을 얻을 수 있고 3차원 수치데이터로 구성되어 있어 얻어진 자료를 이용하여 모델링하거나 3차원 도면을 제작하는데 매우 효과적이므로 여러 분야에 적용된다. 이 중에서도 지표면을 3차원으로 모델링하는 기법은 다른 기술과 결합되어 널리 활용되고 있다.

## 1. DEM, DSM 제작

레이저측량기법은 매우 정확하고 정밀한 높이 데이터를 얻을 수 있는 신속하고 저

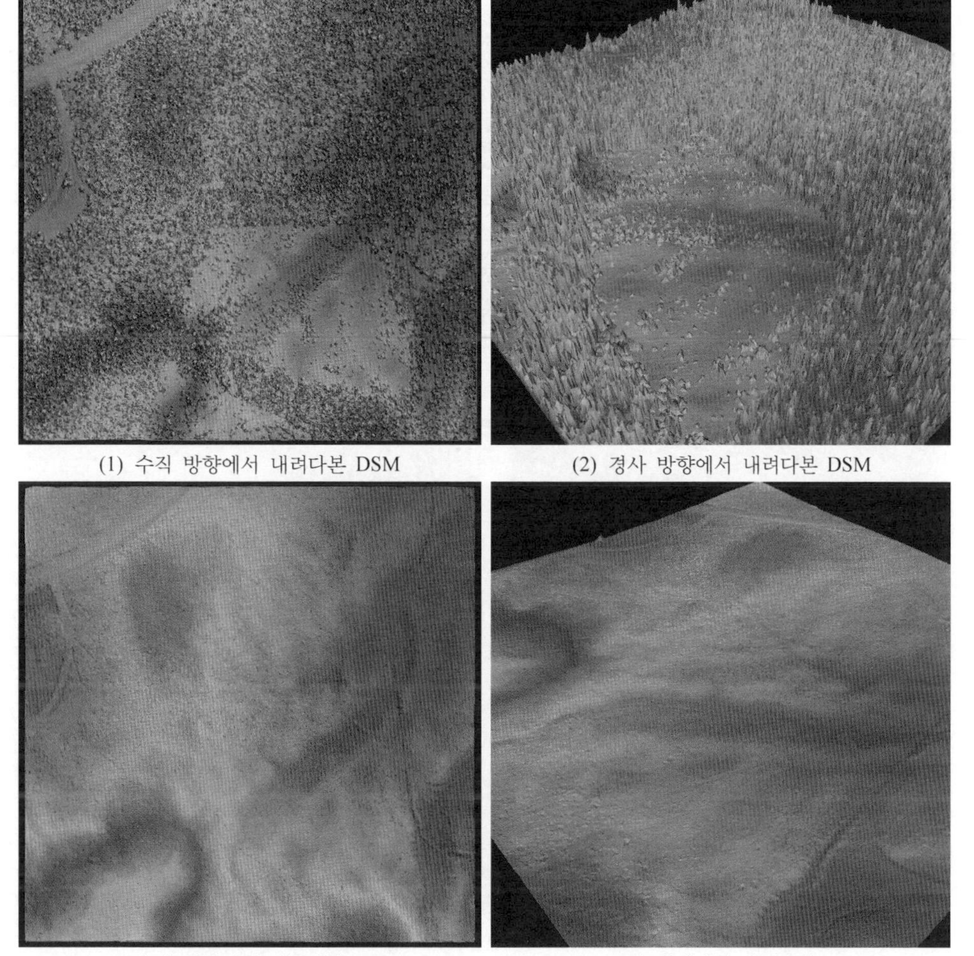

(1) 수직 방향에서 내려다본 DSM (2) 경사 방향에서 내려다본 DSM

(3) 수직 방향에서 내려다본 DEM (4) 경사 방향에서 내려다본 DEM

그림 4-9. DEM과 DSM

렴한 측량기법이다. 그림 4-9에서 위쪽의 (1)과 (2)의 DSM 영상은 나무의 높이가 포함된 지형의 모델링이고 아래쪽의 (3)과 (4)의 DEM 영상은 나무 높이가 제거된 순수한 지형을 모델링한 것이다. 레이저측량의 결과를 이용하면 각각 다른 강도의 레이저 파장을 이용해 다르게 반사된 레이저파를 통해 지면과 나무의 높이를 구분하여 모델링하는 것이 가능하다.

## 2. 산림

나무로 가려진 아랫부분의 순수한 지형정보에 대한 정보를 얻는 것은 산림과 천연자원 분야에서 매우 중요하다. 그러나 나무 높이와 밀도에 대한 정확한 정보는 일반적인 측량방법으로는 얻기 어려운 중요한 정보이다. 레이저측량을 통해 상대적인 나무 높이뿐 아니라 나무로 가려진 아랫부분의 지형에 대한 정보도 정확하고 효과적으로 얻어 낼 수 있다.

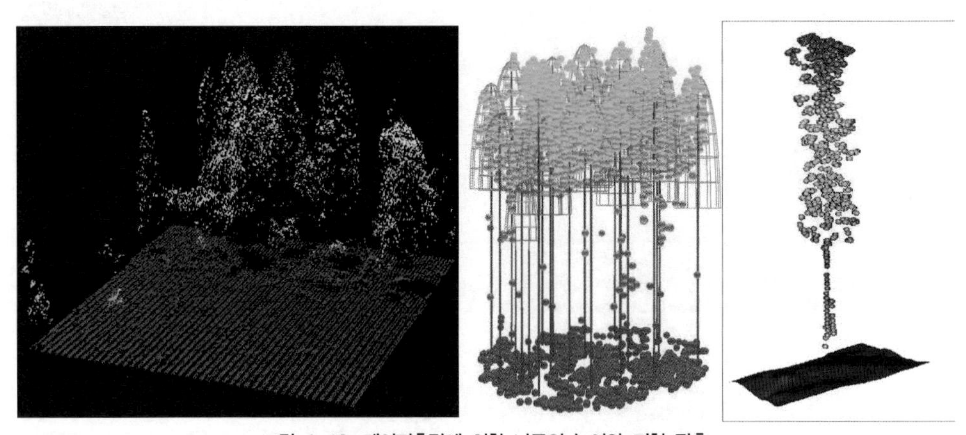

그림 4-10. 레이저측량에 의한 나무의 높이와 지형 관측

## 3. 해양공학 및 해안선 조사

해안지역의 해변과 모래언덕은 레이저측량의 최적 응용분야 중 하나이다. 일반적인 사진측량으로는 항상 변화하는 해변이나 해안지역과 같은 지역의 지도제작이 불가능하기 때문에 해안지역과 같이 변화하는 지역은 LiDAR와 같은 기법을 도입하여 지형 데이터를 수시로 갱신해야 한다. 레이저가 통과하는 정도의 해저지형의 지도를 제작

하는 데에도 항공 LiDAR를 활용하면 수심측량으로 자료를 얻는 것보다 높은 정확도로 고른 분포의 해저 지형을 모델링 하는 것이 가능하다. LiDAR를 이용하여 해저지형의 형상을 파악하고 해안선을 관측하여 3차원 모델링 하는 것은 일반측량을 통해서는 얻을 수 없는 효과적이고 정확한 자료수집 기법이다.

(1) 1998년의 LiDAR 관측 (2) 2004년의 LiDAR 관측

(3) 2004년 태풍 이후 관측된 LiDAR 자료 (4) 2004년 태풍 이후 관측된 항공사진

그림 4-11. 플로리다 캡티바섬 해안의 레이저 관측 및 항공사진

그림 4-12. 레이저 측량에 의한 해안선 측량과 수심 측량

## 4. 도로, 파이프라인 및 전력선 모델링

레이저측량은 전력선의 도면화, 가스 파이프, 철도, 도로, 통신과 같은 선형 객체의 도면 제작에도 효과적이다. 전력선의 처짐, 침식지와 기지국의 설치장소 모델링에도 레이저측량이 효과적으로 활용된다.

그림 4-13. 레이저측량에 의한 팽팽한 송전선 확인과 파이프 모델링

## 5. 홍수지역 모델링

홍수지역의 모델링은 방재계획과 보험 등에 있어서 매우 중요한 자료로 사용된다. 레이저측량을 이용하여 다양한 홍수모델링 프로그램을 위한 침수지형 데이터를 얻을 수 있다.

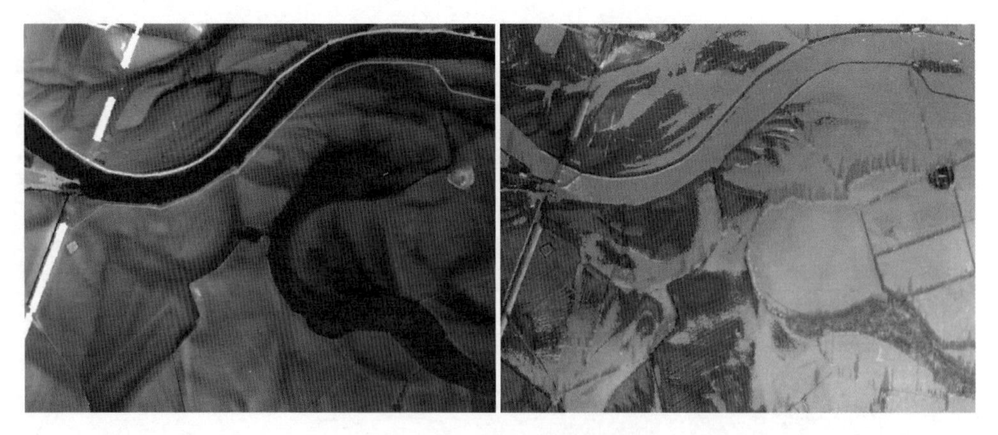

그림 4-14. 홍수지역 지형 모델링

## 6. 도시 및 건축물 모델링

레이저측량 장비를 이용하여 도시 전역의 3차원 모델링을 통해 도시의 형상과 건축물의 형상을 정확하게 재현할 수 있다.

그림 4-15. 도시 모델링

그림 4-16. 건축물 모델링



## 7. 재해대응 및 피해평가

안개나 구름 등으로 덮인 지표면은 일반 카메라로 촬영할 수 없다. 그림 4-17은 2001년 9월 11일 있었던 미국 뉴욕의 세계무역센터 파괴현장을 항공 레이저측량으로 관측한 것이다. 일반 사진으로는 촬영할 수 없는 분진이 짙은 지역을 레이저의 투과성질을 이용하여 신속하게 촬영하여 그 피해가 어느 정도인지 파악할 수 있도록 하는데 레이저측량이 효과적으로 사용될 수 있다.

그림 4-17. 9·11 테러 직후 붕괴된 국제무역센터 건물

## 8. 비접근지역 측량

습지대, 고지대에 위치한 고대문명 발상지와 같이 환경적으로 민감한 지역은 접근하기가 쉽지 않다. 이 지역은 일반적인 사진측량으로 지형을 표현하기도 어렵다. LiDAR는 이러한 지역에 대한 측량을 효과적으로 수행할 수 있도록 하며 산업폐기장이나 유독성 폐기물 지역을 탐사하는 데에도 이용된다. 또한 접근하여 측량을 수행하기가 어려운 난접근 또는 비접근 지역도 항공 레이저측량을 이용하여 정확하고 신속하게 지표와 구조물을 모델링할 수 있다.

그림 4-18. 접근하기 어려운 지역의 레이저 측량 (마야 문명지)

## 9. 터널 및 동굴

(1) 레이저측량을 이용한 포인트 클라우드 수집

(2) 관측된 자료에 표면 재질을 입힌 모델링

그림 4-19. 레이저를 이용한 터널 측량



터널이나 동굴은 여러 제약조건으로 인해 측량이 어려웠던 지역 중 하나였다. 어둡고 좁은 터널 내에서 측량장비를 설치하고 관측하는 일은 관측 자체도 어려운 작업일

뿐 아니라 관측값에 많은 오차가 포함되기 때문에 충분한 정확도를 지니고 있는 관측값을 얻기가 어려웠다. 터널이나 동굴에서 레이저를 이용하여 관측하고 무수히 많은 관측점을 찾아내어 정확히 3차원 모델링 하는 것은 레이저측량이 가지고 있는 큰 장점 중 하나이다.

## 10. 문화재 관측

레이저측량을 이용하면 접근이 어렵거나 문화재 등 보존성의 이유로 대상물에 접촉하지 못하는 구조물의 정확한 형상을 3차원으로 구현할 수 있다. 이렇게 수집된 자료는 디지털 값이므로 자료 보존이 용이하고 이를 이용하여 복구하기 위한 자료로 활용하거나 과거의 여러 자료를 서로 비교하는 데에도 유용한 정보를 제공받을 수 있다.

(1) 성 패트릭 성당

(2) 영국 슈루즈베리 *Shrewsbury* Lord Hill's Column

**그림 4-20. 문화재 관측**

(1) 레이저측량

(2) 복원 전 문화재

(3) 복원 후 문화재

**그림 4-21. 레이저측량에 의한 문화재 복원**

## 11. 기타 적용사례

골프장이나 스키장의 모델링, 컴퓨터 게임에서 활용하는 실제 지형을 응용하는 모델링의 구축, 산사태 위험분석을 위한 경사안정도 평가, 눈의 깊이와 경사 파라미터를 이용한 사고예방, 현실적인 비행 시뮬레이션을 위한 도시 모델링 등에 레이저측량을 이용하여 자료를 구축하면 정확하고 효과적으로 3차원 위치정보를 활용할 수 있다.

그림 4-22. 항공사진과 레이저측량에 의한 3차원 골프장 모델링

## ◯ 단원 핵심 예제

문제 4-1. 다음 중 태양광선이나 전등 빛 등과 비교하여 레이저파의 특성이 아닌 것은?

① 직진성 ② 간섭성 ③ 단색성 ④ 복합성

문제 4-2. 레이저스캐너의 역할에 대한 다음 설명 중 옳지 않은 것은?

① 레이저파가 대상물에 갔다가 도달하는 소요시간을 계산하여 대상물의 위치좌표를 결정한다.
② 레이저 발진 주파수, 지표면의 스캔 간격, 촬영거리를 조절하여 최상의 지표면의 영상을 취득할 수 있다.
③ 레이저를 이용하면 대상면의 2차원 위치결정이 손쉽게 결정된다.
④ 레이저 펄스의 강도를 조정하여 수치표면모형(DSM)과 수치고도모형(DEM)을 따로 얻을 수 있다.

문제 4-3. 다음 설명 중 지상레이저 측량의 설명이 아닌 것은?

① 일반적으로 시간차법을 이용하여 위치를 결정하지만 위상차법이나 삼각법 등 항공레이저의 원리와 비슷한 방식으로 대상의 위치를 결정한다.
② 일반적으로 항공레이저보다 작업비용과 작업시간이 많이 소요된다.
③ 스캔 방식에는 360° 전체를 스캔하는 파노라마 방식과 일정범위를 지정하여 디지털 카메라로 촬영하고 스캔하는 카메라 방식이 있다.
④ 위상차 방식은 대부분 파노라마 스캔을 하고, 펄스 방식은 주로 카메라 방식을 사용한다.

---

답 **문제 4-1.** ④ **문제 4-2.** ③ **문제 4-3.** ②

문제 4-4. 다음 중 위성 레이저측량(SLR, Satellite Laser Ranging)에 대한 설명으로 잘못된 것은?

① 레이저에 의한 거리측정장치를 이용하여 삼변측량에 의해 지상의 두 지점 사이를 수의 정밀도로 관측할 수 있는 기법이다.
② 특수 반사체가 설치된 위성으로 지상에서 극초단파인 레이저를 쏘아 왕복시간을 관측하여 거리를 구하는 방법을 활용한다.
③ 정확한 궤도결정과 중요한 과학 결과물에 활용할 정확한 위치를 얻을 수 있다.
④ 얻어진 수많은 자료 점의 위치를 이용하여 신속히 DEM을 생성할 수 있다.

문제 4-5. 다음 중 위성레이저측량의 활용분야가 아닌 것은?

① 지형도 제작
② 해수면 및 빙하 모니터링
③ 장기간 고체지구역학, 해양, 대기 관측
④ 구조지질학 움직임 연구에 자료 제공

문제 4-6. 다음 중 레이저측량의 활용분야가 아닌 것은?

① GIS 및 지도제작 관련 DEM, DSM 제작
② 삼림, 해안선 관리
③ 환경오염물질의 파악
④ 문화재 복원



답 **문제 4-4.** ④ **문제 4-5.** ④ **문제 4-6.** ③

공간정보핸드북

# 정보의 처리 및 분석

# 지리공간정보시스템

오늘날 우리는 수많은 **정보** 속에서 살고 있다. 책과 경험에서 대부분의 정보를 얻던 과거와는 달리 인터넷이라는 매개체를 활용하면서부터 정보의 홍수 속에 살고 있다고 해도 과언이 아닐 것이다.

과거에는 어떤 대상에 대해 궁금한 것이 있으면 도서관에 가거나, 책이나 신문과 같은 매개체를 통해 정보를 얻었고 이러한 정보를 올바르게 얻어 내는 데에도 무척 많은 시간을 소비하여야만 했다. 지금은 단 몇 초 만에 전 세계의 정보를 두루 검색할 수 있고 오히려 너무 많은 정보 때문에 고민을 하여야 할 정도이다. 현대인들에게는 어쩌면 이렇게 검색해 낸 정보 중에서 어떤 것이 나에게 적절한지, 또 어떤 것이 잘못된 정보를 담고 있는지를 구별해 내는 것이 가장 중요한 일인지도 모른다.

과거에 우리는 우리가 살고 있는 땅의 크기나 부피를 정확히 재기 위해 다양한 방법으로 관측을 하였다. 우리가 살고 있는 지역의 크기와 특성도 알아내고, 우리가 속한 국가의 면적도 계산하고, 또 지구의 모양과 우주의 크기까지 알아내려 많은 노력을 해 왔다. 이러한 여러 방법으로 구한 값이나 정보들이 별로 많지 않았을 때는 자료를 분석하고 결론을 이끌어 내는데 큰 어려움이 없었다. 그러나 수많은 정보가 쏟아지는 현대사회에서는 지속적으로 자료와 정보가 쌓여 비교를 해야 하고 방대한 데이터를 처리하기 위해서는 특별한 도구가 필요하다는 것을 인식하게 되었다.

**지리공간정보시스템**을 활용함으로써 우리는 여러 가지 특수한 목적에 적합한 정보를 골라내고 효과적으로 비교 분석할 수 있으며 이 결과물을 적절히 활용하는 데에도 도움을 받을 수 있다. 또 이를 통해 최적의 결론을 끌어낼 수도 있고 이렇게 도출해 낸 결과를 다른 사람을 이해시키고 설명하기에 가장 좋은 형태의 출력물도 만들어 낼 수 있다.

결국 지리공간정보시스템은 여러 가지 조사와 측량을 통해 얻어 낸 자료를 가공하고 저장하고 조작하고 분석하여 최적의 효과, 극대화된 효용성을 이끌어 내기 위한 학문이다. 이러한 정보시스템은 현재 측량 분야는 물론 그 활용이 미치지 않는 분야가 없을 정도로 다양한 방법으로 활용되는 최적의 결론도출 분석도구라 할 수 있다.

# 1 지리공간정보시스템 개요

지리공간정보시스템(地理空間情報體系)은 GIS(Geographic Information System) 또는 GSIS(Geo-Spatial Information System)로 표현되며, 지구, 지표, 공간, 우주 등 인간이 활동하는 모든 공간에서 다양한 자료를 수집하여 정보화(情報化, informization)하고 이 정보를 컴퓨터에 입력하여 종합적, 연계적으로 처리하는 시공간적(視空間的) 분석을 통해 그 자료의 효율성을 극대화하기 위한 정보 시스템이라 할 수 있다. 이 시스템은 컴퓨터의 하드웨어 및 소프트웨어, 지형공간 자료, 그리고 인적 자원의 3요소가 필수적인 기본요소이다.

## 1. GIS 출현 배경 및 필요성

1970년대 이후 급변하는 사회에서 산업화, 도시화에 따른 방대한 자료를 처리하는데 여러 문제점이 발생하게 되었다. 이러한 문제점들은 주로 제도상의 문제, 내용상의 문제, 그리고 수집한 자료를 활용하는 데에서 발생하는 문제들이었으므로 이들을 해결하기 위한 효율적인 시스템이 필요하였다.

자료를 처리하기 위해 해결해야 할 문제점에는 부서 간에 서로 업무연계가 제대로 이루어지지 않아서 발생하는 업무흐름의 단절, 지역 통계자료의 부족, 시공간적 자료의 부족, 개념이나 기준이 일치하지 않아서 발생하는 신뢰도의 저하, 구축된 자료가 잘 분류되어 있지 않아 발성하는 자료검색의 불편함 등이 있다. 자료의 관리와 활용에 있어서도 자료의 중복조사, 조사된 자료의 분산관리, 자료의 일반적 활용공간의 부족과 같은 사항 등이 해결해야 할 문제점으로 부각되게 되었다.

자료의 양이 급격히 늘어나고 또 이 자료의 처리가 효율적이어야 하는 현실에서는 위에서 설명한 모든 문제가 효과적으로 해결되어야 하고, 수집해 놓은 많은 자료 중에서 쓸모없는 자료를 걸러내어 이용할 수 있는 양질의 자료로 데이터베이스를 구축하여야 한다. 또한 모아 놓은 자료도 제대로 분석할 수 있어야 하며 자료를 수집할 때도 투자나 조사가 중복되지 않는 방법으로 자료를 모으고 이 자료들을 효과적이고 쉽게 묶을 수 있는 도구가 필요하다.

GIS를 통해 의사결정을 하면 신속하고 정확하게 결정을 내리는데 도움이 되는 정보를 제공받을 수 있다는 점과 수치지도를 활용하여 데이터를 구축하고 이 데이터로 지도를 만들 때 제작과 수정시간을 단축할 수 있다는 점 등의 장점이 있다. 또한 GIS를 통해 효과적인 계획과 설계를 수립할 수 있으므로 각각의 자료를 수집하고 유지 관리하는데 시간과 비용이 줄어들 수 있다는 것도 확인되었다. 이 결과 궁극적으로 작업처리 시간이 단축되게 되었고 정보 또는 자료가 표준화되기 때문에 자료가 질적으로 안정되게 구축될 수 있다. GIS를 이용하면 물류비용도 줄일 수 있고 대고객 서비스의 질도 향상시킬 수 있어 자료나 처리에 대한 신뢰도를 향상시키며 복잡한 데이터 분석결과를 시각화할 수 있기 때문에 의사결정에 최적화된 해결책을 제시할 수도 있다.

## 2. GIS의 분류

GIS는 다음과 같이 분류할 수 있다.

| 구분 | 내용 |
|---|---|
| 지리공간정보 시스템 | - GIS, Geographic Information System<br>- 지리공간정보시스템의 시초<br>- 지리공간정보시스템 중 지형과 지리에 관련된 자료만 취급하는 정보시스템 |
| 토지정보시스템 | - LIS, Land Information System<br>- 국가의 주권이 미치는 전 영토를 필지(筆地, parcel) 단위로 구획하여 이 단위로 토지에 대한 이용, 개발, 행정, 다목적지적 등을 다루는 분야<br>- 지형분석, 토지이용 및 개발, 지적 등 토지자원에 관련된 문제 해결을 위한 정보분석시스템<br>- 주로 지적에서 활용하며 다목적 국토정보, 토지이용 계획수립, 지형분석 및 경관정보 추출, 토지부동산 관리, 입체영상 정합기법을 이용한 지형도 및 지적도 제작 자동화 등 지적정보 구축에 활용 |
| 도시정보시스템 | - UIS, Urban Information System<br>- 도시현황 파악, 도시계획, 도시정비, 도시기반시설관리, 도시행정, 도시방재 등 분야에 활용 |
| 지역정보시스템 | - RIS, Region Information System<br>- 건설공사계획 수립을 위한 지질, 지형자료 구축, 각종 토지이용계획 수립 및 관리에 활용 |
| 측량정보시스템 | - SIS, Surveying Information System<br>- 측량성과정보, 측지정보, 사진측량정보, 원격탐측정보를 수집하고 데이터베이스로 구축하여 각종 공사의 입안, 설계, 건설 및 유지관리에 활용하기 위한 시스템<br>- 토털스테이션, GNSS, 항공사진, 원격탐측, 레이저측량 등을 이용한 3차원 위치를 결정하여 GIS의 분석기능을 이용하여 자료활용의 극대화 구현 |
| 도형 및 영상정보시스템 | - GIIS, Graphic/Image Information System<br>- 수치영상처리, 전산도형해석, 전산지원설계, 모의관측 분야에 활용 |
| 자원정보시스템 | - RIS, Resources Information System<br>- 농산자원정보, 삼림자원정보, 수자원정보 등의 정보관리<br>- 위성영상과 지리공간정보시스템을 활용한 농작물 작황조사, 병충해 피해조사 및 수확량 예측, 토질과 지표특성을 고려한 산림자원 경영 및 관리대책의 수립 등을 수행하는 정보체계 |
| 조경/ 경관정보시스템 | - LIS/VIS, Landscape Information System/Viewscape Information System<br>- 수치지형모델, 전산도형 해석기법과 조경, 경관요소 및 계획대안을 고려한 시뮬레이션을 활용하여 최적 경관계획을 수립하고 이 결과를 조경설계, 경관분석, 경관계획에 활용<br>- 3차원 도형해석과 수목, 식재 등을 이용한 조경설계<br>- 도로경관, 교량경관, 터널경관, 도시경관, 하천 및 호수경관, 항만경관, 자연경관 및 경관 개선대책 수립<br>- 산악도로 건설에 따른 외부경관의 변화 예측<br>- 자연경관 보존, 생태계 피해 최소화를 위한 시설물 조경계획 수립 |

GIS를 활용분야에 따라 구분하면 다음과 같다.

| | |
|---|---|
| 환경정보시스템 | - EIS, Environment Information System<br>- 대기오염 정보, 수질오염 정보, 유해폐기물 위치평가 등 각종 오염원의 생성과 관련된 정보를 효율적으로 관리<br>- 자연환경, 생활환경, 생태계 경관변화 예측, 대형 시설물의 건설에 따른 일조량의 변화 등 예측 |
| 지하정보시스템 | - UIS, Underground Information System<br>- 지하시설에 대한 정보를 관리하는 정보시스템으로 지하도로, 상하수도, 통신, 가스 전기, 소방도 등 지하 시설물과 이와 관련되는 지상정보와 연계하여 관리 |
| 해양정보시스템 | - MIS, Marine Information System<br>- 해저영상정보, 해저지질정보, 해상정보 등 관리<br>- 해류흐름의 변동, 수온 분포, 변화조사, 어로자원 이동상황 및 어장현황 예측 등 |
| 국방정보시스템 | - NDIS, National Defense Information System<br>- 가시도 분석, 국방정보자료기반, 작전정보구축에 활용<br>- 인공위성 데이터를 이용하여 전체 지역의 지형도작성, 수치지형모형 중첩에 의한 미사일 공격목표 선정, 최대 공격효과의 예측 등 군 관련 정보를 처리 |
| 재해정보시스템 | - DIS, Disaster Information System<br>- 홍수방재체제 수립, 산불방지대책 수립 및 관리<br>- 수계특성, 유출특성, 강우빈도 및 강우량 등을 고려하여 긴급출동 등의 적절한 방재 대책을 수립 |
| 기상정보시스템 | - MIS, Meteorological Information System<br>- 기상변동 추적 및 일기예보, 기상정보의 실시간 처리, 태풍경로추적 및 피해예측 등에 활용 |
| 교통정보시스템 | - TIS, Transportation Information System<br>- 육상교통관리, 해상교통관리, 항공교통관리, 교통계획 및 교통영향평가 등 처리<br>- 교통량, 노선연장, 운수 및 물류, 도로보수 등의 효과적인 관리 |
| 수치지도제작 및 지도정보시스템 | - DM/MIS, Digital Mapping/Map Information System<br>- 중소축척 지도제작, 각종 주제도 제작에 활용 |
| 도면자동화 및 시설물관리시스템 | - AM/FM, Automated Mapping/Facility Management<br>- 전산도형해석 프로그램을 이용하여 지형정보를 생성, 수정, 합성하여 시설물관리<br>- 지도자료, 시점 및 축척의 변화에 따른 다양한 도면에 대한 정보를 조합하여 출력<br>- 수치적 방법에 의한 지도제작 공정을 자동화하여 시설물관리를 위한 기본도와 현황도 제작 및 대축척 지도제작에 중점<br>- 수치지도에 의해 도면의 생산과 수정을 자동화하고 상하수도, 전화시설, 전력시설, 가스시설, 도로 및 철도시설, 유선방송 관리시스템, 교량유지관리시스템 등 구조된 시설물을 안전하고 안정적으로 관리 |

## 3. GIS의 구성

GIS는 **컴퓨터**와 **데이터베이스**, 그리고 이를 운용하는 **사용자**가 주요 3요소이다. 이 중 컴퓨터는 하드웨어와 소프트웨어로 구성되며 그 세부내용은 다음과 같다.

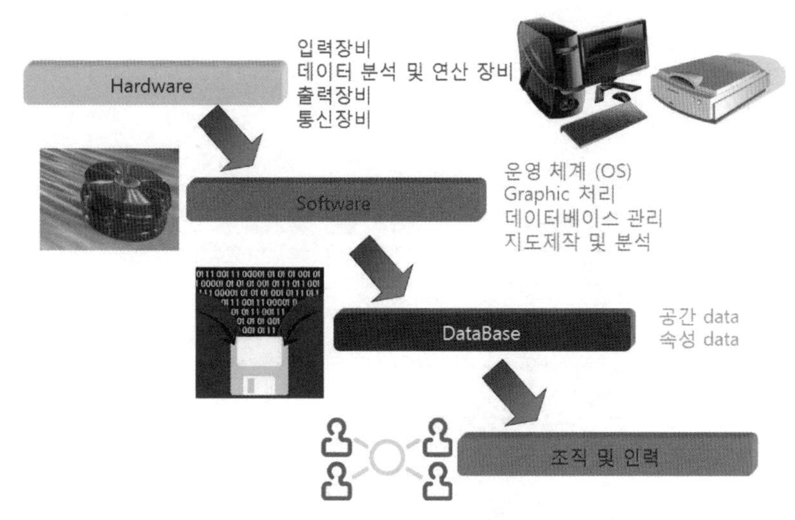


그림 5-1. GIS 구성요소

## 3.1. 컴퓨터

### (1) 하드웨어

컴퓨터 하드웨어(hardware)는 입력장치, 처리장치, 출력장치와 각종 자료를 저장하는 저장장치로 구성되며 중앙집중식과 분산식이 있다.

이 외에도 컴퓨터 간의 통신을 위한 유선 또는 무선 네트워크 장치도 자료를 전송하고 처리하는데 없어서는 안 될 중요한 하드웨어 중의 하나이다.

| 구분 | 내용 |
|---|---|
| 입력장치 | - input device<br>- 종이지도나 문자정보를 컴퓨터에서 활용할 수 있도록 수치화하는 장비<br>- 키보드, 마우스, 스캐너, 디지타이저 등으로 구성 |
| 중앙처리장치 | - CPU, Central Processing Unit<br>- 연산, 통제 및 기억을 담당하는 기계장치 |
| 저장장치 | - storage device<br>- 자료나 연산의 결과를 저장하기 위한 기계장치<br>- 수치정보를 저장하기 위한 하드디스크, CD, DVD, USB 메모리 등<br>- 컴퓨터 내에 저장하여 보관하거나 다른 장치로 자료를 옮기기 위하여 사용 |
| 출력장치 | - printing device<br>- 분석결과를 출력하기 위한 모니터, 프린터, 플로터 등 |

### (2) 소프트웨어

소프트웨어(software)는 컴퓨터에서 사용하는 각종 프로그램을 지칭하는 용어로 시스템을 다루기 위한 프로그램, 하드웨어를 제어하기 위한 프로그램, 그리고 GIS의 사용목적에 활용하기 위한 프로그램들이 있다. 표 5-1에는 일반적인 컴퓨터 관련 소프트웨어를 서술하였고, 표 5-2부터 5-4까지는 대표적인 GIS 프로그램과 데이터베이스 관련 프로그램들을 소개하였다.

**표 5-1. 일반적인 컴퓨터 관련 소프트웨어**

| | |
|---|---|
| 운영체계 | - OS, Operating System<br>- 컴퓨터의 시작, 종료, 저장, 하드웨어의 통제 및 여러 프로그램들을 연결하여 구성하고 GIS 응용 프로그램을 구동하기 위한 프로그램<br>- 마이크로소프트 *Microsoft(MS)*의 윈도우즈 *Windows* 시리즈, 유닉스 *Unix*, *Linux*, *BSD(Berkeley Software Distribution) OS/2* 등 |
| 그래픽 처리 | - 주로 영상을 불러들여 가공하는 영상처리를 담당<br>- 어도비 *Adobe*의 포토샵 *PhotoShop*, 프리미어 *Premiere* 및 일러스트레이터 *Illustrator*, *MS*의 페인트샵 *PaintShop* 등 |
| 데이터베이스 관리 | - 데이터베이스를 구축하고 관리하기 위한 프로그램<br>- 구축된 자료의 검색, 수정, 보완 및 갱신 등의 관리를 담당<br>- 오라클 *Oracle*에서 제작한 오라클, *MS*의 *MSSQL*, *Excel* 또는 *Access* 등 |
| GIS 처리 | - 공간분석, 편집 등을 수행하는 프로그램들로 GIS의 자료입력, 처리, 출력에 활용<br>- *ESRI*의 *ArcGIS*, 인터그래프 *Intergraph*의 *MGE* 등 |

**표 5-2. 시장 점유율이 높은 대표적 GIS 프로그램**

| 소프트웨어 | 제작 회사 | 특 징 |
|---|---|---|
| MapInfo | Pitney Bowes SW | - 3차원 통계분석, 지오코딩 |
| AutoCAD | Autodesk | - CAD와 GIS 자료처리<br>- Map 3D, Topobase, and MapGuide 포함 |
| MicroStation | Bentley Systems | - CAD와 GIS 자료처리<br>- Bentley Map, Bentley Map View 포함 |
| Erdas Imagine<br>ERDAS APOLLO | ERDAS | - GIS, 원격탐측, 사진측량, 영상처리<br>- Leica Photogrammetry Suite, ERDAS ERMapper, ERDAS ECW JPEG2000 SDK 포함 |
| ArcView, ArcGIS | ESRI | - 가장 널리 활용되는 GIS 패키지 |
| IGIS | ScanPoint Geomatics | - GIS 패키지 |
| G/Technology/GeoMedia | Intergraph | - 사진측량과 산업 부문에 활용되는 프로그램 |
| RemoteView | Overwatch | - 미국 정부에서 가장 많이 사용하는 영상분석 프로그램 |
| Smallworld | Smallworld | - General Electric에서 구입<br>- 주로 공공 시설물에 사용 |
| SuperMap | SuperMap Inc | - 아시아와 세계 시장에 대한 데스크톱(desktop)과 GIS 구성요소 공급 |

표 5-3. 시장 점유율은 작지만 주목할 만한 GIS 프로그램

| 소프트웨어 | 제작 회사 | 특 징 |
|---|---|---|
| GMS, WMS, SMS | Aquaveo | - 3차원 매핑기능 탑재 수문해석 프로그램 |
| Cadcorp SIS | Cadcorp | - 다양한 OS 환경에 맞는 프로그램 개발 |
| Maptitude/TransModeler TransCAD | Caliper | - 웹환경에서 CAD 자료 호환 |
| Dragon/ips | Dragon/ips | - GIS 기능이 가능한 원격탐측 프로그램 |
| ENVI | ENVI | - 영상처리, 하이퍼스펙트럴 해석 기능 |
| Field-Map | Field-Map | - 컴퓨터를 활용한 현장자료 취득, 수목 생태계의 도면화 |
| Geosoft | Geosoft | - 천연자원개발 자료처리 소프트웨어 |
| IDRISI | Clark Labs | - GIS와 영상처리 프로그램, 상업용과 교육용 보급 |
| Manifold System | Manifold System | - GIS 소프트웨어 패키지 |
| Netcad | Ulusal CAD | - 데스크톱과 웹기반 GIS 프로그램 |
| RegioGraph | GfK GeoMarketing | - 상업적인 계획과 분석을 위한 GIS 프로그램 |

## 3.2. 데이터베이스

데이터베이스(DB, DataBase)는 자료기반(資料基盤) 또는 자료기초(資料基礎)라고도 하며 여기에는 지도로부터 추출한 도형 및 영상정보와 문헌, 조사, 각종 대장 또는 통계자료로부터 추출한 속성정보가 포함된다. 최근에는 다양한 인공위성에서 촬영된 영상으로부터 많은 정보를 얻고 있다.

DB는 GIS의 가장 핵심적인 요소로서 구축, 유지 및 관리에 GIS에서 가장 많은 시간과 노력 그리고 비용이 소요되는 부분이다. 대표적인 데이터버이스 및 데이터베이스 관리 프로그램을 표 5-4에 수록해 놓았다.

표 5-4. 대표적인 데이터베이스 프로그램

| 소프트웨어 | 제작 회사 | 특 징 |
|---|---|---|
| Spatial Query Server | Boeing | - Sybase 사용 가능 |
| DB2 | IBM | - 공간질의, 공간자료 처리 |
| Informix | IBM | - 공간질의, 공간자료 처리 |
| SQL Server 2012 | Microsoft | - 데이터베이스 프로그램 |
| Oracle Spatial | Oracle | - 대표적인 데이터베이스 프로그램 |
| PostGIS | OSGeo 재단 | - 공개 프로그램인 PostgreSQL에 기반 |
| Teradata | Teradata | - Teradata database 형태로 저장되는 위치기반 자료처리 |
| VMDS | Smallworld | - 관계형 데이터베이스 기술 적용 |

### 3.3. 조직 및 인력

인력은 GIS를 구성하는 가장 중요한 요소로 데이터를 구축하는 분야는 물론 GIS를 실제 업무에 활용하는 사용자 모두를 말한다. 이러한 인력 분야는 시스템을 설계하고 관리하는 전문 인력뿐만 아니라 일상 업무에 GIS를 활용하는 사용자 모두를 포함한다.

## 2 정보의 개념

정보(情報, information)는 GIS에서 자료(資料, data)와 동일한 개념으로 사용되며 지형 및 공간에 관련된 모든 사항을 포함한다. 엄격한 의미에서 자료는 실세계를 표현하는 사항, 숫자 등의 단순한 집합으로 가공되지 않은 상태를 말하고, 이를 가공하거나 위상관계를 구조화시켜 사용할 수 있는 상태로 편집된 자료를 정보라고 구분할 수 있지만, 이 책에서는 자료와 정보 모두 우리가 필요한 목적에 사용하는 공통 개념이라고 파악하여 이 두 가지를 구분 없이 사용하여 서술하고자 한다. 이러한 정보는 그 분야도 광범위하고 종류도 다양하며 각각의 GIS의 목적에 따라 취급하는 정보의 종류도 다르다.

정확하지 못한 정보가 저장되어 활용되면 아무리 성능이 좋은 컴퓨터와 유능한 인력이 투입되더라도 올바른 결과를 도출할 수 없다. 그러므로 정보는 생성 초기부터 많은 관심과 엄밀한 취득방법을 통해 높은 정확도로 생성되어야 한다.

이와 반대로 아무리 정확한 정보가 얻어지더라도 유지 및 갱신이 이루어지지 못하여 최신화된 자료가 아니라면 그 정보는 활용할 수 없는 정보가 된다. 이러한 이유로 정보는 정확하게 얻어져야 할 뿐 아니라 현실에 맞도록 항상 최신화되어 있어야 한다.

### 1. 정보의 종류

GIS의 각종 정보의 효율적인 구성을 위해서는 다양한 종류의 자료가 조합이 되어 저장된다. GIS에서 사용하는 정보는 크게 **위치정보**와 **특성정보**로 대별할 수 있다. 위치정보는 다시 **상대위치정보**와 **절대위치정보**로 구분된다. 특성정보는 **도형정보**, **영상정보**, 그리고 **속성정보**로 분류되며 이렇게 분류된 각각의 정보는 모두 고유한 특성을 가지고 있기 때문에 자료저장, 처리 및 표현에 각각 다른 과정이 필요하다.

#### 1.1. 위치정보

위치정보(位置情報, positional information)는 지도나 영상 위의 점, 선, 면 등의 위치를 2차원이나 3차원 위치로 표현하여 취급하며 이를 기초로 하여 다각형이나 대상물 등 복잡한 지형을 표현한다. 위치정보는 다시 상대위치정보와 절대위치정보로 구분한다.

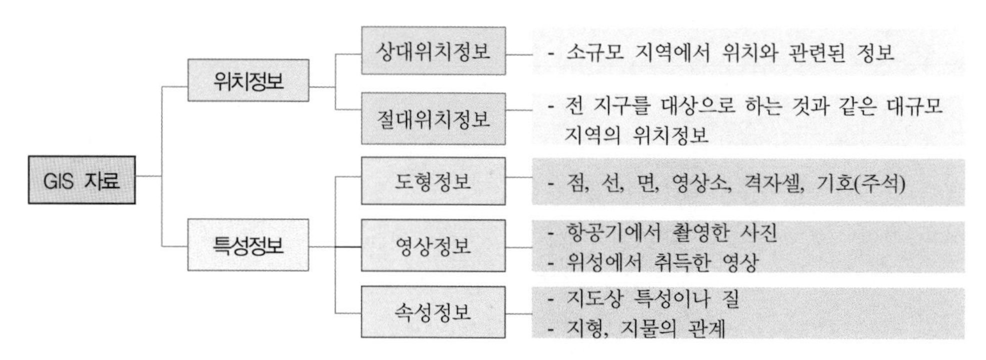


그림 5-2. GIS 자료의 종류

### (1) 상대위치정보

상대위치정보(相對位置情報, relative positional information)는 모형공간 내에서의 위치정보로 특정 공간 안에서 상대적 위치를 결정하고 위상관계를 부여하는 기준이 된다. 상대위치정보는 임의의 지역에 기준을 정하고 그 위치를 기준으로 하여 대상물이 그 기준 위치로부터 얼마나 떨어져 있는지를 표현하는 것으로 기준이 변하게 되면 상대위치값도 변하게 되기 때문에 일반적으로 적은 지역의 위치결정에 국한되어 사용된다.

### (2) 절대위치정보

절대위치정보(絶對位置情報, absolute positional information)는 실제 지구공간상에서의 위치정보를 의미하며 전 지구를 하나로 연결하여 지표, 지하, 해양, 공간 등 지구 및 우주공간의 위치를 기준으로 하여 표현한다. 이러한 절대위치는 경도, 위도, 높이값을 통해 변하지 않는 정해진 좌표계로 항상 일정한 값을 갖는 좌표점을 기준으로 하는 위치이다.

## 1.2. 특성정보

특성정보(特性情報, descriptive information)는 위치정보를 제외한 나머지 정보로 도형정보, 영상정보, 속성정보로 구분할 수 있다.

### (1) 도형정보

도형정보(圖形情報, graphic information)는 지도에 표현된 수치적 설명으로 특정한 지도요소를 의미한다. GIS에서는 이러한 도형정보를 컴퓨터의 모니터나 종이 등에 나타내는 도면으로 표현하기 위해 사용한다. 도형정보는 점, 선, 면 등의 형태나 영상소, 격자셀 등의 격자형, 그리고 기호 또는 주석과 같은 형태로 입력되고 표현된다.

### 1) 점

점(點, point, node)은 기하학적 위치를 나타내는 0차원 또는 무차원 정보이다. 절점(node)은 점의 특수한 형태로 위상적인 연결이나 끝점을 나타낸다.

점에 대한 정보를 분석하기 위해서는 점 사이의 물리적 거리를 관측하는 최근린방법과 대상 영역의 하부면적에서 점의 변이를 분석하는 사지수(quadrat)방법을 사용한다. 최근린방법은 점들 사이의 거리를 기초로 하여 공간적인 접근방법인 유클리드 *Euclid* 기하학을 사용하여 두 점 사이의 거리를 관측하는 방법이다. 사지수방법은 점 표현 양식을 관측하는 가장 간단한 방법으로 한 영역 내의 밀도나 면적 내에 존재하는 점의 수를 세는 것이다. 이 방법은 면적에 따라 변화하는 점밀도 변화의 분포를 조사하는 방법이다.

### 2) 선

선(線, line)은 1차원 표현으로 두 점 사이의 최단거리를 의미한다. 선의 특수한 형태로는 문자열(string), 호(arc), 사슬(chain) 등이 있다.

선 정보를 해석하기 위해 선 자료를 회로로 표현하고 순환성을 갖는 연결을 분석하는 망분석 기법이 있으며, 이러한 선 연결의 성질을 특성화한 것이 조직망 방법이다. 프렉틀 차원은 자기 자신을 계속 축소 복제하여 무한히 이어 가는 성질이 있으며 이 성질을 이용하여 선 자료를 분석하는 기법에 이용한다. 이 외에 도표이론 방법과 형상관측이 사용된다.

### 3) 면

면(面, area) 또는 면적(面積)은 한정되고 연속적인 2차원적 표현으로 경계를 포함하는 것도 있고 그렇지 않은 것도 있다. 모든 면적은 다각형(多角形, polygon)으로 표현된다. 면에 대한 분석을 하기 위해서는 공간적 자동 상관관계를 조사하거나 공간적 상호작용을 분석하는 기법이 활용된다.

### 4) 영상소

영상소(映像素, pixel)는 picture element의 줄임말로 영상을 구성하는 가장 기본적인 구조단위이고 영상에서 눈에 보이는 가장 작은 셀(cell)이다. 이러한 영상소는 2

차원으로 표현되고 **제2장 원격탐측**에서 다루었던 것과 같이 해상도가 높을수록 대상물을 정교하게 표현할 수 있다.

#### 5) 격자셀

격자셀(格子셀, grid cell)은 연속적인 면의 단위 셀을 나타내는 2차원 또는 3차원적 표현으로 GIS에서 주로 사용하는 격자셀의 종류로는 DEM, DSM, DTM 등이 있다.

#### 6) 기호 또는 주석

기호(記號, symbology)는 지도 위에 있는 점의 특성을 표현하는 도형요소이고, 주석(註釋, annotation)은 지도상에 도형으로 표현된 대상물의 이름으로 도로명, 지명, 고유번호, 차원 등을 기록한다.

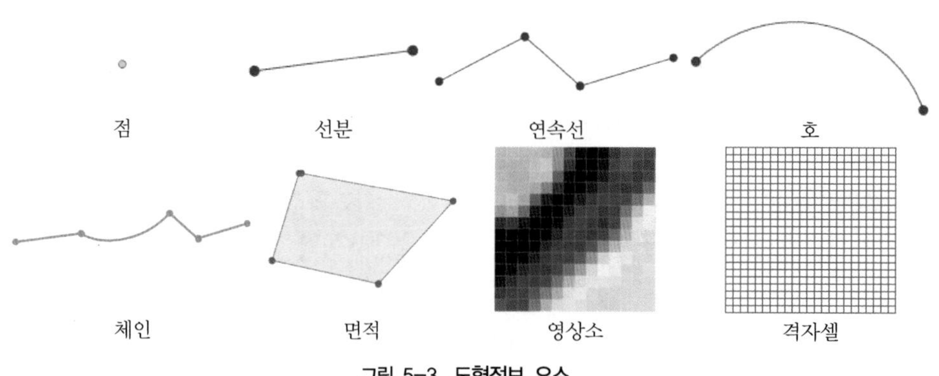


**그림 5-3. 도형정보 요소**

### (2) 영상정보

영상정보(映像情報, image information)는 인공위성에서 취득한 영상이나 항공기에서 촬영한 항공사진을 수치화하여 컴퓨터에 입력하는 자료이다. 이러한 영상은 과거에 스캐너와 같은 입력장치로 읽어서 컴퓨터에서 처리하기 위한 형태로 입력되었으나 최근에는 수치영상으로 촬영된 위성영상이나 항공사진을 별도의 변환이나 입력장치의 도움 없이 바로 컴퓨터에 입력할 수 있다.

영상정보는 영상소 단위로 형성되며 격자형 또는 격자방안형 형태인 2차원 배열로 자료가 처리되고 조작된다. 영상정보는 사진측량기법 및 원격탐측 기법을 활용하여 사진이나 영상에 나타난 대상물의 정확한 위치관계와 그 특성을 해석하는데 이용된다.

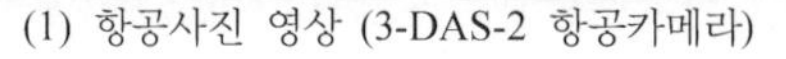

(1) 항공사진 영상 (3-DAS-2 항공카메라)　　(2) 인공위성 영상 (GeoEye 위성)

**그림 5-4. 영상정보**

### (3) 속성정보

속성정보(屬性情報, attribute information)는 지도형상의 특성, 질, 관계와 지형적 위치를 설명하는 자료이다. 이 자료는 문자와 숫자가 조합된 구조로 행렬의 형태로 저장된다. 속성정보에는 속성(attribute), 지형참조 자료(geographically referenced data), 지형색인(geographic index), 공간관계(spatial relationship)가 포함된다.

속성은 도형요소에 의해 나타난 성질을 문자나 숫자의 형태로 설명하는 것이고 지형참조 자료는 물리적이거나 인공적인 고유의 지형위치를 설명한다. 지형색인은 지형인식을 위해 기초가 되는 자료와 지도형상을 특정 지역에 가져다 놓는데 사용되며, 공간관계는 지도형상의 관계와 연계성 및 인접성을 설명하는데 이용한다.

## 1.3. 위상구조

토폴로지(topology)는 그리스어의 *topos*와 *logos*를 합성한 용어로 공간 속의 점, 선, 면 및 위치 등에 관하여 양이나 크기와는 관계없이 형상이나 위치관계를 표현하는 기법이다. 토폴로지를 우리말로 번역할 때 위상구조(位相構造), 위상관계(位相關係) 또는 위상기하학(位相幾何學)이라 하며 이는 위치와 형상의 관계 또는 그에 상응하는 기하학을 의미한다.

현대의 정보시스템으로 처리되는 여러 자료와는 달리 GIS에서 활용되는 지형 및 공간자료에는 위치, 위상관계의 연결성(topological connection), 대상물의 특성에 대한 자료들이 포함되어야 하기 때문에 그 표현과 자료구조가 매우 복잡하다. GIS 자료의 처리에는 지형적인 측면과 공간적인 측면이 함께 고려되어야 하므로 그래프와 지도에 대해 잘 연결할 수 있도록 설계된 시스템이 필요하며 이는 지표면의 위치와 연관성이 있다.

### (1) 정의

위상구조는 공간관계를 정의하는데 사용되는 수학적 방법으로 입력 자료의 위치를 좌표값으로 인식하여 각각의 자료정보를 상대위치로 저장하고, 선의 방향, 특성들 간의 관계, 인접성, 연결성, 포함성 등을 정의하는데 사용된다.

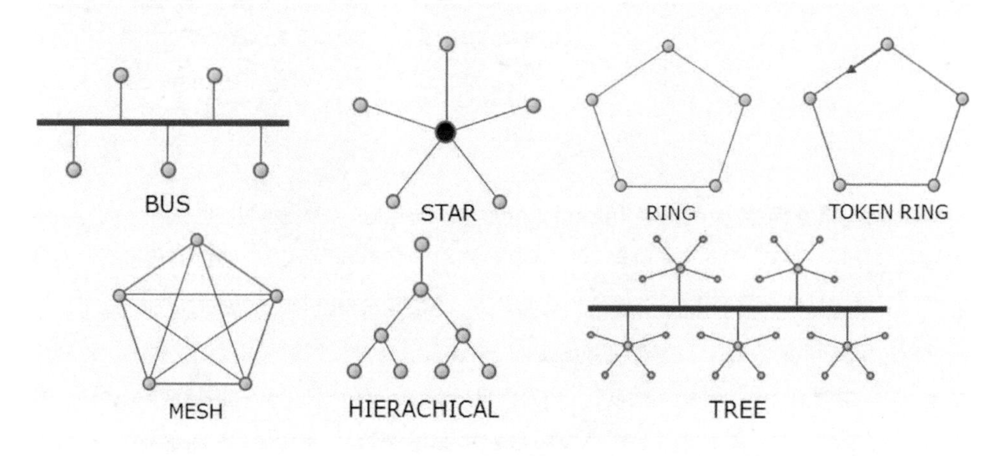


그림 5-5. 각종 위상구조

### (2) 위상관계 모델

#### 1) 인접성

인접성(隣接性, adjacency)은 어떠한 객체에 대하여 접촉하여 있는 위치를 설명하는 형식으로 인접성으로 표현된 위상관계는 인접 객체를 연결하는데 사용된다. 그림 5-6 (1)은 오른쪽, 왼쪽 다각형이 하나의 체인(chain)을 사이로 서로 인접되어 데이터베이스에 기록된 속성을 표현한 것이다.

#### 2) 연결성

위상관계의 연결성(連結性, connectivity)은 연결된 전체 객체의 연결정보를 표현하는데 사용된다. 그림 5-6 (2)는 절점 ①에 대하여 체인 A, B, C가 연결된 형태를 유지하며 데이터베이스에 기록된 예를 표현한 것이다. 이러한 연결성을 분석하여 체인 A가 절점 ①을 경유하여 다른 체인들과 연결된다는 것을 확인할 수 있다.

#### 3) 포함성

포함성(包含性, containment)은 다각형 내부에 포함되는 상관관계를 표현하는 것으로 그림 5-6 (3)은 다각형 A가 그 내부에 다각형 B를 가지고 있다는 것으로 표현된 것이며 이러한 포함성은 상호 포함관계를 정의한다.

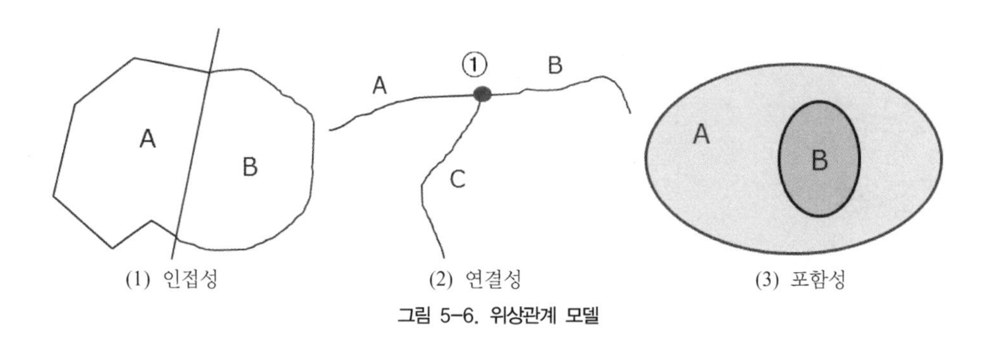


그림 5-6. 위상관계 모델

### (3) 위상관계의 장점

위상관계를 정립함으로써 얻을 수 있는 장점은 다음과 같다.

| - 지능형 벡터(intelligent vector)로 자료 연결 |
|---|
| - 공간관계의 자동인식 |
| - 각각의 객체들은 다른 객체들에 연결되며 그들 서로를 결합하는 다중연결 가능 |
| - 편리한 프로그래밍 |

### (4) 위상구조 제작 과정

위상구조는 다음의 두 가지 단계를 거쳐 생성된다.

#### 1) 정위치 편집

정위치 편집(正位置 編輯)은 지리조사 및 현지 보완측량 자료를 이용하거나, 도화 성과 또는 지도자료 입력성과를 이용하여 과장되거나 전이 또는 삭제된 부분을 수정하고 보완하는 작업을 수행한다. 이러한 정위치 편집은 새로운 데이터를 정확한 도면에서 연합시키는 것도 포함되고 자료층인 레이어(layer) 코드를 정확히 통합하는 과정은 물론 문자와 같은 비도형 자료의 정위치 편집도 포함된다.

**2) 구조화 편집**

구조화 편집(構造化 編輯)은 자료 간의 지리적 상관관계를 파악하기 위해 실시하는 작업으로 여러 도면을 병합하는 과정에서 인접한 도면들의 도형구조를 결합하는 과정이다. 구조화 편집은 정위치 편집이 완료된 도형자료인 지형, 지물을 기하학적 형태로 구성하여 속성자료와 연결시키는 링크(link) 작업이다. 이 작업에는 도면을 구성하는 선과 면의 기하학적 구조와 위상의 논리 구조를 연결하는 작업, 인접도면 경계의 접합, 도면의 접합에서 비도형자료를 통일하는 작업도 포함된다.

## 2. 정보의 구조

### 2.1. 파일 구조

파일은 기록, 영역, 검색자로 구성된다.

(1) 기록

컴퓨터에 의해 자료들이 저장되는 경우 서로 관련이 있는 자료항목들은 그룹을 이룬 형태로 저장된다. 기록(記錄, record)은 표 내에서 행(行, row)이라고 하며 특성요소에 대한 정보를 표현한다. 다음 그림에 나타난 바와 같이 기록 1(Record #1)에는 김소윤이라는 학생에 대한 정보가 들어 있다.

| | 이름 ⇩ | 전공 ⇩ | 학번 ⇩ | 성별 ⇩ |
|---|---|---|---|---|
| Record #1 | 김소윤 | 건설환경공학과 | 15030002 | 여 |
| Record #2 | 배준식 | 건설시스템공학전공 | 201220474 | 남 |
| Record #3 | 강현준 | 토목공학과 | 11030002 | 남 |
| Record #4 | 이유나 | 건설환경공학과 | 15030039 | 여 |
| Record #5 | 이동욱 | 토목공학과 | 11030037 | 남 |
| Record #6 | 이지석 | 건설시스템공학전공 | 201220481 | 남 |

그림 5-7. 자료파일 내의 기록의 구성

#### (2) 영역

하나의 기록은 여러 개의 영역(領域, field)으로 구성되고 각각의 영역은 자료의 항목(item)을 포함한다. 위 그림 5-7에서 이름, 전공, 학번, 성별이 영역으로 표현되어 있다.

#### (3) 검색자

검색자(檢索字, key)는 자료파일을 검색하기 위해 사용되는 특별한 키워드(keyword)로 위 그림에서는 이름을 검색자로 볼 수 있으며 그 외의 영역들은 속성영역(attribute field)이라고 한다.

### 2.2. 데이터베이스

데이터베이스(DB, DataBase)는 서로 연관성이 있는 특별한 의미를 갖는 자료의 모임을 뜻한다. 이러한 데이터베이스의 구축은 GIS 사업에서 가장 많은 비용과 시간이 소요되는 요소이다. 따라서 구축 전에 사용목적에 대해 개발자와 사용자가 충분히 논의한 후에 데이터베이스의 설계가 이루어지고 구축되어야 한다. GIS 사업에서의 실패사례 중 가장 많이 빈번한 사례가 데이터베이스 설계문제로 인하여 발생하였다는 사실을 고려한다면 데이터베이스의 구축과 유지관리가 GIS 전체에서 어떤 비중을 차지하는지 쉽게 이해될 것이다.

#### (1) 데이터베이스 특징

데이터베이스는 다음과 같은 특징을 갖는다.

| 장 점 | 단 점 |
|---|---|
| - 자료의 집중이 가능<br>- 자료가 표준화되고 구조적으로 저장<br>- 원천이 다른 자료도 한 DB 내에서 연계가 가능<br>- 자료의 검색과 정보추출이 신속하고 용이<br>- 많은 사용자가 동시에 사용 가능<br>- 다양한 응용 프로그램에서 서로 다른 목적으로 편집되고 저장 가능 | - 관련 전문가 필요<br>- 초기 구축비용 및 유지관리 비용 고가<br>- 제공되는 정보의 가격이 고가<br>- 사용자는 DB 구축을 위해 정해진 자료의 흐름 파악과 구성 구비 필요<br>- 자료의 분실 및 망실에 대비한 보완 조치 필요 |

#### (2) 데이터베이스 모델

데이터베이스 모델에는 평면파일구조, 계층형구조, 망구조, 관계구조 등이 있다.

### 1) 평면파일구조

평면(平面)파일구조(flat file model structure)에서는 모든 기록들이 같은 자료항목을 가지며 검색자에 의해 정해지는 자료항목에 따라 순차적으로 배열된다. 이러한 기록들에 대한 검색(query)은 순차적인 탐색이나 이진법에 의한 탐색, 색인을 기준으로 한 탐색 등을 통해 이루어진다.

평면구조는 어떤 기록을 검색할 때 검색자를 사용하기 때문에 검색이 신속히 수행되며 구조가 간단하므로 프로그램을 작성하기 쉽다는 장점이 있다. 단점으로는 주어진 기록에 대한 자료항목이 다양한 값을 가질 경우 처리가 곤란하고 프로그램 작성이 어려워진다는 점, 새로운 자료항목의 추가나 자료항목의 길이를 확장시키려 할 때 프로그램을 변형하여야 한다는 점 등이 있다.

### 2) 계층형구조

계층형구조(階層形構造, hierarchical structure)는 여러 자료항목이 하나의 기록에 포함되고, 파일 내에 저장된 각각의 기록은 각기 다른 파일 내의 상위 계층의 기록과 연관을 갖는 구조로 이루어져 있다. 그리고 이러한 연관은 지시자(指示子, point)를 이용하여 낮은 단계의 기록과 높은 단계의 기록을 연결시킨다.

이 구조의 장점은 다양한 기록이 다른 파일에 있는 기록과 서로 연관이 있으므로 일률적인 기록의 추가와 삭제가 용이하다는 점, 그리고 높은 단계의 기록을 통해 하위구조로 접근하면 자료의 검색속도가 빨라진다는 점 등이다.

반면, 자료에 대한 접근은 지시자에 의해 설정된 경로를 통해야만 하므로 관련 기록을 검색하기 위해서는 상위 단계의 기록을 먼저 검색한 후에 하위 구조의 검색이 가능하다는 단점이 있다. 또 상위단계의 기록들이 서로 연관되어 구축되어야만 하위 단계의 기록들 내에 있는 동일 자료에 대한 검색이 가능하며, 지시자를 사용하기 위해서는 데이터베이스 내에 지시자를 저장하기 위한 공간이 확보되어 있어야 한다.

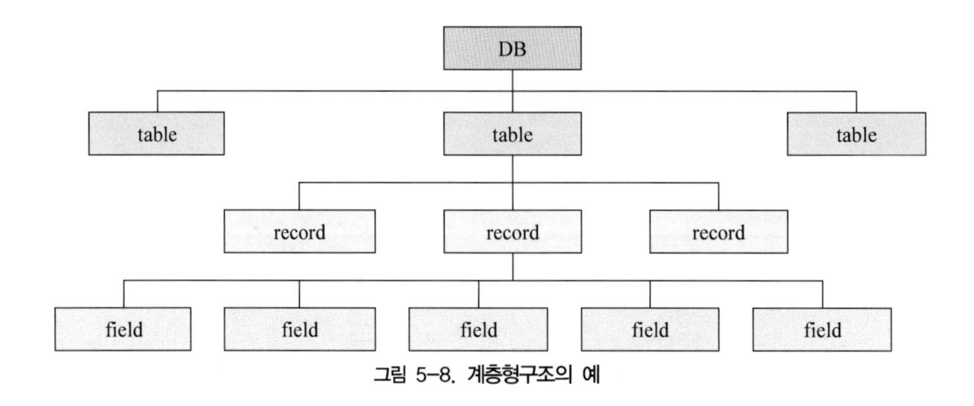


그림 5-8. 계층형구조의 예

### 3) 망구조

망구조(網構造, network structure, 또는 조직망 구조)에서의 기록은 다른 파일에 있는 하나 이상의 기록들과 연관을 가지고 있으며 다른 파일에 있는 기록들과 연관시키기 위해서는 계층형구조와 마찬가지로 지시자가 필요하다.

망구조는 다른 파일 내에 있는 기록에 접근하는 경로가 다양하고 기록들 사이에 다양한 연관이 있더라도 반복하여 자료항목을 생성하지 않아도 된다는 것이 장점이다. 따라서 망구조는 하나의 파일에 들어 있는 기록에 변화가 발생하여도 다른 파일을 사용하는 프로그램에는 영향을 미치지 않으며, 기록이 추가되거나 삭제되면 서로 다른 자료 내에 있는 기록 사이의 연관성을 정의하는 지시자가 자동적으로 변환된다는 장점이 있다.

단점으로는 시간의 흐름에 따라 자료이용 영역이 확대되고 이를 통해 연관성은 더욱 복잡한 양상을 띠게 되며, 새로운 연관성을 위해서 자료가 재구성되므로 이러한 새로운 구성을 위해 또 다른 새로운 연관성을 규정하는 것이 어렵다는 점이다. 망구조에서는 계층형구조와 마찬가지로 커다란 데이터베이스로 구성되는 복잡한 자료체계 내에 지시자를 저장하기 위한 충분한 저장공간이 필요하다.

### 4) 관계구조

관계구조(關係構造, relational structure) 내에서 자료항목들은 표(table)라고 불리는 서로 다른 평면구조의 파일에 저장되고, 표 내에 있는 각각의 사상(事象, entity)은 반복되는 영역이 없는 하나의 자료항목구조를 갖는다. 이러한 표들은 횡방향으로 주어진 값들과 연관을 맺게 되며 표와 표 사이의 새로운 관계를 형성함으로써 새로운 구조에 대한 응용이 가능하다.

관계구조의 장점은 기술자가 아닌 일반 사용자도 자료에 대한 접근이 용이하고, 새로운 기록이나 자료항목이 추가되거나 기록들 간의 새로운 관계가 설정되더라도 기존의 프로그램에는 영향을 미치지 않는다는 것이다. 이 구조에서는 자료나 기록들 사이의 논리적인 관계에는 영향을 미치지 않은 상태에서 물리적인 자료저장방식만 변화될 수 있다.

단점으로는 커다란 표 사이에 새로운 관계를 정립하기 위해서 많은 처리시간이 필요하며, 표 내의 기록들에 대한 접근은 순차적으로 수행되므로 처리 속도가 느리다는 것이다. 하드디스크와 같은 저장매체에 저장되어 있는 자료의 양은 처리시간에 많은 영향을 미치게 되어 사용자가 각 항목들 사이의 불필요한 관계를 설정하게 될 때 이러한 기록들 사이에는 높은 정도의 연관관계가 있기 때문에 논리적인 오류가 발생할 수도 있다.

## 2.3. 데이터베이스 관리시스템

데이터베이스 관리시스템(DBMS, DataBase Management System)은 자료의 저장, 조작, 검색, 변화를 처리하는 특별한 소프트웨어를 사용하는 컴퓨터 프로그램의 일종으로 정보의 저장과 관리와 같은 정보관리를 목적으로 하는 프로그램이다. 따라서 DBMS는 조작자와 하드웨어 사이에서 사람의 논리적인 요청을 컴퓨터 언어로 번역해 주고 데이터의 입출력을 관리해 주는 소프트웨어라 할 수 있다.

초기의 DBMS들은 단순한 기억장치관리 정도만 수행하였지만 현재는 훨씬 더 정교한 작업을 하여야 하므로 응용 프로그램이 수행해 왔던 여러 작업을 대신 수행하기도 한다. 빠르고 효율적인 검색을 위해 색인(索引, index)을 관리하며, 동시에 데이터베이스에 접근하는 사용자들의 충돌을 방지하기도 하고, 데이터의 안전을 위해 보안검사, 자동백업, 복제 등의 다양한 기능도 제공한다.

DBMS는 게임이나 워드프로세서(word process) 등과 같이 사용자가 직접 프로그램을 사용하여 파일을 직접 입력, 편집, 저장하는 등의 기능을 갖는 소프트웨어는 아니지만 데이터 관리를 위해 백그라운드에서 동작하여 다른 응용 프로그램에게 서비스를 해 주는 프로그램이다. 따라서 DBMS는 대용량의 자료를 처리할 수 있어야 하고, 고도의 신뢰성이 요구되며, 철저한 안정성이 보장되어야 한다. 동시에 효율적으로 동작해야 하므로 DBMS는 소프트웨어 기술의 총체라고 할 수 있다.

### (1) 데이터베이스 관리시스템의 기능

DBMS에서는 파일의 조작과 관리가 가능하다. 파일 관리시스템(file management system)은 구조화된 데이터베이스만 필요로 하는 것은 아니지만, 복잡한 파일조작 시스템에서는 사용자의 요구에 따라 자료의 입력과 검색을 조작하며 일반적인 목적에 사용되는 자료조작을 실행한다.

데이터베이스 운영시스템(database operation system)은 여러 가지 보안기능을 수행하게 되는데 그중 하나가 특정한 사람에게만 자료의 특성을 바꿀 수 있는 권리를 부여하여 자료가 변질되는 것을 방지하는 기능과 같은 것들이다. 이 시스템은 사용자가 언제라도 자료에 대한 접근을 할 수 있도록 자료를 유지하며 암호를 알고 있는 사람만이 특정한 조작을 할 수 있도록 통제한다.

### (2) 데이터베이스 관리시스템의 목적

DBMS는 다양한 접근방법을 통해 자료에 접근할 수 있도록 자료를 구조화하며 언제 응용을 하더라도 이와 무관한 형태로 자료를 저장하여 다른 분야로의 응용이 가능하도록 하기 위해 활용된다. 또한 DBMS는 자료에 대한 접근을 조절하며 새로운 자료의 추가와 삭제를 포함한 자료의 갱신이나 변화를 용이하게 할 목적으로 운용된다.

다시 정리하면 DBMS는 자료의 중복을 최소화하여 검색시간을 단축시켜 최종적으로 작업의 효율성을 향상시킬 목적으로 개발되었다.

### (3) 데이터베이스 관리시스템의 설계

자료조사를 통해 얻어진 자료는 사상(事象, entity)과 속성(屬性, attribute)을 가지게 된다. 여기서 사상이란 존재의 형상을 의미하고 속성은 특징에 대한 개념을 의미한다.

자료는 자료에 대한 개념적인 모델을 형성하여 모델링되며 이 모델링 과정에서 주로 서로 다른 사상과 그에 따른 속성들 사이의 관계설정에 중점을 두고 있다. 데이터베이스 설계단계에는 DBMS를 위한 실제적인 데이터베이스가 제작되는 것도 포함된다.

데이터베이스의 감시(monitoring)는 시스템이 소요목적에 맞도록 작동되는지를 점검한 후 원래의 목적과 다른 부분에 대한 수정작업을 수행하게 된다.

### (4) 데이터베이스 관리시스템의 종류

#### 1) 단순파일 시스템

단순파일 시스템(simple filing system)은 두 가지 종류의 파일로 구성되는데, 첫 번째 파일에는 알파벳과 같이 순차적으로 자료가 저장되고, 둘째 파일에는 그에 따른 속성값이 순차적으로 기록되는 형태로 데이터가 저장된다. 이 시스템은 자료 사이에 많은 중복이 발생한다는 단점이 있다. 이러한 문제점 때문에 DBMS가 유연성을 갖지 못하게 되며 변형과정에서 많은 비용과 시간이 소비된다.

#### 2) 계층형 데이터베이스 관리시스템

계층형 데이터베이스 관리시스템(HDBMS, Hierarchical DataBase Management System)은 계층구조 내의 자료들이 논리적으로 관련이 있는 영역으로 나누어지며 하나의 주된 영역 밑에 나머지 영역들이 하위 계급을 형성하듯이 뿌리, 줄기, 잎과 같은 나뭇가지의 형태로 배열되는 형태이다.

#### 3) 망구조 데이터베이스 관리시스템

망구조 데이터베이스 관리시스템(NDBMS, Network DataBase Management System)은 계층형과 유사하지만 망을 형성하는 것처럼 파일 사이에 다양한 연결이 존재한다는 점에서 계층형과 차이가 있다. 따라서 사용자는 특정한 파일에 직접 접근할 수 있게 되며 파일의 상층부에서 하층부에 이르기까지 시스템 전체에 대한 탐색을 수행할 필요 없이 검색하고자 하는 자료에 바로 접근할 수 있다. 이 시스템은 데이터 모델링이 복잡하여 사용이 일반화되지 않고 있다.

#### 4) 객체지향형 데이터베이스 관리시스템

객체지향형 데이터베이스 관리시스템(OODBMS, Object Oriented DataBase Management System)은 객체지향(object oriented)에 기반을 둔 논리적 구조를 가지고 개발된 관리시스템이다. 이 시스템은 객체로서의 모델링과 데이터 생성을 지원하는 데이터베이스 관리시스템으로 객체들의 클래스를 위한 지원의 일부 종류와 클래스 특질의 상속, 그리고 서브클래스와 그 객체들에 의한 기법 등을 포함한다.

#### 5) 관계형 데이터베이스 관리시스템

관계형 데이터베이스 관리시스템(RDBMS, Relational DataBase Management System)은 영역들이 갖는 계층구조를 제거하여 시스템의 유연성을 높이기 위해서 만들어진 구조라고 할 수 있다. 이 시스템은 논리적 구조가 테이블(table)의 형태로 비교적 간단하며 데이터베이스 프로그램 언어인 SQL(Structured Query Language)을 지원한다. 데이터의 무결성, 보안, 권한, 트랜잭션 관리, 록킹(locking) 등 이전의 응용분야에서 처리해야 했던 많은 기능들을 지원하는 시스템이다.

데이터베이스는 테이블들로 구성되고 행(row)의 레코드는 열(column)의 필드로 구성되며 필드는 단지 하나의 데이터 항목을 포함하는 자료구조를 갖는다. 이 시스템을 사용하는 데이터베이스 관리 프로그램의 종류로는 Oracle, DB2, Informix, Sybase, SQL Server 2000 등이 있다.

#### 6) 객체관계형 데이터베이스 관리시스템

객체관계형 데이터베이스 관리시스템(ORDBMS, Object Relational DataBase Management System)은 객체지향형과 관계형의 장점들을 수용하여 새롭게 개발한 DBMS이다.

Oracle 8i/9i, Universal Server, Postgress 등의 프로그램으로 설명되는 이 시스템은 관계형 데이터 모델을 그대로 활용하여 어렵고 까다로운 객체지향형의 데이터 모델링 문제를 해결하도록 개발되었다. 또한 관계형 데이터베이스의 중요한 문제점들인 반복그룹, 포인터 추적, 자료형의 한계를 제거하였으며 기존의 RDBMS를 기반으로 하는 많은 DB시스템과의 호환이 가능하다는 장점이 있다.

### (5) 데이터베이스 관리시스템 소프트웨어

현재 널리 사용되고 있는 DBMS의 종류는 각 회사별, 특성별로 다양하게 보급되어 사용되고 있다. 어느 정도 규모를 갖는 소프트웨어 제작사들은 고유의 데이터베이스를 거의 하나씩 다 보유하고 있을 정도로 많은 DBMS가 존재한다. 현재 많이 사용되는 DBMS 프로그램은 관계형 데이터베이스 관리 프로그램과 상당부분 유사한 프로그램들이다.

#### 1) Oracle

오라클은 최초의 상업용 제품으로 발표된 관계형 데이터베이스로 오랜 역사만큼 기능적으로 우위에 있고 시장 점유율도 높다. 이 DBMS 프로그램은 1979년에 처음 발표되었다. 대용량 처리, 작업의 안정성은 물론 다양한 운영체제에서 활용되며 이식성, 효율성 등 모든 측면에서 우수하다. 그러나 가격이 비싸고 처음 배우기가 까다로워 개인 사용자보다는 기업에서 주로 사용하는 제품이다.

#### 2) SQL Server

이 소프트웨어는 마이크로소프트 *Microsoft*와 사이베이스 *Sybase*가 공동으로 만든 DBMS이며 현재는 MS 단독으로 개발하여 2012년 SQL Server 2012가 출시되었다. 이 프로그램은 OS를 제작하는 마이크로소프트에서 제작하였으므로 윈도우즈 환경에서는 가장 좋은 성능을 갖지만 윈도우즈 외의 환경에서는 사용할 수 없다는 것이 큰 단점이다. 사용자 메뉴가 깔끔하고 다양한 기능이 제공되어 데이터베이스를 처음 배우기에 적합하다. 시장 점유율이 아직까지 높지 않지만 사용자 폭을 꾸준히 넓혀 가고 있다.

#### 3) DB2

DB2는 IBM에서 1983년에 발표한 관계형 DBMS이다. 대용량 데이터 처리에 우수한 성능을 보이며 리눅스 *Linux*, 유닉스 *UNIX*와 IBM 계열에서의 사용은 물론 윈도우즈와 선 *Sun* 등 다양한 운영체제를 지원한다. 현재 오라클에 이어 시장 점유율 2위를 차지하고 있다.

#### 4) Informix

인포믹스는 유닉스 시스템에서 활용하기 위해 개발된 세계 최초의 RDBMS로 1981년 발표되어 현재까지 사용되는 대표적인 DBMS 중의 하나이다. 이 프로그램은 표준 SQL을 지원하는데 효과적이며 오라클, DB2와 함께 3대 DBMS로 불린다.

이 프로그램은 인터넷에서의 활용을 최적화하기 위해 개발된 Foundation을 이용하여 비디오, 영상, HTML, 지리정보 및 기타 여러 복잡한 데이터를 신속하고 효율적으로 통합할 수 있다. 이러한 트랜잭션 엔진을 웹으로 확장하는데 필요한 전문 툴을 제공하여 서버 관리 데이터를 자바(Java)나 COM+ 프로그램 기능과 통합하도록 지원하므로 효율적인 인터넷 활용이 가능하다.

5) MySQL

위에서 설명한 여러 프로그램들이 상용 프로그램인데 반해 MySQL은 공개 프로그램으로 상업적 목적이 아니면 누구나 프로그램을 인터넷상에서 내려 받아서 자유롭게 사용할 수 있다. SQL을 처음 배우는 사람에게 적합하며 소스까지도 공개되어 있다. 표준 SQL을 잘 지원하며 다양한 기능을 제공하지는 않지만 속도는 위에 언급한 프로그램보다 빠르며 다양한 운영체제를 지원한다는 것도 큰 장점이다.

이 외에 볼랜드 *Borland*의 인터베이스 *Interbase*, 리눅스 *Linux*에서 주로 사용되는 postgreSQL, 국산 소프트웨어인 티맥스 *Tmax*, 큐브리드 *Cubrid*, 티베로 *Tibero*, 리얼타임테크의 카이로스 *Kairos Spatial DBMS* 등이 있다.

## 3. 정보의 교환

### 3.1. 의사결정지원시스템

어떠한 계획을 결정하기 위해서 의사결정자들은 여러 형태의 이해와 요구를 참고하여 공통된 목표를 위해 결정을 내리게 된다. 하지만 특수한 경우에는 해결하기 어려운 문제들이 발생하여 의사결정을 방해하는 요인으로 작용하기도 한다. 이러한 경우를 대비하여 해석적 모델링(analytical modeling)과 같은 결정탐색 과정을 도입하여 의사결정에 도움이 되도록 지원하는 시스템을 의사결정지원시스템(DMSS, Decision-Making Support System)이라고 한다.

#### (1) 의사결정지원시스템의 요건

의사결정지원시스템이 원활히 사용되기 위해서는 다음과 같은 사항이 갖추어져 있어야 한다.

**1) 상호작용을 통한 처리능력**

의사결정지원시스템은 완전한 자료처리시스템으로 작용하는 것이 아니라 비정형적·비구조적 문제의 해결을 위해 다양하게 변화하는 상황 속에서 작용한다. 따라서 의사결정자와 의사결정지원시스템이 서로 대화하면서 상호작용을 통한 처리 방식으로 지원하여야 한다.

#### 2) 질의능력

의사결정자는 언제나 처리과정 모두를 파악하여야 하며 필요한 경우 특정 사항에 대해 문의나 응답을 얻어 낼 수 있는 질의능력을 갖추고 있어야 한다.

#### 3) 적용적 시스템

의사결정지원시스템은 문제에 따른 상황의 변동에 대해서 즉각적인 조정전환이 가능한 적용적 시스템을 갖추고 있어야 한다. 의사결정 과정에서는 모든 내용이 예견될 수 없고 과정의 진행에 따라 변화하는 대응이 결과에 큰 영향을 미친다는 점을 감안하면 이러한 사항은 필수적이다.

#### 4) on-line 시스템

의사결정지원시스템은 충분한 자료를 on-line 시스템으로 연결하여 모든 의사결정 단계에서 적절한 자료의 활용을 수행할 수 있어야 한다.

#### 5) 반복설계

의사결정지원시스템은 분석, 설계, 구축, 수행까지의 과정을 하나의 연결된 단계로 파악하여 수차례에 걸친 반복을 되풀이하는 반복설계를 전제로 한다.

### (2) 의사결정지원시스템의 특징

의사결정지원시스템은 의사결정가와 문제 사이의 목표가 완전하게 정의되지 않아 구조화가 이루어지지 않은 문제들을 해결하기 위해 제작되었다. 이 시스템은 다양한 활용성이 요구되며 사용하기 편한 사용자 상호연결장치(user interface)를 내포하고 있다. 이 시스템을 통하여 사용자는 해석적 모델과 자료를 다양한 방식으로 조합하고 일련의 실행 가능한 대안들을 만들기 위한 모델을 이용한다.

의사결정지원시스템에서는 다양한 의사결정형태를 지원하고 사용자의 요구에 부합하는 새로운 능력을 제공하기 쉬운 형태로 변경하는 것이 가능하다. 또한 이 시스템을 통하여 상호작용적이고 반복적인 문제가 해결될 수 있으므로 다양한 경로를 통한 의사결정과정이 의사결정지원시스템에 포함되어 있다.

## 3.2. 전문가시스템

전문가시스템(專門家시스템, experts system)은 자료생성 시스템의 하나로 인공지능 기술의 응용분야 중 가장 활발하게 사용되는 분야이다. 전문가들이 특정분야에 대하여 가지고 있는 전문적인 지식을 정리하여 컴퓨터에 저장하고 일반인도 이 전문지식을 이용할 수 있도록 유도하는 시스템이 전문가시스템이다.

GIS의 자료를 정리하는 과정에서는 분류되지 않은 많은 양의 자료가 정보시스템에 입력되어 있고 사용자는 필요한 것을 검색하기 위해 여러 연산법들을 정의해야 한다. 전문가들만이 수행할 수 있는 이러한 해결방법을 비전문가가 활용한다는 것은 복잡한 문제일 뿐 아니라 그 결과도 바람직하지 못할 때가 많다.

데이터베이스의 구성, 설계 및 활용부분에서 해결방안을 시각적으로 찾아내기 어려운 비전문가를 위하여 전문가의 지식이나 경험을 일종의 데이터로 구축해 놓음으로써 정보의 활용을 용이하도록 설계한 시스템이 전문가시스템이다.

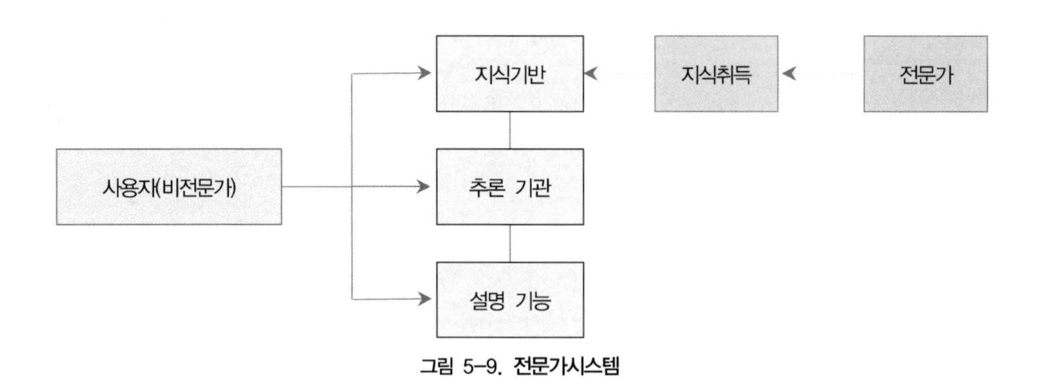


그림 5-9. 전문가시스템

위의 그림은 전문가시스템을 개괄적으로 설명한 것으로 전문가의 지식을 컴퓨터를 통하여 이용할 수 있게 한다는 의미라는 것을 표현한 것이다. 전문가시스템은 여러 영역에서 발전되어 왔고 의학, 지질학적 탐사, 군사영역에 많이 사용되며 최근에는 GIS를 지원하기 위한 여러 전문가시스템이 다양한 형태로 제공되고 있다.

## 3.3. 메타데이터

메타데이터(metadata)는 실제 데이터는 아니지만 데이터베이스, 자료층(layer), 속성, 공간형상 등과 관련된 데이터의 내용, 품질, 조건 및 특성 등을 저장한 데이터로 정의할 수 있다. 즉, 메타데이터는 데이터에 대한 데이터로 데이터의 이력에 대한 정보를 담고 있는 데이터이다.

### (1) 메타데이터 기본 구성 요소

메타데이터를 구성하고 있는 기본 요소는 다음과 같다.

| | |
|---|---|
| 개요 및 자료 소개 | - 데이터의 명칭, 개발자, 지리적 영역 및 내용 등 |
| 자료 품질 | - 위치 및 속성의 정확도, 완전성, 일관성 등 |
| 자료 구성 | - 자료를 코드화하기 위해 이용된 래스터 및 벡터와 같은 데이터 모델 |
| 공간 참조를 위한 정보 | - 사용된 지도 투영법, 변수, 좌표계 등 |
| 형상 및 속성정보 | - 지리정보와 수록 방식 |
| 정보 획득 방법 | - 관련된 기관, 자료취득 형태, 정보의 가격 등 |
| 참조 정보 | - 작성자, 일지 등 |

### (2) 메타데이터의 필요성

각기 다른 사용목적으로 제작되고 다양한 방법과 서로 다른 제작자에 의해 구축된 자료는 모두 다른 특성을 지니고 있다. 메타데이터는 이렇게 여러 방법으로 구축된 여러 자료들의 접근을 쉽게 하여 자료의 활용을 극대화하기 위하여 개발되었다.

각기 다른 목적과 용도로 제작된 데이터베이스에 쉽게 접근하고 활용하기 위해서는 참조된 모든 자료의 특성을 파악하는 작업이 선행되어야 한다. 이러한 경우 각각의 자료에 대한 자료 자체의 정보를 담고 있는 메타데이터의 참조가 필요하며 이를 통해 사용하려는 데이터베이스의 상태와 정확도는 물론 사용목적에 부합되는지도 점검할 수 있다.

## 3.4. 자료교환형식

자료교환형식(DXF, Drawing eXchange Format)은 CAD 자료의 교환을 위한 외부 포맷으로 널리 사용되고 있다. 원래 DXF 자료 형태는 오토데스크 *AutoDesk*에서 개발한 아스키 *ASCII* 형태의 그래픽자료로 이 자료를 GIS에 적용하기 위해서는 GIS에서 처리할 수 있는 효율적인 형태 또는 포맷으로 전환하는 것이 필요하다. 이 형식은 국가지리정보체계(NGIS, National Geographic Information System) 사업의 일환으로 구축된 수치지도제작의 자료형식으로도 사용되고 있다.

DXF는 아스키 형식과 바이너리 *binary* 형식 두 가지 모두로 저장이 가능하지만, 아스키 방식으로 저장되는 경우 그룹코드와 해당 값들의 리스트 구조로 인해 많은 저장 용량을 차지하게 된다. DXF는 위상구조나 속성자료 관리 등에 있어 자료처리의 한계가 있기 때문에 GIS 데이터로 활용되기에는 제약점이 많다.

### 3.5. 공간자료교환형식

공간자료교환형식(SDTS, Spatial Data Transfer Standard)은 국가지리정보체계에서 구성하고 있는 각각의 GIS 위상벡터 데이터형식의 처리정보교환을 위한 공통 자료의 교환 형식이다. 이러한 SDTS는 모든 종류의 공간자료들을 서로 변환할 수 있도록 하는 표준으로 우리나라에서는 정보통신부에서 표준화분과위원회를 구성하여 한국표준을 제정하였다. SDTS는 다음과 같은 특징이 있다.

- 자료의 공유로 비용이 감소하고 편리한 접근이 가능
- 소프트웨어 비용, 작업 효율의 향상, 적용성 확대로 서로 다른 시스템 사이의 호환성과 운영방안 제공
- 작업이 요구에 따라 쉽게 이용되며 작업 흐름이 향상

### 3.6. 개방형 GIS

개방형 GIS(Open GIS)는 메타데이터, 분산객체형 데이터베이스, 관계형 DBMS의 인터베이스 등 하부구조를 이루고 있는 정보 분야의 표준 및 규약을 제공하기 위하여 미국과 같은 GIS 주도국가에서 GIS 사업을 통해 데이터의 유통을 인터넷 활용과 연계시키기 위해 만든 GIS의 한 분야이다. Open GIS는 분산되어 저장되고 있는 다양한 데이터에 대한 접근과 자료처리를 쉽게 하기 위하여 개발되었고 따라서 상호운용성이 필수적이다. Open GIS의 특징으로는 다음과 같은 것들이 있다.

- 모든 유형의 공간자료 교환이 가능
- 서로 다른 시스템들 간의 자료 공유
- 공간자료의 가치를 확대
- NGIS data 표준화로 제정
- ISO/ANSI 8211을 사용함으로써 논리적인 규약을 물리적 수준으로 전환 가능

## 3 정보의 흐름

GIS의 정보는 크게 입력, 처리, 출력의 단계를 거치며 사용자가 원하는 결론을 이끌어 내기 위해 다양한 방법으로 분석된다. 자료의 입력단계에서는 자료를 컴퓨터에 넣기 위해 자료를 수집하여 데이터베이스에 저장하는 단계를 거쳐 컴퓨터가 처리할 수 있는 자료형식으로 바꾸어 주는 부호화(coding) 처리를 한 후 자료를 저장하게 된다. 이렇게 저장된 정보는 최적의 결론을 이끌어 내기 위한 처리와 분석에 사용된다. 처리된 정보는 지도나 도표, 도면 등으로 출력하여 최적의 결과 도출과 효용성의 극대화를 위해 활용된다.

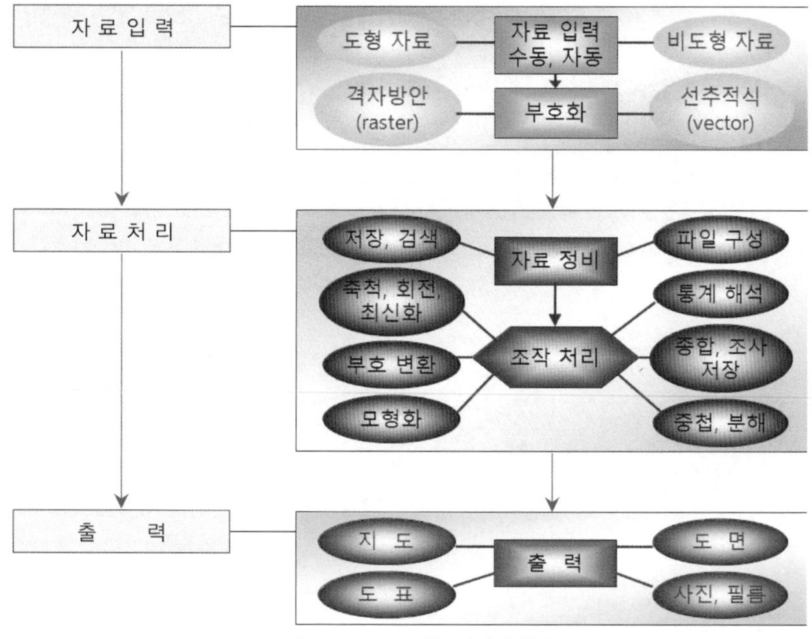


그림 5-10. GIS 자료 처리의 흐름

### 1. 자료의 입력

#### 1.1. 자료 얻기

GIS에서 활용할 수 있는 자료를 확보하기 위해서는 이미 만들어진 삼각점 등 관측위치와 좌표, 지형도, 주제도 등의 자료를 활용하는 방법이 있고, 여러 가지 방법으로 측량하여 새로 얻은 자료를 입력하는 경우도 있다. 위치와 관련된 GIS 자료는 항공삼각측량, 원격탐측 영상, GNSS, 토털스테이션, LiDAR 등을 통한 여러 최신 측량기법을 이용하여 새로운 자료를 얻거나 현지 조사, 각종 문헌 및 정보를 이용하여 속성자료를 생성하는 방법도 활용된다.

## 1.2. 자료입력

자료입력은 자료를 입력하는 부분과 부호화하는 부분으로 나눌 수 있다. 자료를 입력하는 부분은 스캐너(scanner) 또는 디지타이저(digitizer)를 사용하여 도면을 수치화한 후 컴퓨터에 입력하는 방법, 항공사진이나 위성 영상 등을 전송받아 입력하는 방법, GPS나 토털스테이션 등에 의해 수치좌표값을 직접 컴퓨터에 입력하는 방법, 그리고 이미 제작되어 있는 수치지도를 GIS 자료로 불러들이는 방법 등이 있다.

### (1) 수치화 후 입력 방법

자료를 수치화하여 입력하는 방법으로는 이미 제작되어 있는 지형도 및 주제도나 영상을 스캐너에 의해 스캔하여 입력하는 자동방식과, 디지타이저를 이용하여 지도의 모든 좌표값을 수작업으로 하나씩 직접 입력하여 자료를 구성하는 수동방식이 있다.

(1) 스캐너 (자동입력 방식)

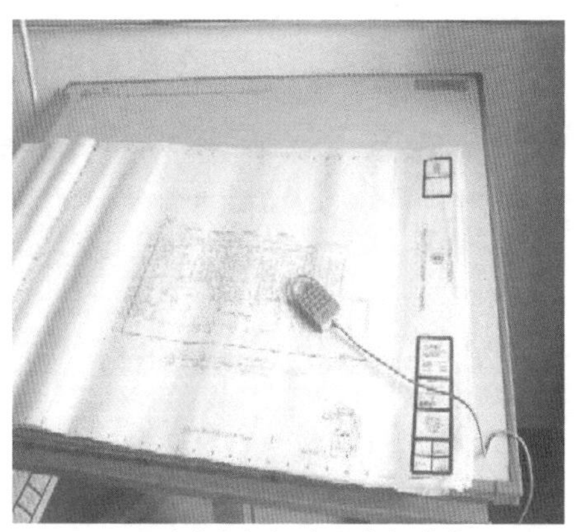

(2) 디지타이저 (수동입력 방식)

**그림 5-11. GIS 도형 입력 장치**

#### 1) 자동입력 방식

자동입력 방식에서의 자료입력은 스캐너에 의해 종이지도나 사진 등의 영상을 스캐너로 읽어 컴퓨터에 저장하는 방식이다. 이때 컴퓨터에 입력된 자료는 래스터(raster) 형식이고 이러한 래스터는 영상을 구성하는 자료형식이다.

래스터는 절대좌표의 계산이나 설정이 쉽지 않기 때문에 이 자료로부터 길이, 면적, 체적 등의 기하학적 결과를 추출하는 것이 어렵다. 최근에는 좌표를 포함하고 있는 영상이 얻어지고 활용되기는 하지만 모든 영상소에 대한 정확한 좌표 데이터가 포함되지는 않기 때문에 이러한 래스터자료를 변환하여 연산이 가능하고 각종 수치적인 정보를 통해 길이, 면적, 체적 등을 계산할 수 있도록 벡터(vector)자료로 변환을 하여야 한다. 이처럼 래스터자료를 벡터자료로 변환하는 기법을 벡터화(vectorizing)라고 한다. 벡터자료는 절점(node)과 선분들의 연결로 구성되며 이러한 의미로 선추적(線追跡) 방식이라고도 한다.

자동입력 방식에 의해 지도를 래스터 형식으로 입력할 때 가장 중요하게 고려하여야 할 사항 중 하나가 해상도의 결정이다. 래스터 영상에서의 해상도는 1인치 내에 몇 개의 점이 포함될 수 있는가를 의미하는 dpi(dot per inch)로 영상의 밀도를 표시하며 이 값이 클수록 영상자료가 정교하게 표현된다는 것을 의미한다.

### 2) 수동입력 방식

디지타이저를 사용하여 수동으로 도면을 입력하는 경우 모든 절점의 좌표가 절대좌표로 입력될 수 있으며 각각의 좌표점에 대해 높이 정보도 부여할 수 있으므로 이 좌표값을 활용하는 연산이 가능하다. 이러한 좌표값들을 통해 면체적이나 토공량의 계산도 가능하다는 것이 벡터자료의 가장 큰 장점이다.

일반적으로 영상이나 사진과 같은 자료가 레스터에 해당되고, 각종 CAD (Computer Aided Design) 파일과 같은 자료는 벡터에 속한다. 디지타이저에 의해 자료를 입력하는 경우 주로 발생할 수 있는 오류는 표 5-5와 같다.

수동방법과 자동방법에 의한 자료의 입력 이외에도 키보드를 통해 직접 숫자로 구성되어 있는 좌표값이나 문자를 입력할 수도 있고 마우스를 통해서도 입력작업을 할 수 있다. GNSS, 토털스테이션과 같은 현대 측량장비를 활용하면 관측값들은 모두 숫자로 저장되고 이 값들을 바로 컴퓨터로 전송하는 것도 가능하므로 최신 측량장비를 이용해 직접 숫자로 형성된 좌표 데이터를 입력하는 방법이 현재 많이 활용되고 있다.

## (2) 부호화

부호화(coding)는 각종 도형자료를 컴퓨터 언어로 변환시켜 컴퓨터가 직접 조작할 수 있는 형태로 바꾼 파일의 형태를 의미하는 것으로 이 종류에는 앞에서 설명한 래스터와 벡터방식의 자료가 있다.

표 5-5. 디지타이징에 의한 자료의 수동입력에서 발생하는 오류

| 오류 형태 | 설명 | |
|---|---|---|
| | 오류 수정 전 | 오류 수정 후 |
| 레이블 누락 | - 삽입되어야 할 레이블이 누락되어 있는 경우 | + 다각형 레이블 추가 |
| 레이블 ID 오류 | - 삽입되어야 할 레이블 식별자가 잘못 삽입되어 있는 경우<br>+109 | +190<br>다각형 식별자 수정 |
| 아크(arc) 누락 | - 누락된 arc가 발생하는 경우 | arc 추가 |
| 오버슛(overshoot) | - 교차점을 지나서 연결선이나 절점이 끝나기 때문에 발생하는 오류 | overshoot 선택 및 제거 |
| 언더슛(undershoot) | - 교차점을 미치지 못하는 연결선이나 절점으로 발생하는 오류 | undershoot 선택 및 경계선 연장 |
| 댕글(dangle) | - 매달린 노드의 형태로 발생하는 오류 중 하나로 오버슛이나 언더슛과 같은 형태로 한쪽 끝이 다른 연결선이나 절점에 완전히 연결되지 않은 상태 | 노드를 이동하여 폐합 다각형 연결 |
| 슬리버(sliver) | - 동일 경계를 갖는 다각형을 중첩시킬 때 경계가 완전치 일치되지 않아 접촉하지 않는 다각형이 발생하는 경우 | |

### 1) 래스터자료

래스터(raster) 자료는 격자방식(格子方式) 또는 격자방안방식(格子方案方式)이라 부르고 하나의 셀(cell) 또는 격자 내에 자료형태의 상대적인 양을 기록하여 표현하며 이 격자들을 조합하여 래스터 자료가 형성된다. 이 자료는 격자의 크기를 작게 하면 세밀하고 효과적인 모델링이 가능하지만 파일의 크기로 표현하는 자료의 크기는 기하학적으로 증가하게 된다.

### a. 자료의 압축

영상과 같은 래스터 자료는 파일로 구성되었을 때 그 크기가 매우 크기 때문에 지속적으로 자료를 압축(data compression)하는 방식이 연구되어 사용되어 왔다. 원시자료의 형태인 raw 또는 rle 형태나 윈도우즈에서 사용하는 비트맵(bitmap) 방식인 bmp 파일은 영상의 표현효과는 좋지만 자료의 크기가 커서 주로 jpg, gif, tif 등의 형태로 압축하여 사용하고 있다. 자료를 압축하면 자료의 크기를 줄여 저장할 수 있고 처리속도를 증가시킬 수 있다는 장점도 있지만 압축하는 경우 원래 자료의 영상손실이 발생한다는 점을 감안하여 작업을 수행하여야 한다.

래스터 형식을 압축하는 기법은 주로 네 가지로 분류할 수 있고, 이들은 각각 연속분할부호, 사슬부호, 블록부호, 사지수형이며 다음 그림 5-12와 같은 영역에 대한 각각의 압축방식은 다음과 같다.

- 연속분할부호

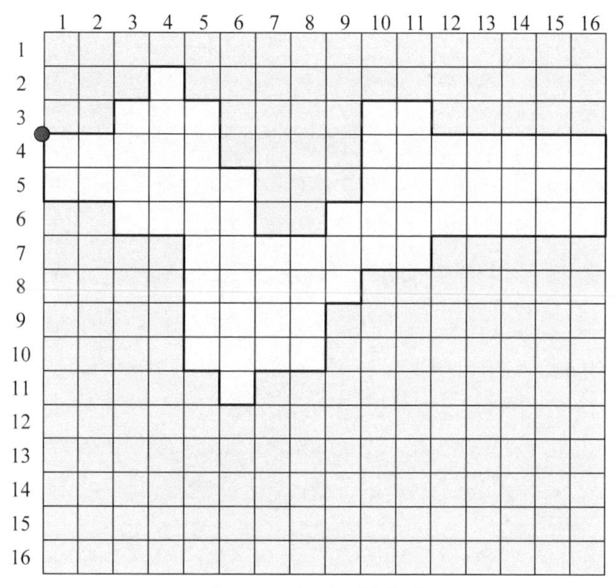

그림 5-12. 래스터 영상의 예

그림 5-12와 같은 영역이 존재할 때 연속분할부호(連續分割符號, run-length code)는 각 행(row)의 가장 왼쪽에 있는 시작 픽셀로부터 오른쪽으로 이동하며 마지막 픽셀의 위치를 저장하는 방식이다. 즉, 연속분할부호에서는 행 번호, 왼쪽 시작 셀 위치, 그리고 오른쪽 마지막 셀 위치만 저장하여 자료의 크기를 줄이는 기법을 사용한다. 그림 5-12와 같은 경우 연속분할부호에서는 내부에 있는 다각형 형태의 영상의 면적을 표현하기 위해 각 행과 시작, 끝 픽셀을 이용하여 정의하며 이

결과가 표 5-6에 나타나 있다.

표 5-6. 그림 5-12의 래스터 영상의 연속분할 부호 방식의 압축

| 행 번호 | 시작,끝 | 행 번호 | 시작 및 끝 |
|---|---|---|---|
| 2행 | 4,4 | 7행 | 5, 11 |
| 3행 | 3,5 10,11 | 8행 | 5, 9 |
| 4행 | 1,5 10,16 | 9행 | 5, 8 |
| 5행 | 1,6 10,16 | 10행 | 5, 8 |
| 6행 | 3,6 9,16 | 11행 | 6, 6 |

위 그림에서 64개의 셀은 정보의 손실 없이 숫자로 완전히 부호화되어 입력되고 자료를 저장하는데 필요한 하드디스크와 같은 저장공간을 절약할 수 있다. 연속분할부호는 하나의 지도가 다수의 셀로 구성된 것과 같은 일 대 다의 대응관계일 때에는 자료저장이 용이하다는 장점이 있지만 지나친 압축은 지도의 제작이나 자료의 처리과정에 소요되는 처리시간을 지연시킬 수도 있다.

- 사슬부호

그림 5-12에서 영역의 경계는 그 시작점으로부터 출발하는 각 방향에 대한 단위벡터로 정의하고 이 이동 방향을 이용하여 수치화하는 방식이 사슬부호(chain code) 방식이다. 이 경우 동쪽(→)은 0, 북쪽(↑)은 1, 서쪽(←)은 2, 남쪽(↓)은 3 등 숫자로 방향을 결정할 때, 그림 5-12의 4행 1열에 있는 빨간 점을 시작으로 단위벡터로 연결하는 이동경로를 따라 경계선에서 이동하고 그 방향을 순서대로 나열하면

0,0,1,0,1,0,3,0,3,3,0,3,3,0,0,1,0,1,1,1,0,0,3,0,0,0,0,0,3,3,
3,2,2,2,2,2,3,2,2,3,2,3,3,2,2,3,2,1,2,1,1,1,1,2,2,1,2,2,1,1

이다. 여기서 같은 진행이 연속으로 발생하여 같은 숫자가 중복되어 나오는 횟수를 제곱의 형태로 표현하면

$0^2,1,0,1,0,3,0,3^2,0,3^2,0^2,1,0,1^3,0^2,3,0^5,3^3,2^5,3,2^2,3,2,3^2,2^2,3,2,1,2,1^4,2^2,1,2^2,1^2$

으로 표현함으로써 저장공간을 줄여 영상자료를 압축할 수 있다.

사슬부호는 한 영역의 표현을 저장하는데 매우 압축된 방법을 제공하며 면적과 주변부의 산정이나 곡선의 변위 점의 요철(凹凸)을 탐색하는 것도 가능하게 한다.

- 블록부호

연속분할부호는 도화될 지역에 정사각형 형태의 블록(block)을 이용하여 2차원으로 확장할 수 있다. 다음 그림 5-13은 앞의 그림 5-12의 래스터 영상을 블록부호(block code)로 표현하는 방법을 표현하고 있다. 자료구조는 세 가지 숫자의 조합인 원점의 $XY$ 좌표 각각 한 개씩 두 개와 정사각형의 크기 한 개로 정의된다.

그림 5-13에 나타난 영역은 단위 셀 16개로 이루어진 가장 큰 정사각형 한 개(오렌지색), 네 개의 단위 셀로 이루어진 중간 크기의 정사각형 8개(보라색), 그리고 한 개 단위 셀로 형성된 작은 정사각형 13개(노란색)로 저장된다. 총 정사각형의 개수는 한 개(16개로 구성된 셀) + 8개(네 개로 구성된 셀) + 13개(한 개로 구성된 셀)로 22개이고 각 정사각형에 대하여 두 개의 XY 좌표가 필요하므로 44개의 좌표값과 세 개의 셀의 크기가 정의되는 47개의 숫자만으로 이 영역을 표현할 수 있다.

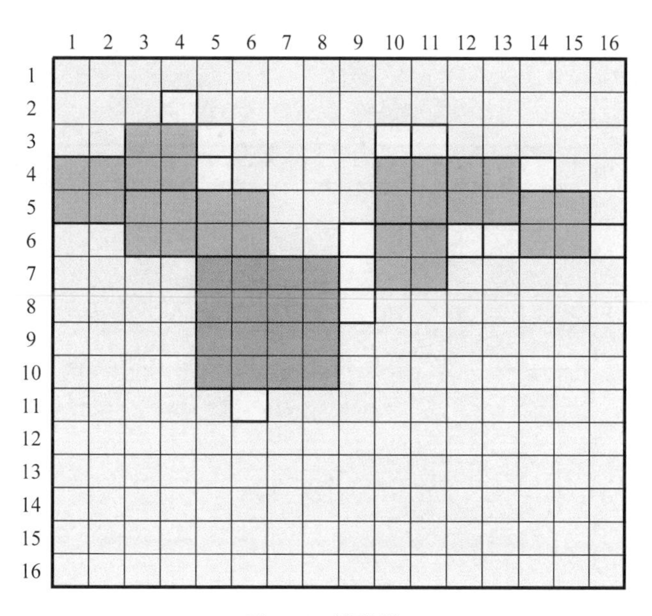


**그림 5-13. 블록부호**

주어진 지역에서 결정되는 정사각형이 클수록 경계선은 단순해지기 때문에 이러한 방법은 효율적이다. 연속분할부호와 블록부호 모두 크고 단순한 형상에 대해서는 매우 효율적이지만 기본적인 셀에 비해 몇 배 크지 않은 복잡한 지역을 표현하는 경우에는 그렇지 못하다.

- 사지수형

영상을 보다 압축된 형상으로 표현하기 위하여 단계적으로 반씩 분할해 나가는 방법이 있다. 전체의 영역을 4등분으로 분할하면서 분할된 단위 내의 영상소들이 모두 동일한 하나의 성질을 가질 때까지 분할을 계속해 나가는 방법이 사지수형(quadtree)을 이용한 방법이다.

사지수분할의 최소단위는 위의 여러 부호화 방법과 같이 하나의 단위 셀로 구성될 때까지 분할을 계속한다. 그림 5-14에는 그림 5-12의 단위지역을 첫 번째로 4분할하는 그림이 나타나 있고, 그 결과가 그림 5-15에 나타나 있다. 또한 그림 5-15에서는 다시 사분할하기 위해 중간에 파란 굵은 선으로 분할할 영역을 표시하였고 그 분할 결과가 그림 5-16에 표현되어 있다. 이러한 분할은 영역의 내부 또는 외부지역을 완전히 포함하여 전부 하나의 성질만 갖는 최대분할 영역까지 계속되고 분할된 영역 내에 내부 또는 외부 중 한 가지 성질을 가질 때까지 분할을 계속하게 된다.

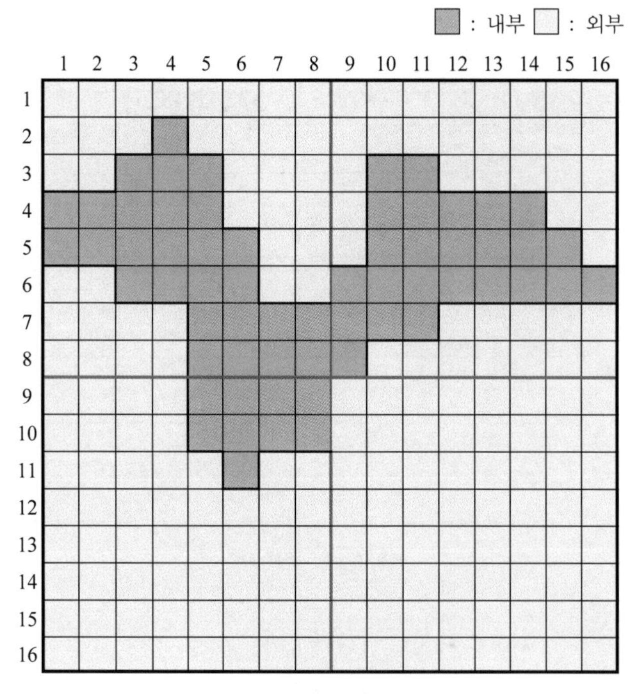


그림 5-14. 사지수형 분할

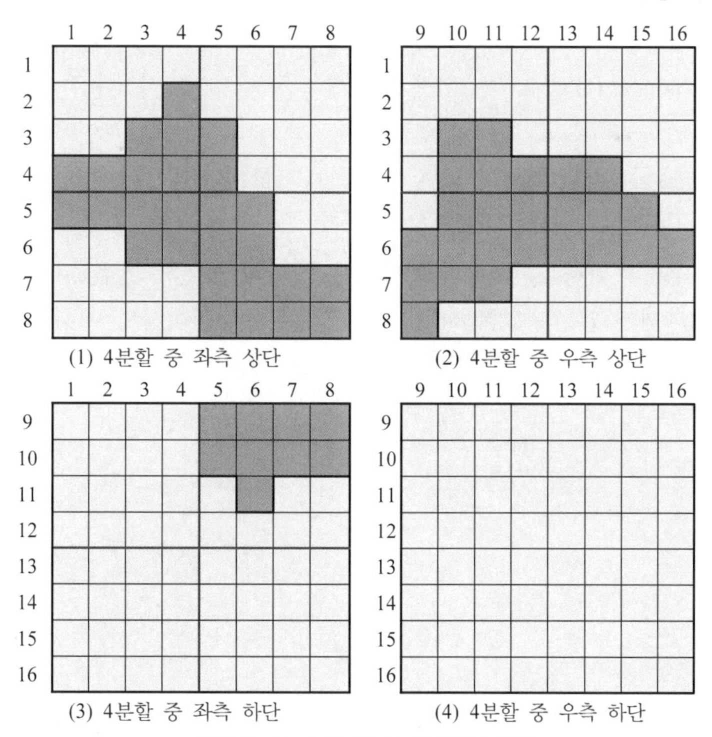


그림 5-15. 첫 번째 사지수분할의 결과

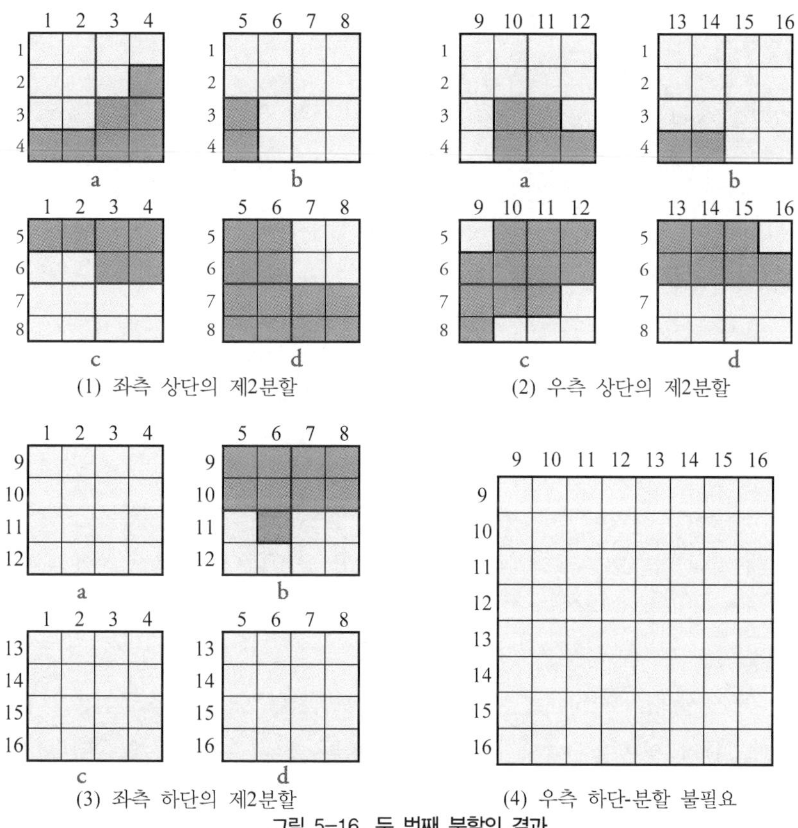


그림 5-16. 두 번째 분할의 결과

그림 5-16의 (1)과 (2)의 네 개 사각형 모두와 (3)의 사각형 b에는 성질이 다른 셀들이 공존하므로 하나의 성질을 갖도록 다시 분할을 하여야 하고, (3)의 a, c, d와 (4)는 분할된 영역이 모두 원래의 다각형 경계 바깥쪽이라는 동일한 성격을 갖고 있으므로 분할을 종료한다.

분할이 종료되지 않은 나머지 셀들은 하나의 동일한 성질을 갖는 구간만을 포함할 때까지 분할을 반복하며 위의 경우는 제4분할까지 이루어지는 영역도 존재하게 된다. 이 영역을 사지수형으로 표현하면 다음 그림과 같다.

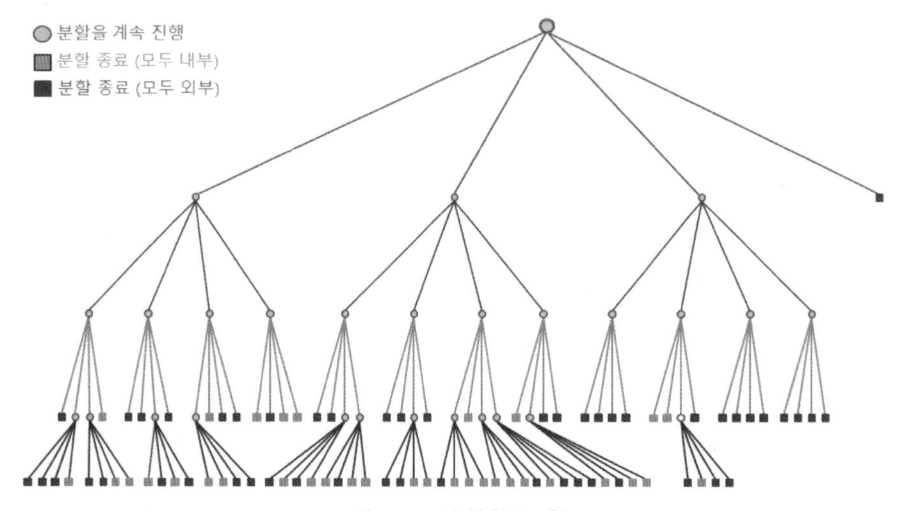


그림 5-17. 사지수형의 표현

### b. 영상자료의 저장 형식

인공위성이나 항공기에서 촬영한 영상자료는 각종 저장매체에 의해 다양한 방법으로 저장된다. 그들 중 특히 위성영상에서 가장 일반적으로 사용되는 저장 형식은 다음과 같다.

- BIL

BIL(Band Interleaved by Line) 형식에서는 파일 내의 각 기록이 단일파장대에 대해 열의 형태인 자료의 격자형 입력선을 포함한다. 주어진 선에 대한 모든 자료의 파장대를 연속적으로 파일 내에 저장하는 형식이다.

- BSQ

위성영상의 각 파장대는 분리된 파일을 포함한다. 이 방식의 장점은 단일 파장대가 쉽게 읽히고 보이며 다중파장대는 목적에 따라 불러올 수 있다. BSQ(Band SeQuential)

자료는 블록화될 수 있으며 블록화된 영상을 디스크로 불러오기 전에 블록화 인수를 알아야 한다. 이 방식의 대표적인 활용은 LANDSAT의 TM 자료에 사용된다.

- BIP

BIP(Band Interleaved by Pixel) 방식에서는 각 파장대의 값들이 주어진 영상소 내에서 순서적으로 배열되며 영상소는 저장장치에 연속적으로 배열된다.

### 2) 벡터자료

벡터자료(vector data)는 선추적방식(線追跡方式)이라 부르는 지역단위의 경계선을 수치 부호화하여 저장하는 방식으로 래스터에 비해 정확한 경계선의 설정이 가능하기 때문에 망이나 등고선과 같은 선형자료의 입력에 주로 이용하는 방식이다. 이러한 벡터자료는 공간에서 정확한 위치를 나타내기 위하여 점, 선, 면을 사용하여 중요한 특성의 위치를 정확하게 나타낸다.

지도에 표현된 특정지역은 공간의 연속된 좌표로 결정하려고 하는 위치를 추정하여 찾을 수 있다. 지구표면 위에 있는 특성을 이용하여 지도에 참조기호를 붙여 위치를 나타내고 지표의 지리적인 특성은 점, 선, 면, 2차원으로 기록되며 벡터형식도 이와 유사한 방법을 사용한다.

#### a. 스파게티 모델

스파게티(spaghetti) 자료모델에서는 $XY$좌표를 선과 선으로 연결한다. 점은 하나의 $XY$좌표로, 지역은 다각형으로, 경계는 $XY$좌표를 닫음으로 표시한다. $XY$좌표에 의한 자료파일은 실제 컴퓨터에 저장된 공간자료형태의 구조이다.

공간의 모든 특징이 표시되어도 공간관계는 암호화되지 않으므로 인근 다각형의 특징에 정보를 표현할 수 없다. 따라서 스파게티 모델은 대부분 공간분석을 위한 방법으로는 적합하지 않다. 반면, 수치화 과정에서 관계없는 공간정보가 저장되지 않기 때문에 지도를 수치화하기 위한 모델로는 효과적이다.

#### b. 위상모델

위상모델은 공간관계를 정의하기 위해 사용하는 수학적 방법으로 앞에서 위상구조를 설명한 바 있다. 위상모델은 기본적으로 호-절점(arc-node)의 관계로 나타내며, 호는 시작과 끝까지 일련의 절점의 연결이고, 절점은 호들이 만나는 교차점일 수도 있고 다른 호들과 연결되지 않는 고립된 점으로 나타날 수도 있다. 이렇게 다른 호와 연결되지 않는 상태를 매달린 상태(dangle)라 하고, 다각형으로 표현된 자료는 닫힌 호 지역의 경계를 나타내는 특수한 형태이다.

이러한 특성을 활용하여 래스터와 벡터자료의 특징을 종합하여 표현한 것이 아래에 수록한 표 5-7이고, 이 예는 그림 5-18에 나타나 있다.

**표 5-7. 래스터와 벡터 자료의 특징**

| 구 분 | 래 스 터 자 료 | 벡 터 자 료 |
|---|---|---|
| 장 점 | - 공간 분석 용이<br>- 자료 구조가 단순하고 명료<br>- 단위별로 동일한 위상형태<br>- 저가의 기술과 빠른 발달 속도 | - 현상적 자료구조 표현이 용이<br>- 자료구조의 효율적 축약<br>- 뛰어난 위상관계 구축<br>- 위치와 속성의 일반화 가능<br>- 3차원 분석 및 확대 축소 시 정보의 손실 없음 |
| 단 점 | - 자료 압축시 정보의 손실<br>- 확대 축소시 정보의 손실<br>- 3차원 분석 및 회전 불가능<br>- 선형 자료의 매끄럽지 못한 연결 | - 복잡한 자료구조<br>- 단위별로 상이한 위상형태<br>- 고가의 장비 필요<br>- 공간연산이 복잡 |
| 예 | | |

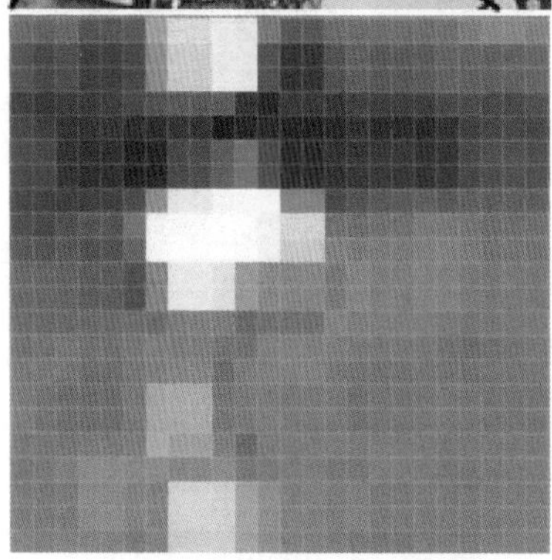

(1) 래스터 영상과 부분 확대

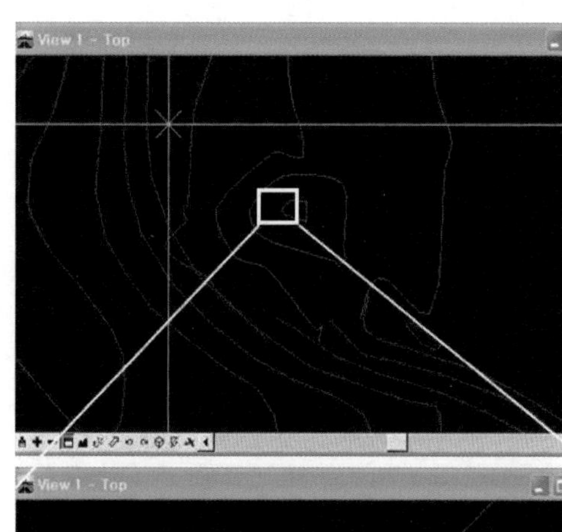


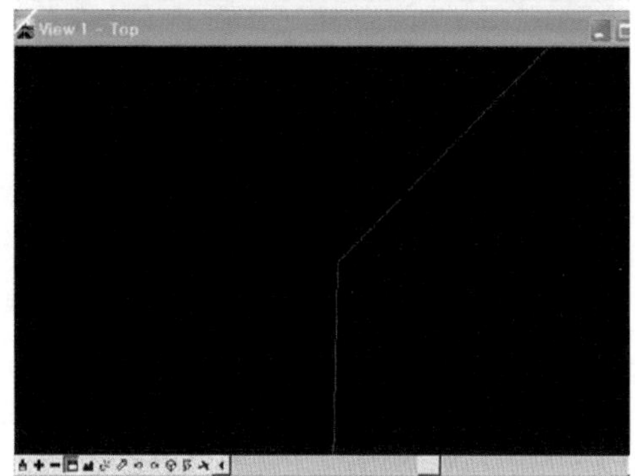


(2) 벡터 자료와 부분 확대 (MicroStation 프로그램)

**그림 5-18. 래스터 자료와 벡터 자료의 예**

## 2. 자료의 처리

입력된 GIS 자료를 조작처리 하는 방법에는 벡터의 래스터로의 변환과 그 역변환, 도면일치, 분리, 삭제, 편집, 축척변환 등이 있다.

### 2.1. 지형모델링

지형의 모델링에는 일반적으로 표면모델링 개념과 수치지형모델링 개념이 적용된다. 표면모델링은 지표상에 연속적으로 분포되어 있는 현상을 컴퓨터 환경에서 표면으로 표현하는 것이다. 수치지형모델링은 수치지형 데이터를 얻어 내고 이렇게 얻은 데이터를 GIS 환경에서 사용할 수 있도록 하기 위한 데이터 처리과정과 이를 바탕으로 하는 다양한 분석 및 응용을 포함하는 일련의 과정을 의미한다. 지형모델링의 개념은 다음과 같다.

| | |
|---|---|
| 자연적 표면 | - 지형고도와 같이 실제 관찰할 수 있는 표면 |
| 추상적 표면 | - 인구밀도, 소득분포 등 비가시적 현상을 통계수치로 표현하는 표면 |
| 불완전한 표면 | - 점표본, 선표본 지형과 같이 실측 데이터로 표현하는 표면 |
| 완전한 표면 | - 등고선, 등치선, 수학적 함수에 의해 모든 지점에서 값을 갖는 표면 |
| 불연속적 표면 | - 구역 간의 경계가 급격히 변화하거나 명목적 범주를 갖는 표면 |
| 연속적 지역 | - 주로 보간법에 의해 형성되는 지형 |

### 2.2. 3차원 지형모델 구축방법

#### (1) 수치모델의 생성

DTM(수치지형모형, Digital Terrain Model)은 지형을 수치적 또는 수학적으로 표현하는 것으로 그 표현 대상에 따라 DEM과 DSM으로 구분한다. 이러한 모델은 적절한 수의 평면좌표($XY$)와 높이($Z$)를 관측하여 저장하고, 저장된 좌표로부터 다른 모든 지점의 평면 및 표고의 지형좌표를 구할 수 있으며, 필요에 따라 여러 지형정보를 3차원으로 수치화할 수 있는 기법이다.

#### (2) 수치모델의 종류

**1) 수치지형모델**

수치지형모델(數値地形模型, DTM, Digital Terrain Model)은 지형에 대한 조사

및 측량을 수행하여 3차원 위치에 대해 모델링한 것으로 과거에는 DTM만을 지형 모델링으로 사용하였다. 그러나 아무것도 없는 지표면 자체에 대한 모델링과 지표면 위에 여러 구조물이 놓여 있는 실제의 모습을 서로 구분해야 하는 경우가 발생하면서 순수한 땅의 높이인 표고만을 모델링하는 DEM과 지물 및 각종 건물까지 포함시키는 DSM이 구별되게 되었다. 이러한 개념의 확장으로 DTM의 의미가 DEM과 차이가 없게 되어 DTM을 새로 정의하게 되었으며, 그 결과 DTM은 지형은 물론 그 지형에 대한 속성까지를 포함시키는 개념으로 다시 정의되었다.

### 2) 수치표고모델

수치표고모델(數値標高模型, DEM, Digital Elevation Model)은 수치고도모델(數値高度模型)이라고도 하며 이 모델에서 사용하는 땅의 높이는 실제의 공간이 아닌 순수한 땅의 높이를 가정한 지표의 표고이다. 이 DEM은 공간상에서 건물과 나무와 같은 구조물과 인위적인 요소를 다 제외하고 지표면 자체에 나타난 연속적인 기복변화를 수치적으로 표현하여 모델링한 것이다.

### 3) 수치표면모델

수치표면모델(數値表面模型, DSM, Digital Surface Model)은 나무의 높이, 건물의 높이 등 모든 공간상의 표면형태를 수치적으로 표현한 3차원 모델이다. 그림 5-19에서 보는 바와 같이 실제의 지표와 항공사진에 의해 촬영한 지표의 공간상 경계는 일치하지 않는다. 항공사진에 표현되는 순수한 지표의 실제 모습은 각종 구조물이나 나무 등으로 가려져 사진상에 표현되지 않을 수 있기 때문이다. 이러한 지역에서 대규모의 토공사를 하는 경우 항공사진에 의해 지형을 관측하였다면 그림 5-19에서와 같이 나무 사이의 움푹 파인 지형은 설계당시에는 파악하기 어렵게 된다. 이렇게 실제의 지형이 반영되지 않은 설계를 이용하여 공사를 진행한다면 시공 중에 많은 물

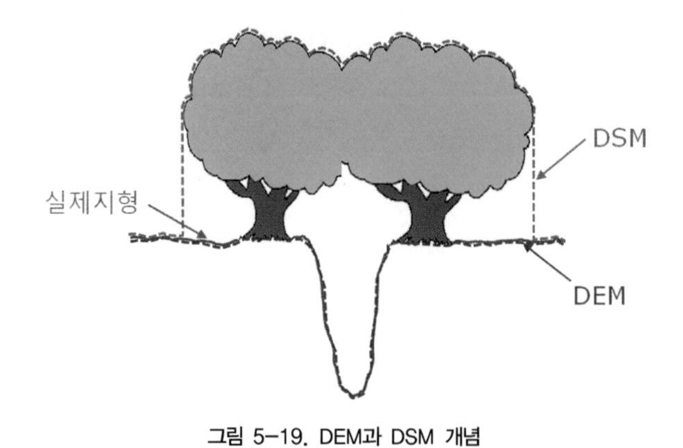


그림 5-19. DEM과 DSM 개념

량의 변동이 발생하게 될 것이다. 위의 그림에 나타난 것과 같이 나무가 제거된 상태의 순수한 지표만 모델링 한 것을 DEM이라 하고, 나무의 높이가 모두 반영된 공간과의 경계면에 대한 모델링을 DSM이라 한다.

그림 5-20은 DEM과 DSM을 비교한 영상으로 좌측의 DEM은 순수한 지형만이 표현되어 나타난 것이고 우측 그림은 건물, 가로수 등이 표현된 DSM을 표현한 것이다. (2)에서 보이는 수많은 점들은 가로수가 표현된 것으로 공간과 경계를 이루는 점들이 반영되었다는 것을 알 수 있고 실제 지형만을 표현한 (1)의 DEM과 어떤 차이가 있는지를 보여주고 있다.

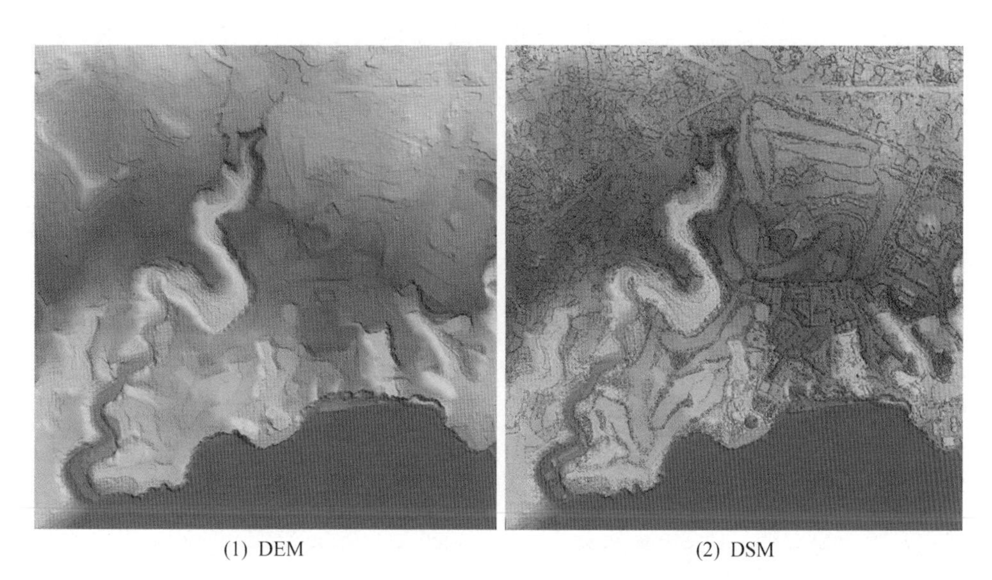

(1) DEM (2) DSM

그림 5-20. DEM과 DSM 비교 (제주 중문 관광단지)

## 2.3. 자료추출

수치모델을 구축할 때 가장 중요한 사항은 효율적인 방법으로 정확한 자료를 얻어낸 다음 가능한 한 최소한의 자료나 점으로 지형을 근사화시켜야 한다는 것이다. 최소한의 자료로 근사화하더라도 충분한 정확도를 유지할 수 있어야 하며 보간식이 간단하고 단시간에 지형을 근사화할 수 있어야 한다. 여러 자료를 이용하여 수치모델을 구축하는 방법이 다음 그림 5-21에 소개되어 있다.

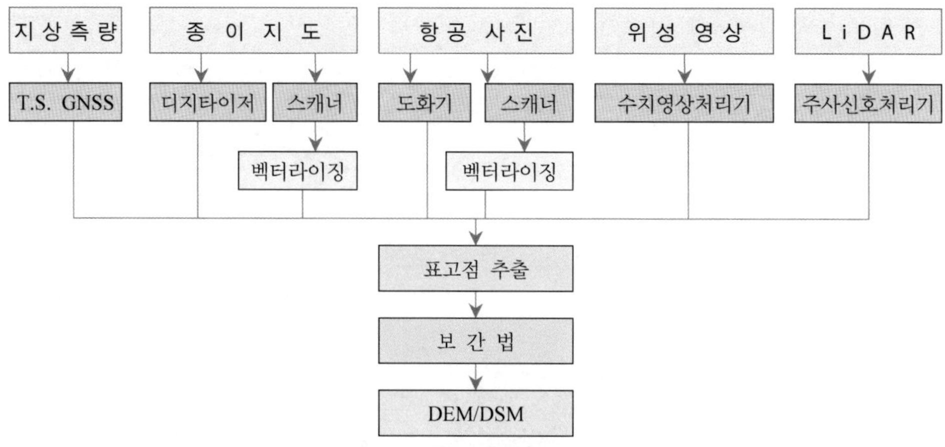


그림 5-21. 수치모델 구축 흐름도

수치모델을 구축하기 위해 자료를 얻어 내는 방법은 자료원에 의해 자료를 얻어 내는 방법과 표본추출방식으로 나눌 수 있다. 자료원에 따른 방식은 각각의 3차원 위치 정보를 얻을 수 있는 측량기법을 이용하거나 이미 제작되어 있는 지도를 통해 필요한 위치데이터를 이용하여 정보를 얻어 내는 방법이다. 자료를 얻기 위한 다른 방식인 표본추출방식은 샘플링 기법을 통해 최소한의 자료를 얻어 내고 이를 이용하여 지형을 모델링하는 방식이다.

### (1) 자료원에 의한 추출 방법

| - 기존의 지형도를 이용하는 방법 |
|---|
| - 사진측량 및 원격탐측에 의한 방법 |
| - APR(Airborne Profile Recorder)이나 음향측심기에 의해 직접 자료를 취득하는 방법 |
| - 지상측량에 의한 방법 |
| - LiDAR에 의한 방법 |
| - GNSS 관측에 의한 방법 |
| - 토털스테이션에 의한 방법 |

### (2) 표본추출방식

표본추출방식은 전수조사를 하지 않는 범위에서 필요한 최소한의 위치점을 뽑아내어 필요한 모델링을 수행하는 기법이다. 이때 주의하여야 할 것은 최소한의 추출 데이터를 이용하여 모델링을 하더라도 충분한 정확도가 유지될 수 있는 샘플을 선택해야 한다는 점이다. 표본추출은 전체 데이터를 모두 지형 모형화에 사용하지 않는다는 의미가 포함되므로 샘플을 선별하는 방법에 따라 정확도가 차이가 날 수 있기 때문이다. 따라서 선점에서는 분석하고자 하는 지형이 효과적으로 모델링이 될 수 있도록 선별할 필요가 있으며 이러한 샘플링을 하는 방법에 따라 다음 표 5-8과 같은 방법이 주로 사용된다.

표 5-8. 표본추출방식

| 추출 방식 | 특 징 | 예 |
|---|---|---|
| 격자 방식 | - 지형이 넓은 경우 효과적인 방법<br>- 지형자료 저장에 가장 효율적<br>- 표본추출을 위한 격자는 정사각형, 직사각형 또는 삼각형 격자로 구성 | |
| 등고선 방식 | - 기존의 지형도를 사용하여 자료 추출하는 경우 효과적인 방법<br>- 평면좌표는 자동기록장치를 이용하면 효과적 | |
| 대상 mesh 방식 | - 도로의 등거리 점에서 직교하는 단면이 모여 지형을 근사화시키는 경우 사용하는 방식<br>- 단면들이 평행하지 않을 때 사용 | |
| 단면 방식 | - 지형을 등간격의 단면으로 나누어 각 단면상의 지형점을 추출하는 방식<br>- 도로 설계 시 효과적 | |
| 임의 방식 | - 주요점, 산정, 계곡 등 빠뜨리지 않고 지성선 추출이 가능<br>- DTM으로 지형의 기복을 가장 근사적으로 표현하는 것이 가능<br>- 자료를 얻는 시간이 많이 소요 | |

## 2.4. 자료처리

여러 가지 방식에 의해 수집된 자료는 적절한 처리를 하여 알맞은 목적에 사용되도록 준비하여야 한다. 이렇게 자료처리를 하기 위해서 먼저 수집된 자료를 검토하여 잘못된 자료가 있는지 확인하고 이를 수정, 보완한 후 편집하여 저장한다. 그 이후 이용목적에 맞도록 자료의 형식과 좌표를 변환하기도 하고 필요한 점의 위치를 결정하기 위해 보간법(interpolation)을 사용하기도 한다. 보간법에는 다음에 설명하는 것과 같이 지형보간, 선형보간, 곡선보간, 곡면보간법 등이 주로 사용된다.

| 구분 | 내용 | 그림 |
|---|---|---|
| 지형보간 | - 구하고자 하는 점의 높이 좌표값을 그 주변의 주어진 자료의 좌표로부터 보간 함수를 적용하여 추정 계산하는 것<br>- 보간 방법<br>· 전체적 보간 : 모든 기준점을 하나의 연속함수 $f(x,y)$로 표현하는 보간<br>· 격자 요소별 보간 : 대상지역 전체를 작은 부분이나 한 구획으로 분할하여 각각의 작은 부분마다 각각의 함수로 나타내는 보간법<br>· 점 보간법 : 모든 보간점마다 각각 독립적으로 보간<br>- 보간법에 적용하는 함수식에 따른 분류<br>· 1차 보간식 : 다항식 보간식, Lagrange 보간식, Spline 보간식, 거리 경중률 함수 방식, Kriging 보간식 등 | |
| 선형보간 | - 지형이 직선적으로 변화한다고 가정<br>- 알고 있는 좌표를 기준으로 알고자 하는 격자점 사이의 임의의 점 좌표를 선형보간에 의하여 결정<br>- 가장 단순한 방법<br>- 전산기의 용량이 크게 필요하지 않음<br>- 자료의 밀도가 매우 높은 경우에 효과적 | 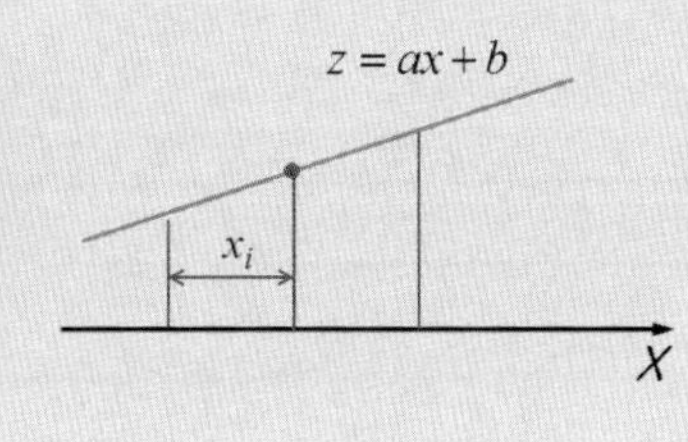 $z = ax + b$<br>$x_i$<br>$X$ |
| 곡선보간 | - 단면별로 수집된 점으로부터 지형변화에 해당하는 곡선식을 구하여 보간<br>- 보간 방법<br>· Newton 전향 보간법<br>· Lagrange 보간법<br>· Aiken - Neville 보간법<br>· Spline 보간법<br>· 최소 제곱법 | 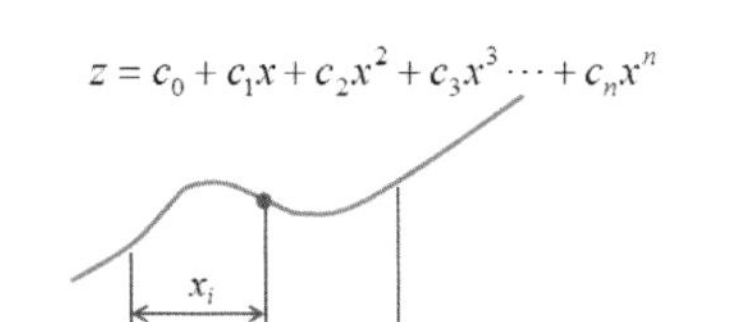 $z = c_0 + c_1x + c_2x^2 + c_3x^3 \cdots + c_nx^n$<br>$x_i$<br>$X$ |
| 곡면보간 | - 지형을 수학적 곡면으로 가정<br>- 표고(z)가 평면좌표(x, y)의 함수로 표시되는 곡면식을 구하여 보간하는 방법<br>- 지형을 실제에 가깝게 재현<br>- 계산기 용량과 처리시간이 많이 소요 | 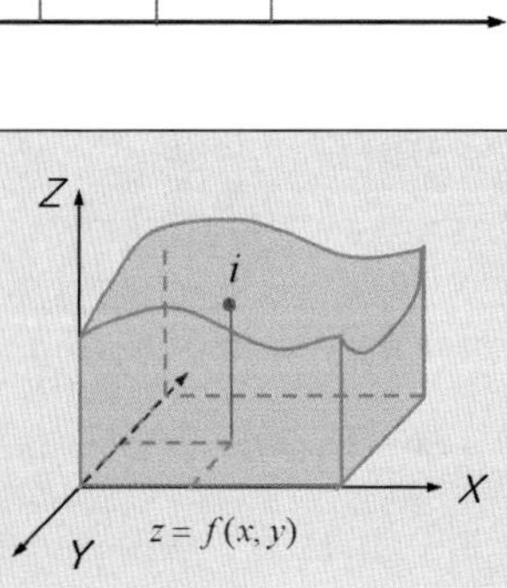 $Z$<br>$i$<br>$X$<br>$Y$<br>$z = f(x, y)$ |

## 2.5. 수치모델의 표현

수치표고자료가 수치모델(digital model)로 제작되고 저장되는 방식은 크게 네 가지로 요약될 수 있다. 일정 크기의 사각형 격자형태로 저장되는 격자방식의 grid, 높이가 같은 지점을 연속적으로 연결하여 만든 등고선에 의한 방식, 단층에 의한 종단 및 횡단면도 작성인 프로파일(profile) 방식, 그리고 불규칙한 삼각형에 의한 방식 등이 그것이다. 이 중 가장 널리 사용되는 것은 격자모델과 불규칙삼각망에 의한 지형의 표현 방법이다.

### (1) 격자모델

수치로 표현되는 지형은 일반적으로 격자구조(rectangular grid)를 갖는다. 일정한 크기의 사각형 격자로 만들어지는 격자구조는 항공사진이나 인공위성 영상의 입체분석으로도 만들어 질 수 있다. 높이값이 등고선과 같이 불규칙한 데이터의 점으로 연결되어 있거나 높이값을 갖지 않은 격자에 대해서는 주변의 높이값을 이용하여 계산하거나 보간한 높이값을 해당 격자에 부여한다. 이러한 방식으로 산출된 값은 실제의 값은 아니고 수학적으로 최적추정하여 결정한 값이다.

격자는 자료점들의 내재적인 위상(topology)을 기록하는 행렬구조로 표현된다. 따라서 표고행렬을 다루는 것은 간단하지만 규칙적인 격자들의 점의 밀도는 원지형의 복잡성 여부에 따라 변화하지는 않기 때문에 지형을 정확하게 표현하기 위해서는 아주 많은 점들이 필요하고 구조적인 지형을 표현하는 데에도 한계가 있다.

격자 모델을 사용하는 경우 복잡한 지형에서는 보다 밀도가 높은 표고자료를 사용하여 세밀하고 자세하게 표현하여야 할 필요가 있고 단순지형에서는 덜 조밀하게 자료를 모델링하는 것이 자료의 크기를 줄일 수 있어 바람직하다. 그러나 모두 동일한 일률적인 크기를 갖는 격자방식의 DEM에서는 지형의 특성에 따라 다양한 밀도의 격자로 변화하면서 사용하는 것은 불가능하다.

작은 크기의 격자를 선택하여 모델링하면 실제 지형과 가까운 정확한 모형화가 가능하지만 상대적으로 자료의 양이 기하학적으로 늘어나므로 비교적 단순한 지표면의 경우에도 실제로는 필요 이상의 방대한 자료의 크기를 갖게 된다. 반대로 큰 격자를 사용하면 자료의 양은 적어지지만 변이가 심한 지표면의 상태를 정확히 기록할 수 없게 된다. 이러한 단점을 극복하기 위해 다양한 크기의 불규칙한 격자를 사용하는 기법이 논의되기 시작하였고 이 결과 격자가 아닌 불규칙적인 삼각형의 모양을 지닌 망으로 지형을 표현하는 방법이 개발되었다.

규칙적인 격자로 구성된 고도행렬은 등고선, 경사각, 경사의 방향 등을 계산하거나

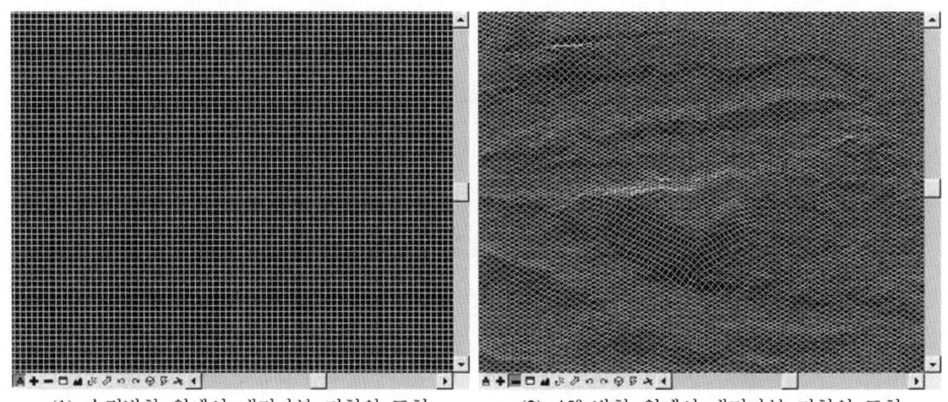

(1) 수직방향 위에서 내려다본 지형의 표현 (2) 45° 방향 위에서 내려다본 지형의 표현

**그림 5-22. DEM의 격자형 모델링**

음영이나 분지를 표현하는데 유용하다. 이러한 고도행렬은 DEM 가운데 가장 용이하게 결정할 수 있는 형태이다.

### (2) 불규칙삼각망

불규칙삼각망(TIN, Triangular Irregular Network)은 현재 가장 많이 사용되는 3차원 지형표현방법이다. TIN 모델은 벡터 위상구조를 가지며 다각형 네트워크를 이루고 있는 순수한 위상구조와 비슷한 개념을 갖는다.

불규칙삼각망 구조는 표본점들의 정점으로 이루어진 삼각형 형태를 기본으로 하고 있다. 따라서 구조적인 지형도 쉽게 자료 구조와 연결시킬 수 있다. 이 구조는 하나의 파일 내에서 자료점들을 지형의 특성에 따라 각각 다른 밀도로 모델링할 수 있으므로 지형의 불규칙함을 표현하기에 적합하다. 그러나 특정한 정확도의 DEM을 얻기 위해서는 일정한 수의 점들이 필요하고 그들의 위상관계를 명확하게 계산하거나 기록해야 하므로 다루기가 훨씬 복잡하고 어렵다.

불규칙삼각망은 주로 위상관계 구조로 되어 있기 때문에 불규칙삼각망의 정확도는 논리적으로 실제 지형과 어느 정도 일치하는지와 관련된다. 즉, 정확도가 높은 삼각형의 형성은 지형의 표면에 대한 모델이 실제 지형과 얼마나 잘 부합되는 보간을 사용하였는가에 영향을 받는다. 불규칙삼각망이 형성되고 나면 이를 이용하여 격자화된 DEM 또는 등고선을 효율적으로 추출할 수도 있다.

불규칙삼각망의 최대 장점은 자료의 중요도나 세밀함에 따라 삼각망의 크기를 조절할 수 있다는 점이다. 따라서 격자모델인 고도행렬과는 달리 TIN은 기복의 변화가 적은 지역에서는 절점의 수를 적게 하여 자료량을 줄일 수 있고 경사와 기복의 변화가 심한 지역에서는 절점의 수를 증가시킴으로써 자료량은 격자모형보다 증가하지만 지형을 보다 세밀하게 표현할 수 있다. 예를 들어 완전히 평평한 운동장과 같은 지표가 있다고 가정할 때, 격자모델에서는 일정한 크기의 격자를 구성하여 각각의 절점마다 모두 높이값을 저장하여야 하지만, 불규칙 삼각망으로 표현하는 경우 커다란 삼각형 두 개만으로도 모델링이 가능하다.

격자모형과 비교할 때 TIN의 단점은 TIN 자료 파일을 생성하기 위하여 훨씬 많은 처리가 필요하다는 점이다. 그러나 일단 TIN 파일이 생성된 후에는 효율적인 압축 기법을 사용할 수 있다. TIN을 생성하는 알고리즘에 따라 부수적으로 발생되는 오차 역시 차이가 있으며 생성된 삼각형의 경계 부근에서 생성되는 불필요한 것을 없애기 위한 수작업도 자주 발생한다. 그러나 위에 언급된 바와 같이 TIN은 격자보다 적은 데이터 용량을 이용하여 훨씬 정확하게 지형을 표현할 수 있으며 손쉬운 자료의 편집과 실시간 지표면의 모델링 등 다양한 기능을 제공한다.

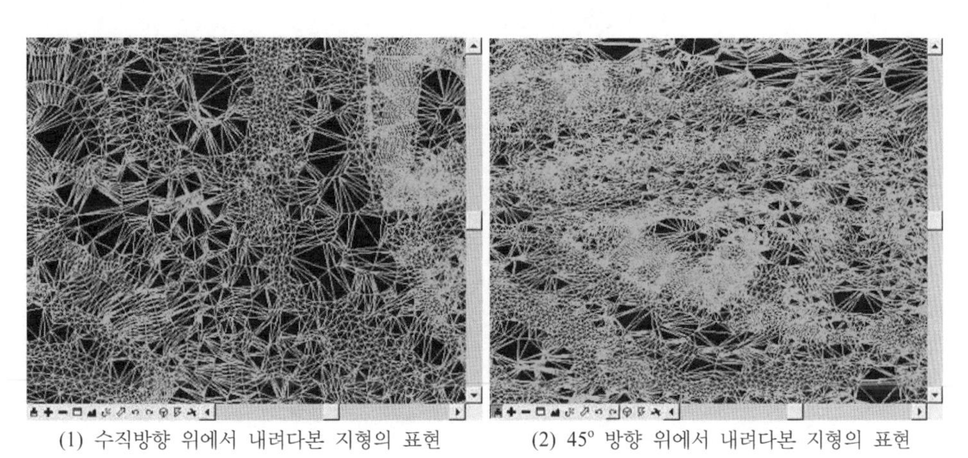

(1) 수직방향 위에서 내려다본 지형의 표현 (2) 45° 방향 위에서 내려다본 지형의 표현

그림 5-23. DEM의 불규칙삼각망 모델링

## 2.6. 수치모델 응용분야

수치모델을 이용하면 지형의 전체적인 파악은 물론 현재의 지형과 설계 후 지형의 변화 비교, 각 단계별 시공의 공정 확인은 물론 및 가상현실의 자료로도 활용할 수 있다. 이러한 모델을 응용할 수 있는 주요 분야는 다음과 같다.

- 표고의 산출
- 면적 및 체적의 결정
- 지형의 경사와 곡률 산정
- 사면의 방향 결정
- 지형기복 상태를 가시적으로 평가할 수 있는 등고선도와 3차원 투시도 제작
- 도로설계에서 토공량 산정
- 대체 노선평가에 의한 노선의 자동설계
- 최대 경사선의 추적으로부터 유역면적 산정
- 지질학, 삼림, 기상 및 의학 등

## 3. 자료의 분석

GIS 공간자료분석(data analysis)은 인문·자연적 현상의 입지이론, 토지이용, 공간구조 및 시스템 등과 관련된 다양한 이론과 사례를 지리학적 시각에서 이해하여야 한다. 이러한 지리적 현상의 공간적 변화과정과 이동과정을 분석하고 이를 바탕으로 지리적 현상의 공간조직, 공간구조 및 공간시스템을 분석하는 다양한 방법을 공간구조 분석이라 한다.

공간분석은 의사결정에 도움이 되거나 복잡한 공간문제를 해결하는데 있어서 지리자료를 이용하여 수행되는 과정의 일부이다. 공간분석을 수행하기 위해서는 다양한 공간형상들 간의 공간관계 정보를 인접성(adjacency), 연속성(continuity), 영역성(area definition) 등으로 구성하며 공간분석을 하기 위해서는 필수적으로 위상구조(topology)가 정립되어야 한다.

### 3.1. 형태에 따른 분석

#### (1) 표면분석

표면분석(表面分析, surface analysis)은 하나의 자료층(資料層, layer)상에 있는 변량들 간의 관계분석에 적용하는 분석 기법이다.

#### (2) 중첩분석

중첩분석(overlay analysis)은 둘 이상의 자료층에 있는 변량들 간의 관계분석에 적용하는 분석방법으로 중첩에 의한 정량적 해석 및 예측모델에 대한 분석을 수행한다. 이 중 예측모델에 대한 분석에는 산불의 발생 가능성, 지하수오염, 교통체계 등에 적용하는 환경특성평가에 관련된 평가모델(evaluative model)이 있고 도시개발, 교통노선, 관개농경개발 등 특정한 토지이용에 적용하는 배치모델(allocative model) 등이 포함된다.

### 3.2. 공간분석을 위한 연산

#### (1) 논리적 연산(logical operation)

논리적 연산은 개체 사이의 크기나 관계를 비교하는 연산으로 주로 연산자를 이용하여 계산을 하게 된다. 이러한 연산은 일반적으로 논리 연산자 또는 부울 연산자를 통해 처리한다.

표 5-9. 논리 연산자와 부울 연산자

| 구분 | 내용 |
|---|---|
| 논리 연산자<br>(logical operator) | - 개체 사이의 크기를 비교하기 위한 연산자<br>- =, >, <, ≤, ≥ 등 이용 |
| 부울 연산자<br>(Boolean operator) | - 개체 사이의 관계를 비교하기 위한 연산자<br>- 참, 거짓의 결과를 도출하는 것으로 AND, OR, XOR, NOT 등 이용<br>*1 : TRUE, 0 : FALSE |

| A | B | NOT A | A AND B | A OR B | A XOR B |
|---|---|---|---|---|---|
| 1 | 1 | 0 | 1 | 1 | 0 |
| 1 | 0 | 0 | 0 | 1 | 1 |
| 0 | 1 | 1 | 0 | 1 | 1 |
| 0 | 0 | 1 | 0 | 0 | 0 |

### (2) 산술연산(arithmetic operation)

산술연산은 속성자료뿐 아니라 위치자료의 처리에도 적용하며 일반적으로 사칙연산자 +, -, ×, ÷ 등과 지수, 제곱, 삼각함수 연산자 등을 사용하여 처리한다.

### (3) 기하연산(geometric operation)

기하연산은 위치자료에 기반을 두어 거리, 면적, 부피, 방향, 면형 객체의 중심점(centroid) 등 계산하는 방식이다.

### (4) 통계연산(statistical operation)

통계연산은 주로 속성자료를 이용하는 연산으로 합, 최대값, 최소값, 평균, 표준편차 등의 일반적인 통계값 계산을 수행한다.

## 3.3. 공간분석

GIS에서 널리 활용되고 있는 공간분석기법으로는 검색기능과 확산기능을 포함하는 근린분석과 경사, 음영, 기복, 시계분석 등을 해석하는 지형분석, 수로, 유역경계분석 등의 하계망분석, 그리고 경로탐색, 자원배분, 공간적 상호작용 모델, 입지-배분 모델 등에 관한 해석을 담당하는 네트워크분석 등이 있다.

### (1) 근린분석

근린분석(近隣分析, neighborhood analysis, proximity analysis)이란 주어진 특정 지점을 둘러싸고 있는 주변 지역의 특성을 평가하는 것으로 공간상에서 주어진 지점과 주변의 객체들이 얼마나 가까운가를 파악하는 것이다. 근린분석에는 특정 지점에서부터 우리가 가고자 하는 지점의 위치가 얼마나 떨어져 있는가를 분석하는 단순한 분석도 포함되고, 사고가 발생한 지점에서 $5km$ 이내의 종합병원은 어디에 있는지를 분석하는 것도 근린분석의 한 예이다. 근린분석을 수행하기 위해서는 목표지점의 설정, 목표지점의 근접지역에 대한 명시, 근린지역 내에서 수행되어야 할 기능이 명시되어야 한다. 이러한 근린분석에서는 단순거리뿐만 아니라, 시간, 비용으로도 근접성을 측정하고 검색기능, 확산기능, 공간적 집적기능, 경사도분석 등도 수행한다.

### (2) 지형분석

지형분석(地形分析, topographic analysis)은 DEM이나 TIN을 이용하여 지형을 분석하는 것으로 지형의 경사도(slope), 음영분석, 시계분석, 경사면의 방향(aspect), 단면도(cross-section) 등에 관한 분석을 수행하는 것이다. 이 분석방법은 3차원 지형 표현에 의한 음영분석, 가시구역과 비가시구역을 분석하는 시계분석이 있다.

### (3) 하계망분석

물은 중력 방향을 향하여 흐른다. 하계망분석(河系網分析, drainage network analysis)에서는 배수시스템(drainage system), 유역분지 혹은 유역면적(watershed, basin, catchment), 분수령(watershed boundary) 혹은 배수분할(drainage divide), 분기점(junction), 하계망 구조와 흐름방향분석, 하천과 유역경계분석, 흐름방향 추출, 하천수로 추출 등에 관한 분석을 수행한다.

### (4) 네트워크분석

네트워크분석(network analysis)은 서로 연관되어 연결된 선형 형상물의 연결성과 경로를 분석하는 것으로 일반적으로 절점인 노드(node)와 링크(link)로 구성된다. 여기서 링크는 노드를 연결하는 호(弧, arc)로 방향성을 가지고 있으며, 일련의 노드가 링크로 연결되는 것을 경로(route)라고 한다. 또한 경로가 시작되는 곳은 시작점, 경로가 끝나는 지점은 완료점이라 한다.

네트워크분석 기법은 고속도로, 철도, 도로 등의 교통망이나, 하천, 전기, 전화, 상하수도 등의 관망과 같이 서로 연결된 일련의 선형 형상물의 연결성이나 경로를 분석하는데 유용하다. 이 분석에 이용되는 그래픽자료인 벡터자료는 도로, 케이블, 파이프라인 등의 구조물 등을 표현하고 이 자료들은 특정 사물의 이동성 또는 흐름의 방향성을 제공한다.

이러한 여러 자료를 GIS에서 분석하기 위해서 네트워크 모델(network model)을 구성한다. 네트워크 모델의 분석방법은 주로 경로탐색(path finding), 배분(allocation), 추적(tracing), 공간적 상호작용(spatial interaction), 입지-배분 기능(location-allocation) 등을 통해 이루어진다.

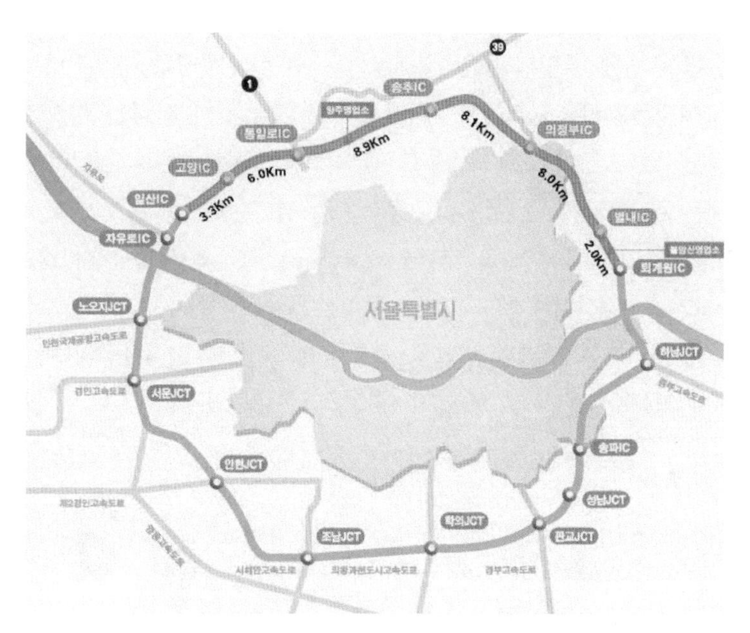


그림 5-24. 네트워크 자료 예 (서울 순환고속도로망)

네트워크분석의 가장 중요한 목적은 서로 연결된 경로를 따라 사람, 물자정보의 이동이나 파이프라인, 통신망, 가스, 전력 등 관망을 통해 이동되는 경로를 표현하고 분석하는 것이다. 이 분석은 두 지점의 거리를 최소비용이나 최단거리로 이동하는 경로를 찾아내거나, 일련의 지점들을 통과하면서 최소비용이나 최단경로를 탐색하는데 가장 효율적으로 활용될 수 있다. 네트워크분석은 크게 시설물 네트워크(utility network)와 교통 네트워크(transportation network) 등으로 구분할 수 있다.

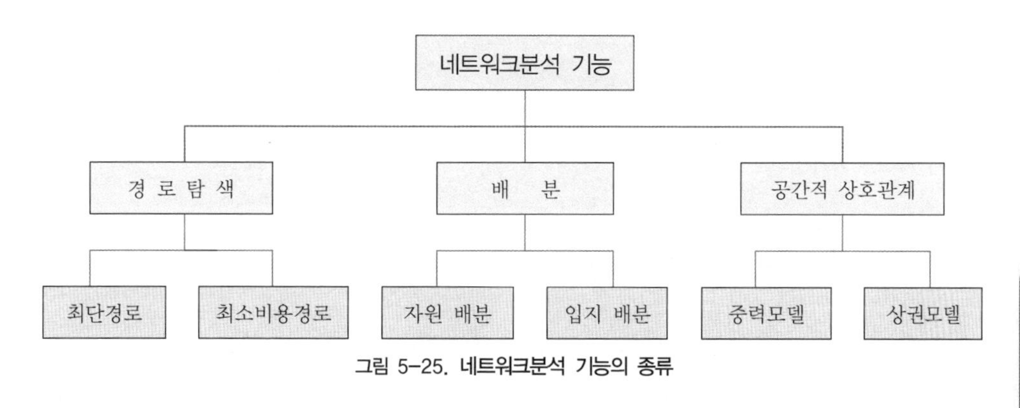


그림 5-25. 네트워크분석 기능의 종류

## 3.4. 공간분석 기법의 종류

### (1) 버퍼분석

버퍼분석(buffer analysis)은 공간적 근접성을 정의할 때 이용되며 이러한 버퍼는 점, 선, 면 또는 면 주변에 지정된 범위를 포함하는 면적의 형태로 구성된다. 버퍼분석에서 사용되는 버퍼존(buffer zone)은 입력자료와 버퍼를 위한 거리를 지정한 이후 생성되며 이 거리는 단순한 직선거리인 유클리드 거리(Euclid distance)를 이용하고 두 점 사이의 거리는 $\sqrt{(x_1-x_2)^2+(y_1-y_2)^2}$ 공식으로 결정된다.

그림 5-26에 표현된 것이 버퍼존이며 이러한 버퍼를 형성하는 데이터의 종류별로 점데이터(point data), 선데이터(line data), 면데이터(area data)에서 이 도형을 일정한 거리로 떨어져 둘러싸는 다양한 면으로 표현된다. 따라서 입력자료와 버퍼존의 공간 관계를 분석함으로써 그림 5-27과 같이 여러 조건에 부합되는 특정 결과물을 추출할 수 있다.

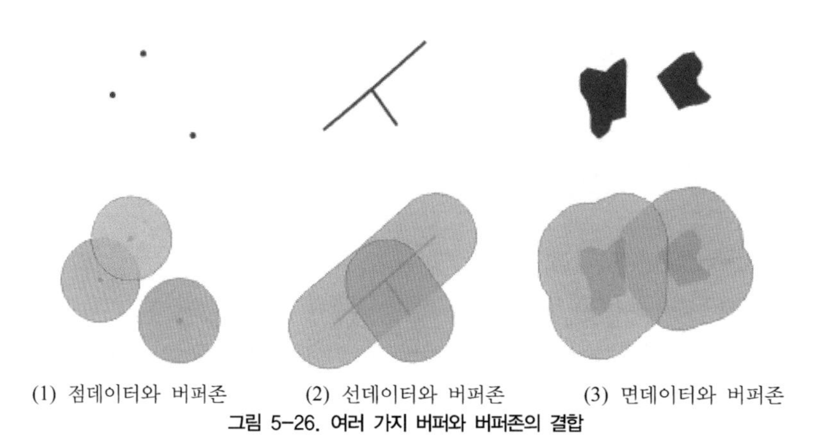

(1) 점데이터와 버퍼존 (2) 선데이터와 버퍼존 (3) 면데이터와 버퍼존

**그림 5-26. 여러 가지 버퍼와 버퍼존의 결합**

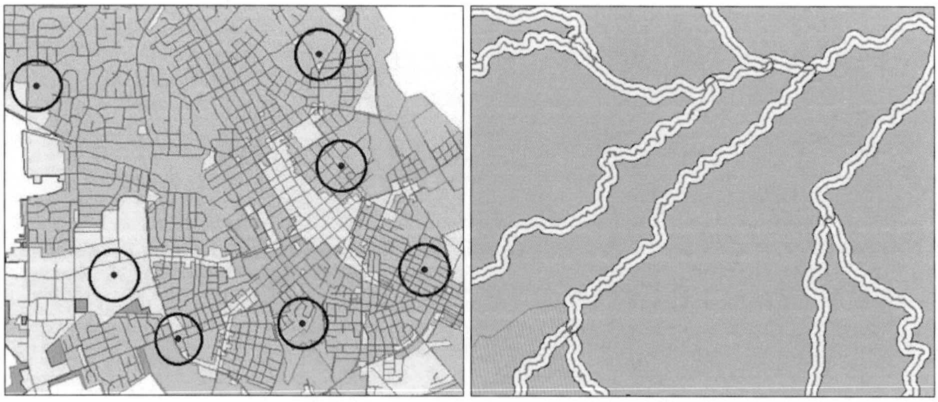

(1) 특정 지역 $1km$ 주변의 버퍼존 (2) 하천 지역 $100m$ 주변의 버퍼존

**그림 5-27. 버퍼존을 이용한 버퍼 분석 예**

### (2) 중첩분석

공간분석의 자료들은 중첩(overlay)을 통해 여러 지리정보의 자료들을 통합하여 목적에 부합되는 새로운 자료를 생성할 수 있다. 이 자료들은 벡터뿐 아니라 레스터자료도 활용되고 이 중에서 일반적으로 벡터자료를 이용한 중첩분석은 면데이터를 기반으로 수행된다.

다양한 공간객체를 표현하고 있는 자료층(layer)을 중첩하기 위해서는 좌표체계가 동일하여야 한다. 래스터와 벡터자료의 중첩분석 예가 각각 그림 5-28과 표 5-10에 나타나 있다.

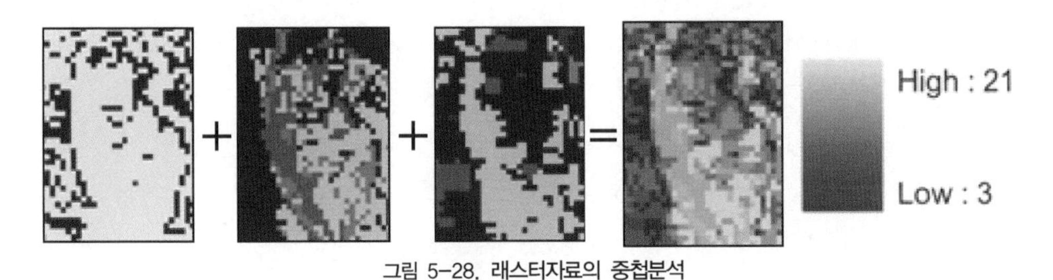


그림 5-28. 래스터자료의 중첩분석

표 5-10. 벡터자료의 중첩연산

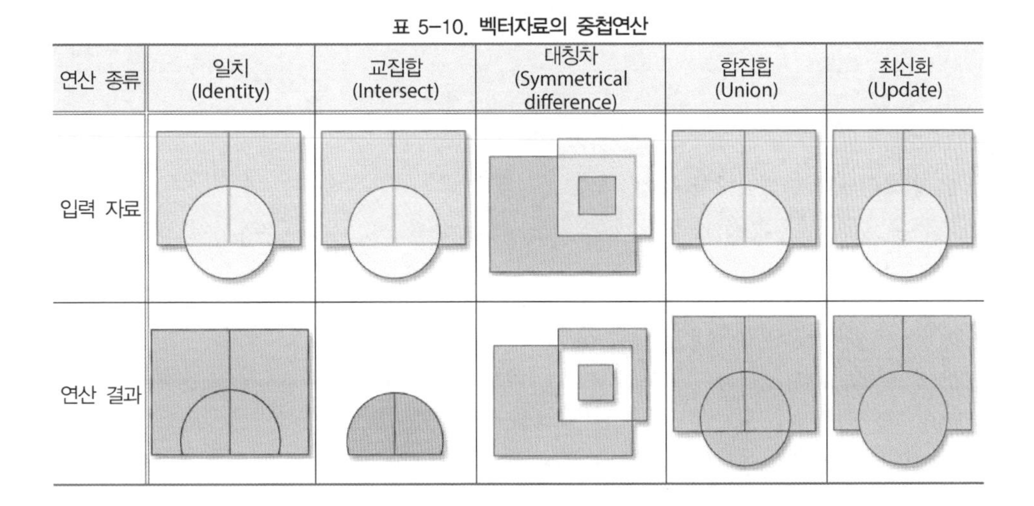

| 연산 종류 | 일치 (Identity) | 교집합 (Intersect) | 대칭차 (Symmetrical difference) | 합집합 (Union) | 최신화 (Update) |
|---|---|---|---|---|---|
| 입력 자료 | | | | | |
| 연산 결과 | | | | | |

#### 1) 점데이터와 면데이터의 중첩

면 위에 점을 중첩하면 면적의 범위 안에 있는 점을 결정할 수 있다. 면 위에 중첩된 점들은 면데이터의 속성을 포함하므로 모든 점과 면의 속성테이블이 수정된다. 그리고 이러한 중첩을 통해 점과 면 속성 사이의 공간적 관계에 대한 설명도 가능하다. 이 기법은 범죄발생과 인접지역의 인구통계, 특정조류와 식생 등의 관계 설명 등의 분야에 활용될 수 있다.

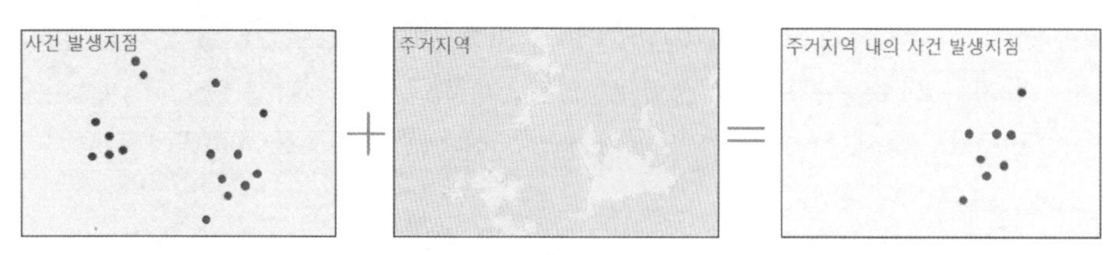


그림 5-29. 점데이터와 면데이터의 중첩

### 2) 선데이터와 면데이터의 중첩

면과 선을 중첩하면 선자료는 입력된 선데이터와 면데이터의 속성을 동시에 포함하게 된다. 면과 선의 중첩에 필요한 계산은 면데이터 사이의 중첩과 비슷하며 이 중첩분석은 면과 선데이터의 교차점 계산 → 노드와 링크 형성 → 위상정립 → 속성테이블 수정 등의 순서로 진행된다. 면과 선의 중첩분석은 선의 분포와 면데이터 속성 사이의 공간적 관계를 설명하는 것이 가능하다.

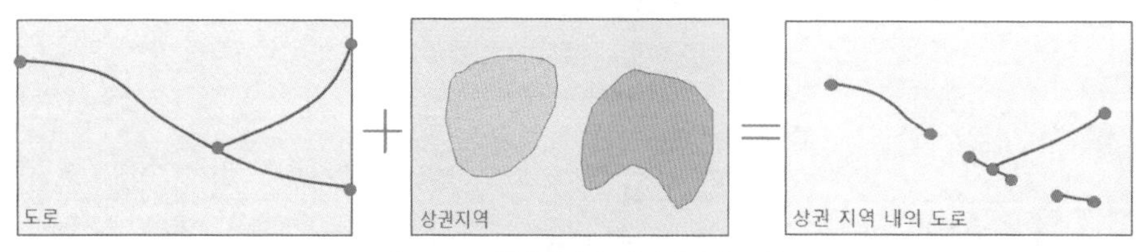


그림 5-30. 선데이터와 면데이터의 중첩

### 3) 면데이터와 면데이터의 중첩

면을 포함하는 특정 주제의 자료층(layer)을 다른 레이어와 중첩시켜 새로운 주제도를 생성하는 공간 영상기법이 면의 중첩이다. 이 방법에서는 논리연산자, 산술연산자, 통계연산자 등 다양한 연산자를 이용하여 중첩분석을 수행하게 된다. 연산결과로 만들어지는 새로운 주제도의 모서리는 입력 레이어 내의 면 교차점으로 표현된다. 새로운 면의 모서리 교차점 좌표를 계산하는 것이 면 데이터 사이의 중첩에서 가장 중요하고, 위상모델로 저장된 면형벡터자료 사이의 중첩에는 적은 교차점을 계산하므로 중첩수행에 시간이 절약된다는 장점이 있다.

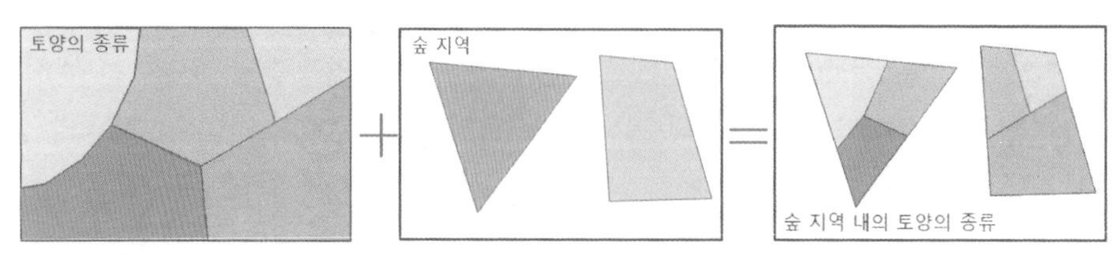


그림 5-31. 면데이터와 면데이터의 중첩

면데이터를 중첩하는 순서로는 교차점 계산 → 노드와 링크 형성 → 위상정립과 새로운 객체 생성 → 극소화된 면 제거 → 속성자료의 변경 및 추가의 순서로 수행하게 되며 면의 중첩분석은 비교적 많은 시간이 소요된다. 이 분석기법은 적지분석 등에 활용된다.

### 3.5. 공간분석 응용분야

공간분석은 여러 분야에서 활용되고 있으며 주요 응용분야는 다음과 같다.

| 환 경 분 석 | 식생피복 도면화, 야생동물의 서식지 표현, 위험물의 제거 |
|---|---|
| 경 영 분 석 | 입지분석, 교통분석, 보건과 보험 분석 |
| 사 회 분 석 | 인구센서스 데이터 분석, 주택연구, 질병확산의 예측 |
| 수 계 분 석 | 하천차수 분석 |
| 농 업 분 석 | 삼림, 정확한 파종 |

## 4. 자료의 출력

자료의 출력(data output)은 결과의 해석을 위한 준비형태이다. 지도가 출력되는 형식은 펜도화기(pen plotter), 정전기적 도화기, 사진장치와 같은 인쇄복사(hard copy) 형태와 모니터에 전기적인 영상을 보여 주는 영상복사(soft copy)의 형태가 있다. 이 중 지도에 포함되는 출력요소에는 다음과 같은 항목들이 포함된다.

### 4.1. 지도주석

지도에 포함되는 주석(地圖註釋, map annotation)에는 제목, 범례, 축척 막대(scale bar), 방위표시 화살표 등이 포함된다. 가장 단순한 형태의 제목과 범례는 보통 지도의 바깥쪽 경계부분과 같이 고정된 위치에 삽입되고 문자나 범례 기호를 입력하기도 한다.

### 4.2. 문자표지

문자표지(文字標識, text label)는 지도 내에 위치하거나 지도정보와 함께 배열된다. 지도상에 표지를 설계하는 일반적인 원칙은 다음과 같다. 이름은 읽기 쉬워야 하고 이들을 묘사하는 지형에 근접하게 위치시켜야만 하며 이름과 대상의 연관성은 쉽게 인식되어야 한다. 표지는 중첩되지 말아야 하고, 지도정보가 차지하는 영역은 최소화되어야만 하며, 이름표지의 형식과 위치는 상대적인 중요성, 지형확장, 연결, 지도지형의 그룹 간의 구별에 도움을 주어야 한다.

### 4.3. 문서형태와 선 양식

선의 폭과 색깔의 선택은 출력장치에 좌우된다. 대부분의 장치는 문서형태(文書形態, texture pattern)로 생성될 수 있다. 선 양식(線樣式, line style)은 선의 굵기와 색깔로 표현되며 선의 속성을 묘사하는데 사용된다. 선은 지형을 표현하고, 형태는 지역의 서로 다른 형식을 구별하는데 사용된다.

### 4.4. 도형기호

도형기호(圖形記號, graphic symbol)는 지도상에 사물을 표현하는데 사용된다. 각각의 시스템에 따라 어떤 시스템에서는 표준 기호를 제공하고 운용자가 새로 기호를 만들 수 없지만, 특정 시스템에서는 사용자가 새로 기호를 만들어 이것을 저장하였다가 필요할 때 사용할 수도 있다.

# 4 GIS의 발전

## 1. 국가 GIS 사업

국가지리정보체계(NGIS, National Geographic Information System)는 지리정보를 생산, 관리하는 국가기관, 지방자치단체 및 정부투자기관이 구축하고 관리하는 지리공간정보시스템을 의미한다. 최근 GIS 사업은 과거 2차원 자료로 구축되고 활용되었던 지도를 3차원 지도로 갱신하였고 지자체 GIS 데이터베이스와 연계하여 통합 데이터베이스를 구축하고 있다. 이와 관련하여 2006년 당시 건설교통부가 「제3차 국가 GIS 기본계획」을 수립하여 수행하였으며 2011년부터 「제4차 국가공간정보정책 기본계획」이, 그리고 2013년부터 2017년까지 「제5차 국가공간정보정책 기본계획」이 수행되었다. 특히 제4차와 5차 사업은 과거의 사업 제목이 NGIS 사업이었던 것에 반해 「국가공간정보정책 기본계획」이라는 제목으로 변경되어 공간정보를 통한 융복합 활성화를 통해 공간정보산업의 질적 도약에 주안점을 두고 있다.

NGIS 사업은 초기에 재정경제원의 주관으로 추진되다가 1995년부터 건설교통부로 총괄책임이 이관되었다. 주요 참여기관으로는 건설교통부, 정보통신부, 과학기술부, 행정자치부 등 11개 정부 부처가 있다.

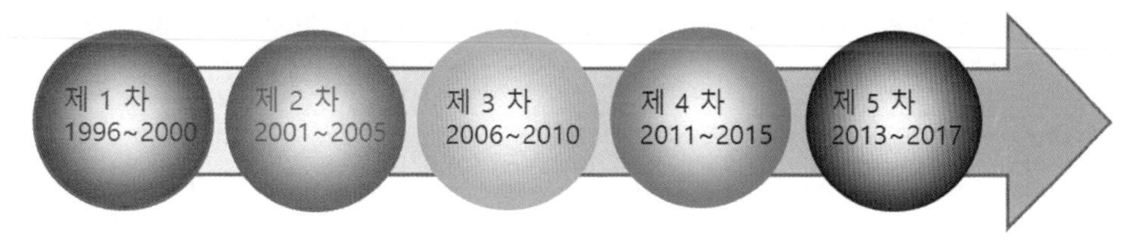


그림 5-32. 차수별 NGIS 사업 수행

### 1.1. NGIS 사업의 정의

NGIS 사업은 지도를 전산처리가 가능하도록 디지털 값으로 전환하고, 그 위에 토지, 자원, 시설물, 환경, 사회, 경제 등의 관련정보를 체계적으로 입력하여 각종 의사결정에 활용하도록 국가 차원에서 운용하는 지리공간정보시스템이다. 이 시스템이 구축되면 짧은 시간에 대량의 정보를 정확하게 검색하고 처리하는 것이 가능하기 때문에 사회간접자본 계획 등 대형 프로젝트의 신속한 추진과 의사결정과정의 합리화가 가능하다.

이러한 시스템의 도입으로 전화 , 전기, 가스, 상하수도 등의 각종 시설의 혼합 보수관리와 교통, 환경 문제의 효율적인 통제가 가능해져 사회적 간접자본의 비용을 줄일 수 있다.

### 1.2. NGIS 사업의 목적

NGIS 사업은 GIS가 국가 경쟁력강화 및 행정생산성 제고 등에 기반이 되는 사회간접자본이라는 전제하에 국가 차원에서 GIS 국가 표준 설정하고 기본공간정보 데이터베이스를 구축하여 GIS관련 기술개발 지원을 통해 GIS 활용 기반과 여건을 성숙시킬 목적으로 1996년 제1차 사업이 시작된 이후부터 현재 제5차 국가공간정보정책 기본계획 사업까지 순차적으로 계획되고 추진되어 왔다.

이러한 NGIS 사업은 도로, 철도, 상하수도, 가스, 전력, 통신, 재해관리, 국토공간관리, 대민 서비스 등이 국가정책 및 행정 그리고 공공분야에서 활용된다는 점을 감안하여 범부처적으로 의견을 수렴하여 GIS 구축의 효율성을 증진시키기 위하여 시작되었다.

### 1.3. NGIS 사업의 내용

NGIS 사업에는 다음과 같이 총괄사업을 비롯하여 6개의 내용이 포함되어 있고 표 5-11에는 NGIS 사업에 대한 국가공간정보 정책의 기본방향을 서술하였다.

| 구분 | 내용 |
|---|---|
| 총 괄 사 업 | - 건설교통부 추진, 국토개발연구원 실무 담당<br>- 지하시설물 관리시스템 시범개발, 공공목적의 GIS 활용, NGIS 구축 지원연구 수행계획 수립 |
| 지리정보 분과 사업 | - 국토지리정보원 중심으로 추진<br>- 지형도 수치화(1/1,000, 1/5,000, 1/25,000), 공공 주제도 수치지도화, 지하시설물도 수치지도화, 영국지리원(Ordance Survey) 연구용역, 수치지도 규정에 대한 사업 담당 |
| 과학기술 분과 사업 | - 과학기술부 중심으로 추진<br>- 시스템 통합, 기본 SW 및 매핑 기술개발, DBMS 등의 기술개발사업과 인력양성사업 담당 |
| 토지정보 분과 사업 | - 행정자치부에서 추진하고 대한지적공사가 실무 담당<br>- 지적전산화 사업(PBLIS), 지적재조사사업 등 수행 |
| 표준화 분과 사업 | - 정보통신부가 주관하고 한국전산원이 실무 담당<br>- 지형지물의 부호체계 표준화, 데이터 모델링 표준화 등 담당 |
| 기타 정부 주도 GIS 관련 사업 | - 주민등록관리, 부동산관리, 자동차관리, 통관관리 등 사업계획 수립 및 추진 |

표 5-11. 국가공간정보 정책의 기본 방향

| 구 분 | 현 재 | 향 후 |
|---|---|---|
| 정보환경 | Digital | Ubiquitous |
| 정보형태 | 2차원, 정적(Static)인 정보 | 3차원, 동적(Dynamic)인 정보 |
| 활용대상 | 공급자(Supply) 중심 | 사용자(Demand) 중심 |
| 업무수행 | 독립적 | 협력적 |
| 정보제공 | 폐쇄적, 제한적 공개(보안) | 개방적, 공개 |
| 정보영역 | 개별분야 | 연계·통합 |

## 1.4. 1차 및 2차 국가 GIS 사업

### (1) NGIS 1차 사업

국토지리정보원의 주관으로 1995년 시작되어 GIS 기반을 조성하기 위하여 제1차 NGIS 사업이 수행되었다. 이 사업으로 수치지도가 제작되기 시작하여 도심에서는 1/1,000, 소도시에서는 1/5,000, 산악지에서는 각각 1/25,000 축척의 지도가 제작되었다. 1차 사업의 수행결과 전국을 대상으로 하는 수치지도가 제작되었지만 정확도 면에서 문제점이 제기되어 이에 대한 보완이 요구되었다.

### (2)NGIS 2차 사업

2차 NGIS 사업에서는 1차 사업으로 제작된 수치지도의 표준화와 그 활용방안을 도모하는 사업들이 수행되었다. 2차 사업의 시작부터 위성의 영상을 이용하여 지도를 제작하는 사업이 수행되었다는 점도 주목할 필요가 있다.

그러나 2차 사업의 수행결과 국가 GIS 목표의 타당성 미약, 국가목표에 대한 유관기관의 추진체계의 미약, 그리고 국가 GIS 사업의 자금지원 미비 등으로 사업이 지연되는 등의 문제가 발생하기도 하였다. 1차 및 2차 사업의 기본계획은 다음의 표 5-12에 나타나 있다.

표 5-12. 1차 및 2차 NGIS 사업의 기본계획

| 구 분 | 제1차 NGIS 기본계획 | 제2차 NGIS 기본계획 |
|---|---|---|
| 계획 기간 | 1995～2000년 | 2001～2005년 |
| 계획 기조 | - 국가 경쟁력강화 및 행정생산성 제고를 위한 국가 공간정보 구축 | - 국가 공간정보기반 확충으로 디지털국토 실현 |
| 목 표 | - 공간정보 DB 구축<br>- 국가표준수용 및 GIS 기술개발<br>- 기본공간정보 DB 표준안 확립 | - 디지털국토 초석 마련<br>- 지리공간정보의 인터넷 유통 및 활용<br>- 핵심기술 개발 및 산업육성<br>- 표준화, 인력양성 등 기반환경 지속 개발 |
| 추진전략 | - 기본 공간정보 DB 구축<br>- 공간정보 표준화<br>- 정부 차원의 GIS 활용체계 개발<br>- 관련 제도 정비 | - 국가공간정보기반 확충 및 유통시스템 정비<br>- 범 국가차원의 강력한 지원<br>- 상호협력체계 강화<br>- 국민중심의 서비스 극대화 |

## 1.5. 3차 국가 GIS 사업

### (1) NGIS 3차 사업의 기본 방향

2006년부터 시작된 3차 사업은 국가 GIS 사업의 양적 확산에서 질적 심화 방향으로 관심이 옮겨가 한층 심도 깊고 실질적인 GIS의 활용을 위해 계획되었다. 국가 GIS 활용의 고도화와 국가 GIS 기반의 지속적 고도화 부분에 대한 내용의 사업도 함께 추진되었다. 또한 공급자 중심에서 수요자 중심으로 대상이 변화하게 되어 공공, 시민, 민간기업 등 수요자별 추진방안이 설정되었으며 최종 사용자의 요구사항을 반영하는 계획이 수립되었다.

국가 GIS 사업의 독자적 발전에서 협력적 발전으로 방향을 돌린 것도 기존의 NGIS 사업과는 차별화된 계획이었다. 이를 위하여 정보통신기술, 지자체 행정정보 등과 연계시켜 발전할 수 있는 기본데이터 수립방안을 모색하였으며 국가 정보화 사업과의 연계, 역할분담 등 파트너십을 형성하는데 주목적을 두고 추진계획이 수립되었다.

3차 사업과 더불어 지능형 국토정보 R&D 사업이 병행되었으며 유비쿼터스 도시의 창조와 유통체계의 적극적인 GIS 활용방안이 모색되었다.

| 3차 사업 목표 | - GIS를 기반으로 하는 전자정부 구현<br>- GIS 서비스를 통한 삶의 방식 개선<br>- GIS를 이용한 새로운 사업 창출 | 수립 전략 | 국가 GIS의 활용 고도화 | - Government GIS 고도화<br>- Citizen GIS 정착<br>- Business GIS 정착 |
|---|---|---|---|---|
| | | | 국가 GIS 기반 고도화 | - 국가 GIS 기반요소 고도화<br>- 국가 GIS 기반 지속적 고도화<br>- 선택과 집중을 통한 핵심역량 강화 |

### (2) 3차 사업의 목표와 수립전략

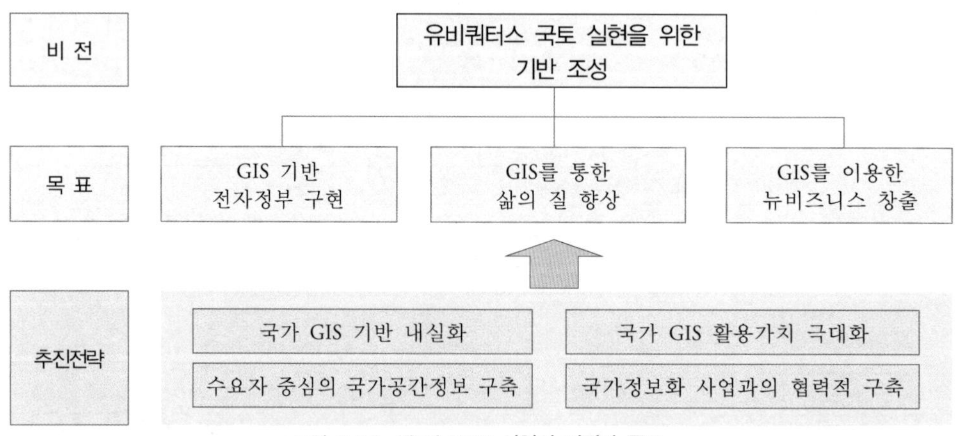


그림 5-33. 제3차 NGIS 사업의 비전과 목표

### (3) 유비쿼터스 도시

유비쿼터스(ubiquitous)는 라틴어의 *ubique*를 어원으로 하는 형용사로 동시에 어디에나 존재하는, 편재하는이라는 사전적 의미를 지니고 있다. 이 유비쿼터스 환경은 시간과 장소에 구애받지 않고 아무 때라도 정보통신망에 접속하여 다양한 정보서비스를 활용할 수 있는 환경을 의미한다. 이러한 환경을 구축하기 위해 도시건설의 패러다임 변화와 미래도시에 대한 새로운 요구에 따라 제3차 NGIS 사업에서 유비쿼터스 개념을 새로 도입하게 되었다. 이 시스템을 구현하기 위한 체계로 차세대 도시환경인 유비쿼터스 도시(U-City)와 지속 가능한 생태도시의 개념이 융복합된 새로운 형태의 U-Eco City가 NGIS 사업에서 주된 목표로 설정되었다.

#### 1) U-City

U-City는 첨단 정보통신 인프라와 유비쿼터스 정보서비스를 도시공간에 융합하여 생활의 편의증대와 삶의 질을 향상시키고 체계적 도시 관리에 의한 안전과 주민복지 증대를 꾀하며 신사업창출 등 도시 제반기능을 혁신시킬 수 있는 21세기 첨단도시 건설을 의미한다. 즉, 유비쿼터스 도시는 도시 구성원의 편리하고, 안전하고, 쾌적한 삶과 경제적인 기업활동과 도시관리의 효율성 향상을 위하여 유비쿼터스 컴퓨팅 기술을 기반으로 도시전반의 기능을 지능적(intelligent)으로 통합하고(integrated), 최적화(optimized)된 도시이다.

이러한 도시를 건설하기 위한 기반 기술로는 UIPv6 주소체계, RFID, USN, BcN, CCTV, Sensor, FTTH, WCDMA, Wibro, DMB, WLAN, ZigBee, Bluetooth, Embedded S/W, 미들웨어, 그리드 컴퓨팅 기술 등이 있다. 이러한 도시를 형성하기 위해서는 GIS, LBS, GNSS, RS, 텔리매틱스, ITS, 도시통합관제기술, 홈네트워크 등의 구축이 필요하다.

#### 2) Eco City

자연환경의 변화, 지구환경문제가 대두되면서 생태도시라는 개념이 등장하였고 이러한 환경적 위기의식에 의해 자원 및 에너지 이용기술, 자연복원기술 등을 기반으로 계획하고 조성하고자 하는 도시가 Eco City이다. 이러한 도시를 효율적으로 형성하기 위한 생태도시 계획관련 기술에는 다음과 같은 기술의 활용이 필요하다.

| GIS의 활용 | 3D, 정사영상, Mobile GIS, LBS, UIS 등 의사결정지원시스템 |
|---|---|
| LiDAR 활용 | 3차원 지형분석, 구조물 및 식생의 3차원 자료 구축 등 |
| 도시통합운영센터 부문 | U-City의 도시통합 운영을 위한 센터의 구축 |

### 3) 유비쿼터스 도시를 통해 구현할 수 있는 기대효과

| - 정보통신 인프라가 잘 갖추어진 지능형 도시 |
|---|
| - 공공서비스가 기능적으로 복합되어 제공되는 편리한 도시 |
| - 쾌적하고 즐거운 삶이 보장되는 건강한 도시 |
| - 도시의 통합운영이 효율적으로 이루어지는 안전한 도시 |
| - 생태적 친환경 도시 |

## (4) 지능형 국토정보 R&D 사업

건설교통부는 IT기술과 GIS 등 공간정보기술을 융합하여 지능형 국토를 실현하고 국토변화를 실시간으로 모니터링하기 위하여 2006년부터 5개년 동안 1,450억 원을 투입하여 지능형 국토정보 R&D 사업을 계획하였다. 이 사업을 추진하고 실용화시키기 위해 R&D 성과를 도출하기 위한 다양한 분야의 지능형 국토정보기술 혁신로드맵을 정리하고 각각의 수행계획을 수립하였다.

이러한 지능형 국토정보 기술혁신사업은 유비쿼터스 국토를 실현하기 위한 국토공간정보 기술혁신 비전을 달성하기 위하여 국가기준망 정비, 인텔리전트(intelligent) 기준점 및 측량장비 개발 등을 수행하기 위한 계획이다. 지능형 국토정보 R&D사업의 추진경위는 다음과 같다.

| 2005.6.23. | - 제8회 과학기술관계 장관회의에 추진계획 상정 및 의결 |
|---|---|
| 2005.12월 | - 제3차 국가GIS기본계획 중 기술개발 부문으로 추진 |
| 2006.3~9월 | - 기획연구 실시(한국건설기술연구원) |
| 2006.5월 | - R&D 혁신로드맵 중 중점 프로젝트(VC-10)로 선정 |
| 2006.7~8월 | - 정책토론회 및 전문가 우선순위 평가 실시 |
| 2006.9.5. | - 건설교통미래기술위원회 보고안건 상정 및 의결 |

### 1) 지능형 국토정보기술 혁신 로드맵 개요

| 근 거 | - 국가지리정보체계의 구축 및 활용 등에 관한 법률 제9조 |
|---|---|
| 로드맵 기간 | - 2006~2010년(제3차 국가GIS기본계획 기간) |
| 총 사업비 | - 1,450억 원(건설교통R&D 혁신 로드맵에 의거 2015년까지 2,740억 원 투입) |
| 로드맵 성격 | - 제3차 국가GIS기본계획의 중점추진과제 중 기술개발 부문을 구체화하고 체계화하는 로드맵<br>- IT 및 GIS기술의 융·복합을 통하여 미래 유비쿼터스 시대의 국토공간정보 수요에 대응하고, 국토를 모니터링하기 위한 세부 로드맵 |

## 2) 지능형 국토정보기술 혁신 로드맵 주요내용

### a. 비전 및 중점 추진과제와 투자계획

| 항 목 | | 주 요 내 용 |
|---|---|---|
| 비 전 | | - 유비쿼터스 국토 실현을 위한 공간정보 기술혁신 |
| 중 점 추 진 과 제 | 공간정보 기반 인프라 기술 | - 기준점, 장비, 공간정보 DB혁신을 통한 정확도 향상 |
| | 국토 모니터링 기술 | - 국토의 변화를 주기적으로 모니터링할 수 있는 기술개발 |
| | 도시 시설물 지능화 기술 | - USN, RFID를 이용한 도시시설물 첨단 관리시스템 개발 |
| | u-GIS 기반 건설 정보화 혁신기술 | - GIS 기반의 건설정보화의 다양한 활용기술개발 |
| | u-GIS 핵심 융·복합 기술 | - IT기술과 공간정보기술의 융·복합 기술개발 |
| 총 비 용 | | |

### b. 사업추진체계

- 건설기술연구개발사업 관리 및 운영규정(건교부 훈령-625)에 의거하여 사업단장 중심의 패키지형 R&D 책임관리체계 도입
- 사업단을 중심으로 세부과제 기획, 선정·평가, 진도관리, 정산·보고 등에 관련된 업무수행
- 전문기관(한국건설교통기술평가원)에 운영 및 평가위원회를 두어 사업단에 대한 평가, 회계감사, 진도관리 추진

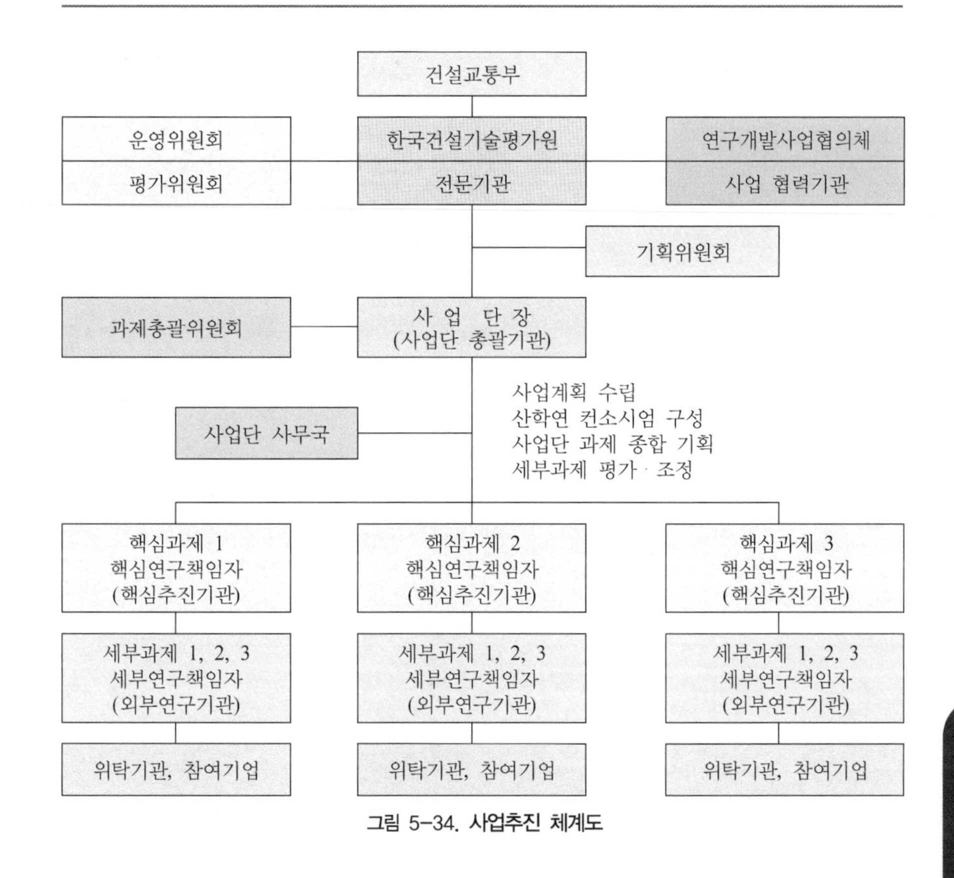


그림 5-34. 사업추진 체계도

### 3) 기대 효과

지능형 국토정보 R&D 사업의 목표와 이를 통해 기대할 수 있는 효과는 다음과 같다.

| 목 표 | 기대 효과 |
|---|---|
| 국토정보의 정확도 향상 | 위치정확도 수 *cm*에서 수 *mm* 단위로 향상 |
| GIS 기술순위 세계 5위권 진입 | 세계 GIS S/W 시장 10위권('01년 Worldwide GIS Revenue)에서 조정 |
| 국내GIS 시장규모 5배 확장 및 일자리 1,000명/연 창출 | 약 3천억 원('05년)의 GIS시장을 1조 5천억 원('10년)으로 확대 |
| 기술개발 성과의 Test-bed 구축 | 행복도시, 혁신도시 등 시범도시를 선정하여 기술개발 성과의 실용화 추진 |

### 4) 측량 및 GIS 분야의 대응 방안

- GIS의 표준제정, 관리체계의 정비, 유지관리 및 수정 갱신
- 국가 GIS 기준의 발굴 및 제정
- 국제동향 모니터링
- 국가 GIS 표준 준수를 위한 홍보 및 제도적 규정 마련

지금까지 설명한 제1차 NGIS 사업부터 3차 사업까지의 결과를 비교하여 각 차수별 특징을 요약하여 다음 표 5-13에 수록하였다.

표 5-13. 1차, 2차, 3차 NGIS 사업 결과 비교

| 구 분 | 제1차 NGIS 사업 | 제2차 NGIS 사업 | 제3차 NGIS 사업 |
|---|---|---|---|
| 지리정보 구축 | - 지형도, 지적도 전산화<br>- 토지이용현황도 등 주제도 구축 | - 도로, 하천, 건물, 문화재 부문 기본지리정보 구축 | - 국가/해양기본도, 국가기준점, 공간영상 등 구축 |
| 응용 시스템 구축 | - 지하시설물도 구축 추진 | - 토지이용, 지하, 환경, 농림, 해양 등 GIS 활용체계 구축 추진 | - 3차원 국토공간정보, UPIS, KOPSS, 건물통합 등 활용체계 구축 추진 |
| 표준화 | - 국가기본도, 주제도, 지하시설물도 등 구축에 필요한 표준 제정<br>- 지리정보 교환, 유통관련 표준 제정 | - 기본지리정보 1건, 지리정보 구축 13건, 유통 5건, 응용시스템 4건의 표준 제정 | - 지리정보표준화, GIS 국가표준체계 확립 등 사업 추진 |
| 기술개발 | - 매핑기술, DB Tool, GIS SW 기술개발 | - 3차원 GIS, 고정밀 위성영상 처리 등 기술개발 | - 지능형 국토정보기술혁신 사업을 통한 원천기술 개발 |
| 인력양성 | - 정보화근로사업을 통한 인력양성<br>- 오프라인 GIS 교육 실시 | - 오프라인 및 온라인 GIS 교육 실시<br>- 교육교재 및 실습 프로그램 개발 | - 오프라인 및 온라인 GIS 교육 실시<br>- 교육교재 및 실습프로그램 업데이트 |
| 유통 | - 국가지리정보유통망 시범사업 추진 | - 국가지리정보유통망 구축, 총 139종 약 70만 건 등록 | - 국가지리정보유통망 기능개선 및 유지관리 사업 추진 |
| 지원연구 | - 국가GIS 구축사업의 원활한 추진을 위한 지원연구 과제 수행 | - 국가GIS 현안과제 및 중장기 정책지원과제 수행 | - 2007년까지 국가 GIS 현안과제 수행, 2008년 변화된 정책 환경지원을 위한 지정과제 수행 |

## 1.6. 4차 국가공간정보정책

### (1) 기본 방향

제4차 국가공간정보정책은 녹색성장을 위한 그린정보사회의 실현이라는 목적으로 2011년부터 2015년까지 5년에 걸친 사업으로 구상되어 추진되었다. 여기서 그린(GREEN)이란 GR(GReen growth), EE(Everywhere · Everybody), N(New deal)의 약자를 결합한 단어로 GREEN에 내포된 함축된 의미가 반영된 사회를 그린(GREEN) 공간정보사회라고 정의하였다. 따라서 제4차 국가공간정보정책의 비전은 녹색성장을 위한 그린 공간정보사회의 실현으로 압축할 수 있다.

녹색성장 또는 저탄소 녹색성장은 2008년 8월 15일 대한민국 건국 60년 경축사를 통하여 발표된 국가비전(국가 발전 패러다임)으로, 2009년 2월 16일 대통령 직속기구인 녹색성장위원회가 출범하면서 시작되었다. 녹색성장은 에너지와 자원을 절약하고 효율적으로 사용하여 기후변화와 환경훼손을 줄이고, 에너지 자립을 이루며, 청정에너지와 녹색기술의 연구개발을 통하여 경제위기를 타개하고, 신성장 동력과 일자리를 창출한다는 개념이다.

녹색성장의 개념은 2000년 1월 이코노미스트 *Economist*에서 최초로 언급되었고, 다보스포럼 *Davos Forum*(세계경제포럼)을 통하여 널리 사용되기 시작하였다. 또한 2005년 아·태 환경과 개발에 관한 장관회의(MECD, The Ministry of Environment of Korea at the Fifth Ministerial Conference on Environment and Development in Asia and the Pacific)에서 녹색성장을 위한 서울 이니셔티브(SINGG, Seoul Initiative Network on Green Growth)가 채택되어 UN 아·태 경제사회이사회(UN ESCAP, United Nation Economic and Social Commission for Asia and the Pacific) 등에서 논의가 본격화되었다.

우리나라 정부는 2020년까지 세계 7대, 2050년까지 세계 5대 녹색강국에 진입한다는 비전을 세웠으며, 이를 위하여 다음과 같은 3대 전략과 10대 정책과제를 결정하였다.

| 3 대 전 략 | 10 대 정 책 과 제 |
|---|---|
| 1. 기후변화 적응 및 에너지자립 | 1. 효율적 온실가스 감축 |
| | 2. 탈석유 및 에너지자립 강화 |
| | 3. 기후변화 적응역량 강화 |
| 2. 신성장동력 창출 | 4. 녹색기술·산업의 개발 |
| | 5. 산업의 녹색화 및 녹색산업 육성 |
| | 6. 산업구조의 고도화 |
| | 7. 녹색경제 기반 조성 |
| 3. 삶의 질 개선과 국가위상 강화 | 8. 녹색국토 및 녹색교통 조성 |
| | 9. 생활의 녹색혁명 |
| | 10. 세계적인 녹색성장 모범국가 구현 |

### (2) 추진 목표

제4차 국가공간정보정책의 추진목표는 다음과 같이 요약할 수 있다.

| 항 목 | | 주 요 내 용 |
|---|---|---|
| 비 전 | | - 삶의 질과 녹색 경쟁력의 향상을 도모하기 위해 국민 모두가 공간정보를 언제 어디서나 쉽고 편리하게 공유·활용할 수 있는 사회 실현 |
| 목 표 | GReen | - 녹색성장의 기반이 되는 공간정보 : 지속가능한 녹색국토건설을 지원하는 공간정보의 기반 구축 |
| | Everywhere, Everybody | - 어디서나 누구라도 활용 가능한 공간정보<br>: 공간정보를 기반으로 어디서나 누구에게나 다양한 맞춤형 정보서비스를 제공함으로써 시민의 안전하고, 편리한 생활환경 조성 |
| | New deal | - 개방·연계·융합 활용 공간정보<br>: 국가공간정보의 개방, 연계 및 융·복합 활용에 의한 관련 산업 활성화 및 신성장동력 창출을 통한 국가적 경제발전 도모 |

### (3) 단계별 추진 전략과 과제

제4차 국가공간정보정책의 비전과 목표는 다음 그림 5-35와 같다.

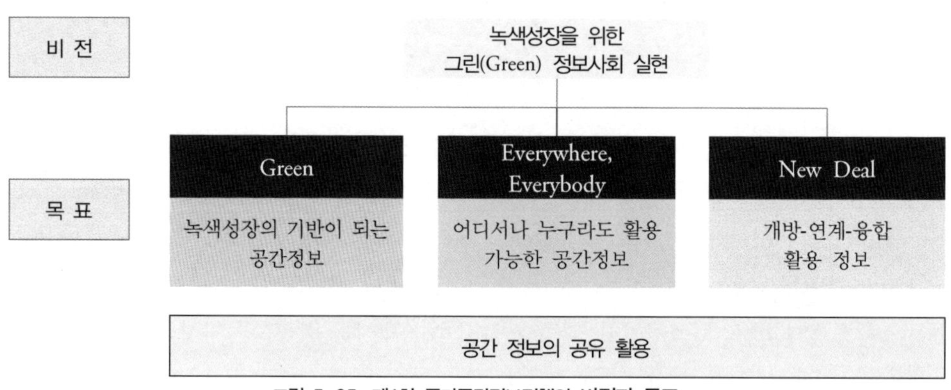


그림 5-35. 제4차 국가공간정보정책의 비전과 목표

| 추 진 전 략 | 추 진 과 제 |
|---|---|
| - 상호 협력적 거버넌스 | 1. 수요부문별 인력양성 프로그램의 차별화 및 연계체계 구축<br>2. 공간정보특성화 대학원 지원사업의 확대 및 내실화 추진<br>3. 공간정보 교육의 전문화 및 기술자격 인증제도 도입 추진<br>4. 협력적 통계 조사체계 지원<br>5. GIS기술 도입으로 통계조사 효율성 확보, 산림지리정보 기반 확충 및 지원시스템 고도화<br>6. 새주소 기반의 주소 데이터베이스 구축<br>7. 저탄소 녹색국토 관리를 위한 국토성장관리 모니터링체계 구축<br>8. 평등한 녹색국토 구현을 위한 사회적 약자 공간정보 구축추진<br>9. 국가공간정보기반 행정공간정보체계 구축<br>10. 지자체 공간정보화 역량 제고 방안<br>11. 클라우드 컴퓨팅기반 공간정보인프라 구 축<br>12. 국가공간정보정책 수립을 위한 지원연구 |

| | |
|---|---|
| - 쉽고 편리한 공간정보 접근 | 1. 유통관련 제도적 기반 마련<br>2. 유통가능 데이터 확보 및 연계방안 마련<br>3. 수요자 중심의 쉽고 빠르게 접근 가능한 유통환경 구축<br>4. 메타데이터(목록 정보) 구축 의무화 방안 강구<br>5. 국가공간정보센터 위상정립 |
| - 공간정보 상호운용 | 1. 공공, 민간 공동 활용을 위한 공간정보참조체계(UFID) 구축<br>2. 공간정보 사업의 연계를 보장하는 표준인증 체계 확립<br>3. 기술가치 제고를 위한 표준 역량 강화 |
| - 공간정보기반통합 | 1. 기본공간정보 구축<br>2. 기본도 구축 및 관리<br>3. 3차원 공간정보 구축<br>4. 디지털지적 구축<br>5. 지하시설물 전산화<br>6. 기본공간정보 활용성 증대를 위한 활용 방안 마련 |
| - 공간정보 기술 지능화 | 1. 이머징 마켓을 겨냥한 국산 GIS 솔루션 개발, 상용화 및 보급<br>2. 융·복합을 위한 표준과 결합된 초경량 공간정보기술 개발 |

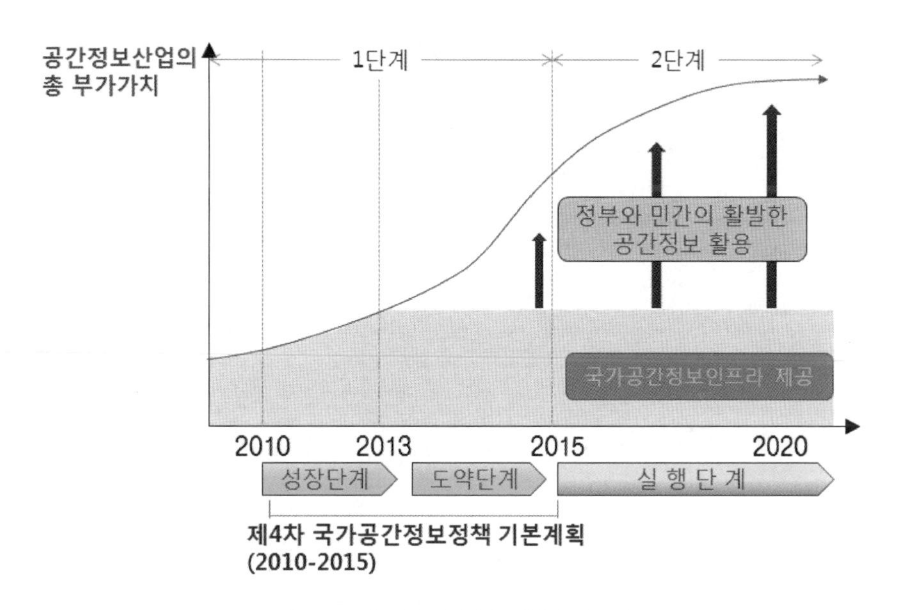


그림 5-36. 제4차 국가공간정보정책의 실행 단계

## 1.7. 5차 국가공간정보정책 기본계획

### (1) 기본 방향

창조경제와 정부 3.0의 핵심동력으로 부상하고 있는 공간정보를 통한 융복합 활성화로 공간정보산업의 질적 도약을 이루기 위해 2013년부터 2017년까지 제5차 국가공간정보정책 기본계획을 수립하였다. 제5차 국가공간정보정책 기본 계획은 공간정보로 실현하는 국민행복과 국가발전을 기본 목표로 설정하여 스마트폰 등 ICT 융합기술의 급속한 발전과 창조경제와 정부 3.0으로의 국정운영패러다임 전환 등 변화된 정책환경에 적극 대응하기 위해 마련되었다.

국가공간정보정책 기본계획은 5년마다 수립하는 법정계획으로 1995년부터 지금까지 4차례에 걸쳐 수립된 기본계획을 통해 국가공간정보기반을 지속적으로 구축하고 공간정보의 활용을 확대해 왔다. 이 사업을 통해 공간정보를 활용하기 위한 컴퓨터 시스템과 인적자원 등의 결합체인 공간정보체계를 효율적으로 구축하고 활용하는데 필요한 공간정보, 인력, 표준, 유통체계, 기술 등을 구축하는 것을 그 목표로 하고 있다.

### (2) 3대 추진목표

| |
|---|
| - 국가공간정보 기반 고도화 |
| - 구축공간정보 융복합을 통한 창조경제 활성화 |
| - 공간정보의 공유、개방을 통한 정부 3.0 실현 |

### (3) 7대 실천과제

| 실 천 과 제 | 내 용 |
|---|---|
| 1. 고품질 공간정보 구축 및 개방 확대 | 1. 공간정보를 활용하는데 기반이 되는 기본공간정보의 구축·갱신체계를 확립하고 고정밀 3차원 및 실내공간정보의 구축을 확대<br>- 도로(도로중심선), 철도(철도중심선), 건물, 행정경계(법정동, 행정동, 도로명주소), 지적, 하천(하천중심선), 호수, 해안선, 유역, 통계구 등<br>2. 지적경계와 실제경계의 불일치에 따른 국민불편 해소 및 낙후된 지적도를 세계적 수준으로 고도화하는 지적재조사사업 실시<br>3. 국가안보 등 특수한 경우를 제외한 모든 공간정보의 단계적 개방 및 민간의 공간정보 공유 가능한 유통체계 개선<br>4. 실효성 있는 공간정보표준 개발 및 관리를 위한 표준지원기관을 운영 및 실내공간정보 등 유망 분야의 국제표준활동 선도 |
| 2. 공간정보 융복합산업 활성화 | 1. 창업아이디어 발굴 및 사업화 지원을 위한 창업지원센터 설치 및 연구 개발을 통해 개발된 기술의 실용화·상용화 적극 지원<br>- 창업전문가풀(인력 pool) 구축 및 창업교육·컨설팅 등 지원<br>2. 공간정보기업 등이 집적하여 시너지를 창출하는 공간정보산업진흥시설 지정 및 공간정보 융복합을 촉진하는 전담지원체계 마련<br>- 공간정보산업진흥원을 통해 신기술 및 융복합사례 홍보, 신산업 발굴 등 지원<br>3. 공간정보기업의 글로벌 경쟁력 강화를 위한 공간정보 SW 인증체계 마련 및 해외진출 지원센터의 역할 강화 |

| | |
|---|---|
| 3. 공간 빅데이터 기반 플랫폼서비스 강화 | 1. 현상을 정확히 진단하고 예측하여 국정현안에 선제적으로 대응하고 과학적인 미래전략 수립을 위한 빅데이터기술을 적극 활용<br>- 실시간으로 생산되는 대량의 다양한 빅데이터를 분석하여 국민, 소비자 등의 의견과 행동패턴을 신속 정확하게 파악함으로써 맞춤형 정책 가능<br>2. 공간정보를 기반으로 행정정보(대장정보)와 SNS 정보 등 다양한 정보를 융복합한 공간 빅데이터 및 분석모델의 개발 및 범정부적 활용 가능한 지원 체계 구축<br>- 공간 빅데이터체계를 구축하여 지도 위에 분석결과를 시각적으로 표출하여 공간적으로 정책반응 등 행동패턴을 파악하고 맞춤형 정책 추진 가능<br>3. 국정과제의 성공적 추진을 위한 공간 빅데이터를 활용하는 분석모형 개발 지원 및 등록·검증 등 분석모형 공유체계 구축 |
| 4. 공간정보 융합기술 연구 개발 추진 | 1. 시장 수요를 염두에 둔 연구 개발 추진체계 구성 및 연구결과의 확산을 위한 테스트베드(test bed) 구축 등 실용화 지원<br>2. 기업이 쉽게 공간정보 SW를 활용할 수 있도록 오픈 소스 기반의 공간정보 SW 개발 및 산업 맞춤형 공간정보 가공기술 개발<br>3. 시민 안전과 편의를 위해 실내 위치서비스 덧마루(플랫폼) 개발 및 3D 가상체험 및 시각장애인 길안내 등 여가·복지서비스기술 개발<br>4. 범죄 및 재해·재난으로부터 안전한 도시관리체계를 구축하고 지하공간에 대한 체계적인 개발 및 안전관리를 위한 기술 개발<br>5. 공간정보 상시확보를 위한 공간정보 전용위성기술과 3차원데이터의 모바일 서비스를 위한 자동화 처리 및 경량화 기술 개발<br>6. 남북 교류확대에 대비한 국토정보체계 구축 및 북극지역 연구와 자원개발을 위한 공간정보 구축 및 관련기술 개발 추진 |
| 5. 협력적 공간정보체계 고도화 및 활용 확대 | 1. 개별 기관의 전산자원을 공동 활용할 수 있는 클라우드 기반의 공간정보 체계 구축 추진<br>2. 기본공간정보를 기반으로 기존 공간정보를 갱신하고 갱신된 공간정보를 클라우드 데이터로 전환하여 정부 내 다른 데이터와 연계하여 갱신<br>3. 개별 공간정보체계마다 중복적으로 구축되어 있는 공간정보 서비스기능(입출력, 공간분석 등)을 클라우드에 의한 일괄 서비스체계로 전환<br>4. 기관별로 추진하고 있는 공간정보체계를 고도화하고 정책시너지 창출을 위해 부처 간 공간정보기반의 협업과제 추진<br>- 전입신고 업무처리, 지방세 및 국세행정 업무의 효율화, 국가 수문기상 재난안전 공동활용시스템 구축 등 15개 부문의 협업과제 추진 |
| 6. 공간정보 창의인재 양성 | 1. 공간정보기반의 교육콘텐츠 발굴 및 공간정보기술 체험캠프 등 참여형 교육을 활성화하며 이를 위한 전문교원 양성 추진<br>2. 산업맞춤형 인력양성을 위해 고용과 연계한 현장형 전문기술인력 양성 및 재직자의 역량강화를 위한 교육훈련프로그램 운영<br>- 부처(교육부)-기업-학교(특성화고·전문대) 협력 맞춤형 교육, 취업연계 등 지원<br>3. 교육콘텐츠와 학습활동을 공유·활용하는 공간정보 스마트러닝 플랫폼과 직무수행능력을 평가하여 인증하는 체계 구축 |
| 7. 융복합 공간정보정책 추진체계 확립 | 1. 기관별로 공간정보정책을 책임 있게 수행하도록 공간정보담당관제를 도입하고 국정과제의 성공적 추진을 위한 공간정보활용지원체계 구축<br>2. 내실 있는 정책 추진과 정책시너지효과 창출을 위해 국가공간정보정책의 성과 및 파급효과 등에 대한 평가 강화<br>3. 공간정보 융복합 촉진을 위해 법체계를 정비하고 지적 및 측량 관련 협회, 유사업종, 이원화된 기술자격 및 공무원 직류의 통합 등 추진 |

### (4) 기대 효과

위에 설명한 바와 같은 제5차 국가공간정보정책기본계획 수립을 계기로 공간정보를 기반으로 한 융복합이 가속화되어 이를 통해 공간정보산업의 비약적인 발전이 이루어졌다. 현재 2018년부터는 제4차 국가공간정보정책의 후속으로 2017 국가공간정책이 수립되어 추진중이다.

## 1.8. 우리나라 NGIS 사업 비교분석 및 응용

### (1) 사업 내용의 요약

1995년 시작되어 현재까지 진행되고 있는 제1차 NGIS 사업부터 제5차 국가공간정보정책 기본계획까지의 핵심내용은 다음과 같이 압축할 수 있다.

| |
|---|
| - GIS가 국가 경쟁력 강화 및 행정 생산성 제고 등에 기반이 되는 사회 간접자본이라는 전제하에 국가 차원에서 GIS 국가 표준 설정 |
| - 기본 공간정보 데이터베이스 구축 |
| - GIS관련 기술개발 지원을 통해 GIS 활용 기반과 여건을 성숙시킴 |

이러한 핵심내용을 기초로 하여 현재까지 진행되었던 우리나라의 모든 NGIS 사업에 대한 요약 내용을 표 5-14에 종합적으로 표현하였다. 1995년 시작되어 현재까지 진행되고 있는 우리나라 NGIS 사업이 성공적으로 수행되면 다음과 같은 응용분야에서 데이터의 취득과 처리 및 활용이 가능할 것이므로 다양한 사업과 연계될 것이다.

표 5-14. 우리나라 NGIS 사업 요약비교

| 구분 | 제1차 사업 (1996~2000) | 제2차 사업 (2001~2005) | 제3차 사업 (2006~2010) | 제4차 사업 (2010~2012) | 제5차 사업 (2013~2017) |
|---|---|---|---|---|---|
| 사업 목적 | - 공간정보 DB 구축 기반조성 | - 국가공간정보 기관을 확충하여 디지털국토 실현 | - 유비쿼터스 세상을 향한 지능형 사이버국토 구축 | - 녹색성장을 위한 그린 정보사회 실현 | - 공간정보산업의 질적 도약 |
| 추진 실적 | - 지형도, 공통 주제도, 지하시설물도 및 지적도 등의 수치지도화 및 DB 구축<br>- 국가공간정보의 기초가 되는 국가 기본도 전산화에 주력 | - 1단계에서 구축한 공간정보를 활용한 다양한 응용시스템 구축·활용 | - 부분별, 기관별로 구축된 데이터와 응용시스템을 연계·통합하여 시너지 효과 제고 | - 쉽고 편리한 공간정보 접근과 공간정보의 상호운용<br>- 공간정보기반통합 및 공간정보기술 지능화 | - 쉽고 편리한 공간정보 접근과 공간정보의 상호운용<br>- 공간정보기반통합 및 공간정보기술 지능화 |

| 단계별 목표 | - GIS 기반 조성 | - GIS 활용 확산 | - GIS 연계 통합 | - 녹색성장을 위한 그린 공간정보사회 실현 | - 공간정보로 실현하는 국민행복과 국가발전 |
|---|---|---|---|---|---|
| 추진 방향 | - 정부주도로 GIS 초기수요창출 및 GIS 기반 사업 | - 지방자치단체와 민간참여 유도<br>- 전문인력 양성 | - GIS 기반 전자정부구현<br>- 삶의 질 향상<br>- 뉴비즈니스 창출 | - 상호 협력적 거버넌스<br>- 쉽고 편리한 공간정보 접근<br>- 공간정보 상호운용, 기반 통합, 기술 지능화 | - 구축공간정보 융복합을 통한 창조경제 활성화<br>- 공간정보의 공유·개방을 통한 정부 3.0 실현 |
| 지리 정보 구축 | - 지형도 및 지적도 전산화<br>- 토지이용 현황도 등 주제도 구축 | - 도로, 하천, 건물, 문화재 부문 등의 기본지리정보 구축 | - 국가/해양기본도, 국가기준점, 공간영상 등 구축 | - 다목적 디지털지리정보 구축<br>- 기본공간정보 DB 구축 | - 고정밀 3차원 및 실내공간정보 구축<br>- 고도화된 지적재조사사업 |
| 응용 시스템 구축 | - 지하시설물도 구축 | - 토지이용, 지하, 환경, 농림, 해양 등 GIS 활용체계 구축 | - 3차원 국토공간정보, UPIS, KOPSS, 건물통합 등 활용체계 구축 | - 시공간정보구축 인프라 기술개발<br>- 인간 감각기반의 공간정보 표현 기술 개발 | - 공간정보담당관제 도입 및 법체계 정비<br>- 지적 및 측량 관련 협회, 유사업종, 이원화된 기술자격 및 공무원 직류의 통합 추진 |
| 표준화 | - 국가기본도, 주제도, 지하시설물도 등 구축에 필요한 표준 제정<br>- 지리정보 교환, 유통관련표준 제정 | - 기본지리정보 1건, 지리정보 구축 13건, 유통 5건, 응용시스템 4건의 표준 제정 | - 지리정보 표준화, GIS 국가 표준체계 확립 | - 공간적 속성을 가진 행정정보 코드 체계 표준화<br>- 공간정보의 상호운용 확보를 위한 공간정보표준체계 마련<br>- 전략적 국제 표준화로 우리 기술의 세계시장 선점 지원 | - 실효성 있는 공간정보표준 개발 및 관리를 위한 표준지원기관을 운영 및 실내공간정보 등 유망 분야의 국제표준 활동 선도 |
| 기술 개발 | - 매핑 기술, DB Tool, GIS SW 기술개발 | - 3차원 GIS, 고정밀 위성 영상처리 등 기술개발 | - 지능형 국토정보 기술 혁신사업을 통한 원천기술 개발 | - 디지털 지적 구축<br>- 새주소 고지/고시 시스템 개발<br>- 지역위치표시체계 개발 연구<br>- 산림항공사진 DB개발 | - 오픈 소스 기반의 공간정보 SW 개발 및 산업 맞춤형 공간정보 가공기술 개발<br>- 전용위성기술, 3차원데이터의 모바일 서비스를 위한 자동화 처리 및 경량화 기술 개발 |
| 인력 양성 | - 정보화근로사업을 통한 인력 양성<br>- 오프라인 GIS 교육 실시 | - 오프라인 및 온라인 GIS 교육 실시<br>- 교육교재 및 실습 프로그램 개발 | - 오프라인 및 온라인 GIS교육 실시<br>- 교육교재 및 실습프로그램 업데이트 | - Open Courseware 방식 도입<br>- 온오프라인 GIS 교육 프로그램의 연계 강화<br>- GIS 교육 프로그램의 다원화 | - 현장형 전문기술 인력 양성<br>- 재직자의 역량강화를 위한 교육 훈련프로그램 운영<br>- 스마트러닝 플랫폼, 직무수행능력을 평가 인증 체계 구축 |

| | | | | | |
|---|---|---|---|---|---|
| 유 통 | - 국가지리정보유통망 시범사업 추진 | - 국가지리정보유통망 구축, 총 139종 약 70만 건 등록 | - 국가지리정보 유통망 기능개선 및 유지관리 사업 추진 | - 수요자 맞춤형 공간 정보 유통 서비스 제공 및 공간정보의 유통기반 구축 및 연계<br>- 국가공간정보 유통 통합포털 서비스 구현 | - 모든 공간정보의 단계적 개방 및 민간의 공간정보 공유 가능한 유통체계 개선 |
| 지원연구 | - 국가GIS 구축사업의 원활한 추진을 위한 지원 연구과제 수행 | - 국가GIS 현안과제 및 중장기 정책지원과제 수행 | - 2007년까지 NGIS 현안과제를 수행하고 2008년 변화된 정책환경지원을 위한 지정과제 수행 | - 4D공간정보의 구축방안 연구<br>- 민·관 거버넌스 체계 구축<br>- KSDI 연차보고서 발간<br>- 공공부문 공간정보화 사이의 경제적 효과 분석 연구 | - 시장 수요에 따른 연구 개발 추진체계 구성<br>- 연구결과의 확산을 위한 테스트베드(test bed) 구축 등 실용화 지원 |
| 문제점 | - 제도적 문제점<br>- 구조적 문제점<br>- 기술적 문제점 | - 제도적 문제점<br>- 구조적 문제점<br>- 기술적 문제점 | - 기본지리 정보부문<br>- 지리정보 활용부문<br>- GIS 기술개발, 표준부문<br>- 정책 및 제도개선부문 | - 공공부문 중심<br>- 민간 활용 부진<br>- 공간정보의 유통, 활용 위축<br>- 미래지향적 산업생태계 결여<br>- 원천기술, 전문인력 등 산업기반 취약 | - 공공부문 중심<br>- 민간 활용 부진<br>- 공간정보의 유통, 활용 위축<br>- 미래지향적 산업생태계 결여<br>- 원천기술, 전문인력 등 산업기반 취약 |

### (2) 우리나라 NGIS 사업의 응용분야

| 부 문 | 사 업 명 | 주관기관 | 사 업 내 용 |
|---|---|---|---|
| 환 경 | 물 환경 정보시스템 | 환경부 | 물 환경 기초자료 분석방법론 개발 |
| | 자연환경종합 GIS-DB구축 | | 2006년도 자연환경조사자료 GIS-DB 구축 및 자연환경조사 입력시스템 보완 |
| | 국토환경성평가지도 유지・관리 사업 | | 국토환경성평가지도 갱신, 사용자 만족도 조사 및 개선방향 마련 |
| | 인공위성영상자료를 이용한 중분류 토지피복도 갱신 | | 남한지역 중분류 토지피복도 일괄갱신 |
| | 환경영향평가정보 지원시스템 | | 환경영향평가업무 지원을 위한 DB갱신 구축 및 서비스 기능개선, 교육 및 홍보 |
| 농 업 | 농촌용수물관리 정보화사업 | 농림수산식품부 | 농촌용수 자원조사 및 기초자료 관리시스템 구축 |
| | 농지정보화사업 | 농림수산식품부 | 농지전용현황도 DB 구축 및 농식품부 농지종합정보시스템 구축 |
| | 농촌어메니티 자원도 구축 사업 | 농촌진흥청 | 농촌자원 DB 구축 및 웹서비스시스템 구축 |
| | GIS기반 농업환경정보시스템 | | 정보화전략계획 수립 및 농업환경자원 DB 구축 |
| 산 림 | 산림지리정보시스템 구축 | 산림청 | 산림 GIS 표준화체계 구축, 산림분야 응용시스템 및 기반 구축 |
| | 산지정보시스템 | | 산지관리법에 의한 산지이용 및 관리를 위한 시스템 |
| | 임상도 제작사업(1/5,000) | | 전국 임상조사 및 임상도 제작사업 |
| | 산림입지도 제작사업(1/5,000) | | 전국 산림입지조사 및 산림입지도 제작 사업 |
| | 산림 GIS포털시스템 | | 산림 GIS 대국민 서비스 및 자료유통시스템 구축 |
| | 등산로 DB구축사업 | | 전국 주요 산에 대한 등산로 DB 구축사업 |
| | 임도망도 구축사업 | | 전국 산림에 대한 임도망도 제작 사업 |
| 해 양 | 통합연안관리정보시스템 구축사업 | 국토해양부 | 연안정보도 고도화 및 3차원 연안관리정보시스템 구축 |
| | 전자해도 제작사업 | | 전자해도 제작・수정 및 전자항해서지 제작 |
| | 해안선조사측량 및 DB구축 | | 국가기본공간정보로서 해안선의 정의 및 활용체계 구축 |
| | 종합해양정보시스템 구축사업 | | 해양공간정보시스템 DB 구축 및 관리시스템 개발 |
| | 연안해역해저정보 조사사업 | | 해저정보조사 실시 |
| | 연안해양정보실시간제공시스템 구축사업 | | 조석기준면 관리와 연안의 각종 해양정보의 제공을 위한 해양정보 포털구축 |
| 시설물 | 국토건설지반정보 DB구축사업 | 국토해양부 | 도로, 철도 등 기반시설 사업 시 구축된 지반정보를 DB화 |
| | 도로와 상하수도 전산화 사업 | | 도로기반 7대 지하시설물의 위치 및 속성정보 전산화 |
| | 광산지리정보시스템 구축사업 | 지식경제부 | 광산 및 광해관련 도면・문서자료의 DB화, 시스템 구축 및 활용 |
| | 항만지하시설물GIS DB구축사업 | 국토해양부 | 마산, 광양항 DB 구축 및 지반정보시스템 개발 |
| 수자원 | 하천지도전산화 사업 | 국토해양부 | 하천관리지리정보시스템 기능개선 및 홍수위험지도 기본계획 보완 |
| | 지하수정보관리체계구축사업 | | 지하수정보 분석실 설치, 지하수 정보지도를 통한 지자체 행정업무지원 및 대민서비스 확대 |
| 문화재 | 문화재지리정보종합정보망구축 | 문화재청 | 문화재 GIS 공간DB 확충 및 유지관리, 문화재 GIS 활용시스템 기능개선 및 활용체계 고도화 |
| | 매장문화재활용체계(GIS)구축 | | 문화유적분포지도 DB 구축 및 유적정보 보완・갱신, 문화재 분포입지환경 분석모델 연구 |
| 통 계 | 인구 및 사업체 부문을 통합한 통계 GIS DB구축 | 통계청 | 센서스 지도, 경계, 개별공간DB 구축 |
| | 통계 GIS정보 대외 활용체계 구축(U-통계서비스 인프라구축) | | 통계지리정보서비스 시스템 구축 |
| 군 사 | 군사지리정보체계사업 | 국방부 | 남한지역 FDB, 지형도 구축 |
| 교 육 | 교육지리정보시스템 구축사업 | 교육과학기술부 | 교육지리정보시스템 ISP 수행, 전국대상학교 기본정보시스템구축 및 서비스 |
| 기술 개발 | 3차원 전파분석 및 다중플랫폼 u-공간정보처리 기술개발 | 전자통신연구원 | 3차원 전파분석을 위한 u-공간정보 생성 및 처리 기술개발 |

## 1.9. 외국의 NGIS 사업

현재 우리나라와 마찬가지로 세계 여러 나라에서는 국가의 주도로 GIS 사업을 활발히 진행하고 있다. 세계 여러 나라의 GIS 사업현황을 파악하기 위하여 대표적인 선진국 및 신흥 개발국의 국가 GIS 사업의 현황을 다음과 같이 정리하였다.

### (1) 미국

주요사업으로는 미국의 공간데이터 정비의 효율화 및 상호이용 환경정비를 목적으로 연방정부, 주정부 및 지방공공단체의 대표에 의해 구성된 집행위원회가 FGDC (Federal Geographic Data Committee)와 밀접하게 협력하여 GOS(Geospatial One-Stop) 사업을 추진 중이며, GOS포털사이트(http://geodata.gov)를 개설하여 운용 중이다.

GOS사업에는 데이터정비의 효율화를 도모하기 위한 표준제정사업, 데이터의 검색 및 활용의 고도화를 위한 유통기구 구축사업, 미지질조사국(USGS, United States Geological Survey)의 국가기본도(National Map), 통계청의 Master Address File/TIGER의 현대화작업, 국가통합토지시스템(NILS, National Integrated Land System), 지역별 범죄분석지리정보시스템(RCAGIS, Regional Crime Analysis Geographic Information System) 등 연방차원에서 다수의 관련 사업이 수행 중이다.

### (2) 캐나다

캐나다 국가GIS사업은 GeoConnections Program을 중심으로 5가지 주요 정책을 수립하고 세부적으로 7가지 프로그램에서 263개의 관련 사업이 수행되고 있다. 5가지 주요 정책은 자료의 공유, 기본지리정보 구축, 표준화, 협력체계, 기반환경지원으로 구성되어 있으며 세부적인 사업으로 7개의 프로그램인 자료활용, 지도제작, 기본지리정보 구축, 지리정보혁신(Geo Innovations), 파트너십, 기술개발, 지속가능위원회 운용을 통해 NGIS를 구현하기 위한 사업을 진행 중이다.

### (3) 유럽

유럽에서는 유럽 전 지역의 공간데이터 기반정비를 목적으로 INSPIRE(INfrastructure for SPatial InfoRmation in Europe) 프로젝트를 추진하고 있다. 이 사업을 통하여 공간정보의 접근 및 활용 그리고 온라인 서비스를 위한 개방적이고 협력적인 기반 구축 사업이 진행되고 있으며, 유럽의 여러 나라들은 INSPIRE 참가와 동시에 국가차원에서의 공간데이터 정비를 추진하는 사업을 수행하고 있다.

### (4) 일본

일본에서는 e-Japan 중점계획을 기준으로 5가지 주요 정책을 우선적으로 추진하고 있다. 일본의 국가GIS사업은 GIS Action Program 2002-2005를 기준으로 5가지 주요 정책을 바탕으로 수행되었으며 이 사업을 통하여 국토공간데이터의 표준화 및 정부의 솔선 사용으로 행정효율화 사업, 지리정보의 전자화, 유통촉진을 위한 제도, 가이드라인 정비사업, 지리정보의 전자화 및 제공 사업, GIS의 본격적인 보급지원 사업, GIS를 활용한 행정의 효율화 및 질 높은 행정서비스 실현 사업 등 5가지 정책을 선정하여 우선적으로 실시하고 있다.

### (5) 중국

중국의 공간자료는 우리나라의 국립지리원과 같은 중국측회국(中國測繪局, SBSM, the State Bureau of Surveying and Mapping)을 중심으로 구축되어 있다. 중국은 측회국에서 수치지도 및 지도제작 관련 업무를 수행하고 있으며 국토의 면적이 넓기 때문에 국가에서 제작되고 있는 지형도는 소축척이고 이러한 넓은 국토의 면적으로 인하여 약 10년 정도의 주기로 지도를 갱신하고 있다.

최근 중국은 **수치지구 전략**(Digital Earth 개발전략)이라는 새로운 개발전략을 책정하여 **디지털 중국** 구상을 추진하고 있으며, 이에 따라 광범위한 공간데이터를 사용하여 3차원의 고해상도를 가진 지구의 디지털 표현을 작성하고 이와 더불어 네트워킹 인터페이스 시스템 및 하이퍼미디어(hypermedia) 가상 현실자료를 사용자에게 공급하는 등의 내용을 기본목표로 사업을 추진하고 있다.

## 2. 인터넷 GIS

인터넷 GIS(Internet GIS, Web-based GIS, Web GIS)는 국가 GIS 사업을 통하여 구축된 정보의 유통을 인터넷을 활용하여 유포하기 위해 개발된 GIS 기법이다. 현재까지는 인터넷이 주로 래스터인 영상을 전달하기 때문에 벡터 등의 여러 형태의 공간자료를 처리하기 위해서는 많은 제약이 있었으나 벡터자료를 웹에서 사용할 수 있게 되면서 그 활용도가 급증하고 있다.

인터넷 GIS는 공간정보의 상호운용성을 도모하고 각기 다른 자료원으로 구축된 자료를 인터넷을 통해 검색하고 유통함으로써 자료사용의 효율성을 높이기 위해 시작되었다. 따라서 인터넷상에 축적되어 있는 여러 자료를 효과적으로 사용하기 위해서는 공간정보가 정해 놓은 규칙대로 정비가 되어 있어야 한다. 서로 간에 유연한 자료의 이동과 활용을 위해서는 다양하게 정리된 공간정보가 정해진 규약대로 구축되고 제공되어야 하므로 이를 위해 여러 표준과 규약을 정해 놓았다. 이러한 관련 표준들로는 다음과 같은 것들이 있다.

| | |
|---|---|
| OpenGIS | - Open Geodata Interoperability Specification<br>- 지리자료 간 상호운용성 문제에 대한 해결책의 개발 및 광역통신망을 대상으로 분산처리 능력을 가능하게 할 지리자료의 객체 지향적 정의에 대한 사양 |
| CORBA | - Common Object Request Broker Architecture<br>- 하드웨어와 소프트웨어 사이의 상호운용성에 대한 OMG(Object Manage Group)의 사양 |
| HTTP | - Hyper Text Transfer Protocol<br>- 서버와 클라이언트가 하이퍼텍스트 문서를 통해 통신하는 프로토콜 |
| Z39.50 | - 인터넷을 통한 정보복구 서비스와 프로토콜의 ANSI/NISO 표준 |
| JAVA | - 간단하고 객체 지향적이며 다양한 하드웨어를 지원<br>- 동시의 수행이 가능하고 동적 환경특성을 갖는 프로그래밍 언어 |

그림 5-37. 인터넷 GIS 예 (서울시 GIS 포털 시스템)

## 3. 모바일 GIS

모바일(mobile) GIS는 지리공간정보시스템의 한 분야로 별도의 시공간의 제약 없이 지형 및 공간정보에 관련된 자료기반을 유선 및 무선 환경의 통신망을 이용하여 현재 위치 기반의 필요 정보를 제공할 수 있도록 구현된 시스템이다. 이는 GNSS 위치정보를 통해 다양한 지리정보를 실시간으로 제공받아 재난, 응급, 의료, 경찰업무, 개인 등에게 필수적인 위치정보를 제공하고 GNSS를 이용한 실시간 이동체 위치추적을 가능하게 한다.

### 3.1. 특징

| |
|---|
| - 1990년대 초 MMS(Mobile Mapping System) 기본개념 구축 |
| - 차량에 GNSS와 디지털 사진기, 비디오카메라 등을 장착 |
| - 도로선형과 시설물을 측량하는 지도제작시스템에 휴대용 컴퓨터, 휴대전화 등을 결합 |
| - 사용자가 원하는 장소에서 지형정보를 검색, 추가, 갱신 가능 |
| - 휴대가 간편하며 저비용으로 구축 가능 |
| - 무선인터넷으로 현장과 GIS 응용프로그램을 실시간으로 연결 |

### 3.2. 구조

모바일 GIS의 구조는 휴대용 단말기, 통신사업자, 응용프로그램 DBMS로 구성되고 이들은 각각 유선 또는 무선으로 인터넷에 연결되며 이 구성은 다음 그림과 같이 표현할 수 있다.

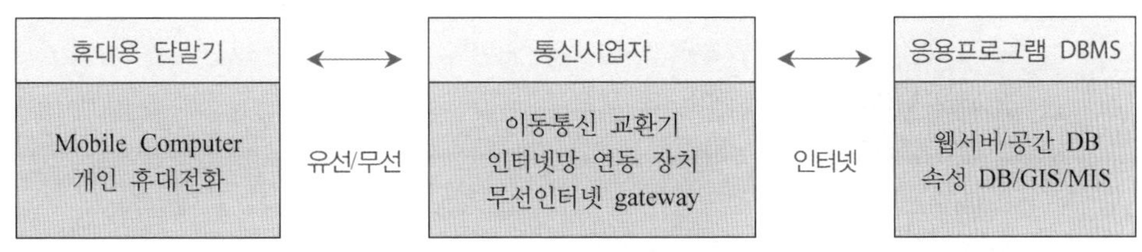


그림 5-38. 모바일 GIS의 구조

### 3.3. 활용범위

모바일 GIS를 활용하면 위치기반서비스(LBS, Location Based Service), 지능형 차량정보시스템, 지리정보기반 고객관리시스템, 무선 POS(Point Of Sales, 판매관리시점)를 이용한 유통관리시스템, 모바일 등에 효율적으로 활용이 가능하다.

## ⬡ 단원 핵심 예제

문제 5-1. 다음의 chain-code를 이용하여 래스터 영상을 표현하라(단, 0 : 동, 1 : 북, 2 : 서, 3 : 남의 방향을 표시).

$0,1,0^2,3,0^2,3,0,3^3,2,3,2^3,1,2,1^3,2,\ 1$

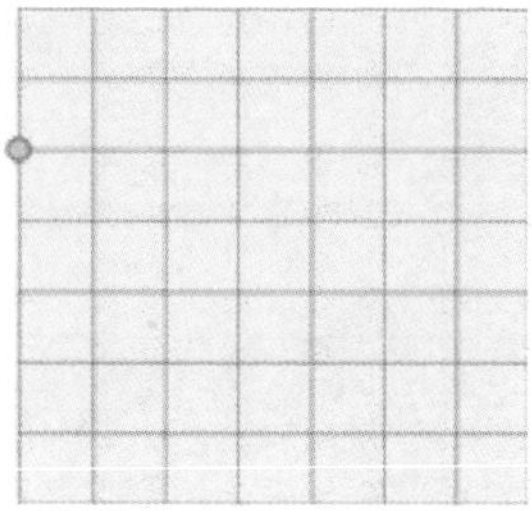

문제 5-2. GIS의 데이터베이스 구조가 아닌 것은?

① 관계구조(relational structure)
② 계층구조(hierarchical structure)
③ 망구조(network structure)
④ 3차원구조(3-dimensional structure)

문제 5-3. GIS에서 사용되는 관계형 데이터베이스 모델의 장점에 해당되지 않는 것은?

① 정보를 추출하기 위한 질의의 형태에 제한이 없다.
② 모델 구성이 단순하고 이해가 빠르다.
③ 테이블의 구성이 자유롭다.
④ 테이블의 수가 상대적으로 적어 저장 용량을 상대적으로 적게 차지한다.

---

답 **문제 5-1.** **문제 5-2.** ④ **문제 5-3.** ④

문제 5-4. 공간객체 간의 상호위치관계를 의미하며 이를 통해서 다양한 공간객체 간의 인접성(adjacency), 연결성(connectivity), 포함성(containment) 등을 파악할 수 있으며, 경로분석 및 공간분석에 이용되는 개념을 나타내는 용어는?

① 지리정보시스템(GIS, geographic information system)
② 위상구조(topology)
③ 자료층(layer)
④ 기하학(geometry)

문제 5-5. 수치지도의 등고선 레이어를 이용하여 수치지형모델을 생성할 경우 필요한 자료처리 방법은?

① 보간법 ② 일반화 기법 ③ 분류법 ④ 자료압축법

문제 5-6. GIS의 자료입력 과정에서 인쇄되어 있는 기존의 지도를 입력하여 다른 수치지도와 벡터 기반의 중첩분석을 실시하기 위한 방법으로 가장 적당한 것은?

① 스캐닝 후 벡터라이징 작업으로 선형 작업
② 스캐닝 후 영상도면으로 작업
③ 컴퓨터 마우스를 이용하여 수동적으로 입력
④ 도면을 디지털 촬영 후 사진측량 방법으로 취득

문제 5-7. 입력이 어느 하나라도 1이면 1이 출력이 되고, 입력이 모두 0일 때만 0이 출력되도록 하는 논리연산자는(단, 참은 1, 거짓은 0)?

① OR ② AND ③ NOT ④ XOR

---

답 **문제 5-4.** ② **문제 5-5.** ① **문제 5-6.** ① **문제 5-7.** ①

문제 5-8. 2차원 사지수형(quadtree)에 대한 설명으로 옳지 않은 것은?

① 공간 자기유사성의 원리(spatial autocorrection principle)를 이용하고 있다.
② 이산필드(discrete field)의 경우 저장 공간이 절약된다.
③ 인접한 자료가 멀리 저장되어 검색에 비효율적이다.
④ 자료는 노드와 포인터로 저장된다.

문제 5-9. SQL(structured query language)에 대한 설명으로 옳지 않은 것은?

① 영어와 같은 일반 언어와 구조가 유사하고 배우고 이해하기 용이한 편이다.
② 단순한 질의 기능뿐만 아니라 완전한 데이터 정의기능과 조작기능을 갖추고 있다.
③ 광범위하게 사용되는 절차적 질의어(procedural query language)이다.
④ 컴퓨터 시스템 간의 이식성이 용이하다.

문제 5-10. 벡터(vector)구조로서 지형데이터의 표현을 위한 위상을 갖추고 있는 수피표고자료의 표현방식은?

① 불규칙삼각망(TIN, triangulated irregular network)
② 수치고도모형(DEM, digital elevation model)
③ 수치표면모형(DSM, digital surface model)
④ 수치선형그래프(DLG, digital linear graph)

문제 5-11. 벡터데이터 모델의 특징으로 옳지 않은 것은?

① 공간해상도에 좌우되지 않는다.
② 속성정보의 입력, 검색, 갱신이 용이하다.
③ 실세계의 이산적 현상의 표현에 효과적이다.
④ 항공영상, 위성영상 등 디지털 자료를 저장할 때 사용한다.

---

답 **문제 5-8.** ③ **문제 5-9.** ③ **문제 5-10.** ① **문제 5-11.** ④

문제 5-12. GIS의 공간분석에서 선형의 공간객체 특성을 이용한 네트워크 분석기능과 거리가 먼 것은?

① 도로나 하천 등 선형의 관거에 걸리는 부하의 예측
② 하나의 지점에서 다른 지점으로 이동 시 최적경로의 선정
③ 창고나 보급소, 경찰서, 소방서와 같은 주요 시설물의 위치 선정
④ 특정 주거지역의 면적산정과 인구파악을 통한 인구밀도의 계산

문제 5-13. 지형표현 방법 중 불규칙삼각망(TIN, triangulated irregular network) 자료모형에 대한 설명으로 옳은 것은?

① 표고값을 갖는 같은 크기의 격자들로 구성된 레이어이다.
② 지형특성에 따라 자료의 적정 밀도가 변화한다.
③ 중첩분석이 쉽고 호환성이 뛰어나 표고모델 중 가장 널리 사용된다.
④ 정사영상 제작에 적합하며 음영기본도 제작에는 부적합하다.

문제 5-14. 위치기반서비스(LBS, location based service)의 설명으로 옳지 않은 것은?

① 무선통신망을 기반으로 위치확인 기술을 이용하여 이용자나 주요 대상물의 위치를 파악하고 이와 관련된 응용 서비스를 제공하는 시스템 및 서비스를 통칭한다.
② 다양한 위치기반 콘텐츠의 개발과 무성통신 환경의 개선을 통해 유비쿼터스 시대의 핵심기술로 대두되었다.
③ 위치기반서비스는 무선측위, 모바일 장비, LBS 플랫폼, 무선네트워크, LBS 응용서비스 기술이 기반기술로 요구된다.
④ 위치기반서비스는 데스크톱 PC를 활용하여 고객관리 및 분석, 입지분석 등 다양한 공간분석을 제공하는 서비스이다.

답 **문제 5-12.** ④ **문제 5-13.** ② **문제 5-14.** ④

## 주현승

공학박사, 기술사(측량 및 지형공간정보)
APEC Engineer(Civil Engineering)/국제기술사(EMF-IRPE)

연세대학교 토목공학과 학부, 석사, 박사 졸업
미국 메인 주립대학교(University of Maine) Post Doc.

특허 제0228137호, 로봇을 이용한 교량의 케이블 검사 시스템
특허 제0217822호, 교량의 유지보수 이력관리 시스템 및 방법
실용신안 제20-0459381호, 해수 소통을 위한 방파제용 케이슨
실용신안 제20-0456356호, 사석을 이용한 경사식 방파제

대림산업 기술연구소
한국건설기술연구원 선임연구원
서울대학교 BK21 연구원
인하대학교 공간정보공학과 겸임교수
가천대학교 토목환경공학과 겸임교수

현) (주)글로벌인포매틱스 대표이사
아주대학교 건설시스템공학과 겸임교수
국토교통과학기술진흥원 심의위원
한국해양과학기술진흥원 심의위원
대한토목학회 도서출판위원회 부위원장
서울행정법원 감정평가인
KOICA 전문인력
Marquis Who's Who in the World 세계 인명사전 등재(2016. 33rd Edition)

강의 및 특강

University of Maine, USA
가천대학교, 광주대학교, 단국대학교, 대진대학교,
서울대학교 대학원, 서울시립대학교, 수원대학교,
아주대학교 및 대학원, 인천대학교 대학원, 인하대학교 및 대학원,
조선대학교, 전북대학교 및 대학원(가나다 순)

UNDP(국제연합개발계획) Practical GIS and GNSS
서울대학교 국가공간정보거점대학 GIS 및 원격탐측
인천대학교 국가공간정보거점대학 공간정보교육
전주비전대학교 국가공간정보거점대학 3차원 공간정보
공간정보산업협회 기준점 측량 및 GNSS, 인공위성 측량
한국공간정보산업협동조합 공간정보기술인력 측량 마이스터 과정

만든 책

『지오인포매틱스』(2011, 한국학술정보)
『지오인포매틱스 개정판』(2013, 한국학술정보)
『지오인포매틱스 개혁판』(2017, 한국학술정보)
『공간정보핸드북 : 기본기술정보』(2018, 한국학술정보)